计算机类专业核心课程系列教材

计算机网络基础

褚建立　庞金龙　路俊维　主编

方　圆　郭志敏　王明昊　赵　源　李征阳　副主编

電子工業出版社

Publishing House of Electronics Industry

北京 · BEIJING

内容简介

本书是智慧职教平台课程的配套教材，系统地介绍了计算机网络通信的基本原理，内容以 TCP/IP 协议栈为主线，巧妙地融入家国情怀、工匠精神、团队协作、安全意识等思政元素。全书共 10 章，包括计算机网络和互联网、物理层及数据通信技术、数据链路层、局域网技术、网络的互连、IP 编址和子网划分、传输层、应用层、无线网络和移动网络、网络安全。本书专注于介绍计算机网络通信的基本原理，通过 eNSP 搭建实验环境、Wireshark 软件分析 TCP/IP 协议栈各层协议，可以帮助读者更好地理解计算机网络通信的基本原理。

本书提供了视频、动画、PPT、习题、技能训练等丰富的学习资源，方便读者学习。本书以"基本原理＋项目实训"为主线，每章都配有习题和技能训练等模块，以帮助读者掌握每章的重点知识并提高其实践能力。

本书概念简洁、结构清晰、图文并茂，内容由浅入深、易学易用、实用性强。通过对本书的学习，读者可以较系统地掌握计算机网络通信的基本原理。本书可作为职业本科网络工程、高职高专计算机网络技术等专业"计算机网络基础"课程的教材，也可作为相关培训机构的培训资料和网络技术爱好者的参考书。

图书在版编目（CIP）数据

计算机网络基础 / 褚建立，庞金龙，路俊维主编．—北京：电子工业出版社，2023.6

ISBN 978-7-121-45843-9

Ⅰ．①计… Ⅱ．①褚… ②庞… ③路… Ⅲ．①计算机网络－基本知识 Ⅳ．① TP393

中国国家版本馆 CIP 数据核字（2023）第 115561 号

责任编辑：左　雅　　　　特约编辑：田学清
印　　刷：三河市君旺印务有限公司
装　　订：三河市君旺印务有限公司
出版发行：电子工业出版社
　　　　　北京市海淀区万寿路 173 信箱　　邮编：100036
开　　本：787×1092　1/16　　印张：22　　字数：636 千字
版　　次：2023 年 6 月第 1 版
印　　次：2025 年 2 月第 2 次印刷
定　　价：69.00 元

凡所购买电子工业出版社图书有缺损问题，请向购买书店调换。若书店售缺，请与本社发行部联系，联系及邮购电话：（010）88254888，88258888。

质量投诉请发邮件至 zlts@phei.com.cn，盗版侵权举报请发邮件至 dbqq@phei.com.cn。

本书咨询联系方式：（010）88254580，zuoya@phei.com.cn。

序

新一轮科技革命与信息技术革命的到来，推动了产业结构调整与经济转型升级发展新业态的出现。战略性新兴产业快速爆发式发展的同时，对新时代产业人才的培养提出了新的要求，并发起了新的挑战。社会对信息技术应用型人才的要求是不仅要懂技术，还要懂项目。然而，传统理论教学方式缺乏对学生关于技术应用场景认知的培养，学生对于技术的运用存在短板，在进入企业之后无法承接业务，因此仅掌握理论知识无法满足企业的真实需求。在信息技术产业高速发展的过程中，出现了极为明显的人才短缺与发展不均衡的问题。

高等教育教材、职业教育教材以习近平新时代中国特色社会主义思想为指导，以产业需求为导向，以服务新兴产业人才建设为目标，教育过程更加注重实践性环节，更加重视人才链适应产业链，助力打造具有新时代特色的“新技术技能”。

全国高等院校计算机基础教育研究会与电子工业出版社合作开发的“计算机类专业核心课程系列教材”，以立德树人为根本任务，邀请行业与企业技术专家、高校学术专家共同组成编写组，依照教育部最新公布的2022年专业教学标准，引入行业与企业培训课程与标准，形成了与信息技术产业发展与企业用人需求相匹配的课程设置结构，构建了线上线下融合式智能化教学整体解决方案，较好地解决时时学与处处学，以及实践性教学薄弱的问题，让系列教材更有生命力。

尺寸课本、国之大者。教材是人才培养的重要支撑、引领创新发展的重要基础，必须紧密对接国家发展重大战略需求，不断更新升级，更好地服务于高水平科技自立自强、拔尖创新人才培养。为贯彻落实党的二十大精神和党的教育方针，确保党的二十大精神和习近平新时代中国特色社会主义思想进教材、进课堂、进头脑，积极融入思政元素，培养学生民族自信、科技自信、文化自信，建立紧跟新技术迭代和国家战略发展的高等教育、职业教育教材新体系，不断提升内涵和质量，推进中国特色高质量职业教育教材体系建设，确保教材发挥铸魂育人实效。

全国高等院校计算机基础教育研究会

2023年3月

前言

当今社会是一个数字化、网络化、信息化的社会，Internet/Intranet（互联网 / 内部网）在世界范围内迅速普及，电子商务的热潮急剧膨胀。社会信息化、数据的分布式处理、各种计算机资源的共享等应用需求推动着计算机网络的迅速发展。政府上网、企业上网、家庭上网及数字 / 智慧城市建设等都急需大量掌握计算机网络通信的基本原理和技术的专门人才。

目前，我国职业本科网络工程、软件工程等计算机类专业的学生必修“计算机网络基础”课程。很多非计算机专业的学生想转行进入 IT 领域发展，想打好扎实的基础，就需要掌握计算机网络通信的基本原理。当前有关计算机网络的图书分为两大类：一类是网络设备厂商认证的教材，如华为认证网络工程师 HCIA、HCIP，思科认证网络工程师 CCNA、CCNP 等的教材，但这些厂商认证教材的目的是培养能够熟练操作和配置其网络设备的工程师，对计算机网络通信的基本原理和过程并没有进行深入细致的讲解，其重点是如何配置网络设备；另一类是高校“计算机网络原理”课程的教材，深入讲解了计算机网络通信的过程和各层协议，但没有验证所学的理论，学生不易理解和掌握。

为此，我们课题组在总结多年教学和企业实战经验的基础上编写了本书，系统地介绍了计算机网络通信的基本原理，以 TCP/IP 协议栈为主线，不仅讲解了计算机网络各层的通信协议，还通过捕获数据包，让学生看到数据包的结构，并看到每一层的封装。

1. 本书的组织结构

全书共 10 章，具体内容如下表所示。

章	知识内容	技能训练
第 1 章，计算机网络和互联网	网络如何改变我们的日常生活、学习和工作；计算机网络的概念；互联网的多层结构；中国骨干互联网互联示意图；互联网包括边缘部分和核心部分；计算机网络的组成、功能、分类、拓扑结构；计算机网络的性能指标——速率、带宽、吞吐量、时延等；国际标准化组织将计算机网络通信的过程分为 7 层，即 OSI/RM；OSI/RM 与 TCP/IP 参考模型的关系，以及各层的功能；数据封装和解封装的过程；数据通信过程；数据分组的整体结构	技能训练 1：eNSP 软件的安装与使用 技能训练 2：Cisco Packet Tracer 软件的安装与使用 技能训练 3：Wireshark 软件的安装、启动和使用
第 2 章，物理层及数据通信技术	计算机网络通信的物理层的连接和功能；数据通信的基础知识，包括数据通信模型、模拟信号、数字信号、信道、单工通信、半双工通信、全双工通信、常用的编码方式和调制方式、信道的极限容量、并行传输与串行传输等；有线传输媒体——对绞电缆和光缆等；信道复用技术和常用的几种宽带接入技术	技能训练：制作对绞电缆
第 3 章，数据链路层	数据链路和帧、封装成帧、透明传输、差错检测、可靠传输；点对点协议（PPP）的特点、同步传输和异步传输、PPP 帧格式及其填充方式、PPP 的工作状态等	技能训练：PPP 配置与分析

续表

章	知识内容	技能训练
第4章，局域网技术	局域网的特点/层次结构、媒体接入控制、网络适配器、MAC地址；广播信道的局域网、CSMA/CD协议，以及以太网最短帧、以太网的信道利用率、以太网标准；在物理层使用中继器和集线器扩展以太网的规则，使用集线器的以太网和以太网的帧格式；在数据链路层使用网桥和交换机扩展以太网，以及物理层和数据链路层设备在扩展以太网上的区别，网桥和交换机如何通过自学习构造MAC地址表	技能训练1：以太网二层交换机原理实验 技能训练2：交换机中交换表的自学习功能
第5章，网络的互连	网络层提供的虚电路和数据报两种服务，以及异构网络互连需要解决的问题；IP地址的表示、分类编址，以及划分子网、无分类编址的概念，IP地址的特点，IP地址与MAC地址的比较及其在网络中的传递过程；IP数据报的格式、数据分片；地址解析协议（ARP）的作用、解析过程和报文结构；网际控制报文协议（ICMP）的各种报文格式；路由器的结构、路由的基本概念、网络层转发分组的过程，以及静态路由和RIP、OSPF动态路由；IP多播的概念、多播IP和多播MAC地址、IP多播使用的协议	技能训练1：使用ping命令诊断网络故障 技能训练2：网络层常用命令 技能训练3：网络层报文分析
第6章，IP编址和子网划分	公网地址和私网地址、等长子网划分、可变长子网划分和超网；IPv6的特点、协议栈、数据报格式，以及IPv6编址方式、地址结构、地址类型；ICMPv6的报文格式、报文类型、主要功能；给计算机配置IPv6地址	技能训练1：等长子网划分 技能训练2：可变长子网划分 技能训练3：路由聚合 技能训练4：给计算机配置IPv6地址
第7章，传输层	传输层的作用、进程之间的通信、传输层的两个主要协议、传输层的复用与分用；用户数据报协议（UDP）的特点、首部格式；传输控制协议（TCP）的特点、报文段首部的格式，TCP可靠数据传输技术——以字节为单位的滑动窗口、超时重传时间的选择、选择确认，TCP的流量控制和拥塞控制，TCP连接的建立——3报文握手，TCP连接的释放——4报文挥手	技能训练1：使用Wireshark软件分析UDP用户数据报 技能训练2：使用Wireshark软件分析TCP 技能训练3：常用命令
第8章，应用层	应用层协议，应用程序的3种体系结构——客户/服务器（C/S）体系结构、P2P体系结构、云计算体系结构；域名系统（DNS）的概念、互联网的域名结构、域名服务器的类型、域名的解析过程、DNS报文和资源记录；万维网的概念，URL和HTTP的特点、工作过程、代理服务器、报文结构，Cookie、HTTPS、超文本标记语言、动态万维网文档、活动万维网文档；FTP的概念、工作原理、连接模式，TFTP；DHCP的概念、分配IP地址的机制和过程，DHCP中继代理；电子邮件系统的构成、工作过程，电子邮件地址，邮件传送协议——SMTP、POP3/IMAP、MIME，基于万维网的电子邮件；Telnet和STelnet	技能训练1：域名查询 技能训练2：使用Wireshark软件分析DNS报文 技能训练3：使用Wireshark软件分析HTTP报文 技能训练4：使用Wireshark软件分析FTP报文 技能训练5：使用Wireshark软件分析DHCP报文
第9章，无线网络和移动网络	无线网络的基本概念、分类；无线局域网的概念、IEEE 802.11协议标准、无线电频谱与AP天线、常见的无线网络设备、无线局域网组网结构	技能训练：构建基础结构无线局域网
第10章，网络安全	网络安全的定义、特征；数据密码技术；网络安全威胁技术；网络安全防护技术；互联网使用的安全协议	技能训练：通过Windows Defender防火墙实现网络安全

2. 本书的特色

本书以适应职业本科教育教学的需求为目标，充分体现职业本科特色。

（1）融入思政元素。习近平总书记在党的二十大报告中提出："育人的根本在于立德。全面贯彻党的教育方针，落实立德树人根本任务，培养德智体美劳全面发展的社会主义建设者和接班人。"在"计算机网络基础"课程的教学改革中，坚持立德为先，将家国情怀、工匠精神、团队协作、安全意识、文化自信、劳动精神等思政元素巧妙地融入课程教学的各个章节、各个环节、各个方面，构建全课程育人格局，为党和国家培养又红又专、德才兼备的高技能优秀人才，更好地为国家的信息化建设提供有力的人才支撑。

（2）"基本原理＋项目实训"。本书在枯燥难懂的基本原理的讲解中，通过 eNSP 模拟环境嵌入 Wireshark 软件，以分析报文结构，助力读者理解枯燥且晦涩难懂的基本原理；而将组网应用、网络层路由配置、应用层应用配置等内容舍弃。

（3）紧跟技术发展变化。本书紧跟计算机网络技术的最新发展，认真权衡计算机网络知识体系中的"变"与"不变"，讲解和分析计算机网络的基本原理、方法与技术精髓，尽可能使读者获得"长保质期"的知识，及时引入 IPv6、ICMPv6、Wi-Fi 6 等新技术的内容。

本书由河北科技工程职业技术大学褚建立教授组织编写并统稿，其中，第 1 章由唐山工业职业技术学院李征阳编写，第 2、3 章由河北科技工程职业技术大学路俊维编写，第 4 章由河北科技工程职业技术大学马雪松、陈步英、李静、高欢编写，第 5 章由北京工业职业技术学院方园编写，第 6 章由褚建立编写，第 7 章由黑龙江职业学院庞金龙编写，第 8 章由秦皇岛职业技术学院郭志敏编写，第 9 章由大连职业技术学院王明昊编写，第 10 章由包头职业技术学院赵源编写。本书在编写过程中得到了重庆电子工程职业学院人工智能与大数据学院院长武春岭教授的悉心指导。参与编写本书的还有河北科技工程职业技术大学的李军、陶智、董会国、王党利等，在此一并表示感谢。从复杂网络技术中编写出一本简明的、满足企业网络基本需求的教材确实不是一件容易的事情，因此，衷心感谢企业技术专家给本书提出的建设性意见和建议。本书也得到了教育创新与产教融合专业委员会的大力支持和帮助，在此也向他们表示衷心的感谢。

由于编者水平有限，加之时间紧促，书中难免会有不足之处，恳请广大读者批评指正（编者 E-mail：397310619@qq.com）。

编者

2023 年 5 月

目录

第 6 章 IP 编址和子网划分 180

第 7 章 传输层 215

第 8 章 应用层 252

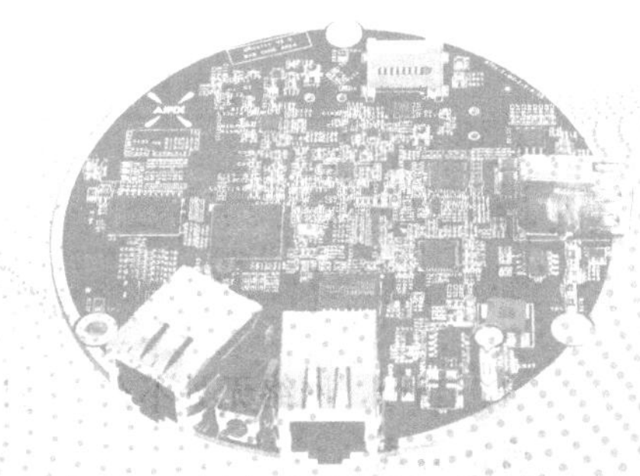

第1章

计算机网络和互联网

内容巡航

在过去的几个世纪中，每个世纪都有一种占主导地位的技术。18 世纪，伴随着工业革命到来的是伟大的机械系统时代；19 世纪是蒸汽机时代；在 20 世纪的发展历程中，关键技术是信息的收集、处理和分发；随着计算机技术和通信技术的结合，21 世纪的一个重要特征就是数字化、网络化和信息化，这是一个以网络为核心的信息时代。要实现信息化，就必须依靠完善的网络，因为网络可以非常迅速地传递信息。因此，网络现在已经成为信息社会的命脉和发展知识经济的重要基础。网络对社会生活的很多方面及社会经济的发展已经产生了不可估量的影响。网络在人们的日常生活、学习和工作中所起的作用越来越重要。为此，我们需要了解一下什么是计算机网络，计算机网络到底有哪些应用，以及如何组建计算机网络。

今天的互联网无疑是有史以来由人类精心设计的最大的系统。该系统具有数以亿计的计算机、通信链路和交换机，有数十亿个便携计算机、平板电脑和智能手机连接的用户 [中国互联网络信息中心（CNNIC）于 2023 年 3 月 2 日在北京发布了第 51 次《中国互联网络发展状况统计报告》（以下简称《报告》）。《报告》显示，截至 2022 年 12 月，我国网民规模达 10.67 亿，互联网普及率达 75.6%]，还有一批与互联网连接的“物品”，包括游戏机、监视系统、手表、眼镜、温度调节装置、体重计和汽车等。随着互联网的发展、应用，面对如此巨大且具有如此众多不同组件和用户的互联网，应该怎么理解它的工作原理呢？它的结构如何？

通过本章的学习，读者应该掌握以下知识。

- 网络如何影响我们在学习、工作和娱乐方面的方式。
- 互联网的边缘部分和核心部分的作用。
- 电路交换和分组交换的概念。
- 计算机网络的组成和功能。
- 计算机网络的分类。
- 计算机网络和互联网的演变与发展。
- 计算机网络的性能指标。
- 计算机网络的体系结构。

内容探究

互联网的全球化速度已超乎我们的想象。社会、商业、政治及人际交往的方式正紧随着这一全球化网络的发展而快速演变。

1.1 全球联网

当今，网络无处不在，为我们提供了与同一地区或全球各地的人们进行通信或共享信息和资源的方式。

1.1.1 当今网络

对大多数人来说，使用网络已成为日常生活中不可或缺的一部分。这些网络的可用性已经改变了我们与他人交流的方式。

（1）日常生活中的网络。当今世界有了网络，人与人之间的联系达到空前状态。当人们想到某个创意时，可以即时与他人沟通，使创意变为现实；新闻事件和新的发现在几秒内就能被人们知晓；在电商平台、商家网上平台购物，甚至做起了跨境生意；旅行、住宿甚至目的地的天气都可以在网上办理（了解）；支付宝、微信等支付方式几乎代替了现金支付方式。

（2）网络改变人们的学习方式。接受优质教育不再局限于离教学点近的学生。在线远程学习消除了地理位置障碍，增加了学生的学习机会；网络提供了各种格式的学习材料，包括互动练习、评估和反馈等。

（3）网络支撑人们的通信方式。随着互联网的全球化，许多新的通信方式也应运而生，它们使个人能够创建全球各地的人们都可以访问的信息，如腾讯的QQ、微信，阿里的钉钉，微软的MSN，ICQ等即时通信软件。

（4）网络支撑着人们的工作方式。在新型冠状病毒感染疫情期间，各行政大厅、企事业单位开展网上办公，网上员工招聘、培训，各地开展视频会议等工作，教育部门开展了“停学不停课”网上教学活动，这些都改变了人们的工作方式。网络直播产生了网红经济，催生了新的职业。

（5）网络支撑着人们的娱乐方式。互联网可以用于传统的娱乐形式，可以收听歌曲、欣赏电影、阅读书籍及下载资料以便将来脱机访问，也可以观看体育赛事和音乐会的直播、录像和进行点播。网络促进了各种新娱乐形式（如在线游戏）的出现，人们可以与世界各地的自己认识或不认识的人并肩作战，就像在同一个游戏室中一样。无论何种娱乐，网络都在改变着人们的体验。

2015年3月5日上午，在中华人民共和国第十二届全国人民代表大会第三次会议上，国务院原总理李克强在政府工作报告中提出，“制定‘互联网+’行动计划，推动移动互联网、云计算、大数据、物联网等与现代制造业结合，促进电子商务、工业互联网和互联网金融健康发展，引导互联网企业拓展国际市场。”

1.1.2 身边的网络

网络以多种规模和形式出现，没有大小限制。它们可以是小到由两台计算机组成的简易网络，也可以是大到连接数百万台甚至更多设备的超级网络。

（1）小型家庭网络将少量的几台计算机互联起来并将它们连接到互联网，人们可以在多台本地计算机之间共享资源，如打印机、文档、图片和音乐等。

（2）小型办公室或家庭办公室（SOHO）网络可以让一个家庭办公室或远程办公室的计算机连接到企业网络或访问集中的共享资源。

（3）大中型网络（如大型企业和学校使用的网络）可能有许多站点，包含成百上千台相互连

接的计算机。在大型企业和大型组织中，网络的应用更加广泛。

（4）互联网是连接全球亿万台计算机的网络，是现存最大的网络，是由众多网络组成的网络。

1.1.3　计算机网络的概念

计算机网络（简称网络）没有严格的定义，其内涵也在不断变化。所谓计算机网络，就是指将分布于不同地理位置的具有独立工作能力的计算机、终端及其附属设备用通信设备和通信线路连接起来而形成的计算机的集合，需要配置网络软件，计算机之间可以借助通信线路传递信息，共享软件、硬件和数据等资源。也就是说，计算机网络是由若干节点（Node）和连接这些节点的链路（Link）组成的。图 1.1 给出了一个具有 4 个节点和 3 条链路的计算机网络。可以看到，1 台服务器、1 台计算机、1 台笔记本电脑通过 3 条链路连接到 1 台交换机上，构成了一个简单的计算机网络。

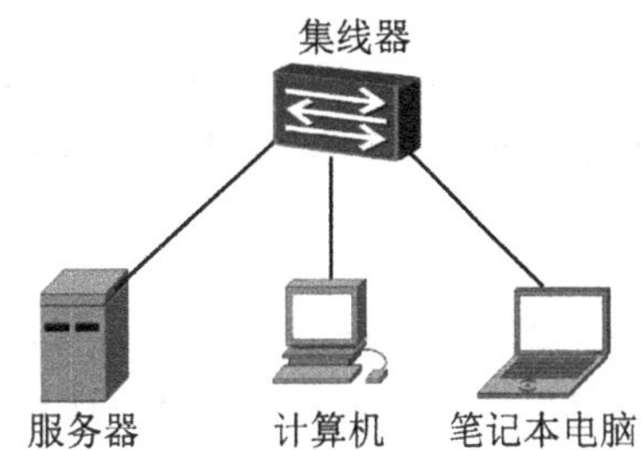

◎ 图 1.1　计算机网络

从以上计算机网络的定义中可以得出以下几点结论。

（1）一个计算机网络可以包含多个节点，节点可以是计算机、集线器、交换机或路由器等，后面会介绍集线器、交换机和路由器等设备。

注：

在计算机网络领域，“结点”是“Node”的标准译名，但在大多数中文资料中都采用“节点”，本书统一采用“节点”。

（2）计算机网络通过通信设备和通信线路把有关的计算机有机地连接起来。所谓“有机地连接”，就是指连接时彼此必须遵循的约定和规则。

（3）建立计算机网络的主要目的是实现通信的交往、信息的交流、计算机分布资源的共享或协同工作。其中最基本的目的是计算机分布资源的共享。这些资源包括硬件资源、软件资源和数据资源。

1.2　互联网概述

1.2.1　网络的网络

网络和网络可以通过路由器等设备互联起来，这样就构成了一个覆盖范围更大的网络，这样的网络被称为互联网络，如图 1.2 所示。因此互联网是网络的网络（Network of Networks）。

我们可以用一朵云来表示网络，这时既可以把网络中的计算机包含在云中（见图 1.2），又可以把计算机画在云的外边（见图 1.3）。通常，为了便于理解和讨论计算机之间的通信等问题，一般把计算机画在云外，把与网络相连的计算机称为主机（Host）。这样，在图 1.3 中，用云表示的互联网里面就只剩下许多路由器和连接这些路由器的链路了。

这些主机多数是传统的台式机、笔记本电脑、Linux 工作站及所谓的服务器（用于存储和传输 Web 页面和电子邮件报文、视频等各种信息）。然而，现在越来越多的非传统的计算机正在与互联网相连。

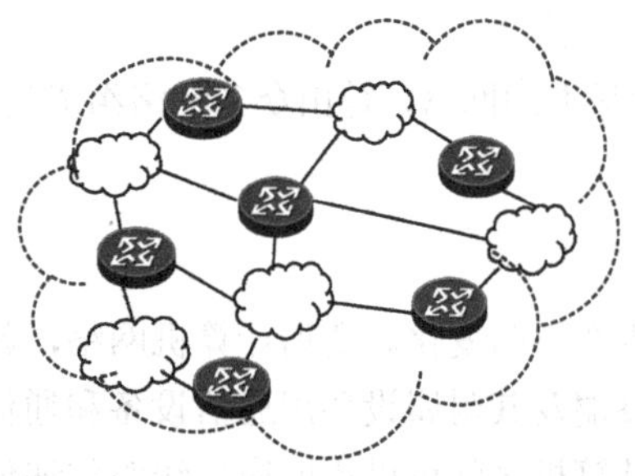

◎ 图 1.2　互联网络（网络的网络）

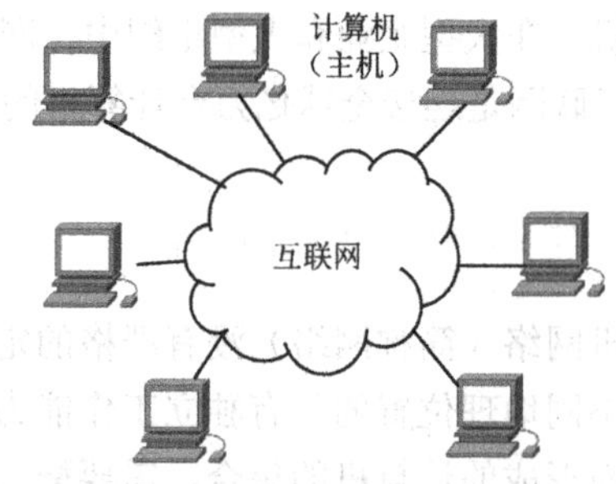

◎ 图 1.3　互联网与其所连接的计算机

由此可以初步建立这样的基本概念：计算机网络把许多计算机连接在一起，而互联网则把许多计算机网络连接在一起。互联网就是世界上最大的计算机网络。

注：

互联网是一个专用名词，指当前全球最大的、开放的、由众多网络相互连接而成的特定计算机网络，它采用 TCP/IP 协议族作为通信的规则，其前身是美国的 ARPANet。

1.2.2　互联网结构经历的 3 个阶段

互联网的基础结构大体上经历了 3 个阶段的演进，但这 3 个阶段在时间划分上是有部分重叠的。网络的演进是逐渐进行的，而不是在某个日期突然发生了变化。

第 1 阶段：从单个网络 ARPANet 向互联网络发展的过程。1969 年，美国国防部高级研究计划管理局（ARPA）创建了第 1 个分组交换网络 ARPANet。它最初只是一个单个的分组交换网络（并不是一个互联网络），所有要连接在 ARPANet 上的主机都直接与就近的节点交换机相连。但到了 20 世纪 70 年代中期，人们认识到不可能使用一个单独的网络来满足所有的通信需求。于是 ARPA 开始研究多种网络（如分组无线电网络）互联的技术，这就导致了互联网络的出现，成为现今互联网的雏形。1983 年，TCP/IP 成为 ARPANet 的标准协议，所有使用 TCP/IP 的计算机都能利用互联网络相互通信，因而人们就把 1983 年作为互联网的诞生时间。1990 年，ARPANet 的实验任务完成，正式宣布关闭。

第 2 阶段：逐步建成 3 级结构的互联网。从 1985 年起，美国国家科学基金会（NSF）就开始围绕 6 个大型计算机中心建设计算机网络，即国家科学基金网 NSFNet。它是一个 3 级计算机网络，分为主干网、地区网和校园网或企业网。这种 3 级计算机网络覆盖了全美国主要的大学和研究所，并且成为互联网的主要组成部分。1991 年，互联网扩大其使用范围，世界上的许多公司纷纷接入互联网，网络上的通信量急剧增大，使互联网的容量已满足不了人们的需求。于是美国政府决定将互联网的主干网交给私人公司来运营，并开始向接入互联网的单位收费。截至 1992 年，互联网上的主机超过 100 万台，互联网主干网的速率提高为 45Mbit/s（T3 速率）。

第 3 阶段：逐渐形成多层次 ISP（Internet Service Provider，互联网服务提供方，也常译为互联网服务提供商）结构的互联网。从 1993 年开始，由美国政府资助的 NSFNet 逐渐被若干商用的互联网主干网替代，政府机构不再负责互联网的运营，而让各种 ISP 来运营。

ISP 可以从互联网管理机构申请到成块的 IP 地址，同时拥有通信线路（大的 ISP 自己建设通信线路，而小的 ISP 则向电信公司租用通信线路）及路由器等连接网络的设备。任何机构和个人只要向 ISP 交纳规定的费用，就可从 ISP 处得到所需的 IP 地址，并通过该 ISP 接入互联网。现在的互联网已不是单个组织所拥有的网络了，而是全世界无数大大小小的 ISP 所共同拥有的网络。

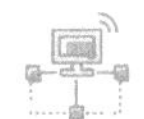

根据提供服务的覆盖面积大小，以及所拥有的 IP 地址数目的不同，ISP 分为主干 ISP、地区 ISP 和本地 ISP。

（1）主干 ISP：由几个专门的公司创建和维持，服务面积最大，并且拥有高速主干网。

（2）地区 ISP：一些较小的 ISP。地区 ISP 通过一个或多个主干 ISP 连接起来。

（3）本地 ISP：为用户提供直接的服务。本地 ISP 可以连接本地 ISP，也可以直接连接主干 ISP 或地区 ISP。绝大多数用户都是直接连接本地 ISP 的。本地 ISP 可以是一个仅提供互联网服务的公司，也可以是一个拥有网络并向自己的员工提供服务的企业，或者是一个运行自己网络的非营利机构（如大学）。

图 1.4 是具有 3 层 ISP 结构的互联网示意图。其中给出了主机 A 与主机 B、主机 C 与主机 D 的通信情况。

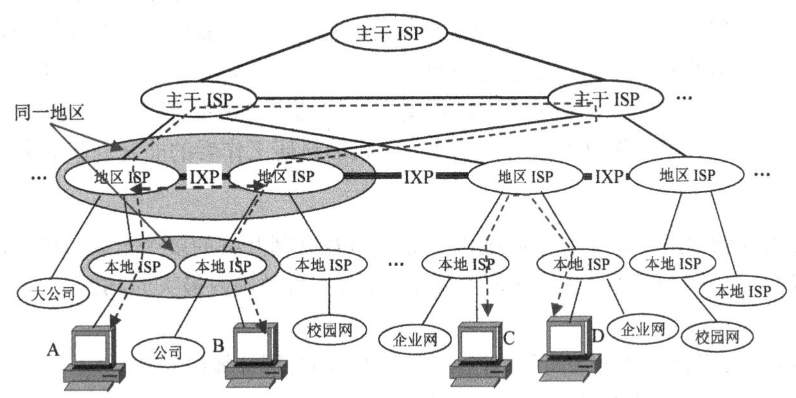

◎ 图 1.4 具有 3 层 ISP 结构的互联网示意图

主机 A 与主机 B 的通信：一个主干 ISP 下的主机 A 要访问处于同一地理位置的另一个主干 ISP 下的主机 B，主机 A 必须经过许多不同层次的 ISP 才能访问主机 B，而不能直接访问。

主机 C 和主机 D 的通信：主机 C 和主机 D 属于同一主干 ISP，但在不同的本地 ISP 下，它们之间的通信在地区 ISP 上就可以完成分组转发。

但随着互联网上数据流量的急剧增长，人们开始研究如何更快地转发分组，以及如何更加有效地利用网络资源。于是 IXP（Internet Exchange Point，互联网交换点）就应运而生了。

IXP 允许两个网络直接相连并交换分组，而不需要通过上一级 ISP 的网络来转发分组。在图 1.4 中，主机 A 与主机 B 的通信在地区 ISP 之间通过 IXP 就可以对等地交换分组，而不用经过最上层的主干 ISP，这样就使互联网上的数据流量分布更加合理，同时减小了分组转发的时延，降低了分组转发的费用。典型的 IXP 由一台或多台网络交换机组成，IXP 常采用工作于数据链路层的网络交换机。

1.2.3 互联网的标准化工作

互联网的标准化工作对互联网的发展起到了非常重要的作用。1992 年成立了国际互联网协会（Internet Society，ISOC），其下有一个技术组织，即互联网架构委员会（IAB），负责管理互联网有关协议的开发。IAB 下面设有两个工程部：互联网工程任务组（Internet Engineering Task Force，IETF）和互联网研究专门工作组（Internet Research Task Force，IRTF）。其中，IETF 的主要工作是进行协议的开发和标准化；IRTF 的主要工作是进行理论方面的研究，如互联网协议、应用、体系结构等。

互联网在制定标准上很有特色，其中最突出的是面向公众。所有的互联网标准都以 RFC（Request For Comments，请求评论）文档的形式在互联网上发布，任何人都可以免费下载这些文档，也可以用电子邮件随时发表对某个文档的意见或建议。RFC 文档按照接收时间的先后顺序从小到大编号，参考时应以最新的文档为准。

现在制定互联网标准的过程是：建议标准（RFC 文档）→互联网标准（STDxx）。一个互联网标准可以与多个 RFC 文档关联。

1.2.4 我国互联网的发展状况

我国于 1980 年开始进行计算机联网实验；1989 年 11 月，第一个公用分组交换网 CNPAC 建立运行；1994 年，用 64kbit/s 专线正式接入互联网，起步比欧美国家晚，并且传统互联网的核心技术由美国掌握，但经过 30 多年的迅速发展，我国网民数量快速增长，互联网的普及和应用程度已经位于世界各国前列，特别是电子商务和互联网应用发展迅速，以阿里、腾讯为代表的互联网企业在国际上处于领先地位。支付宝和微信支付等移动支付在世界范围内具有广泛应用并受到用户的极大认可，这些领先的应用都向世界展示出我国科研工作者的非凡创新能力。

1. 国家骨干网

目前，我国陆续建造了基于互联网技术并能够与互联网互联的多个全国范围内的公用计算机网络，经过多次合并，国内现有 7 家骨干网互联单位，它们就是国内最大的 ISP。它们之间对等互联，互不结算。

- 中国电信集团有限公司（简称中国电信，原中国公用计算机互联网）。
- 中国联合网络通信集团有限公司（简称中国联通）。
- 中国移动通信集团有限公司（简称中国移动）。
- 中国教育和科研计算机网。
- 中国科学院计算机网络信息中心。
- 中国国际电子商务中心。
- 中国长城互联网。

其中，前 3 家是国际骨干互联网运营商，后 4 家是公益性网络。

中国互联网的发展令世界瞩目，尤其表现在规模和应用两个方面。根据中国互联网协会发布的第 50 次《中国互联网发展状况统计报告》，截至 2022 年 6 月，中国网民已达 10.51 亿人，互联网普及率达 74.4%；2021 年，中国网上零售额达 13.01 万亿元，电子商务年交易额为 42.3 万亿元，中国数字经济规模稳居世界第二。除此之外，中国互联网应用也在蓬勃发展，以新四大发明为代表的“互联网 +”应用对传统产业转型升级、优化行业环境具有重要的推动意义。中国互联网的发展背后彰显了中国特色社会主义的文化自信和道路自信。

2. 互联网之间互联互通

中国互联网就是由上述 7 家骨干网互联单位的骨干网通过互联互通共同构建的。各骨干网互联单位的骨干网主要通过以下方式实现互联互通。

（1）NAP 模式。NAP 本质上即 IXP。目前，国内 NAP 只设置在北京、上海、广州 3 地，骨干网互联单位可在此接入，实现网间互联互通。

（2）骨干直联点模式。目前，国家级骨干直联点数量已达到 13（3+7+3）个，即北京、上海、广州、南京、成都、武汉、西安、沈阳、重庆、郑州、杭州、贵阳·贵安、福州，已经覆盖了国内三大运营商 IP 骨干网核心节点所在城市。

图 1.5 是中国骨干互联网互联示意图。

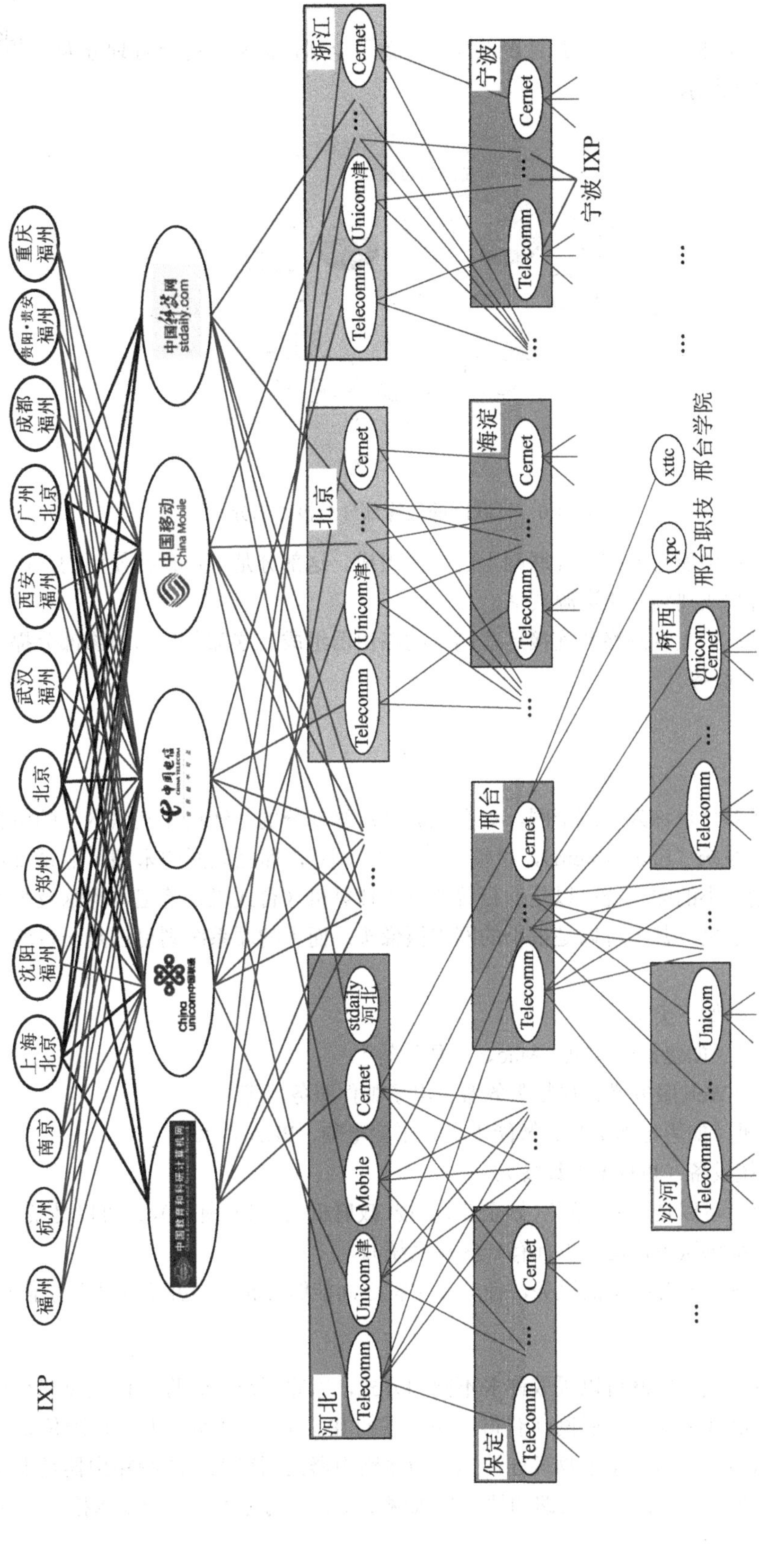

◎ 图 1.5　中国骨干互联网互联示意图

1.3 互联网的组成

互联网组成

互联网的结构虽然非常复杂，并且在地理上覆盖了全球，但从功能上可划分为两大部分，如图 1.6 所示。

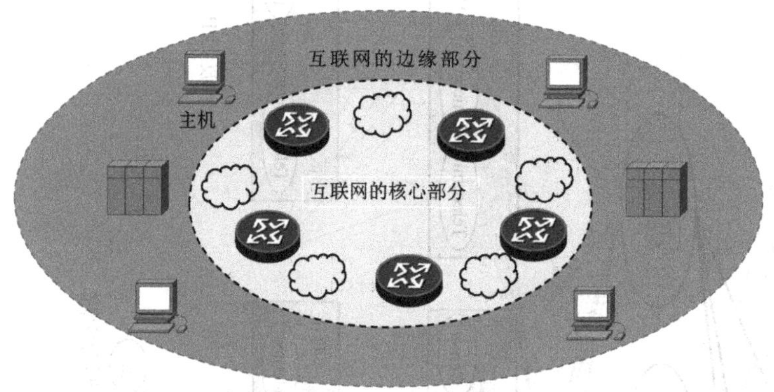

◎ 图 1.6 互联网的边缘部分与核心部分

（1）边缘部分：由所有连接在互联网上的主机组成。这部分是用户直接使用的，用来进行通信（传送数据、音频或视频）和资源共享。

（2）核心部分：由大量网络和连接这些网络的路由器组成。这部分是为边缘部分提供服务的（提供连通性和交换服务）。

1.3.1 边缘部分

互联网的边缘部分也称为资源子网。处在互联网边缘部分的是连接在互联网上的所有主机。这些主机又称为端系统（End System），“端”就是“末端”，即互联网的末端。端系统在功能上可能有很大的差别，小的端系统可以是一台普通个人计算机（台式机、笔记本电脑及平板电脑）和具有上网功能的手机，甚至可以是很小的网络摄像头；而大的端系统则可以是一台服务器、大型计算机。

端系统主要包括如下类型。

- 桌面计算机（如包括台式机、Mac、工作站等）。
- 服务器（如 Web 服务器、视频服务器、电子邮件服务器等）。
- 移动计算机（如笔记本电脑、智能手机、平板电脑、PDA 等）。
- 其他非传统设备（也称 IoT 设备）。

端系统的拥有者可以是个人、单位（如企业、学校、政府机关、科研所等），也可以是某个 ISP（ISP 不仅可以向端系统提供服务，还可以拥有一些端系统）。

边缘部分利用核心部分提供的服务，使众多主机之间能够互相通信并交换或共享信息。

1. 接入网

用户和组织连接到互联网可以采取许多不同的方式，家庭用户、远程工作人员和小型办公室通常只有连接到 ISP 才能访问互联网（获得上网所需的 IP 地址）。不同 ISP 和地理位置的连接选项各不相同。接入网是指将端系统物理连接到其边缘路由器的网络上。边缘路由器是端系统到任何其他远程端系统的路径上的第一台路由器。接入网主要解决的是“最后一千米接入”问题。

2. 物理媒体

端系统先通过通信链路（Communication Link）与分组交换机（Packet Switch）连接到一起，再接入互联网。通信链路使用了物理媒体。

目前，物理媒体分为两类：导引型媒体和非导引型媒体。对于导引型媒体，电波沿着固体媒体前行，如对绞电缆、光缆和同轴电缆。对于非导引型媒体，电波在空气或外层空间中传播，如无线局域网或数字卫星频道。

1.3.2 核心部分

互联网的核心部分也称为通信子网，是互联网中最复杂的部分，因为网络中的核心部分要向边缘部分中的大量主机提供连通性，使边缘部分中的任何一台主机都能够与其他主机通信。

在核心部分中，起特殊作用的是路由器（Router）。它是一种专用计算机（但不是主机）。当一个端系统要向另一个端系统发送数据时，发送端系统将数据分段，并为段加上首部字节，由此形成的数据报称为分组（Packet）。这些分组通过网络发送到目的端系统，在那里被装配成初始数据。路由器是实现分组交换的关键构件，任务是转发收到的分组，这是网络核心部分最重要的功能。

为了弄清楚分组交换，下面先介绍电路交换的基本概念。

1. 电路交换

电路交换（Circuit Switching）是通信网中最早出现的一种交换方式，也是应用最普遍的一种交换方式，主要应用于电话通信网中，至今已有 100 多年的历史。

在电路交换网络中，通过网络节点在两个工作站之间建立一条专用的通信电路。最普通的电路交换的例子是公用电话交换网（PSTN）。在使用电路交换通话前，必须先拨号，请求建立连接。当被叫方听到交换机送来的振铃并摘机后，从主叫方到被叫方就建立起一条连接，即一条专用的物理通路。这条连接保证了双方通话时所需的通信资源，而这些通信资源在双方通信时不会被其他用户占用。此后，主叫方和被叫方就能互相通话了。通话完毕并挂机后，交换机释放刚才使用的这条连接（把刚才占用的所有通信资源归还给网络）。这种必须经过“建立连接（占用通信资源）→通话（一直占用通信资源）→释放连接（归还通信资源）”3 个步骤的交换方式称为电路交换。如果主叫方在拨号呼叫时，网络的通信资源已不足以支持这次呼叫（如被叫方在通话，同时通话数量超过线路容量），则主叫方会听到忙音，此时主叫方需要挂机，等待一段时间后重新拨号。

图 1.7 所示为电路交换的过程，给出了 4 部电话及其相连的市话程控交换机和长途程控交换机。

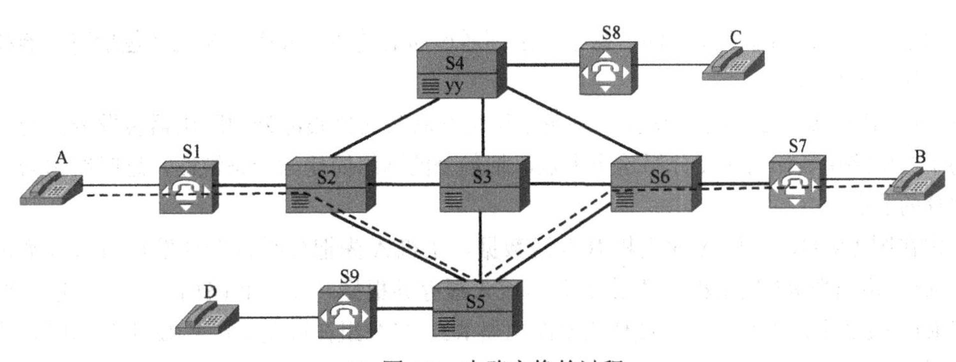

◎ 图 1.7　电路交换的过程

用户线是用户电话到所连接的市话程控交换机的连接线路，是用户独占的传送模拟信号的专用线路；而市话程控交换机、长途程控交换机之间拥有大量话路的中继线则是由许多用户共享的，正在通话的用户只占用了中继线里面的一个话路（采用多路复用技术，如频分、时分、码分等），程控交换机之间是数字电路。这里的市话程控交换机和长途程控交换机统一用节点表示。

电路交换方式在传输数据之前建立连接，有时延；在连接建立后就专用该连接，即使没有数据传输，也要占用连接，因此利用率可能较低。然而，一旦建立了连接，网络对于用户实际上是透明的；用户可以以固定的速率传输数据，除传输时延外，不再有其他时延。电路交换能适应实时性传输，但如果通信量不均匀，就容易引起阻塞。目前我们常用的固定电话、移动电话采用的都是电路交换方式。

2. 报文交换

古代就有的邮政通信采用了基于存储转发传输（Store-and-Forward Transmission）原理的报文交换（Message Switching）。在报文交换中心，一份份电报被接收，并串成纸带，操作员以每份报文为单位撕下纸带，根据报文的目的节点地址拿到相应的发报机转发出去。报文交换的时延较大，从几分钟到几小时不等。现在已不再使用报文交换了。

3. 分组交换

分组交换（Packet Switching）方式简称分组交换或包交换，采用存储转发技术，最早在ARPANet上得到应用。它试图兼有报文交换和电路交换的优点，而使两者的缺点最少。

在各种网络应用中，端系统彼此交换报文（Message）。为了从源端系统向目的端系统发送一个报文，源端系统将传送的报文划分为一个一个更小的数据段，如每个数据段为1024bit。在每个数据段前面加上一些由必要的控制信息组成的首部（Header）后，就构成了一个分组，也称“包”，分组的首部也可称为“报头”。分组是在互联网中传送的数据单元。分组中的首部是非常重要的，正是由于分组的首部中包含了诸如目的地址和源地址等重要控制信息，所以每个分组才能在互联网中独立地选择传送路径，并被正确地交付到分组传送的终点。图1.8表示把一个报文划分为几个分组后进行传送，即以分组为基本单位在网络中传送。

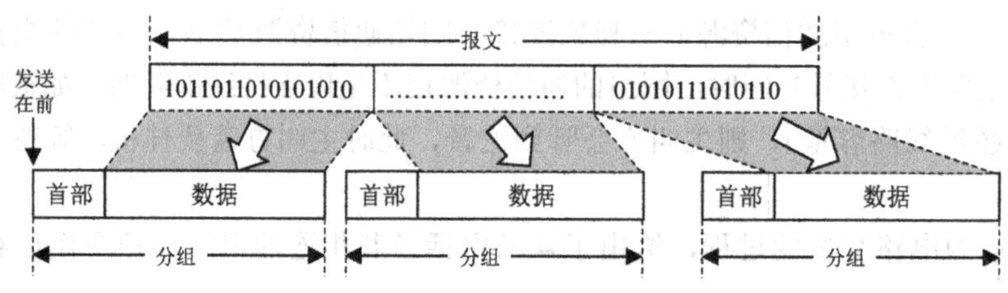

◎ 图1.8 以分组为基本单位在网络中传送

在源端系统和目的端系统之间，每个分组都通过通信链路和分组交换机（包括路由器和数据链路层交换机）传送。

下面用如图1.9所示的分组交换示意图来讨论互联网的核心部分的路由器转发分组的过程，这里为了突出路由器如何转发分组这个重点，把单个的网络简化为一条链路，这时路由器就成为核心部分的节点。

假定在图1.9中，主机A向主机B发送数据。主机A先把分组逐个地发往与它直接相连的路由器R1。路由器R1把主机A发来的分组放入缓存并根据转发表和路由选择协议把分组转发到链路R1→R2上，于是分组就被传送至路由器R2。当分组在链路R1→R2上传送时，该分组并不占用网络其他资源。

路由器 R2 同样按上述方法把分组转发至路由器 R3，当分组到达路由器 R3 后，路由器 R3 就把分组直接交给主机 B。

假定在某一分组的传送过程中，链路 R1 → R2 上的通信量太大，那么路由器 R1 可以把分组沿着路由传送，既可以选择先转发至路由器 R5，又可以选择先转发至路由器 R4；再转发至路由器 R3；最后把分组交给主机 B。

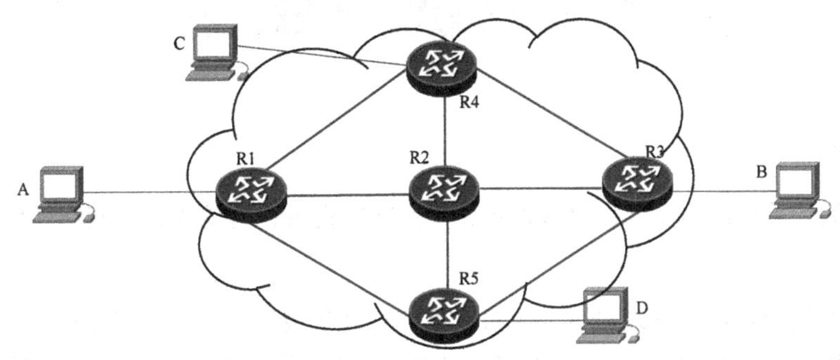

◎ 图 1.9　分组交换示意图

在网络中可同时有多台主机进行通信，如主机 C 也可以经过路由器 R4、R1 和 R5 到达主机 D。实际上，互联网可以容许非常多的主机同时进行通信，而一台主机中的多个进程（程序）也可以各自与不同主机中的不同进程进行通信。

分组交换在传送数据前不必占用一条端到端的链路的通信资源。分组在哪段链路上，传送分组就占用这段链路的通信资源。分组到达一个路由器后，先暂时被存储下来，路由器查找路由转发表，然后从一条合适的链路上转发出去。分组在传送时就这样一段一段地、断续地占用通信资源，而且省去了建立连接和释放连接的开销，因而数据的传送效率更高。

图 1.10 总结了电路交换和分组交换的主要区别。其中，A 和 B 分别是源节点与目的节点，而 C 和 D 是在 A 和 B 之间的中间节点。

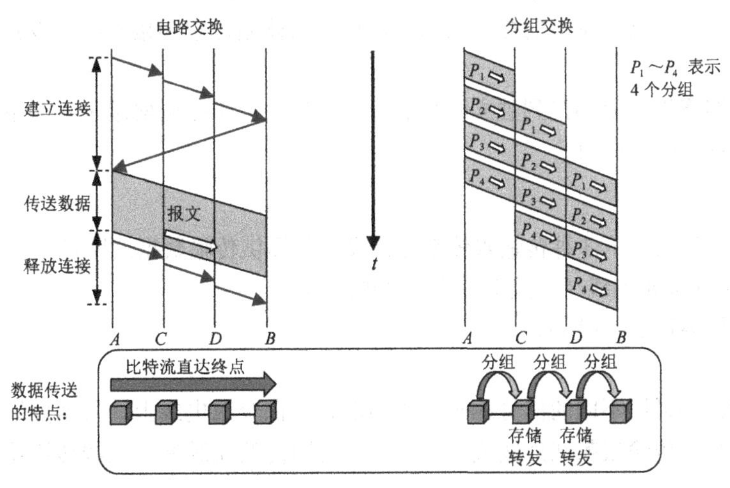

◎ 图 1.10　电路交换和分组交换的主要区别

- 电路交换：整个报文的比特流连续地从源节点直达目的节点，就好像在一个管道中传送一样。
- 分组交换：单个分组（这只是整个报文的一部分）传送到相邻节点后被存储下来，路由器查找转发表，并将其转发到下一个节点中。

从图 1.10 中可以看出，若要连续传送大量的数据，且其传送时间远大于建立连接的时间，则电路交换的传送速率较高；分组交换不需要预先分配传输带宽，在传送突发数据时可提高整个网络的信道利用率。

1.4 计算机网络的组成及分类

1.4.1 计算机网络的组成

一个典型的计算机网络主要由终端设备、中间网络设备、传输媒体、网络软件等组成。

1. 终端设备

连接到网络的设备称为终端设备或主机。这些设备形成了用户与底层通信网络之间的界面。终端设备包括传统台式机、Mac、工作站、笔记本电脑、服务器，以及智能手机、平板电脑、PDA（掌上电脑）和 IoT 设备。

为了区分不同终端设备或主机，网络中的每台终端设备或主机都用一个地址加以标识。

2. 中间网络设备

中间网络设备与终端设备互联，将每台主机连接到网络，并且可以将多个独立的网络连接成互联网络。这些设备提供连接并在后台运行，以确保数据在网络中传输。

中间网络设备包括以下几种。

- 网络接入设备（交换机和无线接入点）。
- 网络互联设备（路由器）。
- 安全设备（防火墙、入侵检测设备）。

中间网络设备确定数据的传输路径，但不生成或修改数据。

物理端口：中间网络设备上的接口或插口，传输媒体通过它连接到终端设备或其他中间网络设备。

接口：中间网络设备上连接到独立网络的专用端口。由于路由器用于互联不同的网络，所以路由器上的端口称为网络接口。

3. 传输媒体

现代网络主要使用以下 3 种传输媒体来连接设备并提供传输数据的路径。

- 电缆内部的金属电线（对绞电缆或同轴电缆）。
- 玻璃或塑料纤维（光缆）。
- 无线传输。

每种传输媒体都采用不同的信号编码来传输消息。在金属电线上，数据要编码成符合特定模式的电子脉冲；光纤传输依赖红外线或可见光频率范围内的光脉冲；无线传输使用电磁波的波形来说明这个位值。

4. 网络软件

网络软件一般包括网络操作系统、网络协议和通信软件等。

（1）网络操作系统是网络软件的重要组成部分，是进行网络系统管理和通信控制的所有软件的集合，负责整个网络软件 / 硬件资源的管理，以及网络通信和任务的调度，并提供用户与网络之间的接口。常用的网络操作系统有 Linux、Windows、UNIX、NetWare 等。

（2）网络协议是实现计算机之间、网络之间相互识别并正确通信的一组标准和规则。

5. 网络接口卡

网络接口卡简称网卡，又称为网络适配器，主要负责主机与网络之间的信息传输控制。它的主要功能是进行线路传输控制、差错检测与恢复、代码转换，以及数据帧的装配与拆装等。

1.4.2 计算机网络的功能

计算机网络的主要功能是向用户提供资源的共享和数据的传输服务。计算机网络的主要功能包括以下几点。

（1）数据通信。数据通信是计算机网络最基本的功能之一，可以使分散在不同地理位置的计算机之间相互传送信息。该功能是计算机网络实现其他功能的基础。

（2）实现资源共享。计算机网络中的资源可分成三大类：硬件资源、软件资源和信息资源。相应地，资源共享也分为硬件共享、软件共享和信息共享。计算机网络可以在全网范围内提供如打印机、大容量磁盘阵列等各种硬件设备的共享，以及各种数据（如各种类型的数据库、文件、程序等）资源的共享。

（3）进行分布式处理。对于综合性的大型问题，可采用合适的算法，将任务分散到网络中不同的计算机上进行分布式处理。

（4）综合信息服务。计算机网络的发展使应用日益多元化，即在一套系统上提供集成的信息服务，如电子邮件、网上交易、视频点播、文件传输、办公自动化等。

正是由于计算机网络具有以上功能，才使其得到了迅猛发展，各单位组建了自己的局域网，这些局域网互相连接起来组成了更大范围的网络，如互联网。

1.4.3 计算机网络的分类

对计算机网络进行分类的标准很多，这里介绍最常见的两种。

1. 按网络的传输技术分类

网络所采用的传输技术决定了网络的主要技术特点。根据数据传输方式的不同，计算机网络可分为广播网络和点到点网络两大类。

（1）广播网络（Broadcast Network）中的计算机或设备共享传输媒体进行数据传输，网络中的所有节点都能收到任何节点发出的数据信息。广播网络中的传输方式有单播（Unicast）、组播（Multicast）和广播（Broadcast）3 种。以太网和令牌环网都属于广播网络。

（2）点到点网络（Point-to-Point Network）中的计算机或设备以点对点的方式进行数据传输，两个节点间可能有多条单独的链路。这种传输方式应用于广域网中，如 ADSL。

2. 按计算机网络的作用范围分类

根据计算机网络所覆盖的地理范围、信息的传输速率及其应用目的，计算机网络通常分为局域网、城域网和广域网。

（1）局域网（Local Area Network，LAN）也称局部网，是指将有限范围内（如一个实验室、一栋大楼或一座校园）的各种计算机、终端与外部设备互联在一起的通信网络。它具有传输速率高（通常为 100Mbit/s、1000Mbit/s、10Gbit/s 甚至更高）的特点，其覆盖范围一般不超过几十千米，通常将一栋大楼或一座校园内分散的计算机连接起来构成局域网。

（2）城域网（Metropolitan Area Network，MAN）有时又称为城市网、区域网、都市网。城域网介于局域网和广域网之间，其覆盖范围通常为一座城市或一个地区，满足距离从几十千米到上百千米范围内的大量企业、机关、公司的多个局域网的互联需求，以实现大量用户之间的数据、语音、图形与视频等多种信息的传输。

（3）广域网（Wide Area Network，WAN）又称远程网。它所覆盖的范围从几十千米到几千千米。广域网可以覆盖几个国家或地区，甚至横跨几个洲，形成国际性的远程计算机网络。

1.4.4 计算机网络的拓扑结构

在计算机网络中，把计算机、通信处理机等设备抽象成点，把连接这些设备的通信线路抽象成线，并将由这些点和线构成的拓扑称为网络拓扑结构。网络拓扑结构定义了计算机等各种网络设备之间的连接方式，描述了线缆和网络设备的布局，以及数据传输时所采用的路径，在很大程度上决定了网络的工作方式。对网络的性能、可靠性及建设管理成本等都有着重要的影响。

网络拓扑结构通常有总线型、星型、环型、树型和网状结构，如图 1.11 所示。

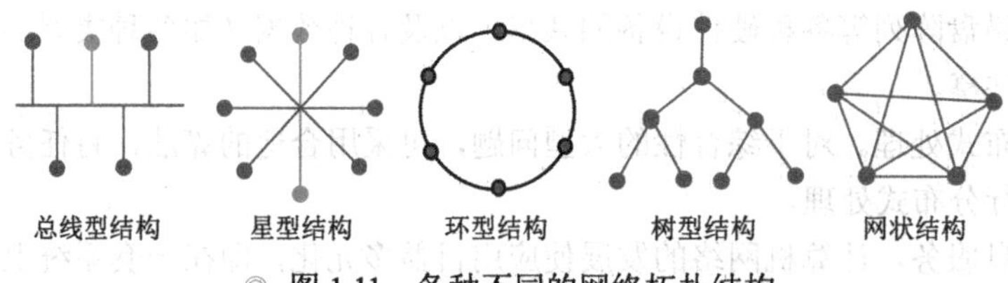

◎ 图 1.11 各种不同的网络拓扑结构

（1）总线型结构：采用单根传输线作为传输媒体，所有的节点都通过相应的硬件接口直接连接到传输媒体或总线上。任何一个节点发送的信息都可以沿着传输媒体传播，而且能被所有其他节点接收。目前，这种网络拓扑结构正在被淘汰。

（2）星型结构：由中央节点和通过点对点链路连接到中央节点的各节点（网络工作站等）组成。中央节点一般为交换机（点到点式）或共享式集线器（广播式）。它是局域网中最常用的拓扑结构。

（3）环型结构：将各节点通过一条首尾相连的通信线路连接起来形成封闭的环，环中信息的流动是单向的。

（4）树型结构：由星型结构派生而来，各节点按一定的层次连接起来，任意两个节点之间的通路都支持双向传输，网络中存在一个根节点，由该节点引出其他多个节点，形成一个分级管理的集中式网络，越顶层的节点的处理能力越强。它是目前局域网最常用的结构。

（5）网状结构：分为全连接网状和不完全连接网状两种形式。在全连接网状结构中，每个节点与网络中的其他节点均有链路连接。在不完全连接网状结构中，两个节点之间不一定有直接链路连接，它们之间的通信依靠其他节点转接。

1.5 计算机网络的性能

1.5.1 计算机网络的性能指标

影响计算机网络性能的因素有很多，如传输的距离、使用的线路、传输技术、带宽等。对用

户而言，主要体现为所获得的网络速度不一样。计算机网络的主要性能指标包括速率、带宽、吞吐量和时延等。

1. 速率

计算机通信需要将发送的信息转换成二进制数字来传输，一位二进制数称为一个“比特”(bit)，二进制数字转换成数字信号在线路上传输。

网络技术中的速率指的是每秒传输的比特数量，称为“数据率”（Data Rate）或“比特率”（Bit Rate）。速率的单位是 bit/s。当速率较高时，就可以使用 kbit/s（$k=10^3$= 千）、Mbit/s（$M=10^6$= 兆）、Gbit/s（$G=10^9$= 吉）、Tbit/s（$T=10^{12}$= 太）。

在 Windows 操作系统中，速率以字节（Byte）为单位。例如，在磁盘之间复制文件、从网络上下载文件时，可以看到以字节为单位的速率，换算成以比特为单位的速率要乘以 8。

要注意速率是大写 B 还是小写 b。

2. 带宽

带宽（Bandwidth）有以下两种不同的含义。

（1）在通信线路上传输模拟信号时，将通信线路允许通过的信号频带范围称为线路的带宽（或通频带）。带宽的单位为 Hz 或 kHz、MHz、GHz 等，如电话信号的标准带宽是 3.1kHz（从 300Hz 到 3.4kHz，即话音的主要成分的频率范围）。

（2）在计算机网络中，带宽用来表示网络通信线路传输数据的能力，即最高速率，单位记为 bit/s，即前面提到的速率，前面也常常加上 k、M、G、T 这样的倍数。例如，计算机适配器的速率为 100Mbit/s，说明计算机适配器的最高速率为每秒传输 100Mbit 的数据。

3. 吞吐量

吞吐量（Throughput）表示在单位时间内通过某个网络（或信道、接口）的数据量。如果计算机 A 同时浏览网页、在线看电影、向 FTP 服务器上传文件，那么计算机 A 的吞吐量就是全部上传和下载速率的总和。由于诸多原因，使得吞吐量常常远小于所用传输媒体本身可以提供的最大数字带宽。例如，对于 100Mbit/s 的以太网，其典型的吞吐量可能只有 70 ～ 80Mbit/s。决定吞吐量的因素包括网络互联设备、所传输的数据类型、网络的拓扑结构、网络上的并发用户数量、用户的计算机、服务器和拥塞。

4. 时延

时延（Delay 或 Latency）是指数据（一个报文或分组甚至比特）从一个网络（或链路）的一端传送到另一端所需的时间。通常来讲，时延是由以下几部分组成的。

（1）发送时延：节点在发送数据时，使数据块从节点进入传输媒体所需的时间，即从数据块的第一个比特开始发送算起，到最后一个比特发送完毕所需的时间，又称为传输时延。发送时延发生在机器内部的发送器中（一般发生在网络适配器中）。发送时延的计算公式如下：

发送时延 = 数据帧长度（bit）/ 发送速率（bit/s）。

（2）传播时延：电磁波在信道中传播一定的距离需要花费的时间。传播时延发生在机器外部的传输媒体信道上。传播时延的计算公式如下：

传播时延 = 信道长度（m）/ 电磁波在信道上的传播速率（m/s）。

（3）处理时延：数据在交换节点上为存储转发进行一些必要的处理所花费的时间。

（4）排队时延：在网络传输中，分组进入路由器后要先在输入队列中排队等待处理，在路由器确定了转发接口后，还要在输出队列中排队等待转发，这就产生了排队时延。排队时延的大小取决于网络当时的通信量。

这样，数据在网络中经历的总时延就是以上 4 种时延之和：

总时延 = 发送时延 + 传播时延 + 处理时延 + 排队时延

一般来说，时延小的网络要优于时延大的网络。在某些情况下，一个低效率、时延小的网络很可能要优于一个高效率但时延大的网络。

5. 时延带宽积

把链路上的传播时延和带宽相乘就会得到时延带宽积，即时延带宽积 = 传播时延 × 带宽。这对以后计算以太网的最短帧非常有帮助。

这个性能指标可以用来计算通信线路上有多少比特。

6. 往返时间

在计算机网络中，往返时间（Round-Trip Time，RTT）表示从发送方发送数据开始，到发送方收到来自接收方的确认消息（接收方收到数据后便立即发送确认消息）所需的时间。在互联网中，往返时间还包括各中间节点的处理时延、排队时延，以及转发数据时的发送时延。往返时间与所发送的分组长度有关，发送很长的分组的往返时间应当比发送很短的分组的往返时间要多些。

7. 丢包率

丢包率（Loss Tolerance 或 Packet Loss Rate）即分组丢失率，是指在一定的时间范围内，传输过程中丢失的分组数量与总的分组数量的比率。丢包率具体可分为接口丢包率、节点丢包率、链路丢包率、路径丢包率、网络丢包率等。丢包率的计算公式如下：

丢包率 =[(输入报文 − 输出报文)/ 输入报文]×100%

丢包率与数据报长度和包发送频率相关。通常，千兆网卡在流量大于 200Mbit/s 时，丢包率低于万分之五；百兆网卡在流量大于 60Mbit/s 时，丢包率低于万分之一。通常在吞吐量范围内进行测试。

8. 利用率

利用率有信道利用率和网络利用率两种。信道利用率指出某信道有百分之几的时间是被利用的（有数据通过），完全空闲的信道的利用率是零；网络利用率是全网络的信道利用率的加权平均值。

信道利用率并非越高越好，根据排队论，当某信道的利用率升高时，该信道引起的时延也就迅速增大。当网络的通信量很小时，网络产生的时延并不大；但在网络通信量不断增大的情况下，由于分组在网络节点（路由器或交换机）上进行处理时需要排队等候，因此网络产生的时延就会增大。

1.5.2 计算机网络的非性能特征

计算机网络还有一些非性能特征也很重要。这些非性能特征与前面介绍的性能指标有很大的关系。

计算机网络的非性能特征主要包括费用、质量、标准化、可靠性、可扩展性和可升级性、易于管理和维护等。

1.6　计算机网络的体系结构

计算机网络体系结构

在计算机网络的基本概念中，网络协议与分层体系结构是最重要的。

1.6.1　计算机网络的协议与分层体系结构

1. 网络协议

计算机网络是由多个互联的节点组成的，节点之间需要不断地交换数据与控制信息。要做到有条不紊地交换数据，那么每个节点都必须遵守一些事先约定的规则。这些规则明确规定了所交换数据的格式和时序，以及在发送或接收数据时要采取的动作等。这些为网络数据交换制定的规则、约定或标准被称为网络协议（Network Protocol），也可简称为协议。网络协议主要由以下 3 个要素组成。

- 语法：用户数据与控制信息的结构和格式，如地址字段的长度及其在整个分组中的位置。
- 语义：各控制信息的具体含义，包括需要发出何种控制信息、完成何种动作、做出何种响应。
- 时序（或称同步）：事件实现的顺序和时间的详细说明，包括应该在何时发送数据，以及应该以什么速度发送数据。

在计算机网络中，任何一个通信任务都需要由多个通信实体协作完成，因此，网络协议是计算机网络不可或缺的组成部分。也就是说，只要我们想让连接在计算机网络中的另一台计算机工作（如从网络的某个主机上下载文件、播放视频等），就需要协议。协议是控制两个对等实体（或多个实体）进行通信的规则集合。

协议必须在计算机上或通信设备中用硬件或软件来实现。在协议的控制下，两个对等实体间的通信使得本层能够向上一层提供服务。要实现本层协议，还需要使用下面一层所提供的服务。

协议是“水平的”，即协议是控制对等实体之间通信的规则。但服务是“垂直的”，即服务是由下层向上层通过层间接口提供的。

在同一系统中，相邻两层的实体进行交互（交换信息）的地方通常称为服务访问点（Service Access Point，SAP），实际上是一个逻辑接口。

2. 分层体系结构

对一个国家而言，需要有最高层中央政府，到省、市、县、乡，以及部、司、处、科等分级组织；对一个学校而言，需要有学校、系（院）部、教研室等不同层级的组织机构，只有各层均完成自己的任务才能实现整个系统的正常运转。

计算机网络系统是一个复杂的系统，需要利用模块化、层次化的思想将其划分为多个模块来处理和设计。目前，所有的网络系统都采用分层体系结构。

在计算机网络的术语中，我们将计算机网络的层次结构模型与各层协议的集合称为计算机网络的体系结构（Architecture）。也可以说计算机网络体系结构就是计算机网络及其部件所应实现的功能的精准定义，这些功能是由硬件或软件实现的。体系结构是抽象的；而实现则是具体的，是真正在运行的计算机硬件和软件。

按层次来设计计算机网络体系结构有如下好处。

（1）各层之间是独立的。某一层并不需要知道它的下一层是如何实现的，而仅仅需要知道该层通过层间的接口（界面）所提供的服务。上层对下层来说就是要处理的数据。

（2）灵活性好。每层有所改进和变化不会影响其他层。例如，IPv4 实现的是网络层的功能，现在升级为 IPv6，实现的仍然是网络层的功能，传输层的 TCP 和 UDP 不用做任何变动，数据链路层的协议也不用做任何变动。

（3）结构上可分开。各层都可以采用最合适的技术来实现。例如，适合布线的就使用对绞电缆连接网络，有障碍物的就使用无线覆盖的方式。

（4）易于实现和维护。分层后有助于将复杂的计算机通信问题拆分成多个简单的问题，有助于排除网络故障。例如，MAC 地址冲突造成的网络故障属于数据链路层问题，IE 浏览器设置了错误的代理服务器而不能访问网站属于应用层问题。

（5）有利于功能复用。下层可以为多个不同的上层提供服务。

（6）能促进标准化工作。标准化是指对每层的功能及其所提供的服务都有精准的说明。标准化对计算机网络来说非常重要，因为协议是通信实体共同遵守的约定。路由器实现网络层的功能，交换机实现数据链路层的功能，不同厂商的路由器和交换机之所以能够相互连接实现计算机通信，就是因为有了网络层标准和数据链路层标准。

计算机网络层次结构划分应遵循“层内功能内聚，层间耦合松散”的原则，即在网络中，功能类似或紧密程度相关的模块应放置在同一层，层与层之间应保持松散的耦合，使信息在层与层之间的流动减到最小。

目前，开放系统互连参考模型和 TCP/IP 参考模型得到了人们的公认与应用。

1.6.2 OSI/RM

国际标准化组织在 1978 年提出了开放系统互连参考模型（Open System Interconnection Basic Reference Mode，OSI/RM），简称 OSI。该参考模型是设计和描述网络通信的基本框架。其中“开放”是指只要遵循 OSI/RM 标准，一个系统就可以与位于世界上任何地方的也遵循这一标准的其他任何系统进行通信。

OSI/RM 已经被许多厂商接受，成为指导网络发展方向的标准。OSI/RM 只给出了计算机网络系统的一些原则性说明，并不是一个具体的网络。它将整个网络的功能划分成 7 个层次，从上到下依次为应用层、表示层、会话层、传输层、网络层、数据链路层和物理层，如图 1.12 所示。层与层之间的联系是通过各层之间的接口进行的，上层通过接口向下层提出服务请求，而下层通过接口向上层提供服务。

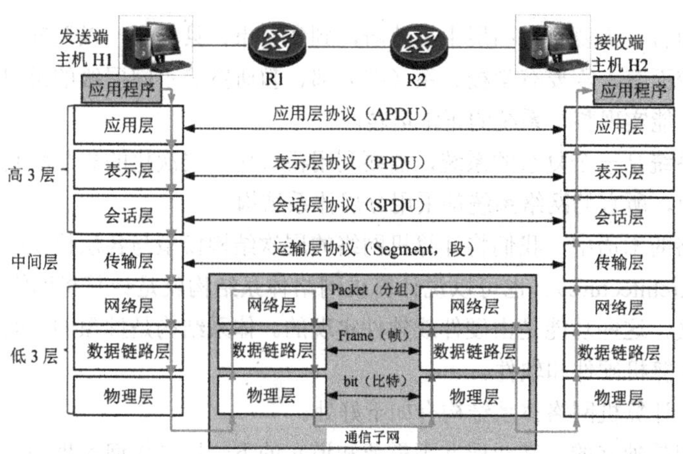

◎ 图 1.12　OSI/RM 7 层参考模型

在该参考模型中，低 3 层属于通信子网的范畴，主要通过硬件来实现，即它们定义数据如何在网络传输媒体之间传送，以及数据如何通过传输媒体和网络设备传输到目的终端；高 3 层协议是面向用户应用的应用程序，为用户提供网络服务，属于资源子网的范畴，主要由软件来实现；传输层的作用是屏蔽具体通信子网的通信细节，使得资源子网不关心通信过程而只进行信息的处理。只有在主机中才可能需要包含所有 7 层的功能；而在通信子网中，一般只需低 3 层甚至只要低 2 层的功能就可以了。

该参考模型并非指一个现实的网络，它仅仅规定了每层的功能，为网络的设计规划出了一张蓝图，各网络设备或软件生产厂商都可以按照这张蓝图来设计和生产自己的网络设备或软件。

1.6.3　TCP/IP 参考模型

TCP/IP 参考模型是由美国国防部创建的，因此有时又称 DoD（Department of Defense）参考模型，是迄今为止发展最成功的通信协议，被用于构筑目前最大的、开放的互联网。TCP/IP 参考模型没有严格按照 OSI/RM 7 层参考模型的分层来设计，而是进行了合并，把计算机通信分成了 4 层，自上而下依次是应用层、传输层、网际层和网络接口层。图 1.13 列出了 TCP/IP 参考模型和 OSI/RM 7 层参考模型各层的对应关系。

TCP/IP模型	OSI/RM 7层参考模型
应用层	应用层
	表示层
	会话层
传输层	传输层
网际层	网络层
网络接口层	数据链路层
	物理层

◎ 图 1.13　TCP/IP 参考模型和 OSI/RM 7 层参考模型各层的对应关系

（1）网络接口层又称主机－网络层，是 TCP/IP 参考模型的最低层，对应 OSI/RM 7 层参考模型的数据链路层和物理层。

（2）网际层也称为互联网层或 IP 层，相当于 OSI/RM 7 层参考模型中的第 3 层（网络层），使用网际协议（IP）。

（3）传输层相当于 OSI/RM 7 层参考模型中的传输层，作用是在源节点和目的节点两个对等实体间提供可靠的端到端的数据通信。

（4）对于应用层，TCP/IP 参考模型将所有与应用相关的内容都归为一层，因此在此层实现了 OSI/RM 7 层参考模型的应用层、表示层和会话层的功能。

TCP/IP 是一组通信协议的代名词，如图 1.14 所示。它的特点是上、下两头大而中间小；应用层和网络接口层中都有多种协议，而中间的网际层很小，上层的各种协议都向下汇聚到一个协议中。这种沙漏计时器形状的 TCP/IP 协议族表明 TCP/IP 可以为各式各样的应用提供服务（Everything Over IP），同时，TCP/IP 允许 IP 在由各式各样的网络构成的互联网上运行（IP Over Everything）。

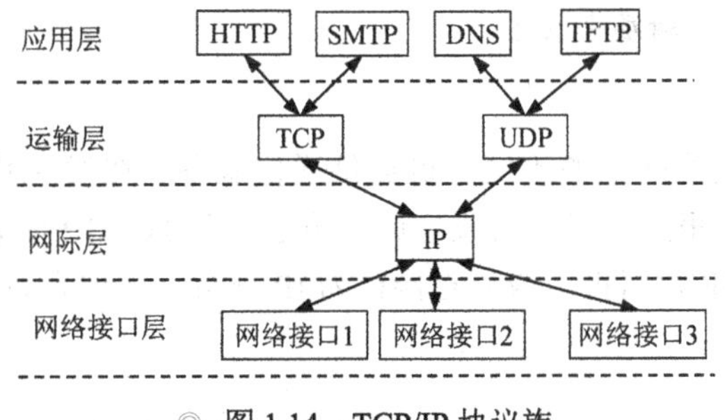

◎ 图 1.14　TCP/IP 协议族

其中最重要的协议是传输控制协议（Transmission Control Protocol，TCP）和 IP。TCP 和 IP 是两个独立且紧密结合的协议，负责管理和引导数据报文在互联网上的传输。二者使用专门的报文头定义每个报文的内容。TCP 负责与远程主机的连接，IP 负责寻址，使报文被送到其该去的地方。

1.6.4 具有 5 层协议的体系结构

OSI/RM 的 7 层协议体系结构概念清楚，理论也较完整，但它既复杂又不实用。而 TCP/IP 体系结构则不同，它现在已经得到了非常广泛的应用。在学习计算机网络通信的基本原理时，往往采取折中的办法，即综合 OSI/RM 和 TCP/IP 的优点，采用一种只有 5 层协议的体系结构，如图 1.15 所示。这样既简洁又能将概念阐述清楚。

OSI/RM体系结构	TCP/IP体系结构	5层协议体系结构
应用层	应用层	应用层
表示层		
会话层		
传输层	传输层	传输层
网络层	网际层	网络层
数据链路层	网络接口层	数据链路层
物理层		物理层

◎ 图 1.15 具有 5 层协议的计算机网络体系结构

1. 应用层

应用层是 5 层协议体系结构中的最高层，任务通过应用进程间的交互来完成特定网络应用。应用层协议定义的是应用进程间通信和交互的规则。这里的进程（Process）就是指主机中正在运行的程序。对于不同的网络应用，需要不同的应用层协议。互联网中的应用层协议很多，如域名系统 DNS、支持万维网应用的 HTTP、支持电子邮件的 SMTP、支持文件传送的 FTP 等。我们将应用层交互的数据单元称为报文。

2. 传输层

传输层的任务就是负责向两台主机进程之间的通信提供通用的数据传输服务。应用进程利用该服务传送应用层报文。所谓通用，就是指并不针对某个特定网络应用，而是多种网络应用可以使用同一个传输层提供的服务。由于一台主机可同时运行多个进程，因此传输层有复用和分用的功能。复用就是指多个应用层进程可同时使用下面传输层提供的服务，而分用则是指传输层把收到的信息分别交付给上面应用层的相应进程。

传输层主要使用 TCP 和用户数据报协议（User Datagram Protocol，UDP）。

- TCP：提供面向连接的、可靠的数据传输服务，其数据传输的单位是报文段（Segment）。
- UDP：提供无连接的、尽最大努力（Best-Effort）的数据传输服务（不保证数据传输的可靠性），其数据传输的单位是用户数据报。

注：

有时称传输层为运输层。因为在 OSI/RM 定义的第 4 层使用的是 transport，译为运输层较为准确，而本书中统一用传输层来表述。

3. 网络层

网络层负责为分组交换网上的不同主机提供通信服务。在发送数据时，网络层把传输层产生的报文段或用户数据报封装成分组或包进行传送。在 TCP/IP 体系结构中，由于网络层使用 IP，因此分组也称为 IP 数据报，或者直接称为 IP 分组，简称为数据报（Datagram）。

注：

不要将传输层的 UDP 用户数据报和网络层的 IP 数据报弄混。此外，无论是在哪一层传送的数据单元，都可笼统地用分组来表示。

网络层的另一个任务就是要选择合适的路由（Route），使源主机传输层传下来的分组通过网络中的路由器的转发（通常要经过多个路由器的转发），最后到达目的主机。

互联网是由大量的异构网络通过路由器相互连接而成的。互联网主要的网络层协议是无连接的 IP 和许多种路由选择协议，因此，互联网的网络层也称为网际层或 IP 层。

网络层的主要协议有 4 个，即 IP、ICMP、ARP 和 RARP。

- IP：核心协议，规定网络层数据分组的格式。
- ICMP（Internet Control Message Protocol，Internet 控制消息协议）：提供网络控制和消息传递功能。
- ARP（Address Resolution Protocol，地址解释协议）：用来将逻辑地址解析成物理地址。
- RARP（Reverse Address Resolution Protocol，反向地址解释协议）：通过 RARP 广播将物理地址解析成逻辑地址。

4. 数据链路层

数据链路层常简称为链路层。计算机网络由主机、路由器和连接它们的链路组成，从源主机发送到目的主机的分组必须在一段一段的链路上传送。数据链路层的任务就是将分组从链路的一端传送到另一端。数据链路层传送的数据单元被称为帧。因此，数据链路层的任务就是在相邻节点之间（主机和路由器之间或路由器之间）的链路上传送以帧为单位的数据。每帧都包括数据和必要的控制信息（如同步信息、地址信息、差错控制等）。例如，在接收数据时，控制信息使接收端能够知道一个帧从哪个比特开始和到哪个比特结束。这样，数据链路层在收到一个帧后，就可从中提取出数据部分并上交给网络层。

控制信息还可用于检测接收端所收到的帧有无差错。如果发现存在差错，那么数据链路层应该丢弃存在差错的帧，以免继续在网络中传送它而浪费网络资源。如果需要纠正数据在数据链路层传输时出现的差错，就要采用可靠的传输协议。

5. 物理层

物理层是 5 层协议体系结构的底层，完成计算机网络中最基础的任务，即在传输媒体上传送比特流，将数据链路层帧中的每个比特从一个节点通过传输媒体传送到下一个节点。物理层传送数据的单位是比特。当发送方发送 0（或 1）时，接收方应当收到 0（或 1），而不是 1（或 0）。因此，物理层要考虑用多大的电压代表“1”或“0”，以及接收方如何识别出发送方所发送的比特。

另外，物理层还要考虑所采用的传输媒体的类型，如对绞电缆、同轴电缆、光缆等，以及与传输媒体之间的接口。

传送信息所用的一些物理传输媒体，如对绞电缆、光纤、无线信道等并不在物理层协议之内，而在物理层协议的下面，因此，也有人把物理层下面的物理传输媒体当作第 0 层。

1.6.5　数据通信过程

下面以 5 层协议体系结构为例进行讲解。图 1.16 讲解了主机 1 的应用进程 AP_1 向主机 2 的应用进程 AP_2 传送数据的过程。所有的网络模型都使用封装和解封装的概念。这里假定两台主机通过一台路由器连接起来。

1. 发送端数据封装过程

（1）AP_1 先将其数据交给本主机的第 5 层（应用层）。应用层提供应用程序和网络服务的接口，使应用程序能够使用网络服务。数据在第 5 层完成相应的处理（如编码、加解密等）后被加上必要的控制信息 H_5 就变成了这一层的数据单元，并被交给下层。

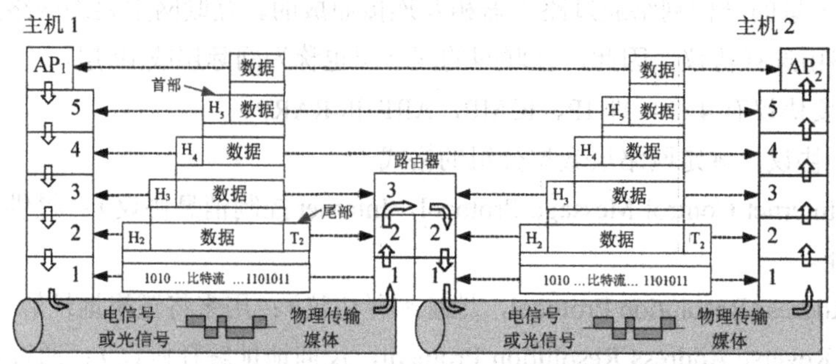

◎ 图 1.16　数据在各层之间的传递过程

（2）第 4 层（传输层）收到这个数据单元后，首先对数据单元进行分段，然后为每个数据段加上本层的控制信息 H_4 构成本层的数据单元，并交给第 3 层（网络层）。控制信息 H_4 为传输层首部，包括源端口及目的端口等字段，目的是实现传输层的功能，如可靠传输、流量控制、拥塞避免等。传输层首部格式和每个字段代表的含义会在后面的内容中进行详细讲解。

（3）第 3 层收到这个数据单元后，加上本层的控制信息 H_3 构成本层的数据单元，并交给第 2 层（数据链路层）。控制信息 H_3 为网络层首部，网络中的路由器依据网络层首部为数据报选择路径，因此，网络层首部中至少应包括源 IP 地址和目的 IP 地址等字段，由网络层负责将数据从源端（发送数据的计算机）传送到目的端（接收数据的计算机）。

（4）第 2 层收到这个数据单元后加上本层的控制信息 H_2（首部）和 T_2（尾部）。由数据链路层负责数据传送过程中的节点到节点的传送。数据报要想在网络中传输，就要针对不同的网络进行不同的封装，即封装成不同格式的帧，如以太网帧和 PPP 帧。在以太网帧中，要添加数据链路层首部，包括源 MAC 地址、目的 MAC 地址等。

（5）第 1 层（物理层）利用物理传输媒体最终将数据链路层的数据单元的帧分解为比特，以比特流的形式传送。

OSI/RM 把对等层次之间传送的数据单元称为该层的协议数据单元（Protocol Data Unit，PDU）。

这一串比特流离开主机 1 经网络的物理传输媒体传送到路由器后，就从路由器的第 1 层依次上升到第 3 层。其中，第 1 层和第 2 层根据控制信息进行必要的操作，并将控制信息剥去，将剩下的数据单元交给更高的一层。当分组上升到第 3 层时，该层根据首部中的目的地址查找路由器中的路由表，找出转发分组的接口，将分组往下传送到第 2 层，加上新的首部和尾部后传送到第 1 层，并在物理传输媒体中把每个比特都发送出去。

2. 接收端数据解封装过程

这一串比特流离开路由器到达目的主机 2 后，就从主机 2 的第 1 层按照上面讲过的方式依次上升到第 5 层。最终，应用进程 AP_1 发出的数据被交给应用进程 AP_2。

虽然应用进程数据必须经过如图 1.16 所示的复杂过程才能被送到目的应用进程中，但这些过程对用户来说都被屏蔽掉了，以致看上去应用进程 AP_1 直接把数据交给了应用进程 AP_2。同理，任何两个同样的层次（如两个系统的第 4 层）之间看上去也如同图 1.16 中的水平虚线所示的那样，将数据（数据单元加上控制信息）直接传递给了对方。这就是所谓的“对等层”（Peer Layer）之间的通信。

3. 数据分组的整体结构

数据分组在经过发送端、接收端、中途转发设备时，从前往后依次被附加了以太网帧首部（包括 LLC 首部和 MAC 首部）、IP 首部、TCP 首部（或 UDP 首部），以及应用层的首部和数据。而分组的最后则追加了以太网帧尾（Ethernet Trailer），如图 1.17 所示。

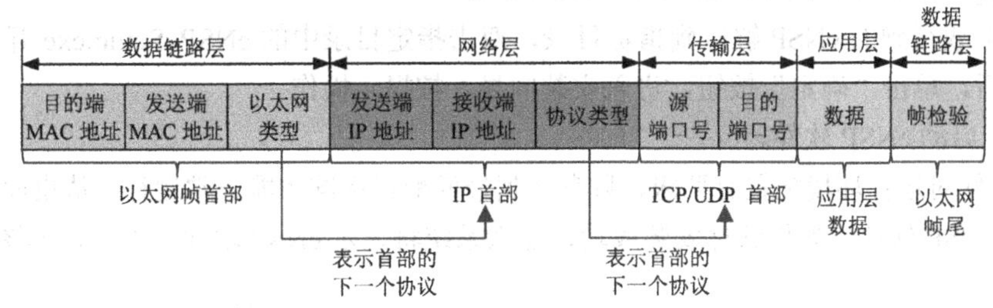

◎ 图 1.17 数据分组的整体结构中的主要选项

整个分组首部中至少都会包含两项信息：一是发送端和接收端的地址，二是上一层的协议类型。当分组经过每个协议分层时，都必须有识别分组发送端和接收端的信息。数据链路层使用 MAC 地址，网络层使用 IP 地址，传输层使用端口号作为识别两端主机的地址。即使是在应用程序中，像电子邮件地址、网址等这样的信息也是一种地址标识。这些地址信息都在每个分组经由各个分层时被附加到协议对应的分组首部中。

此外，每个分组的首部中还包含一个识别位。它是用来标识上一层协议的种类信息的。例如，以太网帧首部中的以太网类型和 IP 首部中的协议类型，以及 TCP/UDP 首部中两个端口的端口号都起着识别协议类型的作用。

学以致用

1.7 技能训练 1：eNSP 软件的安装、启动和使用

eNSP 是一款由华为提供的可扩展的图形化操作网络仿真工具平台，主要对企业网络路由器、交换机进行软件仿真，完美呈现真实设备实景，支持大型网络模拟，让广大用户有机会在没有真实设备的情况下进行模拟演练，学习网络技术。

1.7.1 训练目的

掌握 eNSP 软件的安装、启动和使用。

eNSP 仿真软件安装与使用

1.7.2 训练准备

（1）一台接入互联网的 Windows 10/11 主机。

（2）eNSP 软件及其运行依赖的 3 款软件：WinPcap、Wireshark 和 Oracle 虚拟机 VirtualBox。

1.7.3 训练步骤

步骤 1：下载并正确安装 eNSP 软件运行依赖的 3 款软件。

在安装VirtualBox软件时，务必不要安装在带中文的路径下，否则可能导致仿真设备无法启动。

步骤2：下载并正确安装eNSP软件。

（1）可以从华为官网下载。

（2）在安装eNSP新版本前，先卸载原有软件，将安装目录下的eNSP文件夹完全删除，同时将User\AppData\Local下的eNSP文件夹完全删除。

（3）将下载得到的eNSP解压到指定目录，双击指定目录中的eNSP_Setup.exe开始安装。选择安装语言后，单击“确定”按钮，进入安装向导，按提示操作。

步骤3：启动eNSP软件。

eNSP软件对运行环境配置有要求，只有达到最低配置标准才能正常运行。从桌面或“开始”菜单中启动eNSP软件。如果软件安装成功，那么系统将显示eNSP软件主界面，如图1.18所示。

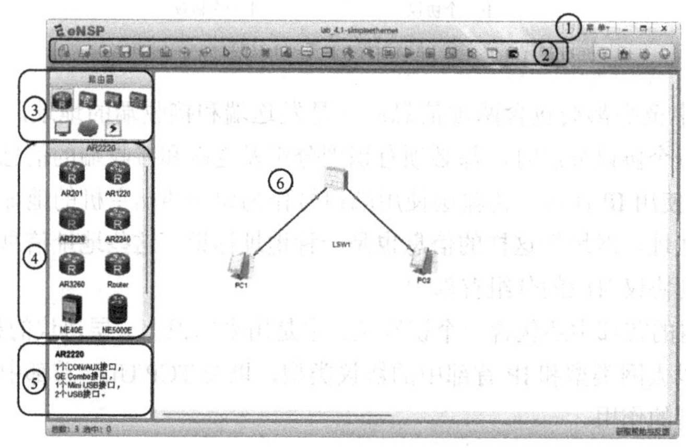

◎ 图1.18 eNSP软件主界面

eNSP软件主界面分为6个区域，现对各区域简要说明如下。

① 主菜单：提供“文件”“编辑”“视图”“工具”“考试”“帮助”菜单，每项下对应相应的子菜单。

② 工具栏：提供常用的工具，如新建拓扑、保存拓扑、打印、文本、调色板等。

③ 设备类型区：提供网络设备和网线类型，供选择到工作区。

④ 具体设备区：提供每类网络设备类型下的具体设备，供选择到工作区。

⑤ 接口列表区：显示拓扑中的网络设备及其已连接的接口。

⑥ 工作区：用于新建和显示拓扑图，或者显示向导界面。

步骤4：注册网络设备。

为了确保模拟环境与真实设备的相似性，eNSP软件需要在VirtualBox软件中注册网络设备的虚拟主机，在VirtualBox软件的虚拟主机中加载网络设备的VRP文件，从而实现网络设备的模拟。

选择“菜单”→“工具”→“注册设备”命令，弹出“注册”对话框，在该对话框右侧选中“AR_Base”“AC_Base”“AP_Base”“AD_Base”“SAP_Base”复选框，单击“注册”按钮，完成网络设备的注册，如图1.19所示。

步骤5：eNSP软件设置。

选择“菜单”→“工具”→“选项”命令，弹出“选项”对话框，如图1.20所示。在此可以对界面、命令行、字体、多机eNSP的服务器和工具等进行设置。

步骤6：选择并添加设备。

对于网络设备区（包括设备类型区、具体设备区和接口列表区），最上面为设备类型区，如

选择交换机，此时中间部分的具体设备区会显示该网络设备的具体设备型号，如选择 S3700 交换机，此时最下面的接口列表区会显示该设备的接口和模块等。

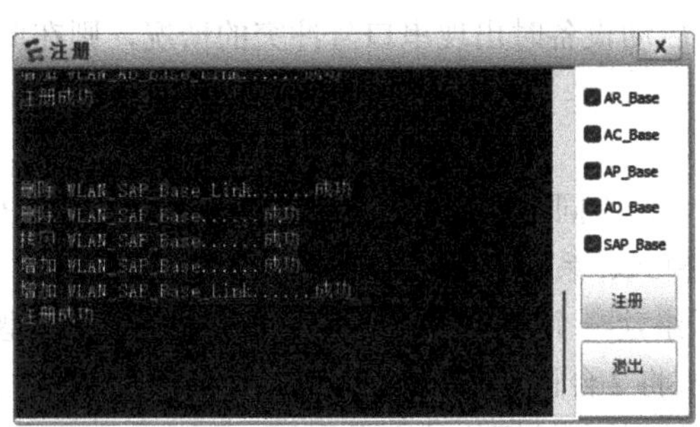

◎ 图 1.19　注册网络设备

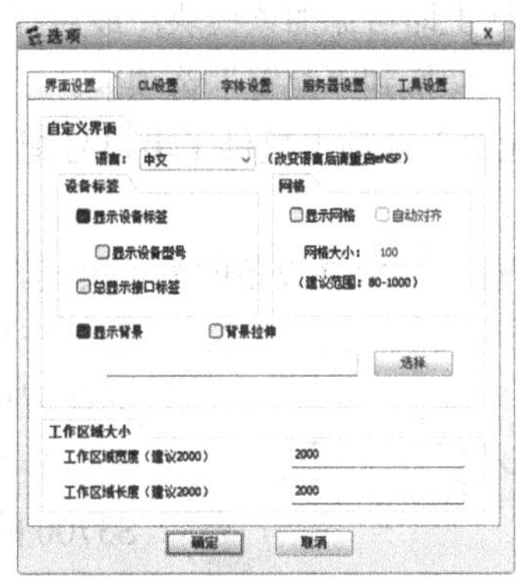

◎ 图 1.20　“选项”对话框

在具体设备区，单击想要添加的交换机并将其移到工作区，即可将交换机添加到工作区中。也可以先双击想要添加的交换机，再单击工作区来连续添加设备。

步骤 7：连接设备。

选择合适的线型将设备连接起来，可以根据设备间的不同接口选择特定的线型来连接。选择合适的线型后，单击设备，会出现设备的接口选择菜单，选择相连接的接口，并在另一台设备上进行同样的操作，就可以将两台设备连接起来了。也可以使用自动连线功能，这时系统将自动选择接口进行连接，但并不推荐使用这种方法。

在移动光标选择线型并单击时，系统会对该线型有简单的提示。线型依次为自动选线、对绞电缆、串行线、光纤等。其中对绞电缆用于路由器之间的连接。

设备连接完成后，可以看到各线缆两端有不同颜色的圆点，其中，绿色表示物理连接就绪；红色表示物理连接不通，没有信号。

步骤 8：配置设备。

在工作区右击路由器 AR2220，在弹出的快捷菜单中选择“设置”选项，弹出配置设备的对话框。

（1）切换到“视图”选项卡，如图 1.21 所示。

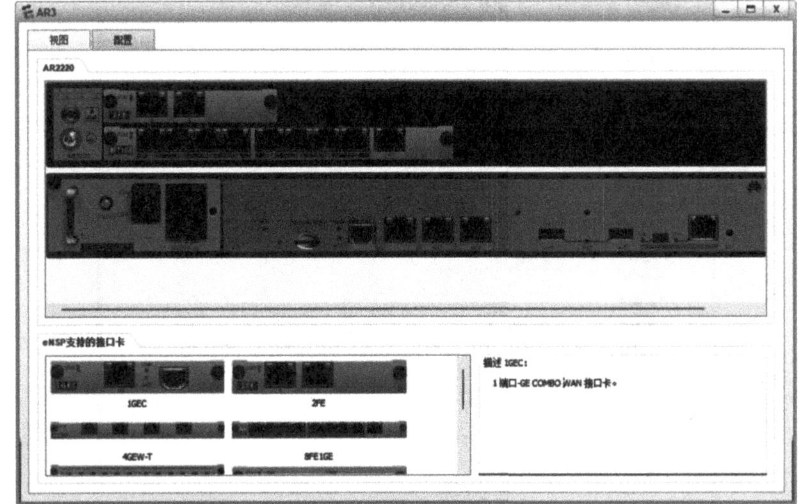

◎ 图 1.21　“视图”选项卡

“视图”选项卡用于添加接口模块。每选择一个模块，右方就会显示该模块的说明信息。在实物面板视图上可以看到有空槽，首先单击面板上的电源开关按钮，关闭电源；然后将该模块拖动到空槽上即可添加该模块；最后打开电源开关。

（2）切换到“配置”选项卡。

“配置”选项卡提供了串口号配置功能，若启动设备时出现串口号冲突的情况，则在此处进行更改。

步骤 9：eNSP 设备的配置模式。

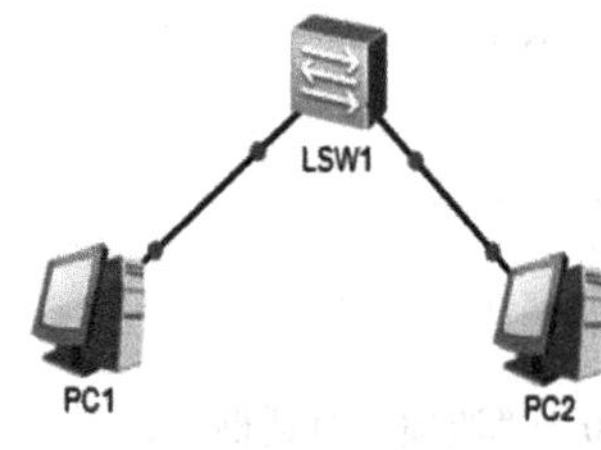

◎ 图 1.22　网络拓扑图

在配置设备时，在不同模式下可以执行的命令不同。eNSP 设备的配置模式有用户模式、系统模式、接口模式、协议模式。

步骤 10：为了组建一个简单的交换式以太网，使用一台型号为 S3700 的 3 层交换机将 2 台计算机连接在一起。网络拓扑图如图 1.22 所示，利用 eNSP 软件模拟该网络的实现。

计算机的 IPv4 地址和子网掩码如表 1.1 所示。

表 1.1　计算机的 IPv4 地址和子网掩码

计算机	IPv4 地址	子网掩码
PC1	192.168.10.100	255.255.255.0
PC2	192.168.10.200	255.255.255.0

（1）启动 eNSP 软件。

（2）单击工具栏中的“新建拓扑”图标。

（3）向空白工作区添加 1 台 S3700 交换机和 2 台计算机。

（4）将计算机连接到交换机的指定端口上。

（5）为交换机和计算机命名。

（6）为计算机配置 IPv4 地址和子网掩码。

分别双击 PC1 和 PC2，在各自弹出的配置对话框中选择“基础配置”选项卡，为其配置 IPv4 地址和子网掩码。PC1 的配置对话框如图 1.23 所示。

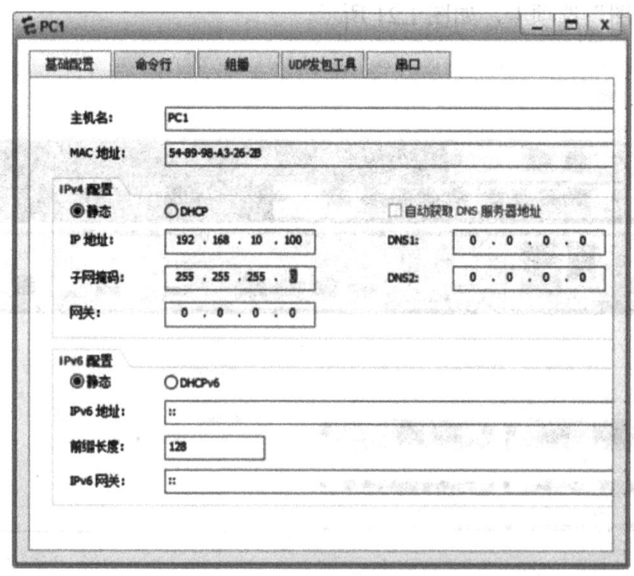

◎ 图 1.23　PC1 的配置对话框

配置完毕，单击工具栏中的“保存”图标，保存拓扑到指定目录，将文件命名为 Lab_1.1-simpleEthernet.topo。

（7）启动设备。

单击工具栏中的“开启设备”图标，启动全部设备。

（8）计算机通信测试。

分别双击 PC1 和 PC2，在弹出的相应的配置对话框中均选择“命令行”选项卡。

在 PC1 的“命令行”选项卡下输入以下命令，测试 PC1 是否能与 PC2 通信：

```
ping 192.168.10.200
```

在 PC2 的“命令行”选项卡下输入以下命令，测试 PC2 是否能与 PC1 通信：

```
ping 192.168.10.100
```

步骤 11：数据报文的采集与分析。

（1）开始抓包。右击拓扑中的 S3700 交换机，在弹出的快捷菜单中选择“数据抓包”选项，并选择接口，如选择 Ethernet0/0/1 接口，开启该接口的数据报文抓取和分析功能。在 eNSP 软件的接口列表区中，开启了数据抓包功能的接口的指示灯将变为蓝色。

（2）双击连接在接口 Ethernet0/0/1 上的 PC1，在弹出的配置对话框中选择“命令行”选项卡，在此输入以下命令：

```
ping 192.168.10.200
```

（3）停止抓包。右击 S3700 交换机，在弹出的快捷菜单中选择“数据抓包”选项，选择开启了数据抓包功能的接口，停止对该接口的数据报文的抓取。

图 1.24 所示为在 S3700 交换机的 Ethernet0/0/1 接口上抓取的 PC1 和 PC2 之间通信的 ICMP 数据报。

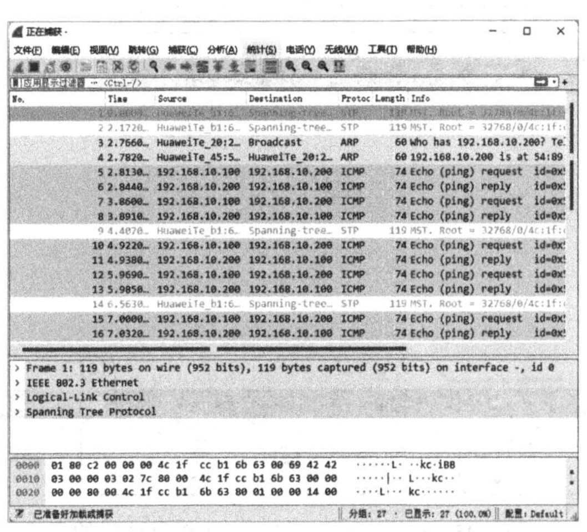

◎ 图 1.24　PC1 和 PC2 之间通信的 ICMP 数据报

1.8　技能训练 2：Cisco Packet Tracer 软件的安装、启动和使用

Cisco Packet Tracer 是由 Cisco 公司发布的一个辅助学习工具，为学习 Cisco 网络课程的初学者设计、配置、排除网络故障提供了网络模拟环境。用户可以在软件的图形用户界面直接使用拖曳的方法建立网络拓扑，并可以提供数据报在网络中行进的详细处理过程，观察网络的实时运行

情况；可以学习 OSI/RM 的配置并锻炼故障排查能力。

1.8.1 训练目的

掌握 Cisco Packet Tracer 软件的安装、启动和使用。

1.8.2 训练准备

（1）一台接入互联网的 Windows 10/11 主机。

（2）Cisco Packet Tracer 软件。

1.8.3 训练步骤

步骤 1：下载并正确安装 Cisco Packet Tracer 软件。

（1）可以从 Cisco 官网下载。

（2）将下载得到的 Cisco Packet Tracer 解压到指定目录，双击指定目录中的 CiscoPacketTracer_801_Windows_64bit_setup.exe，开始安装。选择安装语言后单击“确定”按钮，进入安装向导，按提示操作。

步骤 2：注册 Cisco Packet Tracer 为免费试用，但在使用前需要在 Cisco 网络技术学院注册，只有这样才能免费试用。

步骤 3：启动 Cisco Packet Tracer 8.0，启动后的界面如图 1.25 所示。

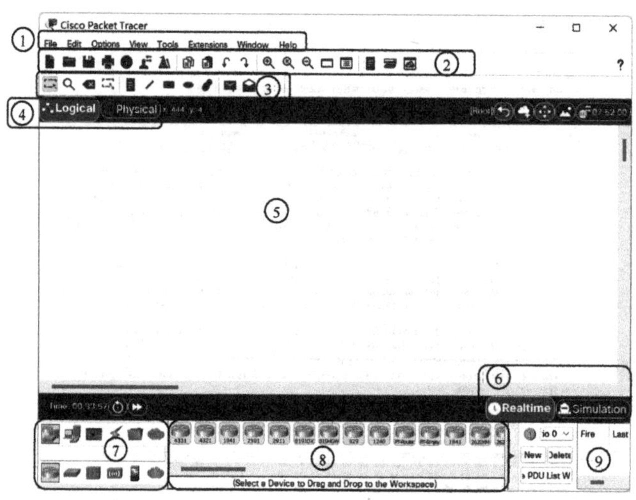

◎ 图 1.25 Cisco Packet Tracer 8.0 启动后的界面

① 菜单栏：有“文件”“编辑”“选项”“工具”“帮助”等菜单，在此可以找到一些基本的命令，如“打开”“保存”“打印”等。

② 主工具栏：提供了“文件”（“新建”“打开”“保存”“打印”）、“编辑”（“复制”“粘贴”“撤销”“重复”）、“选项”等菜单中命令的快捷方式。

③ 常用工具栏：提供了常用的工作区工具，包括选择、整体移动、备注、删除、查看、添加简单数据报和添加复杂数据报等。

④ 逻辑 / 物理工作区转换栏：可以完成逻辑工作区和物理工作区之间的转换。

⑤ 工作区：用于创建网络拓扑、监视模拟过程、查看各种信息和统计数据。

⑥ 实时 / 模拟转换栏：可以完成实时模式和模拟模式之间的转换。

⑦ 设备类型库：包含不同类型的设备，如路由器、交换机、集线器、无线设备连线、终端设备等。

⑧ 特定设备库：包含不同设备类型中不同型号的设备，随设备类型库的选择级联显示。

⑨ 用户数据报窗口：管理用户添加的数据报，并查看数据通信状态。

步骤 4：按照 1.7 节中的内容创建交换式以太网，并测试 PC1 和 PC2 之间的连通性。

1.9　技能训练 3：Wireshark 软件的安装、启动和使用

Wireshark（前称 Ethereal）是一个网络封包分析软件。网络封包分析软件的功能是截取网络封包，并尽可能显示出最为详细的网络封包资料。Wireshark 使用 WinPcap 作为接口，直接与网卡进行数据报文交换。Wireshark 是全世界应用最广泛的网络封包分析软件之一。

1.9.1　训练目的

Wireshark 软件

掌握 Wireshark 软件的安装、启动和使用。

1.9.2　训练准备

（1）一台接入互联网的 Windows 10/11 主机。

（2）Wireshark 软件。

1.9.3　训练步骤

步骤 1：下载并正确安装 Wireshark 软件。

（1）可以从 Wireshark 官网下载。

（2）双击 Wireshark-win64-3.6.7.exe，开始安装。进入安装向导，按提示操作。

步骤 2：启动 Wireshark3.6.7，启动后的界面如图 1.26 所示。

该界面中显示了当前可使用的接口，如本地连接 *10、WLAN 等。要想捕获数据报，必须选择一个接口，表示捕获该接口上的数据报。

在图 1.26 中，选择捕获 WLAN 接口上的数据报。选择“WLAN”选项，单击左上角的“开始捕获分组”按钮，将捕获网络数据。Wireshark 软件捕获网络数据时的界面如图 1.27 所示。

注：

网卡需要工作在混杂模式下。

① 菜单栏：有“文件”“编辑”“视图”“跳转”“捕获”“分析”“统计”等菜单，在此可以找到一些基本的命令，如“打开”“保存”“打印”等。

② 主工具栏：提供了“捕获”（“开始”“停止”“重新开始”“选项”）、“跳转”（“转至分组”“下一分组”等）、“视图”等菜单中命令的快捷方式。

③ 过滤器工具栏：提供了常用的工作区工具，包括选择、整体移动、备注、删除、查看、添加简单数据报和添加复杂数据报等。

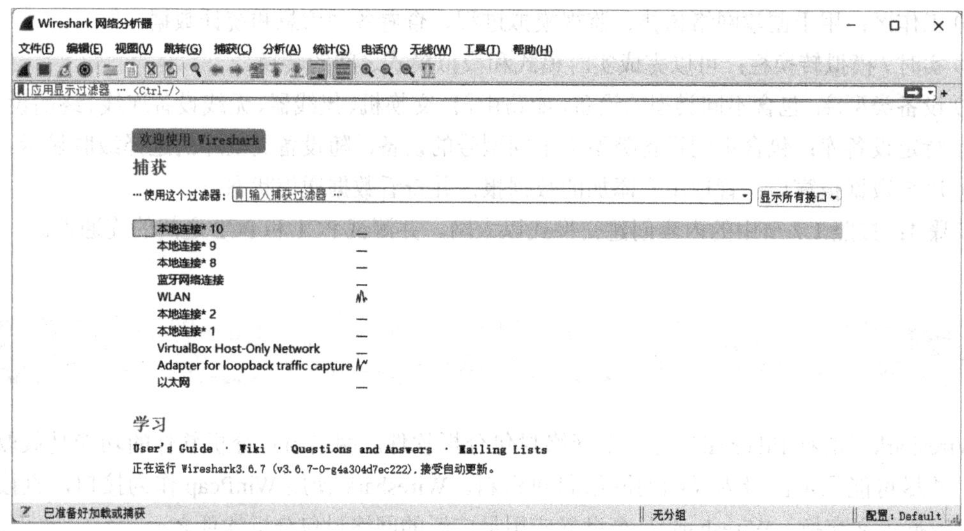

◎ 图 1.26　Wireshark3.6.7 启动后的界面

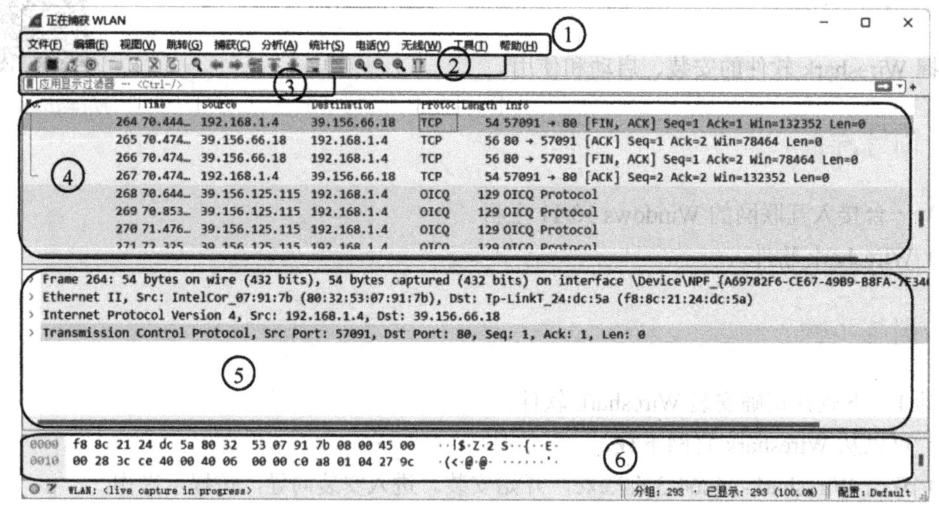

◎ 图 1.27　Wireshark 软件捕获网络数据时的界面

④ Wireshark 软件捕获的所有数据报的列表：包含时间、源主机、目的主机、协议、包长度等信息。

⑤ 区域④选定的数据报的分协议层展示。

⑥ 区域③选定的数据报的源数据，其中，左侧是十六进制表示形式，右侧是 ASCII 值表示形式。另外，在区域⑤中选定某层或某字段，区域⑥的对应位置也会高亮。

步骤 3：捕获过滤器表达式。

捕获过滤器表达式作用在 Wireshark 软件开始捕获数据报之前，只捕获符合条件的数据报。

对于 Wireshark2.x 版本，启动后的欢迎界面就有捕获过滤器，在其中输入过滤表达式，在开始捕获数据报时即生效。

步骤 4：显示过滤器表达式。

显示过滤器表达式作用在 Wireshark 软件捕获数据报之后，从已捕获的所有数据报中显示出符合条件的数据报，隐藏不符合条件的数据报。

显示过滤器表达式在工具栏下方的“显示过滤器”文本框中输入即可生效。

（1）基本过滤表达式。一个基本的过滤表达式由过滤项、过滤关系、过滤值 3 项组成。

例如，对于 ip.addr == 192.168.1.1，其中，ip.addr 是过滤项，== 是过滤关系，192.168.1.1 是过滤值（整个表达式的意思是找出所有 IP 中源或目标 IP 地址为 192.168.1.1 的数据报）。

① 过滤项。Wireshark 软件的过滤项是“协议”+“.”+“协议字段”的模式。以端口为例，其过滤项的写法就是 tcp.port。

Wireshark 软件有时使用简写（如 Destination Port 在 Wireshark 软件中写为 dstport）。Wireshark 软件支持的全部协议及协议字段均可查看官方说明。

② 过滤关系。过滤关系就是大于、小于、等于等几种关系，可以直接看官方给出的表。

③ 过滤值。过滤值就是设定的过滤项应该满足过滤关系的标准，如 500、5000、50000 等。过滤值的写法一般已经被过滤项和过滤关系设定好了，只需填写自己的期望值就可以了。

（2）复合过滤表达式。

复合过滤表达式就是指由多个基本过滤表达式组合而成的表达式。基本过滤表达式的写法还是不变的，复合过滤表达式多出来的东西就只是基本过滤表达式的“连接词”。

（3）常用显示过滤表达式。

① 数据链路层。

筛选 MAC 地址为 04:f9:38:ad:13:26 的数据报：eth.addr == 04:f9:38:ad:13:26。

筛选源 MAC 地址为 04:f9:38:ad:13:26 的数据报：eth.src == 04:f9:38:ad:13:26。

② 网络层。

筛选 IP 地址为 192.168.1.1 的数据报：ip.addr == 192.168.1.1。

筛选 192.168.1.0 网段的数据： ip contains "192.168.1"。

筛选 192.168.1.1 和 192.168.1.2 之间的数据报：ip.addr == 192.168.1.1 && ip.addr == 192.168.1.2。

筛选从 192.168.1.1 到 192.168.1.2 的数据报：ip.src == 192.168.1.1 && ip.dst == 192.168.1.2。

③ 传输层。

筛选 TCP 数据报：tcp。

筛选除 TCP 以外的数据报：!tcp。

筛选端口号为 80 的数据报：tcp.port == 80。

筛选 12345 端口和 80 端口之间的数据报：tcp.port == 12345 && tcp.port == 80。

筛选从 12345 端口到 80 端口的数据报：tcp.srcport == 12345 && tcp.dstport == 80。

④ 应用层。

筛选 URL 中包含 .php 的 HTTP 数据报：http.request.uri contains ".php"。

筛选内容中包含 username 的 HTTP 数据报：http contains "username"。

注：

http.request 表示请求头中的第 1 行（如 GET index.jsp HTTP/1.1），http.response 表示响应头中的第 1 行（如 HTTP/1.1 200 OK），其他头部都用 http.header_name 形式。

步骤 5：在 IE 浏览器中访问学校主页，打开 Wireshark 软件，开始抓包，在“显示过滤器”文本框中输入 http。图 1.28 所示为 Wireshark 软件抓包界面。在“显示过滤器”文本框中输入 ip.addr == 192.168.1.4 && ip.addr == 10.8.10.4，表示筛选 192.168.1.4 和 10.8.10.4 之间的数据报。

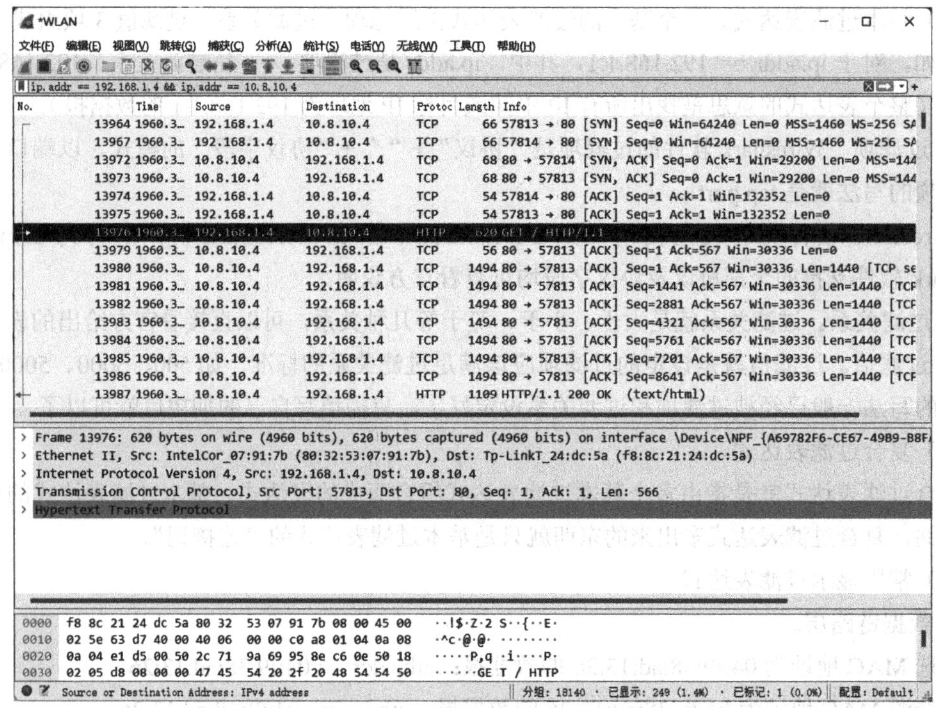

◎ 图 1.28　Wireshark 软件抓包界面

第 1 行，数据报整体概述：

Frame 13976: 620 bytes on wire (4960 bits), 620 bytes captured (4960 bits) on interface \Device\NPF_{A69782F6-CE67-49B9-B8FA-7E34C50B8A6E}, id 0

Interface id: 0 (\Device\NPF_{A69782F6-CE67-49B9-B8FA-7E34C50B8A6E})

Encapsulation type: Ethernet (1)

Arrival Time: Aug 24, 2022 17:35:17.868639000 中国标准时间

[Time shift for this packet: 0.000000000 seconds]

Epoch Time: 1661333717.868639000 seconds

[Time delta from previous captured frame: 0.000236000 seconds]

[Time delta from previous displayed frame: 0.000236000 seconds]

[Time since reference or first frame: 1960.309761000 seconds]

Frame Number: 13976

Frame Length: 620 bytes (4960 bits)

Capture Length: 620 bytes (4960 bits)

[Frame is marked: False]

[Frame is ignored: False]

[Protocols in frame: eth:ethertype:ip:tcp:http]

[Coloring Rule Name: HTTP]

[Coloring Rule String: http || tcp.port == 80 || http2]

第 2 行，数据链路层的详细信息，主要是发送端和接收端的物理地址（MAC 地址）：

Ethernet II, Src: IntelCor_07:91:7b (80:32:53:07:91:7b), Dst: Tp-LinkT_24:dc:5a (f8:8c:21:24:dc:5a)

Destination: Tp-LinkT_24:dc:5a (f8:8c:21:24:dc:5a)

Address: Tp-LinkT_24:dc:5a (f8:8c:21:24:dc:5a)

.... ..0. .... = LG bit: Globally unique address (factory default)

```
        .... ...0 .... .... .... .... = IG bit: Individual address (unicast)
    Source: IntelCor_07:91:7b (80:32:53:07:91:7b)
        Address: IntelCor_07:91:7b (80:32:53:07:91:7b)
        .... ..0. .... .... .... .... = LG bit: Globally unique address (factory default)
        .... ...0 .... .... .... .... = IG bit: Individual address (unicast)
    Type: IPv4 (0x0800)
```

第 3 行，网络层的详细信息，主要是源主机和目的主机的 IP 地址：

```
Internet Protocol Version 4, Src: 192.168.1.4, Dst: 10.8.10.4
    0100 .... = Version: 4
    .... 0101 = Header Length: 20 bytes (5)
    Differentiated Services Field: 0x00 (DSCP: CS0, ECN: Not-ECT)
        0000 00.. = Differentiated Services Codepoint: Default (0)
        .... ..00 = Explicit Congestion Notification: Not ECN-Capable Transport (0)
    Total Length: 606
    Identification: 0x63d7 (25559)
    Flags: 0x40, Don't fragment
        0... .... = Reserved bit: Not set
        .1.. .... = Don't fragment: Set
        ..0. .... = More fragments: Not set
    ...0 0000 0000 0000 = Fragment Offset: 0
    Time to Live: 64
    Protocol: TCP (6)
    Header Checksum: 0x0000 [validation disabled]
    [Header checksum status: Unverified]
    Source Address: 192.168.1.4
    Destination Address: 10.8.10.4
```

第 4 行，传输层的详细信息，主要是源端口、目标端口等信息：

```
Transmission Control Protocol, Src Port: 57813, Dst Port: 80, Seq: 1, Ack: 1, Len: 566
    Source Port: 57813
    Destination Port: 80
    [Stream index: 714]
    [Conversation completeness: Complete, WITH_DATA (31)]
    [TCP Segment Len: 566]
    Sequence Number: 1    (relative sequence number)
    Sequence Number (raw): 745642601
    [Next Sequence Number: 567    (relative sequence number)]
    Acknowledgment Number: 1    (relative ack number)
    Acknowledgment number (raw): 2509161998
    0101 .... = Header Length: 20 bytes (5)
    Flags: 0x018 (PSH, ACK)
        000. .... .... = Reserved: Not set
        ...0 .... .... = Nonce: Not set
        .... 0... .... = Congestion Window Reduced (CWR): Not set
        .... .0.. .... = ECN-Echo: Not set
```

```
        .... ..0. .... = Urgent: Not set
        .... ...1 .... = Acknowledgment: Set
        .... .... 1... = Push: Set
        .... .... .0.. = Reset: Not set
        .... .... ..0. = Syn: Not set
        .... .... ...0 = Fin: Not set
        [TCP Flags: ……AP…]
    Window: 517
    [Calculated window size: 132352]
    [Window size scaling factor: 256]
    Checksum: 0xd808 [unverified]
    [Checksum Status: Unverified]
    Urgent Pointer: 0
    [Timestamps]
        [Time since first frame in this TCP stream: 0.004415000 seconds]
        [Time since previous frame in this TCP stream: 0.000236000 seconds]
    [SEQ/ACK analysis]
        [iRTT: 0.004179000 seconds]
        [Bytes in flight: 566]
        [Bytes sent since last PSH flag: 566]
    TCP payload (566 bytes)
```

第 5 行，应用层的详细信息，如 HTTP 报文：

```
Hypertext Transfer Protocol
    GET / HTTP/1.1\r\n
        [Expert Info (Chat/Sequence): GET / HTTP/1.1\r\n]
        Request Method: GET
        Request URI: /
        Request Version: HTTP/1.1
    Host: www.xpc.edu.cn\r\n
    Connection: keep-alive\r\n
    Upgrade-Insecure-Requests: 1\r\n
    User-Agent: Mozilla/5.0 (Windows NT 10.0; Win64; x64) AppleWebKit/537.36 (KHTML, like Gecko) Chrome/104.0.5112.102 Safari/537.36 Edg/104.0.1293.63\r\n
    Accept: text/html,application/xhtml+xml,application/xml;q=0.9,image/webp,image/apng,*/*;q=0.8,application/signed-exchange;v=b3;q=0.9\r\n
    Accept-Encoding: gzip, deflate\r\n
    Accept-Language: zh-CN,zh;q=0.9,en;q=0.8,en-GB;q=0.7,en-US;q=0.6\r\n
    If-None-Match: "b9b3-5e705fa00cd89-gzip" \r\n
    If-Modified-Since: Thu, 25 Aug 2022 00:35:38 GMT\r\n
    \r\n
    [Full request URI: http://www.xpc.edu.cn/]
    [HTTP request 1/23]
    [Response in frame: 13987]
    [Next request in frame: 13989]
```

习题

一、选择题

1. 计算机网络分为广域网、城域网、局域网的主要划分依据是（　　）。

   A．拓扑结构　　B．控制方式　　C．覆盖范围　　D．传输媒体

2. 下面哪 4 种设备属于网络终端设备？（　　）

   A．交换机　　B．打印机　　C．IP 电话　　D．服务器

   E．平板电脑　　F．无线接入点

3. 在 TCP/IP 参考模型中，哪一层负责确定穿越网络的最优路径？（　　）

   A．应用层　　B．传输层　　C．网际层　　D．网络接口层

4. 下面哪两种协议位于 TCP/IP 参考模型的传输层？（　　）。

   A．HTTP　　B．FTP　　C．TCP　　D．DNS

   E．UDP

5. 下面哪种应用层协议使位于不同网络中的主机能够可靠地彼此传输文件？（　　）

   A．HTTP　　B．FTP　　C．IMAP　　D．TFTP

   E．DHCP

6. 下面哪种数据封装顺序是正确的？（　　）

   A．数据 > 数据段 > 数据报 > 帧 > 位　　B．位 > 数据段 > 帧 > 数据报 > 数据

   C．位 > 帧 > 数据报 > 数据段 > 数据　　D．数据 > 帧 > 数据报 > 数据段 > 位

   E．位 > 数据报 > 帧 > 数据段 > 数据

二、名词解释

1. 带宽。
2. 吞吐量 。
3. 时延 。
4. 协议数据单元。

三、问答题

1. 什么是计算机网络？计算机网络的主要功能是什么？
2. 计算机网络的拓扑结构有哪些？
3. 计算机网络有哪些常用的性能指标？
4. 主机和端系统之间有什么不同？列举几种不同类型的端系统。
5. 互联网协议栈中的 5 个层次有哪些？在这些层次中，每层的主要任务是什么？
6. 什么是应用层报文？
7. 什么是传输层报文段？
8. 什么是网络层数据报？
9. 什么是数据链路层帧？

第 2 章

物理层及数据通信技术

内容巡航

通过第 1 章的学习，我们已经知道了 7 层协议的 OSI/RM 体系结构、4 层协议的 TCP/IP 体系结构，为了支持通信，OSI/RM 将数据网络的功能划分为多层，每层都与其上、下层合作以传输数据。OSI/RM 中有两层紧密相连，而在 TCP/IP 参考模型中它们是一层。这两层是数据链路层和物理层。

本章首先介绍计算机网络通信的物理层，其次介绍有关数据通信的重要概念及各种传输媒体的特点，然后讨论几种常用的信道复用技术，最后介绍几种常用的宽带接入技术。

本章的主要内容如下。

- 物理层的任务。
- 数据通信基础。
- 信道和调制。
- 常用的传输媒体。
- 常用的信道复用技术。
- 常用的宽带接入技术，重点是 FTTx。

内容探究

2.1 物理层

物理层的功能与特性

2.1.1 物理层的连接

在进行网络通信之前，必须在本地网络中建立一个物理连接。物理连接可以通过电缆进行有线连接，也可以通过无线电波进行无线连接。

物理连接类型取决于网络设置。例如，在很多企业的办公室内，员工的台式机或笔记本电脑通过电缆和交换机进行物理连接。这种类型的物理连接的设置为有线连接，数据通过物理电缆传输。

除了有线连接，许多企业还提供笔记本电脑、平板电脑和智能手机的无线连接。在使用无线设备时，数据通过无线电波进行传输。目前，无线连接越来越受欢迎，其使用非常方便。要提供无线连接，无线网络中的设备必须连接无线接入点（AP）。

网卡（NIC）将设备连接到网络，以太网网卡用于有线连接，而无线局域网（WLAN）网卡用于无线连接。

最终用户设备可能包括一种或两种类型的网卡。例如，台式机、工作站、服务器等一般只有以太网网卡，必须通过以太网电缆连接到网络；其他设备，如网络打印机、笔记本电脑可能既有以太网网卡又有 WLAN 网卡，而平板电脑、智能手机可能只包含 WLAN 网卡，因此必须使用无线连接。

2.1.2　物理层的基本概念

计算机网络通信中的物理层考虑的是怎样在连接各种计算机的传输媒体上传输数据比特流，而不是指具体的传输媒体。我们知道，现有的计算机网络中的硬件设备和传输媒体的种类繁多，而通信手段也有许多种不同的方式。物理层的作用正是要尽可能地屏蔽这些传输媒体和通信手段的差异，使物理层上面的数据链路层感觉不到这些差异，这样就可使数据链路层只需考虑如何完成本层的协议和服务，而不必考虑网络具体的传输媒体和通信手段是什么。

我们知道，物理层是 OSI/RM 7 层结构的第 1 层，它向下直接与传输媒体相连接，起到数据链路层和传输媒体之间的逻辑接口的作用，提供建立、维护和释放物理连接的方法，并可实现在物理信道上进行比特流的传输。物理层与数据链路层的关系如图 2.1 所示。

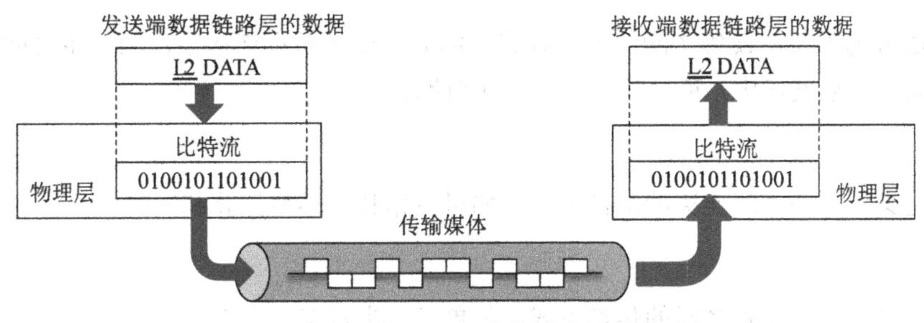

◎ 图 2.1　物理层与数据链路层的关系

1. 通信接口与传输媒体的物理特性

物理层协议是连接两台物理设备并为数据链路层提供透明比特流传输所必须遵循的协议，也常称为物理层规程。物理层协议要解决的是主机、工作站等数据终端设备与通信线路上通信设备之间的接口问题。数据终端设备又称 DTE（Data Terminal Equipment），指数据输入、输出设备和传输控制器或计算机等数据处理装置及其通信控制器。数据电路端接设备又称 DCE（Data Circuit Equipment），指自动呼叫设备、调制解调器（Modem）及其他一些中间装置的集合。DTE 的基本功能是产生、处理数据，DCE 的基本功能是沿传输媒体发送和接收数据。图 2.2 所示为 DTE/DCE 接口示意图。

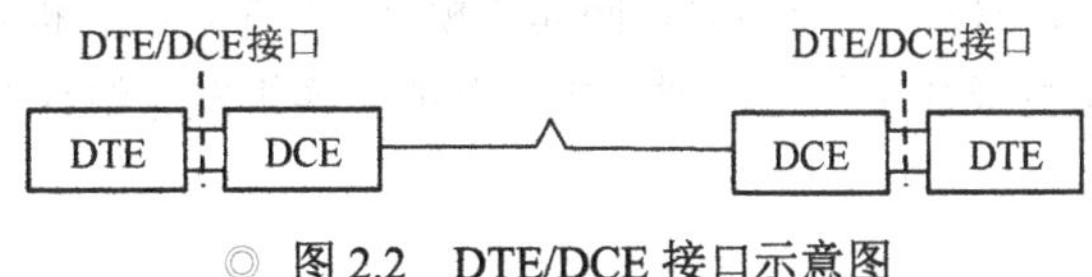

◎ 图 2.2　DTE/DCE 接口示意图

DTE 与 DCE 之间要连接，需要遵循共同的接口标准。接口标准由 4 个接口特性来详细说明。接口标准不仅为完成实际通信提供可靠的保证，还使不同厂商的产品可相互兼容，设备间可有效交换数据。

（1）机械特性：规定了物理连接时所需接插件的规格尺寸和形状、针脚数目和排列情况、固定和锁定装置等，如常见的EIA RS-232-C标准规定D型25针接口，ITU-T X.21标准规定15针接口等。它们都有严格的标准化的规定。

（2）电气特性：规定了在物理信道上传输比特流时信号电平的高低、数据的编码方式、阻抗匹配、传输速率和距离限制等。例如，在使用RS-232C接口且传输距离不大于15m时，最高传输速率为19.2kbit/s。

（3）功能特性：定义了各信号线的确切含义，即各信号线的功能，如RS-232-C接口中的发送数据线和接收数据线等。

（4）规程特性：定义了利用信号线进行比特流传输的一组操作规程，是指在物理连接的建立、维护和交换信息时数据通信设备之间交换数据的顺序。

2. 物理层的数据交换单元是二进制比特

为了传输比特流，可能需要对数据链路层的数据进行调制或编码，使之成为模拟信号、数字信号或光信号，以实现在不同的传输媒体上传输。

3. 比特的同步

物理层规定了通信双方必须在时钟上保持同步的方法，如异步传输方式和同步传输方式等。

4. 线路的连接

物理层还考虑了通信设备之间的连接方式。例如，在点对点连接中，两设备之间采用专用链路来连接；而在多点连接中，所有设备共享一个链路。

5. 物理拓扑结构

物理层定义了设备之间连接的结构关系，如星型拓扑、环型拓扑和网状拓扑等。

6. 传输方式

物理层定义了通信设备之间的传输方式，如单工、半双工和全双工。

2.2 数据通信的基础知识

数据通信基础

2.2.1 数据通信模型

下面列出两种常见的计算机通信模型。

1. 局域网通信模型

图2.3是使用集线器或交换机组建的局域网通信模型。其中，计算机A和计算机B进行通信，计算机A将要传输的信息变成数字信号，通过集线器或交换机发送给计算机B，这个过程不需要对数字信号进行转换。

◎ 图2.3 局域网通信模型

2. 广域网通信模型

为了对计算机发出的数字信号进行长距离传输，需要把要传输的数字信号转换成模拟信号或光信号。例如，现在家庭用户的计算机通过 ADSL 接入互联网，需要将计算机网卡的数字信号调制成模拟信号，以适合在电话线上进行长距离传输；接收端需要使用调制解调器将模拟信号转换成数字信号，以便与互联网中的计算机 B 进行通信，如图 2.4 所示。

◎ 图 2.4　广域网通信模型 1

现在很多家庭用户已经通过光纤接入互联网了，这就需要将计算机网卡的数字信号通过光电转换器转换成光信号进行长距离传输，并在接收端使用光电转换器将光信号转换成数字信号，如图 2.5 所示。

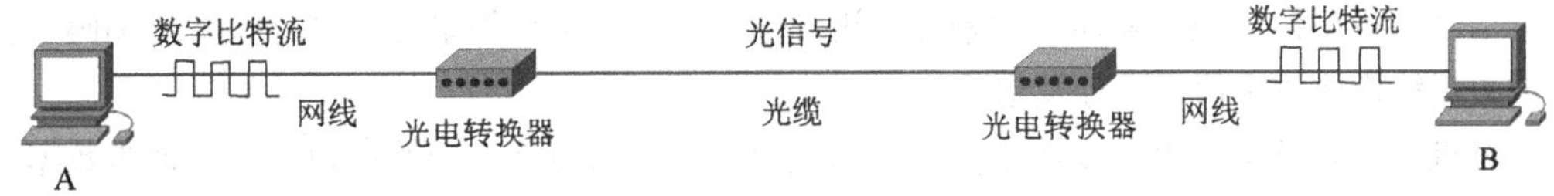

◎ 图 2.5　广域网通信模型 2

在上述通信模型中，有一些术语需要理解。

（1）信息（Message）：通信的目的是传送信息，如文字、图像、视频和音频等都是信息。

（2）数据（Data）：传送信息的实体。信息在传输之前需要进行编码，编码后的信息就变成数据。

（3）信号（Signal）：数据在通信线路上传输需要转换成电信号或光信号。

假定现在使用自己计算机上的浏览器访问学院的网站。此时，网页的内容就是要传输的信息，经过字符集（如 ASCII 码）编码，变成二进制数据，网卡将数字信号转换成电信号在网络中传输，接收端网卡收到电信号并将其转换成数据，经过字符集解码得到信息。

当然，为了传输音频或图像文件，可以将图像中的每个像素颜色都使用数据来表示，将音频文件的声音高低也使用数据来表示。这样，音频和图像就都可以编码成数据了。

2.2.2　模拟信号和数字信号

根据信号中代表信息的参数的取值方式不同，信号可分为两类，即模拟信号和数字信号，如图 2.6 所示。

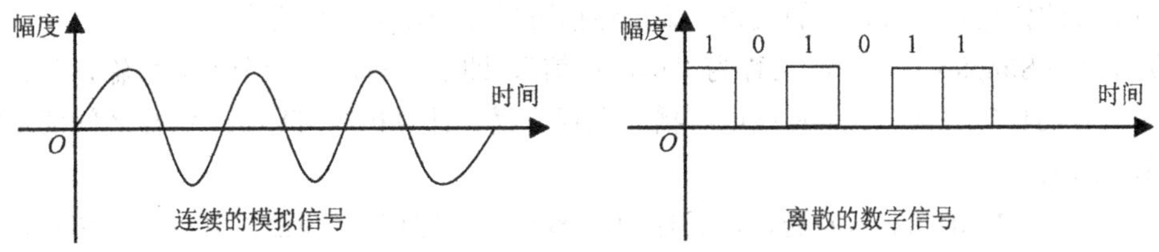

◎ 图 2.6　模拟信号和数字信号

1. 模拟信号

模拟信号是信号的因变量随时间连续变化的信号，如温度、湿度、压力、长度、电流、电压等。我们常把模拟信号称为连续信号，它在一定的时间范围内可以有无限个不同的取值。

2. 数字信号

数字信号是信号的因变量不随时间连续变化的信号，通常表现为离散的脉冲形式。计算机数据、数字电话和数字电视等都可看作数字信号。在使用二进制码元时，只有 0、1 两种码元，代表不同的状态。我们常把数字信号称为离散信号。

数字信号在传输过程中由于信道本身的特性及噪声干扰，使得其波形产生失真或信号衰减。为了消除这种波形失真和信号衰减，每隔一定的距离需要添加中继器，经过中继器的波形恢复为发送信息的波形。模拟信号没有办法消除由噪声干扰造成的波形失真，因此现在的电视信号逐渐由数字信号替代了以前的模拟信号。

3. 模拟信号转换成数字信号

模拟信号和数字信号之间可以相互转换：模拟信号一般通过脉冲编码调制（PCM）方法量化为数字信号。模拟信号经过采样，对采样值进行量化，并对量化的采样值进行数字化编码，将编码后的数据转换成数字信号进行发送。

计算机中的音频文件也是以数字信号的形式存储的，需要将声音的模拟信号转换为数据进行存储。同一首歌会有超高品音质、高品音质和流畅音质的区别，不同音质的文件大小不同。音质取决于采样频率和采样精度，采样频率提高，数字信号可以更精确地表示模拟信号，编码后会产生更多的二进制数字，播放音质更加接近原声。

2.2.3 信道

1. 信道的基本概念

信道（Channel）是信息传输的通道，即信息传输时所经过的一条通路。信道的一端是发送端，另一端是接收端。信道并不等同于电路，它一般用来表示向某一方向传送信息的媒体。因此，一条通信电路往往包含一条发送信道和一条接收信道。

在计算机网络中，有物理信道和逻辑信道之分。物理信道是传输信号的物理通路，由传输媒体及相关的通信设备组成，也称为通信链路。逻辑信道也是一种通路，它建立在物理信道的基础上，一个物理信道可以通过复用技术划分为多个逻辑信道。

与信号分类相对应，信道可以分为传输数字信号的数字信道和传输模拟信号的模拟信道。数字信号经过数模转换后可以在模拟信道上传输，模拟信号经过模数转换后可以在数字信道上传输。

2. 单工、半双工和全双工通信

按照信号的传输方向与时间的关系，数据通信可以分为以下 3 种类型。

（1）单工（Simplex）通信，又称为“单向通信”，即信号只能向一个方向传输，任何时候都不能改变信号的传输方向。无/有线电广播、电视广播、计算机与打印机/键盘之间的数据传输均属于单工通信。

（2）半双工（Half-Duplex）通信，又称为“双向交替通信”，即信号可以双向传输，但是必须交替进行，同一时间只能向一个方向传输，如对讲机。

（3）全双工（Full-Duplex）通信，又称为“双向同时通信”，即信号可以同时双向传输，如

用手机打电话。

单工通信只需一条信道，而半双工和全双工通信则需要两条信道（每个方向上各一条）。显然，全双工通信的传输效率最高。

2.2.4　调制和编码

来自信源的信号常称为基带信号（基本频带信号），如计算机输出的代表各种文字或图像文件的数据信号。基带信号往往包含较多的低频分量，甚至有直流分量，而许多信道并不能传输这种低频分量或直流分量。为了解决这一问题，就必须对基带信号进行调制（Modulation）。

调制可以分为基带调制和带通调制两大类。

1. 基带调制

基带调制仅对基带信号的波形进行变换，使它能够与信道的特性相适应。变换后的信号仍然是基带信号。由于这种基带调制把数字信号转换成另一种形式的数字信号，因此人们更愿意把这种过程称为编码（Coding）。如图 2.7 所示，常用的编码方式有以下几种。

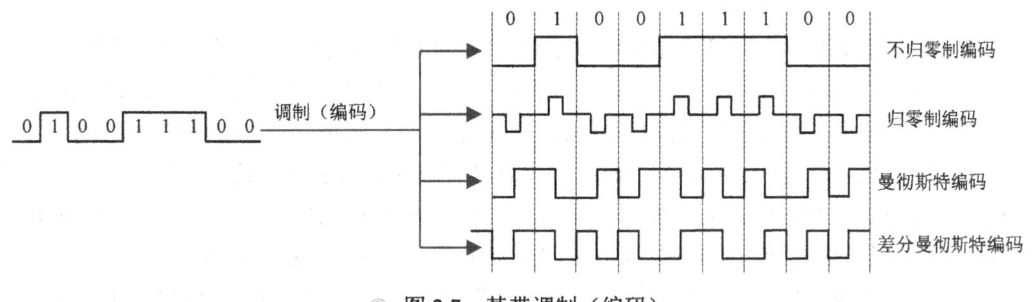

图 2.7　基带调制（编码）

（1）不归零制编码：高电平代表 1，低电平代表 0。不归零制编码是效率最高的编码方式，但如果发送端发送连续的 0 或连续的 1，那么接收端不容易判断码元的边界。

（2）归零制编码：正脉冲代表 1，负脉冲代表 0。归零制编码的每个时钟周期的中间都要跳变到低电平（归零），接收方根据此跳变调整本方的时钟基准，这就为双方提供了同步机制。由于归零需要占用一部分带宽，因此传输速率受到了一定的影响。

（3）曼彻斯特编码：位周期中心的向上跳变代表 0，位周期中心的向下跳变代表 1，也可以反过来定义。以太网使用的编码方式就是曼彻斯特编码。

（4）差分曼彻斯特编码：在每位的中心处都有跳变。位开始边界有跳变代表 0，位开始边界没有跳变代表 1。

2. 带通调制

在很多情况下，需要使用载波（Carrier）对基带信号进行调制，把基带信号的频率范围搬移到较高的频段上，以便其在模拟信道中传输，这种传输方法被称为频带传输。经过载波调制后的信号称为带通信号（仅在一段频率范围内能够通过信道）。使用载波的调制称为带通调制。基本的带通调制方法有以下几种。

- 调幅（AM）：载波的振幅随基带数字信号的变化而变化。例如，0 或 1 分别对应无载波或有载波输出。
- 调频（FM）：载波的频率随基带数字信号的变化而变化。例如，0 或 1 分别对应频率 f_1 或 f_2。

- 调相（PM）：载波的初始相位随基带数字信号的变化而变化。例如，0 或 1 分别对应相位 0°或 180° 。

为了达到更高的信息传输速率，必须采用技术上更为复杂的多元制的振幅相位混合调制方法，如正交振幅调制。

2.2.5 信道的极限容量

任何实际的信道都是不理想的，在传输信号时会产生各种失真、带来多种干扰。数字通信的优点就是在接收端只要能根据失真的波形识别出原来的信号，那么这种失真对通信质量就可视为没有影响。码元传输的速率越高，或者信号传输的距离越远，或者噪声干扰越大，或者传输媒体质量越差，接收端的波形失真就越严重。

影响信道中数字信息的传输速率的因素有两个：码元的传输速率和每个码元承载的比特信息量。码元的传输速率受信道能够通过的频率范围的影响，每个码元承载的比特信息量受信道信噪比的影响。

1. 信道能够通过的频率范围

在信道中传输的数字信号其实是使用多个频率的模拟信号进行多次谐波而成的方波。假如数字信号频率为 1000Hz，则需要使用 1000Hz 的模拟信号作为基波，基本信号和更高频率谐波叠加形成数字信号的波形。经过多次更高频率的波进行谐波，可以形成接近数字信号的波形。

具体的信道所能通过的模拟信号的频率范围总是有限的。信道能够通过的最高频率减去最低频率就是该信道的带宽。假定电话线允许频率为 300 ～ 3300Hz 的模拟信号通过，低于 300Hz 和高于 3300Hz 的模拟信号均不能通过，则电话线的带宽为 (3300−300)Hz=3000Hz。

前面提到，模拟信号通过信道的频率是有一定范围的；数字信号通过信道时，其中的高频分量（高频模拟信号）有可能不能通过信道或产生衰减，接收端收到的波形前沿和后沿就变得不那么陡峭了，码元之间所占用的时间界限也不再明显，而是前、后都拖了“尾巴”，如图 2.8 所示。这样，接收端收到的信号波形就失去了码元之间清晰的界限，这种现象叫作码间串扰。严重的码间串扰将使得本来分得很清楚的一串代码变得模糊而无法识别。

◎ 图 2.8 数字信号的高频分量不能通过信道

在任何信道中，码元的传输速率都是有上限的，否则就会出现码间串扰现象，使接收端对码元的判决（识别）成为不可能。

如果信道的带宽越宽，即能够通过的信号高频分量越多，就可以使用更高的速率传输码元而不会出现码间串扰现象。早在 1924 年，奈奎斯特（Nyquist）就推导出了著名的奈氏准则。他给出了在假定的理想条件下避免码间串扰的码元的传输速率的上限值。

理想低通信道码元的最高传输速率 =2*W* Baud。其中，***W*** 是理想低通信道的带宽，单位是 Hz；Band 是波特，是码元传输速率的单位。

使用奈氏准则给出的公式，可以根据信道的带宽计算出码元的最高传输速率。

注：

波特和比特是两个不同的概念。

波特说明每秒传送多少个码元，如 1Band 表示每秒传送 1 个码元。码元传输速率也称为调制速率、波形速率或符号速率。

比特是信息量的单位，信息传输速率 bit/s 和码元传输速率 Baud 在数量上有一定的关系。

比特率：在数字信道中，比特率是数字信号的传输速率。它用单位时间内传输的二进制代码的有效位（bit）数来表示，其单位为 bit/s（bps）。

波特率：数据信号对载波的调制速率。它用单位时间内载波调制状态改变的次数来表示，其单位为 Baud。波特率与比特率的关系：比特率 = 波特率 × 单个调制状态对应的二进制位数。

2. 信噪比

既然码元的传输速率有上限，那么如果想让信道更快地传输信息，就需要让一个码元承载更多的比特信息量。对于二进制码元，一个码元表示 1bit；对于八进制码元，一个码元表示 3bit；对于十六进制码元，一个码元表示 4bit。如果可以无限增加一个码元承载的比特信息量，那么信道传输数据的速率岂不是可以无限提高。这是不行的，其实信道传输信息的能力也是有上限的。

噪声存在于所有的电子设备和通信信道中。由于噪声是随机产生的，所以其瞬时值有时会很大。在电压范围一定的情况下，十六进制码元波形之间的差别要比八进制码元波形之间的差别小。在真实信道中，传输时由于噪声干扰，若码元波形之间的差别太小，则在接收端就不易清晰地将其识别出来。那么，信道的极限信息传输速率受哪些因素的影响呢？

噪声的影响是相对的，如果信号相对较强，那么噪声的影响就相对较小。因此信噪比就很重要。所谓信噪比，就是指信号的平均功率和噪声的平均功率之比，常记为 S/N，并用分贝（dB）作为度量单位，即

$$信噪比 = 10\lg(S/N)\ (\text{dB})$$

例如，当 S/N=10 时，信噪比为 10dB；而当 S/N=1000 时，信噪比为 30dB。

信息论的创始人香农（Shannon）推导出著名的香农公式：

$$C = W\log2(1+S/N)\ (\text{bit/s})$$

其中，C 为信道的极限信息传输速率；W 为信道的带宽（以 Hz 为单位）；S 为信道内所传信号的平均功率；N 为信道内部的高斯噪声功率。

香农公式表明，信道的带宽或信道中的信噪比越高，信息的极限传输速率越高。香农公式指出了信息传输速率的上限。香农公式的意义在于，只要信息传输速率低于信道的极限信息传输速率，就一定可以找到某种方法来实现无差错传输。但是，香农公式没有指出具体的实现方法。

2.2.6　并行传输与串行传输

数据传输有两种方式：并行传输和串行传输。

1. 并行传输

如图 2.9 所示，并行传输是指数字信号以成组的方式在多个并行信道上传输，数据由多条数据线同时发送与接收，每个比特使用单独的一条线路，即发送端和接收端之间需要有 n 条传输线路。并行传输的优点在于传输速率高，收发双方不存在字符同步的问题；缺点是需要多个并行信道，增加了设备的成本。并行传输主要用于计算机内部或同一系统设备间的通信。

2. 串行传输

如图 2.10 所示，串行传输就是指在一条信道上对比特流进行逐位传输，即发送端和接收端之间只需一条传输线路。由于数据流是串行的，所以必须解决收发双方如何保持码组或字符同步的问题。

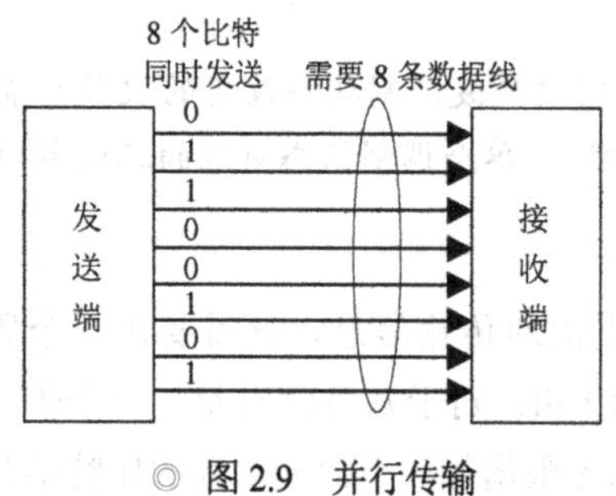

◎ 图 2.9　并行传输

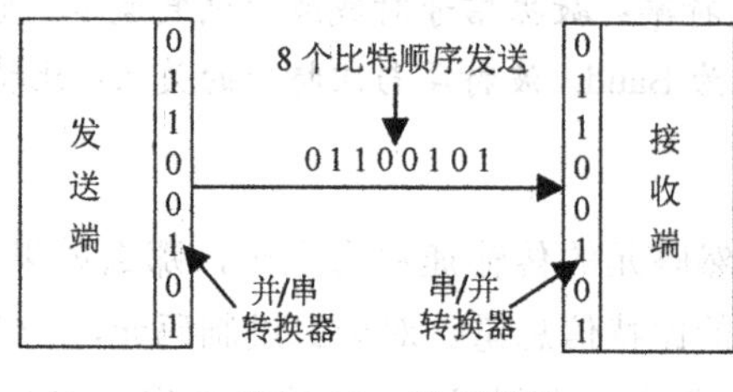

◎ 图 2.10　串行传输

并行传输的速度为串行传输的 *n* 倍，但成本高。因此，并行传输常用于短距离传输，常见的数据总线宽度有 16 位、32 位、64 位。而长距离传输一般采用串行传输方式。因此，当计算机将数据发送到传输线路上时，需要进行并 / 串转换；而当计算机从传输线路上接收数据时，要进行串 / 并转换。

2.3　物理层下面的传输媒体

传输媒体

传输媒体也称传输介质或传输媒介，是数据传输系统中发送器和接收器之间的物理通路。第 1 章中提到，传输媒体可分为两大类：导引型传输媒体（也称有线传输）和非导引型传输媒体（也称无线传输）。

在导引型传输媒体中，电磁波被导引沿着固定媒体（铜导线或光纤）传播；而非导引型传输媒体就是指自由空间。

2.3.1　对绞电缆

1. 认识对绞电缆

对绞电缆是计算机网络系统工程中最常用的导引型传输媒体。

把两根互相绝缘的铜导线并排放在一起，并用规则的方法绞合起来就构成了对绞电缆。绞合可减小对相邻导线的电磁干扰。

最早且最多使用对绞电缆的地方就是电话系统。电话系统使用的对绞电缆为 1 对两条线。通常将一定数量的对绞电缆捆成电缆，在其外面包上护套。

模拟传输和数字传输都可以使用对绞电缆，通信距离一般从几千米到十几千米。当通信距离太长时，要加放大器，以便将衰减了的信号放大到合适的数值（对于模拟传输），或者加上中继器，以便对失真了的数字信号进行整形（对于数字传输）。

为了提高对绞电缆的抗电磁干扰的能力，可以在对绞电缆的外面加上一层用金属丝编制成的屏蔽层，这就是屏蔽对绞电缆。它的价格当然比非屏蔽对绞电缆高。图 2.11 是对绞电缆的示意图。

（a）非屏蔽对绞电缆

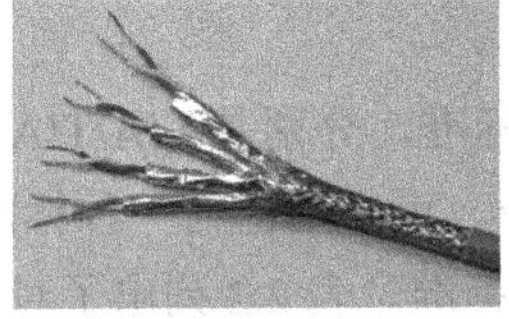

（b）屏蔽对绞电缆

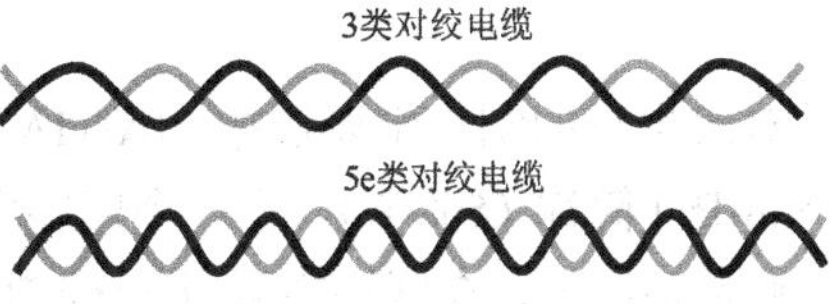

（c）不同绞合度的对绞电缆

◎ 图 2.11　对绞电缆的示意图

在计算机网络中，通常用到的对绞电缆是 4 对结构的。为了便于安装与管理，每对对绞电缆都有颜色标识。4 对对绞电缆的颜色分别是蓝色、橙色、绿色、棕色。在每个线对中，其中一根的颜色为线对颜色加一个白色条纹或斑点（纯色），另一根的颜色为白色底色加线对颜色的条纹或斑点，即电缆中的每对对绞电缆都为互补颜色。

2. 对绞电缆的等级

EIA/TIA 标准经过多次修订，目前为对绞电缆根据性能定义了如表 2.1 所示的几种。

表 2.1　对绞电缆的类别、带宽和典型应用

系统产品类别	系统分级	支持的最高带宽 /MHz	是否屏蔽	备注
CAT3（3 类）	C	16	屏蔽和非屏蔽	应用于语音、10Mbit/s 以太网、4Mbit/s 令牌环网。目前，市场上只有用于语音主干布线的 3 类大对数电缆
CAT5（5 类）	D	100	屏蔽和非屏蔽	应用于语音、100Mbit/s 以太网。目前，市场上只有用于语音主干布线的 5 类大对数电缆
CAT 5e（超 5 类）	D	100	屏蔽和非屏蔽	应用于语音、100Mbit/s 以太网、1000Mbit/s 以太网
CAT 6（6 类）	E	250	屏蔽和非屏蔽	应用于 1000Mbit/s 以太网
CAT 6A（超 6 类）	EA	500	屏蔽和非屏蔽	应用于 10Gbit/s 以太网
CAT 7（7 类）	F	600	屏蔽	应用于 10Gbit/s 以太网
CAT 7A（超 7 类）	FA	1000	屏蔽	应用于 25Gbit/s 或 40Gbit/s 或 100Gbit/s 以太网
CAT 8.1（兼容 6A）	I	2000	屏蔽	应用于 25Gbit/s 或 40Gbit/s 或 100Gbit/s 以太网
CAT 8.2（兼容 7）	II	2000	屏蔽	应用于 25Gbit/s 或 40Gbit/s 或 100Gbit/s 以太网

目前市场上使用最广泛的对绞电缆包括 5e 类、6 类和 6A 类。

无论哪种类别的对绞电缆，衰减都随频率的升高而增大。使用更粗的导线可以减小衰减，即导线越粗，通信距离越远，但也增加了导线的价格和质量。

3. 对绞电缆连接器

对绞电缆的连接硬件包括信息模块和 RJ-45 连接器。它们用于端接或直接连接对绞电缆，使电缆和连接件组成一个完整的信息传输通道，常用的有 RJ-45 插头（俗称 RJ-45 水晶头，如图 2.12 所示）和信息模块（图 2.13 是 RJ-45 信息模块）。对绞电缆的两端安装 RJ-45 水晶头，以便插在以太网卡、集线器或交换机的 RJ-45 接口上。

◎ 图 2.12　RJ-45 水晶头

◎ 图 2.13　RJ-45 信息模块

4. 对绞电缆的类型

目前，对绞电缆的制作主要遵循 EIA/TIA 标准，分别是 EIA/TIA T568-A（简称 T568-A）和 EIA/TIA T568-B（简称 T568-B）。在一个网络中，可采用任何一种标准，但所有的设备必须采用同一标准。通常情况下，在网络中采用 T568-B 标准。表 2.2 列出了对绞电缆的类型。

表 2.2　对绞电缆的类型

类型	标准	应用
以太网直通电缆	电缆两端均为 T568-B 或 T568-A，常用 T568-B	将网络主机连接到集线器、交换机、路由器之类的网络设备上
以太网交叉电缆	电缆一端为 T568-B，另一端为 T568-A	连接两台网络主机或连接两台网络中间设备（交换机与交换机、集线器与集线器、路由器与路由器）
全反电缆	Cisco 专有	用于工作站到交换机、路由器控制台端口的连接

注：

随着网络技术的发展，目前一些新的网络设备可以自动识别连接的网线类型，无论用户采用直通网线还是交叉网线，均可以正确连接设备。

（1）T568-A 标准。按照 T568-A 标准布线水晶头的 8 针与线对的分配如图 2.14（a）所示，线序从左到右依次为 1- 白绿、2- 绿、3- 白橙、4- 蓝、5- 白蓝、6- 橙、7- 白棕、8- 棕。

（2）T568-B 标准。按照 T568-B 标准布线水晶头的 8 针（也称插针）与线对的分配如图 2.14（b）所示，线序从左到右依次为 1- 白橙、2- 橙、3- 白绿、4- 蓝、5- 白蓝、6- 绿、7- 白棕、8- 棕。

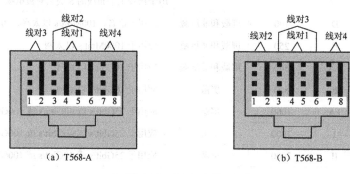

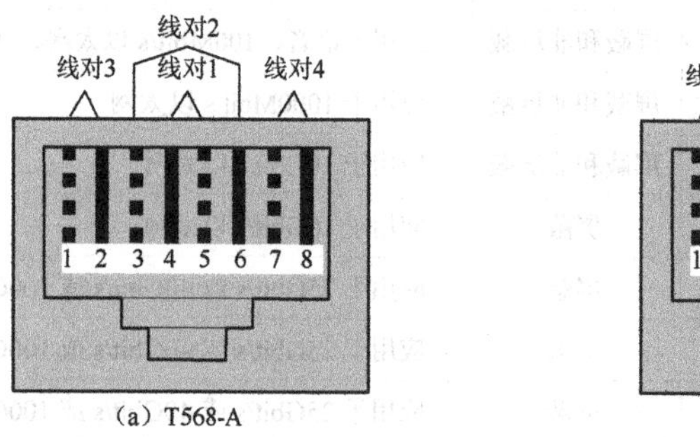

（a）T568-A　（b）T568-B

◎ 图 2.14　T568-A 和 T568-B

2.3.2　同轴电缆

20 世纪 80 年代，DEC、Intel 和 Xerox 公司合作推出了以太网。最初设计以太网时，终端设备共享通信带宽，通过物理传输媒体连接形成总线型拓扑网络。同轴电缆就是当时普遍采用的传输媒体。也就是说，总线型拓扑结构与同轴电缆主要应用在早期的以太网中。现在以太网通常采用星型拓扑结构与对绞电缆。目前，同轴电缆更多时候使用于有线电视或视频（监控和安全）等网络应用中。

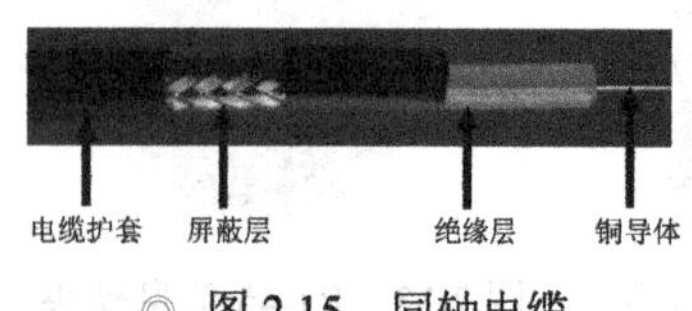

◎ 图 2.15　同轴电缆

同轴电缆由两个导体组成，其结构是一个外部圆柱形空心导体围裹着一个内部导体。同轴电缆的组成由里向外依次是铜导体、绝缘层、屏蔽层和电缆护套，如图 2.15 所示。内部导体可以是单股实心线也可以是绞合线，外部导体可以是单股线也可以是编织

线。内部导体的固定用规则间隔的绝缘环或固体绝缘材料，外部导体用一个罩或屏蔽层覆盖。因为同轴电缆只有一个中心导体，所以它通常被认为是非平衡传输媒体。中心导体和屏蔽层之间传输的信号极性相反，中心导体为正，屏蔽层为负。

目前，在进行网络布线时，已经不再使用同轴电缆，但同轴电缆曾一度在网络传输媒体中占有很重要的地位，为了帮助读者了解同轴电缆，这里简单介绍了一下。

2.3.3　光缆

在通信领域中，信息网络的传输速率从 1980 年 9 月出台的 10Mbit/s 提高到现在的 100Gbit/s，随着传输速率的提高和传输距离的增长，采用铜缆的同轴电缆和对绞电缆在很多时候不能满足需求，在这种情况下，只能使用光纤通信技术。

光纤通信就是指利用光导纤维（以下简称光纤）传递光脉冲来进行通信。有光脉冲相当于 1，无光脉冲相当于 0。由于可见光的频率非常高，约为 10^8MHz 量级，因此一个光纤通信系统的传输带宽远远大于目前其他各种传输媒体的带宽。

1. 光纤通信的基本原理

光纤是光纤通信的传输媒体。在发送端有光源，可以采用发光二极管或半导体激光器，它们在电脉冲的作用下能产生光脉冲。在接收端利用光电二极管做成光检测器，在检测到光脉冲时可还原出电脉冲。

目前，在局域网中实现的光纤通信是一种光电混合式的通信结构。通信终端的电信号与光纤中传输的光信号要进行光电转换，通过光电转换器或光纤模块完成。

由于光信号目前只能单方向传输，所以光纤通信系统通常都采用 2 芯的光纤，1 芯用于发送信号，1 芯用于接收信号。

2. 光纤的结构

光纤是光缆的纤芯，通常由非常透明的石英玻璃拉成细丝。光纤由光纤芯、包层和涂覆层 3 部分构成（通信圆柱体），如图 2.16 所示。

（1）光纤芯及包层。光纤芯是光的传导部分，只有 8 ～ 100μm。光纤芯和包层的成分都是玻璃。包层较光纤芯有较低的折射率。当光线从高折射率的媒体向低折射率的媒体入射时，其折射角将大于入射角，会出现全反射，即光线碰到包层时会折射回光纤芯。这个过程不断重复，光线也沿着光纤传输下去，如图 2.17 所示。

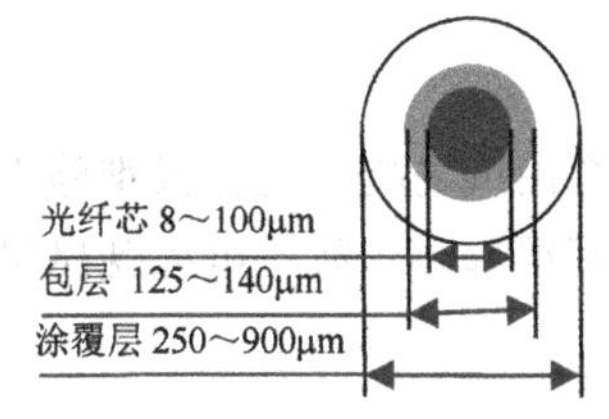

◎ 图 2.16　典型的光纤结构图

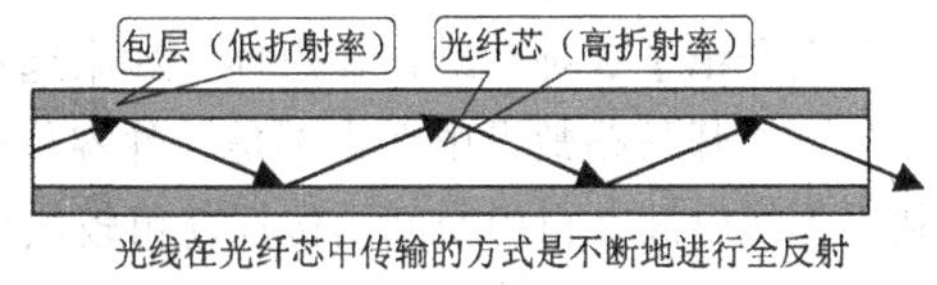

◎ 图 2.17　光纤中光线（光脉冲）的传输

（2）涂覆层。涂覆层是光纤的第一层保护，目的是保护光纤的机械强度，是第一缓冲层，由一层或几层聚合物构成，厚度为 250 ～ 900μm，在光纤的制造过程中就已经涂覆到光纤上。光纤涂覆层在光纤受到外界震动时保护光纤的光学性能和物理性能，同时可以隔离外界水汽的侵蚀。

3. 光纤的分类

光纤的种类很多，可按光纤的传输总模数（传输模式）、光纤横截面上的折射率分布和工作波长进行分类。

（1）按传输模式进行分类。光纤按光线在其中的传输模式可分为多模光纤和单模光纤。

① 多模光纤（Multi-Mode Optical Fiber，MMF）。多模光纤允许多条光线在光纤中同时传播，即多条以不同角度入射的光线在一条光纤中传输，如图 2.18 所示。光脉冲在多模光纤中传输时会逐渐展宽，造成失真。因此多模光纤只适合于近距离传输。多模光纤的光纤芯直径一般为 50 ～ 75μm，包层直径为 125 ～ 200μm。多模光纤的光源一般采用发光二极管（LED），工作波长为 850nm 或 1300nm。

② 单模光纤（Single-ModeFiber，SMF）。若光纤的光纤芯直径减小到只有一个光的波长，则光纤就像一根波导那样，可使光线一直向前传播，而不会产生多次反射，这样的光纤称为单模光纤，如图 2.19 所示。单模光纤的光纤芯直径为 4 ～ 10μm，包层直径为 125μm。单模光纤通常用于工作波长为 1310nm 或 1550nm 的激光发射器中。单模光纤的传输频带宽、容量大，传输距离长。

◎ 图 2.18　多模光纤　　◎ 图 2.19　单模光纤

（2）按工作波长进行分类。光纤按其工作波长进行分类，有短波长光纤、长波长光纤和超长波长光纤。多模光纤的工作波长为短波长 850nm 和长波长 1300nm，单模光纤的工作波长为长波长 1310nm 和超长波长 1550nm。

4. 光缆及其结构

由于光纤比较细，加上包层的直径也不到 0.2mm，因此必须将光纤做成很结实的光缆。光纤的最外面常有 100μm 的缓冲层或套塑层。套塑后的光纤（光纤芯）还不能在工程中使用，必须把若干根光纤疏松地置于特制的塑料棒带或铝皮内，并涂覆塑料或用钢带铠装，加上外护套后才成为光缆。光缆中有 1 芯光纤、2 芯光纤、4 芯光纤、6 芯光纤甚至更多芯光纤（如 48 芯光纤、1000 芯光纤）。一般 1 芯光纤或 2 芯光纤用于光纤跳线，多芯光纤用于室内、室外的网络布线。

2.3.4　非导引型传输媒体

前面介绍了 3 种有线传输媒体。如果通信线路通过一些高山或岛屿，就会很难施工，即使在城市中，挖开马路敷设电缆也不是一件容易的事。当通信距离很远时，敷设电缆既昂贵又费时。但利用无线电波在自由空间的传播就可较快地实现多种通信。

1. 无线电波通信

无线传输可使用的频段很广，如图 2.20 所示。现在已经利用了好几个频段进行通信。紫外线和更高的频段目前还不能用于通信。国际电信联盟（ITU）给出了不同频段的正式名称，如 LF-低频（LF 频段的波长为 1 ～ 10km，对应 30 ～ 300kHz）、MF- 中频、HF- 高频、VHF- 甚高频、UHF- 特高频、SHF- 超高频、EHF- 极高频。表 2.3 所示为常见无线电波分类。

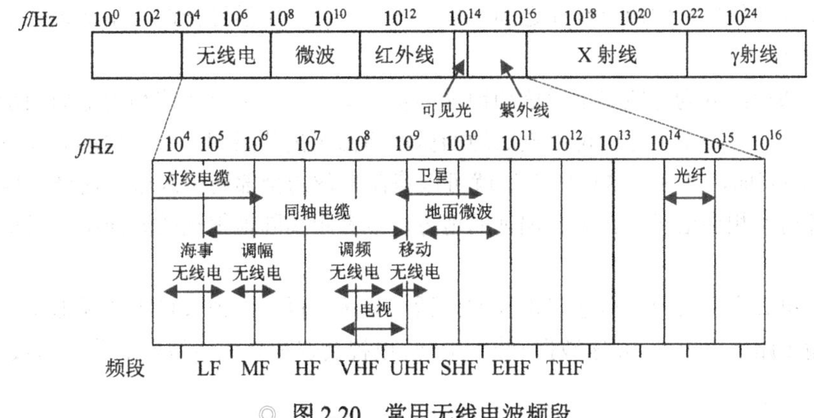

◎ 图 2.20　常用无线电波频段

表 2.3　常见无线电波分类

频段名称	频率范围	波段名称	波长范围
LF- 低频	30 ～ 300kHz	千米波，长波	1 ～ 10km
MF- 中频	300 ～ 3000kHz	百米波，中波	100 ～ 1000m
HF- 高频	3 ～ 30MHz	十米波，短波	10 ～ 100m
VHF- 甚高频	30 ～ 300MHz	米波，超短波	1 ～ 10m
UHF- 特高频	300 ～ 3000MHz	分米波	10 ～ 100cm
SHF- 超高频	3 ～ 30GHz	厘米波	1 ～ 10cm
EHF- 极高频	30 ～ 300GHz	毫米波	1 ～ 10mm
	300 ～ 3000GHz	亚毫米波	0.1 ～ 1mm

无线电通信主要有长波通信、中波通信、短波通信和微波通信 4 类。传输数据主要用短波通信和微波通信。

2. 短波通信

短波通信即高频通信，频率范围为 3 ～ 30MHz。短波在沿地球表面传播时，由于其绕射能力差，所以传播的有效距离短；但是在电离层中所受到的吸附作用小，有利于电离层的反射，因此主要靠电离层的反射来通信，经过一次反射可以得到 100 ～ 4000km 的跳跃距离，经过电离层和大地的几次连续反射，传播距离更远。但短波信道频带窄，传输效率不高，而且电离层的不稳定产生的衰落现象和电离层的反射产生的多径效应使得短波信道的通信质量较差。短波一般都为低速传输，即一个标准模拟话路的传输速度为几十比特每秒到几百比特每秒。

短波通信是唯一不受网络枢纽和有源中继体制约的远程通信手段，如果发生战争或自然灾害，那么各种通信网络都会遭到破坏，卫星也会受到攻击。

3. 微波通信

微波通信在数据通信中占有重要的地位。微波的频率范围是 300MHz ～ 3000GHz（波长为 0.1mm ～ 1m），主要使用的频率为 2 ～ 40GHz。微波在空间中主要为直线传播。由于微波能穿透电离层射入宇宙空间，因此它不像短波那样经电离层的反射可以传播到地面上很远的地方。

微波通信有地面微波接力通信和卫星通信两种主要方式。

（1）地面微波接力通信：地球表面是个曲面，而微波在空间中是直线传播的，因此传播距离会受到限制，一般只有 50km 左右，若采用的微波站天线高，则传播距离可加大。为实现远距离通信，必须在一条微波通信信道的两个终端之间建立若干中继站。中继站把前一站送来的信号经过放大后发送到下一站。

（2）卫星通信：分为近地卫星通信和地球同步卫星通信。卫星通信利用地球同步卫星作为中继站来转发微波信号。卫星通信可以克服地面微波通信距离的限制。一个地球同步卫星可以覆盖地球 1/3 以上的表面，即 3 个这样的卫星就可以覆盖地球的全部通信区域。这样，地球上的各地面站之间就都可互相通信了。在十分偏远的地方，或者距离陆地很远的海洋中，通信几乎完全依赖卫星。

微波通信可分为主要用于传输多路载波电话、载波电报、电视节目等的模拟微波通信，以及主要用于传输多路数字电话、高速数据、数字电视、电视会议和其他新型电信业务的数字微波通信。

4. 无线局域网

无线局域网是以无线信道作为传输媒体的计算机局域网。ISM 频段是工业（Industrial）、科研（Scientific）和医疗（Medical）的发射设备使用的频段。使用该频段无须许可证授权，即免费使用。只要达到一定的发射功率（一般小于 1W），并且不对其他频段造成干扰即可。无线局域网选择的是 ISM 频段。ISM 频段在各国的规定不统一，在我国使用 2.4GHz 频段和 5GHz 频段，其中，2.4GHz 频段使用 2.4 ～ 2.4835GHz，5GHz 频段使用 5.725 ～ 5.850GHz。

无线局域网的标准是 IEEE 802.11 系列，使用 IEEE 802.11 系列标准的局域网又称为 Wi-Fi。IEEE 802.11 系列标准包括 IEEE 802.11b、IEEE 802.11a、IEEE 802.11g、IEEE 802.11n（Wi-Fi 4）、IEEE 802.11ac（Wi-Fi 5）、IEEE 802.11ax（Wi-Fi 6）等。

2.4 信道复用技术

信道复用技术

复用（Multiplexing）是通信技术中的基本概念，计算机网络中的信道广泛使用各种复用技术。复用是一种将若干彼此独立的信号合并为一个可在同一信道上同时传输的复合信号的方法。例如，传输的语音信号的频谱一般为 300 ～ 3400Hz，为了使若干这种信号能在同一信道上传输，可以把它们的频谱调制到不同的频段上，此时合并在一起而不致相互影响，并能在接收端彼此分离开来。

在信道复用技术中，发送端要用到复用器，它让数据合并起来使用一个共享信道进行通信；接收端要用到分用器，它对高速信道传输过来的数据进行分用，分别送交给相应的用户。复用器和分用器成对地使用，复用器和分用器之间是用户共享的高速信道。

信道复用技术分为频分复用、时分复用、波分复用、码分复用等。

2.4.1 频分复用技术

频分复用（Frequency Division Multiplexing，FDM）把信道的频谱分割成若干互不重叠的子信道，各相邻子信道间要留有一个狭长的带宽（保护带），每个子信道可传输一路信号，每个发送设备产生的信号被调制成相应的子信道的载波频率，调制后的信号被组合成一个可以通过通信链路的复合信号。在采用频分复用技术时，各路信号在各子信道上是以并行的方式传输的，如图 2.21 所示。频分复用技术最为简单，用户在分配到一定的频带后，自始至终都占用这个频带。

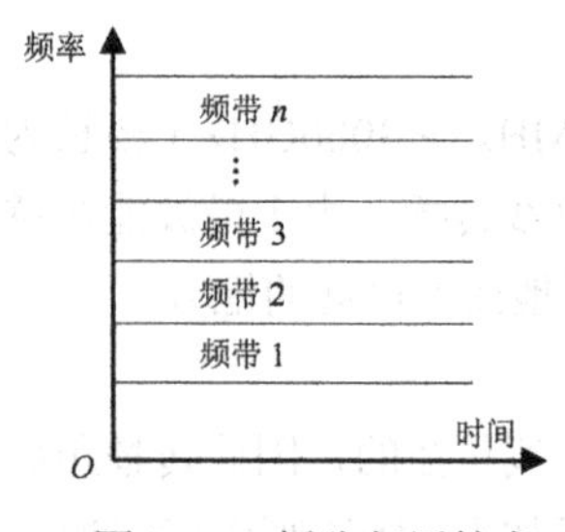

◎ 图 2.21 频分复用技术

频分复用技术适用于模拟信号，如调制广播电台、有线电视系统、非对称用户数据线（ADSL）等都采用频分复用技术。例如，可以在一根对绞电缆（100kHz）上利用频分复用技术同时传输多达 24 路电话信号（一条标准话路的带宽是 4kHz，即通信用的 3.1kHz 加上两边的保护带）。

2.4.2　时分复用技术

时分复用（Time Division Multiplexing，TDM）将物理信道按时间分成许多等长的时间片，轮流、交替地分配给多路信源，使得多路输入信号能共享同一物理信道。当一条传输信道的最高传输速率超过各路信号传输速率的总和时，可以采用时分复用技术。这种复用技术的出发点是将一条线路按工作时间划分周期 T，并将每个周期划分成若干时间片 $t_1, t_2, t_3, \cdots, t_n$，轮流分配给多个信源来使用公共线路，在每个周期的每个时间片 t_i 内，线路供某用户使用；在时间片 t_j 内，线路供另一用户使用，如图 2.22 所示。当某用户暂时无数据发送时，在时分复用帧中，分配给该用户的时间片只能处于空闲状态，其他用户即使一直有数据发送，也不能使用这些空闲的时间片。

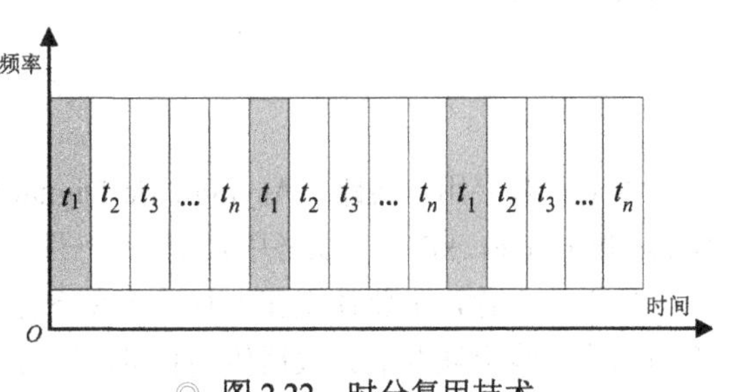

◎ 图 2.22　时分复用技术

时分复用技术特别适用于数字信号的传输，划分出的每个时间片都由复用的一个信号占用，这样就可以在一条物理信道上传输多路数字信号。时分复用技术与频分复用技术一样，有着非常广泛的应用，电话就是其中最经典的例子。

2.4.3　波分复用技术

波分复用（Wavelength Division Multiplexing，WDM）的原理与频分复用相似，主要用于光纤通信。在波分复用技术中，利用光学系统中的衍射光栅来实现多路不同频率光信号的合成与分解。

波分复用最初只能在一根光纤上复用 2 路光信号，而现在可以在一根光纤上复用 80 路或更多路数的光信号，这就是密集波分多路复用（Dense WDM，DWDM）。

2.4.4　码分复用技术

码分复用（Code Division Multiplexing，CDM）又称为码分多址（Code Division Multiple Access，CDMA），是在扩频通信技术的基础上发展起来的一种全新而又成熟的无线通信技术。CDM 与 FDM 和 TDM 不同，它既共享信道的频率，又共享时间，是一种真正的动态复用技术。

码分复用也是一种共享信道的方法，每个用户可在同一时间使用同样的频带进行通信，但使用的是基于码型的分割信道的方法，即为每个用户分配一个地址码，各码型互不重叠，通信各方之间不会相互干扰，且抗干扰能力强。码分复用技术主要用于无线通信系统，特别是移动通信系统。它不仅可以提高通信的话音质量和数据传输的可靠性，减小干扰对通信的影响，还可以增大通信系统的容量。

联通 CDMA 就是码分复用的一种方式；此外，还有频分多址（FDMA）、时分多址（TDMA）和同步码分多址（SCDMA）。

2.5 宽带接入技术

2.5.1 宽带接入的概念

在互联网发展初期，用户都是利用电话的用户线，通过调制解调器连接到ISP的。近年来，随着各种宽带业务的不断涌现和业务类型的多样化，接入技术宽带化成为接入网的发展趋势，已经有多种宽带接入技术进入用户的家庭。然而，目前“宽带”尚无统一的定义，宽带的标准在不断提高，由最初的56kbit/s到200kbit/s，2015年，美国FCC定义的宽带下行速率调整至25Mbit/s，宽带上行速率调整至3Mbit/s。

宽带接入技术主要包括ADSL接入技术、光纤接入技术、HFC接入技术、以太网接入技术和无线接入技术。

2.5.2 ADSL接入技术

非对称数字用户线路（Asymmetric Digital Subscriber Line，ADSL）是数字用户线路（Digital Subscriber Line，xDSL）服务中最流行的一种。

所谓非对称，主要体现在上行速率和下行速率的非对称性上。ADSL利用数字编码技术从现有铜质电话线上获取最大数据传输容量，同时不干扰在同一条线路上进行的常规话音服务。这是因为它用电话话音传输以外的频率传输数据。用户可以在上网的同时打电话或发送传真而不会影响通话质量或降低下载互联网内容的速度。

1. ADSL接入技术的特点

（1）高速传输：提供上、下行不对称的传输带宽。

（2）上网、打电话互不干扰：数据信号和电话音频信号以频分复用原理调制于各自频段上，互不干扰，消除了拨号上网时不能使用电话的烦恼。

（3）独享带宽，安全可靠：各节点采用宽带交换机处理交换信息，信息传递快速、安全。

2. xDSL家族

xDSL是以铜质电话线为传输媒体的传输技术组合，包括HDSL、SDSL、VDSL、ADSL和RADSL等，它们的主要区别体现在信号的传输速率和距离上，以及上行速率和下行速率对称性上。表2.4列出了各种xDSL的区别。

表2.4 各种xDSL的区别

协议类型	名称	对绞电缆数量	传输距离	上行速率	下行速率	适用用户
ADSL	非对称数字用户线路	1	3～5km	512kbit/s～1Mbit/s	1～8Mbit/s	居民用户
		1	—	512kbit/s	1.5Mbit/s	
ADSL2		1	—	1.0Mbit/s	8Mbit/s	
ADSL2+		1	—	1.0Mbit/s	24Mbit/s	
ADSL2+RE		1	—	1.0Mbit/s	8Mbit/s	
VDSL	甚高速数字用户线路	1	300m～1.8km	1.5～2.5Mbit/s	50～55Mbit/s	
VDSL2		1	300m～1.8km	100Mbit/s	100Mbit/s	
Giga DSL	超高速数字用户线路	1	100m	1Gbit/s		
			200m	500Mbit/s		

续表

协议类型	名称	对绞电缆数量	传输距离	上行速率	下行速率	适用用户
SDSL	对称数字用户线路	1	3km	1.5Mbit/s		企业用户
HDSL	高速数字用户线路	1～2	3～4km	(1.544Mbit/s)/(2.048Mbit/s)		
HDSL2		1	最大 5km	2Mbit/s		

其中，HDSL 的有效传输距离为 3～4km，且需要 1～2 对铜质对绞电缆；SDSL 的最大有效传输距离为 3km，只需 1 对铜质对绞电缆。比较而言，SDSL 更适用于企业点对点连接应用，如文件传输、视频会议。

VDSL 技术是 xDSL 技术中传输速率最高的一种，在一对铜质对绞电缆上，下行速率为 50～55Mbit/s，上行速率为 1.5～2.5Mbit/s，但是它的传输距离为 300m～1.8km。VDSL 可以成为光纤到家庭的具有高性价比的替代方案。

2.5.3　光纤接入技术

1. 光纤接入网

光纤接入网是指采用光纤传输技术的接入网，光纤接入方式是宽带接入网的发展方向，但是光纤接入需要对电信部门以往铺设的铜缆接入网进行相应的改造，所需投入的资金巨大。

光纤接入可以分为多种情况，可以表示成 FTTx，其中，FTT 表示 Fiber To The，x 表示不同的光纤接入点。例如，x=B（Building，大楼），即 FTTB，指光纤到大楼；x=F（Floor），即 FTTF，指光纤到楼层；x=H（Home，家），即 FTTH，指光纤到户；x=O（Office），即 FTTO，指光纤到公司 / 办公室；x=D（Desk），即 FTTD，指光纤到桌面。FTTx 技术的覆盖范围从区域电信机房的局端设备到用户终端设备。

也就是说，根据光网络单元（Optical Network Unit，ONU）在用户端的位置不同，FTTx 有多种类型。

（1）FTTB：ONU 直接放到居民住宅楼或小型企业办公楼内，经过对绞电缆连接各用户。FTTB 是点到多点结构。

（2）FTTH：将 ONU 安装在住家用户或企业用户处，实现真正的光纤到户。从本地交换机一直到用户，全部为光纤连接，没有任何铜缆，也没有有源设备，是光纤接入系列中除 FTTD 外最靠近用户的光纤接入网应用类型。

（3）FTTO：将 ONU 安装在公司或办公室用户处。

（4）FTTD：从本地交换机一直到用户桌面（计算机），全部为光纤连接。

2. 无源光网络

随着宽带用户的大规模发展，传统的有源光网络（AON）技术已经无法适应需求，因此又发展了新一代的无源光网络（Passive Optical Network，PON）技术。PON 技术除局端和用户端的设备需要供电以外，中间的光网络是不需要供电的，基本上不用维护，长期运营成本和管理成本都很低。

PON 的组成结构如图 2.23 所示。一个典型的 PON 系统由 OLT（Optical Line Terminal，光线路终端）、ONU、POS（Passive Optical Splitter，无源分光器）3 类设备组成。PON 技术是一种基于 P2MP 拓扑的技术。

（1）OLT 一般放置在局端，是整个 PON 系统的核心设备，是连接到光纤干线的终端设备，通常是一台以太网交换机、路由器或多媒体转换平台。OLT 提供面向无源光网络的光纤接口（PON 接口）。

（2）ONU 用于连接用户侧的网络设备，如机顶盒、交换机等，或者与其合为一体，通常放置在用户家里、楼道或路边，主要的作用是负责用户接入 PON，实现光信号到电信号的转换，一般提供 1Gbit/s 或 100Mbit/s 的以太网接口。

（3）POS 作为连接 OLT 和 ONU 的无源设备，其功能是在 OLT 和 ONU 之间提供光信号传输通道，分发下行数据到各个 ONU 上，并将上行数据集中耦合到一根光纤上。

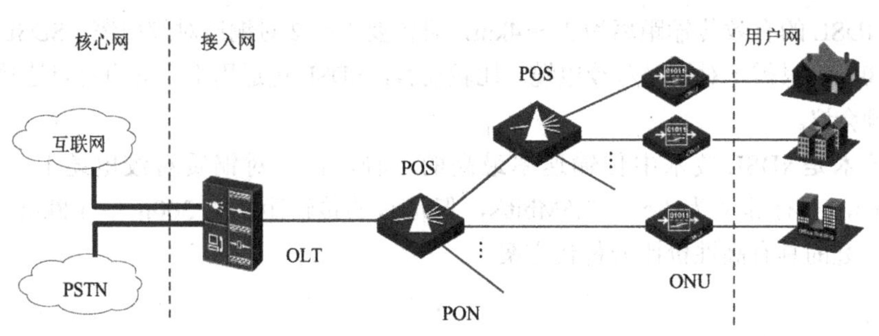

◎ 图 2.23　PON 的组成结构

3. PON 标准

光纤接入从技术上可分为两大类：AON 和 PON。

目前，基于 PON 的实用技术主要有 APON/BPON、GPON、EPON/GEPON 等几种，其主要差异在于采用了不同的二层技术。APON/BPON、GPON 是以 ATM 为基础的。对于在以太网基础上发展起来的 EPON，2004 年正式发布 EPON 技术标准 IEEE 802.3ah。由于 EPON 将以太网技术与 PON 技术进行了完美结合，因此成为非常适合 IP 业务的宽带接入技术。表 2.5 列出了不同 PON 技术的区别。

表 2.5　不同 PON 技术的区别

PON	二层技术	上行速率	下行速率
APON	ATM	155Mbit/s	155Mbit/s
BPON	ATM	155Mbit/s	622Mbit/s
		622Mbit/s	622Mbit/s
GPON	ATM	155Mbit/s、622Mbit/s、1.25Gbit/s、2.5Gbit/s	1.25 ～ 2.5Gbit/s
EPON	以太网	1.25 ～ 10Gbit/s	1.25 ～ 10Gbit/s

2.5.4　HFC 接入技术

HFC（Hybrid Fiber Coaxial）网是指光纤同轴电缆混合网，采用光纤到服务区的模式，“最后一千米”采用同轴电缆。有线电视就是最典型的HFC网，它比较合理地利用了当前的先进成熟技术，提供较高质量和较多频道的传统模拟广播电视节目。

HFC 主要由模拟前端、数字前端、光纤传输网络、同轴电缆传输网络、光节点、网络接入单元和用户终端设备等组成。

Cable Modem 的通信与普通 Modem 一样，是数据信号在模拟信道上交互传输的过程，但也存在差异：普通 Modem 的传输媒体在用户与访问服务器之间是独立的，即用户独享传输媒体；而 Cable Modem 的传输媒体是 HFC，它将数据信号调制到某个传输带宽上，与有线电视信号共享传输媒体。Cable Modem 的结构较普通 Modem 复杂，它由调制解调器、调谐器、加 / 解密模块、

桥接器、网卡、以太网集线器等组成，它无须拨号上网，不占用电话线，可提供全天候随时在线连接服务。

Cable Modem 的技术实现一般是从 87 ～ 860MHz 电视频道中分离出一条 6MHz 的信道，用于下行数据采用 64QAM 或 256QAM 调制方式。上行数据一般通过 5 ～ 65MHz 之间的一段频谱进行传送，为了有效抑制上行噪声积累，一般选用 QPSK（四相移相键控）调制。

前端设备 CMTS 采用 10Base-T、100Base-T 等接口通过交换型集线器与外部设备相连，通过路由器与互联网连接，或者可以直接连接到本地服务器，享受本地业务。Cable Modem 是用户端设备，放在用户家中，通过 10Base-T、100Base-T 接口与用户计算机相连。

HFC 的主要优点是基于现有的有线电视网络提供窄带、宽带及数字视频业务，成本较低，将来可方便地升级为 FTTH；缺点是必须对现有有线电视网络进行双向改造，以提供双向业务传送服务。

2.5.5　以太网接入技术

以太网技术是现有局域网采用的最通用且最成熟的通信协议标准。由于以太网在性价比、可扩展性、可靠性和 IP 网络的适应性上的优势，已经成为宽带接入网甚至运营商城域网和骨干网的首选技术之一。

以太网接入一般适用于园区或住宅小区内用户的密集接入，以光纤和对绞电缆作为主要的传输媒体，方便用户接入带宽的升级。当采用光纤时，结合相应的光传输技术，以太网也能支持较远距离的接入，因而也适用于对带宽和线路质量要求高、空间分布较为离散，以及距离较远的用户群的接入。

在利用以太网技术进行宽带接入的应用中，如何对用户进行认证、授权和计费也是运营商需要考虑的首要问题。PPPoE（Point-to-Point Protocol over Ethernet，基于以太网的点对点协议）技术可以很好地解决以太网接入应用中的用户认证问题。

以太网接入的传输距离与其使用的物理传输媒体及遵循的协议标准［快速以太网（IEEE 802.3u）、千兆位以太网（IEEE 802.3z、IEEE 802.3ab）、万兆位以太网（IEEE 802.3）］有直接的关系。

2.5.6　无线接入技术

无线接入技术是指接入网的某一部分或全部采用无线传输媒体向用户提供固定和移动接入服务的技术。它的特点是覆盖范围广、扩容方便、可加密等。无线接入技术分为移动接入技术和固定无线接入（FWA）技术。

（1）移动接入技术的具体实现方式有蜂窝移动通信系统、卫星通信系统、无线寻呼、集群调度。

（2）固定无线接入技术主要为位置固定的用户或仅在小范围内移动的用户提供通信业务，连接的骨干网是 PSTN。可以说，固定无线接入技术是 PSTN 的无线延伸，目的是为用户提供透明的 PSTN 业务。

① LMDS（Local Multipoint Distribute System，本地多点分配系统）。

LMDS 是一种点对多点的宽带固定无线接入技术，主要使用无线 ATM 协议，并具有标准化的设备接口和网管协议，工作频段一般为 20 ～ 40GHz，利用大容量点对多点微波传输，提供双向语音、数据和视频图像业务。但由于它工作于毫米波段，所以受气候影响较大，抗雨衰性能差，工作区域受到一定的限制。

LMDS 通常由基础骨干网、基站、用户终端设备和网管组成。其中，基础骨干网可由 ATM

或 IP 的核心交换平台及互联网、PSTN 互连模块等组成。基站实现基础骨干网与无线信号的转换，可支持多个扇区，以扩充系统容量。一般来说，用户终端都有室外单元和室内单元。LMDS 可采用的调制方式主要为相移键控（PSK）和正交幅度调制（QAM），无线双工方式一般为频分双工（FDD），多址方式为频分多址（FDMA）或时分多址（TDMA）。

② MMDS（Multichannel Multipoint Distribute System，多点多信道分配系统）技术。

MMDS 是服务商向用户提供宽带数据和语音业务的一种固定无线接入方案。MMDS 工作频段集中在 2 ～ 5GHz，可用带宽为 2 ～ 31.5MHz（上、下行）。其中，3.5GHz 的 MMDS 频段具有良好的传播特性，传输距离可达 10km。MMDS 的频谱不受雨衰的影响，但可被建筑物衰减。

MMDS 可提供点对点面向连接的数据业务、点对多点业务、点对点无连接型网络业务。与 LMDS 相比，MMDS 适用于用户分散、容量较小的场合。MMDS 基站与网络侧接口包括 T1/E1、100Base-T 和 OC-3，用户侧接口包括 T1/E1、10Base-T。因此，MMDS 提供的带宽比较有限。MMDS 的建设成本相对于 LMDS 要低些。

2.6 技能训练：制作对绞电缆

制作对绞电缆

2.6.1 训练任务

每人按照 T568-B 和 T568-A 标准进行对绞电缆的制作。

（1）制作一根对绞电缆直通线。

根据 T568-B 标准，两端线序排列一致，一一对应，即不改变线的排列顺序，称为直通线。直通线线序如表 2.6 所示。当然，也可以按照 T568-A 标准制作直通线，此时两端的线序依次为 1- 白绿、2- 绿、3- 白橙、4- 蓝、5- 白蓝、6- 橙、7- 白棕、8- 棕。

表 2.6　直通线线序

端 1								
端 2								

（2）制作一根对绞电缆交叉线。

根据 T568-B 标准，改变线的排列顺序，采用“1-3，2-6”的交叉原则排列，称为交叉网线。在表 2.7 中填入交叉线两端的线序。

表 2.7　交叉线线序

端 1								
端 2								

（3）全反线。

对绞电缆的两端引脚顺序为对方引脚的倒序。DB-9 是计算机的 COM 端口，全反线需要使用 DB-9/RJ-45 水晶头进行接口的转换。在表 2.8 中填入全反线两端的线序。

表 2.8　全反线线序

端 1								
端 2								

（4）对绞电缆跳线的应用场合。

直通线一般用来连接异型设备，如计算机和交换机之间的连接。交叉线一般用来连接同型设备，如两台计算机之间的直连或两台交换机之间的级联。全反线主要用于路由器或交换机的 Console 端口与计算机 COM 端口的连接。在表 2.9 中填入直通线、交叉线、全反线的应用场合。

表 2.9　对绞电缆的使用场合

端 1	端 2	线缆类型	端 1	端 2	线缆类型
计算机	计算机		路由器以太网口	交换机端口	
计算机	交换机		路由器 Console 口	计算机	
交换机普通端口	交换机普通端口		—	—	—
交换机级联端口	交换机普通端口		—	—	—

2.6.2　训练目的

（1）会识别各种制作对绞电缆的工具。

（2）会使用各种工具制作交叉线和直通线。

（3）会使用测试仪测试对绞电缆的连通性。

2.6.3　训练设备

（1）RJ-45 水晶头若干。

（2）对绞电缆若干。

（3）RJ-45 压线钳。

（4）测试仪。

2.6.4　对绞电缆的制作步骤

步骤 1：材料及工具准备。

准备好 5e 类对绞电缆、RJ-45 水晶头和一把专用的 RJ-45 压线钳。

步骤 2：直通线的制作。

直通线一端的制作过程可分为 4 步，简单归纳为剥、理、插、压 4 个字。

（1）剥。

用 RJ-45 压线钳的剥线刀口将 5e 类对绞电缆的外保护套管划开（注意不要将里面的对绞电缆的绝缘层划破），刀口距 5e 类对绞电缆的端头至少 2 ～ 3cm，轻轻旋转向外抽，将划开的外保护套管剥去。

（2）理。

将露出超 5e 类线电缆中的 4 对对绞电缆按橙、蓝、绿、棕的顺序排列好，按照 T568-B 标准（1-白橙、2-橙、3-白绿、4-蓝、5-白蓝、6-绿、7-白棕、8-棕）和导线颜色将导线按规定的序号排好。将 8 根导线平坦、整齐地平行排列，导线间不留空隙。用 RJ-45 压线钳的剪线刀口将 8 根导线剪断，只剩约 14mm 的长度，剪断多余的电缆线。

（3）插。

将剪断的对绞电缆的每根线依序放入 RJ-45 水晶头的引脚内，第 1 个引脚内放白橙色的线，依次类推，电缆线要插到 RJ-45 水晶头底部，电缆线的外保护层最后应能够在 RJ-45 水晶头内的凹陷处被压实。

（4）压。

双手紧握 RJ-45 压线钳的手柄，用力压紧 RJ-45 水晶头。压完线以后需要查看一下，看是否每个引脚都在水晶头里面。

现在已经完成了线缆一端的水晶头的制作，重复以上步骤制作直通线的另一端的水晶头。至此，做好了一根完整的直通线。

步骤 3：直通线的测试。

将直通线的两端分别插入测试仪水晶头的插口，打开测线仪电源，在表 2.10 中填入测试直通线时测试仪的指示灯的工作状态。

表 2.10　直通线测试指示灯亮起顺序

指示灯点亮顺序	1	2	3	4	5	6	7	8
右端指示灯	1	2	3	4	5	6	7	8
左端指示灯								

步骤 4：交叉线的制作。

交叉线的制作步骤与直通线的制作步骤相同，只是交叉线一端排序遵循 T568-A 标准，另一端排序遵循 T568-B 标准。

步骤 5：交叉线的测试。

将交叉线的两端分别插入测试仪水晶头的插口内，打开测线仪电源，在表 2.11 中填入测试交叉线时测试仪的指示灯的工作状态。

表 2.11　交叉线测试指示灯亮起顺序

指示灯点亮顺序	1	2	3	4	5	6	7	8
右端指示灯	1	2	3	4	5	6	7	8
左端指示灯	3							

2.6.5　实训平台整理

（1）设备归位。

（2）清洁实训室卫生。

巩固提升

习　题

一、选择题

1. OSI/RM 7 层参考模型中的物理层传输的是二进制数位流，单位为（　　）。

A. 比特　　B. 帧　　C. 数据报　　D. 报文段

2. 调制解调器的功能是实现（　　）。

A. 数字信号的编码　　B. 数字信号的整形

C. 模拟信号的放大　　D. 数字信号与模拟信号的转换

3. 公司同事向网络管理员报告说网络不通，网络管理员进行网卡自检显示没有错误，现正准备利用工具测试是否为网线问题，此时网络管理员可以使用什么工具？（　　）

A. 测线仪　　B. 打线器　　C. RJ-45 插头　　D. 伏特表

4. 在同一个信道上的同一时刻，能够进行双向数据传送的通信方式是（　　）。

A. 单工通信　　B. 半双工通信　　C. 全双工通信　　D. 上述 3 种都不是

5. 主机 A 和主机 B 之间的连接用什么类型的对绞电缆？（　　）

A. 同轴电缆　　B. 全反线　　C. 交叉线　　D. 直通线

6. 将交换机的以太网口与计算机的以太网口连接起来的线是（　　）。

A. 直通线　　B. 交叉线　　C. 全反线　　D. 以上都不对

7. ADSL 服务采用的复用技术属于（　　）。

A. 频分复用技术　　B. 时分复用

C. 波分复用　　D. 码分复用

8. 对绞电缆由两个具有绝缘保护层的铜导线按一定密度互相绞在一起组成，这样可以（　　）。

A. 降低成本　　B. 降低信号干扰的程度

C. 提高传输速率　　D. 无任何作用

9. 在网络中传输数据时，物理层的主要作用是什么？（　　）

A. 创建信号以表示传输媒体上每个帧中的比特

B. 为设备提供物理编址

C. 确定数据报的网络通路

D. 控制数据对传输媒体的访问

10. 光纤传输主要采用了光的（　　）传输原理。

A. 反射　　B. 折射　　C. 漫反射　　D. 全反射

二、问答题

1. 物理层的接口有哪几方面的特性？各包含什么内容？

2. 解释名词：数据、信号、模拟信号、数字信号、单工通信、半双工通信、全双工通信、串行通信、并行通信。

3. 传输媒体是物理层吗？传输媒体和物理层的主要区别是什么？

4. 比特 / 秒和码元 / 秒有何区别？

5. 为什么要使用信道复用技术？常用的信道复用技术有哪些？

6. 理想低通信道的带宽是 3000Hz，不考虑热噪声及其他干扰，若 1 个码元承载 4bit 的信息量，请回答下面的问题。

（1）码元的最高传输速率是多少（单位为 Baud）？

（2）数据的最高传输速率是多少？

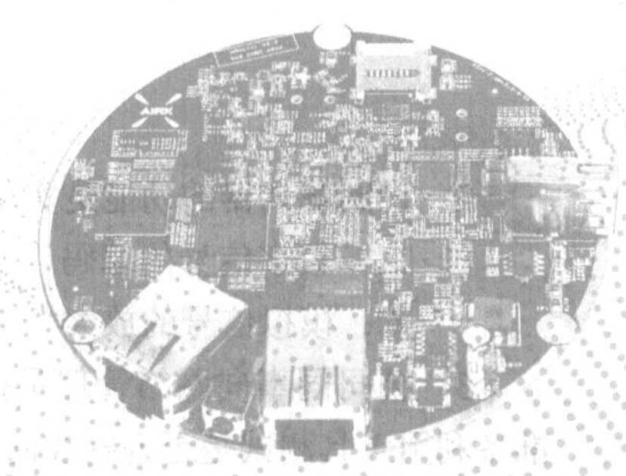

第 3 章

数据链路层

内容巡航

数据链路层属于计算机网络的低层。数据链路层使用的信道主要有点对点信道和广播信道两种。

（1）点对点信道（Point-to-Point Channel）：使用一对一的点对点通信方式。

（2）广播信道（Broadcast Channel）：使用一对多的广播通信方式，因此过程比较复杂。广播信道上可以连接多台计算机，因此必须使用共享信道协议来协调这些计算机的数据发送。

本章只讨论使用点对点信道的数据链路层，主要介绍点对点信道的基础知识，以及在这种信道上最常用的点对点协议。

内容探究

不同的网络类型有不同的通信机制（数据链路层协议），数据分组在传输过程中要通过不同类型的网络，就要使用该网络通信使用的协议，同时数据分组也要重新封装成该网络的帧格式。

从图 1.12 中可以看到两台主机通过互联网进行通信时数据链路层所处的地位。

发送端主机 H1 经过两个路由器（R1 和 R2）和接收端主机 H2 相连，所经过的网络可以有多种，如局域网和广域网。当主机 H1 向主机 H2 发送数据时，从协议的层次上看，数据的流动如图 3.1 所示。主机 H1 和主机 H2 都是完整的 5 层协议栈，但路由器在转发分组时使用的协议栈只用到下面的 3 层。数据进入路由器后从物理层上到网络层，在转发表中找到下一跳的地址后下到物理层转发出去。因此，当数据从主机 H1 传送到主机 H2 时，需要在路径中各节点的协议栈中向上和向下流动多次。

然而，当我们专门研究数据链路层的问题时，在许多情况下可以只关心协议栈中水平方向的各数据链路层。于是，当主机 H1 向主机 H2 发送数据时，可以想象数据在数据链路层中从左向右水平传送，如图 3.1 中从左到右的灰色粗箭头所示，即通过以下链路：主机 H1 的数据链路层→路由器 R1 的数据链路层→路由器 R2 的数据链路层→主机 H2 的数据链路层。

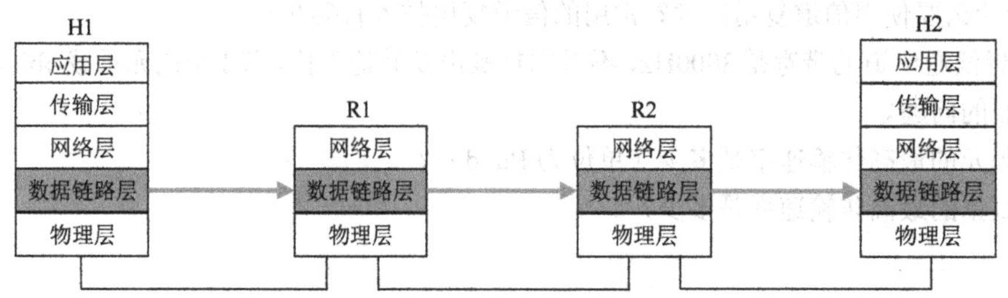

◎ 图 3.1 只考虑数据在数据链路层的流动

 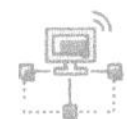

在图 3.1 中，从数据链路层来看，主机 H1 到主机 H2 的通信可以看作由 3 段不同的数据链路层通信组成，即 H1 → R1、R1 → R2、R2 → H2。这 3 段不同的数据链路层通信可能采用不同的数据链路层协议。

数据链路层基本概念

3.1 数据链路层概述

下面首先讨论数据链路层的一些基本概念，这些概念对点对点信道和广播信道均适用。

3.1.1 数据链路和帧

1. 链路和数据链路

我们将运行数据链路层协议的任何设备都称为节点（Node），包括主机、交换机、路由器和 Wi-Fi 接入点。

链路（Link）就是从一个节点到相邻节点的一段物理线路（有线或无线），而中间没有任何其他的交换节点。在进行数据通信时，两台计算机之间的通信路径往往要经过许多段这样的链路。可见，链路只是一条路径的组成部分。

数据链路（Data Link）与链路不同。当需要在一条线路上传送数据时，除必须有一条物理线路外，还必须有一些通信协议来控制这些数据的传输。把实现这些通信协议的硬件和软件加到链路上，就构成了数据链路。这样的数据链路就不再是简单的物理链路而是逻辑链路了。现在最常用的方法是使用网络适配器（如拨号上网使用的拨号适配器、通过以太网上网使用的局域网适配器）来实现这些协议。一般的适配器都包括了数据链路层和物理层的功能。

注：

通常也可把链路称为物理链路，把数据链路称为逻辑链路，即在物理链路上加必要的通信协议。

2. 帧

数据链路层把网络层交下来的数据构成帧发送到链路上，并把收到的帧中的数据取出后上交给网络层。在互联网中，网络层协议数据单元就是 IP 数据报（或简称为数据报、分组）。

为了便于了解点对点的数据链路层协议，可以采用如图 3.2（a）所示的 3 层模型（简化链路）。在这个 3 层模型中，无论哪一段链路上的通信（主机和路由器之间或两个路由器之间），都可以看成是节点和节点的通信（如其中的节点 A 和节点 B），而每个节点都只有下 3 层——网络层、数据链路层和物理层。

在图 3.2（a）中，点对点信道的数据链路层通信时的主要步骤如下。

（1）节点 A 的数据链路层把网络层交下来的 IP 数据报添加到首部和尾部封装成帧。

（2）节点 A 把封装好的帧发送给节点 B 的数据链路层。

（3）若节点 B 的数据链路层收到的帧无差错，则从收到的帧中提取出 IP 数据报上交给网络层，否则丢弃这个帧。

数据链路层不必考虑物理层如何实现比特传输的细节。更简单的设想为沿着两个数据链路层之间的水平方向把帧直接发送给对方，即只考虑数据链路层，如图 3.2（b）所示。

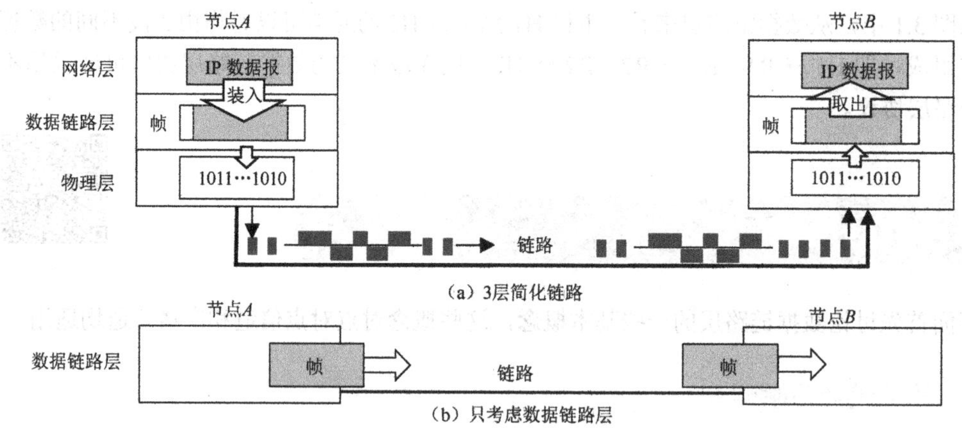

◎ 图 3.2　使用点对点信道的数据链路层

数据链路层的协议有许多种，但有 3 个基本问题是共同的。这 3 个基本问题是封装成帧（Framing）、透明传输和差错检测。

3.1.2　封装成帧

数据链路层以帧为单位传输和处理数据。网络层的 IP 数据报必须向下传送到数据链路层，成为帧的数据部分，同时它的前面和后面分别添加上首部与尾部，这样就构成了一个完整的帧。这样的帧就是数据链路层的数据传送单元。首部和尾部的作用之一就是进行帧定界（确定帧的界限），不同的数据链路层协议的帧的首部和尾部包含的信息有明确的规定。帧的首部和尾部有帧开始符与帧结束符，称为帧定界符，如图 3.3 所示。一个帧的长度等于帧的数据部分的长度加上帧首部和帧尾部的长度。数据链路层必须使用物理层提供的服务来传输一个一个的帧。物理层将数据链路层交来的数据以比特流的形式在物理链路上传输。

在发送帧时，是从帧首部开始发送的。显然，为了提高帧的传输效率，应当使帧的数据部分的长度尽可能大于帧的首部和尾部的长度，但考虑到差错控制等多种因素，每种数据链路层协议都规定了帧的数据部分的长度的上限，即最大传输单元（MTU）。图 3.3 给出了帧的首部和尾部的位置，以及帧的数据部分与 MTU 的关系。

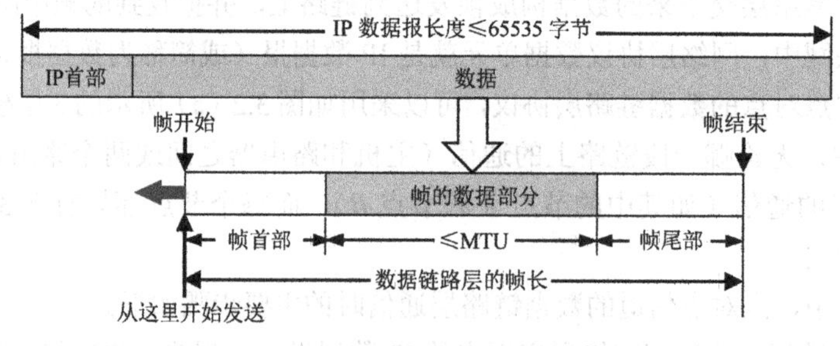

◎ 图 3.3　用帧首部和尾部封装成帧

当数据是由可打印的 ASCII 码组成的文本文件时，可以使用某个特殊的不可打印的控制字符作为帧定界符。我们知道，ASCII 码是 7 位编码，在 128 个 ASCII 码中，可打印的有 95 个，而不可打印的有 33 个。控制字符 SoH（Start of Header）放在一帧的最前面，表示帧的开始；另一个控制字符 EoT（End of Transmission）放在一帧的最后面，表示帧的结束，如图 3.4 所示。

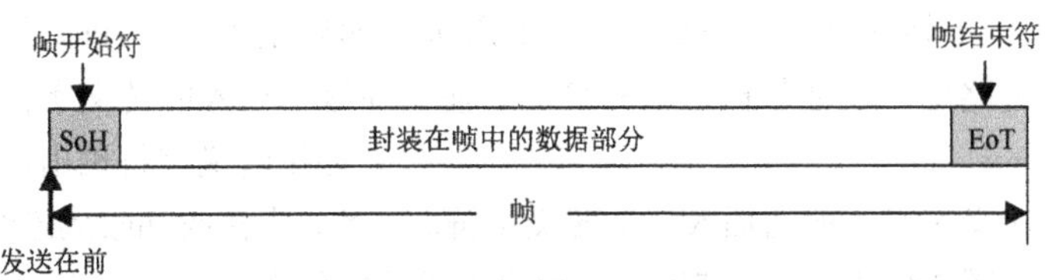

◎ 图 3.4　用控制字符进行帧定界的方法举例

注：

SoH 和 EoT 都是控制字符的名称，它们的十六进制编码分别是 01（二进制编码是 00000001）和 04（二进制编码是 00000100），而不是 S、o、H、E、o、T 这 6 个字符。

当数据在传输中出现差错时，帧定界符的作用更加明显。假定发送端在尚未发送完一个帧时突然出现故障，中断了发送，但随后很快又恢复正常，于是从头开始发送刚才未发送完的帧。由于使用了帧定界符，所以在接收端就可以知道前面收到的数据是一个不完整的帧（只有 SoH 而没有 EoT），必须丢弃。而后面收到的数据有明确的帧定界符（SoH 和 EoT），因此这是一个完整的帧，应当收下。

3.1.3　透明传输

由于帧的开始和结束的标记是专门指明的控制字符，因此所传输的数据中的任何 8bit 的组合一定不允许与用作帧定界符的控制字符的比特编码一样，否则会出现帧定界错误。

当传送的是用文本文件（字符都是从键盘上输入的）组成的帧时，其数据部分显然不会出现像 SoH 和 EoT 这样的帧定界符。这样，无论从键盘上输入什么字符，都可以放在这样的帧中传输过去，这样的传输就是透明传输。

注：

在这里，“透明”是一个很重要的术语，它表示某一个实际存在的事物看起来好像不存在一样。“在数据链路层透明传输数据”表示无论什么样的比特组合的数据，都能够按照原样没有差错地通过这个数据链路层。数据链路层对这些数据来说是透明的。

但当数据部分是非 ASCII 码的文本文件时（如二进制代码的计算机程序或图像等），如果数据中的某字节的二进制代码恰好与 SoH 或 EoT 这种控制字符一样，如图 3.5 所示，那么数据链路层会错误地“找到帧的边界”，把部分帧收下（误认为是一个完整的帧），而把剩下的那部分数据丢弃（这部分找不到帧定界符 SoH）。

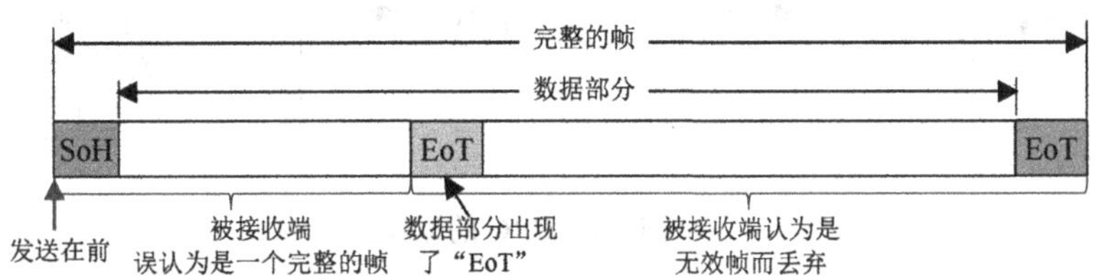

◎ 图 3.5　数据部分恰好出现与 EoT 一样的代码

为了解决这个问题，就必须设法使数据中可能出现的控制字符“SoH”和“EoT”在接收端不被解释为控制字符。具体的方法是：发送端的数据链路层在数据中出现的控制字符“SoH”或

"EoT"的前面插入一个转义字符"ESC"（其十六进制编码是 1B，二进制编码是 00011011）；而在接收端的数据链路层，在把数据送往网络层之前删除这个插入的转义字符。这种方法称为字节填充（Byte Stuffing）或字符填充（Character Stuffing）。如果转义字符也出现在数据当中，那么解决方法仍然是在转义字符的前面插入一个转义字符。因此，当接收端收到连续两个转义字符时，就删除前面的那个。图 3.6 表示用字节填充法解决透明传输问题。

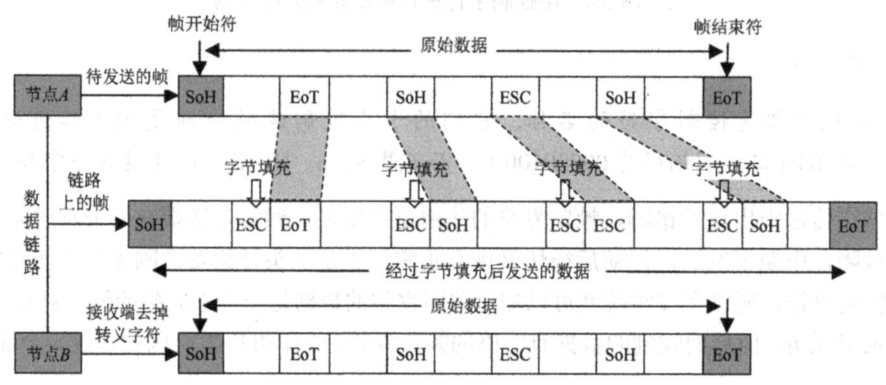

◎ 图 3.6 用字节填充法解决透明传输问题

3.1.4 差错检测

现实的通信链路都不是理想的。也就是说，比特在传输过程中可能会产生差错：1 可能变成 0，而 0 也可能变成 1。这就叫作比特差错。比特差错是传输差错的一种。本节所说的差错，如果没有特殊说明，就是指比特差错。

在一段时间内，传输错误的比特占所传输比特总数的比率称为误码率（Bit Error Rate，BER）。例如，当误码率为 10^{-10} 时，表示平均每传送 10^{10} 个比特就会出现一个比特的差错。

误码率与信噪比有很大的关系。如果设法提高信噪比，就可以使误码率降低。但因为实际的通信链路并不是理想的，所以不可能使误码率下降到零。因此，为了保证数据传输的可靠性，在计算机网络中传输数据时，必须采用各种差错检测措施。目前，数据链路层广泛使用的是循环冗余检验（Cyclic Redundancy Check，CRC）检错技术，如图 3.7 所示。

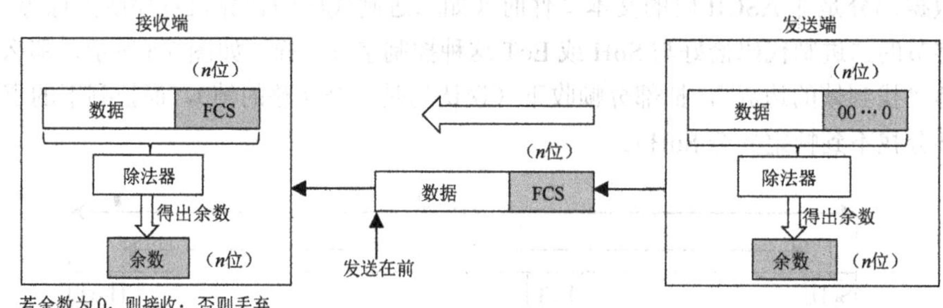

◎ 图 3.7 CRC 的原理

要想让接收端能够判断帧在传输过程中是否出现差错，需要在传输的帧中包含用于检测错误的信息，这部分信息就称为帧检验序列（Frame Check Sequence，FCS）。

在发送端，先把数据划分为组（要传送的分组），假定每组有 k 个比特。现假定待传送的数据 M=101001（k=6）。CRC 运算就是在数据 M 的后面添加供差错检测用的 n 位冗余码，构成一个

帧发送出去，一共发送 $(k+n)$ 位。要使用帧的数据部分和数据链路层首部合起来的数据（M=101001）来计算 n 位 FCS，并放到帧的尾部。

FCS 是经过简单的除法运算得出的。具体的方法是：首先在要检验的二进制数据（M=101001）的后面添加 n 位 0，再除以收发双方事先商定好的 $(n+1)$ 位的除数 P，得出的商是 Q，而余数是 R（n 位，比除数少 1 位）。这个 n 位的余数 R 就是我们所需的 FCS。

注：

CRC 是一种检错方法，FCS 是添加在数据后面用来检错的冗余码。

接收端先把收到的数据以帧为单位进行 CRC 检错，把收到的每一帧都送到除法器中进行运算（除以同发送端生成 FCS 时所使用的除数）；然后检查得到的 n 位余数。

如果在传输过程中未出现差错，那么经过 CRC 检错后得出的余数肯定是零。于是这样的帧就被接收下来。但当出现差错时，余数将不为零，这样的帧就会被丢弃。

严格来讲，当出现误码时，余数仍有可能等于零，但这种概率是极低的，通常可以忽略不计。因此只要余数为零，就可以认为没有出现传输差错。也就是说，凡是接收端数据链路层通过差错检测被接收的帧，我们都能以非常接近 1 的概率认为它们在传输过程中没有产生差错，即可以近似地表述为：凡是接收端数据链路层接收的帧均无差错。

总之，在接收方对收到的每一帧经过 CRC 检错后，若得出的余数为零，则判定该帧没有差错，就接收；若余数不为零，则判定该帧有差错（但无法确定究竟是哪一位或哪几位出现了差错），就丢弃。

使用 CRC 差错检测技术只能检测出帧在传输中出现了差错，并不能纠正差错。要想纠正传输中的差错，可以使用冗余信息更多的纠错码进行前向纠错（FEC）。通过纠错码能检测出数据中出现差错的具体位置，从而纠正差错。

3.1.5 可靠传输

在某些情况下，我们需要数据链路层向网络层提供可靠传输服务。所谓可靠传输，就是指要做到发送端发送什么，接收端就接收什么。事实上，保证数据传输的可靠性是计算机网络中的一个非常重要的任务，也是各层协议均可选择的一个重要功能。

在数据链路层，传输差错可分为两大类：一类就是前面所说的最基本的比特差错；另一类是收到的帧并没有出现比特差错，但出现了帧丢失、帧重复和帧失序。例如，发送端连续发送 5 个帧：[#1]-[#2]-[#3]-[#4]-[#5]。假定接收端收到的每个帧都没有出现比特差错，但出现了下面 3 种情况。

帧丢失：收到 [#1]-[#2]-[#3]-[#5]（丢失 [#4]）。

帧重复：收到 [#1]-[#2]-[#3]-[#4] -[#4]-[#5]（收到了两个 [#4]）。

帧失序：收到 [#1] -[#4]-[#2]-[#3] -[#5]（后发送的帧反而先到达了接收端）。

以上 3 种情况都属于出现了传输差错，但都不是比特差错。帧丢失很容易理解。帧重复和帧失序后续在传输层中会讲到。

在数据链路层仅仅使用 CRC 差错检测技术只能做到无差错接收，即凡是接收方数据链路层接收的帧均无传输比特差错。换一种说法，就是把收到的帧都检查一遍，有差错的就丢掉，只接收无差错的帧。

但是，无传输比特差错并不等于可靠传输。可靠传输的定义表明，在接收端所接收的帧中的每个比特都与发送的帧一样，而且所有收下的帧都无丢失，不重复，顺序也与发送的一样。

在使用无线局域网时，信道的传输质量较差，这时的数据链路层协议使用确认和重传机制，数据链路层向上提供可靠传输服务。

1. 停止等待协议

全双工通信的双方既是发送方又是接收方。为了讨论问题方便，下面仅考虑 A 发送数据而 B 接收数据并发送确认的情况。其中，A 叫作发送方，B 叫作接收方。因为这里讨论的是可靠传输的原理，因此把传输的数据单元都称为分组，而不考虑数据是在哪一个层次上传输的。停止等待就是每发送完一个分组就停止发送，等待对方的确认，收到确认后发送下一个分组。

（1）无差错情况。

停止等待协议可用图 3.8 来说明。图 3.8（a）是最简单的无差错情况。A 发送分组 M1，发送完就暂停发送，等待 B 的确认。B 收到了 M1 就向 A 发送确认。A 在收到了 B 对 M1 的确认后，发送下一个分组 M2。同样，A 在收到 B 对 M2 的确认后发送 M3。

（2）出现差错或丢失的情况。

图 3.8（b）是分组在传输过程中出现差错或丢失的情况。A 发送的分组 M1 在传输过程中被路由器丢弃，或者 B 接收 M1 时检测出了差错，就丢弃 M1，其他什么也不做（不通知 A 收到有差错的分组）。在这两种情况下，B 都不会发送任何信息。可靠传输协议是这样设计的：A 只要超过一段时间仍然没有收到 B 的确认，就认为刚才发送的分组丢失了，因而重传前面发送过的分组，这就叫作超时重传。要实现超时重传，就要在每发送完一个分组时设置一个超时计时器。如果在超时计时器到期之前收到了对方的确认，就撤销已设置的超时计时器。其实，在图 3.8（a）中，A 为每个已发送的分组都设置了一个超时计时器。

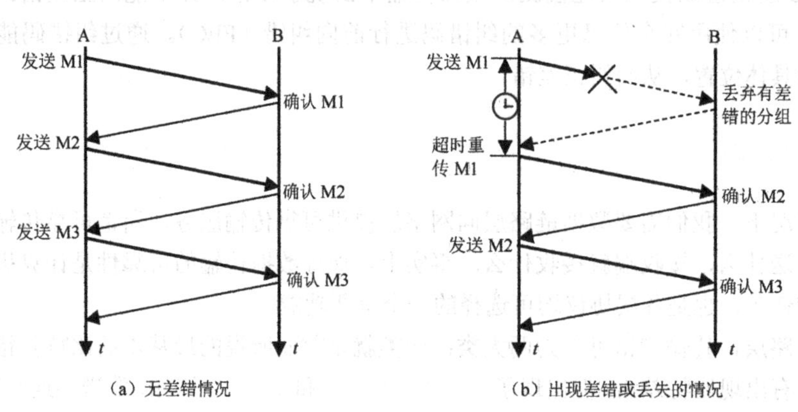

（a）无差错情况　　（b）出现差错或丢失的情况

◎ 图 3.8　停止等待协议

这里应注意以下 3 点。

第 1，A 在发送完一个分组后，必须暂时保留已发送分组的副本（以备发生超时重传时使用）。A 只有在收到相应的确认后才能清除暂时保留的分组副本。

第 2，分组和确认分组都必须编号。只有这样，才能明确是哪一个发送出去的分组收到了确认，哪一个分组还没有收到确认。

第 3，超时计时器设置的超时重传时间应当比数据分组传输的平均往返时间更长一些。图 3.8（b）中的一段虚线表示如果 M1 正确到达 B，同时 A 正确收到确认的过程。由此可见，超时重传时间应设定为比分组传输的平均往返时间更长一些。显然，如果超时重传时间设定得很长，那么通信的效率就会很低；但如果超时重传时间设定得太短，以致产生不必要的重传，就会浪费网络资源。在数据链路层，点对点的分组传输的平均往返时间比较确定，超时重传时间比较好设

定。然而，传输层超时重传时间的准确设定是非常复杂的，这是因为已发送的分组到底会经过哪些网络，以及这些网络将会产生多大的时延（取决于这些网络当时的拥塞情况）都是不确定因素，在学习 TCP 时，我们将仔细讨论该问题。图 3.8 中把分组传输的平均往返时间假设是固定的（这并不符合网络的实际情况），只是为了讲述原理方便。

（3）确认丢失或确认迟到的情况。

图 3.9（a）说明的是另一种情况：B 所发送的对 M1 的确认丢失了。A 在设定的超时重传时间内没有收到确认，并无法知道是自己发送的分组出错、丢失，还是 B 发送的确认丢失了。因此 A 在超时计时器到期后就要重传 M1。现在应注意 B 的动作，假定 B 又收到了重传的 M1。这时应采取以下两个动作。

① 丢弃这个重复的 M1，不向上层交付。

② 向 A 发送确认，不能认为已经发送过确认就不再发送了，因为 A 之所以重传 M1 就表示 A 没有收到对 M1 的确认。

图 3.9（b）也是一种可能出现的情况：传输过程中没有出现差错，但 B 对 M1 的确认迟到了。此时，A 会收到重复的确认（对重复的确认的处理很简单：收下后就丢弃，其他什么也不做）。B 仍然会收到重复的 M1，并且同样要丢弃重复的 M1，并重传对 M1 的确认。

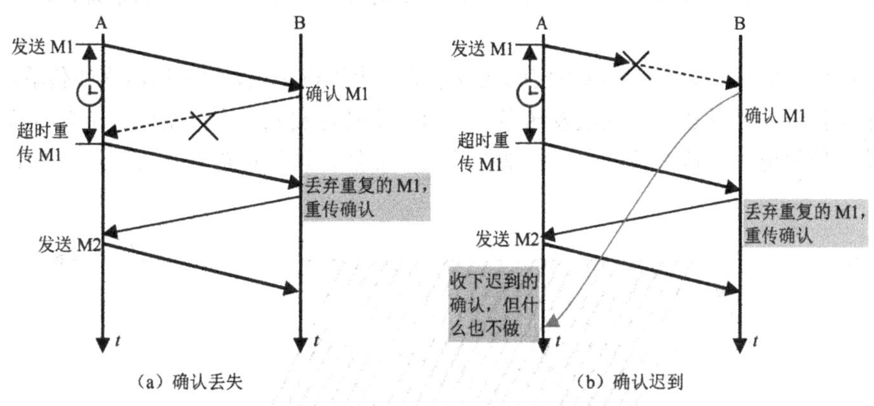

（a）确认丢失　　（b）确认迟到

◎ 图 3.9　确认丢失和确认迟到的情况

通常 A 最终总是可以收到对所有发出的分组的确认的。如果 A 不断重传分组但总是收不到确认，就说明通信线路太差，不能进行通信。

只要使用上述确认和重传机制，就可以在不可靠的传输网络上实现可靠通信。

上述这种可靠传输协议常称为自动重传请求（Automatic Repeat Request，ARQ），意思是重传的请求是自动进行的，接收方不需要请求发送方重传某个出错的分组。

（4）信道利用率。

停止等待协议的优点是简单，但缺点是信道利用率太低。我们可以用图 3.10 来说明这一点。为简单起见，假定在 A 和 B 之间有一条直通的信道来传送分组。

假定 A 发送分组需要的时间是 T_D。显然，T_D 等于分组长度除以数据率，并假定分组正确到达 B 后，B 处理分组的时间可以忽略不计，同时立即发回确认。假定 B 发送确认需要的时间是 T_A。如果 A 处理确认的时间也可以忽略不计，那么 A 在经过时间 $(T_D+\text{RTT}+T_A)$ 后就可以发送下一个分组，这里的 RTT 是指往返时间。因为信道仅仅在时间 T_D 内才用来传送有用的数据（包括分组的首部），因此其利用率 U 可用下式计算：

$$U=T_D/(T_D+\text{RTT}+T_A)$$

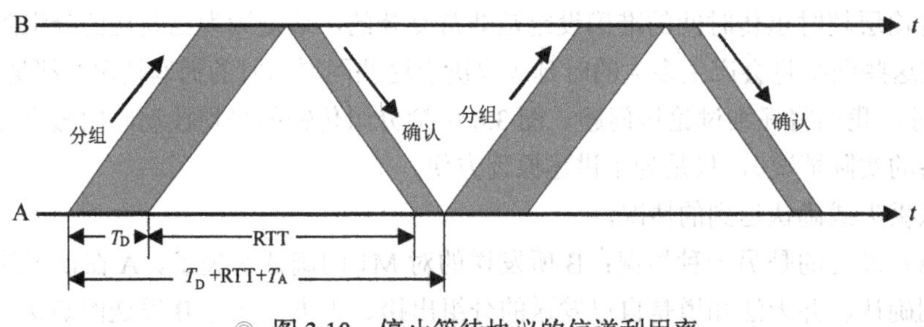

◎ 图 3.10　停止等待协议的信道利用率

请注意，更细致的计算还可以在上式分子的时间 T_D 内扣除传送控制信息（如首部）所花费的时间。

我们知道，往返时间 RTT 取决于所使用的信道。例如，假定 1200km 的信道的往返时间 RTT=20ms，分组长度是 1200bit，发送速率是 1Mbit/s。若忽略处理时间和 T_A（T_A 一般都远小于 T_D），$T_D=1200/(1\times10^6)$，则信道利用率 U=5.66%。但若把发送速率提高到 10Mbit/s，则 $U=5.96\times10^{-3}$，此时信道在绝大多数时间内都是空闲的。

从图 3.10 中还可看出，当 RTT 远大于 T_D 时，信道利用率会非常低。还应注意的是，图 3.10 并没有考虑出现差错后的分组重传。若出现重传，则对传送有用的数据信息来说，信道利用率还要降低。

为了提高传输效率，发送方可以不使用低效率的停止等待协议，而采用流水线传输，如图 3.11 所示。流水线传输就是发送方可连续发送多个分组，不必每发完一个分组就停下来等待对方的确认。这样就可使信道上一直有数据不间断地在传送。显然，这种传输方式可以获得很高的信道利用率。

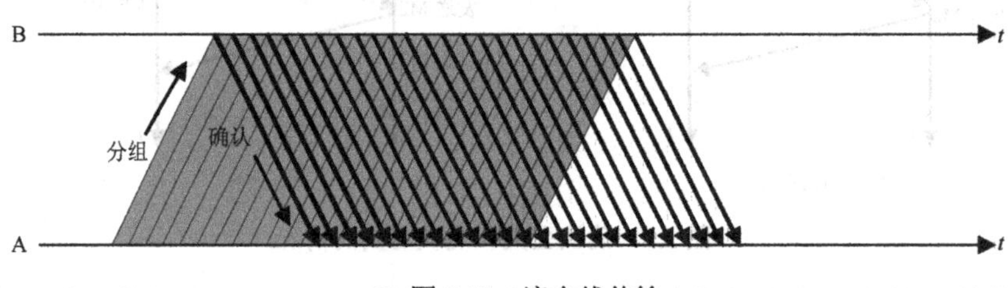

◎ 图 3.11　流水线传输

2. 连续 ARQ 协议

当使用流水线传输时，就要使用连续 ARQ 协议。这里只介绍连续 ARQ 协议最基本的概念。

当使用流水线传输时，发送方不间断地发送分组可能会使接收方或网络来不及处理，从而导致分组丢失，这实际上是对通信资源的浪费。因此，发送方不能无限制地一直发送分组，必须采取措施来限制发送方连续发送分组的个数。连续 ARQ 协议在流水线传输的基础上，利用发送窗口来限制发送方连续发送分组的个数。为此，发送方要维持一个发送窗口。发送窗口是允许发送方已发送但还没有收到确认的分组序号的范围，窗口大小就是发送方已发送但还没有收到确认的最大分组数。实际上，发送窗口为 1 就是前面讨论的停止等待协议。

下面首先介绍滑动窗口的概念。以图 3.12（a）为例，发送窗口大小为 4，位于发送窗口内的 4 个分组可连续地发送出去，而不需要等待对方的确认。这样，信道利用率就提高了。

在讨论滑动窗口时应当注意到，图 3.12（a）中还有一个时间坐标（但以后往往省略这样的时间坐标）。按照习惯，“向前”是指“向着时间增大的方向”，而“向后”则是指“向着时间减小的方向”。分组发送是按照分组序号从小到大发送的。

连续 ARQ 协议规定，发送方每收到一个确认，就把发送窗口向前滑动一个分组的位置。图 3.12（b）表示发送方收到了对第 1 个分组的确认，于是把发送窗口向前移动一个分组的位置。如果原来已经发送了前 4 个分组，那么现在就可以发送窗口内的第 5 个分组了。在连续 ARQ 协议的工作过程中，发送窗口不断向前滑动，因此这类协议又称为滑动窗口协议。

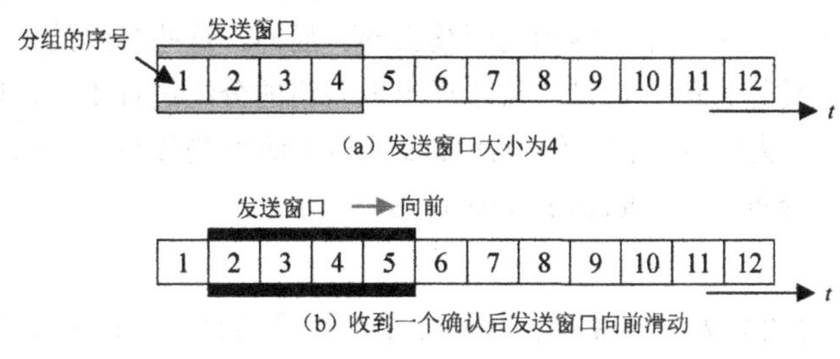

◎ 图 3.12　连续 ARQ 协议的工作原理

（1）接收方只按序接收分组。图 3.13（a）是无差错情况。如图 3.13（b）所示，虽然在出现差错的数据分组 M2 之后，接收方收到了正确的分组 M3、M4、M5，但都必须将它们丢弃，因为在没有正确接收 M2 之前，这些分组都是失序到达的分组。当收到序号错误的分组时，接收方除将它们丢弃外，还要对最近按序接收的分组进行确认。如果将接收方允许接收的分组序号的范围定义为接收窗口，那么连续 ARQ 协议的接收窗口的大小为 1，接收方只接收序号落在接收窗口内的分组并向前滑动接收窗口。

（2）发送方依然采用超时重传机制来重传出现差错或丢失的分组。由于接收方只接收按序到达的分组，所以一旦某个分组出现差错，那么其后连续发送的所有分组都要重传，如图 3.13（b）所示，最多会重传窗口大小个分组。因此，连续 ARQ 协议规定，一旦发送方超时，就立即重传发送窗口内所有已发送的分组。

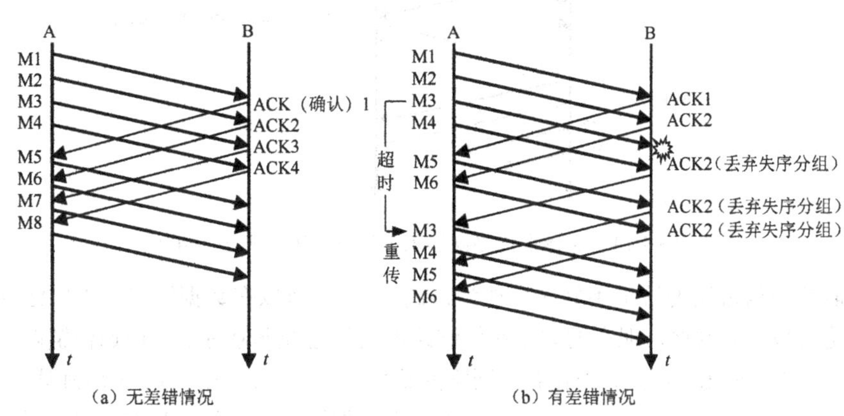

◎ 图 3.13　连续 ARQ 协议的工作过程

（3）接收方一般都采用累积确认的方式。也就是说，接收方不必对收到的分组逐个发送确认，而是在收到几个分组后，对按序到达的最后一个分组发送确认，这就表示，截至这个分组，之前的所有分组都已正确收到了。

累积确认有优点也有缺点，优点是容易实现，即使确认丢失也不必重传；缺点是不能向发送方反映出接收方已经正确收到的所有分组的信息。

例如，如果发送方发送了前 5 个分组，而中间的第 3 个分组丢失了。这时接收方只能对前两个分组发出确认。发送方无法知道后面 3 个分组的下落，而只好把后面 3 个分组都重传一次，这就叫作 Go-Back-N（回退 N），表示需要退回来重传已发送过的 N 个分组。可见，当通信线路质量不好时，连续 ARQ 协议会带来负面影响。

3. 选择重传协议

连续 ARQ 协议存在一个缺点：一个分组的差错可能引起大量分组的重传，这些分组可能已经被接收方正确接收了，但由于未按序到达而被丢弃。显然，这些分组的重传是对通信资源的极大浪费。为进一步提高传输性能，可设法只选择出现差错的分组进行重传，但这时接收窗口的大小不再为 1，以便先收下失序到达但仍然处在接收窗口中的那些分组，等到将所缺分组收齐后一并交给上层，这就是选择重传（Selective Repeat，SR）协议。

注：

为了使发送方重传出现差错的分组，接收方不能再采用累计确认的方式，而需要对每个被正确接收的分组进行逐一确认（选择确认）。图 3.14 所示为当发送窗口和接收窗口的大小均为 4 时的选择重传协议的工作过程。

从以上的讨论可以看出，不可靠的链路加上适当的协议（如停止等待协议）就可以使数据链路层向上提供可靠传输服务，但付出的代价是数据的传输效率降低了，而且增加了协议的复杂性。因此，应当根据链路的具体情况来决定是否需要让数据链路层向上提供可靠传输服务。

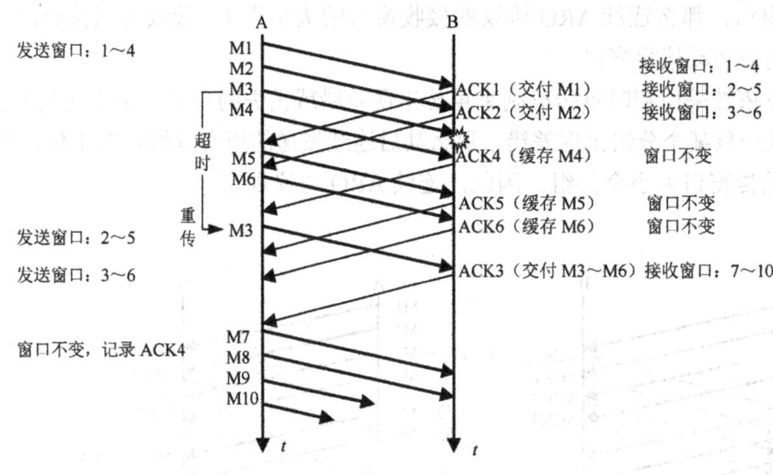

◎ 图 3.14 选择重传协议的工作过程（窗口大小为 4）

由于以前的通信链路的质量不好（表现为误码率高），所以在数据链路层曾广泛使用可靠传输协议，但随着技术的发展，现在的有线通信链路的质量已经非常好了。由通信链路质量不好引起差错的概率已大大降低。因此，现在有线网络的数据链路层协议一般都不采用确认和重传机制，即不要求数据链路层向上提供可靠传输服务。如果在数据链路层中传输数据时出现了差错且需要纠正，则纠正差错的任务由上层协议（如传输层的 TCP）来完成。实践证明，这样做可以提高通信效率，降低设备成本。

点对点信道的 PPP 协议

3.2 点对点协议

在通信线路质量较差的年代，能实现可靠传输的高级数据链路控制（High-level Data Link Control，HDLC）协议是比较流行的数据链路层协议。HDLC 协议是一个比较复杂的协议，实现了滑动窗口协议，并支持点对点和点对多点两种连接方式。对于现在误码率已非常低的点对点有线链路，HDLC 协议已较少使用，而简单得多的是点对点协议（Point-to-Point Protocol，PPP）则是目前使用最广泛的点对点数据链路层协议。

3.2.1 PPP 的特点

我们知道，互联网用户通常都要连接到某个 ISP 才能接入互联网。PPP 就是用户计算机和 ISP 进行通信时所使用的数据链路层协议。

PPP 在 1994 年成为互联网的正式标准。该协议是开放式协议，是不同厂商的网络设备都支持的协议。PPP 有数据链路层的 3 个功能，即封装成帧、透明传输和差错检测，同时还有一些其他的特性。

1. PPP 应满足的需求

IETF 认为，在设计 PPP 时，必须考虑以下多方面的需求。

（1）简单。PPP 不负责可靠传输、纠错和流量控制，也不需要给帧编号，接收端收到帧后就进行 CRC 检验，如果 CRC 检验正确，就接收该帧，反之就直接丢弃，其他什么也不做。

（2）封装成帧。PPP 必须规定特殊的字符作为帧定界符（每种数据链路层协议都有特定的帧定界符），以便使接收端能从收到的比特流中准确地找出帧的开始位置和结束位置。

（3）透明传输。PPP 必须保证数据传输的透明性。也就是说，如果数据中碰巧出现了与帧定界符一样的比特组合，就要采取有效的措施来解决这个问题。

（4）差错检测。PPP 能够对接收端收到的帧进行检测，并立即丢弃有差错的帧。若在数据链路层不进行差错检测，那么已出现差错的无用帧就还要在网络中继续向前转发，这样就会白白浪费许多网络资源。

（5）支持多种网络层协议。PPP 必须能够在同一条物理链路上同时支持多种网络层协议（如 IP 和 IPv6 协议、IPX 协议等）的运行。这就意味着 IP 数据报和 IPv6 数据报都可以封装在 PPP 帧中传输。

（6）支持多种类型的链路。除了要支持多种网络层的协议，PPP 还必须能够在多种类型的链路上运行。例如，串行的或并行的、同步的或异步的、低速的或高速的、电的或光的、交换的（动态的）或非交换的（静态的）点对点链路。

同时支持在以太网上运行的 PPP 即 PPP Over Ethernet，简称 PPPoE。

（7）自动检测连接状态。PPP 必须具有一种机制能够及时自动检测出链路是否处于正常工作状态。当出现故障的链路隔了一段时间后又重新恢复正常工作时，就特别需要有这种及时检测功能。

（8）可设置 MTU 标准值。PPP 必须对每种类型的点到点信道设置 MTU 的标准默认值。如果高层协议发送的分组过长而超过 MTU 的数值，那么 PPP 就丢弃这样的帧，并返回差错。

（9）网络地址协商。PPP 必须提供一种机制，使通信的两个网络层的实体能够通过协商知道或配置彼此的网络层地址。

（10）数据压缩协商。PPP 必须提供一种方法来协商使用数据压缩算法。

2. PPP 的组成

PPP 有 3 个组成部分，如图 3.15 所示。

OSI分层	
3	上层协议 （如 IP、IPX 等）
2	网络控制协议（NCP）
	链路控制协议（LCP）
	高级数据链路控制（HDLC）协议
1	物理层（如EIA/TIA-232、V.35、ISDN）等误认为是一个帧

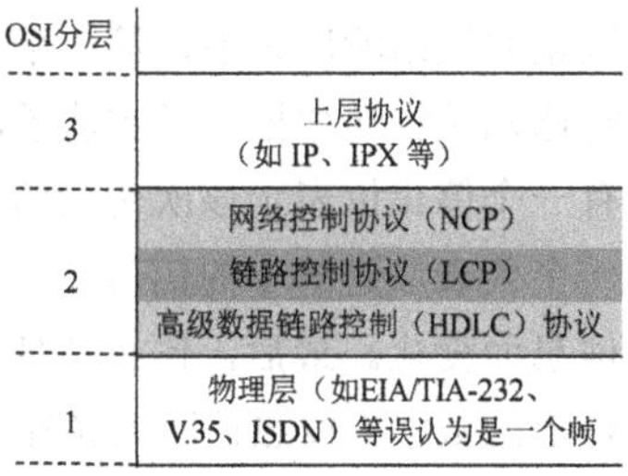

◎ 图 3.15　PPP 的组成

（1）HDLC 协议。HDLC 协议是将 IP 数据报封装到串行链路上的方法。PPP 既支持异步链路（无奇偶校验的 8 比特数据），又支持面向比特的同步链路。IP 数据报在 PPP 帧中就是其信息部分，这个信息部分受 MTU 的限制。

（2）链路控制协议（Link Control Protocol，LCP）。LCP 用于建立、配置和测试数据链路连接，通信双方可协商一些选项。

（3）网络控制协议（Network Control Protocol，NCP）。NCP 中的每个协议都支持不同的网络层协议，如 IP、IPv6、DECnet、AppleTalk 等。

3.2.2 同步传输和异步传输

点到点信道通常是广域网串行通信。串行通信可以分为两种类型：同步传输和异步传输。

1. 同步传输

在数字通信中，同步（Synchronous）是十分重要的。为了保证传输信号的完整性和准确性，要求接收端时钟与发送端时钟保持相同的频率，以保证单位时间读取的信号单元数相同，即保证传输信号的准确性。

同步传输（Synchronous Transmission）以数据帧为单位传输数据，可采用字符形式或位组合形式的帧同步信号（时钟信号），在短距离的高速传输中，该时钟信号可由专门的时钟线路传输，由发送端或接收端提供专用于同步的时钟信号。当计算机网络采用同步传输方式时，常将时钟同步信号（前同步码）植入数据信号帧中，以实现接收端和发送端的时钟同步。

发送端发送的帧在帧开始符前植入了前同步码，用于同步接收端时钟，前同步码后面是一个完整的帧，如图 3.16 所示。

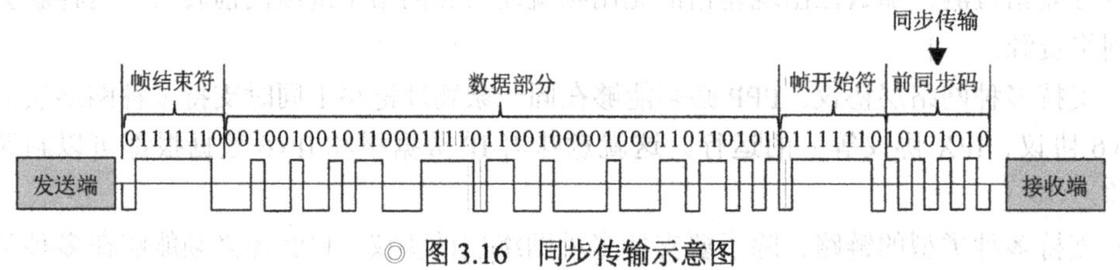

◎ 图 3.16 同步传输示意图

2. 异步传输

异步传输（Asynchronous Transmission）以字符为单位传输数据，发送端和接收端具有相互独立的时钟（频率相差不能太多），并且两者中的任意一方都不需要向对方提供时钟同步信号。异步传输的发送端和接收端在数据可以传输之前不需要协调，发送端可以在任何时刻发送数据，而接收端则必须随时都处于准备接收数据的状态。计算机主机与输入、输出设备之间一般采用异步传输方式，如键盘可以在任何时刻发送一个字符，这取决于用户何时输入。

异步传输存在一个潜在的问题，即接收端并不知道数据会在什么时候到达。在接收端检测到数据并做出响应之前，第一个比特已经过去了。因此每次异步传输的信息都以一个起始位开头，它通知接收端数据已经到达了，这就给了接收端响应、接收和缓存数据比特的时间；在传输结束时，有一个停止位表示该次传输信息的终止。按照惯例，空闲（没有传输数据）的线路实际上携带着一个代表二进制 1 的信号，异步传输的开始位使信号变成 0，其他的比特位使信号随传输的数据信息而变化。最后，停止位使信号重新变回 1，该信号一直保持到下一个开始位到达。例如，键盘上的数字 1 按照扩展 ASCII 编码将发送 00110001，同时，需要在 8 比特位的前面加一个起始位，并在后面加一个停止位。

如果发送端以异步传输的方式发送帧到接收端，则需要将发送的帧拆分成以字符为单位进行传输，每个字符前都有一个起始位，并且后面都有一个停止位。字符之间的时间间隔不固定。接收端收到这些陆续到来的字符，照样可以将其组装成一个完整的帧，如图 3.17 所示。

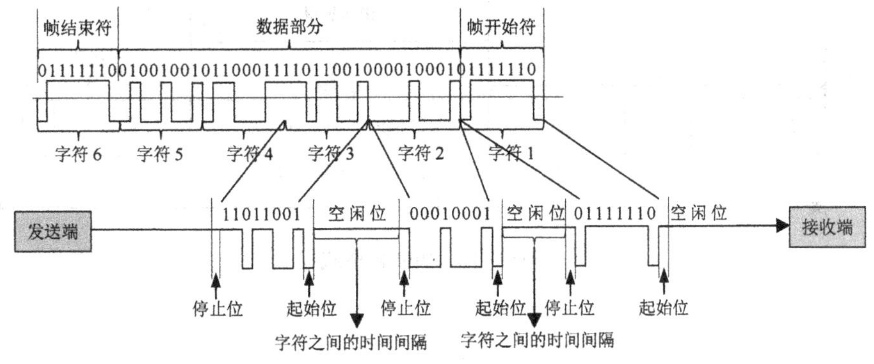

◎ 图 3.17　异步传输示意图

异步传输的实现比较容易，由于每个信息都加上了"同步"信息，因此计时的漂移不会产生大的积累，但会产生较大的开销。在图 3.17 中，每 8 个比特要多传输 2 个比特，总的传输负载就增加了 25%。这对数据传输量很小的低速设备来说问题不大，但对那些数据传输量很大的高速设备来说，25% 的负载增值就相当严重了。因此，异步传输常用于低速设备。

异步传输和同步传输的区别如下。

（1）异步传输是面向字符的传输，同步传输是面向比特的传输。

（2）异步传输的单位是字节，同步传输的单位是帧。

（3）异步传输通过字符的起始位和停止位抓住再同步的机会，同步传输从前同步码中抽取同步信息。

3.2.3　PPP 帧格式

PPP 帧格式如图 3.18 所示，其中各字段的含义如下。

（1）标志字段 F（Flag）：1 字节，首部的第 1 个字段和尾部的第 2 个字段都是标志字段 F，标志一个帧的起始或结束，是 PPP 帧的定界符。PPP 帧都是以 01111110（0x7E）开始或结束的。

（2）地址字段：1 字节，固定值为 11111111（0xFF）。该字段并不是一个 MAC 地址，它表明主 / 从端的状态都为接收状态，可以理解为"所有的接口"。

（3）控制字段：1 字节，固定值为 00000011（0x03）。该字段没有特别作用，只表明该帧为无序号帧。

（4）协议字段：2 字节，不同的值用来标识 PPP 帧内的信息是什么数据。

- 0x0021：信息字段是 IP 数据报。
- 0x8021：信息字段是网络层控制数据 NCP。
- 0xc021：信息字段是 PPP 链路控制数据。
- 0xc023：信息字段是安全性认证 PAP。
- 0xc025：信息字段是 LQR。
- 0xc028：信息字段是安全性认证 CHAP。

（5）信息字段：PPP 的载荷数据，其长度是可变的。信息字段包含协议字段中指定协议的数据包。数据字段的默认最大长度（不包括协议字段）称为MRU。默认值为1500字节。

（6）帧检验序列字段（FCS）：2字节，作用是对PPP帧进行差错检验。

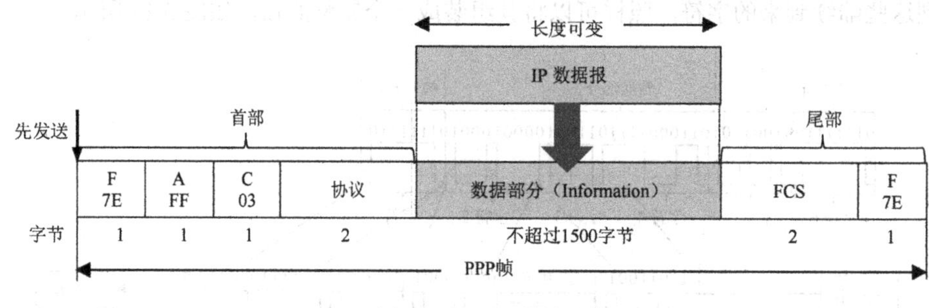

◎ 图3.18　PPP帧格式

3.2.4　PPP帧格式及其填充方式

当信息字段中出现与标志字段一样的比特（0x7E）组合时，就必须采取一些措施来使这种形式上与标志字段一样的比特组合不出现在信息字段中。

1. 异步传输使用字节填充

在异步传输的链路上，数据传输以字节为单位，PPP帧的转义字符定义为0x7D（01111101），并使用字节填充，RFC1662规定了如下所述的填充方法，如图3.19所示。

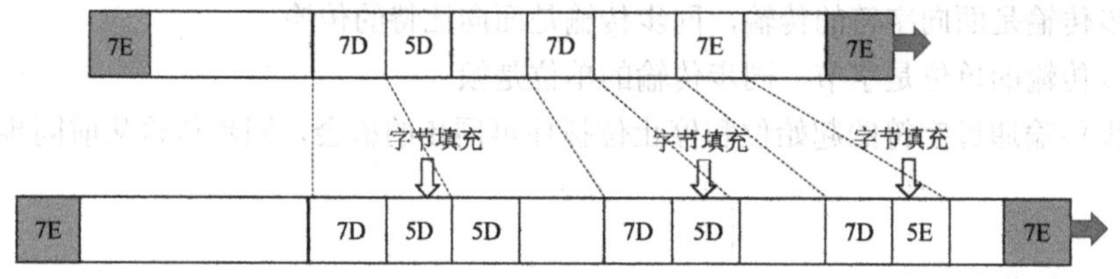

◎ 图3.19　PPP帧的字节填充

（1）把信息字段中出现的每个0x7E字节转变为2字节序列(0x7D,0x5E)。

（2）若信息字段中出现了一个0x7D字节（出现了与转义字符一样的比特组合），则把转义字符0x7D转变为2字节序列(0x7D,0x5D)。

（3）若信息字段中出现了ASCII码的控制字符（数值小于0x20的字符），则在该字符前面加入一个0x7D字节，同时将该字符的编码加以改变。例如，当出现0x03（在控制字符中是“传输结束”ETX）时，就要把它转变为2字节序列(0x7D,0x23)。

由于在发送端进行了字节填充，因此，在链路上传输的信息字节数就超过了原来的信息字节数。但接收端在收到数据后会进行与发送端字节填充相反的变换，这样就可以正确地恢复出原来的信息。

2. 同步传输使用零比特填充

在同步传输的链路上，数据传输以帧为单位，PPP采用零比特填充法来实现透明传输。把PPP帧定界符0x7E换算成二进制序列01111110。可以看到，中间有连续的6个1，只要想办法在数据部分不要出现连续的6个1，就肯定不会出现这种定界符，具体方法就是使用零比特填充法。

在发送端，先扫描整个信息字段（通常用硬件实现，但也可用软件实现，只是会慢些）。只要发现有5个连续的1，就立即填入一个0。这样就可以保证在信息字段中不会出现6个连续的1。

接收端在收到一个帧时，先找到帧定界符以确定一个帧的边界，再用硬件对其中的比特流进行扫描，每当发现 5 个连续的 1 时，就把这 5 个连续的 1 后的一个 0 删除，以还原数据比特流。这样就保证了透明传输，所传送的数据比特流可以包含任意组合的比特模式，而不会引起对帧边界的判断错误。

3.2.5 PPP 的工作状态

当用户拨号接入 ISP 后，就建立了一条从用户个人计算机到 ISP 的物理连接。这时，用户个人计算机向 ISP 发出一系列的 LCP 分组（封装成多个 PPP 帧），以便建立 LCP 连接。这些分组及其响应选择了将要使用的一些 PPP 参数。进行网络层配置后，NCP 给新接入的用户个人计算机分配一个临时的 IP 地址。这样，用户个人计算机就成为互联网上的一个有 IP 地址的主机了。

当用户通信完毕时，首先，NCP 释放网络层连接，收回原来分配出去的 IP 地址；然后，LCP 释放数据链路层连接；最后释放的是物理层连接。

上述过程可用如图 3.20 所示的 PPP 的工作状态图来描述。

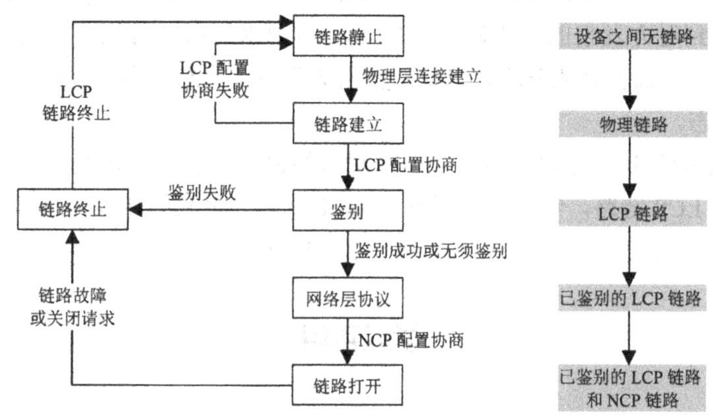

◎ 图 3.20 PPP 的工作状态图

PPP 链路的起始状态和终止状态永远是图 3.20 中的链路静止（Link Dead）状态，这时，在用户个人计算机和 ISP 的路由器之间并不存在物理层连接。

当用户个人计算机通过调制解调器呼叫路由器时，路由器就能够检测到调制解调器发出的载波信号。在双方建立了物理连接后，PPP 就进入链路建立（Link Establish）状态，其目的是建立链路层的 LCP 连接。

这时，LCP 开始协商一些配置选项，即发送 LCP 的配置请求帧（Configure-Request）。这是一个 PPP 帧，其协议字段配置为 LCP 对应的代码，而信息字段则包含特定的配置请求。链路的另一端可以发送以下响应中的一种帧。

（1）配置确认帧（Configure-ACK）：所有选项都接受。

（2）配置否认帧（Configure-Nak）：所有选项都理解但不能接受。

（3）配置拒绝帧（Configure-Reject）：有的选项无法识别或不能接受，需要协商。

LCP 配置选项包括链路上的最大帧长、所使用的鉴别协议（Authenticate Protocol）的规约（如果有的话），以及不使用 PPP 帧中的地址字段和控制字段（因为这两个字段的值是固定的，没有任何信息量，所以可以在 PPP 帧的首部中省略这两个字段）。

协商结束后，双方就建立了 LCP 链路，接着就进入鉴别（Authenticate）状态。在这一状态下，只允许传送 LCP 分组、鉴别协议的分组，以及检测链路质量的分组。若使用口令鉴别协议（Password Authentication Protocol，PAP），则需要发起通信的一方发送身份标识符和口令（系统可允许用户重试若干次）。如果需要有更高的安全性，则可使用更加复杂的口令握手鉴别协议（Challenge Handshake Authentication Protocol，CHAP）。若鉴别身份失败，则转到链路终止（Link Terminate）状态；若鉴别成功，则进入网络层协议（Network-Layer Protocol）状态。

在网络层协议状态下，PPP 链路两端的 NCP 根据网络层的不同协议互相交换网络层特定的网络控制分组。这个步骤是很重要的，因为现在的路由器都能够同时支持多种网络层协议。总之，PPP 链路两端的网络层可以运行不同的网络层协议，但仍然可使用同一个 PPP 进行通信。

如果在 PPP 链路上运行的是 IP，则在对 PPP 链路的每一端配置 IP 模块（如分配 IP 地址）时，就要使用 NCP 中支持 IP 的协议——IP 控制协议（IP Control Protocol，IPCP）。IPCP 分组也封装成 PPP 帧（其中的协议字段为 0x8021），在 PPP 链路上传送。

网络层配置完毕后，链路就进入可进行数据通信的链路打开（Link Open）状态。链路的两个 PPP 端点可以彼此向对方发送分组。两个 PPP 端点还可发送回送请求（Echo-Request）LCP 分组和回送回答（Echo-Reply）LCP 分组，以检查链路的状态。

数据传输结束后，可以由链路的一端发出终止请求（Terminate-Request）LCP 分组，请求终止链路连接，在收到对方发来的终止确认（Terminate-ACK）LCP 分组后，转到链路终止状态。如果链路出现故障，那么也会从链路打开状态转到链路终止状态。当调制解调器的载波停止后，则回到链路静止状态。

图 3.20 中的右方给出了对 PPP 的几个工作状态的说明。从设备之间无链路开始，到先建立物理链路，再建立 LCP 链路，经过鉴别后建立 NCP 链路，之后才能交换数据。由此可见，PPP 已不是纯粹的数据链路层协议了，它还包含物理层和网络层的内容。

学以致用

3.3 技能训练：PPP 配置与分析

3.3.1 训练目的

（1）掌握 PPP 的基本配置方法。

（2）理解 PPP 帧结构。

3.3.2 训练准备

（1）华为 eNSP 软件。

（2）Wireshark 软件。

3.3.3 模拟环境

某学校有两个校区，分别为本部和新校区，需要租用电信公司的广域网串行线路将两个校区网络的路由器 RT-ZHU 和 RT-XIN 互连在一起，在串行链路上使用 PPP 实现通信。网络拓扑如图 3.21

所示，利用 eNSP 软件模拟该网络的实现。

AR1　　AR2

◎ 图 3.21　网络拓扑

3.3.4　实施过程

步骤 1：创建拓扑。

（1）启动 eNSP 软件，新建拓扑，向空白工作区添加两台 AR2220 路由器。

（2）为路由器添加同、异步 WAN 接口卡。选择“eNSP 支持的接口卡”→“2SA”（同异步 WAN 接口卡）选项，将其拖入路由器的第一个扩展插槽中。

（3）将路由器的同、异步接口互连。

步骤 2：启动设备。单击工具栏中的“开启设备”图标，启动全部设备。

步骤 3：配置路由器串口采用 PPP。

（1）配置路由器 RT-ZHU：

```
<Huawei>system-view
Enter system view, return user view with Ctrl+Z.
[Huawei]sysname RT-ZHU
[RT-ZHU]display interface Serial 1/0/0
Serial1/0/0 current state : DOWN
Line protocol current state : DOWN
Description:HUAWEI, AR Series, Serial1/0/0 Interface
Route Port,The Maximum Transmit Unit is 1500, Hold timer is 10(sec)
Internet protocol processing : disabled
Link layer protocol is PPP                  // 链路协议
LCP initial                                 //LCP 状态
Last physical up time   : -
Last physical down time : 2022-08-29 10:21:50 UTC-08:00
Current system time: 2022-08-29 10:23:06-08:00
Physical layer is synchronous, Virtualbaudrate is 64000 bps
Interface is DTE, Cable type is V11, Clock mode is TC
……
[RT-ZHU]interface Serial 1/0/0
[RT-ZHU-Serial1/0/0]link-protocol ppp
[RT-ZHU-Serial1/0/0]ip address 192.168.100.1 255.255.255.0
[RT-ZHU-Serial1/0/0]undo shutdown
Info: Interface Serial1/0/0 is not shutdown.
[RT-ZHU-Serial1/0/0] quit
```

（2）配置路由器 RT-XIN：

```
<Huawei>system-view
Enter system view, return user view with Ctrl+Z.
[Huawei]sysname RT-XIN
[RT-XIN]interface Serial 1/0/1
[RT-XIN-Serial1/0/1]link-protocol ppp
[RT-XIN-Serial1/0/1]ip address 192.168.100.2 255.255.255.0
[RT-XIN-Serial1/0/1]
```

```
Aug 29 2022 10:57:56-08:00 RT_XIN %%01IFNET/4/LINK_STATE(l)[6]:The line protocol
 PPP IPCP on the interface Serial1/0/1 has entered the UP state.
[RT-XIN-Serial1/0/1]undo shutdown
Info: Interface Serial1/0/1 is not shutdown.
[RT-XIN-Serial1/0/1]quit
[RT-XIN]display interface Serial 1/0/1
Serial1/0/1 current state : UP
Line protocol current state : UP
Last line protocol up time : 2022-08-29 10:57:56 UTC-08:00
Description:HUAWEI, AR Series, Serial1/0/1 Interface
Route Port,The Maximum Transmit Unit is 1500, Hold timer is 10(sec)
Internet Address is 192.168.100.2/24     //IP 地址
Link layer protocol is PPP               // 链路协议
LCP opened, IPCP opened                  //PCP 状态，IPCP 状态
Last physical up time   : 2022-08-29 10:56:25 UTC-08:00
Last physical down time : 2022-08-29 10:56:23 UTC-08:00
Current system time: 2022-08-29 10:58:28-08:00
Physical layer is synchronous, Virtualbaudrate is 64000 bps
Interface is DTE, Cable type is V11, Clock mode is TC
...
[RT-XIN]
```

步骤 4：验证测试。

（1）在路由器 RT-ZHU 的配置对话框中输入以下命令，测试能否与路由器 RT-XIN 通信：

```
ping 192.168.100.2
```

（2）在路由器 RT-XIN 的配置对话框中输入以下命令，测试能否与路由器 RT-ZHU 通信：

```
ping 192.168.100.1
```

步骤 5：数据抓包与分析。

（1）右击路由器 RT-ZHU，在弹出的快捷菜单中选择“数据抓包”→“S1/0/0”选项，开始抓包，在路由器 RT-ZHU 上 ping RT-XIN 的串口接口地址 192.168.100.2。

查看捕获的 PPP 帧，如图 3.22 所示。可以看到，前面的帧的协议为 PPP LCP。在数据报列表栏中选中第 1 个帧，在数据报详情栏中单击“Point to Point Protocol”，可以看到 PPP 帧首部有 3 个字段：

```
Point to Point Protocol
  Address: 0xff                              // 地址字段
  Control: 0x03                              // 控制字段
  Protocol: Link Control Protocol (0xc021)   //0xc021 表明帧内部是 LCP
```

（2）选中后面捕获的协议为 ICMP，即第 5 个帧，在数据报详情栏中单击“Point to Point Protocol”，可以看到 PPP 帧首部有 3 个字段：

```
Point to Point Protocol
  Address: 0xff
  Control: 0x03
  //0x0021 表明 PPP 帧的信息字段是 IP 数据报
  Protocol: Internet Protocol version 4 (0x0021)
```

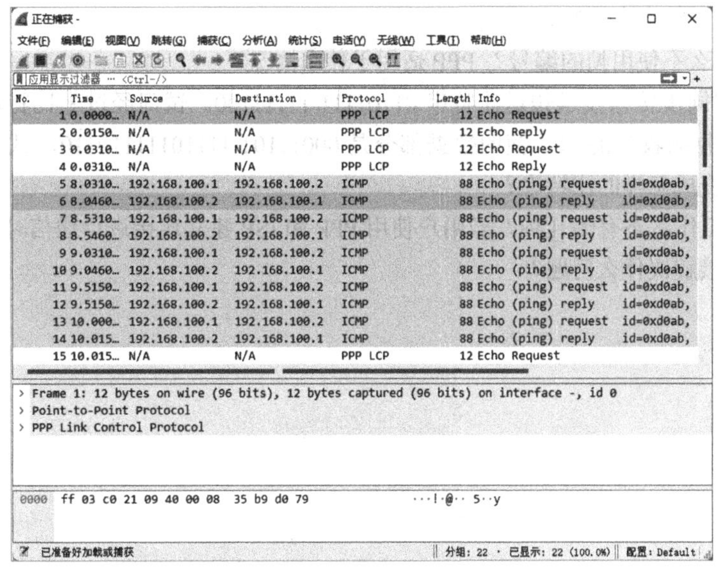

◎ 图 3.22　捕获的 PPP 帧

习题

一、选择题

1. 帧的数据字段包含什么内容？（　　）

　A. CRC　　B. 网络层 PDU　　C. 第 2 层源地址　　D. 帧长

2. CRC 可以查出帧传输过程中的什么差错？（　　）

　A. 基本比特差错　　B. 帧丢失　　C. 帧重复　　D. 帧失序

3. 在 OSI/RM 7 层参考模型的各层中，哪层的数据传送单位是帧？（　　）

　A. 物理层　　B. 数据链路层　　C. 网络层　　D. 传输层

4. 设计数据链路层的主要目的是将一条原始的、有差错的物理线路变为无差错的（　　）。

　A. 物理链路　　B. 数据链路　　C. 传输媒体　　D. 端到端的连接

二、问答题

1. 数据链路（逻辑链路）和链路（物理链路）有何区别？

2. 数据链路层中的链路控制包括哪些功能？

3. 如果在数据链路层不进行封装成帧操作，则会发生什么问题？

4. 除了差错检测，面向字符的数据链路层协议还必须解决哪些特殊问题？

5. 要发送的数据为 101110，采用 CRC 的生成多项式是 $P(X)=X^3+1$，试求应添加在数据后面的余数。

6. 一个 PPP 帧的数据部分是 7D 5E FE 27 7D 5D 7D 5D 65 7D 5E（十六进制数），试问真正的数据是什么（用十六进制形式写出）？

7．PPP 的主要特点有哪些？

8．PPP 为什么不使用帧的编号？PPP 适用于什么情况？

9．PPP 使用同步传输技术传送比特串 01101111 11111100，试问经过零比特填充后变成怎样的比特串？若接收端收到的 PPP 帧的数据部分是 00011101 11110111110110，试问删除发送端加入的零比特后会变成怎样的比特串？

10．PPP 的工作状态有哪几种？当用户使用 PPP 和 ISP 建立连接进行通信时，需要建立哪几种连接？每种连接解决什么问题？

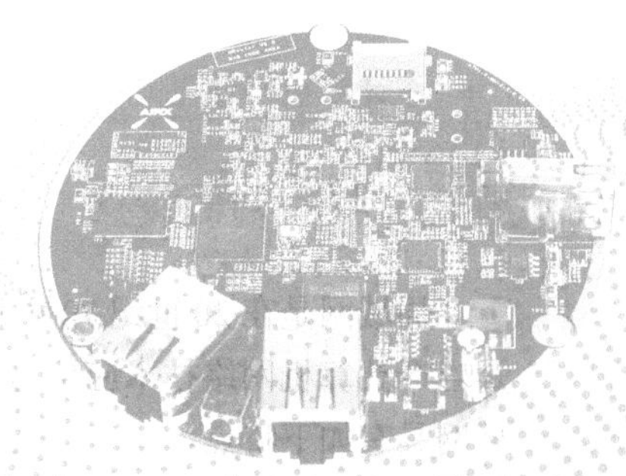

第 4 章

局域网技术

内容巡航

随着办公自动化的深入，如何组建一个经济、实用的局域网越来越受到人们的关注。通常我们将少于 100 人的机构称为小型办公室。小型办公室一般以小型企业、中型企业和家庭办公室为主，但并不局限于此。

按网络规模划分，局域网可以分为小型、中型、大型 3 类。在实际工作中，一般将信息点在 100 以下的网络称为小型网络，将信息点为 100 ~ 500 的网络称为中型网络，将信息点在 500 以上的网络称为大型网络。

前面学习了计算机网络的概念、组成、拓扑结构、传输媒体等，为了组建小型办公室局域网，还需要掌握并理解以下几方面的内容。

- 局域网的特性、种类和发展。
- 以太网的产生、种类和发展。
- 各种高速局域网（高速以太网）的种类及技术特点。
- 网络交换的概念及交换式以太网。
- 虚拟局域网的概念、特点及划分方法。
- 局域网的连接设备及应用。

内容探究

广播信道可以进行一对多的通信，能很方便且廉价地连接多台邻近的计算机，因此曾广泛应用于局域网中。由于广播信道连接的计算机共享同一传输媒体，因此使用广播信道的局域网被称为共享式局域网。虽然，随着技术的发展，以及交换技术的成熟和成本的降低，具有更高性能的使用点对点链路和数据链路层交换机的交换式局域网在有线领域已经完全取代了共享式局域网。但由于无线信道的广播天性，无线局域网仍然使用的是共享媒体技术。

4.1 局域网概述

局域网（Local Area Network，LAN）是在一个局部的地理范围（如一间办公室、一栋楼、一座校园或一家公司）内，一般在方圆数千米以内，利用通信线路将各种计算机、外部设备等互相连接起来组成的计算机通信网。

4.1.1 局域网的特点

局域网是在20世纪70年代末发展起来的，局域网技术在计算机网络中占有非常重要的地位，是当今计算机网络技术应用与发展非常活跃的一个领域，也是目前技术发展最快的领域之一。局域网具有如下特点。

（1）所覆盖的地理范围比较小，通常不超过几十千米，甚至只在一个园区、一幢建筑或一个房间内。

（2）数据的传输速率比较高，从最初的1Mbit/s到后来的10Mbit/s、100Mbit/s，近年来已达到1000Mbit/s、10Gbit/s。

（3）具有较低的时延和误码率，其误码率一般为10^{-10}～10^{-8}。

（4）局域网的经营权和管理权属于某个单位所有，与广域网通常由服务提供商提供形成鲜明对照。

（5）便于安装、维护和扩充，建网成本低、周期短。

现在大多数企事业单位都建有自己的网络，以此来实现内部办公网络、财务管理、生产调度等。从严格意义上讲，它是封闭的，不对互联网用户开放，但它们可以访问互联网，使用保留的私网地址。

局域网经过多年的发展，特别是快速以太网和吉比特以太网、10吉比特以太网相继进入市场后，以太网已经在局域网市场占据了绝对优势。现在，以太网几乎成了局域网的同义词。

4.1.2 局域网的层次结构

IEEE 802委员会制定的局域网标准IEEE 802 LAN模型与OSI/RM的对应关系如图4.1所示。

由于局域网是一个通信子网，只涉及有关的通信功能，因此，在IEEE 802 LAN模型中，主要涉及OSI/RM的物理层和数据链路层的功能。

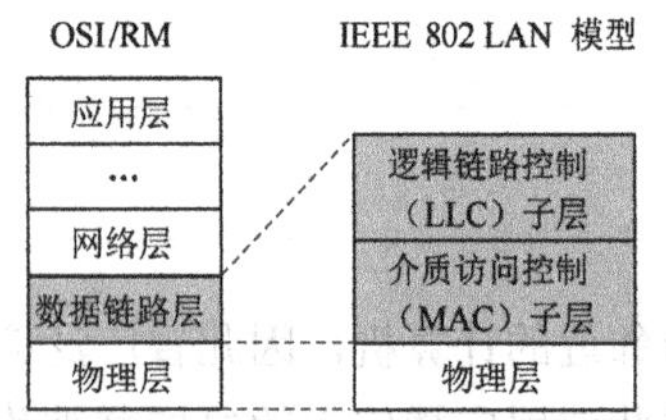

◎ 图4.1 IEEE 802 LAN模型与OSI/RM的对应关系

1. IEEE 802 LAN的物理层

局域网的物理层是和OSI/RM 7层参考模型的物理层功能相当的，主要涉及局域网物理链路上原始比特流的传送，定义局域网物理层的机械、电气、规程和功能特性，如信号的传输与接收、同步序列的产生和删除等，以及物理连接的建立、维护、拆除等。物理层还规定了局域网所使用的信号、编码、传输媒体、拓扑结构和传输速率等。

- 采用基带信号传输。
- 数据的编码采用曼彻斯特编码。
- 传输媒体可以是对绞电缆、同轴电缆、光缆，甚至可以是无线传输媒体。
- 拓扑结构可以是总线型、树型、星型和环型等。
- 传输速率有10Mbit/s以太网、100Mbit/s快速以太网、1000Mbit/s吉比特以太网和10Gbit/s万兆位以太网。

2. IEEE 802 LAN的数据链路层

局域网的数据链路层分为两个功能子层，即逻辑链路控制（LLC）子层和介质访问控制（MAC）子层。LLC和MAC两个子层共同完成OSI/RM 7层参考模型的数据链路层的功能：将数据组成帧，

进行传输，并对数据帧进行顺序控制、差错控制和流量控制，使不可靠的物理链路变为可靠的链路。此外，局域网还可以支持多重访问功能，即实现数据帧的单播、广播和组播。

3. IEEE 802 标准

IEEE 802 为局域网制定了一系列的标准，随着局域网技术的发展，新的标准还在增加。目前应用较多和正在发展的 IEEE 802 标准主要有如下几种。

（1）IEEE 802.1 标准：包含局域网体系结构、网络管理和网络互连等基本功能。

（2）IEEE 802.2 标准：定义 LLC 子层的功能。

（3）IEEE 802.3 标准：定义 CSMA/CD 媒体接入控制方式和相关物理层规范。

- IEEE 802.3u 标准：100Mbit/s 快速以太网。
- IEEE 802.3z 标准：1000Mbit/s 以太网（光纤、同轴电缆）。
- IEEE 802.3ab 标准：1000Mbit/s 以太网（对绞电缆）。
- IEEE 802.3ae 标准：10Gbit/s 以太网。

（4）IEEE 802.4 标准：令牌总线（Token Bus）访问控制方法及物理层技术规范。

IEEE 802 标准的内部关系如图 4.2 所示。

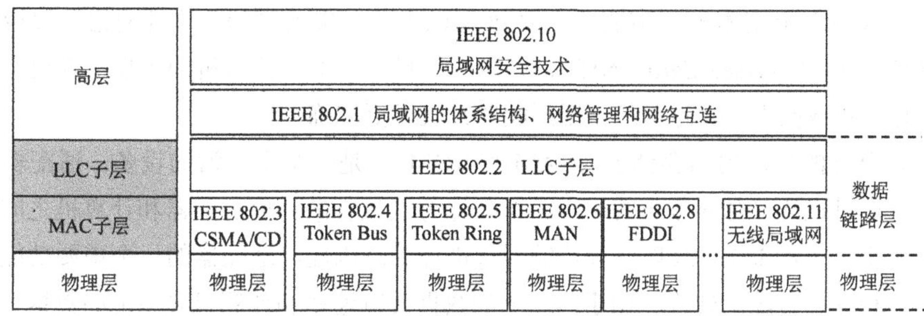

图 4.2 IEEE 802 标准的内部关系

从图 4.2 中可以看出，IEEE 802 标准实际上是一个由一系列协议组成的标准体系。随着局域网技术的发展，该体系在不断地增加新的标准和协议。例如，IEEE 802.3 家族就随着以太网技术的发展出现了许多新的成员，如 IEEE 802.3u、IEEE 802.3ab 和 IEEE 802.3z 等。

4.1.3 媒体接入控制

用广播信道连接多台主机，一台主机可以方便地给任何其他主机发送数据，但必须解决两台以上的主机同时发送数据时共享信道上信号冲突的问题。因此，共享信道要着重考虑的一个问题就是如何协调多台发送主机和接收主机对一个共享传输媒体的占用，即媒体接入控制（Media Access Control）或多址接入（Multiple Access）。

媒体接入控制或多址接入主要有以下两大类方法。

1. 静态划分信道

静态划分信道的典型技术主要有频分多址、时分多址和码分多址。这些技术利用 2.4 节介绍的频分复用、时分复用和码分复用技术将共享信道划分为 N 个独立的子信道，为每台主机分配一个专用的信道用于发送数据，并可在所有信道上接收数据，从而保证主机无冲突地发送数据。显然，这种固定划分信道的方法非常不灵活，对于突发性数据，传输信道利用率会很低。该方法通常在无线网络的物理层中使用，而不在数据链路层中使用。

2. 动态接入控制

动态接入控制的特点是各主机动态占用信道发送数据，而不使用预先固定分配好的信道。动态接入控制又分为以下两类。

（1）随机接入：所有主机通过竞争随机地在信道上发送数据。如果恰巧有两台或更多的主机在同一时刻发送数据，那么信号在共享传输媒体上就会产生碰撞（发生了冲突），使得这些主机的发送都失败。因此，这类协议要解决的关键问题是如何尽量避免冲突及在发生冲突后如何尽快恢复通信。著名的共享式以太网采用的就是随机接入。

（2）受控接入：主机不能随机地发送数据而必须服从一定的控制。这类协议的典型代表有集中控制的多点轮询协议和分散控制的令牌传递协议。采用令牌传递协议的典型网络有令牌环网（IEEE 802.5）、令牌总线网（IEEE 802.4）和光纤分布式数据接口（FDDI）。不过这些网络由于市场竞争已逐步退出了历史舞台。

4.1.4 网络适配器

计算机与外界局域网是通过通信适配器（Adapter）相连的。适配器本来是在主机箱内插入一块网络接口板（或在笔记本电脑中插入一块 PCMCIA 卡）来连接的，这种网络接口板又称为网络接口卡（Network Interface Card，NIC），即网卡。目前，多数计算机的主板上都已经嵌入了这种适配器，称为集成网卡。在这里统一用适配器来表述更准确。

适配器有自己的处理器和存储器（RAM 和 ROM），是一个半自治的设备。适配器和局域网之间的通信是通过电缆（如对绞电缆）以串行传输方式进行的。而适配器和计算机之间的通信则是通过计算机主板上的 I/O 总线以并行传输方式进行的。因此，适配器的一个重要功能就是进行数据串行传输和并行传输的转换。由于网络上的数据传输速率和计算机总线上的数据传输速率并不相同，因此在适配器中必须装有对数据进行缓存的存储芯片。要想使适配器正常工作，还必须把管理该适配器的设备驱动程序安装在计算机的操作系统中。这个驱动程序以后会告诉适配器应当从存储器的什么位置把多长的数据块发送到局域网，或者应当在存储器的什么位置把局域网传送过来的数据块存储下来。另外，适配器还要能够实现局域网数据链路层和物理层的协议。

适配器接收和发送各种帧时不使用计算机的 CPU。当适配器收到有差错的帧时，就把这个帧丢弃而不必通知计算机；当适配器收到正确的帧时，它就使用中断来通知计算机并交付给协议栈中的网络层。当计算机要发送 IP 数据报时，就由协议栈把 IP 数据报向下交给网卡，组装成帧后发送到局域网。图 4.3 所示为计算机通过网卡和局域网进行通信。计算机的硬件地址在适配器的 ROM 中，而计算机的软件地址（IP 地址）则在计算机的存储器中。

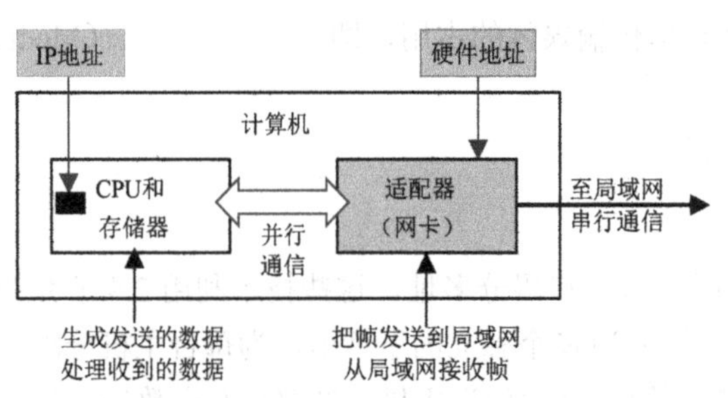

◎ 图 4.3　计算机通过网卡和局域网进行通信

适配器是工作在数据链路层和物理层的网络组件，是局域网中连接计算机和传输媒体的接口。物理层的功能是实现网卡和网络的连接、数字信号同步、数据的编码与解码。数据链路层的功能是实现帧的发送与接收、帧的封装与解封装、帧的差错检验、介质访问控制（以太网使用 CSMA/CD 协议）等。

4.1.5　MAC 地址

前面提到，使用点对点信道的数据链路层不需要使用地址，这是因为连接在信道上的只有两台主机。但当多台主机连接于同一个广播信道时，要想实现两台主机之间的通信，那么每台主机都必须有唯一的标识符，即一个数据链路层地址。每个发送的帧都必须携带标识接收主机和发送主机的地址。

1. MAC 地址的组成

IEEE 802 标准为局域网（以太网）规定了一种 6 字节（48 位）的全球地址。在生产适配器时，这种 6 字节的 MAC 地址已固化在网络适配器的 ROM 中。因此，MAC 地址也叫作硬件地址（Hardware Address）或物理地址。当这个适配器插入或嵌入每台计算机后，适配器中的 MAC 地址就是这台计算机的 MAC 地址了，当更换适配器后，计算机的 MAC 也随之改变，而不随计算机位置的改变而改变。

注：

如果连接在网络上的主机或路由器安装有多个适配器，那么该主机或路由器就有多个 MAC 地址。

现在 IEEE 的注册管理机构 RA 是局域网全球地址的法定管理机构，负责分配 MAC 地址字段的 6 字节中的前 3 字节（高位 24 位）。世界上凡是要生产局域网网络适配器的厂商都必须向 IEEE 购买由这 3 字节构成的号（地址块），即组织唯一标识符（Organizationally Unique Identifier，OUI），即高位 24 位地址块，也称公司标识符（Company_id）。例如，华为生产的适配器的 MAC 地址的前 3 字节是 30FBB8。MAC 地址字段的 6 字节中的后 3 字节（低位 24 位）是由厂商自行指派的，称为扩展标识符（Extended_id），只要保证生产出的网络适配器没有重复地址即可。这样，一个 OUI 可以分配 2^{24} 个 MAC 地址，即 16777216 个适配器。

2. MAC 地址的管理

IEEE 规定地址字段第 1 个字节的最低位为 I/G（Individual/Group）位。当 I/G 位为 0 时，地址字段表示单个站地址；当 I/G 位为 1 时，表示组地址，用来进行多播（以前称组播）。

另外，IEEE 把地址字段第 1 个字节的次低位规定为 G/L（Global/Local）位。当 G/L 位为 0 时，表示全球管理（保证在全球没有相同的地址），厂商向 IEEE 购买的 OUI 都属于全球管理；当 G/L 位为 1 时，表示本地管理，这时用户可任意分配网络上的地址。但以太网几乎不使用这个 G/L 位。

3. MAC 地址的分类

适配器有过滤功能。适配器从网络上每收到一个 MAC 帧，就先用硬件检查其中的目的地址，如果是发往本主机的帧，就收下，并进行其他处理；否则就将此帧丢弃，不再进行其他处理。这样做就不会浪费主机的处理器和内存资源。这里的发往本主机的帧包括以下 3 种。

（1）单播（Unicast）帧（一对一）：收到的帧的 MAC 地址与本主机的 MAC 地址相同。

（2）广播（Broadcast）帧（一对全体）：发送给本局域网的所有主机的帧（全 1 地址）。

（3）多播（Multicast）帧（一对多）：发送给本局域网的一部分主机的帧。

所有的适配器都至少应当能够识别前两种帧，即能够识别单播地址和广播地址。有的适配器可用编程方法识别多播地址。操作系统启动时，会初始化适配器，使适配器能够识别某些多播地址。显然，只有目的地址才能使用广播地址和多播地址。

通常适配器还可设置为一种特殊的工作方式，即混杂方式（Promiscuous Mode）。工作在混杂方式下的适配器只要"听到"有帧在共享传输媒体上传输，就悄悄地将其接收下来，而不管这些帧是发往哪台主机的。这样做实际上是在"窃听"其他主机的通信，而并不中断其他主机的通信。网络上的"黑客"（Hacker）常利用这种方式非法获取网上用户的口令。但网络管理员需要使用这种方式来监视和分析局域网上的流量，以便找出提高网络性能的措施。

注：

局域网上的计算机称为主机、工作站、站点。在本书中，这几个词是同义词，统一用主机来表示。

4.2 共享式以太网

以太网目前已从传统的共享式以太网发展为交换式以太网，数据传输速率已演进到每秒100Mbit、1Gbit甚至10Gbit。这里先介绍最早流行的10Mbit/s数据传输速率的共享式以太网。

4.2.1 广播信道的局域网

1983年，IEEE 802.3工作组制定了IEEE的第一个以太网标准IEEE 802.3，数据传输速率为10Mbit/s。最初的以太网使用同轴电缆进行组网，采用总线型拓扑结构，如图4.4所示。与点到点信道的数据链路相比，此处的一条链路通过T型接口连接多个适配器，当链路上的两台主机通信时，如主机A给主机B发送一个帧，同轴电缆会把承载该帧的数字信号传输给所有主机，链路上的所有主机都能收到（称为广播信道）。要在这样的一个广播信道中实现点对点通信，就需要给发送的数据帧添加目的地址和源地址，这就要求网络中的主机的适配器都有唯一的一个MAC地址，仅当帧的目的MAC地址和主机适配器的MAC地址相同时，适配器才接收该帧；对于不是发给自己的帧，就丢弃。这样，具有广播特性的总线上就实现了点对点的通信。这与点对点信道不同，点对点信道的帧不需要源地址和目的地址。

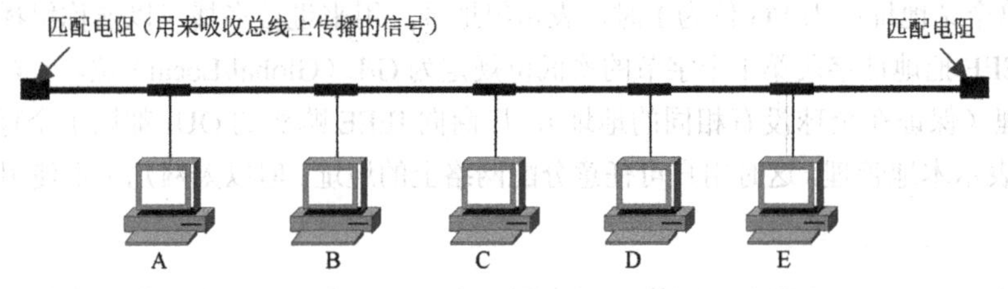

◎ 图4.4 总线型以太网

为了通信方便，以太网采取了以下两项措施。

（1）采用较为灵活的无连接的工作方式，即不必建立连接就可以直接发送数据。适配器对发送的数据帧不进行编号，也不要求对方发回确认帧。这样可以使局域网信道的质量很好。因此，以太网所提供的服务是尽最大努力交付，即不可靠的传输服务。

（2）以太网采用基带传输，发送的数据都使用曼彻斯特编码。使用曼彻斯特编码的优点是可以很方便地解决接收端接收连续的0或1时无法提取同步信号的问题；缺点是该编码规则导致每秒需要传输的码元数量增加了一倍，因此它占用的频带宽度也比原始的基带信号增加了一倍。

广播信道中的主机发送数据的机会均等，但是链路上又不能同时传输多个主机发送的信号，

因为会产生信号叠加，相互干扰，所以每台主机在发送数据之前都要判断链路上是否有信号在传输，开始发送后还要判断是否会与其他正在链路上传输过来的数字信号发生冲突。如果发生冲突，就要等待一个随机事件再次尝试发送，这种机制就是带冲突检测的载波侦听多路访问（CSMA/CD）。CSMA/CD 就是广播信道使用的数据链路层协议，使用 CSMA/CD 协议的网络就是以太网。点到点信道不用进行冲突检测，因此没必要使用 CSMA/CD 协议。

4.2.2　CSMA/CD 协议概述

CSMA/CD 协议

这里以 10Mbit/s 总线型以太网为例来讨论以太网的媒体接入控制协议 CSMA/CD 的基本原理。

1. 基本概念

（1）多路访问：说明这个网络是总线型网络，许多主机以多点接入的方式连接在一根总线上。协议的实质是载波侦听和冲突检测。

（2）载波侦听：发送前先侦听，即每台主机在发送数据之前都要检测一下总线上是否有其他主机在发送数据，如果有，则暂时不发送数据，等待信道变为空闲状态时再发送。载波侦听就是用电子技术检测总线上有没有其他主机发送的数据信号。

（3）冲突检测：边发送边侦听，即适配器边发送数据边检测信道上的信号电压的变化情况，以便判断自己在发送数据时，其他主机是否也在发送数据。当几台主机同时在总线上发送数据时，总线上各主机发送的信号脉冲互相叠加，这会导致信号脉冲的异常；当适配器检测到总线上的信号电压变化幅度超过一定的门限值时，就认为总线上至少有两台主机在同时发送数据，表明产生了碰撞。所谓碰撞，就是指产生了冲突（后面根据语境灵活使用两者），因此冲突检测也称碰撞检测。这时，总线上传输的信号产生了严重的失真，无法从中恢复出有用的信息。因此，任何一台正在发送数据的主机一旦发现总线上产生了碰撞，其适配器就要立即停止发送，免得继续进行无效的发送，等待一段随机时间后再次发送。

2. 具体原理

既然每台主机在发送数据之前都已经侦听到信道为空闲状态，那么为什么还会出现数据在总线上碰撞的情况呢？这是因为电磁波在总线上总是以有限的速率传播的。如图 4.5 所示，假设其中的局域网两端的主机 A 和主机 B 相距 1km，用同轴电缆连接。电磁波在 1km 同轴电缆上的传播时延约为 5μs。因此，主机 A 向主机 B 发出的数据约 5μs 后才能传送到主机 B。那么，主机 B 若在主机 A 发送的数据到达之前发送自己的帧（因为此时主机 B 的载波侦听检测不到主机 A 所发送的数据），则必然要在某个时间与主机 A 发送的帧发生碰撞。碰撞的结果是两个帧都变得无用。在局域网的分析中，常把总线上的单程端到端传播时延记为 τ。发送数据的主机希望尽早知道是否发生了碰撞，那么，主机 A 在发送数据后，最迟要经过多长时间才能知道自己发送的数据与其他主机发送的数据有没有发生碰撞呢？从图 4.5 中可以看出，这个时间最多是单程端到端传播时延的 2 倍（2τ）或总线的端到端往返传播时延。由于局域网上任意两台主机之间的传播时延有大有小，因此局域网必须按最坏情况进行设计，即取总线两端的两台主机之间的传播时延（这两台主机之间的距离最长）为端到端传播时延。

显然，在使用 CSMA/CD 协议时，一台主机不可能同时发送和接收数据，但必须边发送边侦听信道。因此，使用 CSMA/CD 协议的以太网不可能进行全双工通信而只能进行半双工通信。

在图 4.5 中，有下面一些重要的时刻。

在 t=0 时，主机 A 发送数据，主机 B 检测到信道为空闲状态。

在 $t=\tau-\delta$ 时（这里 $\tau>\delta>0$），主机 A 发送的数据还没有到达主机 B，由于主机 B 检测到信道是空闲的，因此主机 B 发送数据。

经过时间 $\delta/2$ 后，即在 $t=\tau-\delta/2$ 时，主机 A 发送的数据和主机 B 发送的数据发生了碰撞。但这时主机 A 和主机 B 都不知道发生了碰撞。

在 $t=\tau$ 时，主机 B 检测到发生了碰撞，于是停止发送数据。

在 $t=2\tau-\delta$ 时，主机 A 也检测到发生了碰撞，因而也停止发送数据。

主机 A 和主机 B 发送数据均失败，它们都要推迟一段时间后重新发送。

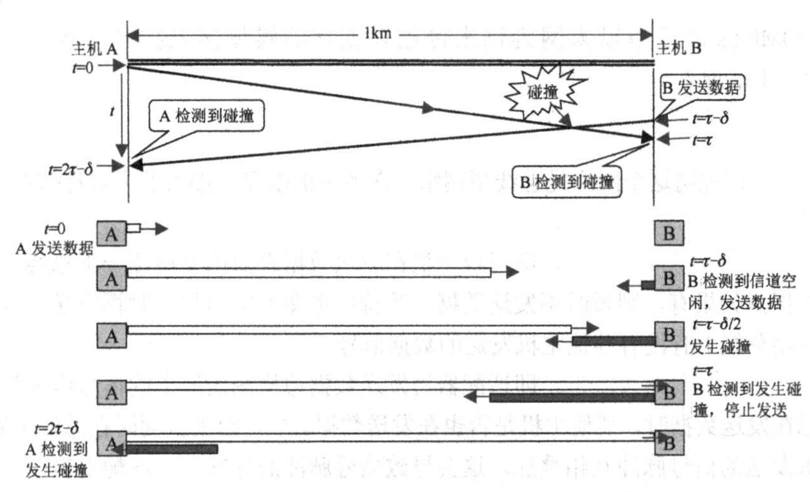

◎ 图 4.5　传播时延对载波侦听的影响

3. 冲突解决方法——截断二进制指数退避算法

从图 4.5 中可以看出，最先发送数据帧的主机 A 在发送数据帧后至多经过时间 2τ 就可知道所发送的数据帧是否遭受了冲突，这就是 $\delta\to 0$ 的情况。因此，以太网的端到端往返时间 2τ 称为争用期（Contention Period），它是一个很重要的参数。争用期又称为碰撞窗口（Collision Window），这是因为一台主机在发送完数据后，只有通过争用期的“考验”，即经过争用期这段时间还没有检测到冲突，才能肯定这次发送没有发生冲突。这时就可以放心地把一帧数据顺利发送完毕。

由此可见，每台主机在自己发送数据之后的一段时间内，存在着遭遇冲突的可能性。这一小段时间是不确定的，它取决于另一台发送数据的主机到本主机的距离，但不会超过总线的端到端往返传播时延，即一个争用期。显然，在以太网中，发送数据的主机越多，端到端往返传播时延越大，发生冲突的概率就越高，即以太网不能连接太多主机，使用的总线也不能太长。10Mbit/s 以太网把争用期定为 512bit 时间，即 51.2μs，因此其总线长度不能超过 5120m，但考虑到其他一些因素，如信号衰减等，以太网规定总线长度不能超过 2500m。

发生冲突的主机不能在信道变为空闲后立即发送数据，否则会导致冲突的再次发生。

以太网使用截断二进制指数退避算法（简称退避算法）来解决冲突后何时进行重传的问题。这种算法让发生冲突的主机在停止发送数据后，推迟（或称退避）一段随机的时间后侦听信道并重传。如果重传又发生了冲突，则将随机选择的退避时间延长为原来的 2 倍。这样做是为了降低重传时再次发生冲突的概率。具体的退避算法如下。

（1）确定基本退避时间。它就是争用期 2τ，具体的争用期是 51.2μs。对于 10Mbit/s 以太网，在争用期内可发送 512bit 数据，即 64 字节数据。也可以说，争用期是 512bit 时间。1bit 时间就

是发送 1bit 数据所需的时间。因此这种时间单位与数据传输速率密切相关。

（2）重传应退后 r 倍的争用期。

r 是个随机数，它是从离散的整数集合 $\{0,1,\cdots,(2^k-1)\}$ 中随机取出的一个数。这里的参数 k 按下面的公式计算：

$$k=\min(\text{重传次数},10)$$

可见，当重传次数≤ 10 时，参数 k= 重传次数；当重传次数 >10 时，参数 k=10，而此时整数集合也变为了 {0,1,···,1023}。

（3）当重传次数达到 16 次仍不能成功时（这表明同时打算发送数据的主机太多，以致连续发生冲突），丢弃该帧，并向高层汇报。

例如，在第 1 次重传时，k=1，随机数 r 从 {0,1} 中选择。因此重传的主机可选择的重传推迟的时间是 0 或 2τ，即在这两个时间中随机选择一个。

若再次发生冲突，则在第 2 次重传时，k=2，随机数 r 从 {0,1,2,3} 中选择一个。因此重传推迟的时间是在 0、2τ、4τ 和 6τ 这 4 个时间中随机选择一个。

同样，若继续发生冲突，则在第 3 次重传时，k=3，随机数 r 从 {0,1,2,3,4,5,6,7} 中选择一个，若连续发生多次冲突，则表明可能有较多主机参与争用信道。但使用上述退避算法可使重传需要推迟的平均时间随重传次数而增大（也称动态退避），从而降低发生冲突的概率，有利于整个系统的稳定。

注：

适配器在发送一个新的帧时，执行 CSMA/CD 算法，不执行退避算法，因此，当好几个适配器正在执行退避算法时，很可能其中某个适配器发送的新帧能够碰巧立即成功插入信道，得到发送权。而对于执行退避算法的多台主机，到底哪台主机能够获得发送机会完全看“运气”。

4. 以太网最短帧

某台主机发送了一个很短的帧，但发生了冲突，不过在这个帧发送完毕后才检测到发生了冲突。此时已经没有办法终止帧的发送了，因为已经发送完了。此时即使发生了冲突，刚才的帧也无法进行重传，从而产生错误。

注：

数据帧能够重传的一个条件是以太网要实现重传，必须保证这个站在收到冲突信号时，这个帧没有发送完。

因此基于这种情况，以太网规定一个最短帧的长度为 64 字节，即 512bit。因为 64 字节正好是争用期的长度，所以如果在争用期内没有发生冲突，就不会发生冲突了。因此，凡是长度小于 64 字节的帧都是由于冲突而异常停止的无效帧，接收端收到这种帧后会直接丢弃。

以太网上最大的端到端的时延必须小于争用期的一半（25.6μs），争用期被规定为 51.2μs 不仅考虑了端到端时延，还考虑了好多其他因素，如可能存在的转发器所增加的时延，以及下面要讲到的强化冲突的干扰信号的持续时间等。

以太网还采取了一项叫作强化冲突的措施。发送数据的主机一旦发现发生了冲突，除了立即停止发送数据，还要继续发送 32bit 或 48bit 的人为干扰信号，以便有足够多的冲突信号来保证所有主机都能监测到冲突。

以太网还规定了帧间最小间隔为 96bit 时间（9.6μs），即所有主机在发送帧之前都要等信道空闲 96bit 时间。这样做一方面有利于接收方检测一个帧的结束，另一方面使得所有其他主机都有机会平等竞争信道并发送数据。

根据以上的讨论，可以把 CSMA/CD 协议的要点归纳如下，其基本流程如图 4.6 所示。

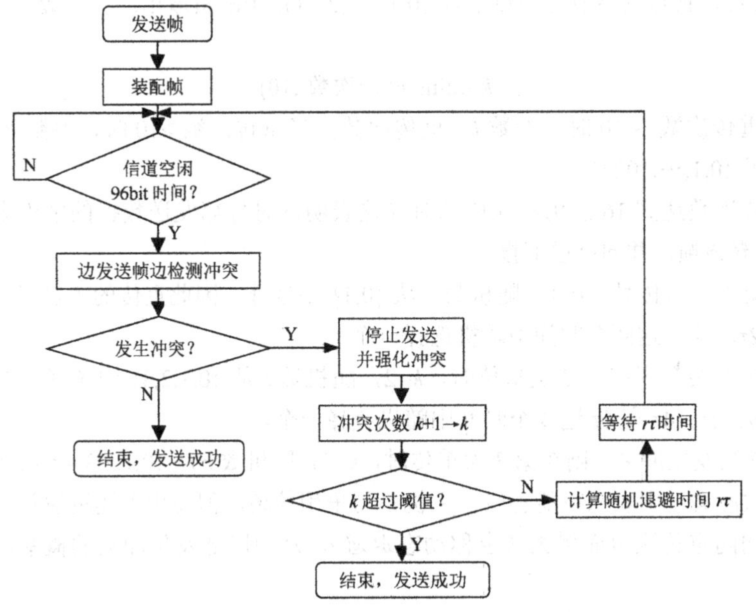

◎ 图 4.6 CSMA/CD 的基本流程

（1）准备发送：适配器从网络层获得一个分组，加上以太网的首部和尾部，组成以太网帧，放入适配器的缓存中，准备发送。

（2）检测信道：如果适配器检测到信道空闲 96bit 时间（保证了帧间最小间隔），就发送这个帧；如果适配器检测到信道忙，就继续检测并等待信道转为空闲 96bit 时间后发送这个帧。

（3）在发送过程中继续检测信道，即适配器要边发送边侦听。这里只有两种可能性。

一是发送成功：在争用期内一直未检测到冲突。这个帧肯定能够发送成功，发送完毕后，其他什么也不做，回到步骤（1）。

二是发送失败：在争用期内检测到冲突，立即停止发送数据，并按规定发送人为干扰信号强化冲突。此时，适配器执行退避算法，等待 τ 倍的 512bit 时间后返回步骤（2），继续检测信道。

以太网每发送完一帧，一定要把已发送的帧暂时保留一下。如果在争用期内检测出发生了冲突，那么还要推迟一段时间后把这个暂时保留的帧重传一次。

4.2.3 以太网的信道利用率

假定一个 10Mbit/s 以太网中同时有 10 台主机在工作，那么每台主机所能发送数据的平均速率似乎应当是总数据传输速率的 1/10，即 1Mbit/s。这是在理想状态下的数据，其实不然，因为多台主机在以太网上同时工作就可能发生冲突。当发生冲突时，新到资源实际上被浪费了。因此，当扣除由冲突造成的信道损失后，以太网总的信道利用率并不能达到 100%。

如图 4.7 所示，一台主机在发送帧时发生了冲突，经过一个争用期 2τ 后，可能又发生了冲突，这样经过若干争用期后，一台主机发送帧成功了。假定发送帧需要的时间是 T_0，它等于帧长（bit）除以发送速率（10Mbit/s）。

在图 4.7 中，当一台主机发送完最后一个比特时，这个比特还要在以太网上传播，因此成功发送一个帧需要占用信道的时间是 $T_0+\tau$，比这个帧的发送时间要多一个单程端到端传播时延 τ。

因此，必须在经过时间 $T_0+\tau$ 后，以太网的信道才完全进入空闲状态，才能允许其他主机发送数据。

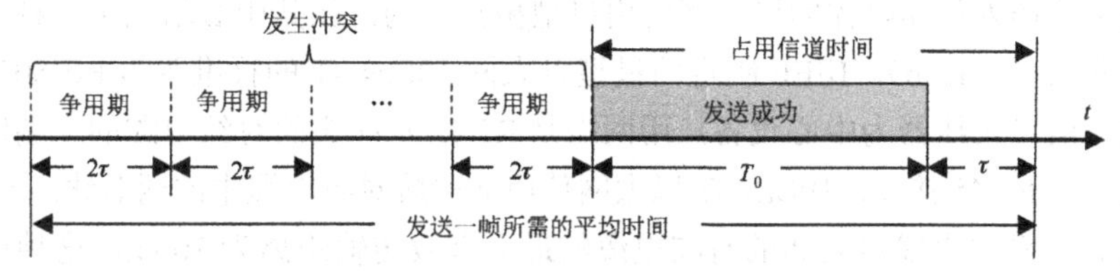

◎ 图 4.7　以太网信道被占用情况

从图 4.7 中可以看出，要提高以太网的信道利用率，就必须减小 τ 与 T_0 之比。以太网中定义了参数 α：

$$\alpha=\tau/T_0$$

当 $\alpha\rightarrow 0$ 时，表示只要一发生变化，就立即可以检测出来，并立即停止发送数据，因而信道资源被浪费的时间非常少；反之，参数 α 越大，表明争用期所占的比例越大，这就使得每发生一次冲突就浪费不少信道资源，信道利用率明显降低。因此，以太网的参数 α 的值应当尽可能小。也就是说，要提高以太网的信道利用率，就必须减小 τ 与 T_0 之比，即分子 τ 的数值要小些，分母 T_0 的数值要大些。也就是说，当数据传输速率一定时，以太网的连线的长度受到限制（否则 τ 的数值会太大），同时以太网的帧不能太短（否则 T_0 的数值会太小，使 α 值太大）。

通过对以太网性能的分析可以知道，网络覆盖范围越大，即端到端传播时延越大，极限信道利用率越低，即网络性能越差。另外，端到端传播时延越大或连接的主机越多，发生冲突的概率就越高，网络性能也会进一步降低。

4.2.4　以太网技术

IEEE 802.3 标准给出了以太网的技术标准，包括以太网的介质访问控制协议 CSMA/CD 及物理层技术规范。

以太网是当前应用最普遍的局域网技术，它在很大程度上取代了其他局域网标准，如令牌环、光纤分布数据接口（FDDI）。

1. 以太网标准

最初的以太网只有 10Mbit/s 的传输速率，使用的是 CSMA/CD 的访问控制方法。这种早期的 10Mbit/s 以太网称为标准以太网，以太网使用同轴电缆、细同轴电缆、对绞电缆和光纤作为传输媒体进行连接。

在 IEEE 802.3 标准中，为不同的传输媒体制定了不同的物理层标准，标准中前面的数字表示传输速率，单位是 Mbit/s；最后一个数字表示单段网线的长度，基准单位是 100m。标准以太网的标准如表 4-1 所示（Base 表示基带的意思）。

表 4–1　标准以太网的标准

名称	传输媒体	传输速率	网段最大长度	网络拓扑	节点间最小距离
10Base-5	50Ω 粗同轴电缆	10Mbit/s	500m	总线型	2.5m
10Base-2	50Ω 细同轴电缆	10Mbit/s	185m	总线型	0.5m
10Base-T	对绞电缆	10Mbit/s	100m	星型	—
10Base-F	多模光纤	10Mbit/s	2000m	点对点	—

2. 使用集线器的星型拓扑以太网

采用对绞电缆作为传输媒体的以太网使用星型拓扑结构，在其中心增加了一种可靠性非常高的设备，叫作集线器（Hub）。IEEE 制定的星型以太网 10Base-T 的标准为 IEEE 802.3i，如图 4.8 所示。这种以太网以集线器为中心设备，用两端是 RJ-45 水晶头的对绞电缆的一端连接主机，另一端连接集线器的 RJ-45 接口。10Base-T 以太网使用非屏蔽对绞电缆中的两对线：一对用于发送，一对用于接收。主机与集线器之间的对绞电缆的最大有效传输距离为 100m，这种性价比很高的 10Base-T 以太网的出现是局域网发展史上一个非常重要的里程碑，为以太网在局域网中处于统治地位奠定了牢固的基础。

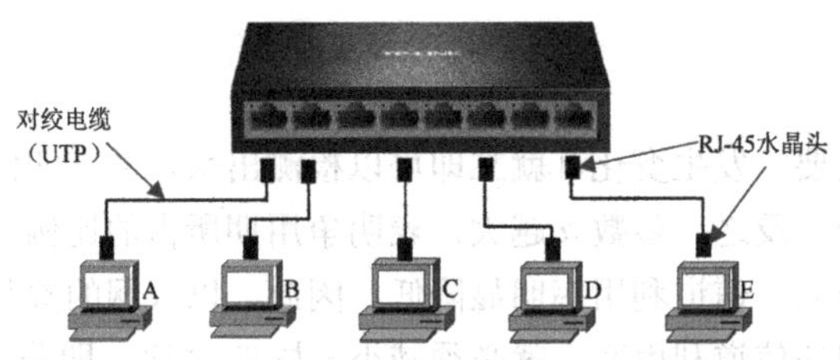

◎ 图 4.8 使用对绞电缆的 10Base-T 以太网

使用集线器的以太网的特点如下。

（1）从表面上看，使用集线器的以太网在物理上是一个星型网络，但实际上它仍是一个总线型网络，各主机共享逻辑上的总线，使用的还是 CSMA/CD 协议。网络中的各主机必须竞争对传输媒体的控制，并且在同一时刻至多允许一台主机发送数据，因此称为共享式以太网。这种 10Base-T 以太网又称为星型总线以太网。

（2）一个集线器有多个接口，如 8 ～ 24 个，每个接口都通过 RJ-45 水晶头用对绞电缆与一台主机的适配器相连（对绞电缆一般为 4 对，实际上只使用其中的两对，即发送和接收各使用一对）。因此，集线器很像一个多接口的转发器。

（3）集线器工作在物理层，它的每个接口仅仅简单地转发比特（收到 1 就转发 1，收到 0 就转发 0）。从一台主机发送的以太网帧到达集线器后，因为集线器不能识别帧，所以它就不知道一个接口收到的帧应该转发到哪个接口，此时，它只好把帧发送到除源接口以外的所有接口，这样，网络上所有的主机都可以收到这些帧。这就造成了只要网络上有一台主机在发送帧，网络上所有其他的主机就都只能处于接收状态而无法发送数据的情况。也就是说，在任何一个时刻，所有的带宽只分配给了正在传送数据的那台主机。举例来说，虽然一个 100Mbit/s 的集线器连接了 20 台主机，表面上看起来这 20 台主机平均分配有 5Mbit/s 带宽，但是实际上在任何一个时刻都只能有一台主机发送数据，因此带宽都分配给它了，其他主机只能处于等待状态。每台主机平均分配有 5Mbit/s 带宽是指较长一段时间内的各主机获得的平均带宽，而不是任何一个时刻每台主机都有 5Mbit/s 带宽。

（4）集线器采用了专门的芯片，可以进行自适应串音回波抵消。每个比特的信号在转发之前都会进行再生整形并重新定位。

4.2.5 以太网的帧格式

以太网链路传输的数据分组称为以太网帧或以太网数据帧。在以太网中，网络层的软件必须把数据转换成能够通过网络适配器硬件进行传输的格式。常用的以太网 MAC 帧格式有以太网 V2

帧格式和 IEEE 802.3MAC 帧格式两种标准。这里主要介绍使用最多的以太网 V2 帧格式。

1. 以太网 V2 帧格式

图 4.9 所示为以太网 V2 帧格式，假定上层协议使用的是 IP。以太网 V2 帧格式由 5 个字段组成。各字段的含义如下。

（1）前两个字段分别是 6 字节的目的地址和源地址（MAC 地址）。源地址是单播地址，而目的地址可以是单播地址、多播地址或广播地址。

（2）第 3 个字段是长度字段，占 2 字节，用来标志上一层使用的是什么协议，以便把收到的 MAC 帧的数据上交给上一层的这个协议，如 0x0800 表示网络层使用 IPv4 协议，0x0806 表示网络层使用 ARP。

（3）第 4 个字段是数据字段，正式名称是 MAC 客户数据字段，也称为有效载荷，表示交给上层的数据。以太网帧数据长度最小为 46 字节（46 字节 = 最短有效帧长 64 字节 -18 字节的首部和尾部，即数据字段的最小长度），最大为 1500 字节，最大值也叫 MTU。

当数据字段的长度小于 46 字节时，MAC 子层就会在数据字段的后面加一个整数字节的填充字段，以保证以太网的 MAC 帧长不小于 64 字节。

（4）最后一个字段是 4 字节的帧检验序列（FCS），检测该帧是否出现差错（使用 CRC）。发送端计算帧的 CRC 值，并把这个值写到帧里。接收端重新计算 CRC 值，并与 FCS 字段的值进行比较。如果两个值不相同，则表示传输过程中发生了数据丢失或改变。这时，就需要重新传输这一帧。当传输媒体的误码率为 1×10^{-8} 时，MAC 子层可使未检测到的差错小于 1×10^{-14}。

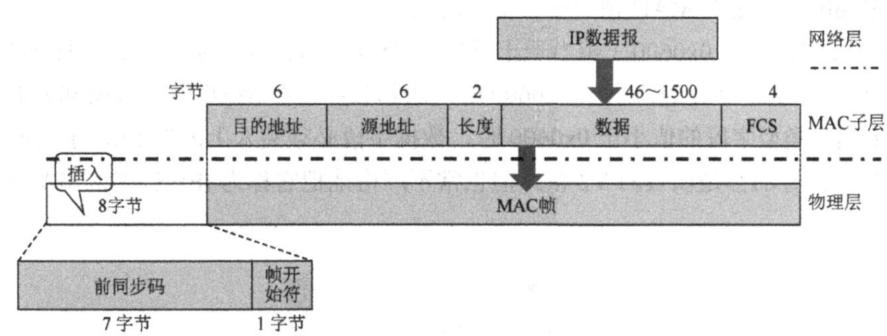

◎ 图 4.9　以太网 V2 帧格式

为了让接收端迅速实现位同步，当数据从 MAC 子层向下传到物理层时，还要在帧的前面插入 8 字节（由硬件生成），它由两个字段组成，第一个字段是 7 字节的前同步码（1 和 0 的交替码），作用是使接收端的适配器在接收 MAC 帧时能够迅速调整其时钟频率，使它与发送端的时钟同步，即实现位同步；第二个字段是帧开始符，定义为 10101011，表示后面的信息就是 MAC 帧。

注：

在使用 SONET/SDH 进行同步传输时不需要前同步码。因为在进行同步传输时，收发双方总是一直保持位同步。

以太网在传送帧时，各帧之间必须有一定的间隔（96bit 时间）。因此，接收端只要找到帧开始符，其后面连续到达的比特流就都属于同一个 MAC 帧。可见，以太网不需要使用帧结束符，也不需要使用字节填充或比特填充方法来保证透明传输。帧间间隔除了用于接收端检测一个帧的结束，还使得所有其他主机都有机会平等地竞争信道并发送数据。

IEEE 802.3 标准规定，凡出现下列情况之一的即无效的 MAC 帧。

（1）数据字段的长度与长度字段的值不一致。

（2）帧的长度不是整数个字节。

（3）用收到的 FCS 查出有差错。

（4）收到的 MAC 帧的客户数据字段的长度不为 46 ～ 1500 字节。考虑到 MAC 帧的首部和尾部的长度共有 18 字节，可以得出有效的 MAC 帧长度为 64 ～ 1518 字节。

注：

以太网检查出的无效 MAC 帧就简单地丢弃。以太网不负责重传丢弃的帧。

2. IEEE 802.3 MAC 帧格式

IEEE 802.3 MAC 帧格式如图 4.10 所示，与以太网 V2 帧格式相似。两者的主要区别如下。

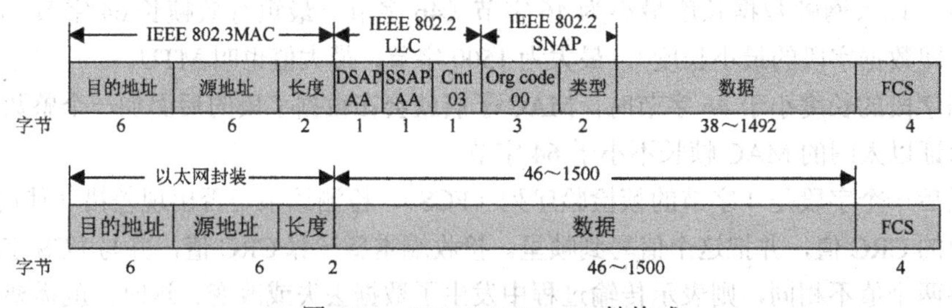

◎ 图 4.10 IEEE 802.3 MAC 帧格式

（1）IEEE 802.3 规定的 MAC 帧的第 3 个字段是长度 / 类型。

当这个字段的值大于 0x0600（相当于十进制数 1536）时，就表示类型，这样的帧与以太网 V2 帧完全一样；当这个字段的值小于 0x0600 时，表示长度，即 MAC 帧的数据部分的长度。

（2）当长度 / 类型字段的值小于 0x0600 时，数据字段必须装入上面的 LLC 子层的 LLC 帧。

现在市场上流行的都是以太网 V2 帧，但也常不严格地把它称为 IEEE 802.3 MAC 帧。

4.3 以太网的扩展

以太网的主机之间的距离不能太远，如 10Base-T 以太网的两台主机之间的距离不超过 200m，否则主机发送的信号经过对绞电缆的传输会衰减，使 CSMA/CD 协议无法正常工作。当以太网的地理覆盖范围超过传输媒体的传输距离限制时，可以通过使用物理层或数据链路层的网络设备来扩展其地理覆盖范围。

4.3.1 以太网中继器

在物理层上扩展以太网使用的专用设备为中继器和集线器。中继器是工作在 OSI/RM 物理层的设备。使用中继器应遵守以下两条原则：一是用中继器连接的以太网不能形成环型网；二是必须遵守 MAC 协议的定时特性，即用中继器将电缆连接起来的网段数是有限的。对于以太网，最多只能使用 4 个中继器，意味着只能连接 5 个网段，即遵守以太网的 5-4-3-2-1 规则，其含义如下。

（1）从任意一个发送端到接收端之间只能有 5 个网段。

（2）从任意一个发送端到接收端之间只能经过 4 个中继器。

（3）其中的 3 个网段可增加主机。

（4）另两个网段只能作为中继链路，不能连接主机。

（5）整个网络组成了一个冲突域。

因此，10Base-5 的最大网络长度为 2500m，网络最多主机数为 300；10Base-2 的最大网络长度为 925m，网络最多主机数为 90；10Base-T 的最大网络长度为 500m，网络最多主机数为 1024。

4.3.2　以太网集线器

集线器也工作在 OSI/RM 的物理层，其实质是一个多端口中继器，同样必须遵守 MAC 协议的定时特性，主要功能是对收到的信号进行再生放大，以扩大网络的传输距离。集线器的端口主要有 RJ-45 端口、AUI 端口和 BNC 端口。

集线器是一种共享的网络设备，即每个时刻只能有一个端口发送数据。采用集线器组建的以太网就是共享式以太网。集线器不需要进行任何软件配置，是一种完全即插即用的纯硬件式设备。集线器并不处理或检查其上的通信量，仅通过将一个端口接收的信号重复分发给其他端口来扩展物理媒体。所有连接到集线器的设备共享同一媒体，其结果是它们共享同一冲突域、广播和带宽。因此集线器和它所连接的设备组成了一个单一的冲突域。如果一台主机发出一个广播信息，那么集线器会将这个广播传输给所有同它相连的主机，因此它也是一个单一的广播域。当网络中有两台或多台主机同时进行数据传输时，将会发生冲突。如图 4.11 所示，一个单位有两个部门，分布在两个不同的楼宇，每个部门都用集线器连接了各部门的主机组成自己的以太网。

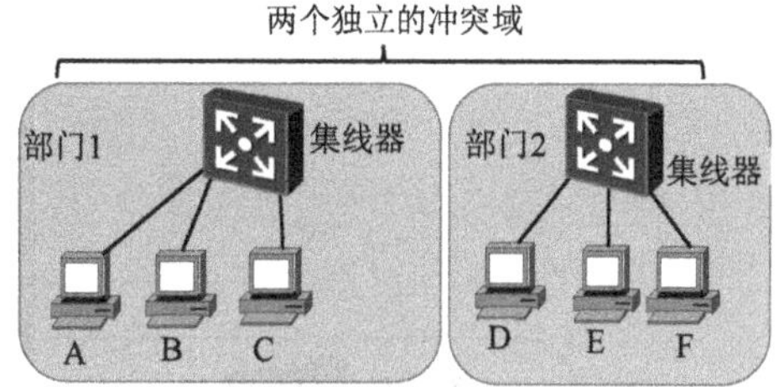

◎ 图 4.11　两个独立的冲突域

一个集线器通过对绞电缆连接主机组成的以太网就是 10Base-T 以太网。当集线器的端口不够使用或多个楼宇的 10Base-T 以太网需要连接时，两个集线器之间的连接可以选择对绞电缆（100m）或光纤（需要光纤调制解调器，简称光猫，其传输距离可达 2km），这样既可以扩展以太网覆盖的地理范围，又可以增加集线器的端口，连接更多的主机。

部门 1 的 10Base-T 以太网和部门 2 的 10Base-T 以太网可以连接起来，部门 1 和部门 2 的集线器可以连接起来，两个集线器之间可以用线缆（对绞电缆、粗 / 细同轴电缆、光纤等）连接起来组成一个网络，两个集线器之间还可以再加集线器以扩展以太网，但要符合以太网的 5-4-3-2-1 规则。

如图 4.12 所示，在部门 1 和部门 2 的集线器之间加一个主干集线器，这样部门 1 和部门 2 的集线器之间的最大有效传输距离是 100m，部门 1 的主机 A 和部门 2 的主机 E 的最大有效传输距离是 300m。

◎ 图 4.12　一个扩展的以太网

在图 4.11 中，在两个部门的以太网互连起来之前，每个部门的 10Base-T 以太网都是一个独立的冲突域，即在任意时刻，每个冲突域中只能有一台主机发送数据。每个部门的最大吞吐量是 10Mbit/s。在图 4.12 中，两个部门的以太网通过集线器互连起来后，就把两个冲突域变成了一个更大的冲突域。而这时的最大吞吐量仍然是一个部门的吞吐量，即 10Mbit/s。也就是说，当某个部门的两台主机在通信时，所传送的数据就会通过所有的集线器进行转发，使得其他部门的内部在这时都不能通信（一发送数据就会发生冲突）。例如，即使在部门 1 的主机 A 向主机 B 发送数据时，部门 2 的主机 D 向主机 E 也不能发送数据，否则会发生冲突。

4.3.3 使用网桥优化以太网

在图 4.12 中，部门 1 集线器和部门 2 集线器连接后形成一个更大的冲突域，随着以太网中计算机数量的增加，网络的利用率会大大降低。

为了优化以太网，要将冲突域控制在一个小范围内，由此出现了网桥这种设备。如图 4.13 所示，该网桥有两个接口，两个以太网通过网桥连接起来后，就成为一个覆盖范围更大的以太网，而原来的每个以太网就可以称为一个网段（Segment）。

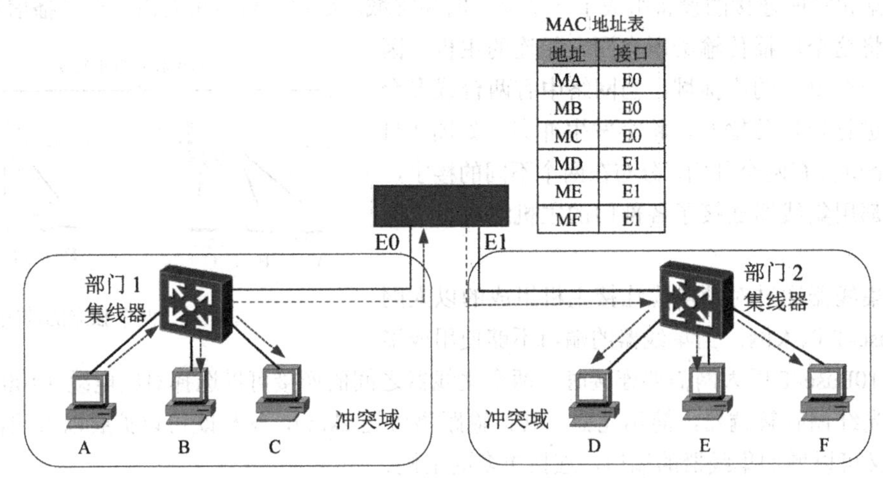

◎ 图 4.13 网桥的工作原理

图 4.13 中网桥的接口 E0 和 E1 各连接一个网段。E0 连接部门 1 集线器，E1 连接部门 2 集线器。网桥依靠 MAC 地址表来转发帧。MAC 地址表记录了每个接口所能到达（连接或间接连接）的各主机的 MAC 地址。MAC 地址表如何构建后续会讲到。

在图 4.13 中，主机 A 给主机 B 发送一个帧，网桥的 E0 接口收到该帧，查看该帧的目的 MAC 地址是 MB，对比网桥的 MAC 地址表，发现 MB 这个 MAC 地址在接口 E0 这一侧，故该帧不会被网桥转发到 E1 接口，这时部门 2 集线器上的主机 E 可以向主机 F 发送数据帧，而不会与主机 A 发送给主机 B 的帧发生冲突。同样，主机 D 发送给主机 E 的帧也不会被网桥转发到 E0 接口。

这意味着网桥设备的引入将一个大的以太网的冲突域划分成了多个小的冲突域，如图 4.13 中划分为两个冲突域，降低了冲突发生的概率，优化了以太网。

在图 4.13 中，对于主机 A 发送给主机 E 的帧，网桥的 E0 接口接收该帧，会判断该帧是否满足最小帧要求，CRC 检验该帧是否出错，如果没有错误，则会查找 MAC 地址表选择出口，看到 MAC 地址 ME 对应的是 E1 接口，E1 接口使用 CSMA/CD 协议将该帧发送出去，部门 2 集线器中的主机都能收到该帧。

总之，网桥根据帧目的 MAC 地址转发帧，这就意味着网桥能够看懂帧数据链路层的首部和尾部，因此我们说网桥是数据链路层设备，也称为二层设备。

网桥的接口可以有不同的带宽。同时网桥的接口与集线器不同，网桥的接口对数据帧进行存储，并根据帧的目的 MAC 地址进行转发，转发之前还要运行 CSMA/CD 算法，即发送时发生冲突要退避，增大了时延。

4.3.4　多接口网桥——以太网交换机

以太网交换机的自学功能

随着技术的不断发展，网桥的接口日益增多，网桥的接口不再通过集线器，而直接连接主机，网桥也就发展成了现在的交换机。现在组建各种企事业单位网络都会使用交换机，网桥已经成为历史。下面以交换机为例介绍它如何自动构建 MAC 地址表。

1. 交换机的特点

以太网交换机通常有 4、8、16、24 或 48 个端口（接口），工作在数据链路层。与工作在物理层的外形看起来一样的集线器有很大的区别。使用交换机组网与使用集线器组网相比有以下特点。

（1）端口独享带宽。交换机的每个端口独享带宽，10Mbit/s 交换机的每个端口的带宽是 10Mbit/s，即 24 口的 10Mit/s 交换机的总体交换能力是 240Mbit/s，这与集线器不同。

（2）全双工通信。交换机端口与主机直接相连，主机与交换机之间的链路可以使用全双工通信。

（3）安全。交换机根据 MAC 地址表，只转发帧到目的端口，而接收不到其他主机通信的信号。

（4）全双工模式不使用 CSMA/CD 协议。因为交换机端口与主机直接相连，使用全双工通信，所以数据链路层就不再使用 CSMA/CD 协议了。但我们还是称交换机组建的网络为以太网，因为其帧格式与以太网一样。

（5）端口可以工作在不同的速率下。交换机使用存储转发的方式，即交换机的每个端口都可以存储帧，在从其他端口转发出去时，可以使用不同的速率，如服务器可以连接于交换机的高速率端口，而主机则连接于交换机的普通端口。

（6）转发广播帧。广播帧会转发到发送端口以外的全部端口。广播帧是目的 MAC 地址的 48 位二进制编码全是 1 的帧。

（7）交换机的冲突域仅局限于交换机的一个端口。用交换机连接起来的以太网是一个广播域。网络层设备路由器负责在不同网段转发数据，广播数据报不能跨越路由器，路由器隔绝广播。

2. 交换机数据帧的转发

交换机根据数据帧的 MAC 地址进行数据帧的转发。交换机在转发数据帧时遵循以下规则。

- 如果数据帧的目的 MAC 地址是广播地址或组播地址，就向交换机的所有端口转发（除数据帧来的端口）。
- 如果数据帧的目的 MAC 地址是单播地址，但是这个地址并不在交换机的 MAC 地址表中，那么也会向所有的端口转发（除数据帧来的端口）。
- 如果数据帧的目的地址在交换机的 MAC 地址表中，就根据 MAC 地址表转发到相应的端口。
- 如果数据帧的目的 MAC 地址与数据帧的源地址在一个网段上，就会丢弃这个数据帧，交换也就不会发生。

下面以图 4.14 为例来看看具体的数据帧交换过程。

（1）当主机D发送广播帧时，交换机从E3端口收到目的地址为FFFF. FFFF. FFFF的数据帧，向E0、E1、E2和E4端口转发该数据帧。

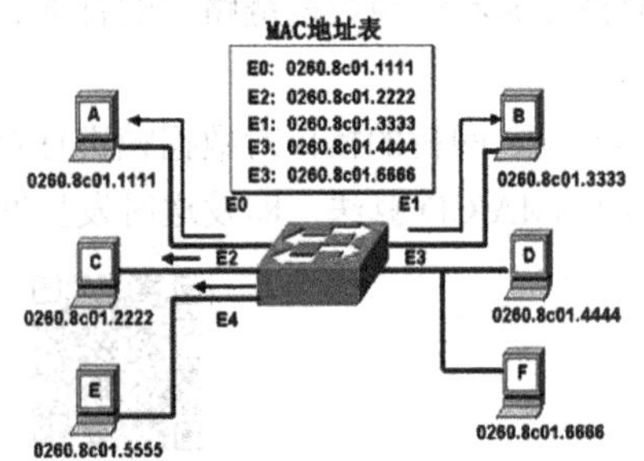

◎ 图4.14 数据帧交换过程

（2）当主机D与主机E主机通信时，交换机从E3端口收到目的地址为0260.8c01.5555的数据帧，查找MAC地址表后发现0260.8c01.5555并不在表中，但是交换机仍然向E0、E1、E2和E4端口转发该数据帧。

（3）当主机D与主机F通信时，交换机从E3端口收到目的地址为0260.8c01.6666的数据帧，查找MAC地址表后发现0260.8c01.6666也位于E3端口，即与源地址处于同一个网段，此时交换机不会转发该数据帧，而是直接丢弃。

（4）当主机D与主机A通信时，交换机从E3端口收到目的地址为0260.8c01.1111的数据帧，查找MAC地址表后发现0260.8c01.1111位于E0端口，因此交换机将数据帧转发至E0端口。这样，主机A即可收到该数据帧。

（5）如果在主机D与主机A通信的同时，主机B也正在向主机C发送数据，那么交换机同样会把主机B发送的数据帧转发到连接主机C的E2端口。这时E1和E2端口之间，以及E3和E0端口之间通过交换机内部的硬件交换电路，建立两条链路，由于这两条链路上的数据通信互不影响，所以也不会产生冲突。因此，主机D和主机A之间的通信独享一条链路，主机C和主机B之间的通信也独享一条链路。而这样的链路只有在通信双方有需求时才会建立，一旦数据传输完毕，相应的链路也随之拆除，这就是交换机主要的特点。

从以上的交换操作过程中可以看到，数据帧的转发基于交换机内的MAC地址表，但是这个MAC地址表是如何建立和维护的呢？下面就来解决这个问题。

3. 交换机地址管理机制

在交换机的MAC地址表中，一条表项主要由一台主机的MAC地址和该地址所在的交换机端口号组成。整个地址表的生成采用动态自学习的方法，即当交换机收到一个数据帧时，就将数据帧的源地址和输入端口记录在MAC地址表中。在Cisco的交换机中，MAC地址表放置在内容可寻址存储器（Content-Address able Memory，CAM）中，因此也被称为CAM表。

当然，在存放MAC地址表项之前，交换机首先应该查找MAC地址表中是否已经存在该源地址的匹配表项，仅当匹配表项不存在时才能存储该表项。每条表项都有一个时间标记，用来指示该表项存储的时间周期。表项每次被使用或被查找时，其时间标记就会更新。如果在一定的时间范围内表项仍然没有被引用，那么它会从MAC地址表中被移走。因此，MAC地址表中所维护的一直是最有效和最精确的MAC地址/端口信息。

下面以图4.15为例来说明交换机的地址学习过程。

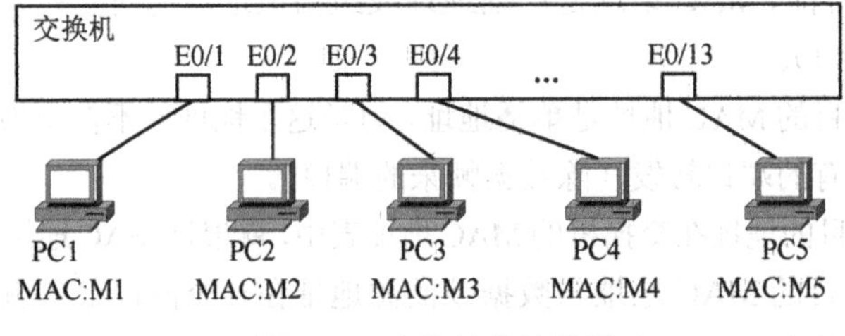

◎ 图4.15 交换机的地址学习

（1）最初交换机的MAC地址表为空。

（2）如果有数据需要转发，如主机 PC1 发送数据帧给主机 PC3，此时，在 MAC 地址表中没有记录，交换机将向除 E0/1 以外的其他所有端口转发该数据帧。转发时首先检查这个帧的源 MAC 地址（M1），并记录与之对应的端口（E0/1），于是交换机生成 (M1,E0/1) 这样一条记录，并将其加入 MAC 地址表内。

交换机是通过识别数据帧的源 MAC 地址学习到 MAC 地址与端口的对应关系的。当得到 MAC 地址与端口的对应关系后，交换机将检查 MAC 地址表中是否已经存在该对应关系。如果不存在，那么交换机就将该对应关系添加到 MAC 地址表中；如果已经存在，那么交换机将更新该表项。

（3）循环上一步，MAC 地址表中不断加入新的 MAC 地址与端口的对应信息。直到 MAC 地址表记录完成。此时，如果主机 PC1 再次发送数据帧给主机 PC3，那么由于 MAC 地址表中已经记录了该帧的目的地址的对应交换机端口号，所以会直接将数据转发到 E0/3 端口，而不再向其他端口转发数据帧。

交换机的 MAC 地址表也可以手工静态配置，静态配置的记录不会被老化。由于 MAC 地址表中对于同一个 MAC 地址只能有一个记录，所以如果静态配置某个目的地址和端口号的映射关系以后，那么交换机就不能再动态学习这个主机的 MAC 地址了。

4. 通信过滤

交换机建立起 MAC 地址表后，就可以对通过的信息进行过滤了。以太网交换机在进行地址学习的同时还检查每个帧，并基于帧中的目的地址做出是否转发或转发到何处的决定。图 4.16 所示为两个以太网和 3 台计算机通过以太网交换机相互连接的示意图。通过一段时间的地址学习，交换机形成如表 4.2 所示的 MAC 地址表。

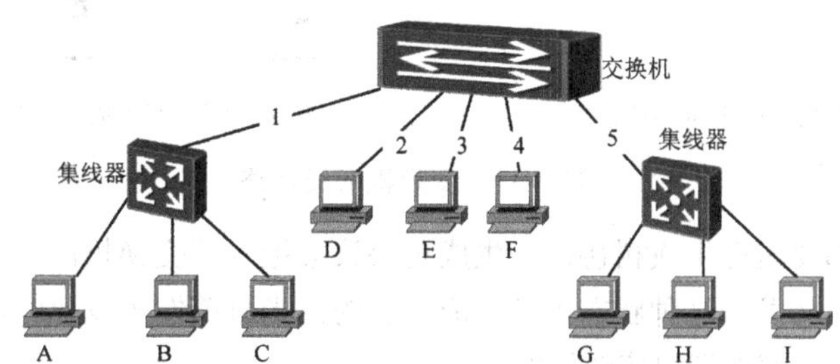

◎ 图 4.16　两个以太网和 3 台计算机通过以太网交换机相互连接的示意图

表 4.2　MAC 地址表

端口	MAC 地址	计时
1	00:0C:76:C1:D0:06（A）	…
1	00:00:E8:F1:6B:32（B）	…
1	00:00:E8:17:45:C9（C）	…
2	00:E0:4C:52:A3:3E（D）	…
3	00:E0:4C:6C:10:E5（E）	…
4	00:0B:6A:E5:D4:1D（F）	…
5	00:E0:4C:42:53:95（G）	…
5	00:0C:76:41:97:FF（H）	…
5	02:00:4C:4F:4F:50（I）	…

假设主机 A 需要向主机 G 发送数据，因为主机 A 通过集线器连接到交换机的端口 1，所以交换机从端口 1 读入数据，并通过 MAC 地址表决定将该数据帧转发到哪个端口。在图 4.16 中，主机 G 通过集线器连接到交换机的端口 5，于是交换机将该数据帧转发到端口 5，不再向端口 1、端口 2、端口 3 和端口 4 转发该数据帧。

假设主机 A 需要向主机 B 发送数据帧，交换机同样在端口 1 接收该数据。通过搜索 MAC 地址表，交换机发现主机 B 与端口 1 相连，与源主机处于同一端口。这时交换机不再转发，简单地将数据丢弃，数据帧被限制在本地流动。

5. 生成树协议

前面讲过，交换机组建的网络就是一个大的广播域，交换机会把广播帧发送到全部端口（除了发送端口），有了环路以后，只要有主机发送一个广播帧，该帧就会在环路中进行无数次转发，这就形成了广播风暴。

图 4.17（a）所示为单台交换机形成环路的情况，4.17（b）所示为两台交换机形成环路的情况，多台交换机组成双汇聚、双核心网络时都可以形成环路。

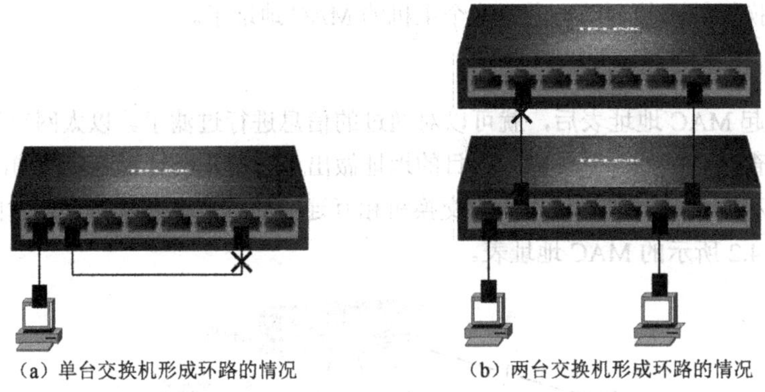

（a）单台交换机形成环路的情况　　（b）两台交换机形成环路的情况

◎ 图 4.17　交换机形成环路

网络中的交换机都要运行生成树协议，生成树协议会把一些交换机的端口设置成阻断状态，主机发送的任何帧都不转发，这种状态不是一成不变的，当链路发生变化时，生成树协议会重新设置哪些端口应该阻断，哪些端口应该转发。

4.4 高速以太网技术

速度达到或超过 100Mbit/s 的以太网称为高速以太网，主要包括速度为 100Mbit/s 的快速以太网、速度为 1000Mbit/s（1Gbit/s）的吉比特以太网、速度为 10Gbit/s 的 10 吉比特以太网。

4.4.1 100Mbit/s 以太网

1. 100Mbit/s 以太网概述

1995 年颁布的 IEEE 802.3u（100Base-T）是 100Mbit/s 以太网的标准。100Base-T 是指在对绞电缆上传输 100Mbit/s 基带信号的星型拓扑以太网，仍使用 IEEE 802.3 的 CSMA/CD 协议，又称快速以太网（Fast Ethernet）。用户只要更换一个 100Mbit/s 的适配器，并配上一个 100Mbit/s 的

集线器，就可以很方便地由 10Base-T 以太网直接升级到 100Mbit/s 以太网，而不必改变网络的拓扑结构。

现在的适配器大多能支持 10Mbit/s、100Mbit/s、1000Mbit/s 这 3 种速率，并能够根据连接端的速率自动协商带宽。

使用交换机组建的 100Base-T 以太网可在全双工模式下工作而无冲突发生。因此，CSMA/CD 协议对以全双工模式工作的 100Base-T 以太网是不起作用的，但当以半双工模式工作时，一定要使用 CSMA/CD 协议。100Base-T 以太网使用的 MAC 帧格式仍然是 IEEE 802.3 标准规定的帧格式，因此继续叫作以太网。

100Mbit/s 以太网标准改动了原 10Mbit/s 以太网的某些规定，主要目的是在数据发送速率提高时，使参数 α 保持不变或保持为较小的数值。根据 4.2.3 节介绍可得

$$\alpha=\tau/T_0=\tau/(L/C)=\tau C/L$$

可以看出，当数据传输速率 C（Mbit/s）提高为原来的 10 倍时，为了保持参数 α 不变，可以将帧长 L（bit）也增大为原来的 10 倍，也可以将网络电缆长度减小为原来的 1/10。

在 100Mbit/s 以太网中采用的方法是保持最短帧长不变，但把一个网段的最大电缆长度减小到 100m。最短帧长仍为 64 字节，即 512bit。因此，100Mbit/s 以太网的争用期是 5.12μs，帧间最小间隔是 0.96s，两者都是 10Mbit/s 以太网的 1/10。

2. 100Mbit/s 以太网规范

IEEE 802.3u 定义了一整套 100Mbit/s 以太网规范和媒体标准，包括 100Base-TX、100Base-T4 和 100Base-FX。其中，100Base-TX 和 100Base-FX 统称为 100Base-X。

（1）100Base-TX。100Base-TX 规范（标准）采用对绞电缆（可以是 5 类或超 5 类或更高级别屏蔽 / 非屏蔽对绞电缆）中的两对芯线，其中一对用于发送数据，另一对用于接收数据。该标准直接用于取代标准以太网中的 10Base-T 和 10Base-2 规范。

（2）100Base-T4。100Base-T4 是 100Base-T 标准中唯一全新的物理层标准。100Base-T4 链路与媒体相关的接口基于 3、4、5 类非屏蔽对绞电缆。100Base-T4 标准使用 4 对线，并使用与 100Base-T 一样的 RJ-45 水晶头。4 对中的 3 对用于一起发送数据，第 4 对用于冲突检测。每对线都是极化的，每对线中的一条传送正（+）信号，而另一条传送负（-）信号。

（3）100Base-FX。100Base-FX 标准指定了两条光纤，一条用于发送数据，一条用于接收数据。它采用与 100Base-TX 相同的数据链路层和物理层标准协议。

3. 在不同类型的以太网上发送帧

前面提到，许多以太网标准的带宽（速率）、使用的媒体及其他一些性能各不相同。但所有以太网使用相同的帧，这一特点使得局域网中可能出现以下情况。

一个以太网帧可以由一种类型的以太网设备发送，并毫无问题地沿不同类型的以太网链路传送，因为它们使用相同的帧。

由于所有类型的以太网都使用相同的帧，使得公司可以慢慢地迁移到新的以太网，而在迁移过程中允许一些计算机还处在旧的网络中。图 4.18 显示了一个园区网，使用了不同类型的以太网。

PC1 和 PC2 可以交换数据，此时，帧有时沿对绞电缆传输，有时沿光纤传输。帧传输的速率有时是 10Mbit/s，有时是 100Mbit/s。只要局域网与以太网相连，由于所有的网络都使用相同的帧，帧就可以在任何类型的以太网中传送。

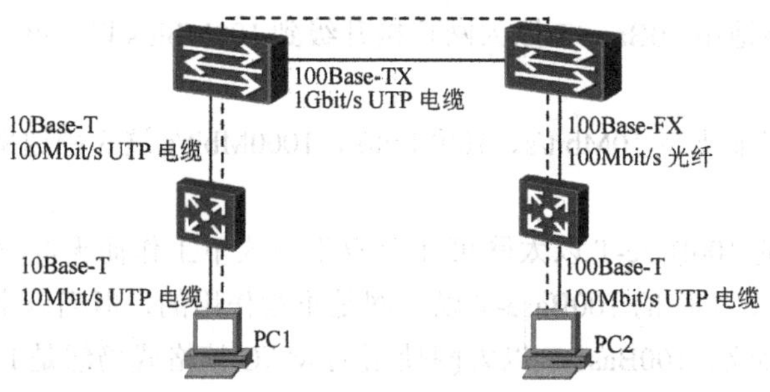

◎ 图 4.18 具有不同类型以太网的园区网

4.4.2 吉比特以太网

吉比特以太网（GE，Gigabit Ethernet 或 1GigE）或称千兆以太网，是一个描述各种以 1Gbit/s 的速率进行以太网帧传输的网络，是 IEEE 802.3 标准的扩展，在保持与标准以太网和 100Mbit/s 以太网设备兼容的同时，提供 1000Mbit/s 的数据带宽。1998 年，IEEE 802.3 工作组推出了吉比特以太网标准——IEEE 802.3z；1999 年，发布吉比特以太网 IEEE 802.3ab 标准，其数据传输率均达到了 1000Mbit/s，即 1Gbit/s。

1. 吉比特以太网的特点

吉比特以太网的标准 IEEE 802.3z 有以下几个特点。

（1）允许在 1Gbit/s 下以全双工和半双工两种模式工作。

（2）使用 IEEE 802.3 协议规定的帧格式。

（3）在半双工模式下，使用 CSMA/CD 协议；在全双工模式下，不需要使用 CSMA/CD 协议。

（4）与 10bit/s 和 100Mbit/s 技术向后兼容。

2. 吉比特以太网的帧格式

吉比特以太网基本保留了原有以太网的帧结构，因此向下和标准以太网（10Base-T）与快速以太网（100Base-T）技术兼容，从而原有的标准以太网或快速以太网可以方便地升级到吉比特以太网。

吉比特以太网工作在半双工模式下时，必须进行冲突检测，由于此时数据速率提高了，所以要想与 10Mbit/s 以太网兼容，就要确保最短帧长也是 64 字节，这只能通过减小最大电缆长度来实现，此时以太网最大电缆长度就要缩短到 10m，短到几乎没有什么实用价值。

为了增大吉比特以太网的最大传输距离，将最短帧长增加到 4096bit（512 字节），而以太网最短帧长是 64 字节，发送最短的数据帧只需要 512bit。数据帧发送结束之后，可能在远端发生冲突，当冲突信号传到发送端时，数据帧已经发送完毕，发送端就感觉不到冲突了，最终解决方法是当数据帧的长度小于 512 字节时，在 FCS 域后面添加载波延伸（Carrier Extension）域。主机发送完短数据帧之后，继续发送载波延伸信号。这样一来，当冲突信号传回来时，发送端就能感知到了，如图 4.19 所示。

如果发送的数据帧都是 64 字节的短报文，那么链路的利用率很低，因为载波延伸域将占用大量的带宽。为此，吉比特以太网标准中引入了分组突发（Packet Bursting）机制来改善这个问题。当很多短帧要发送时，第 1 个短帧采用上面所说的载波延伸方法进行填充，随后的一些短帧可以一个接着一个地发送，它们之间只需留有必要的帧间最小间隔即可，如图 4.20 所示。这样就形成一串分组突发，直到达到 1500 字节或稍多一些。这样就提高了链路的利用率。

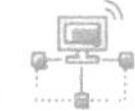

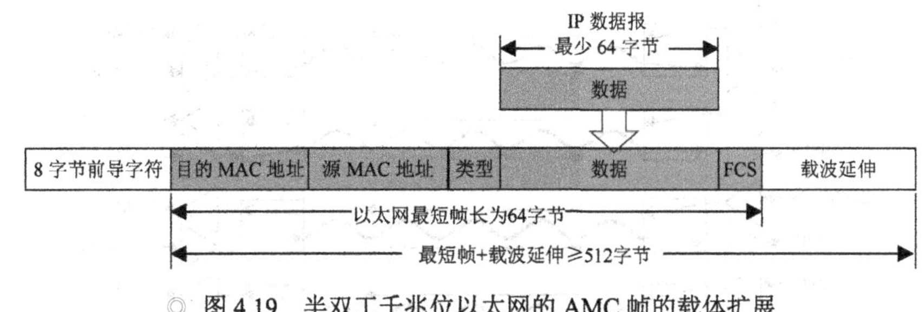

◎ 图 4.19　半双工千兆位以太网的 AMC 帧的载体扩展

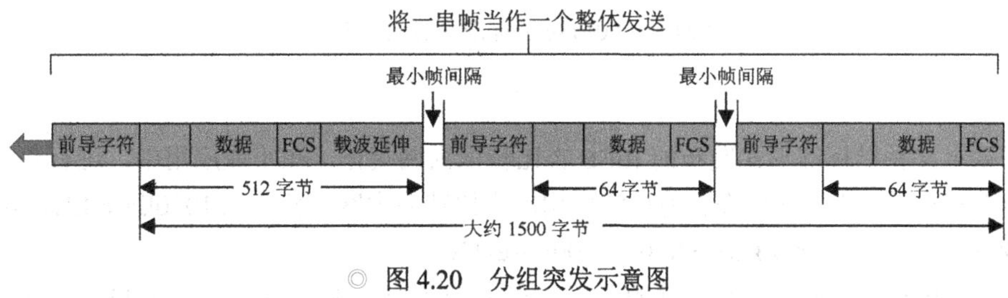

◎ 图 4.20　分组突发示意图

注：

载波延伸和分组突发仅用于吉比特以太网的半双工模式；全双工模式不需要使用 CSMA/CD 机制，也就不需要这两个特性。

3. 吉比特以太网规范

吉比特以太网规范实际上包括 IEEE 802.3z 和 IEEE 802.3ab 两大部分。IEEE 802.3z 标准包括 1000Base-SX、1000Base-LX 和 1000Base-CX，IEEE 802.3ab 标准定义了对绞电缆标准，即 1000Base-T。

（1）1000Base-SX 标准。1000Base-SX 标准是一种在收发器上使用短波激光（激光波长为 770 ～ 860nm，一般为 850nm）作为信号源的媒体技术。它不支持单模光纤，仅支持 62.5μm 和 50μm 两种多模光纤。对于 62.5μm 多模光纤，全双工模式下的最大有效传输距离为 275m；对于 50μm 多模光纤，全双工模式下的最大有效传输距离为 550m。

（2）1000Base-LX 标准。1000Base-LX 标准是一种在收发器上使用长波激光（波长为 1270 ～ 1355nm，一般为 1310nm）作为信号源的传输媒体技术。它支持多模光纤（62.5μm 和 50μm）和单模（9μm）光纤。对于多模光纤，在全双工模式下，最大传输距离为 550m；对于单模光纤，在全双工模式下，最大有效传输距离可达 3km，工作波长为 1300nm 或 1550nm。

（3）1000Base-CX 标准。1000Base-CX 标准的传输媒体是一种短距离屏蔽电缆，最大有效传输距离达 25m，这种屏蔽电缆是一种特殊规格高质量的 TW 型带屏蔽的铜缆。连接这种电缆的端口上配置 9 针的 D 型连接器。1000Base-CX 的短距离铜缆适用于交换机间的连接，尤其适用于千兆主干交换机与主服务器间的连接。

（4）1000Base-T 标准。1000Base-T 标准是一种可以采用 5 类、超 5 类、6 类或 7 类对绞电缆的全部 4 对芯线作为传输媒体的吉比特以太网规范。它的最大传输距离为 100m。在全部的 4 对芯线中，每对都可以同时进行全双工数据收发，因此，即使是相同设备间的连接，也无须制作交叉线，两端都用相同的布线标准即可。1000Base-T 能与 10Base-T、100Base-T 完全兼容，它们都使用 5 类非屏蔽对绞电缆作为传输媒体，从中心设备到主机的最大有效传输距离也是 100m，这使得吉比特以太网应用于桌面系统成为现实。图 4.21 所示为 1000Base-T 标准中各对绞芯线的作用。

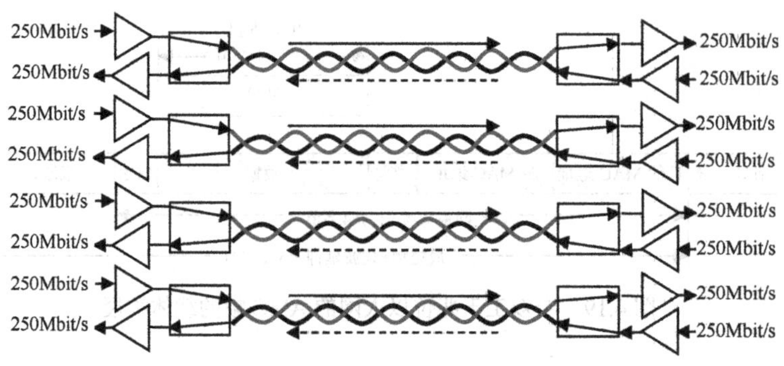

◎ 图 4.21 1000Base-T 标准中各对绞芯线的作用

4. 工业应用中的吉比特以太网规范

除了以上 4 种以标准形式发布的 IEEE 吉比特以太网规范，在工业应用中，还有些并没有正式以标准形式对外发布却实实在在有广泛应用的吉比特以太网规范，如 1000Base-LH、1000Base-ZX、1000Base-LX10、1000Base-BX10、1000Base-TX。

（1）1000Base-LH 标准：非标准的吉比特以太网规范，采用的是波长为 1300nm 或 1310nm 的单模或多模长波光纤。它类似 1000Base-LX 标准，但在单模优质光纤中的最大有效传输距离可达 10km，并且可以与 1000Base-LX 网络兼容。

（2）1000Base-ZX 标准：非标准的吉比特以太网规范，采用的是波长为 1550nm 的单模超长波光纤，最大有效传输距离可达 70km。

（3）1000Base-LX10 标准：非标准的吉比特以太网规范，采用的是波长为 1310nm 的单模长波光纤，最大有效传输距离可达 10km。

（4）1000Base-BX10 标准：非标准的吉比特以太网规范，其两根光纤所采用的传输媒体类型是不同的，其中，下行方向（从网络中心到网络边缘）采用的是波长为 1490nm 的单模超长波光纤，而上行方向采用的则是波长为 1310nm 的单模长波光纤，最大有效传输距离为 10km。

（5）1000Base-TX 标准：由 TIA/EIA 于 1995 年发布，标准号为 TIA/EIA-854。尽管 1000Base-TX 也基于 4 对对绞电缆，但采用与 100Mbit/s 以太网中 100Base-TX 标准类似的传输机制，是以两对线发送、两对线接收的。由于每对线缆本身不同时进行双向传输，所以线缆之间的串扰就大大降低，同时其编码方式也是 8B/10B。这种技术对网络的接口要求比较低，不需要非常复杂的电路设计，降低了网络接口的成本。但由于使用线缆的效率降低了（两对线收，两对线发），所以要达到 1000Mbit/s 的传输速率，就要求带宽超过 100MHz，即在 5 类和超 5 类的系统中不能支持该类型的网络，一定需要 6 类或 7 类对绞电缆系统的支持。图 4.22 所示为 1000Base-TX 标准中各对绞芯线的作用。

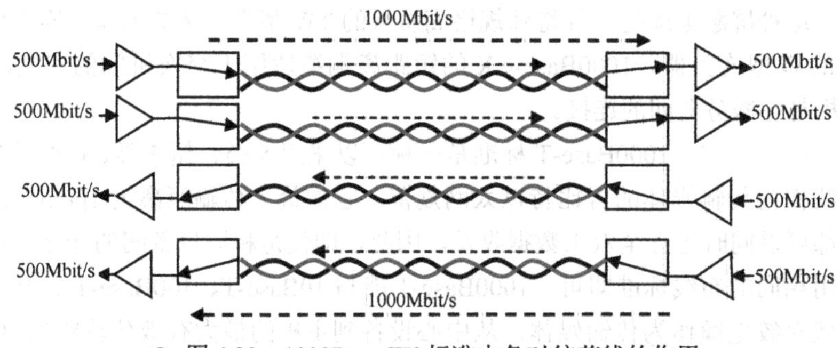

◎ 图 4.22 1000Base-TX 标准中各对绞芯线的作用

以上吉比特以太网规范的比较如表 4.3 示，由此可以看出各规范的主要优势和特性。

表 4.3 吉比特以太网规范的比较

吉比特以太网规范	使用的传输媒体	波长	最大有效传输距离
1000Base-CX	150Ω 对绞电缆	—	25m
1000Base-SX	多模光纤 62.5μm	850nm	275m
	多模光纤 50μm	850	550m
1000Base-LX	单模光纤	1310nm	5km
	多模光纤 62.5μm 和 50μm	1310nm	550m
1000Base-LH	单模光纤	1300nm/1310nm	10km
1000Base-ZX	单模光纤	1550nm	70km
1000Base-LX10	单模光纤	1310nm	10km
1000Base-BX10	单模光纤	下行方向波长为 1490nm，上行方向波长为 1310nm	10km
1000Base-T	5 类、超 5 类、6 类或 7 类对绞电缆	全部 4 对（每对都可以进行全双工数据收发）	100m
1000Base-TX	6 类、7 类对绞电缆	两对线发送，两对线接收	100m

4.4.3 10 吉比特以太网

10 吉比特（10Gigabit Ethernet）标准由 IEEE 802.3ae 工作组制定并公布。10 吉比特以太网也称万兆以太网。

1. 10 吉比特以太网的特点

10 吉比特以太网的主要特点如下。

（1）10 吉比特以太网的帧格式与 10Mbit/s 以太网、100Mbit/s 以太网、吉比特以太网的帧格式完全相同。10 吉比特以太网还保留了 IEEE 802.3 标准规定的以太网最小和最大帧长，使得用户在将其已有的以太网升级后，仍能与较低速率的以太网很方便地通信。

（2）10 吉比特以太网只工作在全双工模式下，因此不存在争用问题，也不使用 CSMA/CD 协议，这就使得其传输距离不再受冲突检测的限制，工作范围已经从局域网扩大到城域网和广域网，从而实现了端到端的以太网传输。

（3）在物理拓扑上，10 吉比特以太网既支持星型连接或扩展星型连接，又支持点到点连接与星型连接和点到点连接的组合。

（4）10 吉比特以太网能够适应多种传输媒体，如铜缆、对绞电缆及各种光缆，使得具有不同传输媒体的用户在进行通信时不必重新布线。

（5）在广域网中使用以太网时，其价格大约只有同步光纤网络（SONET）的 1/5 和 ATM 的 1/10。

（6）IEEE 802.3ae 不支持自协商，可简化故障定位，并提供广域网物理层接口。

2. 10 吉比特以太网规范

10 吉比特以太网规范繁多，有 2002 年的 IEEE 802.3ae、2004 年的 IEEE 802.3ak、2006 年的 IEEE 802.3an 和 IEEE 802.3aq，以及 2007 年的 IEEE 802.3ap。

10 吉比特以太网的物理层标准可分为以下 3 类。

（1）基于光纤的局域网 10 吉比特以太网规范主要有以下几种。

① 10GBase-SR：使用 850nm 激光器的多模 OM3（50μm）光纤，有效传输距离不超过 300m。

② 10GBase-LR：使用 1310nm 激光器的单模光纤，有效传输距离不超过 10km。

③ 10GBase-ER：使用 1550nm 激光器的单模光纤，有效传输距离不超过 40km。

④ 10GBase-LX4：采用波分复用技术，使用 4 路波长（统一为 1300nm），在多模光纤中的有效传输距离为 2 ～ 300m，在单模光纤中的有效传输距离可达 10km。它主要适用于需要在一个光纤模块中同时支持多模光纤和单模光纤的环境。

⑤ 10GBase-LRM：使用 1300nm 激光器的多模 OM3（62.5μm）光纤，有效传输距离不超过 260m。它使用的光纤模块比使用 10GBase-LX4 规范光纤模块具有更低的成本和电源消耗。

⑥ 10GBase-ZR：使用 1550nm 激光器的单模光纤，有效传输距离不超过 80km。

（2）基于对绞电缆（或铜线）的局域网 10 吉比特以太网规范主要有以下几种。

① 10GBase-CX4：使用 CX4 铜缆（屏蔽对绞电缆），有效传输距离不超过 15m。它的主要优势就是低电源消耗、低成本、低响应延时。

② 10GBase-KX4 和 10GBase-KR：有效传输距离不超过 1m，主要用于设备背板连接，如刀片服务器、路由器和交换机的集群线路卡，因此又称背板以太网。

③ 10GBase-T：使用 4 对 6A 及以上非屏蔽 / 屏蔽对绞电缆，有效传输距离不超过 100m；使用 6 类非屏蔽 / 屏蔽对绞电缆，有效传输距离不超过 55m。

10GBase-T 沿用 1000Base-T 的传输方式，仍然采用 4 个差分对同时双向传输，即全双工通信模式，但传输的总速率高达 10Gbit/s，每对线的速率高达 2.5Gbit/s。在编码方面，它不采用原来 1000Base-T 的 PAM-5 编码方式，而采用 PAM-16 编码方式。传输速率 =3.125×800Mbit/s×4=10Gbit/s。

（3）基于光纤的广域网 10 吉比特以太网规范。

10 吉比特以太网一个最大的改变就是它不仅可以在局域网中使用，还可以应用于广域网中，其对应的规范如下。

① 10GBase-SW：使用 850nm 激光器的多模 OM3 光纤，有效传输距离不超过 300m。

② 10GBase-LW：使用 1310nm 激光器的单模光纤，有效传输距离不超过 10km。

③ 10GBase-EW：使用 1550nm 激光器的单模光纤，有效传输距离不超过 40km。

④ 10GBase-ZW（此为 Cisco 私有标准）：使用 1550nm 激光器的单模光纤，有效传输距离不超过 80km。

这些基于光纤的广域网 10 吉比特以太网规范专为工作在 OC-192/STM-64 SDH/SONET 环境下而设置，使用 SDH（Synchronous Digital Hierarchy，同步数字体系）/SONET（Synchronous optical Networking，同步光纤网络）帧，运行速率为 9.953 Gbit/s。

表 4.4 综合了以上介绍的所有 10 吉比特以太网规范，在实际的网络系统设计中，由此可以针对具体的节点环境和网络需求来对应选择。

表 4.4　10 吉比特以太网规范

10 吉比特以太网规范	使用的传输媒体	波长	有效传输距离	应用领域
10GBase-SR	多模光纤，50μm 的 OM3 光纤	850nm	300m	局域网
10GBase-LR	单模光纤	1310nm	10km	
10GBase-ER	单模光纤	1550nm	40km	
10GBase-ZR	单模光纤	1550nm	80km	
10GBase-LRM	62.5μm 多模光纤，OM3 光纤	1310	260m	
10GBase-LX4	多模光纤	1300nm	2～300m	
	单模光纤	1300nm	10km	
10GBase-CX4	屏蔽对绞电缆（CX4 铜缆）	—	15m	
10GBase-T	6 类对绞电缆	—	55m	
	6A 类对绞电缆	—	100m	
10GBase-KX4	铜线（并行接口）	—	1m	背板以太网
10GBase-KR	铜线（串行接口）	—	1m	
10GBase-SW	多模光纤，50μm 的 OM3 光纤	850nm	300m	SDH/SONET 广域网
10GBase-LW	单模光纤	1310nm	10km	
10GBase-EW	单模光纤	1550nm	40km	
10GBase-ZW	单模光纤	1550nm	80km	

4.4.4　40 吉比特 /100 吉比特以太网

以太网技术发展很快，在 10 吉比特以太网之后又制定了 40GE/100GE（40 吉比特以太网和 100 吉比特以太网标准），这两种以太网标准在 2010 年制定完成，包含若干不同的媒体类型。当前使用附加标准 IEEE 802.3ba。

- 40GBase-KR4：背板方案，最短传输距离为 1m。
- 40GBase-CR4 / 100GBase-CR10：短距离铜缆方案，最大有效传输距离大约为 7m。
- 40GBase-SR4 / 100GBase-SR10：用于短距离多模光纤，有效传输距离在 100m 以上。
- 40GBase-LR4 / 100GBase-LR10：使用单模光纤，有效传输距离超过 10km。
- 100GBase-ER4：使用单模光纤，有效传输距离超过 40km。

现在以太网的具体特点如下。

（1）以太网是一种经过实践证明的成熟技术，无论是 ISP 还是端用户，都很愿意使用以太网。

（2）以太网的互操作性好，不同厂商生产的以太网都能可靠地进行互操作。

（3）在广域网中使用以太网时，其价格大约只有 SONET 的 20% 和 ATM 的 10%。

（4）以太网还能够适应多种传输媒体，如铜缆、对绞电缆和光纤，使得具有不同传输媒体的用户在进行通信时不必重新布线。

（5）端到端的以太网连接使帧的格式全都是以太网的帧格式，而不需要进行帧格式转换，这就简化了操作和管理。但是以太网和帧中继或 ATM 网络需要有相应的接口才能进行互连。

4.5 虚拟局域网技术

虚拟局域网

以太网交换机的一个重要特性是能建立虚拟局域网（Virtual LAN，VLAN），不同 VLAN 之间的流量是被隔离的。交换机与交换机只在同一个 VLAN 内转发单播、多播和广播流量。除非网络上的路由器配置了 VLAN 网间路由，否则一个 VLAN 上的设备只能与同一个 VLAN 上的其他设备通信。

4.5.1 VLAN 的概念

连接到第 2 层交换机的主机和服务器处于同一个网段中。这会带来两个严重的问题。

- 交换机会向所有端口泛洪广播，占用过多带宽。随着连接到交换机的设备不断增多，生成的广播流量也随之增加，浪费的带宽也更多。
- 连接到交换机的每台设备都能够与该交换机上的所有其他设备相互转发和接收帧。

在设计网络时，最好的办法是将广播流量限制在仅需要该广播的网络区域中。出于业务考虑，有些主机需要配置为能相互访问的形式，而有些则不能这样配置。在交换网络中，人们通过创建 VLAN 来按照需要将广播限制在特定区域内并将主机分组。

VLAN 是一种逻辑广播域，可以跨越多个物理 LAN 网段。VLAN 是以局域网交换机为基础，通过交换机软件实现根据功能、部门、应用等因素将设备或用户组成虚拟工作组或逻辑网段的技术，其最大的特点是在组成逻辑网段时无须考虑用户或设备在网络中的物理位置。VLAN 可以在一台交换机上或跨交换机实现。

1996 年，IEEE 802 工作组发布了 IEEE 802.1q VLAN 标准。目前，该标准得到全世界重要网络厂商的支持。在 IEEE 802.1q 标准中，对 VLAN 是这样定义的：VLAN 是由一些 LAN 网段构成的与物理位置无关的逻辑组，而这些网段具有某些共同的需求。每个 VLAN 的帧都有一个明确的标识符，指明发送这个帧的工作站属于哪个 VLAN。VLAN 其实只是 LAN 给用户提供的一种服务，而并不是一种新型 LAN。

图 4.23 给出一个关于 VLAN 划分的示例。其中使用了 4 台交换机的网络拓扑结构，有 9 台主机（用户）分配在 3 个楼层中，构成了 3 个 LAN：LAN1（A1，B1，C1）、LAN2（A2，B2，C2）、LAN3（A3，B3，C3）。

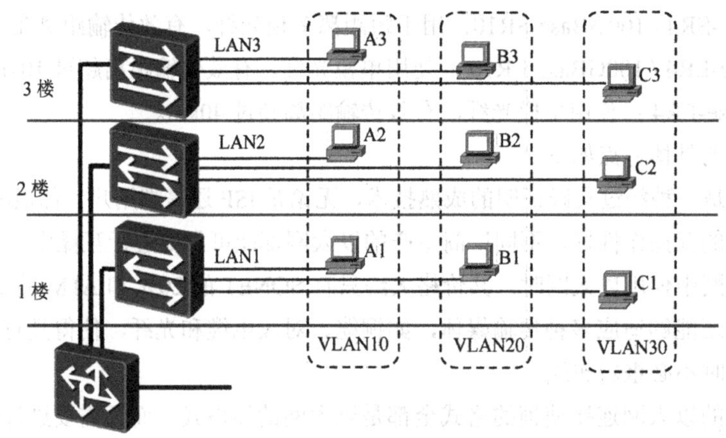

◎ 图 4.23 VLAN 划分示例

但这9个用户划分为3个工作组，即划分为3个VLAN：VLAN10（A1，A2，A3）、VLAN20（B1，B2，B3）、VLAN30（C1，C2，C3）。

VLAN 上的每台主机都可以听到同一 VLAN 上的其他成员发出的广播。例如，主机 B1 ～ B3 同属于 VLAN20，当 B1 向工作组内成员发送数据时，B2 和 B3 将会收到广播的信息（尽管它们没有连接在同一台交换机上），但 A1 和 C1 都不会收到 B1 发出的广播信息（尽管它们连接在同一台交换机上）。

VLAN 具有灵活性和可扩展性等特点，使用 VLAN 技术有以下好处。

（1）控制广播风暴。每个 VLAN 都是一个独立的广播域，这样就减少了广播对网络带宽的占用，提高了网络传输效率，并且一个 VLAN 出现广播风暴不会影响其他 VLAN。

（2）提高网络的安全性。由于只能在同一个 VLAN 内的端口之间交换数据，不同 VLAN 的端口之间不能直接访问，因此通过划分 VLAN 可以限制个别主机访问服务器等资源，提高网络的安全性。

（3）简化网络管理。对采用 VLAN 技术的网络来说，一个 VLAN 可以根据部门职能、对象组或应用将不同地理位置的用户划分为一个逻辑网段，在不改动网络物理连接的情况下，可以任意地将主机在工作组或子网之间移动。利用 VLAN 技术可以大大减轻网络管理和维护工作的负担，降低网络维护费用。

4.5.2　VLAN 的组网方法

以太网交换机的每个端口都可以分配给一个 VLAN。分配在同一个 VLAN 内的端口共享广播域（一台主机发送希望所有主机接收的广播信息，同一个 VLAN 中的所有主机都可以听到），分配在不同 VLAN 内的端口不共享广播域。从实现的方式上看，所有 VLAN 均是通过交换机软件实现的；从实现的机制或策略上来划分，VLAN 分为静态 VLAN 和动态 VLAN 两种。

1. 静态 VLAN

在静态 VLAN 中，由网络管理员根据交换机端口进行静态的 VALN 分配，当将交换机的某一个端口分配给一个 VLAN 时，其将一直保持不变，直到网络管理员改变这种配置，因此又被称为基于端口的 VLAN，即根据以太网交换机的端口来划分广播域。也就是说，交换机某些端口连接的主机在一个广播域内，而另一些端口连接的主机则在另一个广播域内，VLAN 与端口连接的主机无关，如图 4.24 和表 4.5 所示。

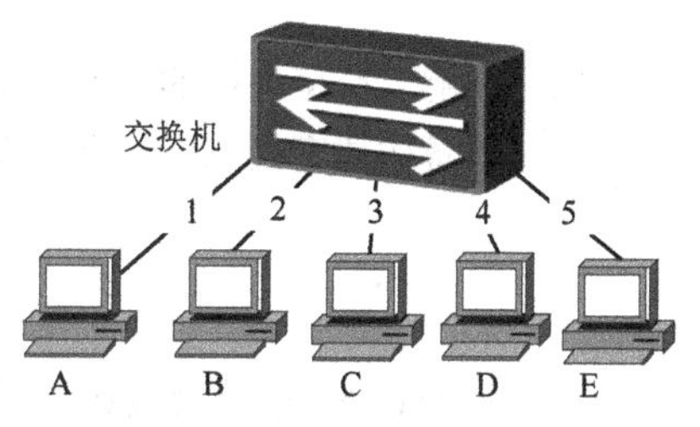

◎ 图 4.24　静态 VLAN

假设指定交换机的端口 1、3、5 属于 VLAN2，端 2、4 属于 VLAN3，此时，主机 A、主机 C、主机 E 在同一个 VLAN 内，主机 B 和主机 D 在另一个 VLAN 内。如果将主机 A 和主机 B 交换连接端口，则 VLAN 映射简化表仍然不变，而主机 A 变成与主机 D 在同一个 VLAN 内。静态 VLAN 配置简单，网络的可监控性强。静态 VLAN 比较适合用户或设备位置相对稳定的网络环境。

表 4.5　VLAN 映射简化表

端口	VLAN ID
1	VLAN2
2	VLAN3
3	VLAN2
4	VLAN3
5	VLAN2

2. 动态 VLAN

动态 VLAN 是指交换机上以连接网络用户的 MAC 地址、逻辑地址（如 IP 地址）或数据报协议等信息为基础将交换机端口动态分配给 VLAN 的方式。

总之，不管以何种机制实现，分配在同一个 VLAN 内的所有主机共享一个广播域，而分配在不同 VLAN 内的主机将不会共享广播域。因此，只有位于同一 VLAN 内的主机才能直接相互通信，而位于不同 VLAN 内的主机是不能直接相互通信的。

（1）基于 MAC 地址的 VLAN：要求交换机对主机的 MAC 地址和交换机端口进行跟踪，在新主机入网时，根据需要将其划归至某一个 VLAN。无论该主机在网络中怎样移动，由于其 MAC 地址保持不变，因此用户不需要对网络地址进行重新配置。然而，所有的用户必须明确地被分配给一个 VLAN，只有在这种初始化工作完成后，对用户的自动跟踪才成为可能。在一个大型网络中，要求网络管理员将每个用户划分至某一个 VLAN 是十分烦琐的。

（2）基于路由的 VLAN：利用网络层的业务属性来自动生成 VLAN，把使用不同的路由协议的主机分配在相对应的 VLAN 中，IP 子网 1 为第 1 个 VLAN，IP 子网 2 第 2 个 VLAN，IP 子网 3 为第 3 个 VLAN，依次类推。通过检查所有的广播和多点广播帧，交换机能自动生成 VLAN。

（3）用 IP 广播组定义 VLAN：IP 广播组中的所有主机都属于同一个 VLAN，但它们只是特定时间段内特定 IP 广播组的成员。IP 广播组 VLAN 的动态特性提供了很高的灵活性，可以根据服务灵活组建，而且它可以跨越路由器与广域网互联。

学以致用

4.6 技能训练 1：以太网二层交换机原理实验

4.6.1 训练目的

（1）理解二层交换机的原理及工作方式。

（2）具备构建交换式以太网，以及进行网络测试和排错的基本能力。

4.6.2 训练准备

（1）华为 eNSP 软件及其运行依赖的软件。

（2）Cisco Packet Trace 软件。

4.6.3 模拟环境

为组建一个简单的交换式以太网，使用一台型号为 S3700 的 3 层交换机将 2 台计算机连接在一起，网络拓扑如图 1.22 所示，利用 eNSP 模拟该网络的实现。

4.6.4 实施过程

步骤 1：创建拓扑，同 1.7.3 节。

步骤 2：为计算机配置 IPv4 地址和子网掩码，同 1.7.3 节。

步骤 3：启动设备。单击工具栏中的“开启设备”图标，启动全部设备。

步骤 4：数据抓包。

（1）由 PC1 ping PC2，右击 PC1 的 Ethernet0/0/1 端口的绿色标记，在弹出的快捷菜单中选择“开始抓包”选项。

在 Wireshark 软件中观察 PC1 中封装的帧结构，特别是源 MAC 地址和目的 MAC 地址，如图 4.25 所示。

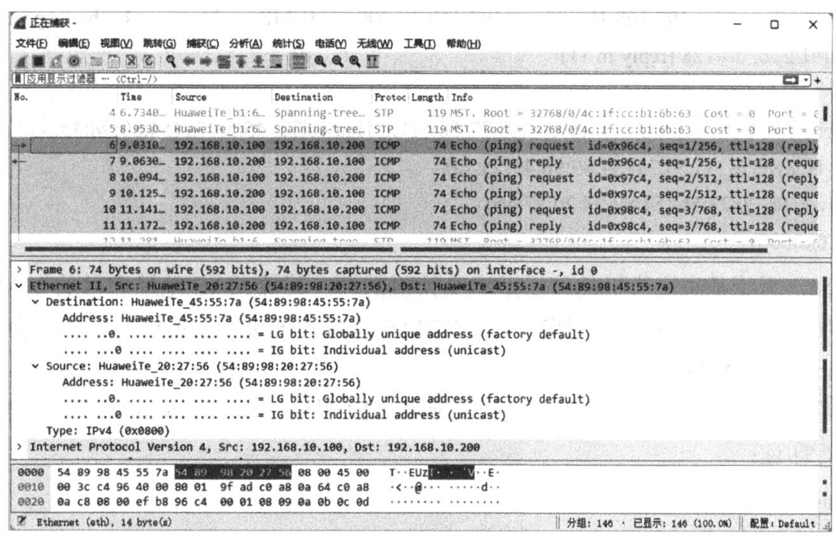

◎ 图 4.25　Wireshark 抓包

第 6 个报文：ping 命令的第 1 个请求报文。

第 7 个报文：对前面第 1 个请求报文的回复。

```
Ethernet II, Src: HuaweiTe_20:27:56 (54:89:98:20:27:56), Dst: HuaweiTe_45:55:7a (54:89:98:45:55:7a)
  Destination: HuaweiTe_45:55:7a (54:89:98:45:55:7a)   //PC2 的 MAC 地址
    Address: HuaweiTe_45:55:7a (54:89:98:45:55:7a)
    // 第 1 个字节倒数第二位为 0，表明为全球唯一地址，出厂默认
    .... ..0. .... .... .... .... = LG bit: Globally unique address (factory default)
    // 第 1 个字节的最低位为 0，表明为单个站的地址
    .... ...0 .... .... .... .... = IG bit: Individual address (unicast)
  Source: HuaweiTe_20:27:56 (54:89:98:20:27:56)   //PC1 的 MAC 地址
    Address: HuaweiTe_20:27:56 (54:89:98:20:27:56)
    .... ..0. .... .... .... .... = LG bit: Globally unique address (factory default)
    .... ...0 .... .... .... .... = IG bit: Individual address (unicast)
// 类型字段，0x0800 表明里面封装了 IP 数据报
//ping 命令使用了 ICMP 报文，而 ICMP 报文会被封装为一个 IP 数据报，并被送到目的地
// 这里所指的就是封装了 ICMP 的 IP 数据报
  Type: IPv4 (0x0800)
```

（2）ping 数据报的流向是 PC1 → S3700-Ethernet0/0/1 → S3700-Ethernet0/0/2 → PC2。抓取交换机 S3700 端口 Ethernet0/0/1 的进站帧和 S3700 端口 Ethernet0/0/2 的出站帧。

S3700 端口 Ethernet0/0/1 的进站帧的抓包结果如下：

```
6    9.781000 192.168.10.100    192.168.10.200    ICMP    74    Echo (ping) request  id=0x01c9,
seq=1/256, ttl=128 (reply in 7)
```

```
Ethernet II, Src: HuaweiTe_20:27:56 (54:89:98:20:27:56), Dst: HuaweiTe_45:55:7a (54:89:98:45:55:7a)
  Destination: HuaweiTe_45:55:7a (54:89:98:45:55:7a)
  Source: HuaweiTe_20:27:56 (54:89:98:20:27:56)
  Type: IPv4 (0x0800)
```

S3700 端口 Ethernet0/0/2 的出站帧的抓包结果如下：

```
10    15.500000    192.168.10.100    192.168.10.200    ICMP    74    Echo (ping) request
id=0x130a, seq=1/256, ttl=128 (reply in 11)

Ethernet II, Src: HuaweiTe_20:27:56 (54:89:98:20:27:56), Dst: HuaweiTe_45:55:7a (54:89:98:45:55:7a)
  Destination: HuaweiTe_45:55:7a (54:89:98:45:55:7a)
  Source: HuaweiTe_20:27:56 (54:89:98:20:27:56)
  Type: IPv4 (0x0800)
```

可以发现，无论是进交换机的帧还是出交换机的帧，其源 MAC 地址和目的 MAC 地址都没有改变，说明尽管每个交换机端口都有各自的 MAC 地址，但进出交换机端口并不会改变帧中的源 MAC 地址和目的 MAC 地址。

（3）查看交换机的 MAC 地址表，进入交换机 CLI 界面，在系统模式中查看交换机的 MAC 地址表并进行印证：

```
[Huawei]display mac-address
MAC address table of slot 0:
-------------------------------------------------------------------------------
MAC Address  VLAN/  PEVLAN  CEVLAN  Port     Type     LSP/LSR-ID
             VSI/SI                                   MAC-Tunnel
-------------------------------------------------------------------------------
5489-9845-557a  1    -    -    Eth0/0/2   dynamic   0/-
5489-9820-2756  1    -    -    Eth0/0/1   dynamic   0/-
-------------------------------------------------------------------------------
Total matching items on slot 0 displayed = 2
```

（4）在 PC2 上开始抓包，ping 命令使用 ICMP 报文的回送请求（Request）如下：

```
1    0.000000 192.168.10.100    192.168.10.200    ICMP    74    Echo (ping) request  id=0xc00f,
seq=5/1280, ttl=128 (reply in 2)

Ethernet II, Src: HuaweiTe_20:27:56 (54:89:98:20:27:56), Dst: HuaweiTe_45:55:7a (54:89:98:45:55:7a)
  Destination: HuaweiTe_45:55:7a (54:89:98:45:55:7a)
  Source: HuaweiTe_20:27:56 (54:89:98:20:27:56)
  Type: IPv4 (0x0800)
```

ping 命令使用 ICMP 报文的回送应答（Reply）如下：

```
2    0.015000 192.168.10.200    192.168.10.100    ICMP    74    Echo (ping) reply    id=0xc00f,
seq=5/1280, ttl=128 (request in 1)
Ethernet II, Src: HuaweiTe_45:55:7a (54:89:98:45:55:7a), Dst: HuaweiTe_20:27:56 (54:89:98:20:27:56)
  Destination: HuaweiTe_20:27:56 (54:89:98:20:27:56)
  Source: HuaweiTe_45:55:7a (54:89:98:45:55:7a)
  Type: IPv4 (0x0800)
```

此时，源 MAC 地址和目的 MAC 地址正好反过来。

巩固提升

在 Cisco Packet Trace 中模拟上面的过程，配置相同的 IP 地址。在模拟环境下，只过滤 ICMP 协议，先让 PC1 ping PC2，然后单击模拟面板中的▶按钮，最后单击 PC1 出站分组，观察 PC1 中封装的帧结构，特别是源 MAC 地址和目的 MAC 地址。限于篇幅，这里不再详细介绍。

4.7　技能训练 2：交换机中交换表的自学习功能

4.7.1　训练目的

理解二层交换机中 MAC 地址表的自学习功能。

4.7.2　训练准备

华为 eNSP 软件及其运行依赖的软件。

4.7.3　模拟环境

为组建一个简单的交换式以太网，使用一台型号为 S3700 的 3 层交换机将 6 台计算机连接在一起，网络拓扑如图 4.26 所示。利用 eNSP 软件模拟该网络的实现。

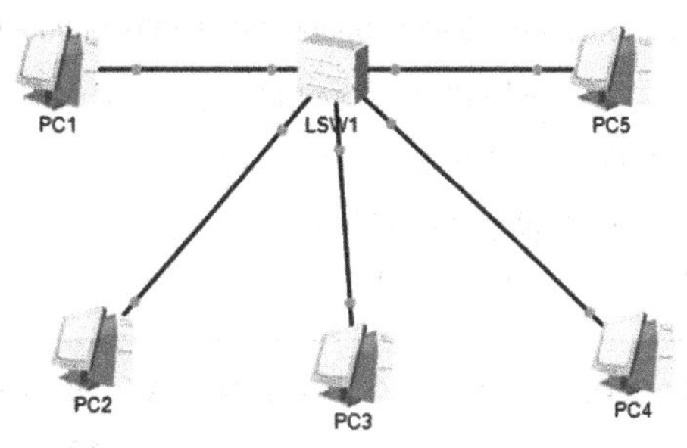

◎ 图 4.26　网络拓扑

4.7.4　实施过程

步骤 1：规划各计算机的 IP 地址、子网掩码等，如表 4.6 所示。

表 4.6　各计算机的 IP 地址、子网掩码等的配置

计算机	IP 地址	子网掩码	网关	连接端口
PC1	192.168.10.10	255.255.255.0	192.168.10.1	LSW1-Ethernet0/0/1
PC2	192.168.10.20	255.255.255.0	192.168.10.1	LSW1-Ethernet0/0/2
PC3	192.168.10.30	255.255.255.0	192.168.10.1	LSW1-Ethernet0/0/3
PC4	192.168.10.40	255.255.255.0	192.168.10.1	LSW1-Ethernet0/0/4
PC5	192.168.10.50	255.255.255.0	192.168.10.1	LSW1-Ethernet0/0/5

这里的交换机作为“傻瓜”交换机，不进行 VLAN 等配置。

步骤 2：实训环境准备。

（1）硬件连接。在交换机和计算机断电的状态下，按照表 4.6 和图 4.26 连接硬件。

（2）分别打开设备，给各设备供电。

步骤 3：清除各设备配置。

步骤 4：按照表 4.6 所列的参数设置各计算机的 IP 地址、子网掩码等。

步骤 5：MAC 地址表自学习。

（1）使用 ping 命令测试 PC1、PC3 之间的连通性。由 PC1 ping PC3，在 PC1 上开始抓包，观察 ARP 分组，该 ARP 分组被封装为以太网广播帧（目的 MAC 地址为全 1），这里仅观察 ARP 分组中的源 MAC 地址和目的 AMC 地址：

```
18    15.281000    HuaweiTe_98:30:e2    Broadcast    ARP    60    Who has
192.168.10.30? Tell 192.168.10.10
```

第 18 个报文的帧结构如下：

```
Ethernet II, Src: HuaweiTe_98:30:e2 (54:89:98:98:30:e2), Dst: Broadcast (ff:ff:ff:ff:ff:ff)
  Destination: Broadcast (ff:ff:ff:ff:ff:ff)
    Address: Broadcast (ff:ff:ff:ff:ff:ff)
    .... ..1. .... .... .... .... = LG bit: Locally administered address (this is NOT the factory default)
    .... ...1 .... .... .... .... = IG bit: Group address (multicast/broadcast)
  Source: HuaweiTe_98:30:e2 (54:89:98:98:30:e2)  //PC1 的 MAC 地址，将被计入 MAC 地址表
    Address: HuaweiTe_98:30:e2 (54:89:98:98:30:e2)
    .... ..0. .... .... .... .... = LG bit: Globally unique address (factory default)
    .... ...0 .... .... .... .... = IG bit: Individual address (unicast)
  Type: ARP (0x0806)
  Padding: 000000000000000000000000000000000000
```

（2）交换机添加 MAC 地址表记录。如图 4.27 所示，PC1 发送的 ARP 分组到达交换机，此时查看交换机的 MAC 地址表：

```
[Huawei]display mac-address
MAC address table of slot 0:
-------------------------------------------------------------------------------
MAC Address    VLAN/    PEVLAN CEVLAN  Port        Type      LSP/LSR-ID
               VSI/SI                              MAC-Tunnel
-------------------------------------------------------------------------------
5489-98d0-6d0d  1       -      -       Eth0/0/3    dynamic   0/-
5489-9898-30e2  1       -      -       Eth0/0/1    dynamic   0/-
-------------------------------------------------------------------------------
Total matching items on slot 0 displayed = 2
[Huawei]
```

其中，Address Type 为 dynamic（动态）。

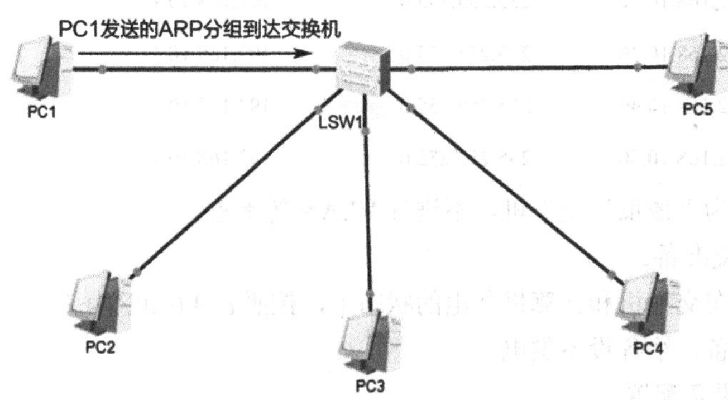

◎ 图 4.27　PC1 发送的 ARP 分组到达交换机

这里利用 ping 命令访问另一台计算机，在 ping 包发出前，网络会先运行 ARP 来获得对方主机的 MAC 地址。这样，按照自学习算法，交换机会首先学习到 ARP 分组中的源 MAC 地址（PC1）和对应端口号，并记入 MAC 地址表。

通过 MAC 地址表可以看到，PC1 的 MAC 地址已经被交换机自学习到了。在 eNSP 软件中可以看到 PC3 的 MAC 地址，在实际环境中可能看不到。

（3）ARP 分组被广播出去，如图 4.28 所示。此广播属于 ARP 广播（目的 MAC 地址为全 1），而并不是交换机由于找不到 MAC 地址表中的记录所进行的广播。

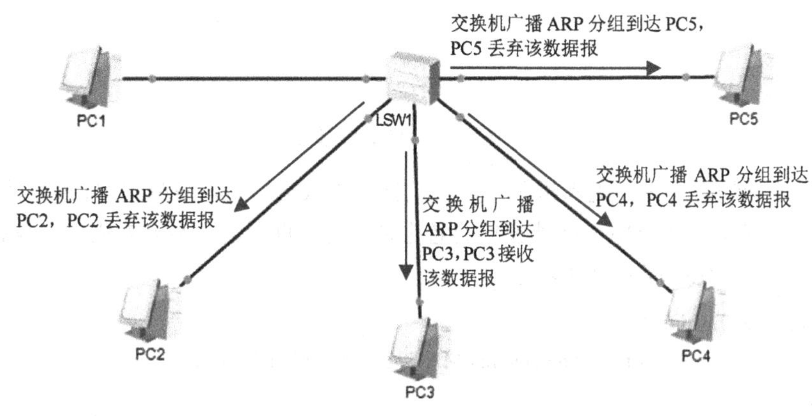

◎ 图 4.28　ARP 广播 1

```
19      15.313000       HuaweiTe_d0:6d:0d       HuaweiTe_98:30:e2       ARP     6     0
192.168.10.30 is at 54:89:98:d0:6d:0d
```

第 19 个报文的帧结构如下：

```
Ethernet II, Src: HuaweiTe_d0:6d:0d (54:89:98:d0:6d:0d), Dst: HuaweiTe_98:30:e2 (54:89:98:98:30:e2)
  Destination: HuaweiTe_98:30:e2 (54:89:98:98:30:e2)
    Address: HuaweiTe_98:30:e2 (54:89:98:98:30:e2)
    .... ..0. .... .... .... .... = LG bit: Globally unique address (factory default)
    .... ...0 .... .... .... .... = IG bit: Individual address (unicast)
  Source: HuaweiTe_d0:6d:0d (54:89:98:d0:6d:0d)
    Address: HuaweiTe_d0:6d:0d (54:89:98:d0:6d:0d) //PC3 的 MAC 地址，将被计入交换表。
    .... ..0. .... .... .... .... = LG bit: Globally unique address (factory default)
    .... ...0 .... .... .... .... = IG bit: Individual address (unicast)
  Type: ARP (0x0806)
  Padding: 000000000000000000000000000000000000
```

（4）交换机转发 ARP 分组，ARP 分组返回交换机，如图 4.29 所示。此时，按照自学习算法，PC3 的 MAC 地址将被记入 MAC 地址表。

查看交换机的 MAC 地址表。（略）

（5）交换机直接将 ARP 分组由 Ethernet0/0/1 接口转发出去，而不向其他接口广播，这正是依据交换表转发的结果。

步骤 6：PC1 和所有计算机主机之间互相 ping，所有 MAC 地址均会被记入交换表。

步骤 7：设置交换机的 MAC 地址表项的老化时间。

MAC 地址表项的老化时间默认为 5min，使用命令 mac-address aging-time 可以修改 MAC 地址表项的老化时间。

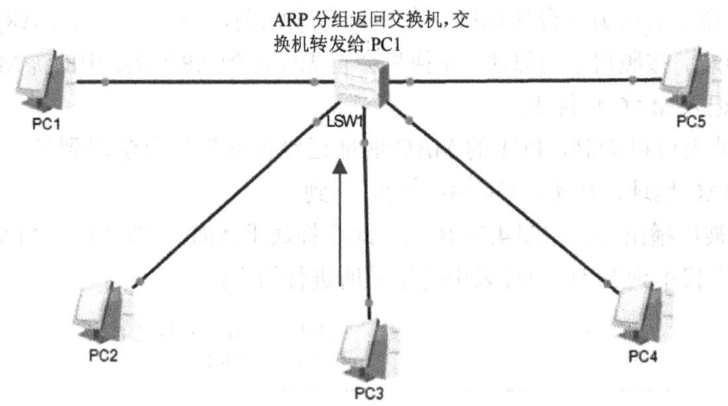

◎ 图 4.29　ARP 广播 2

MAC 地址表项的老化时间更新机制：某条数据流进入端口后，MAC 地址进行动态学习。如果该数据流一直存在，则此 MAC 地址表项的老化时间会一直刷新，不会老化。当数据流停止时，MAC 地址表项经过老化时间后自动老化。

```
[Huawei]mac-address aging-time ?
 <0,10-1000000> Aging-time seconds, 0 means that MAC aging function does not
          work
[Huawei]mac-address aging-time 600   // 设置 MAC 地址表项的老化时间为 10min
[Huawei]
```

步骤 8：在前面的基础上级联一台交换机并增加 3 台计算机，如图 4.30 所示。增加的 3 台计算机的 IP 配置如表 4.7 所示。

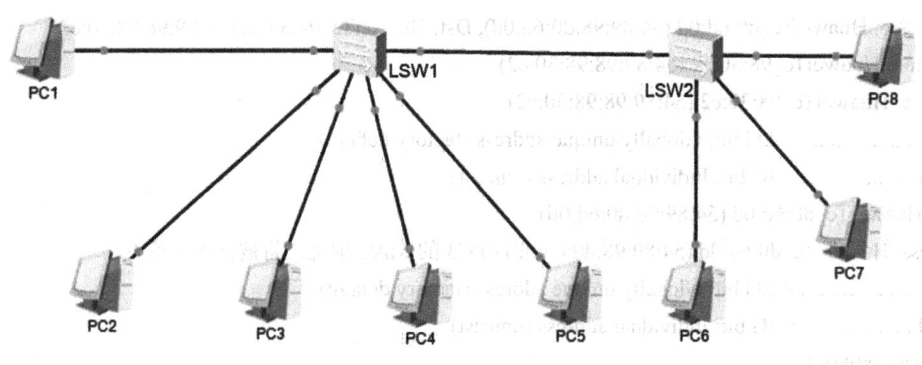

◎ 图 4.30　级联交换

表 4.7　增加的 3 台计算机的 IP 配置

计算机	IP 地址	子网掩码	连接端口
PC6	192.168.10.60	255.255.255.0	LSW2-Ethernet0/0/1
PC7	192.168.10.70	255.255.255.0	LSW2-Ethernet0/0/2
PC8	192.168.10.80	255.255.255.0	LSW2-Ethernet0/0/3

使用交叉线将两台交换机的 GE0/1 端口连接起来。

在 PC1 上 ping 192.168.10.60、192.168.10.70、192.168.10.80，在交换机上查看 MAC 地址表。

在交换机 LSW1 上查看 MAC 地址表：

```
[Huawei]display mac-address
MAC address table of slot 0:
-------------------------------------------------------------------------------
MAC Address    VLAN/   PEVLAN CEVLAN Port        Type      LSP/LSR-ID
               VSI/SI                            MAC-Tunnel
-------------------------------------------------------------------------------
5489-9898-30e2  1       -      -      Eth0/0/1    dynamic   0/-
5489-984b-4965  1       -      -      GE0/0/1     dynamic   0/-
5489-98d0-6d0d  1       -      -      Eth0/0/3    dynamic   0/-
5489-988f-5888  1       -      -      GE0/0/1     dynamic   0/-
5489-98f7-612c  1       -      -      GE0/0/1     dynamic   0/-
-------------------------------------------------------------------------------
Total matching items on slot 0 displayed = 5

[Huawei]
```

可以发现，LSW2 下接的 3 台主机在 LSW1 的 MAC 地址表中都显示连接到了 LSW1 的接口 GE0/0/1 上。在 LSW2 上查看 MAC 地址表：

```
[Huawei]display mac-address
MAC address table of slot 0:
-------------------------------------------------------------------------------
MAC Address    VLAN/   PEVLAN CEVLAN Port        Type      LSP/LSR-ID
               VSI/SI                            MAC-Tunnel
-------------------------------------------------------------------------------
5489-9898-30e2  1       -      -      GE0/0/1     dynamic   0/-
5489-984b-4965  1       -      -      Eth0/0/1    dynamic   0/-
5489-988f-5888  1       -      -      Eth0/0/2    dynamic   0/-
5489-98f7-612c  1       -      -      Eth0/0/3    dynamic   0/-
-------------------------------------------------------------------------------
Total matching items on slot 0 displayed = 4
[Huawei]
```

习题

一、选择题

1．MAC 地址通常存储在计算机的（　　）。

A．网卡上　　B．ROM 中　　C．高速缓冲区中　　D．硬盘上

2．在以太网中，冲突（　）。

A．是由于媒体访问控制方法的错误使用造成的

B．是由于网络管理员的失误造成的

C．是一种正常现象

D．是一种不正常现象

3．下面关于以太网的描述哪个是正确的？（　　）

A．数据是以广播方式发送的

B．所有主机都可以同时发送和接收数据

C．当两台主机相互通信时，第三台主机不检测总线上的信号

D．网络中有一个控制中心，用于控制所有主机的发送和接收

4．采用 CSMD/CD 以太网的主要特点是（　　）。

A．媒体利用率低，但可以有效避免冲突

B．媒体利用率高，但无法避免冲突

C．媒体利用率低，但无法避免冲突

D．媒体利用率高，但可以有效避免冲突

5．以太网 100Base-Tx 标准规定的传输媒体是（　　）。

A．3 类非屏蔽对绞电缆　　B．5 类非屏蔽对绞电缆

C．单模光纤　　D．多模光纤

6．在以太网中，集线器的级联（　　）。

A．必须使用直通非屏蔽对绞电缆　　B．必须使用交叉非屏蔽对绞电缆

C．必须使用同一速率的集线器　　D．可以使用不同速率的集线器

7．局域网中使用的传输媒体有对绞电缆、同轴电缆和光纤等，100Base-T 采用 5e 类非屏蔽对绞电缆，规定从主机到集线器的距离不超过多少？（　　）

A．100m　　B．185m　　C．500m　　D．1000m

8．以太网交换机的 100Mbit/s 全双工端口的带宽是（　　）。

A．100Mbit/s　　B．200Mbit/s　　C．10/100Mbit/s　　D．20Mbit/s

9．对于采用集线器连接的以太网，其网络逻辑拓扑结构为（　　）。

A．总线型结构　　B．星型结构　　C．环型结构　　D．以上都不是

10．网桥是在哪一层上实现不同网络的互连设备？（　　）

A．数据链路层　　B．网络层　　C．会话层　　D．物理层

二、问答题

1．局域网有哪些特点？

2．CSMA/CD 协议的含义是什么？简要描述该协议的工作过程。

3．试说明 IEEE 802 LAN 参考模型与 OSI/RM 的对应关系。

4．常用的 IEEE 802.X 标准有哪几种？

4．局域网参考模型的数据链路层分为哪几层？各层的功能是什么？

5．IEEE 802.3 帧结构由哪几部分组成？

6．以太网地址由哪几部分组成？

7．以太网交换机有何特点？比较交换机和集线器的区别。

8．什么是冲突域？什么是广播域？

9．简述交换机 MAC 地址表的自学习过程。

10．以太网的物理层有几种标准？

11．100Mbit/s 以太网有哪几种物理层标准？各有什么特点？

12．吉比特以太网在 IEEE 802.3z 标准中定义了哪几种标准？

13．10Base-T、100Base-T、1000Base-T 有何异同？

14．10 吉比特以太网支持哪几种标准？支持哪几种传输媒体？

15．什么是端口自动协商？

16．什么是 VLAN？VLAN 如何组网？

17．当 10Mbit/s 以太网升级到 100Mbit/s 以太网、吉比特以太网和 10 吉比特以太网时，都需要解决哪些技术问题？为什么以太网能够在发展过程中淘汰自己的竞争对手，并使自己的应用范围从局域网一直延伸到城域网和广域网？

18．什么叫作比特时间？100 比特时间是多少 μs？

19．使用 5e 类线的 100Base-T 以太网的最大有效传输距离是 100m，但有时也能达到 130m，甚至 150m，这可能吗？

三、复习题

1．在图 4.31 中，有哪几个冲突域？在图 4.32 中，有哪几个冲突域？

2．如图 4.33 所示，某学院的以太网交换机有 3 个端口，每台交换机的其中一个端口分别与学院 3 个系的以太网相连，另外两个端口分别与 Web 服务器和 FTP 服务器相连。在图 4.33 中，S1、S2 和 S3 都是 100Mbit/s 以太网交换机。假定所有链路的速率都是 100Mbit/s，并且其中的 9 台主机中的任何一台都可以和任何一台服务器或主机通信。试计算网络中的 9 台主机和 2 台服务器产生的总的吞吐量的最大值。

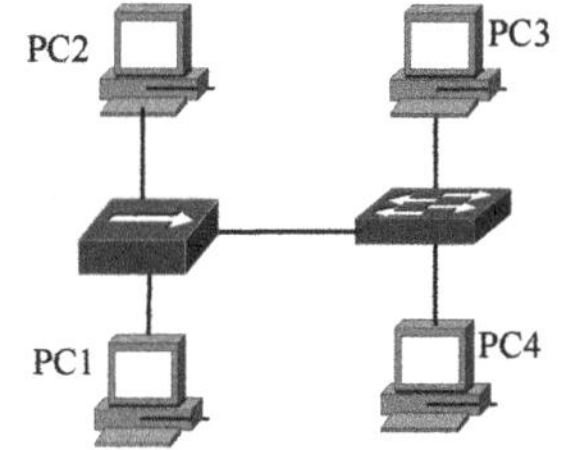

◎ 图 4.31　交换机和集线器的冲突域

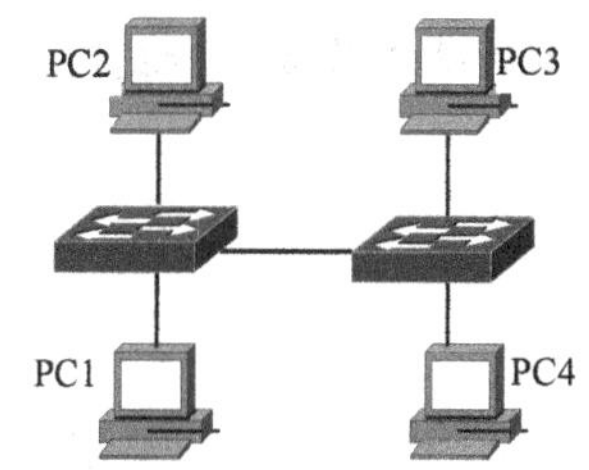

◎ 图 4.32　两交换机的冲突域

3．假定图 4.33 中的所有链路的速率均为 100Mbit/s，并假定 3 台连接各系的交换机用 100Mbit/s 集线器来代替。试计算网络中的 9 台主机和 2 台服务器产生的总的吞吐量的最大值。

4．假定图 4.33 中的所有链路的速率均为 100Mbit/s，并假定所有的交换机均用 100Mbit/s 集线器来代替。试计算网络中的 9 台主机和 2 台服务器产生的总的吞吐量的最大值。

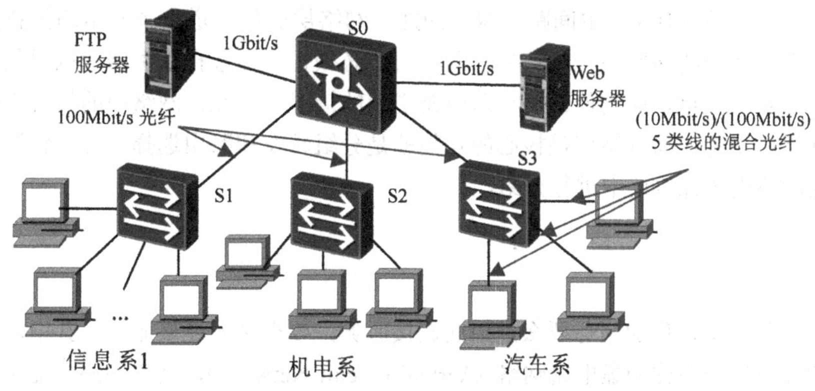

◎ 图 4.33　由 4 台交换机连接起来的网络

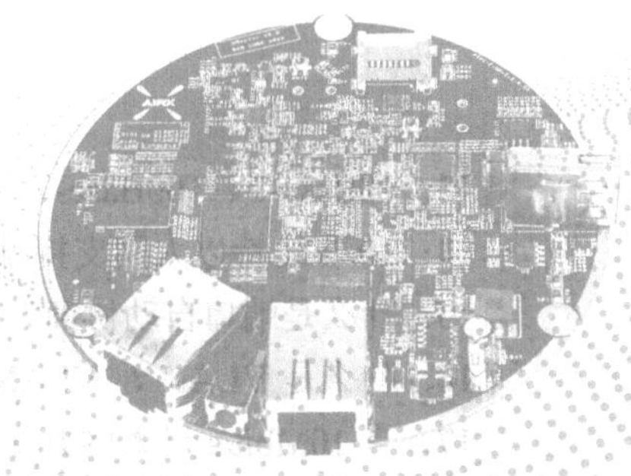

第 5 章

网络的互连

内容巡航

在第 4 章中，我们重点学习了以太网技术，以及运用交换机组建一个简单的局域网的方法。随着网络规模的扩大，需要把各个子网互连起来，让不同的网络可以相互通信。因此，使用网络层协议选择合适的网间路由和交换节点，确保数据及时传送。本章重点讲解网络层的相关概念和协议，主要了解以下几方面的知识。

- 数据通信中网络层的用途。
- IP 及 IP 数据报首部字段的作用。
- ICMP、ARP。
- IP 路由的路由过程。
- 路由选择协议的工作原理。
- 路由器的结构及数据转发过程。

内容探究

5.1 网络层概述

网络层是 OSI/RM 中的第 3 层，介于传输层和数据链路层之间。它在数据链路层提供的两个相邻端点之间的数据帧的传送功能上进一步管理网络中的数据通信，将数据设法从源端经过若干中间节点传送到目的端，从而向传输层提供最基本的端到端的数据传送服务。

网络层关注的是如何将分组从源主机沿着网络路径送达目的主机。为了将分组送达目的主机，可能沿路要经过许多跳（Hop）中间路由器。为此，网络层必须知道整个网络的拓扑结构，并且在拓扑结构中选择适当的转发路径。另外，网络层还必须仔细地选择路由器，以避免出现某些通信线路或路由器负载过重，而其他链路和路由器空闲的情况。因此，网络中的每台主机和路由器都必须具有网络层功能，而网络层最核心的功能就是分组转发和路由选择。分组转发和路由选择将在本章后续的路由选择协议中进行介绍。

5.1.1 虚电路和数据报网络

在网络层为传输层提供的服务要么是面向连接服务，要么是无连接服务。其中，在网络层提供面向连接的计算机网络称为虚电路网络（Virtual Circuit Network），而在网络层提供无连接服务的计算机网络称为数据报网络（Datagram Network）。在计算机网络领域，网络层应该向传输层提

供怎样的数据传送服务（面向连接或无连接）曾引起长期的争论。争论焦点的实质就是在计算机通信中，可靠交付应当由谁来负责？是网络还是端系统？

1. 虚电路网络

其中一种观点是应当借助电信网的成功经验，让网络负责可靠交付。传统电信网的主要业务是提供电话服务，采用电路交换方式，用面向连接的通信方式，即建立连接→通话→释放连接，使电信网能够为用户提供可靠传输服务。因此，此观点认为计算机网络也应模仿打电话时所使用的面向连接的通信方式。

当两台计算机进行通信时，先在分组交换网络中建立一条虚电路（Virtual Circuit，VC），以预留双方通信所需的一切网络资源，然后双方就沿着已建立的虚电路发送分组，并在通信结束后释放所建立的虚电路。图 5.1 所示为虚电路网络提供面向连接服务的示意图。其中，主机 A 和主机 B 之间交换的分组都必须在事先建立的虚电路上传送。

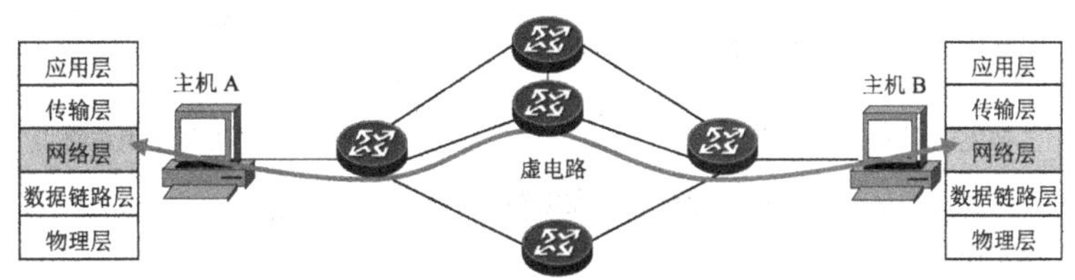

◎ 图 5.1 虚电路网络提供面向连接服务的示意图

虚电路网络预约了双方通信所需的网络资源，优点是能保证服务质量，即所传送的分组不出错、不丢失、不重复和不失序，也可保证分组交付的时限；缺点是路由器复杂，网络成本高。

2. 数据报网络

互联网所使用的端系统是具有智能的计算机，具有很强的差错处理能力，这一点与传统的电话有本质的差别。因此在网络层可以只提供简单灵活的、无连接的、尽最大努力交付的数据报服务。

注：

数据报也就是 IP 数据报，即通常意义上的分组。

网络在发送分组时不需要先建立连接，每个分组独立发送，与其前后的分组无关（不进行编号）。网络层不提供服务质量的承诺，即所传送的分组可能出错、丢失、重复和失序，也不保证分组交付的时限。由于传输网络不提供端到端的可靠传输服务，所以网络中的路由器比较简单。如果主机中的进程之间的通信需要可靠的保证，就由网络主机中的传输层负责（包括差错控制、流量控制等）。采用这种设计思路的优点是网络造价大大降低，运行方式灵活，能够适应多种应用。

图 5.2 给出了数据报网络提供面向无连接服务的示意图。其中，主机 A 向主机 B 发送的分组各自独立地选择路由，并且在传送的过程中可能丢失。

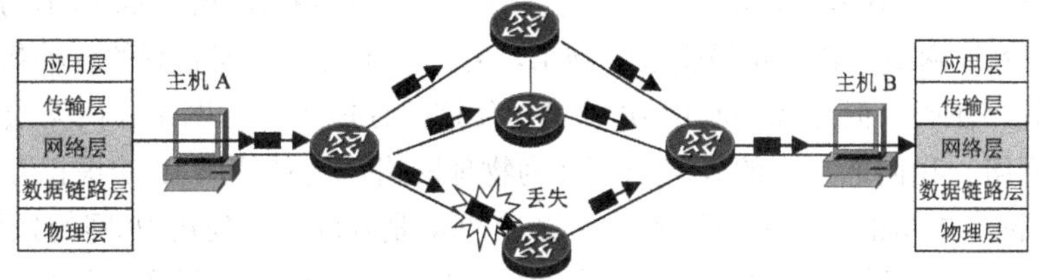

◎ 图 5.2 数据报网络提供面向无连接服务的示意图

在 TCP/IP 体系中，网络层提供的是面向无连接的数据报网络，下面都围绕网络层如何传送 IP 数据报这个主题进行讲解。

表 5.1 所示为虚电路网络和数据报网络的对比。

表 5.1　虚电路网络和数据报网络的对比

对比的方向	虚电路网络	数据报网络
思路	可靠通信应当由网络来保证	可靠通信应当由用户主机来保证
连接的建立	必须有	不需要
终点地址	仅在连接建立阶段使用，每个分组使用虚电路号	每个分组都有终点的完整地址
分组的转发	属于同一条虚电路的分组均按照同一路由进行转发	每个分组独立地选择路由进行转发
当节点出现故障时	所有通过故障节点的虚电路均不能工作	故障节点可能会丢失分组，一些路由可能会发生变化
分组的顺序	按发送顺序到达终点	不一定按发送顺序到达终点
服务质量保证	可以将通信资源提前分配给每个虚电路，容易实现	较难实现

在讨论网际协议之前，必须了解异构网络互连的概念。

5.1.2　异构网络互连

在全世界范围内把数以百万、千万计的采用不同网络技术、不同协议的网络都互连起来，并使它们能够互相通信，这样的任务非常复杂，其中有许多问题需要解决，涉及不同的寻址方案（IPv4 和 IPv6）、不同的最大分组长度、不同的网络接入机制、不同的超时控制、不同的差错恢复方法、不同的状态报告方法、不同的路由选择技术、不同的用户接入控制、不同的服务（面向连接服务和无连接服务）、不同的管理与控制方式等。

将网络互相连接起来要使用一些中间设备，在第 4 章，我们已经介绍了物理层和数据链路层使用的中间设备。而网络层使用的中间设备就是路由器。

在网络层以上使用的中间设备叫作网关（Gateway）。用网关连接两个不兼容的系统需要在高层进行协议的转换。

使用物理层或数据链路层的设备仅仅是把一个网络扩大了，属于同一个广播域，它们仍然属于同一个网络。网关目前基本没有使用，因此，现在所说的网络互连一般就是指用路由器进行网络互连和路由选择。路由器其实就是一台专用计算机，用来在互联网上进行路由选择。

TCP/IP 体系在网络互连上采用在网络层使用标准化协议，但相互连接的网络可以是异构的。图 5.3 表示许多计算机网络通过一些路由器进行互连。这些互连的计算机网络都使用相同的网际协议（Internet Protocol，IP），因此可以把互连以后计算机网络看作如图 5.4 所示的一个虚拟互连网络。所谓虚拟互连网络，就是指逻辑互连网络，它的意思就是互连起来的各种物理网络的异构性本来就是客观存在的，但是我们利用 IP 就可以使这些性能各异的网络在网络层上看起来好像是一个统一的网络。我们把互连的底层网络称为物理网络。这种使用 IP 的虚拟互连网络可简称为 IP 网，即 IP 网是虚拟的。当前全世界最大的 IP 网就是互联网。使用 IP 网的好处是当 IP 网上的主机进行通信时，就好像在一个单个网络上通信一样，它们看不见互连的各网络具体的异构细

节（如具体的编址方案、路由选择协议等）。

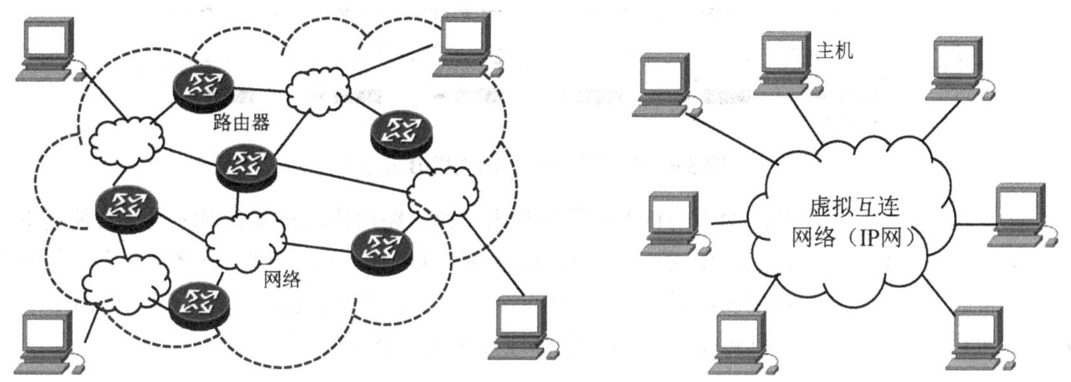

◎ 图 5.3 计算机网络通过一些路由器进行互连　　　◎ 图 5.4 虚拟互连网络

当很多异构网络通过路由器互连起来时，如果所有的网络都使用相同的 IP，那么在网络层讨论问题就显得很方便。现在用一个例子来说明。

如图 5.5 所示，源主机 A 要把一个 IP 数据报发送给目的主机 B。主机 A 首先查找自己的路由表，看目的主机是否在本网络上，如果在，就不需要经过任何路由器而直接交付；如果不在，就必须把 IP 数据报发送到某个路由器（这里指 R1），R1 在查找了自己的路由表后，知道应当把 IP 数据报转发给 R2 进行间接交付。这样一直转发下去，最终至路由器 R5，它知道自己与主机 B 连接在一个网络上，不需要再使用任何别的路由转发了，于是就把 IP 数据报直接交付给目的主机 B。

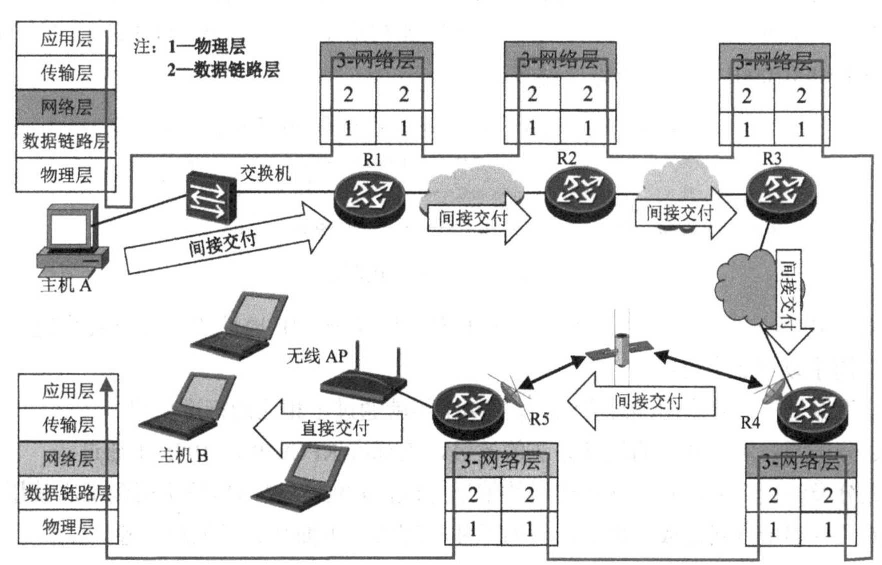

◎ 图 5.5 分组在互联网中的传送

在图 5.5 中，给出了源主机、目的主机及各路由器的协议栈，主机的协议栈共 5 层，但路由器的协议栈只有下 3 层。R1 和 R2、R2 和 R3、R3 和 R4 之间的 3 个网络可以是任意类型的网络，R4 到 R5 使用了卫星链路，R5 所连接的是无线局域网。因此可以看出，互联网可以由多种异构网络互连而成。

在图 5.5 中，为了把问题简化，我们把 IP 数据报想象为就在网络层中传送，传输路径可省略路由器之间的网络，以及连接在这些网络上的许多无关主机，如图 5.6 所示。

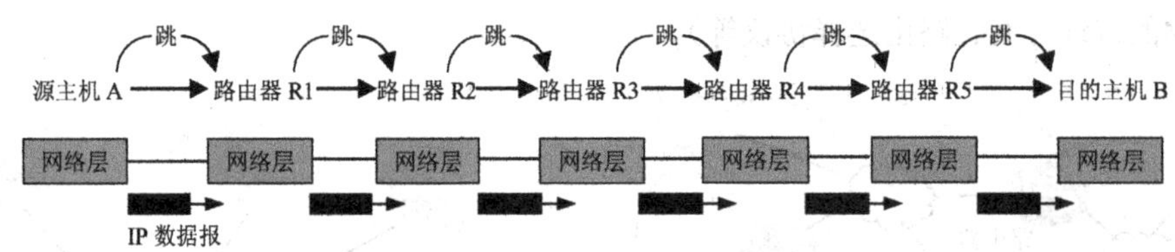

◎ 图 5.6 源主机 A 向目的主机 B 发送分组

在互联网中，分组在传送途中的每次转发都称为一跳。路由器在转发分组时也常常使用下一跳（Next Hop）的说法。例如，R1 的下一跳是 R2，而 R4 的下一跳是 R5。在图 5.6 中，从源主机 A 到目的主机 B 发送分组需要经过 6 跳。每跳两端的两个节点都必定直接连接在同一个网络上，如 A 和 R1、R1 和 R2、R2 和 R3、R3 和 R4 等都连接在同一个网络上。

5.2 IP 地址

网际协议 IP 最基本的概念就是寻址，即在互联网中怎样才能找到要通信的主机？这里的关键就是如何设计出一种简捷有效且便于实现的地址系统。在采用 TCP/IP 体系的互联网中，任何连接在互联网上的设备，必须拥有 IP 地址才能与互联网上的其他设备通信。

IP 地址就是给互联网上的每台主机（或路由器）的每个接口分配的一个在互联网范围内唯一的 32 位的标识符。

为了方便使用，我们常常把 32 位的 IP 地址中的每 8 位用其等效的十进制数表示，并在这些数字之间加上一个点，这就是点分十进制法，如图 5.7 所示。显然，192.11.3.17 比 11000000.00001011.00000011.00010001 读起来要方便得多。

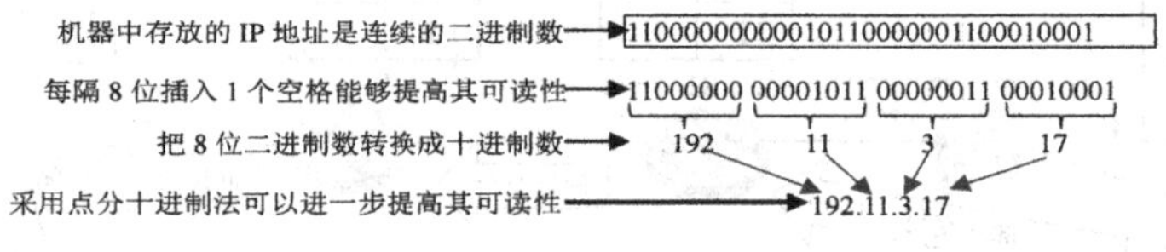

◎ 图 5.7 点分十进制法

结构化的 IP 地址使我们可以在互联网上很方便地寻址。IP 地址的编址方式决定了其结构。IP 编址共经历了以下 3 个阶段。

（1）分类编址：最基本的编址方法，在 1981 年就通过了相应的标准协议。

（2）划分子网：对最基本的编址方法的改进，其标准 RFC950 在 1985 年通过。

（3）无分类编址：目前互联网所使用的编址方法，1993 年提出后很快得到推广使用。

虽然前两种编址方式已成为历史，但为了便于理解，下面从分类编址讲起。

5.2.1 分类编址

分类编址

分类编址方式将 IP 地址划分为若干固定类，每类地址都由两个固定长度的字段组成，如图 5.8 所示。第一字段是 IP 地址中的前 n 位，表示网络号（Net-ID），标志主机（或路由器）所连接的网络。一个网络号在整个互联网范围内必须是唯一的。第二字段是 IP 地址中后面的 $(32-n)$ 位，是主机号（Host-ID），标志该主机（或路由器）。主机号在它前面的网络号所指明的网络范围内必须是唯一的。由此可见，一个 IP 地址在整个互联网范围内是唯一的。

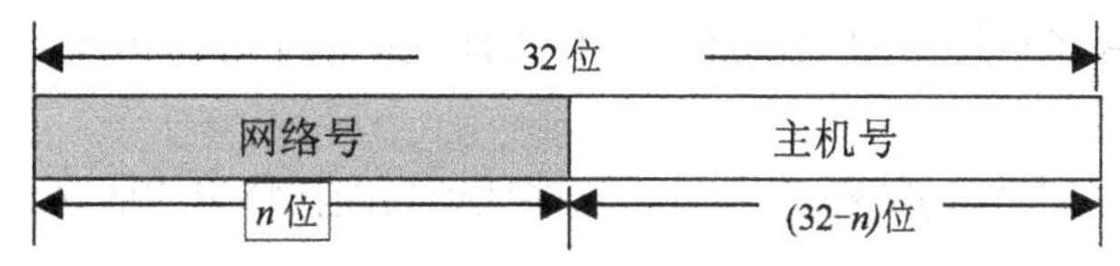

◎ 图 5.8 IP 地址中的网络号和主机号字段

这种两级的 IP 地址可以记为“IP 地址 ::=（定义为）{< 网络号 >,< 主机号 >}”。

在这种两级编址方式中，IP 地址管理机构在分配 IP 地址时只分配网络号，而剩下的主机号则由得到该网络号的单位自行分配。同时，路由器仅根据目的主机所连接的网络号来转发分组（而不考虑主机号），这样就可以使路由表中的项目数大幅度减少，从而缩减路由表所占的存储空间及查找路由表的时间。

但是，在 32 位的 IP 地址中，到底应该拿出多少位作为网络号呢？分类编址方式设计了适用于不同规模网络的编址方案，如图 5.9 所示，将 IP 地址划分为 5 类（A 类、B 类、C 类、D 类、E 类），每类地址中定义了它们的网络号和主机号各占用 32 位地址中的多少位，即在每一类中，规定了可以容纳多少个网络，以及在这样的网络中可以容纳多少台主机。

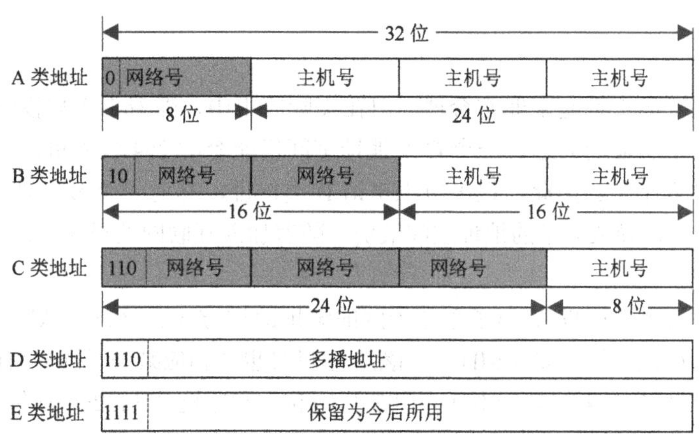

◎ 图 5.9 IP 地址分类

在图 5.9 中，A 类（*n*=8）、B 类（*n*=16）、C 类（*n*=24）地址都是单播地址（一对一通信），是最常用的，分别适用于大、中、小 3 种规模的网络；D 类地址用于多播（一对多通信），只能作为目的地址使用，这会在后面进行介绍；E 类地址保留为以后所用。

表 5.2 给出了 A 类、B 类、C 类、D 类、E 类地址的网络号长度，第 1 个 8 位的格式、可指派的网络数、主机号长度、主机数，以及 IP 地址第 1 组十进制数范围。

表 5.2 各类地址的比较

地址类型	网络号长度	第 1 个 8 位的格式	可指派的网络数	主机号长度	主机数	IP 地址第 1 组十进制数范围
A 类	8 位	0xxxxxxx	$2^7-2=126$	24 位	$2^{24}-2=16777214$	1 ～ 126
B 类	16 位	10xxxxxx	$2^{14}=16384$	16 位	$2^{16}-2=65534$	128 ～ 191
C 类	24 位	110xxxxx	$2^{21}=2097152$	8 位	$2^8-2=254$	192 ～ 223
D 类	—	1110xxxx	—	—	—	224 ～ 239
E 类	—	1110xxxx	—	—	—	240 ～ 254

注：①在 A 类网络中，网络号字段全为 0 的 IP 地址是保留地址，意思是“本网络”。

②网络号 127（01111111）保留作为本地软件环回测试（Loopback Test）地址，用于本主机进程之间的通信。

RFC6890 规定，B 类地址中的 128.0.0.0 和 C 类地址中的 192.0.0.0 都可以指派，在 RFC6890 以前是不能被指派的。

表 5.3 给出了一般不指派的特殊 IP 地址，这些地址只能在特定的情况下才能使用。

表 5.3　一般不指派的特殊 IP 地址

网络号	主机号	源地址使用	目的地址使用	代表的意思
0	0	可以	不可以	本网络上的本主机
0	X	可以	不可以	本网络上主机号为 X 的主机
全 1	全 1	不可以	可以	只在本网络上广播（各路由器均不转发）
Y	全 1	不可以	可以	对网络号为 Y 的网络上的所有主机进行广播
127	非全 0 或非全 1 的任何数	可以	可以	用于本地软件环回测试

对于任意一个给定的 IP 地址，我们都可以通过该地块的前几位判断其类型，并准确地计算出其网络号和主机号。这对路由器根据目的网络号转发 IP 数据报是非常重要的。

5.2.2　划分子网

划分子网

分类编址方式表面上看起来非常合理，但在实际应用中，随着中小规模网络的迅速增长而暴露出了明显的问题。一个 C 类地址空间仅能容纳 254 台主机，这对许多组织的网络来说太小了。因此，很多组织申请 B 类地址，然而一个 B 类地址空间又太大了，可容纳 65534 台主机，导致大量的地址空间浪费。随着加入互联网的组织数量的迅速增加，IP 地址面临被分配完的危险。

为了解决上述问题，IETF 提出了划分子网的编址改进方案。该方案从网络的主机号中借用不定长的若干位作为子网号（Subnet-ID）。当然，主机号也就相应减少了同样的位数。于是两级 IP 地址就变为 3 级 IP 地址：网络号（n 位）、子网号（s 位）和主机号［$(32-n-s)$ 位］，如图 5.10 所示。

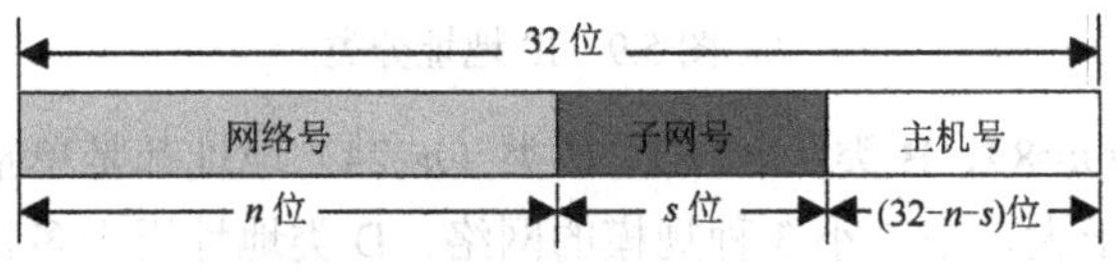

◎ 图 5.10　划分子网的 IP 地址

这种 3 级 IP 地址可以用以下记法来表示：IP 地址 ::=（定义为）{< 网络号 >,< 子网号 >,< 主机号 >}。

划分子网编址大大减少了 A 类、B 类地址空间的浪费，因为可以将 A 类、B 类地址空间划分给多个组织使用。

5.2.3　无分类编址

为了解决 IP 地址枯竭的问题，IETF 又提出了无分类编址方法，同时专门成立了 IPv6 工作组，负责研究新版本 IP 以彻底解决 IP 地址枯竭的问题。

1993 年，IETF 发布了无类别域间路由选择（Classless Inter-Domain Routing，CIDR）的 RFC 文档。CIDR 消除了传统的 A 类、B 类和 C 类地址，以及划分子网的概念，因而可以更加有效地分配 IPv4 的地址空间。它可以将好几个 IP 网络结合在一起，使用一种 CIDR 算法，使它们合并

成一条路由，从而减少路由表中的路由条目并减轻互联网路由器的负担。

CIDR 的要点是网络前缀、地址块和地址掩码。

1. 网络前缀

图 5.11 所示为 CIDR 表示的 IP 地址。这时，网络号改为网络前缀（Network-Prefix）（或简称为前缀），用来指明网络；后面剩下的部分仍然是主机号，用来指明主机。在这里，网络前缀的位数 n 不是固定的数，可以在 0 到 32 之间选取任意的值。

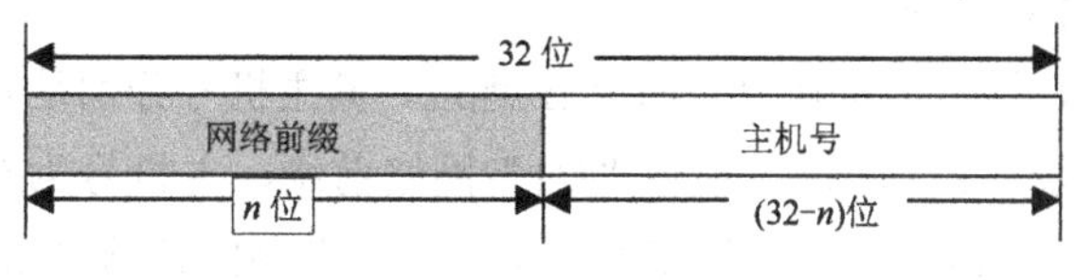

◎ 图 5.11　CIDR 表示的 IP 地址

CIDR 使用斜线记法（或称 CIDR 记法），即在 IP 地址后面加上一个斜线“/”，写上网络前缀所占的比特数：IP 地址 ::=（定义为）{< 网络前缀 >,< 主机号 >}。

例如，CIDR 表示的一个 IP 地址为 211.81.192.250/15，对应的二进制 IP 地址是 11010011.01010001.11000000.11111101，斜线后是 15，表示 IP 地址的前 15 位是网络前缀。

2. 地址块

CIDR 把网络前缀都相同的所有连续的 IP 地址组成一个 CIDR 地址块。一个 CIDR 地址块包含的 IP 地址数目取决于网络前缀的位数。只要知道 CIDR 地址块中的任何一个地址，就可以知道这个地址块的起始地址（最小地址）和最大地址，以及地址块中的地址数。

例如，已知 IP 地址 133.18.35.7/20 是某 CIDR 地址块中的一个地址，现在把它写成二进制形式，其中，前 20 位是网络前缀，而网络前缀后面的 12 位是主机号，即 133.18.35.7/20=1000 0011 0000 1010 0010 0011 00000111。

对于这个地址所在的地址块中的最小地址和最大地址，可以很方便地得出以下结果。

最小地址：133.18.32.0=10000011 00001010 00100000 00000000。

最大地址：133.18.47.255=10000011 00001010 00101111 11111111。

由此可以算出，这个地址块共有 2^{12} 个地址。我们可以用地址块中的最小地址和网络前缀的位数指明这个地址块，即 133.18.32.0/20。

3. 地址掩码

在 CIDR 编址中，由于网络前缀的长度不固定，因此 IP 地址本身并不确定其网络前缀和主机号，为此，CIDR 采用了与 IP 地址配合使用的 32 位地址掩码（Address Mask）。地址掩码通常简称掩码，是由前面连续的一串 1 和后面连续的一串 0 组成的，而 1 的个数就是网络前缀的长度。最初，地址掩码被用于划分子网，用来表示可变长子网号部分的长度，被称为子网掩码。虽然 CIDR 已不再使用地址掩码划分子网，但人们已经习惯使用子网掩码这一名词，因此，CIDR 使用的地址掩码也可继续称为子网掩码。

在 CIDR 记法中，斜线后面的数字就是地址掩码中 1 的个数。而对早期的分类 IP 地址，其地址掩码是固定的，常常不用专门指出。

A 类地址：地址掩码是 255.0.0.0 或记为 IP 地址 /8。

B 类地址：地址掩码是 255.255.0.0 或记为 IP 地址 /16

C 类地址：地址掩码是 255.255.255.0 或记为 IP 地址 /24。

由路由器连接起来的每个网络都有唯一的网络前缀（网络号），并用主机号为全 0 的 IP 地址来表示该网络的 IP 地址。使用地址掩码的好处就是计算机能够非常方便地利用子网掩码计算一个 IP 地址的网络地址，只要对地址掩码和 IP 地址进行逐位与运算（AND），就能立即得出其所在网络的地址。

CIDR 地址中还有 3 个特殊地址块。

（1）网络前缀 n=32，即 32 位 IP 地址都是前缀，没有主机号，这其实就是一个 IP 地址。这个特殊地址用于主机路由，详见 5.5.3 节。

（2）网络前缀 n=31，这个地址块只有两个 IP 地址，其主机号分别是 0 和 1。RFC3021（2000 年）标准中提出，不受表 5.3 的限制，使用“/31”网络前缀、主机号为 0 或 1 的 IP 地址可以指派给点对点链路两端的路由器接口。这种使用“/31”网络前缀的特殊网络不支持定向广播，即主机号为全 1 的 IP 地址不再表示该网络的广播地址。

（3）网络前缀 n=0，同时 IP 地址也为全 0，即 0.0.0.0/0，这用于默认路由。详见 5.5.3 节。

4. 路由聚合

一个大的 CIDR 地址块中往往包含很多小地址块，因此在路由器的转发表中利用较大的一个 CIDR 地址块来代替许多较小的地址块，这种方法称为路由聚合。它使得在路由表中只用一个路由项目就可以表示原来传统分类中的很多个（如上千个）路由项目，因而大大压缩了转发表所占的空间，减少了查找转发表所需的时间。路由聚合也称为构成超网（Supernetting）。

5.2.4 IP 地址的特点

IP 地址具有以下一些重要特点。

（1）每个 IP 地址都由网络前缀和主机号两部分组成。从这个意义上说，IP 地址是一种分等级的地址结构。分两个等级的好处是：第一，IP 地址管理机构在分配 IP 地址时只分配网络前缀（第一级），而剩下的主机号（第二级）则由得到该网络前缀的单位自行分配，这样就方便了 IP 地址的管理；第二，路由器根据目的主机所连接的网络前缀（地址块）转发分组（而不考虑目的主机号）。

（2）实际上，IP 地址是标志一台主机（或一个路由器）和一条链路的接口。当一台主机同时连接两个网络时，该主机必须同时具有两个相应的 IP 地址，其网络前缀必须是不同的。这种主机称为多归属主机（Multihomed Host）。由于一个路由器至少应当连接两个网络，因此一个路由器至少应当有两个不同的 IP 地址。

（3）按照互联网的观点，一个网络（或子网）是指具有相同网络前缀的主机的集合。因此，用转发器或交换机连接起来的若干局域网仍为一个网络，而这些局域网都具有同样的网络前缀。具有不同网络前缀的局域网必须使用路由器进行互连。

（4）在 IP 地址中，所有分配到网络前缀的网络（无论是范围很小的局域网，还是可能覆盖很大地理范围的广域网）都是平等的。所谓平等，就是指互联网同等对待每个 IP 地址。

5.2.5 IP 地址与 MAC 地址

IP 地址与 MAC 地址

在学习 IP 地址时，要弄懂主机的 IP 地址和 MAC 地址的区别。在局域网中，由于 MAC 地址已固化在网卡的 ROM 中，因此常常将 MAC 地址称

为物理地址或硬件地址，是数据链路层使用的地址；而 IP 地址则是网络层及以上各层使用的地址，是一种逻辑地址（称 IP 地址为逻辑地址是因为 IP 地址是用软件实现的），如图 5.12 所示。

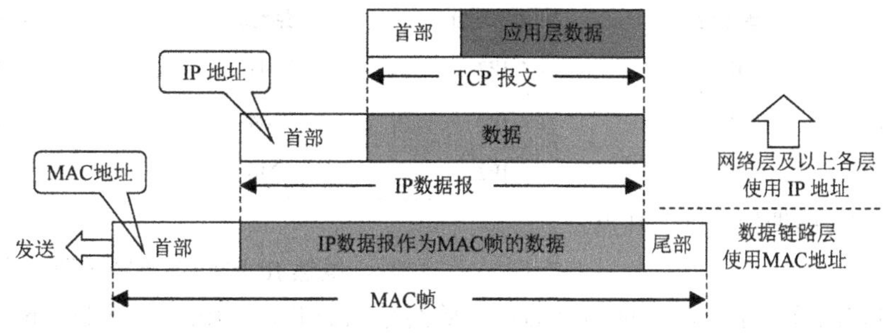

◎ 图 5.12 IP 地址与 MAC 地址

在发送数据时，数据从高层传递到低层，之后才在通信链路上传输。使用 IP 地址的 IP 数据报一旦被交给了数据链路层，就被封装成 MAC 帧。MAC 帧在传送时使用的源地址和目的地址都是 MAC 地址，这两个 MAC 地址都写在 MAC 帧的首部中。

连接在通信链路上的设备（主机或路由器）在接收 MAC 帧时，根据 MAC 帧首部中的 MAC 地址决定收下或丢弃该 MAC 帧。只有在剥去 MAC 帧的首部和尾部并把数据链路层的数据上交给网络层后，网络层才能在 IP 数据报的首部中找到源 IP 地址和目的 IP 地址。

总之，IP 地址放在 IP 数据报的首部，而 MAC 地址则放在 MAC 帧的首部。在图 5.12 中，在 IP 数据报被放入数据链路层的 MAC 帧中以后，整个 IP 数据报就成为 MAC 帧的数据，因而在数据链路层看不见数据报的 IP 地址。

如图 5.13（a）所示，该网络中的 3 个局域网用两个路由器 R1 和 R2 互连起来。现在主机 A 和主机 B 要通信，假定主机 A 的 IP 地址和 MAC 地址分别是 IP1 与 M1，主机 B 的 IP 地址和 MAC 地址分别是 IP2 与 M2，通信路径是 A → R1 → R2 → B。路由器 R1 因同时连接两个局域网，因此它有两个 IP 地址和 MAC 地址，即 (IP3,M3) 和 (IP4,M4)。同理，路由器 R2 也有两个 IP 地址和 MAC 地址，即 (IP5,M5) 和 (IP6,M6)。

图 5.13（b）强调了 IP 地址和 MAC 地址的区别。表 5.4 列出了如图 5.13（b）所示的不同层次、不同区间的源地址和目的地址。

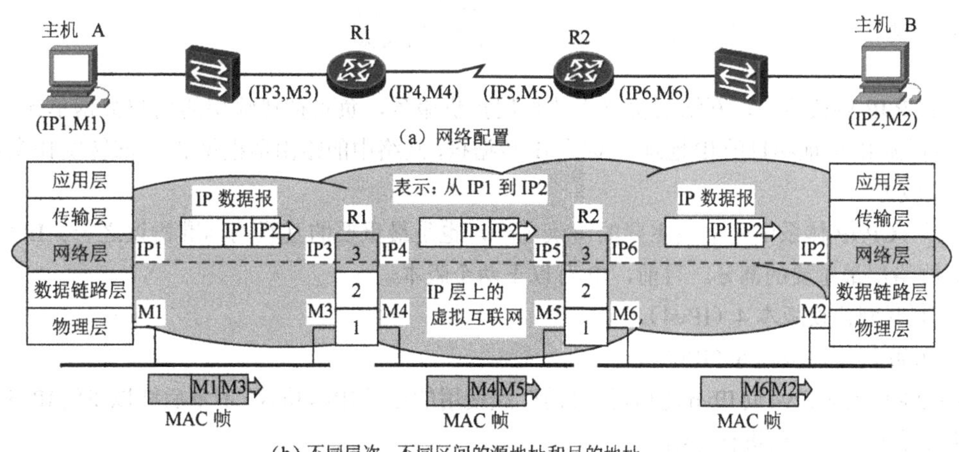

◎ 图 5.13 从不同层次上看 IP 地址和 MAC 地址

表 5.4　不同层次、不同区间的源地址和目的地址

	在网络层写入 IP 数据报首部的地址		在数据链路层写入 MAC 帧首部的地址	
	源地址	目的地址	源地址	目的地址
从 A 到 R1	IP1	IP2	M1	M3
从 R1 到 R2	IP1	IP2	M4	M5
从 R2 到 B	IP1	IP2	M6	M2

在这里，需要强调指出以下几点。

（1）在网络层抽象的互联网上只能看到 IP 数据报。虽然 IP 数据报要经过路由器 R1 和 R2 的两次转发，但它的首部中的源地址和目的地址始终分别是 IP1 与 IP2。图 5.13（b）中的 IP 数据报上面写的“从 IP1 到 IP2”就表示前者是源地址而后者是目的地址。IP 数据报中间经过的两个路由器的 IP 地址并不出现在 IP 数据报的首部中。

（2）虽然在 IP 数据报的首部中有源 IP 地址，但路由器只根据目的 IP 地址的网络号进行路由选择。

（3）在局域网的数据链路层只能看到 MAC 帧。IP 数据报被封装在 MAC 帧中。MAC 帧在不同网络上传送时，其首部中的源地址和目的地址会不断发生变化，如图 5.13（b）所示。MAC 帧在主机 A 和路由器 R1 间传送时，其首部中写的是从 MAC 地址 M1 发送到 MAC 地址 M3；路由器 R1 收到此 MAC 帧后，在转发时要改变首部中的源地址和目的地址，将它们转换成从 MAC 地址 M4 到 MAC 地址 M5；路由器 R2 收到此 MAC 帧后，再次改变 MAC 帧的首部，填入从 M6 发送到 M2，在 R2 和主机 B 之间传送。表 5.4 也列出了数据链路层 MAC 帧首部在数据报传送过程中源地址和目的地址的变化。MAC 帧首部的这种变化在上面的网络层上是看不到的。

（4）尽管互连在一起的网络的 MAC 地址体系各不相同，但网络层抽象的互联网屏蔽了下层这些很复杂的细节。只要在网络层上讨论问题，就能够使用统一的、抽象的 IP 地址研究主机或路由器之间的通信。

在图 5.13 中，主机及路由器怎样知道应当在 MAC 帧的首部填入什么样的 MAC 地址呢？路由器中的路由表是怎样得出的呢？下面逐个问题进行讲解。

5.3　网际协议 IP

在 TCP/IP 协议栈中，网络层协议为传输层提供服务，负责把传输层的用户数据单元加上 IP 首部（包括源 IP 地址和目的 IP 地址），称为 IP 数据报，网络中的路由器根据 IP 首部转发 IP 数据报，发送给接收方。

IP 是 TCP/IP 体系中两个最主要的协议之一，也是最重要的互联网标准协议之一。IP 定义了 TCP/IP 网络层最重要的部分。目前，IP 有以下两个版本。

- 互联网协议版本 4（IPv4）。
- 互联网协议版本 6（IPv6）。

IP 已经开始从 IPv4 向 IPv6 迁移，但目前广泛使用的还是 IPv4 协议。本章后续以讲解 IPv4 为主，IPv6 将在第 6 章中专门进行介绍。

在以太网中，IP 还需要 ARP（Address Resolution Protocol，地址解析协议）将 IP 地址解析成 MAC 地址，因此 ARP 也被列入网络层。

网络层协议还有 ICMP，用来诊断网络是否畅通，为发送端返回差错报告。ICMP 依赖 IP，也被列入网络层。

网络层协议还有 IGMP，运行在路由器接口和加入组播的计算机之间，路由器的接口使用 IGMP 管理组播成员。

以前，网络层还有逆向地址解析协议（RARP），与 ARP 配合使用，目前已被淘汰而不再使用了。

图 5.14 给出了网络层各协议之间的关系。在网络层中，ARP 位于最下面，因为 IP 经常要使用这个协议。ICMP 和 IGMP 位于最上面，因为它们要使用 IP。这 4 个协议的上下位置表明了它们之间的依赖关系。

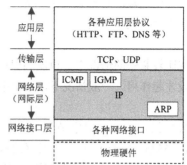

应用层	各种应用层协议（HTTP、FTP、DNS 等）
传输层	TCP、UDP
网络层（网际层）	ICMP　IGMP IP ARP
网络接口层	各种网络接口
	物理硬件

◎ 图 5.14　网络层各协议之间的关系

由于 IP 用来使互连起来的许多计算机网络能够通信，因此 TCP/IP 体系中的网络层常常被称为网际层（Internet Layer）或 IP 层。

5.3.1　IP 数据报的格式

IP 数据报的格式说明 IP 数据报的首部都具有什么功能。在 TCP/IP 标准中，首部格式的宽度是 32 位（4 字节）。图 5.15 所示为 IP 数据报（若没有特殊说明，则后面所说的 IP 数据报均表示 IPv4 数据报）的完整格式。

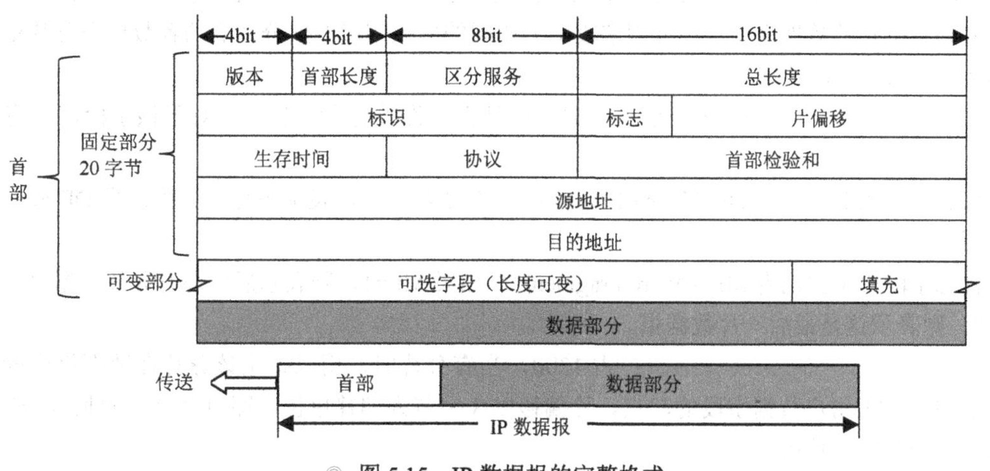

◎ 图 5.15　IP 数据报的完整格式

从图 5.15 中可以看出，一个 IP 数据报由首部和数据部分组成。首部的前一部分是固定部分，共 20 字节，是所有 IP 数据报必须具有的。首部的固定部分的后面是一些可选字段，其长度是可变的。数据部分包括高层需要传输的数据。首部是为了正确传输高层数据而增加的控制信息。

1. IP 数据报首部各字段的含义

（1）版本（Version）：占 4bit，指 IP 的版本。通信双方使用的 IP 的版本必须一致。目前广泛使用的 IP 版本号为 4，即 IPv4。0b0100 表示 IPv4，0b0110 表示 IPv6。

（2）首部长度（Header Length）：占 4bit，指整个 IP 数据报的首部长度，不包括数据部分，可表示的最大十进制数是 15。这个字段所表示的数的单位是 32 位二进制数。因此，当首部长度为 1111（十进制数 15）时，首部长度就达到 60 字节（15×4 字节）。当 IP 数据报的首部长度不是 4 字节的整数倍时，必须利用最后的填充字段加以填充。因此，数据部分永远从 4 字节的整数倍开始，这样在实现 IP 时较为方便。最常用的首部长度是 20 字节（首部长度为 0101），这时不使用任何选项。首部长度限制为 60 字节的缺点是长度有时可能不够用，之所以限制长度，是希望用户尽量减少开销。

（3）区分服务（Differentiated Service）：占 8bit，主要用来提高网络的服务质量，在网络带宽比较紧张的情况下，也能确保这种应用的带宽有保障。只有在使用优先级区分服务时，这个字段才起作用。一般情况下，这个字段都不使用。

（4）总长度（Total Length）：占 16bit，是指 IP 数据报首部和数据部分的长度之和，即 IP 数据报的长度，以字节为单位。由于总长度字段为 16 位，因此，IP 数据报的最大长度为 $2^{16}-1=65535$（字节）。然而，传送这样长的 IP 数据报在现实中是极少遇到的。

我们知道，网络层下面的每种数据链路层协议都规定了一个数据帧中的数据字段的最大长度，称为 MTU。当一个 IP 数据报封装成数据链路层的帧时，此 IP 数据报的总长度（首部加上数据部分）一定不能超过下面的数据链路层所规定的 MTU 值。例如，最常用的以太网就规定其 MTU 值是 1500 字节。若所传送的 IP 数据报的长度超过数据链路层的 MTU 值，则必须将过长的 IP 数据报进行分片处理。

（5）标识（Identification）：占 16bit，用于表示 IP 数据报的标识符。每个 IP 数据报都有一个唯一的标识符。IP 软件在存储器中维持一个计数器，每产生一个数据报，计数器就加 1，并将此值赋给整个标识字段。但整个标识并不是序号，因为 IP 是无连接服务，所以数据报不存在按序接收的问题。当数据报由于长度超过下面数据链路层的 MTU 值而必须分片时，这个标识符的值就被复制到所有的数据报分片的标识字段中。相同的标识字段的值分片后的各数据报分片最后能正确地组装成原来的数据报。

（6）标志（Flag）：占 3bit，指出该数据报是否允许被分段。目前，对于该字段，只有前两位有意义。

标志字段第 2 位记为 DF（Don't Fragment），当 DF=1 时，表示不允许分段；当 DF=0 时，表示需要分片。

标志字段第 1 位记为 MF（More Fragment），如果 MF=1，则表示后面还有分片数据报；如果 MF=0，则表示这是最后一片数据报。

（7）片偏移（Flagment Offset）：占 13bit，当有分片时，用以指出该分片在数据报中的相对位置，即相对于用户数据字段的起点。片偏移以 8 字节为偏移单位，即每个分片的长度一定是 8 字节（64bit）的整数倍。

注：

网络层首部的标识、标志和片偏移都是与数据报分片相关的字段。但在 IPv6 中，不允许在路由器上对 IP 数据报进行分片。

（8）生存时间（Time To Live，TTL）：占 8bit，生存时间字段设置了数据报可以经过的最多路由器数。TTL 的初始值由源主机设置（TTL 一般是操作系统内定设置好的，每个操作系统的 TTL 的值可能不一样），一旦经过一个处理它的路由器，它的值就减 1。当该字段的值为 0 时，数据报就被丢弃，并发送 ICMP 报文通知源主机。这个字段可以防止由于故障而导致 IP 数据报在网络中无限制地循环转发。

（9）协议（Protocol）：占 8bit，表明所封装的数据使用了什么协议。常用的一些协议和相应的协议字段值如表 5.5 所示。

表 5.5　常用的一些协议和相应的协议字段值

协议名	ICMP	IGMP	IP	TCP	EGP	IGP	UDP	IPv6	ESP	OSPF
值（十进制数）	1	2	4	6	8	9	17	41	50	89

（10）首部检验和（Checksum）：占 16bit，只检验数据报的首部。数据报每经过一台路由器，TTL、标志、片偏移等字段就可能发生变化，路由器都要重新计算一下首部检验和。不检验数据部分可减少计算的工作量。

IP 数据报的首部检验和不采用复杂的 CRC 编码，而采用互联网检验和（Internet Check Sum）的方法：在发送方，先把 IP 数据报的首部划分为许多 16 位（2 字节）的序列，并把首部检验和字段置 0；用反码算术运算把所有 16 位字相加后，将得到的和的反码写入首部检验和字段中；接收方得到数据后，将首部的所有 16 位字使用反码算术运算相加一次，将得到的和取反码，即得出接收方首部检验和的计算结果。若首部未发生任何变化，则此结果必为 0，于是就保留这个数据报；否则即认为出现了差错，并将此数据报丢弃。

（11）源地址和目的地址：占 32bit，分别表示该 IP 数据报发送方和接收方的 IP 地址。在整个数据报传送过程中，无论经过什么路由，无论如何分片，这两个字段一直保持不变。

（12）可选字段（长度可变）：IP 首部中的可变部分就是一个选项字段，用来支持各种选项，提供扩展的余地。根据选项的不同，该字段是可变长的，从 1 字节到 40 字节不等，取决于所选择的项目，用来支持排错、测量及安全等措施。作为选项，用户可以使用也可以不使用。但作为 IP 的组成部分，所有实现 IP 的设备都必须能处理 IP 选项。在使用可选字段的过程中，如果造成 IP 数据报的首部不是 32 的整数倍，就在可选字段后面添加 0 来补足。

使用 Wireshark 软件分析 IP 数据报首部各字段：

```
Internet Protocol Version 4, Src: 192.168.1.10, Dst: 192.168.1.20
  0100 .... = Version: 4                                        // 版本，IPv4
  .... 0101 = Header Length: 20 字节 s (5)                       // 首部长度 20 字节 =5×4
  Differentiated Services Field: 0x00 (DSCP: CS0, ECN: Not-ECT) // 区分服务，未使用
  Total Length: 1500                                            // 总长度，IP 数据报首部 + 数据部分
  Identification: 0x1620 (5664)                                 // 标识为 5664
  Flags: 0x21, More fragments                                   // 分片
    0... .... = Reserved bit: Not set
    .0.. .... = Don't fragment: Not set                         // 允许分片
    ..1. .... = More fragments: Set                             // 后面的还有分片的数据报
  ...0 1011 1001 0000 = Fragment Offset: 2960                   // 片偏移为 2960 字节
  Time to Live: 128                                             // 生存时间为 128 跳
  Protocol: ICMP (1)                                            // 协议为 ICMP
  Header Checksum: 0x7a20 [validation disabled]                 // 首部检验和
  [Header checksum status: Unverified]
  Source Address: 192.168.1.10                                  // 源 IP 地址
  Destination Address: 192.168.1.20                             // 目的 IP 地址
  [Reassembled IPv4 in frame: 33]
Data (1480 字节 s)
```

2. 数据分片详解

前面讲过，当所传送的 IP 数据报的长度超过了数据链路层的 MTU 值时，必须将过长的 IP

数据报进行分片处理。以太网、点到点链路的MTU值不一样，以太网的MTU值是1500字节，而点到点链路的MTU值是800字节。

分片既可以发生在发送方，又可以发生在沿途的路由器中。在进行分片时，IP数据报首部中的总长度字段是指分片后的每个分片的首部长度与该分片的数据部分长度的总和。

例如，一个IP数据报的总长度为3500字节，其数据部分为3480字节（使用固定首部），需要分为长度不超过1500字节的数据报分片。因为固定首部的长度为20字节，所以每个数据报分片的数据部分的长度不能超过1480字节。于是分为3个数据报分片，其数据部分的长度分别是1480字节、1480字节和520字节。原始数据报首部被复制为3个数据报分片的首部，但必须修改为有关字段的值。图5.16所示为分片后得出的结果（注意片偏移的数值）。

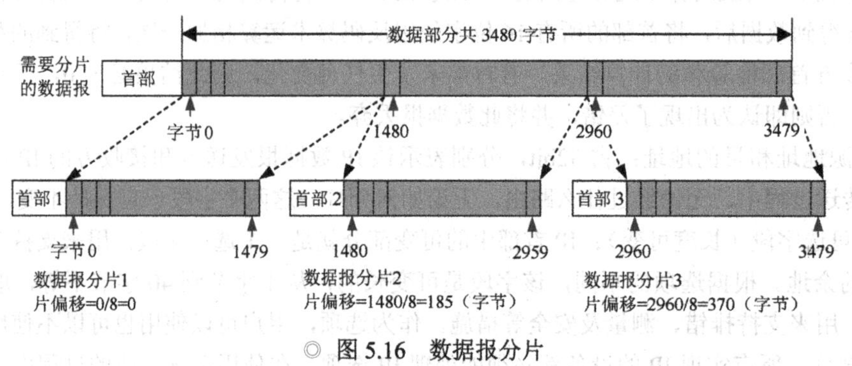

◎ 图5.16 数据报分片

注：

片偏移是从数据部分开始计数的。数据部分的开始位置是0，其单位是8字节，片偏移1代表8字节。

表5.6所示为图5.16中数据报首部与分片有关的字段中的数值，其中，标识字段的值（12345）是任意给定的。具有相同标识的数据报分片在目的站可以无误地重装成原始数据报。

表5.6 数据报首部与分片有关的字段中的数值

	总长度/字节	数据部分/字节	标识	MF	DF	片偏移/字节
原始数据报	3500	3480	12345	0	0	0
数据报分片1	1500	1480	12345	1	0	0
数据报分片2	1500	1480	12345	1	0	185
数据报分片3	540	520	12345	0	0	370

现在假定数据报分片经过某个网络时还需要再分片，即划分为数据报分片2-1（携带数据800字节）和数据报分片2-2（携带数据680字节）。那么这两个数据报分片的总长度、标识、MF、DF、片偏移分别为820字节、12345、1、0、175和700字节、12345、1、0、275。

在MS-DOS下使用命令ping 192.168.1.20 -L 3500启动Wireshark软件，进行抓包。图5.17所示为数据报分片。

在图5.17中，第1个ICMP请求报文的3个分片：第1个分片的总长度、标识、MF、DF、片偏移分别为1500字节、17904、1、0、0；第2个分片的总长度、标识、MF、DF、片偏移分别为1500字节、17904、1、0、185；第3个分片的总长度、标识、MF、DF、片偏移分别为540字节、17904、0、0、370。

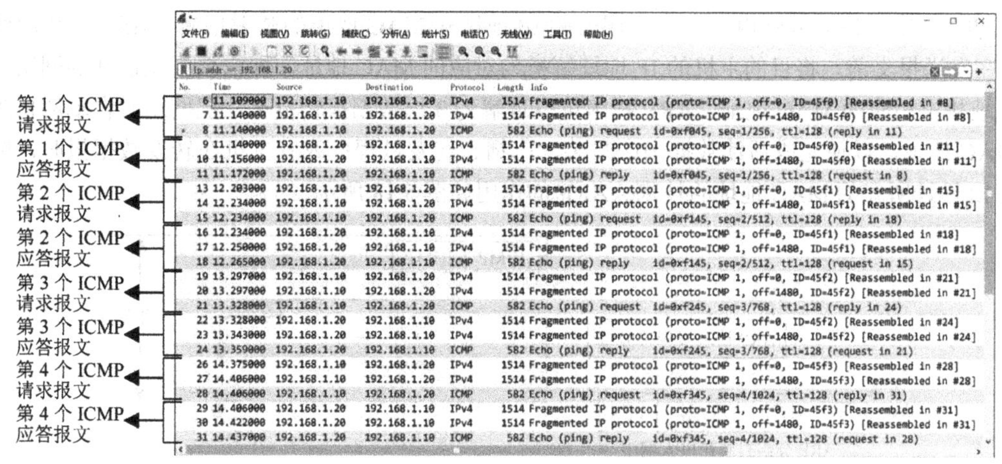

◎ 图 5.17　数据报分片

3. TTL

TTL 是指定数据报被路由器丢弃之前允许通过的网段数量。TTL 是由发送主机设置的，以防止数据报在 IP 网络上永不终止地循环。在转发 IP 数据报时，要求路由器至少将 TTL 减小 1。

各种操作系统在发送数据报时，在数据报首部都要给 TTL 字段赋值，用来限制该数据报能够通过的路由器数量。表 5.7 列出了一些常用操作系统发送数据报时默认的 TTL 值。

表 5.7　常用操作系统发送数据报时默认的 TTL 值

操作系统	协议	默认 TTL 值
Linux 2.4 Kernel	ICMP	255
Windows	TCP、UDP、ICMP	128
Linux Redhat 9	TCP、ICMP	64

在 MS-DOS 下 ping 目的 IP 地址，观察 TTL 值：

```
C:\Users\Think>ping 192.168.1.6
正在 Ping 192.168.1.6 具有 32 字节的数据 :
来自 192.168.1.6 的回复 : 字节 =32 时间 =4ms TTL=64
……
C:\Users\Think>ping  www.baidu.com.cn
正在 Ping www.baidu.com.cn [39.156.66.18] 具有 32 字节的数据 :
来自 39.156.66.18 的回复 : 字节 =32 时间 =18ms TTL=50
……
```

5.3.2　ARP

1. ARP 的作用

我们知道，互联网通常是网络的网络，即把各种网络都统一到一个网络中，并采用一种统一的地址（IP 地址）使各种网络在路由选择协议的作用下实现互联。但这里面有一个重要的问题，即互联网是基于 IP 网络路由的，而被互联网连接起来的其他网络，如以太网，其内部是使用自己的 MAC 地址来寻址的，当到达一个以太网的网段时，就需要知道目的 IP 地址对应的 MAC 地址，只有这样才能最终将 IP 数据报送到目的 IP 地址。实际上，这样的过程一直存在。

ARP用来解决局域网内一个广播域中的IP地址和MAC地址的映射问题。ARP的作用就是主机在发送报文前，将目的主机的IP地址解析为对应的MAC地址，即需要根据已知的网络层的IP地址找出相应的MAC地址。ARP技术可以理解为3层数据报转发至2层网络时自动解析到目的MAC地址，以便完成后续数据帧的封装、广播、转发过程；或者主机在转发数据报时，解析目的IP地址所在的MAC地址的技术。ARP的作用如图5.18所示。

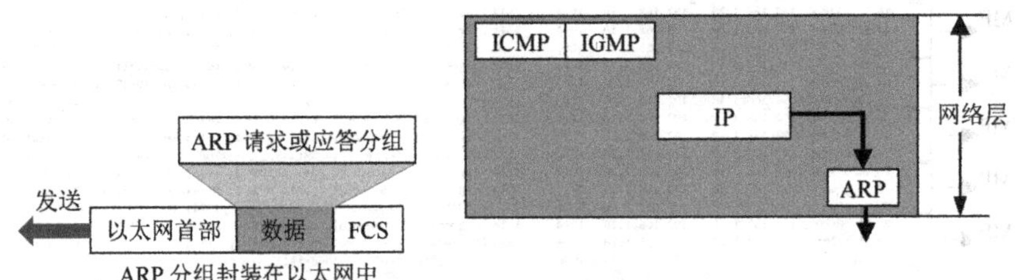

◎ 图5.18 ARP的作用

IP地址（32位）和下面的数据链路层的MAC地址（48位）之间由于格式不同而不存在简单的映射关系。此外，一个物理网络上可能经常会有新的主机加入或撤走一些主机。更换主机的网络适配器也会使主机的MAC地址改变。在支持硬件广播的局域网中，可以使用ARP解析IP地址与MAC地址的动态映射问题。

为了提高效率，避免ARP请求占用过多的网络资源，使用ARP的每台主机都设有一个ARP高速缓存（ARP Cache），里面存有本局域网上的各主机和路由器的IP地址到MAC地址的映射，这些都是该主机目前知道的一些地址。一旦收到ARP应答，主机就将获得的IP地址和MAC地址并存入缓存。在发送报文时，首先在缓存中查找相应的项，若找不到，则利用ARP进行地址解析。由于多数网络通信都要连续发送多个报文，所以缓存机制大大提高了ARP的效率。

2. ARP的解析过程

ARP的解析过程如图5.19所示。

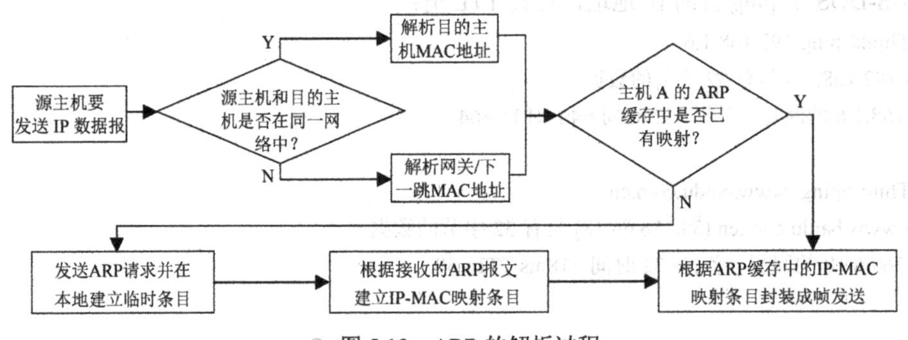

◎ 图5.19 ARP的解析过程

主机B以主机A的IP地址为目的IP地址，以自己的IP地址为源IP地址封装了一个IP数据报；在发送该数据报以前，主机A通过将子网掩码和源IP地址及目的IP地址进行求“与”操作判定源主机和目的主机在同一网络中；于是主机A转向查找本地的ARP缓存，以确定在缓存中是否有关于主机B的IP地址与MAC地址的映射信息；若在缓存中存在主机B的IP地址与MAC地址的映射关系，则完成ARP地址解析，此后主机A的网卡立即以主机B的MAC地址为目的MAC地址，以自己的MAC地址为源MAC地址进行帧的封装并启动帧的发送；主机B收到该帧后，确认是给自己的帧，进行帧的拆封并取出其中的IP数据报交给网络层进行处理。

主机 A 也有可能查不到主机 B 的 IP 地址。原因可能是主机 B 刚刚入网；也可能是主机 A 刚刚加电，其高速缓存是空的。在这种情况下，主机 A 就自动运行 ARP，并按以下步骤找出主机 B 的 MAC 地址。

步骤 1：如图 5.20 所示，以太网上有 5 台计算机，分别是主机 A、主机 B、主机 C、主机 D 和主机 E。

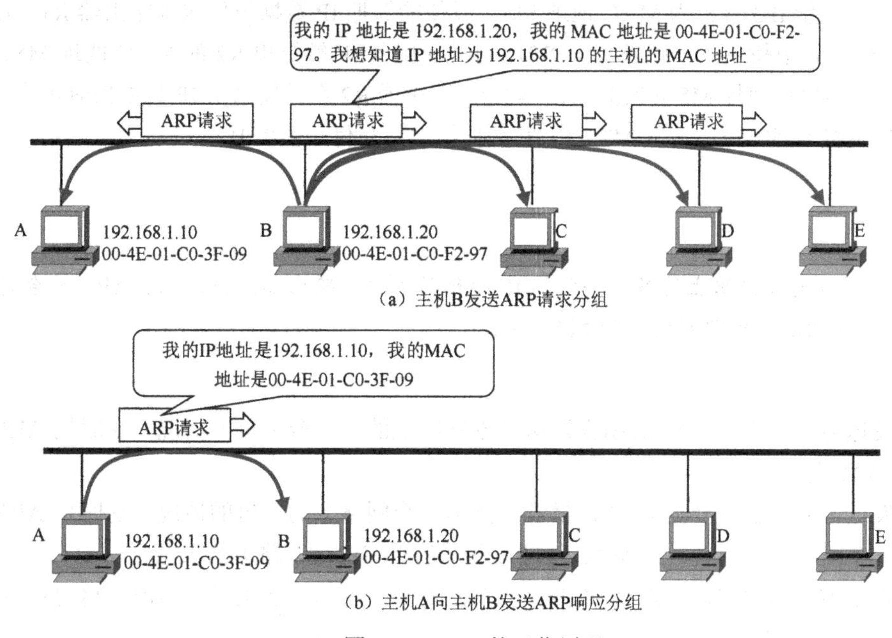

◎ 图 5.20　ARP 的工作原理

主机 B 的 ARP 进程在本地局域网上以广播帧的形式向所有主机发送一个 ARP 请求报文（ARP Request），请求报文的主要内容是“我的 IP 地址是 192.168.1.20，我的 MAC 地址是 00-4E-01-C0-F2-97。我想知道 IP 地址为 192.168.1.10 的主机的 MAC 地址”，如图 5.20（a）所示。在该广播帧中，48 位的目的 MAC 地址以全 1 即 FF-FF-FF-FF-FF-FF 表示，源 MAC 地址为主机 B 的地址。

步骤 2：在本局域网的所有主机上运行的 ARP 进程都会收到此 ARP 请求报文，并且所有收到该广播帧的主机都会检查自己的 IP 地址。

步骤 3：如果主机 A 的 IP 地址与 ARP 请求报文中要查询的 IP 地址一致，那么主机 A 就收下这个 ARP 请求报文，并向主机 B 发送 ARP 应答报文，同时在这个 ARP 应答报文中写入自己的 MAC 地址，而其余所有主机都不理睬这个 ARP 请求报文，如图 5.20（b）所示。ARP 应答报文的主要内容是“我的 IP 地址是 192.168.1.10，我的 MAC 地址是 00-4E-01-C0-3F-09”。ARP 请求帧是广播发送的，但 ARP 响应帧是普通的单播，即从一个源地址发送到一个目的地址。

步骤 4：主机 B 收到主机 A 的 ARP 应答报文后，就在其 ARP 高速缓存中写入主机 A 的 IP 地址和 MAC 地址的映射，从而完成主机 A 的地址解析，启动相应帧的封装和发送过程，完成与主机 B 的通信。

在整个 ARP 工作期间，不但主机 B 得到了主机 A 的 IP 地址和 MAC 地址的映射关系，而且主机 A、主机 C、主机 D 和主机 E 得到了主机 B 的 IP 地址和 MAC 地址的映射关系。如果主机 A 的应用程序需要立即返回数据给主机 B 的应用程序，那么主机 A 就不必再次执行上面的 ARP 请求过程了。

ARP 对保存在高速缓存中的每个映射地址项目都设置 TTL（如 10 ～ 20min）。凡超过 TTL

的项目就从高速缓存中将其删除。

ARP用来解决同一局域网上的主机或路由器的IP地址和MAC地址的映射问题。当所要找的主机和源主机不在同一局域网上，如在图5.13中，主机A无法解析另一局域网上主机B的MAC地址（实际上主机A也不需要知道远程主机B的MAC地址）。主机A发送给主机B的IP数据报首先需要通过与主机A连接在同一局域网上的路由器R1来转发。因此，主机A需要把路由器R1的IP地址IP3解析为MAC地址M3，以便能够把IP数据报传送到路由器R1。以后，路由器R1从转发表中找出下一跳路由器R2，同时使用ARP解析出R2的MAC地址M5。于是，IP数据报按照MAC地址M5转发到路由器R2。路由器R2在转发这个IP数据报时用类似的方法解析出目的主机B的MAC地址M2，将IP数据报最终交付给主机B。

注：

从IP地址到MAC地址的解析是自动进行的，用户对这种地址解析过程是不知道的。**只要主机或路由器要与本网络上的另一个已知IP地址的主机或路由器进行通信，ARP就会自动把这个IP地址解析为数据链路层所需的MAC地址。**

3. 使用ARP的4种典型情况

（1）发送方是主机，把IP数据报发送到本网络上的另一台主机的情况。这时用ARP找到目的主机的MAC地址。

（2）发送方是主机，要把IP数据报发送到另一个网络上的主机的情况。这时用ARP找到本网络上的一个路由器（网关）的MAC地址，剩下的工作由这个路由器来完成。

（3）发送方是路由器，要把IP数据报转发到本网络上的一台主机的情况。这时用ARP找到目的主机的MAC地址。

（4）发送方是路由器，要把IP数据报转发到另一个网络上的一个路由器的情况。这时用ARP找到本网络上的一个路由器（网关）的MAC地址，剩下的工作由这个路由器来完成。

在许多情况下需要多次使用ARP，但这只是以上几种情况的反复使用而已。

4. ARP报文的格式

ARP是一个独立的3层协议，因此ARP报文在向数据链路层传输时不需要经过IP的封装，而直接生成自己的报文，其中包括ARP首部，到数据链路层后由对应的数据链路层协议（如以太网协议）进行封装。ARP报文分为ARP请求和ARP应答两种，它们的报文格式可以统一为图5.21所示的格式，可支持不同长度的MAC地址和协议地址。

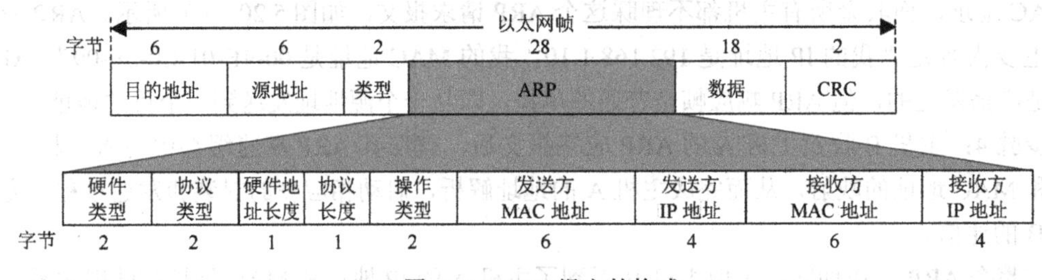

◎ 图5.21　ARP报文的格式

（1）目的地址（DMAC）：ARP请求报文（帧）是一个广播帧，目的MAC地址是广播MAC地址（FF:FF:FF:FF:FF:FF），其目标主机是网络上的所有主机。

（2）源地址（SMAC）：ARP请求报文（帧）的源MAC地址。

（3）以太网类型（Eth.Type）：标识帧封装的上层协议，因为本帧的数据部分是 ARP 报文，所以类型字段的值是 0x0806（ARP 的协议号）。

（4）硬件类型（Hardware Type，HTYPE）：占 2 字节，表示 ARP 报文可以在哪种类型的网络上传输，其值为 1 表示以太网。

（5）协议类型（Protocol Type，PTYPE）：上层网络协议，实际指定了待映射的网络地址的类型，如 IPv4 协议的协议类型值是 0x0800。

（6）硬件地址长度：占 1 字节，标识 MAC 地址的长度（单位：字节），其值为 6 字节。

（7）协议长度：占 1 字节，指定上层协议的网络地址长度（单位：字节）。IPv4 协议的值为 4 字节。

（8）操作类型（Operation）：占 2 字节，指定本次 ARP 报文的类型，1 表示 ARP 请求报文，2 表示 ARP 应答报文。

（9）发送方 MAC 地址（Sender Hardware Address，SHA）：占 6 字节。

（10）发送方 IP 地址（Sender Protocol Address，SPA）：占 4 字节。

（11）接收方 MAC 地址（Target Hardware Address，THA）：占 6 字节。ARP 请求的 THA 是 00:00:00:00:00:00。

（12）接收方 IP 地址（Target Protocol Address，TPA）：占 4 字节。

注：

ARP 报文直接封装在 MAC 帧中，且在 MAC 帧中的类型标识为 0x0806。

通过 Wireshark 软件分析 ARP 报文。

（1）ARP 请求报文如下：

```
Frame 24: 60 bytes on wire (480 bits), 60 bytes captured (480 bits) on interface -, id 0
Ethernet II, Src: HuaweiTe_e5:3e:09 (54:89:98:e5:3e:09), Dst: Broadcast (ff:ff:ff:ff:ff:ff)
// 以太网帧
  Destination: Broadcast (ff:ff:ff:ff:ff:ff)
  Source: HuaweiTe_e5:3e:09 (54:89:98:e5:3e:09)
  Type: ARP (0x0806)
  Padding: 000000000000000000000000000000000000
Address Resolution Protocol (request)              //ARP 请求报文
  Hardware type: Ethernet (1)                      // 硬件类型，以太网为 1
  Protocol type: IPv4 (0x0800)                     // 协议类型，IPv4 类型值为 0x0800
  Hardware size: 6                                 //MAC 地址长度，IPv4 的 MAC 地址长度为 6 字节
  Protocol size: 4                                 //IP 地址长度，IPv4 的 IP 地址长度为 4 字节
  Opcode: request (1)                              // 操作码，请求为 1
  Sender MAC address: HuaweiTe_e5:3e:09 (54:89:98:e5:3e:09)   // 源 MAC 地址
  Sender IP address: 192.168.1.10                             // 源 IP 地址
  Target MAC address: Broadcast (ff:ff:ff:ff:ff:ff)           // 目的 MAC 地址
  Target IP address: 192.168.1.20                             // 目的 IP 地址
```

（2）ARP 应答报文如下：

```
Frame 25: 60 bytes on wire (480 bits), 60 bytes captured (480 bits) on interface -, id 0
Ethernet II, Src: HuaweiTe_33:78:1b (54:89:98:33:78:1b), Dst: HuaweiTe_e5:3e:09 (54:89:98:e5:3e:09)
  Destination: HuaweiTe_e5:3e:09 (54:89:98:e5:3e:09)
  Source: HuaweiTe_33:78:1b (54:89:98:33:78:1b)
  Type: ARP (0x0806)
```

```
  Padding: 000000000000000000000000000000000000
Address Resolution Protocol (reply)                       //ARP 应答报文
  Hardware type: Ethernet (1)
  Protocol type: IPv4 (0x0800)
  Hardware size: 6
  Protocol size: 4
  Opcode: reply (2)                                        // 操作码，应答为 2
  Sender MAC address: HuaweiTe_33:78:1b (54:89:98:33:78:1b)
  Sender IP address: 192.168.1.20
  Target MAC address: HuaweiTe_e5:3e:09 (54:89:98:e5:3e:09)
  Target IP address: 192.168.1.10
```

5.4 网际控制报文协议

为了更有效地转发 IP 数据报和提高交付成功率，网络层使用了网际控制报文协议（Internet Control Message Protocol，ICMP），也称互联网控制报文协议。ICMP 允许主机或路由器报告差错情况和提供有关异常情况的报告，用于传递差错信息及其他需要注意的信息，用以调试、监视网络，以及确保网络的正常运转。

5.4.1 ICMP 报文的格式

ICMP 与 IGMP

ICMP 是互联网的标准协议（RFC792），ICMP 报文作为网络层数据报的数据，加上数据报的首部，组成 IP 数据报发送出去。但通常我们把 ICMP 作为网络层的协议，而不是高层协议，因为它配合 IP 一起完成网络层功能。ICMP 报文的格式如图 5.22 所示。

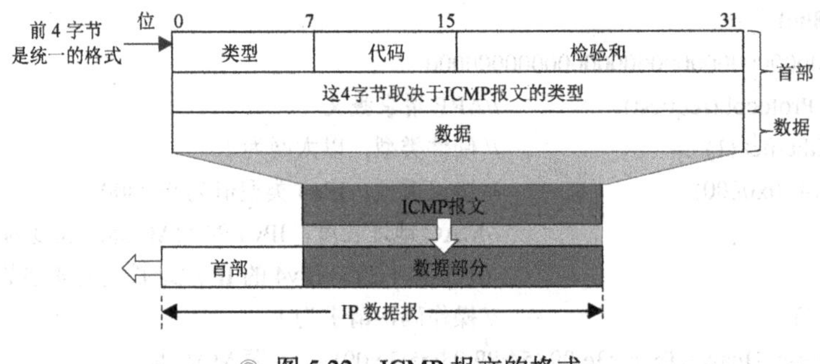

◎ 图 5.22 ICMP 报文的格式

ICMP 报文的前 4 字节都是相同的，其他字节互不相同。前 4 字节共有 3 个字段：类型（8 位）、代码（8 位）和检验和（16 位）。后面的 4 字节的内容与 ICMP 的类型有关。最后的部分是数据字段，其长度取决于 ICMP 报文的类型。

（1）类型：占 8bit。ICMP 标准在不断更新，许多 ICMP 报文已不再使用，目前常用的 ICMP 报文有两种类型：一类是用于诊断的查询消息，即查询报文；另一类是通知出错原因的错误消息，即差错报告报文。

（2）代码：占 8bit，为了进一步区分某种类型中的几种不同的情况。8 位类型和 8 位代码字段一起决定了 ICMP 报文的类型。表 5.8 给出了几种常见的 ICMP 报文的类型和代码代表的含义。

表 5.8　几种常见的 ICMP 报文的类型及代码代表的含义

报文类型	类型	类型含义	代码	代码含义
差错报告报文	3	目标不可达（Destination Unreachable）。当路由器或主机不能交付数据报时，就向源站发送目标不可达报文	0	网络不可到达
			1	主机不可到达
			2	协议不可到达
			3	端口不可到达
			4	数据报需要分片，但设置不允许分片
			5	源站选路失败
	5	重定向（Redirect）或改变路由。路由器把改变路由报文发送给主机，让主机知道下次应将数据报发送给另外的路由器	0	对网络进行重定向
			1	对主机进行重定向
			2	对网络和服务类型进行重定向
			3	对网络和主机类型进行重定向
	11	超时（Time Exceeded）。当路由器收到TTL 为 0 的数据报时，除丢弃该数据报外，还要向源站发送时间超时报文	0	传输期间 TTL 为 0
			1	在数据报组装期间，TTL 为 0
	12	参数问题。当路由器或目的主机收到的数据报的首部中有的字段的值不正确时，就丢弃该数据报，并向源站发送参数问题报文	0	坏的 IP 首部（包括各种差错）
			1	缺少必需的选项
询问报文	0	回送应答（Echo Reply）	0	ping 应答
	8	回送请求（Echo Request）	0	ping 请求

（3）检验和：用来检验整个 ICMP 报文，IP 数据报首部的检验和并不检验 IP 数据报的内容，但 ICMP 存在于 IP 数据报的数据部分，因此并不能保证传输的 ICMP 报文不产生差错。

（4）ICMP 的数据部分：其长度取决于 ICMP 的类型。

5.4.2　ICMP 差错报告报文格式

所有的 ICMP 差错报告报文的数据字段都具有同样的格式，如图 5.23 所示。把收到的需要进行差错报告的 IP 数据报的首部和数据字段的前 8 字节提取出来，作为 ICMP 报文的数据字段，加上相应的 ICMP 差错报告报文的前 8 字节，就构成了 ICMP 差错报告报文。提取收到的数据报的数据字段的前 8 字节是为了得到传输层的端口号（对于 TCP 和 UDP），以及传输层报文的发送序号（对于 TCP）。这些信息对源站通知高层协议是有用的。整个 ICMP 差错报告报文作为 IP 数据报的数据字段发送给源站。

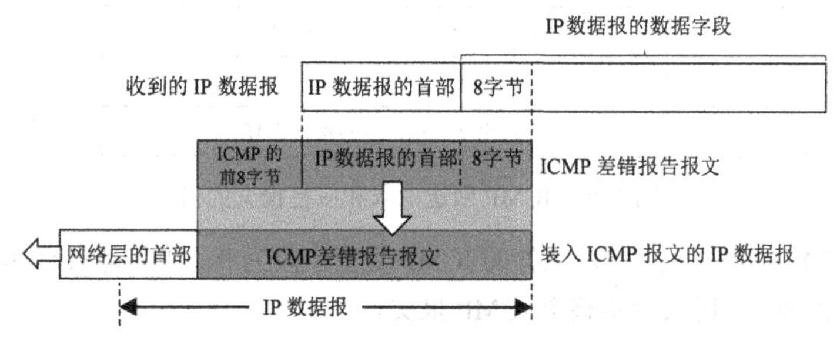

◎ 图 5.23　ICMP 差错报告报文的数据字段的内容

在 MS-DOS 下使用命令 ping www.Sohu.com -i 7，使用 -i 参数指定数据报的 TTL 为 7，该 ICMP 请求报文经过路由器后，TTL 值减 1，当 TTL 变为 0 时，丢失该 ICMP 请求报文，路由器会产生一个差错报告报文返回给源主机。图 5.24 所示为 Wireshark 软件捕获的 ICMP 差错报告报文，可以看到，类型（Type）为 11，代码（Code）为 0。

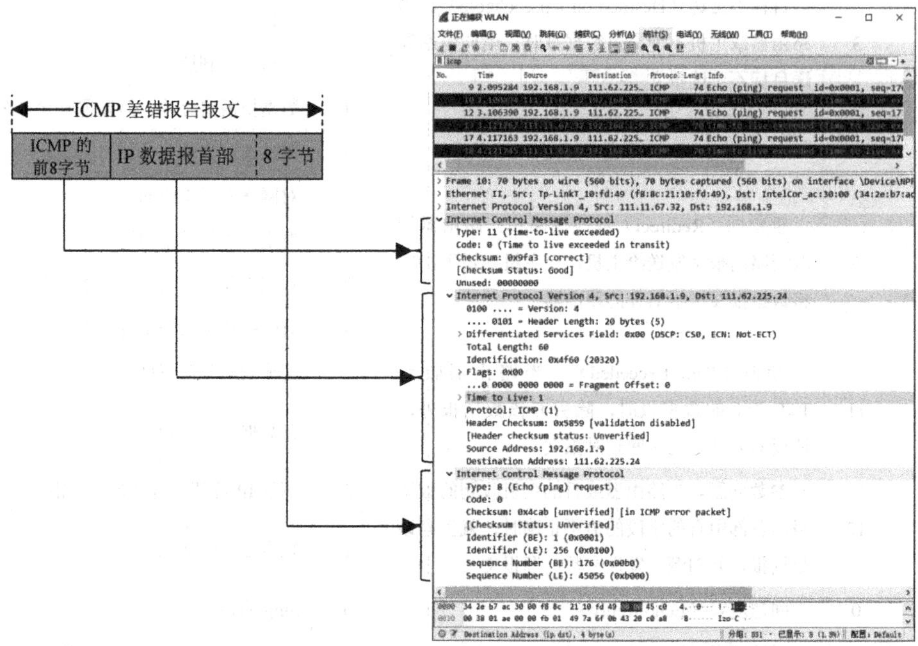

◎ 图 5.24　Wireshark 软件捕获的 ICMP 差错报告报文

5.4.3　ICMP 请求报文格式

ICMP 请求报文有 4 种：回送请求和应答报文、时间戳请求和应答报文、掩码地址请求和应答报文、路由询问和通告报文。

1. 回送请求和应答报文

回送请求和应答报文就是最常见的 ping 命令发送的报文。ICMP 回送请求报文用来测试目的站是否可达并了解其有关状态，是由主机或路由器向一个特定的目的主机发出的询问。收到此报文的主机必须给源主机或路由器发送 ICMP 回送应答报文。ICMP 回送请求和应答报文的格式如图 5.25 所示。

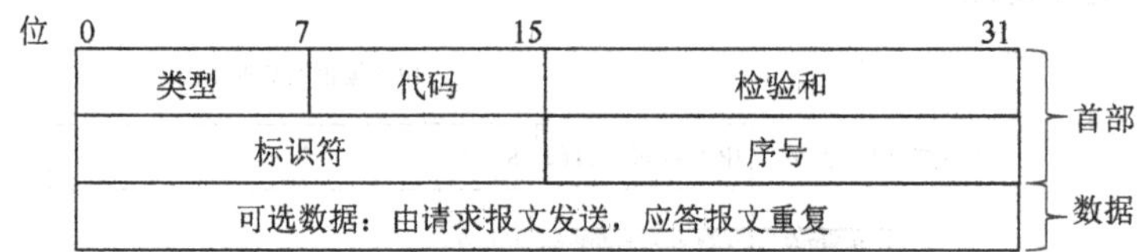

◎ 图 5.25　ICMP 回送请求和应答报文的格式

- 请求的 ICMP 类型字段为 8，应答的 ICMP 类型字段为 0，代码都只有 0。
- 检验和：占 8bit，用来检验整个 ICMP 报文。
- 标识符（Identifier）：占 16bit，对每个发送的数据报进行标识。

- 序列号 (Sequence number)：16bit，对每个发送的数据报进行编号，如发送的第 1 个数据报序列号为 1、第 2 个序列号为 2。
- 数据（Data）：要发送的 ICMP 数据。

2. 时间戳请求和应答报文

时间戳请求和应答报文用于时钟同步和时间测量。时间戳请求请每台主机或路由器应答当前的日期和时间。

在 MS-DOS 下使用命令 ping 192.168.1.20，启动 Wireshark 软件，进行抓包。图 5.26 所示为 ICMP 回送请求和应答报文。

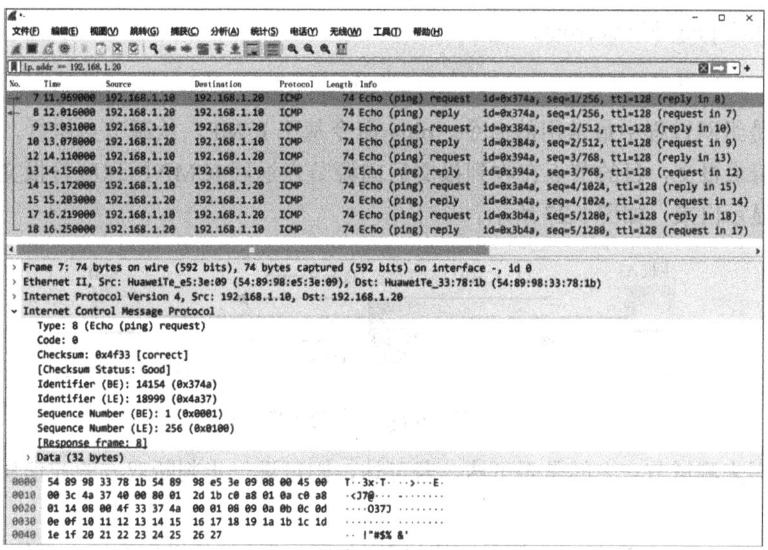

◎ 图 5.26　ICMP 回送请求和应答报文

（1）请求报文的内容如下：

Internet Control Message Protocol
　Type: 8 (Echo (ping) request)　　//类型：请求为 8，应答为 0
　Code: 0　　//代码为 0
　Checksum: 0x4f33 [correct]　　//检验和
　[Checksum Status: Good]
　Identifier (BE): 14154 (0x374a)　　//对每个发送的数据报进行标识
　Identifier (LE): 18999 (0x4a37)
　Sequence Number (BE): 1 (0x0001)　　//对每个发送的数据报进行编号
　Sequence Number (LE): 256 (0x0100)
　[Response frame: 8]
　Data (32 bytes)　　//发送的 ICMP 数据

（2）应答报文的内容如下：

Internet Control Message Protocol
　Type: 0 (Echo (ping) reply)　　//类型：请求为 8，应答为 0
　Code: 0
　Checksum: 0x5733 [correct]
　[Checksum Status: Good]
　Identifier (BE): 14154 (0x374a)

```
Identifier (LE): 18999 (0x4a37)
Sequence Number (BE): 1 (0x0001)
Sequence Number (LE): 256 (0x0100)
[Request frame: 7]
[Response time: 47.000 ms]
Data (32 bytes)
```

5.4.4 技能训练1：使用ping命令诊断网络故障

在网络工作实践中，ICMP被广泛应用于网络测试，解决实际问题。ICMP最重要的两个应用是分组网间探测ping和traceroute。

1. ping命令的功能

ping命令是组网过程中最常用的命令。ping命令基于ICMP，从源节点执行，向目的节点发送ICMP回送请求报文，目的节点在收到报文后向源节点返回ICMP回送应答报文，源节点把返回的结果信息显示出来，如图5.27所示。

◎ 图5.27 ping命令的工作过程

ping命令用来测试节点之间是否可达，若可达，则可进一步判断双方的通信质量，包括稳定性等。

无论是UNIX、Linux、Windows，还是网络设备（如路由器）等的操作系统中都集成了ping命令。但有些主机为了防止通过ping探测，利用防火墙设置了禁止ping或在参数中设置禁止ping。这样就不能通过ping确定该主机是否处于开启状态或其他状态，ping命令就失效了。

2. ping命令的格式

在命令提示符下输入"ping/?"可显示帮助信息：

```
C:\Users\admin>ping/?
用法： ping [-t] [-a] [-n count] [-l size] [-f] [-i TTL] [-v TOS] [-r count] [-s count]
  [[-j host-list] | [-k host-list]][-w timeout] [-R] [-S srcaddr] [-c compartment]
  [-p] [-4] [-6] target_name
选项：
  -t              ping指定的主机，直到停止。若要查看统计信息并继续操作，请键入
                  Ctrl+Break；若要停止，请键入Ctrl+C。
  -a              将地址解析为主机名。
  -n count        要发送的回显请求数。
  -l size         发送缓冲区大小。
  -i TTL          生存时间。
……
```

在使用ping命令测试连通性时，可能收到下列提示信息。

（1）Reply from：来自目的主机的回复，说明收到了目的主机的应答。

（2）Request Timed Out：请求超时，目的主机不存在，无法响应。

（3）Destination Host UNreachable：请求超时，中间网络设备没有到达目的主机的路由信息。

（4）Unknown Host：未知主机，主机名称解析异常。

3. 常见用法举例

（1）测试本机 TCP/IP 是否安装正确。

在本机ping环回地址127.0.0.1，如果成功，就表示TCP/IP安装正确，也可检验网卡是否有故障。因为 127.0.0.1 是环回地址，所以它永远环回到本机（访问 127.0.0.1 即访问本机）：

```
C:\Users\Think>ping 127.0.0.1
正在 Ping 127.0.0.1 具有 32 字节的数据：
来自 127.0.0.1 的回复：字节 =32 时间 <1ms TTL=128
来自 127.0.0.1 的回复：字节 =32 时间 <1ms TTL=128
来自 127.0.0.1 的回复：字节 =32 时间 <1ms TTL=128
来自 127.0.0.1 的回复：字节 =32 时间 <1ms TTL=128
127.0.0.1 的 ping 统计信息：
  数据包：已发送 = 4，已接收 = 4，丢失 = 0 (0% 丢失)，
往返行程的估计时间 ( 以毫秒为单位 ):
  最短 = 0ms，最长 = 0ms，平均 = 0ms
C:\Users\Think>
```

Windows 系统的 TTL 值一般为 128。

（2）测试网关的 IP 地址是否正常连通。

ping 网关的 IP 地址，以确认本机到网关的连通是否正常：

```
C:\Users\Think>ping 192.168.1.1
正在 Ping 192.168.1.1 具有 32 字节的数据：
来自 192.168.1.1 的回复：字节 =32 时间 =1ms TTL=64
来自 192.168.1.1 的回复：字节 =32 时间 =26ms TTL=64
来自 192.168.1.1 的回复：字节 =32 时间 =1ms TTL=64
来自 192.168.1.1 的回复：字节 =32 时间 =9ms TTL=64
192.168.1.1 的 ping 统计信息：
  数据包：已发送 = 4，已接收 = 4，丢失 = 0 (0% 丢失)，
往返行程的估计时间 ( 以毫秒为单位 ):
  最短 = 1ms，最长 = 26ms，平均 = 9ms
C:\Users\Think>
```

注：

路由器可能使用的是 Linux 系统，Linux 系统的 TTL 值一般为 64。

在排查网络连通性故障时，ping 网关的 IP 地址是最常用的方法，根据响应时间长短和是否有中断来判断网络的质量。

（3）测试 www.baidu.com 的连通性：

```
C:\Users\admin>ping www.baidu.com
正在 Ping www.a.shifen.com [61.135.169.125] 具有 32 字节的数据：
来自 61.135.169.125 的回复：字节 =32 时间 =14ms TTL=50
......
61.135.169.125 的 ping 统计信息：
  数据包：已发送 = 4，已接收 = 4，丢失 = 0 (0% 丢失)，
```

```
往返行程的估计时间 ( 以毫秒为单位 ):
  最短 = 13ms，最长 = 14ms，平均 = 13ms
C:\Users\admin>
```

（4）连续发送 ping 测试报文。

在网络调试过程中，有时需要连续发送 ping 测试报文。例如，在路由器调试的过程中，可以让测试主机连续发送 ping 测试报文，一旦配置正确，测试主机就可以立即报告目的地可达信息。

连续发送 ping 测试报文可以使用 -t 选项，可以使用 Ctrl+Break 显示发送和接收应答请求 / 应答 ICMP 报文的统计信息，也可以使用 Ctrl+C 结束 ping 命令：

```
C:\Users\Think>ping 192.168.1.20 -t
正在 Ping 192.168.1.20 具有 32 字节的数据 :
来自 192.168.1.20 的回复 : 字节 =32 时间 =3ms TTL=64
来自 192.168.1.20 的回复 : 字节 =32 时间 =3ms TTL=64
来自 192.168.1.20 的回复 : 字节 =32 时间 =9ms TTL=64
来自 192.168.1.20 的回复 : 字节 =32 时间 =2ms TTL=64
来自 192.168.1.20 的回复 : 字节 =32 时间 =4ms TTL=64
……
192.168.1.20 的 ping 统计信息 :
  数据包 : 已发送 = 13，已接收 = 13，丢失 = 0 (0% 丢失 ),
往返行程的估计时间 ( 以毫秒为单位 ):
  最短 = 2ms，最长 = 9ms，平均 = 4ms
Control-C
^C
C:\Users\Think>
```

（5）自选数据长度的 ping 测试报文。

在默认情况下，ping 命令使用的测试报数据长度为 32 字节，使用“-l Size”选项可以指定测试报数据长度：

```
C:\Users\Think>ping 192.168.1.20 -l 3800
正在 Ping 192.168.1.20 具有 3800 字节的数据 :
来自 192.168.1.20 的回复 : 字节 =3800 时间 =7ms TTL=64
来自 192.168.1.20 的回复 : 字节 =3800 时间 =3ms TTL=64
来自 192.168.1.20 的回复 : 字节 =3800 时间 =5ms TTL=64
来自 192.168.1.20 的回复 : 字节 =3800 时间 =8ms TTL=64
192.168.1.20 的 ping 统计信息 :
  数据包 : 已发送 = 4，已接收 = 4，丢失 = 0 (0% 丢失 ),
往返行程的估计时间 ( 以毫秒为单位 ):
  最短 = 3ms，最长 = 8ms，平均 = 5ms
C:\Users\Think>
```

5.5 互联网的路由选择协议

路由选择协议

本节讨论几种常用的路由选择协议，即讨论路由转发表中的路由是怎样得出的。为此，先简单介绍一下路由器的结构。

5.5.1 路由器的结构

路由器工作于 OSI/RM 7 层协议中的第 3 层——网络层，其主要任务是接收来自一个网络接口的数据报，根据其中所含的目的地址，决定转发到下一个目的地址。

路由器的主要工作就是为经过它的每个数据帧寻找一条最优传输路径，并将该数据帧有效地传送到目的节点。

路由器是一种具有多个输入端口和多个输出端口的专用计算机，其任务是转发分组。对于从路由器的某个输入端口收到的分组，按照分组要去的目的地（目的网络），把该分组从路由器的某个合适的输出端口转发给下一跳路由器。下一跳路由器也按照这种方法处理分组，直到该分组到达目的地。路由器的转发分组正是网络层的主要工作。典型的路由器结构如图 5.28 所示。

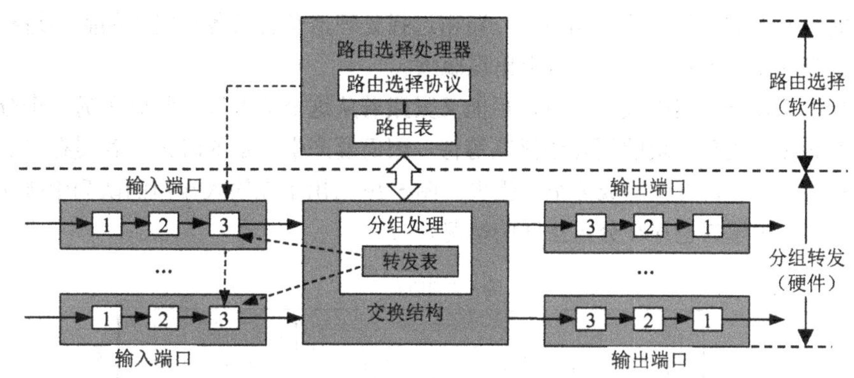

◎ 图 5.28 典型的路由器结构

从图 5.28 中可以看出，整个路由器结构划分为两大部分：路由选择部分和分组转发部分。

（1）路由选择部分也叫作控制部分或控制层面，其核心构件是路由选择处理器，根据所选定的路由选择协议构造出路由表。路由器必须经常或定期地与相邻路由器交换路由信息，从而能够更新和维护路由表。

（2）分组转发部分即数据层面，由 3 部分组成：交换结构、一组输入端口和一组输出端口。

注：

这里的端口是硬件接口。小型路由器的端口只有几个，但某些 ISP 使用的边缘路由器的高速 10Gbit/s 端口可以多达几百个。

交换结构（Switching Fabric）又称为交换组织，作用是根据转发表（Forwarding Table）对分组进行处理，将从某个输入端口进入的分组从一个合适的输出端口转发出去。交换结构本身就是一种网络，但这种网络完全包含在路由器中，因此可看成是“在路由器中的网络”。

注：

此处的转发和路由选择不同。在互联网中，转发就是路由器根据转发表把收到的 IP 数据报从路由器的合适端口转发出去。转发比较单纯，仅仅涉及单个路由器的动作。而路由选择则相当复杂，因为这涉及很多路由器。一个路由器本来是无法知道如何选择路由的，但通过许多路由器的协同工作，根据复杂的路由算法就可以构造出完整的路由表。由此可见，路由表是由软件实现的；但转发表是从路由表导出的，通常用特殊的硬件来实现。路由器在转发分组时查找路由表，这时并不需要使用路由选择协议。

后续在讨论路由选择的原理时，我们往往不区分转发表和路由表，根据语境使用不同的说法。

在图 5.28 中，路由器的输入端口和输出端口里面都各有 3 个方框，用方框中的 1、2 和 3 分别代表物理层、数据链路层与网络层的处理模块。物理层进行比特的接收；数据链路层按照数据链路层协议接收传送分组的帧；在把帧的首部和尾部剥去后，分组就被送入网络层的处理模块。

路由器收到的分组有两大类：若收到的分组是路由器之间交换路由信息的分组（如 RIP 或 OSPF 分组等），则把这种分组送交路由器的路由选择部分的路由选择处理器；若收到的是数据分组，则按照分组首部中的目的地址查找转发表，根据得出的匹配结果，分组经过交换结构到达合适的输出端口。一个路由器的输入端口和输出端口就在路由器的线路接口卡上。

输入端口中的查找和转发功能在路由器的交换功能中是最重要的。为了使交换功能分散化，往往把复制的转发表放在每个输入端口中。路由选择处理器负责对各转发表的副本进行更新。分散化交换可以避免在路由器中的某一点上出现瓶颈。

当一个分组正在路由器中被处理时，后面又紧跟着从这个输入端口收到了另一个分组。这个后到的分组就必须在处理模块的缓存中排队等待，因而要产生一定的时延。若缓存已满，则后续到达的分组就要被丢弃，这就造成分组的丢失。图 5.29 给出了在输入端口的队列中排队的分组示意图。同理，在输出端口也存在分组排队的情况。

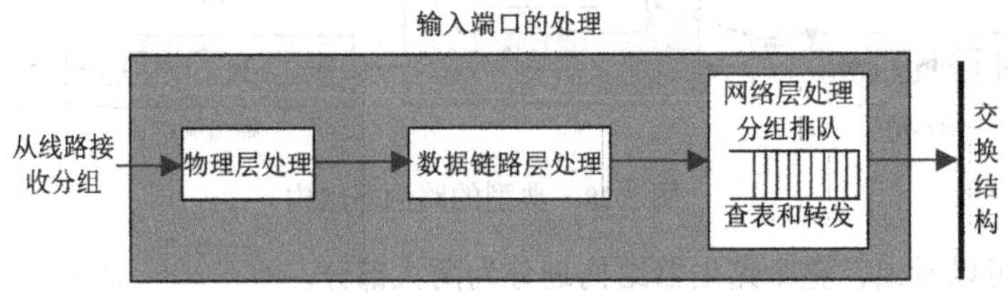

◎ 图 5.29 在输入端口的队列中排队的分组示意图

由此可以看出，分组在路由器的输入端口和输出端口都可能在队列中排队等待处理。若分组处理的速率赶不上分组进入队列的速率，则队列的存储空间最终必定减小到零，这就使后面进入队列的分组由于没有存储空间而只能被丢弃。

5.5.2 基本概念

路由选择是网络层的主要功能之一。路由选择是指从源节点向目的节点传输信息时在网络中选择合适的通道，信息至少通过一个中间节点。路由选择包括两个基本操作，即最优路径的判定和数据交换转发。在确定最优路径的过程中，路由选择算法需要初始化和维护路由表。路由表中包含的路由选择信息根据路由选择算法的不同而不同。一般在路由表中包括这样一些信息：目的网络地址、相关网络节点、对某条路径的满意程度、预期路径信息等。

1. 路由选择策略

按照路由选择算法能否随网络的通信量或拓扑自适应地进行调整变化而划分，路由选择策略可以分为静态路由选择策略和动态路由选择策略两大类。

（1）静态路由选择策略：也叫作非适应性路由选择，其特点是简单和开销较小，但不能及时适应网络状态的变化。对于简单的小型网络，完全可以采用静态路由选择策略，人工配置每条路由。

（2）动态路由选择策略：也叫作自适路由选择，其特点是能较好地适应网络状态的变化，但实现起来较复杂，开销也较大。因此动态路由选择策略适用于较复杂的大型网络。

2. 路由的来源

路由表中的路由项根据来源的不同可以分为直连路由、静态路由和动态路由。

图 5.30 是使用 eNSP 软件搭建的网络实验环境，其中的网络有 A、B、C、D 共 4 个网段，计算机和路由器端口的 IP 地址已标出。配置计算机和路由器各端口的 IP 地址。

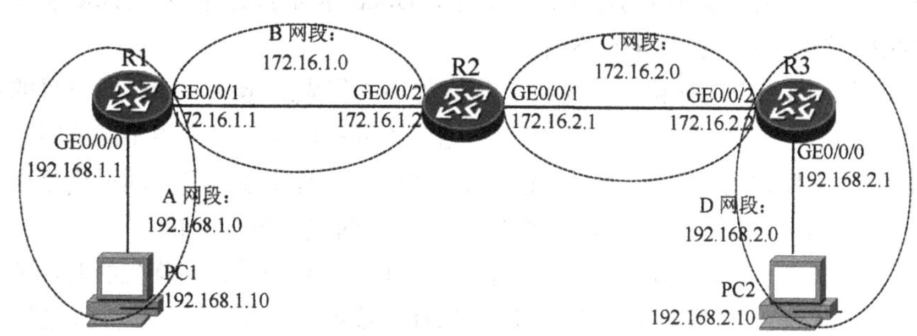

◎ 图 5.30　使用 eNSP 软件搭建的网络实验环境

（1）直连路由。

与路由器的端口直接相连的子网称为直连子网，路由器会自动将直连子网的路由加入其 IP 路由表中。这种通过数据链路层协议发现的路由项最为简单，既不用管理员手工添加，又不用对动态路由选择协议进行更新，而通过路由器端口直接添加。直连路由是所有路由来源中优先级最高的。

```
[Huawei]display ip routing-table
Route Flags: R - relay, D - download to fib
------------------------------------------------------------------------------
Routing Tables: Public        //表示此路由表是公网路由表
//如果是私网路由表，则显示私网的名称，如 Routing Tables: ABC
    Destinations : 10    Routes : 10  //显示目的网络/显示主机的总数（10）/显示路由的总数（10）
Destination/Mask    Proto  Pre  Cost    Flags NextHop      Interface
//本地的环回网段
    127.0.0.0/8       Direct  0    0        D   127.0.0.1      InLoopBack0
//本地的环回地址
    127.0.0.1/32      Direct  0    0        D   127.0.0.1      InLoopBack0
//本地广播路由：当收到 127.255.255.255 广播数据报时，直接发给自己 127.0.0.1
127.255.255.255/32  Direct  0    0        D   127.0.0.1      InLoopBack0
//直连网段的路由。生成 172.16.1.0/24 的网段，指明本网段出端口就是 172.16.1.1
   172.16.1.0/24      Direct  0    0        D   172.16.1.1     itEthernet0/0/1
//IP 地址范围通过掩码（32 位）锁定 IP 地址位 172.16.1.1
   172.16.1.1/32      Direct  0    0        D   127.0.0.1   GigabitEthernet0/0/1
//广播路由：当收到 172.16.1.255 广播数据报时，直接发给自己 127.0.0.1
  172.16.1.255/32     Direct  0    0        D   127.0.0.1  GigabitEthernet0/0/1
//直连网段的路由
  192.168.1.0/24      Direct  0    0        D   192.168.1.1  GigabitEthernet0/0/0
  192.168.1.1/32      Direct  0    0        D   127.0.0.1    GigabitEthernet0/0/0
 192.168.1.255/32     Direct  0    0        D   127.0.0.1    GigabitEthernet0/0/0
255.255.255.255/32  Direct  0    0        D   127.0.0.1    InLoopBack0
[Huawei]
```

路由表主要由以下几项组成。

① Destination：此路由的目的地址，用来标识 IP 数据报的目的地址或目的网络。

② Mask：此目的地址的子网掩码长度，与目的地址一起标识目的主机或路由器所在网段的地址。

③ Proto：学习此路由的路由选择协议。其中，Direct 表示直连路由，Static 表示静态路由，OSPF 表示 OSPF 路由，RIP 表示 RIP 路由。

④ Pre：此路由的路由选择协议优先级，其值越小，优先级越高。针对同一目的地，可能存在不同的下一跳、出接口（端口）等多条路由，这些不同的路由可以是由不同的路由选择协议发现的，也可以是手工配置的静态路由。优先级高（数值小）者将成为当前的最优路由。直连路由的优先级是 0，静态路由的优先级是 60，OSPF 外部路由的优先级是 150。

⑤ Cost：路由开销。当到达同一目的地的多条路由具有相同的路由优先级时，路由开销最小的将成为当前的最优路由。Cost 用于同一种路由选择协议内部不同路由的优先级进行比较。

⑥ Flags：显示路由标记，即路由表表头的 Route Flags。

⑦ NextHop：此路由的下一跳地址，指明数据转发的下一个设备。

⑧ Interface：此路由的出接口，指明数据将从本地路由器的哪个接口转发出去。

注：

不同路由器的路由表中列的名称不一样，但基本含义相同。

（2）静态路由。

静态路由是指由网络管理员手工配置的路由信息。当网络的拓扑结构或链路的状态发生变化时，网络管理员需要手工修改路由表中相关的静态路由信息。静态路由的特点是无资源开销，配置简单，需要人工维护，适合具有简单拓扑结构的网络。

例如，在图 5.30 中，路由器 R1 直连 A、B 两个网段，没有直连 C、D 网段，因此需要添加到 C、D 网段的路由，这里添加静态路由。在路由器 R1 上添加静态路由的代码如下：

```
[Huawei]ip route-static 192.168.2.0 255.255.255.0 172.16.1.2
[Huawei]ip route-static 172.16.2.0 255.255.255.0 172.16.1.2
```

再次查看路由器 R1 的路由表：

```
[Huawei]display ip routing-table
Route Flags: R - relay, D - download to fib
------------------------------------------------------------------------------
Routing Tables: Public
     Destinations : 12       Routes : 12
Destination/Mask    Proto   Pre  Cost     Flags NextHop      Interface
......
   172.16.2.0/24   Static   60    0        RD   172.16.1.2  GigabitEthernet0/0/1
......
  192.168.2.0/24   Static   60    0        RD   172.16.1.2  GigabitEthernet0/0/1
```

其中，Static 是指这条路由的来源是通过静态配置命令获取的。

（3）动态路由。

动态路由是指路由器能够自动建立自己的路由表，并且能够根据实际情况的变化适时地进行调整。当网络规模增大或网络中的变化因素增加时，依靠手工方式生成和维护一个路由转发表就变得非常困难，几乎不可能完成，同时静态路由也很难及时适应网络状态的变化。因此需要通过

动态路由选择协议来实现在网络中自动发现路由，自动适应网络状态变化而对路由表信息进行动态更新和维护。

3. 路由选择协议

路由选择协议由一组处理进程、算法和消息组成，用于交换路由信息，并将其选择的最优路径添加到路由表中。路由选择协议的用途如下。

（1）发现远程网络。

（2）维护最新路由信息。

（3）选择通往目的网络的最优路径。

所有路由选择协议都有着相同的用途——获取远程网络的信息，并在网络拓扑结构发生变化时快速做出调整。动态路由选择协议的运行过程由路由选择协议类型及协议本身决定。一般来说，动态路由选择协议的运行过程如下。

（1）路由器通过其接口发送和接收路由消息。

（2）路由器与使用同一路由选择协议的其他路由器共享路由信息。

（3）路由器通过交换路由信息了解远程网络。

（4）如果路由器检测到网络拓扑结构有变化，那么路由选择协议可以将这一变化告知其他路由器。

常见的路由选择协议主要包括以下几种。

- 路由信息协议（Routing Information Protocol，RIP）。
- 开放最短路径优先（Open Shortest Path First，OSPF）协议。
- 开放系统到中间系统（Intermediate System to Intermediate System，IS-IS）协议。
- 边界网关协议（Border Gateway Protocol，BGP）。

4. 分层次的路由选择协议

互联网发展到目前，规模巨大，如果让所有的路由器都知道所有的网络怎样到达，那么这种路由表将非常庞大，处理起来也太花费时间。而所有这些路由器之间交换路由信息所需的带宽就会使互联网的通信链路饱和。许多单位不愿意外界了解自己单位网络的布局细节和本部门所采用的路由选择协议，但同时希望自己可以连接到互联网。

基于以上原因，互联网采用的路由选择协议主要是自适应的分布式路由选择协议。

为此，可以把整个互联网划分为许多较小的自治系统（Autonomous System），一般都记为AS。自治系统是在单一机构管理下的一组路由器，而这些路由器使用一种自治系统内部的路由选择协议和共同的度量。一个自治系统对其他自治系统表现出的是一个单一的和一致的路由选择策略。自治系统由一个 16 位长度的自治系统号进行标识，其由 NIC 指定并具有唯一性。

在目前的互联网中，一个大的 ISP 就是一个自治系统。这样，互联网就把路由选择协议划分为以下两大类。

（1）内部网关协议（Interior Gateway Protocol，IGP），即在一个自治系统内部使用的路由选择协议，而这与在互联网中的其他自治系统选用什么路由选择协议无关。目前，这类路由选择协议使用得最多，如 RIP 和 OSPF 协议。

（2）外部网关协议（External Gateway Protocol，EGP），若源主机和目的主机处在不同的自治系统中（这两个自治系统使用不同的内部网关协议），则当数据报传送到其中一个自治系统的边界时，需要使用一种协议将路由选择信息传递到另一个自治系统中。这样的协议就是外部网关协议。目前，使用最多的外部网关协议是 BGP 的版本 4（BGP4）。

自治系统之间的路由选择也叫作域间路由选择（Interdomain Routing），而自治系统内部的路由选择叫作域内路由选择（Intradomain Routing）。图 5.31 是两个自治系统互联在一起的示意图。每个自治系统自己决定在本自治系统内部运行哪个内部网关协议（如可以是 RIP，也可以是 OSPF）。但每个自治系统都有一个或多个路由器（如图 5.31 中的 R1 和 R2），除运行本系统的内部网关协议外，还要运行自治系统外的路由选择协议，即外部网关协议（如 BGP4）。

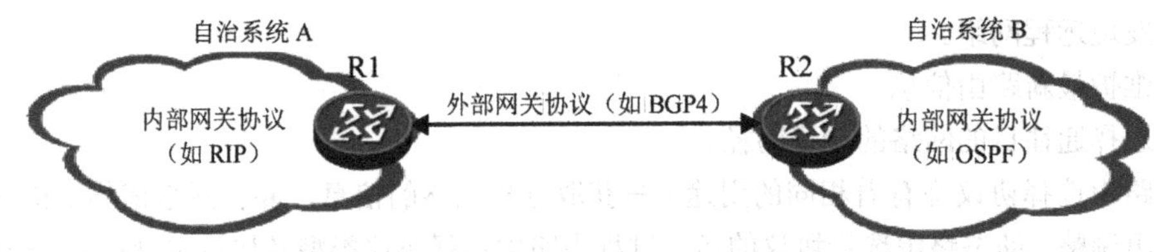

◎ 图 5.31　两个自治系统互联在一起的示意图

5. 路由选择协议的分类

除了按照自治系统内部使用和自治系统外部使用这种分类方法，还可以按照下面的方式对路由选择协议进行分类。

（1）按学习路由和维护路由表的方法进行分类。

距离矢量（Distance-Vector）路由选择协议采用距离矢量算法。属于距离矢量路由选择协议的有 RIP 、BGP 等。

链路状态（Link-State）路由选择协议采用链路状态算法。属于链路状态路由选择协议的有 OSPF、IS-IS 等。

（2）按是否能够学习到子网进行分类。

有类（Classful）路由选择协议。这类路由选择协议不支持可变长子网掩码，不能从邻居那里学习到子网，所有关于子网的路由在被学习到时都会自动变成子网的主类网（按照标准的 IP 地址分类）。有类路由选择协议包括 RIPv1、IGRP（内部网关路由协议）等。

无类（Classless）路由选择协议。这类路由选择协议支持可变长子网掩码，能够从邻居那里学习到子网，所有关于子网的路由在被学习到时都不用被变成子网的主类网，而以子网的形式直接进入路由表。无类路由选择协议包括 RIPv2、EIGRP（增强内部网关路由协议）、OSPF、IS-IS 和 BGP 等。

目前使用的都是无类路由选择协议。

6. 网络路径的度量

在网络里面，为了保证网络畅通，通常会连接很多冗余链路。这样，当一条链路出现故障时，还可以有其他路径把数据报传送到目的地。当一个路由选择算法更新路由表时，它的主要目标是确定路由表要包含最优的路由信息。

所谓度量值，就是指路由器根据自己的路由选择算法计算出来的一条路径的优先级。当有多条路径能到达同一目的地时，度量值最小的路径就是最优路径，应该进入路由表。路由器中最常用的度量值包括以下几种。

（1）带宽（Bandwidth）：链路的数据承载能力。

（2）时延（Delay）：把数据报从源端送到目的端所需的时间。

（3）负载（Load）：网络资源（如路由器或链路）上的活动数量。

（4）可靠性（Reliability）：通常指的是每条网络链路上的差错率。

（5）跳数（Hop Count）：数据报到达目的端必须通过的路由器的数量。

（6）开销（Cost）：基于带宽、时延或其他一些参数计算的度量结果。各路由选择协议定义的度量如下。

- RIP：跳数。选择跳数最少的路由作为最优路由。
- IS-IS 和 OSPF：开销。选择开销最低的路由作为最优路由。

5.5.3　网络层转发分组的过程

1. 基于目的主机的转发

图 5.6 已经描述了分组在互联网中逐跳转发的概念。分组在互联网上传送和转发基于分组首部中的目的地址。因此这种转发方式称为基于目的主机的转发，也称为基于终点的转发。

因此，分组每到达一个路由器，路由器就根据分组中的目的地址（终点）查找转发表，从而得知下一跳应当是哪个路由器。

但是路由器中的转发表不是按目的地址直接查找出下一跳路由器的。这是因为互联网中的主机数实在是太大了，如果用目的地址直接查找转发表，那么这种结构的转发表就会非常庞大，使得查找过程非常慢，因此，必须想办法压缩转发表。

我们知道，32 位的 IP 地址是由网络前缀和主机号组成的，网络前缀就表示网络。因此，我们可以把查找目的主机的 IP 地址的方法变通一下，即不直接查找目的主机，而先查找目的网络（网络前缀），在找到目的网络之后，就把分组在这个网络上直接交付给目的主机。由于互联网上的网络数远远小于主机数，所以可以大大压缩转发表，加速分组在路由器中的转发速度。因此，转发分组的过程就是设法把分组转发到目的主机所在的网络，并由这个网络把分组直接交付给目的主机，这就是基于目的主机的转发。

也就是说，路由器是根据转发表中的目的网络地址来确定下一跳路由器的，在到达下一跳路由器后，继续查找这个路由器的转发表，从而知道下一步应当到达哪一个路由器，这样一步一步地查找下去，直到 IP 数据报找到目的主机所在网络的路由器，并由最后一个路由器向目的主机进行直接交付。

由此可见，在转发表中，对每条路由来说，最主要的是以下两项信息：目的网络地址和下一跳地址。

如图 5.32 所示，有 4 个网络通过 3 个路由器连接在一起，主机 A（IP 地址：192.8.4.10/24）发送一个分组，其目的地址是 192.8.7.10/24。现在源主机是 A 而目的主机是 X。下面来介绍分组如何从源主机传送到目的主机。

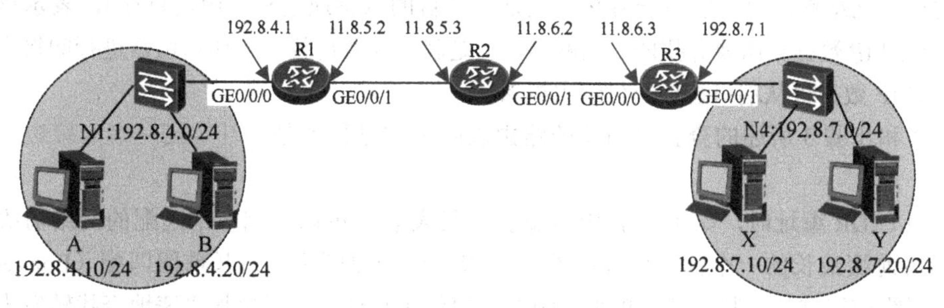

◎ 图 5.32　路由表举例

步骤 1：主机 A 发送 IP 数据报给主机 X。首先从发送的 IP 数据报的首部提取目的主机的 IP 地址，根据子网掩码得出目的网络。

源主机 A 确定，那目的主机是否连接在本网络上呢？主机 A 先要把发送的 IP 数据报首部中的目的地址（192.8.7.10）和本网络 N1 的子网掩码（255.255.255.0）转换成二进制形式，按位进行与运算，得出结果（192.8.7.0），如图 5.33 所示。192.8.7.0 与网络 N1 的网络前缀 192.8.4.0 不一样，表明主机 A 和主机 X 不在同一个网络上，因此，主机 A 就不能把 IP 数据报直接交付给主机 X，而必须先把 IP 数据报发送给连接在本网络上的路由器 R1，再由 R1 进行转发。

```
                                  192   .   8   .   7     .  10
目的主机 IP 地址：192.8.7.10/24  11000000.00001000.00000111.00001010
                  N1的子网掩码  11111111.11111111.11111111.00000000
-------------------------------------------------------------------
      进行按位与运算，得出结果  00001011. 00001000.00000111.00000000
                                 192   .   8   .   7   .   0
```

◎ 图 5.33　目的地址与本网络的子网掩码进行按位与运算

若计算结果与网络 N1 的网络前缀匹配，则表明目的主机和源主机在同一个网络上，主机 A 就直接将 IP 数据报交付给主机 X。

步骤 2：路由器 R1 在收到此 IP 数据报后，先查找路由表的第 1 行，看看该行的网络地址与该 IP 数据报的网络地址是否匹配，即用该行（网络 N1）的子网掩码 255.255.255.0 和收到的 IP 数据报的目的地址 192.8.7.10 按位进行与运算，得出 192.8.7.0，然后与该行给出的目的网络地址进行比较，比较的结果是不一致（不匹配）。路由器 R1 的路由表如表 5.9 所示。

表 5.9　路由器 R1 的路由表

目的网络地址	地址掩码	下一跳	端口
192.8.4.0	255.255.255.0	—	GE0/0/0
11.8.5.2	255.255.255.252	—	GE0/0/1
11.8.6.2	255.255.255.252	11.8.5.2	GE0/0/0
192.8.7.0	255.255.255.0	11.8.5.2	GE0/0/0

步骤 3：用同样的方法继续往下找第 2 行、第 3 行，直到第 *n* 行（本例中是第 4 行），用第 4 行的子网掩码 255.255.255.0 与该 IP 数据报的目的地址 192.8.7.10 按位进行与运算，结果也是 192.8.7.0，与该行给出的目的网络地址相匹配，就把 IP 数据报传送给该行指明的下一跳路由器。

步骤 4：下一跳路由器收到此 IP 数据报后重复执行步骤 2 和步骤 3。直到某一路由器的路由表匹配的目的网络地址对应的下一跳是无地址（该目的网络地址和路由器直连），表示该目的网络就是收到的 IP 数据报所要寻找的目的网络，于是就不需要再找下一跳路由器进行间接交付了，该路由器把 IP 数据报从端口直接交付给主机 X。

步骤 2 和步骤 3 所述的查找路由器的路由表匹配的过程就是逐行寻找网络前缀进行匹配的过程。

在采用 CIDR 编址时，如果一个 IP 数据报在转发表中可以找到多个匹配的网络前缀，就应当选择网络前缀最长的一个作为匹配的网络前缀，这个原则称为最长前缀匹配（Longest Prefix Match）。网络前缀越长，其地址块越小，因而路由就越具体。为了更加迅速地查找转发表，可以按照网络前缀的长短把网络前缀长度最长的排在第 1 行，按顺序往下排列。用这种方法从第 1 行前缀最长处开始查找，只要检查到匹配项，就不必继续往下查找，可以立即结束。

注：

当路由器收到待转发的分组并在转发表中找到下一个路由器的 IP 地址后，并不会把这个 IP 地址填入 IP 数据报中，而是将其交给数据链路层的网络接口软件。它负责把下一跳路由器的 IP 地址转换成 MAC 地址（必须使用 ARP），并将此 MAC 地址放在数据链路层的 MAC 帧的首部，利用这个 MAC 地址传送到下一跳路由器的数据链路层，数据链路层取出 MAC 帧的数据部分，交给网络层。由此可见，当发送一连串的分组时，上述这种查找转发表，调用 ARP 解析出 MAC 地址，并把 MAC 地址写入 MAC 帧的首部等过程都是必须要做的。当然，这些都是由机器自动完成的。

2. 特殊路由

在实际的路由器转发表中有时还可能增加两种特殊的路由，就是主机路由（Host Route）和默认路由（Default Route）。

（1）主机路由。

主机路由又称特定主机路由，是为特定目的主机的 IP 地址专门指明的一个路由。采用主机路由可以使网络管理员更方便地控制网络和测试网络，也可在需要考虑某种安全问题时采用主机路由。在对网络的连接或转发表进行排错时，指明到某一台主机的主机路由就十分有用。

假定这个特定主机的目的 IP 地址是 a.b.c.d，那么在转发表中对应主机路由的网络前缀就是 a.b.c.d/32。我们知道，/32 表示子网掩码是 32 个 1，当然实际的网络不可能使用 32 位的网络前缀。主机路由在转发表中都放在最前面。

（2）默认路由。

默认路由也叫最后的可用路由，是一种特殊的静态路由，指的是当路由表中没有与 IP 数据报的目的地址相匹配的路由器时路由器能够做出的选择。如果没有默认路由，那么目的地址在路由表中没有匹配的路由的 IP 数据报将被丢弃。这时，路由器将使用默认路由。

默认路由一般处于整个网络的末端路由器，该路由器被称为默认网关，负责所有的向外连接任务。默认路由也需要手工配置。连接末端网络的路由器使用默认路由会大大简化路由器的路由表，提高网络性能。

配置默认路由一般使用 0.0.0.0/0 路由，方法如下：

[Huawei]ip route-static 0.0.0.0 0.0.0.0 *{next-hop-ip|interface}*

用一个特殊网络前缀 0.0.0.0/0 来表示默认路由。这个网络前缀的掩码是 32 位 0。用全 0 的掩码和任何目的地址进行按位与运算，结果一定为全 0 序列，即必然是与转发表中的 0.0.0.0/0 相匹配的。这时就按照转发表的指示把 IP 数据报交给下一跳路由器来处理（间接交付）。

5.5.4 路由信息协议

路由信息协议（Routing Information Protocol，RIP）是应用较早、使用较普遍的内部网关协议，适用于由同一个网络管理员管理的网络内的路由选择，是一种分布式的基于距离矢量的路由选择协议，是互联网的标准协议，其最大的特点就是简单。

1. RIP 的基本原理

RIP 要求网络中的每个路由器都要维护从它自己到其他每个目的网络的距离记录（这是一组距离，即距离矢量）。RIP 将“距离”定义为：从一个路由器到直接连接的距离定义为 1，从一台主机到非直接连接的网络的距离定义为所经过的路由器数加 1。“加 1”是因为到达目的网络后就直接交付（不需要再经过路由器），而到直接连接的网络的距离已经定义为 1。

RIP 的距离也称为跳数，因为每经过一个路由器，跳数就加 1，所以 RIP 认为好的路由就是它通过的路由器的数目少，即距离短。RIP 允许一条路径最多只能包含 15 个路由器。因此，当距离等于 16 时，相当于不可达。由此可见，RIP 只适用于小型互联网。

RIP 不能在两个网络之间同时使用多条路由。RIP 选择一条具有最少网络数的路由（最短路由），哪怕还存在另一条高速（低时延）但网络数较多的路由。

RIP 有两个版本，分别是 RIPv1 和 RIPv2。RIPv1 是一种传统的路由选择协议，其路由选择更新中不能携带子网掩码信息。因此，RIPv1 不支持使用可变长子网掩码（VLSM）技术和地址聚合技术。为了克服这些缺点，就出现了 RIPv2。RIPv2 支持验证、密钥管理、路由汇总、无类域间路由（CIDR）和可变长子网掩码。在与其他厂商路由器相邻时，注意 RIP 版本必须一致。

RIP 的基本工作过程如下。

距离矢量路由选择算法要求每个节点都参与定期交换整个路由表，即把路由表传递给自己与之相连的节点。

（1）路由器每隔大约 30s 周期性地向所有相邻路由器发送路由更新报文（包含到所有已知网络的距离和下一跳路由器），并接收每个相邻路由器发送过来的路由更新报文。

（2）对地址为 X 的相邻路由器发送过来的路由更新 RIP 报文，先修改其中的所有项目：把下一跳地址修改为 X，并把所有的距离字段的值，即跳数加 1。每个项目都有 3 个关键数据：目的网络 N、距离 d、下一跳路由器地址 X。

（3）对修改后的路由更新 RIP 报文中的每个项目进行如下处理。

若原来的路由表中没有目的网络 N，则把该项目添加到路由表中（表明这是新的目的网络，应当加入路由表中）；否则，查看路由表中目的网络为 N 的表项的下一跳路由器地址。

若下一跳路由器地址是 X，则用收到的项目替换原路由表中的项目；否则（这个项目到目的网络 N，但下一跳路由器地址不是 X）查看收到的项目的距离 d。

若收到的项目中的距离 d 小于路由表中的距离，则进行更新；否则什么也不做。

（4）若一段时间（RIP 默认为 180s）内没有收到相邻路由器的更新 RIP 报文，则把此相邻路由器记为不可达路由器，且把距离设置为 16；若再过一段时间，如 120s，还没有收到相邻路由器的更新 RIP 报文，则把该路由项目从路由表中删除。

（5）若路由表发生变化，则必须等到周期更新时间，立即向所有相邻路由器发送路由更新报文（触发更新）。

路由器在刚开始工作时，其路由表是空的。此时，路由器就得出到直接相连的几个网络的距离（距离为 1），每个路由器也只与数目非常有限的相邻路由器交换并更新路由信息。但经过若干次的更新后，所有的路由器最终都会知道到达本自治系统中任何一个网络的最短路径和下一跳路由器的地址。

路由表中最主要的信息就是到某个网络的距离（最短距离），以及应经过的下一跳路由器的地址。路由表更新的原则是找出到每个目的网络的最短距离。这种更新算法又称为距离矢量算法。

如图 5.32 所示，网络中有 R1、R2、R3 这 3 个路由器，路由器 R1 连接 192.8.4.0/24 这个网段，下面以该网段为例讲解网络中的路由器如何通过 RIP 学习该网段的路由。

（1）首先确保网络中的 R1、R2、R3 这 3 个路由器都配置了 RIP。

（2）路由器 R1 的 GE0/0/0 接口直接连接 192.8.4.0/24 网段，在路由器 R1 上就有一条到该网

段的路由。由于是直连的网段，距离是 0，因此下一跳路由器是 GE0/0/0 接口。

（3）路由器 R1 每隔 30s 就要把自己的路由表通过多播地址通告出去，通过 GE0/0/1 接口通告的数据报源地址是 11.8.5.2，路由器 R2 收到路由更新报文后，就会把 192.8.4.0/24 网段的路由添加到路由表中，距离加 1，下一跳路由器指向 11.8.5.3。

（4）路由器 R2 每隔 30s 就要把自己的路由表通过 GE0/0/1 地址通告出去，且数据报源地址是 11.8.6.2，路由器 R3 收到路由更新报文后，就会把 192.8.4.0/24 网段的路由添加到路由表中，距离再加 1 变为 2，下一跳路由器指向 11.8.6.3。

同理，路由器 R3 连接 192.8.7.0/24 这个网段，通过以上步骤更新到路由器 R2、R1 的路由表中。

2. RIP 的特点

RIP 与 5.5.5 节要讨论的开放最短路径优先协议都是分布式路由选择协议，它们的共同特点就是每个路由器都要不断地与其他一些路由器交换路由信息。我们一定要弄清楚 3 点：与哪些路由器交换信息？交换什么信息？在什么时候交换信息？

RIP 的特点如下。

（1）仅与相邻路由器交换信息。如果两个路由器之间的通信不需要经过另一个路由器，那么这两个路由器就是相邻的。RIP 规定，不相邻的路由器不交换信息。

（2）路由器交换的信息是当前本路由器所知道的全部信息。也就是说，交换的信息是“我到本自治系统中所有网络的（最短）距离，以及到每个网络应经过的下一跳路由器的地址”。

（3）按固定的时间间隔交换路由信息。每隔规定时间，如 30s，路由器根据收到的路由信息更新路由表。当网络拓扑发生变化时，路由器也及时向相邻路由器发送拓扑变化后的路由信息。

（4）好消息传播得快，而坏消息传播得慢。当网络出现故障时，必须经过比较长的时间（如数分钟）才能将此信息传送给所有的路由器。

3. RIP 报文格式

图 5.34 表明 RIP 报文作为传输层 UDP 用户数据报的数据部分进行传送（使用 UDP 的端口 520。端口的意义见 7.1.4 节）。

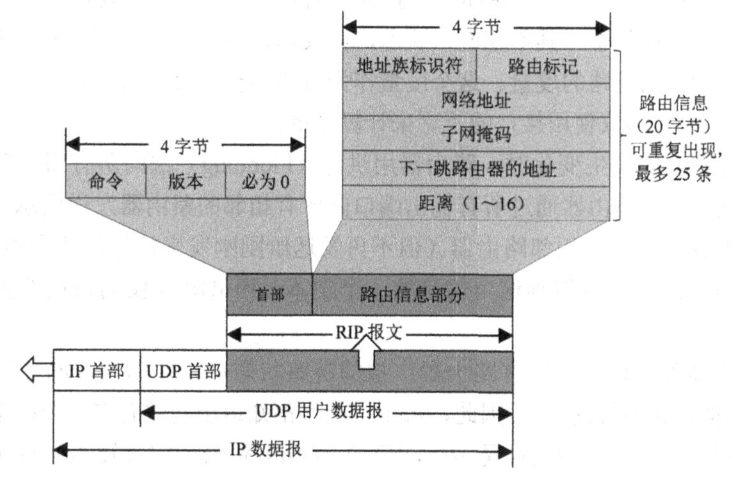

◎ 图 5.34　RIP 报文用 UDP 用户数据报传送

RIP 报文由首部和路由信息部分组成。在路由信息部分要填入自治系统号（Autonomous System Number，ASN），这是考虑使 RIP 有可能收到本自治系统以外的路由选择信息。另外，还要在此指出目的网络地址（包括网络的子网掩码）、下一跳路由器的地址及到此网络的距离。一个 RIP 报文最多可包括 25 个路由，如果超过，就必须再用一个 RIP 报文来传送。

配置如图 5.32 所示的拓扑图，采用 RIP。通过 Wireshark 软件在路由器 R1 的 GE0/0/1 接口抓包。捕获的 RIP 数据报格式如下：

```
Routing Information Protocol
  Command: Response (2)                  // 请求报文
  Version: RIPv2 (2)                     //RIP 版本
  IP Address: 11.8.5.0，Metric: 1        //20 字节。到 11.8.5.0/26 网络的路由
    Address Family: IP (2)               // 地址族标识符
    Route Tag: 0                         // 路由标记
    IP Address: 11.8.5.0                 //IP 地址
    Netmask: 255.255.255.192             // 子网掩码
    Next Hop: 0.0.0.0                    // 下一跳路由器的地址
    Metric: 1                            // 距离
  IP Address: 11.8.6.0, Metric: 2        //20 字节。到 11.8.6.0/26 网络的路由
  IP Address: 192.8.4.0, Metric: 1       //20 字节。到 192.8.4.0/24 网络的路由
  IP Address: 192.8.7.0, Metric: 3       //20 字节。到 192.8.7.0/24 网络的路由
```

5.5.5 开放最短路径优先协议

前面提到，RIP 是距离矢量路由选择协议，通过 RIP，路由器可以学习到某网段的距离及下一跳路由器的地址，但不知道全网的拓扑结构（只有到了下一跳路由器，才能知道再下一跳怎么走）。

开放最短路径优先（OSPF）协议基于链路状态路由选择算法，而 RIP 基于距离矢量路由选择算法。

1. 链路状态路由选择算法

链路状态路由选择算法与距离矢量路由选择算法的基本原理不同，其要点如下。

（1）每个路由器都能够感知其本地链路状态，以及本地路由器都与哪些网络相连，与哪些路由器相邻，以及它们之间链路的度量。这个度量作为链路的权值可用来表示费用、距离、时延、带宽等链路代价。OSPF 协议使用接口的带宽来计算度量。

（2）当本地链路状态发生变化时，路由器用洪泛（Flooding）法向所有路由器广播该链路状态变化信息。洪泛法就是路由器通过所有输出端口向所有相邻的路由器发送信息，而每个相邻路由器又将此信息发往其所有的相邻路由器（但不再发送给刚刚发来信息的那个路由器）。这样，最终整个区域所有的路由器都得到这个信息的一个副本。而 RIP 仅仅向自己的相邻路由器发送信息。

（3）每个路由器都可以收到所有路由器广播的链路状态信息并建立全网的拓扑结构图（在 OSPF 协议中称为链路状态数据库）。因此，每个路由器都知道全网共有多少个网络和路由器，以及哪些路由器是相连的，链路的度量是多少，等等。OSPF 协议使用最短路径算法计算到所有目的网络的最短路径（最低代价路径），并以此生成自己的路由表。

如图 5.35 所示，每条路径都标有一个独立的开销。从 R2 向连接到 R3 的 LAN 发送数据报的

最短路径度量为 17。每个路由器都会自行确定通向拓扑中每个目的地的度量。换句话说，每个路由器都会站在自己的角度，根据最短路径算法确定每个目的地的度量。

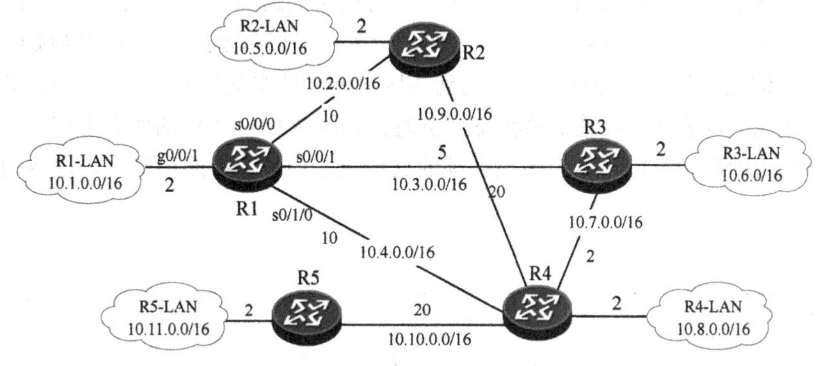

◎ 图 5.35 最短路径优先算法

这里以路由器 R2 为例，在图 5.35 中，从路由器 R2 到 R4-LAN 的路径有 R2 → R1 → R3 → R4 → R4-LAN、R2 → R1 → R4 → R4-LAN 和 R2 → R4 → R4-LAN，其跳数、度量分别是 3、19，2、22，1、22。根据链路状态路由选择算法可知是 R2 → R1 → R3 → R4 路径，而根据距离矢量路由选择算法得到的是 R2 → R4 路径。

（4）由于路由表是根据全网拓扑生成的，所以链路状态路由选择算法不存在距离矢量路由选择算法的坏消息传播得慢的问题。

2. OSPF 的基本原理

OSPF 采用分布式方法，即每个路由器各自收集全网拓扑生成自己的路由表。

（1）在 OSPF 中，所有的路由器都需要维护一个链路状态数据库（Link-State Database），这个数据库实际上是全网的拓扑结构图。这个拓扑结构图在全网范围内是一致的（这称为链路状态数据库的同步）。

（2）为保证协议的可靠性，除了在链路状态发生变化时，OSPF 路由器还会周期性地向自治系统中的所有路由器洪泛链路状态信息，但周期要比 RIP 长得多（至少 30min），更长的周期可确保洪泛不会在网络上产生太大的通信量。

（3）OSPF 允许同时使用到同一目的网络的多条具有相同代价的路径，将流量分配给这几条路径，这叫作多路径间的负载平衡。

（4）所有在 OSPF 路由器之间交换的分组（如链路状态更新分组）都具有鉴别功能，因而保证了仅在可信赖的路由器之间交换链路状态信息。

（5）为了使 OSPF 能够用于规模很大的网络，OSPF 可以把一个自治系统划分为若干更小的范围，即区域（Area），进行层次路由。划分区域的好处就是利用洪泛法交换链路状态信息的范围局限于每个区域而不是整个自治系统，这就减小了整个网络的通信量。一个区域内部的路由器只知道本区域的完整网络拓扑，而不知道其他区域的完整网络拓扑。在图 5.36 中，将一个自治系统划分为 4 个区域，每个区域都有一个 32 位的区域标识符。

为了使每个区域都能够与本区域以外的区域进行通信，OSPF 使用层次结构的区域划分。上层区域叫作主干区域（Backbone Area）。主干区域的标识符规定为 0.0.0.0。主干区域内的路由器叫作主干路由器（Backbone Router），如图 5.36 中的 R3、R4、R5、R6 和 R7。有些主干路由器同时是区域边界路由器，如图 5.36 中的 R3、R4 和 R7。显然，每个区域至少应当有一个区域边界路由器。主干区域的作用是连通非主干区域，所有非主干区域之间的通信必须经过主干区域。

区域边界路由器要对非主干区域内的路由信息进行汇总，并通告到主干区域中。例如，在图 5.36 中，路由器 R3 通过收集区域 0.0.0.1 的链路状态信息计算出到该区域中所有网络的最短路径及路径代价，并将网络汇总链路状态信息（到该区域所有网络的路径代价）洪泛到主干区域中，就好像这些网络直接连接在路由器 R3 上一样。这样，所有主干路由器虽然不知道区域 0.0.0.1 内部的具体网络拓扑，但能够计算出通过主干区域到该区域网络的最短路径。同样，R3 也要把从主干区域获得的到其他区域的网络汇总链路状态信息通告到区域 0.0.0.1 中的所有内部路由器。主干区域内还要有一个路由器来专门与本自治系统外的其他自治系统交换路由信息，这样的路由器叫作自治系统边界路由器。

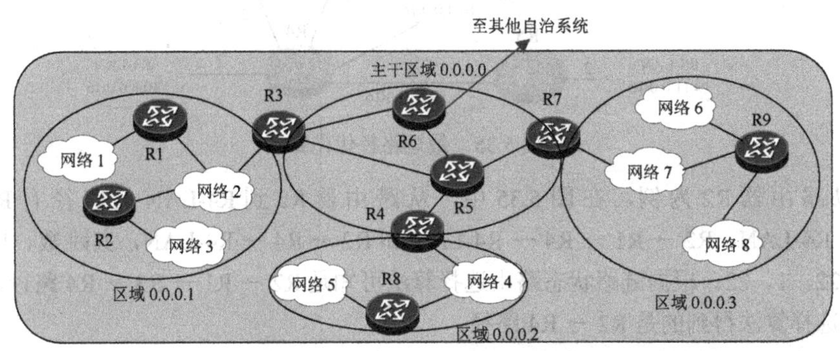

◎ 图 5.36　将 OSPF 划分为不同的区域

3. OSPF 协议报文

OSPF 路由器是依靠 5 种不同类型的分组来识别它们的邻居并更新链路状态路由信息的。

类型 1：问候（Hello）数据包，发现并建立邻接关系。

类型 2：数据库描述（Database Description，DD）分组，向邻居给出自己的链路状态数据库中所有链路状态项目的摘要信息。摘要信息主要指出有哪些路由器的链路状态路由信息已经被写入了数据库。

类型 3：链路状态请求（Link State Request，LSR）分组，向对方请求某些链路状态项目的完整信息。

类型 4：链路状态更新（Link State Update，LSU）分组，用洪泛法对全网路由更新链路状态。这种分组最复杂，也是 OSPF 协议最核心的部分。路由器使用这种分组将其链路状态通告给其相邻路由器。在 OSPF 协议中，只有该类型分组需要显示确认。

在网络运行的过程中，只要一个路由器的链路状态发生变化，该路由器就要使用链路状态更新分组，用洪泛法向全网更新链路状态。OSPF 协议使用的是可靠的洪泛法。

类型 5：链路状态确认（Link State Acknowledgment，LSAck）分组，用于对收到的链路状态更新分组进行确认。

OSPF 分组是作为 IP 数据报的数据部分来传送的，如图 5.37 所示。OSPF 不用 UDP 而直接用 IP 数据报传送（其 IP 数据报首部的协议字段值为 89）。OSPF 数据包很短，可以减小路由信息的通信量，且不用分片。

◎ 图 5.37　OSPF 数据包格式

配置如图 5.32 所示的拓扑图，采用 OSPF 协议，通过

Wireshark 软件在路由器 R1 的 GE0/0/1 接口进行抓包。捕获的 OSPF 数据包格式如下：

```
Open Shortest Path First                //OSPF 协议
 OSPF Header                            //OSPF 首部
//OSPF 版本，OSPFv2 为 2，OSPFv3 为 3
    Version: 2
// OSPF 数据包类型：1 代表 Hello，2 代表 DD，3 代表 LSR，4 代表 LSU，5 代表 LSAck
    Message Type: Hello Packet (1)
//OSPF 数据包总长度
Packet Length: 48
// 发送该报文的路由器标识
    Source OSPF Router: 192.8.4.1
// 发送该报文的路由器接口所属区域
    Area ID: 0.0.0.10
    Checksum: 0x07a7 [correct]          // 检验和，包含除了认证字段的整个报文的检验和
    Auth Type: Null (0)                 // 验证类型：0 代表不验证，1 代表简单验证，2 代表 MD5 验证
// 鉴定字段：0 表示未进行定义，1 表示密码信息，2 表示包括 Key ID、MD5 验证数据长度和序列号的信息
    Auth Data (none): 0000000000000000
 OSPF Hello Packet
    Network Mask: 255.255.255.192
    Hello Interval [sec]: 10
    Options: 0x02, (E) External Routing
    Router Priority: 1
    Router Dead Interval [sec]: 40
    Designated Router: 11.8.5.2
    Backup Designated Router: 11.8.5.3
    Active Neighbor: 11.8.5.3
```

4. OSPF 协议的工作过程

运行 OSPF 协议的路由器有 3 张表，分别是邻居表、链路状态表（链路状态数据库）和路由表。下面以这 3 张表的产生过程为线索，分析在这个过程中路由器发生了哪些变化，从而说明 OSPF 协议的工作过程。

（1）邻居表的生成。

OSPF 区域的路由器首先要根据邻居路由器建立邻接关系，过程如下。

当一个路由器刚开始工作时，每隔 10s 就发送一个 Hello 数据包，从而得知有哪些相邻的路由器在工作（可达），以及将数据发往相邻路由器所需的代价，生成邻居表。对相邻路由器来说，可达是最基本的要求。

若超过 40s 没有收到某个相邻路由器发来的 Hello 数据包，则可以认为该相邻路由器是不可达的，应立即修改链路状态表，并重新计算路由表。

（2）链路状态表的建立。

生成邻居表之后，相邻路由器就要交换链路状态信息，在建立链路状态表时，路由器要经历交换状态、加载状态、完全邻接状态。

交换状态：OSPF 让每个路由器用数据库描述数据包与相邻路由器交换本数据库中已有的链路状态摘要信息。

加载状态：与相邻路由器交换数据库描述数据包后，路由器就使用链路状态请求数据包向对

方请求发送自己所缺少的某些链路状态项目的详细信息，通过这一系列的分组交换，全网同步的链路状态数据库就建立了。

完全邻接状态：邻居间的链路状态数据库同步完成，通过邻居链路状态请求列表为空且邻居状态为加载来判断。

（3）路由表的生成。

每个路由器按照建立的全区域链路状态表运行最短路径优先（Shortest Path First，SPF）算法，产生到达目的网络的路由条目。

5.6 IP 多播

5.6.1 基本概念

目前，IP 多播（Multicast，以前曾译为组播）已成为互联网的一个热门话题。这是由于许多应用都需要由一个源点发送到许多终点，即一对多通信，如实时信息的交付（如新闻、股市行情等）、软件更新、交互式会议等。随着互联网的用户数目的急剧增加，以及多媒体通信的开展，有更多的业务需要多播来支持。

与单播相比，在一对多通信中，多播可大大节约网络资源，如图 5.38 所示。在图 5.38（a）中，视频服务器用单播方式向 90 台主机传送同样的视频节目。为此，需要发送 90 个单播，即同一个视频分组要发送 90 个副本。在图 5.37（b）中，视频服务器用多播方式向属于同一个多播组的 90 个成员传送节目。这时，视频服务器只需把视频分组当作多播数据报来发送，并且只需发送一次。路由器 R1 在转发分组时，需要把收到的分组复制成 3 个副本，R2、R3 和 R4 各转发一个副本。当分组到达目的局域网时，由于局域网具有硬件多播功能，因此不需要复制分组，局域网上的多播组成员都能收到这个视频分组。

当多播组的主机数很大（如成千上万台）时，采用多播方式就可明显降低网络中各种资源的消耗。互联网范围的多播要靠路由器来实现，这些路由器必须增加一些能够识别多播数据报的软件。能够运行多播协议的路由器称为多播路由器（Multicast Router）。多播路由器当然也可以转发普通的单播 IP 数据报。

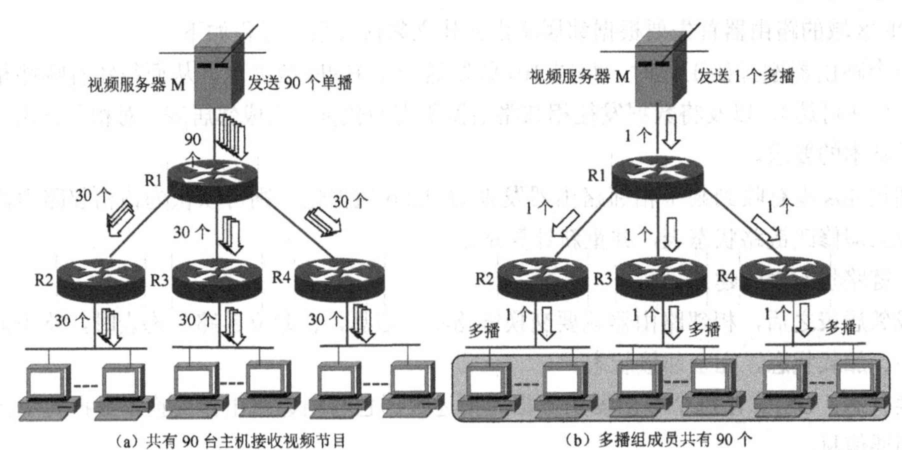

◎ 图 5.38　单播与多播的比较

5.6.2　多播 IP 和多播 MAC 地址

IP 多播可以分为两种：第一种只在本局域网上进行硬件多播，简称多播 MAC 地址；另一种在互联网的范围内进行多播，简称多播 IP。第一种比较简单，但是现在大部分主机都是通过局域网接入互联网的。在互联网上进行多播的最后阶段还是要把多播数据报在局域网上用硬件多播交付给多播组的所有成员的，如图 5.38（b）所示。

1. 多播 IP

IP 多播所传送的分组需要使用多播 IP 地址，即 D 类 IP 地址，32 位 IP 地址的前 4 位是 1110，即从 224.0.0.0 到 239.255.255.255。用每个 D 类地址分别标志一个多播组。这样，D 类地址共可标志 2^{28} 个多播组。D 类地址中有一些是不能随意使用的，表 5.10 列出了 D 类多播地址。

表 5.10　D 类多播地址

	D 类地址	说明	备注
永久组地址	224.0.0.0	基地址（保留）	INAN（互联网数字分配机构）指派的永久组地址，不能随意使用
	224.0.0.1	本子网上所有参加多播的主机和路由器	
	224.0.0.2	本子网上所有参加多播的路由器	
	224.0.0.3	未指派	
	224.0.0.4	距离矢量多播路由选择协议（DVMRP）路由器	
公网上的多播地址	224.0.1.0 ～ 238.255.255.255	全球范围都可使用的多播地址	—
私网上的多播地址	239.0.0.0 ～ 239.255.255.255	限制在一个组织范围内	—

多播数据报的目的地址不能为某个具体的主机 IP，而是多播组的标识符，需要将加入这个多播组的主机 IP 与多播组的标识符关联起来。

多播数据报“尽最大努力交付”数据报，不保证一定能够交付给多播组内的所有成员。多播数据报与一般的 IP 数据报的区别就是它使用 D 类 IP 地址作为目的地址，并且协议首部中的协议字段值是 2，表明使用互联网组管理协议（Internet Group Management Protocol，IGMP）。

多播地址只能用于目的地址，不能用于源地址。另外，对多播数据报不产生 ICMP 差错报告报文。

2. 多播 MAC 地址

IANA 拥有的以太网地址块的高 24 位为 00-00-5E，因此，TCP/IP 使用的以太网地址块的范围是从 00-00-5E-00-00-00 到 00-00-5E-FF-FF-FF。同时，当以太网硬件地址字段的第 1 个字节的最低位为 1 时即多播地址，这种多播地址数占 IANA 分配地址数的一半。因此，IANA 拥有的以太网地址块中从 00-00-5E-00-00-00 到 00-00-5E-7F-FF-FF 的多播地址用于映射 IP 多播的地址。不难看出，该地址块只能与 D 类地址中的 23 位进行映射。D 类地址中可供分配的有 28 位，可见，这 28 位中的前 5 位不能用来构成以太网硬件地址，如图 5.39 所示。

例如，IP 多播地址 224.128.64.32（E0-80-40-20）和 224.0.64.32（E0-00-40-20）转换成以太网的硬件多播地址都是 01-00-5E-00-40-20。由于这两个多播 IP 地址与以太网硬件地址的映射关系不是唯一的，因此，收到多播数据报的主机还要在网络层利用软件进行过滤，把不是本主机要接收的数据报丢弃。

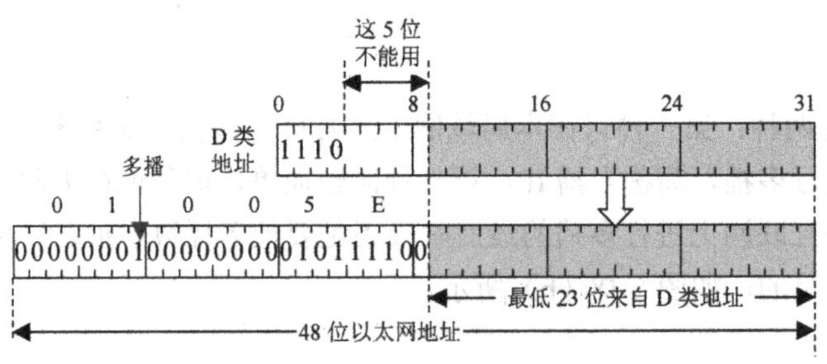

◎ 图 5.39 D 类 IP 地址与以太网多播地址的映射关系

5.6.3 IP 多播需要两种协议

当需要在互联网范围内跨越多个网络进行 IP 多播时，多播路由器必须根据多播 IP 地址将 IP 多播数据报转发到有该多播组成员的局域网中。例如，在图 5.40 中，标有 IP 地址的 4 台主机都参加了一个多播组，其组地址是 226.15.15.111。显然，多播数据报应当传送到路由器 R1、R2 和 R3，而不应当传送到路由器 R4，因为与 R4 连接的局域网上现在没有这个多播组的成员。那么，这些路由器又怎样知道多播组的成员信息呢？这就需要使用一个协议，即 IGMP。

图 5.40 强调了 IGMP 的本地使用范围。请注意，IGMP 并不是在互联网范围内对所有多播组成员进行管理的协议。使用 IGMP 并不能知道 IP 多播组包含的成员数，也不能知道这些成员都分布在哪些网络上。IGMP 让连接在本地局域网上的多播路由器知道本局域网上是否有主机（严格来讲是主机上的某个进程）参加或退出了某个多播组。

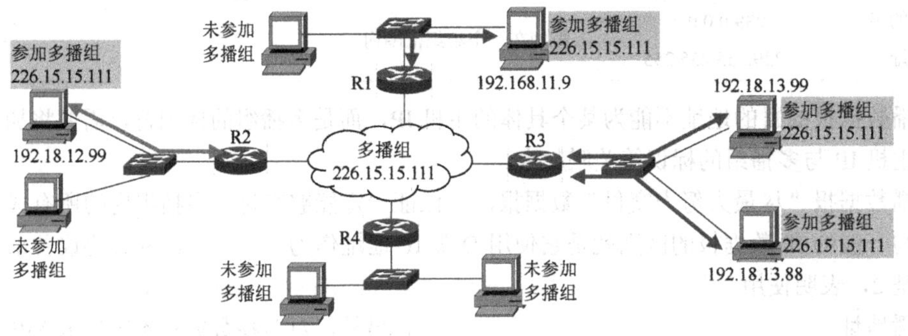

◎ 图 5.40 IGMP 使多播路由器知道多播组成员信息

IGMP 使用 IP 数据报传送其报文（IGMP 报文，即 IGMP 数据包加上 IP 首部构成 IP 数据报），但它也向 IP 提供服务。显然，我们不能把 IGMP 看作一个单独的协议，而将其看作 IP 的一个组成部分。

显然，仅有 IGMP 是不能完成多播任务的，连接在局域网上的多播路由器还必须与互联网上的其他多播路由器协同工作，以便把多播数据报用最小的代价传送给所有的多播组成员，这就需要使用多播路由选择协议。

多播路由选择协议的基本任务就是在多播路由器之间为每个多播组建立一棵连接源主机和所有拥有该多播组成员的路由器的多播转发树。IP 多播数据报只要沿着多播转发树进行洪泛就能被传送到所有拥有该多播组成员的多播路由器。在局域网内，多播路由器通过硬件多播将 IP 多播数据报发送给所有多播组成员。

多播路由选择协议要比单播路由选择协议复杂得多。这是因为针对不同的多播组，它需要维

护不同的多播转发树，而且必须动态地适应多播组成员的变化（这时网络拓扑并不一定发生变化）。多播路由选择实际上就是要找出以源主机为根节点的多播转发树，在多播转发树上，每个多播路由器向树的叶节点方向转发收到的多播数据报，但在多播转发树上的路由器不会收到重复的多播数据报（多播数据报不应在互联网中“兜圈子”）。不同的多播组对应不同的多播转发树，同一个多播组对不同的源主机有不同的多播转发树。

1. IGMP

IGMP 是 TCP/IP 协议族中负责 IPv4 多播组成员管理的协议，用来在 IP 主机和与其直接相邻的多播路由器之间建立、维护多播组成员关系。目前，IGMP 使用的是 IGMPv3。

正如 ICMP 一样， IGMP 也被当作网络层的一部分。

IGMP 的工作可分为以下两个阶段。

（1）当某台主机加入新的多播组时，该主机应向多播组的多播地址发送一个 IGMP 报文，声明自己要成为该多播组的成员。本地的多播路由器收到 IGMP 报文后，还要利用多播路由选择协议把这种多播组成员关系转发给互联网上的其他多播路由器。

（2）组成员关系是动态的。本地多播路由器要周期性地探询本地局域网上的主机，以便知道这些主机是否继续是该多播组的成员。只要有一台主机对某个多播组做出响应，那么多播路由器就认为这个多播组是活跃的。但如果一个多播组在经过几次探询后仍然没有一台主机做出响应，那么多播路由器就认为本网络上的主机都已经离开这个多播组了，因此也就不再把这个多播组的成员关系转发给其他多播路由器了。

2. 多播路由选择协议

多播路由选择协议的特点如下。

（1）多播转发必须动态地适应多播组成员的变化。例如，在收听网上某个广播节目时，随时会有主机加入或离开这个多播组。请注意，单播路由选择通常只有在网络拓扑发生变化时才需要更新路由。

（2）多播路由器在转发多播数据报时，不能只看多播数据报中的目的地址，还要考虑这个多播数据报从什么地方来和要到什么地方去。

（3）多播数据报可以由没有加入多播组的主机发出，也可以由没有多播组成员接入的网络发出。

目前，在 TCP/IP 中，IP 多播协议已成为建议标准，但多播路由选择协议尚未标准化，也没有在整个互联网范围内使用的多播路由选择协议。建议使用的多播路由选择协议有距离矢量多播路由选择协议（Distance Vector Multicast Routing Protocol，DVMRP）、基于核心的转发树（Core Based Tree，CBT）等。

5.7 技能训练 2：网络层常用命令

1. 训练目的

（1）掌握在 Windows 平台中网络层常用命令的使用方法。

（2）能够使用命令获取网络层信息。

（3）能够使用命令排查简单的网络故障。

2. 进入命令提示符窗口

Windows 平台通常在 MS-DOS 命令提示符窗口下使用网络命令。

5.7.1 ipconfig 命令

ipconfig 命令用于显示本机 TCP/IP 配置值，可以查看本机 IP 地址、子网掩码和默认网关等基本信息。相对于通过控制面板的网络连接的图形化界面，用 ipconfig 命令查询信息的结果更为准确、可靠。例如，Windows 系统在手工配置网卡的 IP 地址时，偶尔会出现配置没有及时生效的情况。

由于篇幅所限，命令格式及命令显示未全部列出，以省略号表示。

1. ipconfig 命令格式

ipconfig 命令格式（可输入 ipconfig/? 显示）如下：

```
C:\Users\admin>ipconfig/?
用法:
ipconfig [/allcompartments] [/? | /all | /renew [adapter] | /release [adapter] |
            /renew6 [adapter] |/release6 [adapter] | /flushdns | /displaydns |
            /registerdns | /showclassid adapter |/setclassid adapter [classid] |
           /showclassid6 adapter |/setclassid6 adapter [classid] ]
其中
  adapter           连接名称（允许使用通配符 * 和 ?）。
选项:
  /?                显示此帮助消息
  /all              显示完整配置信息。
  /release          释放指定适配器的 IPv4 地址。
  /renew            更新指定甜酸器的 IPv4 地址。
  /flushdns         清除 DNS 解析程序缓存。
  ……
  /displaydns       显示 DNS 解析程序缓存的内容。
  ……
```

在默认情况下，仅显示绑定到 TCP/IP 的每个适配器的 IP 地址、子网掩码和默认网关。

对于 release 和 renew，如果未指定适配器名称，则会释放或更新所有绑定到 TCP/IP 的适配器的 IP 地址租用。

2. 常用选项示例

（1）ipconfig，用于显示本机 TCP/IP 的基础信息：

```
C:\Users\Think>ipconfig
Windows IP 配置
……
无线局域网适配器 WLAN:
  连接特定的 DNS 后缀 . . . . . :
  本地链接 IPv6 地址 . . . . . . . . : fe80::80b2:6008:1379:8b40%5
  IPv4 地址 . . . . . . . . . ……. . . : 192.168.1.9
  子网掩码 . . . . . . . . . . ……. . : 255.255.255.0
```

```
  默认网关 . . . . . . . . . . . ……... : 192.168.1.1
C:\Users\Think>
```

（2）ipconfig /all，用于显示本机 TCP/IP 的详细信息：

```
C:\Users\Think>ipconfig/all
Windows IP 配置
  主机名 . . . . . . . . . . . . . : thinkpadchu
……
以太网适配器 以太网 2:
…….
无线局域网适配器 WLAN:
  连接特定的 DNS 后缀 . . . . :
  描述 . . . . . . . . . . ………... : Intel(R) Wi-Fi 6 AX201 160MHz
  物理地址 . . . . . . . . . . . …… : 34-2E-B7-AC-30-00
  DHCP 已启用 . . . . . . . . . . . : 是
  自动配置已启用 . . . . . . . . . . : 是
  本地链接 IPv6 地址 . . . . . . : fe80::80b2:6008:1379:8b40%5( 首选 )
  IPv4 地址 . . . . . . . . . …. . : 192.168.1.9( 首选 )
  子网掩码 . . . . . . . . . …. . : 255.255.255.0
……
C:\Users\Think>
```

通过显示的信息可以看出，当前计算机连接了有线网络，断开了无线网络。有线网络中同时使用 IPv4 地址和 IPv6 地址，并且是通过 DHCP 自动获取 IP 地址的。

（3）ipconfig /displaydns，用于显示本机 DNS 解析程序缓存的内容；ipconfig /flushdns，用于清除本机 DNS 解析程序缓存的内容。这两条命令常用于测试网络 DNS 服务器。

5.7.2　tracert 命令

tracert（跟踪路由）是路由跟踪实用程序，用于获得 IP 数据报访问目标时从本地计算机到目的主机的路径信息。在 Windows 操作系统中，该命令为 tracert，本地计算机发送 ICMP echo-request，目的主机应答 ICMP echo-reply；而在 UNIX/Linux 中则为 traceroute。

1. tracert 命令格式

在命令提示符下输入“tracert/?”可显示 tracert 的帮助信息：

```
C:\Users\admin>tracert/?
C:\Users\admin>tracert/?
用法： tracert [-d] [-h maximum_hops] [-j host-list] [-w timeout] [-R] [-S srcaddr] [-4] [-6] target_name
选项：
  -d                    不将地址解析成主机名。
  -h maximum_hops       搜索目标的最大跃点数。
  -j host-list          与主机列表一起的松散源路由（仅适用于 IPv4）。
……
```

2. 常见应用举例

要跟踪名为 www.tsinghua.edu.cn 的主机的路径，输入以下命令：

```
C:\Users\Think>tracert www.tsinghua.edu.cn
通过最多 30 个跃点跟踪
到 www.tsinghua.edu.cn [166.111.4.100] 的路由：
  1     3 ms     9 ms     1 ms    192.168.1.1
  2     1 ms     2 ms     1 ms    10.8.10.1
  3     7 ms     1 ms     4 ms    10.8.7.6
  4     3 ms     2 ms     5 ms    183.196.190.129
  5     *        *        *       请求超时。
  6     *        6 ms     5 ms    202.112.53.197
  7    10 ms    13 ms     7 ms    101.4.115.237
  8    11 ms     9 ms     9 ms    101.4.114.89
  9    16 ms    11 ms    22 ms    101.4.116.213
 10    26 ms    12 ms    16 ms    101.4.113.234
 11    12 ms    11 ms     9 ms    202.112.38.10
 12    12 ms     9 ms     9 ms    118.229.4.74
 13    14 ms    10 ms     9 ms    118.229.2.66
 14    15 ms    10 ms    13 ms    118.229.8.6
 15    13 ms    12 ms    15 ms    www.tsinghua.edu.cn [166.111.4.100]
跟踪完成。
```

在不同的地区、不同的网络中测试出来的结果与本书示例是不一样的。

5.7.3 pathping 命令

pathping 在一段时间内将多个回送请求报文发送到源主机和目的主机之间的各个路由器，并根据各个路由器返回的分组计算结果。因为 pathping 显示在任何特定路由器或链接处的分组的丢失程度，所以用户可据此确定存在网络问题的路由器或子网。pathping 通过识别路径上的路由器执行与 tracert 命令相同的功能。该命令在一段指定的时间内定期将 ping 命令发送给所有路由器，并根据每个路由器的返回数值生成统计结果。

1. pathping 命令格式

在命令提示符下输入“pathping/?”可显示 pathping 的帮助信息：

```
C:\Users\admin>pathping/?
用法： pathping [-g host-list] [-h maximum_hops] [-i address] [-n] [-p period] [-q num_queries] [-w timeout]
       [-4] [-6] target_name
选项：
  -g host-list        与主机列表一起的松散源路由。
  ......
  -6                  强制使用 IPv6。
```

2. 常见应用举例

要跟踪名为 www.tsinghna.edu.cn 的主机的路径，输入以下命令：

```
C:\Users\Think>pathping www.tsinghua.edu.cn
通过最多 30 个跃点跟踪
到 www.tsinghua.edu.cn [166.111.4.100] 的路由：
  0  thinkpadchu [192.168.1.9]
```

```
1 192.168.1.1
2 10.8.10.1
3 10.8.7.6
4 183.196.190.129
5  *    *    *
正在计算统计信息，已耗时 100 秒 ...
         指向此处的源   此节点 / 链接
跃点  RTT   已丢失 / 已发送 = Pct  已丢失 / 已发送 = Pct  地址
 0                              thinkpadchu [192.168.1.9]
                                0/ 100 =  0%  |
 1   4ms    0/ 100 =  0%    0/ 100 =  0%  192.168.1.1
                                0/ 100 =  0%  |
 2   4ms    0/ 100 =  0%    0/ 100 =  0%  10.8.10.1
                                0/ 100 =  0%  |
 3   3ms    0/ 100 =  0%    0/ 100 =  0%  10.8.7.6
                                0/ 100 =  0%  |
 4   4ms    0/ 100 =  0%    0/ 100 =  0%  183.196.190.129
跟踪完成。
```

5.7.4　route 命令

Route 命令用来对主机的路由表进行相关操作。一般情况下，大多数计算机都在只有一个出口路由器的网段上，出口路由器的 IP 地址作为该网段上所有计算机的默认网关。可以根据需要，通过人工方式添加路由表项到主机路由转发表中。Route 命令可以用来显示、添加和修改主机路由表项。

1. route 命令格式

在命令提示符下输入“route/?”可显示 route 的帮助信息：

```
C:\Users\admin>route/?
操作网络路由表。

route [-f] [-p] [-4|-6] command [destination]
           [MASK netmask]  [gateway] [METRIC metric]  [IF interface]
选项：
  -f       清除所有网关项的路由表。如果与某个命令结合使用，则在运行该命令前应清除路由表。
  -4       强制使用 IPv4。
  ......
  Destination       指定主机。
  MASK              指定下一个参数为“netmask”值。
  Netmask           指定此路由项的子网掩码值。如果未指定，则其默认设置为 255.255.255.255。
  Gateway           指定网关。
  Interface         指定路由的接口号码。
  METRIC            指定跃点数，如目标的成本。
```

2. 常见应用举例

route print 命令用于显示当前路由表项：

```
C:\Users\admin>route print
===========================================================================
接口列表
 8...e8 6a 64 c3 46 49 ......Realtek PCIe GbE Family Controller
 7...28 3a 4d 65 ea b9 ......Realtek 8822BE Wireless LAN 802.11ac PCI-E NIC
 1...........................Software Loopback Interface 1
===========================================================================
IPv4 路由表
===========================================================================
活动路由:
网络目标        网络掩码          网关            接口          跃点数
          0.0.0.0          0.0.0.0      10.10.36.254     10.10.36.33     35
       10.10.36.0    255.255.255.0          在链路上      10.10.36.33    291
      10.10.36.33  255.255.255.255          在链路上      10.10.36.33    291
     10.10.36.255  255.255.255.255          在链路上      10.10.36.33    291
        127.0.0.0        255.0.0.0          在链路上        127.0.0.1    331
        127.0.0.1  255.255.255.255          在链路上        127.0.0.1    331
  127.255.255.255  255.255.255.255          在链路上        127.0.0.1    331
         ......
        224.0.0.0        240.0.0.0          在链路上      10.10.36.33    291
         ......
  255.255.255.255  255.255.255.255          在链路上      10.10.36.33    291
         ......
===========================================================================
永久路由:
 无
IPv6 路由表
......
永久路由:
 无
```

5.7.5 arp 命令

arp 命令用于显示和修改 ARP 缓存中的项目，可以用来查询主机的网关的 MAC 地址（物理地址），并查看计算机 arp 缓存是否中毒等。

1. arp 命令格式

在命令提示符下输入“arp/?”可显示 arp 的帮助信息：

```
C:\Users\admin>arp/?
选项:
  -a          通过询问当前协议数据显示当前 ARP 表项。如果指定 inet_addr，则只显示指定计算机的 IP 地址
              和物理地址。如果不止一个网络接口使用 ARP，则显示每个 ARP 表项。
  ......
  -d          删除 inet_addr 指定的主机。inet_addr 可以是通配符 *，以删除所有主机。
  -s          添加主机并将互联网地址 inet_addr 与物理地址 eth_addr 相关联。物理地址是用连字符分隔的 6
```

个十六进制字节。该项是永久的。

eth_addr　指定物理地址。

2. 常见应用举例

（1）查看和删除 ARP 缓存表项：

```
C:\WINDOWS\system32>arp -a
接口：10.10.36.33 --- 0x8
  Internet 地址          物理地址              类型
  10.10.36.24           6c-4b-90-bb-6e-24     动态
  10.10.36.28           24-be-05-ee-b7-e5     动态
  10.10.36.32           3c-7c-3f-2f-45-fd     动态
  10.10.36.254          00-1a-a9-0a-d4-09     动态
C:\WINDOWS\system32>arp -d
C:\WINDOWS\system32>arp -a
No ARP Entries Found
```

说明：

-d 参数必须以管理员身份打开命令提示符窗口才能执行。

如果网关的 MAC 地址发生异常变化，则局域网中可能存在 ARP 攻击。

（2）添加静态 ARP 缓存表项：

```
C:\WINDOWS\system32>arp -s 10.10.36.254 00-1a-a9-0a-d4-09
C:\WINDOWS\system32>arp -a
接口：10.10.36.33 --- 0x8
  Internet 地址     物理地址             类型
  10.10.36.254      00-1a-a9-0a-d4-09    静态
```

说明：

-s 参数必须以管理员身份打开命令提示符窗口才能执行。

Windows 7 以下的系统使用上述命令可以将网关的 IP 地址与 MAC 地址的映射关系手工添加到主机的 ARP 缓存中。Windows 10 等操作系统需要用到 netsh 命令，请自行查阅手册完成。

如果对网关绑定了错误的 MAC 地址，就会发现主机无法与网关连通。

5.8　技能训练 3：网络层报文分析

1. 训练目的

（1）掌握在 eNSP 环境中使用 Wireshark 软件的方法。

（2）掌握 Wireshark 软件常用的过滤规则。

（3）具备基本的网络协议分析能力。

2. 准备工作

利用互联网检索和查阅 Wireshark 软件操作手册，完成以下准备工作。

（1）搭建如图 5.27 所示的网络拓扑图。

（2）下载并安装 Wireshark 软件。

（3）启动 Wireshark 软件，配置过滤规则后开始抓包。

（4）熟悉常用的过滤规则，以及如何根据 IP 地址和协议等过滤出要分析的数据包。

5.8.1　捕获并分析 ARP 报文

步骤 1：在计算机上启动 Wireshark 软件，选择连接局域网的物理网卡；过滤器中的过滤规则配置为只捕获 ARP。

步骤 2：在计算机上清除 ARP 缓存，以便有 ARP 报文产生。

以管理员身份运行，在计算机的命令提示符下执行 arp -d 命令。

在计算机的命令提示符下执行“ping 网关 IP 地址”命令：

```
C:\Users\admin>ping 10.10.36.254
正在 Ping 10.10.36. 254 具有 32 字节的数据 :
来自 10.10.36. 254 的回复 : 字节 =32 时间 <1ms TTL=64
……
```

训练时，请使用实际的网关 IP 地址。

步骤 3：停止抓包，观察抓包结果，如图 5.41 所示。

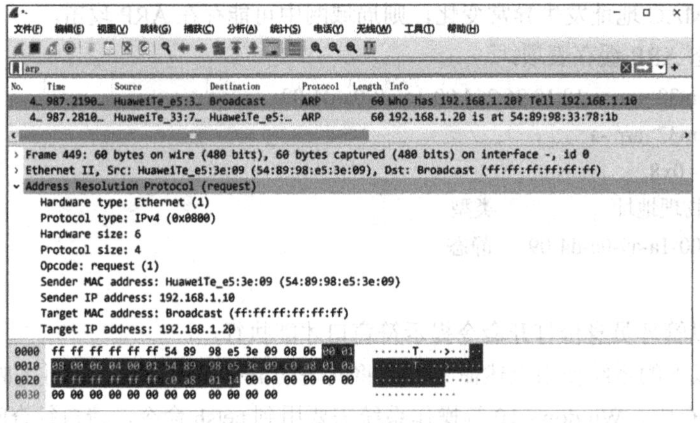

◎　图 5.41　抓包结果

步骤 4：ARP 请求报文（略），详见 5.3.2 节。

步骤 5：ARP 应答报文（略），详见 5.3.2 节。

5.8.2　捕获并分析 ICMP 报文

步骤 1：在计算机上启动 Wireshark 软件，选择连接局域网的物理网卡；过滤器中的过滤规则配置为只捕获 ICMP，分析 ICMP 请求和应答报文。

单击“开始”按钮，等待捕获数据包。

步骤 2：在计算机上的命令提示符下执行 ping192.168.1.20 命令。

```
C:\Users\admin>ping 192.168.1.20
正在 Ping 192.168.1. 20 具有 32 字节的数据 :
来自 192.168.1. 20 的回复 : 字节 =32 时间 <1ms TTL=64
……
```

步骤 3：停止抓包，观察抓包结果，如图 5.26 所示。

步骤 4：ICMP 请求报文（略），详见 5.4.3 节。

步骤 5：ICMP 应答报文（略），详见 5.4.3 节。

5.8.3　捕获并分析 IP 数据报分片

步骤 1：启动 Wireshark 软件，过滤器中的过滤规则配置为只捕获目的地址为 192.168.1.20 的数据包。

单击“开始”按钮，等待捕获数据包。

步骤 2：在计算机上的命令提示符下执行 ping 192.168.1.20 -l 6550 命令。

```
PC>ping 192.168.1.20 -l 6550
ping 192.168.1.20: 6550 data 字节 s, Press Ctrl_C to break
From 192.168.1.20: 字节 s=6550 seq=1 ttl=128 time=110 ms
......
PC>
```

利用 Windows 的 ping 命令携带 6550 字节数据访问目的主机，显然，产生的 IP 数据报的长度大于数据链路层（以太网）最大数据长度 1500 字节的要求，因此必须将 IP 数据报分片后发送。

ICMP 报文携带 6550 字节数据，最终封装在 IP 数据报中传输，因此原始 IP 数据报的大小为 ICMP 首部 +6550+IP 数据报首部，即 8+6550+20=6578 字节。

原始 IP 数据报携带的数据为 6558 字节（除去 IP 首部 20 字节）。

原始 IP 数据报携带的数据（6558 字节）在以太网中传输时需要分为 5 个分片，前 4 个分片均携带 1480 字节（IP 分片首部为 20 字节），最后 1 个分片携带 638 字节。

ping 一共发送 4 个 ICMP 请求报文，每个请求报文封装成 IP 数据报后，该 IP 数据报会产生 5 个分片，我们只分析其中一个分片。

步骤 3：停止抓包，观察抓包结果，如图 5.42 所示（这里只显示了 ping 命令的前两个数据包）。

ip.addr == 192.168.1.20

No.	Time	Source	Destination	Protocol	Length	Info
16	28.984000	192.168.1.10	192.168.1.20	IPv4	1514	Fragmented IP protocol (proto=ICMP 1, off=0, ID=5212) [Reassembled in #20]
17	28.984000	192.168.1.10	192.168.1.20	IPv4	1514	Fragmented IP protocol (proto=ICMP 1, off=1480, ID=5212) [Reassembled in #20]
18	29.016000	192.168.1.10	192.168.1.20	IPv4	1514	Fragmented IP protocol (proto=ICMP 1, off=2960, ID=5212) [Reassembled in #20]
19	29.016000	192.168.1.10	192.168.1.20	IPv4	1514	Fragmented IP protocol (proto=ICMP 1, off=4440, ID=5212) [Reassembled in #20]
20	29.016000	192.168.1.10	192.168.1.20	ICMP	672	Echo (ping) request id=0x1252, seq=1/256, ttl=128 (reply in 25)
21	29.031000	192.168.1.20	192.168.1.10	IPv4	1514	Fragmented IP protocol (proto=ICMP 1, off=0, ID=5212) [Reassembled in #25]
22	29.031000	192.168.1.20	192.168.1.10	IPv4	1514	Fragmented IP protocol (proto=ICMP 1, off=1480, ID=5212) [Reassembled in #25]
23	29.047000	192.168.1.20	192.168.1.10	IPv4	1514	Fragmented IP protocol (proto=ICMP 1, off=2960, ID=5212) [Reassembled in #25]
24	29.062000	192.168.1.20	192.168.1.10	IPv4	1514	Fragmented IP protocol (proto=ICMP 1, off=4440, ID=5212) [Reassembled in #25]
25	29.062000	192.168.1.20	192.168.1.10	ICMP	672	Echo (ping) reply id=0x1252, seq=1/256, ttl=128 (request in 20)
27	30.094000	192.168.1.10	192.168.1.20	IPv4	1514	Fragmented IP protocol (proto=ICMP 1, off=0, ID=5213) [Reassembled in #31]
28	30.125000	192.168.1.10	192.168.1.20	IPv4	1514	Fragmented IP protocol (proto=ICMP 1, off=1480, ID=5213) [Reassembled in #31]
29	30.125000	192.168.1.10	192.168.1.20	IPv4	1514	Fragmented IP protocol (proto=ICMP 1, off=2960, ID=5213) [Reassembled in #31]
30	30.125000	192.168.1.10	192.168.1.20	IPv4	1514	Fragmented IP protocol (proto=ICMP 1, off=4440, ID=5213) [Reassembled in #31]
31	30.156000	192.168.1.10	192.168.1.20	ICMP	672	Echo (ping) request id=0x1352, seq=2/512, ttl=128 (reply in 36)
32	30.172000	192.168.1.20	192.168.1.10	IPv4	1514	Fragmented IP protocol (proto=ICMP 1, off=0, ID=5213) [Reassembled in #36]
33	30.172000	192.168.1.20	192.168.1.10	IPv4	1514	Fragmented IP protocol (proto=ICMP 1, off=1480, ID=5213) [Reassembled in #36]
34	30.187000	192.168.1.20	192.168.1.10	IPv4	1514	Fragmented IP protocol (proto=ICMP 1, off=2960, ID=5213) [Reassembled in #36]
35	30.203000	192.168.1.20	192.168.1.10	IPv4	1514	Fragmented IP protocol (proto=ICMP 1, off=4440, ID=5213) [Reassembled in #36]
36	30.203000	192.168.1.20	192.168.1.10	ICMP	672	Echo (ping) reply id=0x1352, seq=2/512, ttl=128 (request in 31)

◎ 图 5.42　抓包结果

从图 5.42 中可以看到，发送方的一个 IP 数据报产生了 5 个分片。在序号为 1 ～ 4 的 IP 数据报分片中，Protocol 标明的是 IPv4；在最后一个 IP 数据报分片中，Protocol 标明的是 ICMP。

步骤 4：序号为 1 的 IP 数据报分片如图 5.43 所示。

部分内容说明如下：

```
Internet Protocol Version 4, Src: 192.168.1.10, Dst: 192.168.1.20
  0100 .... = Version: 4
  .... 0101 = Header Length: 20 bytes (5)
  Differentiated Services Field: 0x00 (DSCP: CS0, ECN: Not-ECT)
```

```
Total Length: 1500
Identification: 0x5212 (21010)                         //原始 IP 标识
Flags: 0x20, More fragments
    0... .... = Reserved bit: Not set
    .0.. .... = Don't fragment: Not set
    ..1. .... = More fragments: Set                    //后面还有分片
...0 0000 0000 0000 = Fragment Offset: 0               //片偏移为 0
Time to Live: 128
Protocol: ICMP (1)
Header Checksum: 0x3fa0 [validation disabled]
[Header checksum status: Unverified]
Source Address: 192.168.1.10
Destination Address: 192.168.1.20
[Reassembled IPv4 in frame: 20]
```

步骤 5：序号为 2 的 IP 数据报分片如图 5.44 所示。

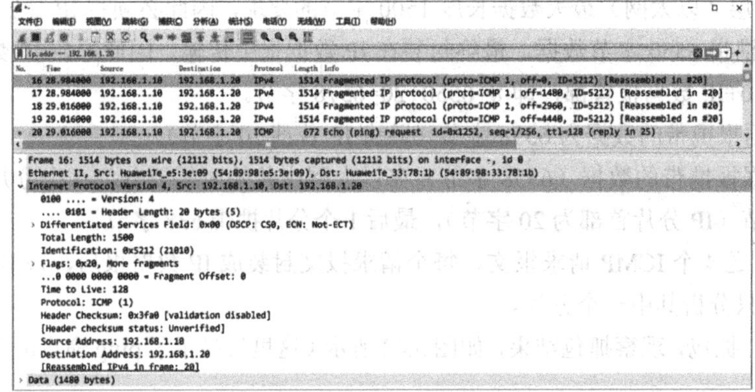

◎ 图 5.43 序号为 1 的 IP 数据报分片

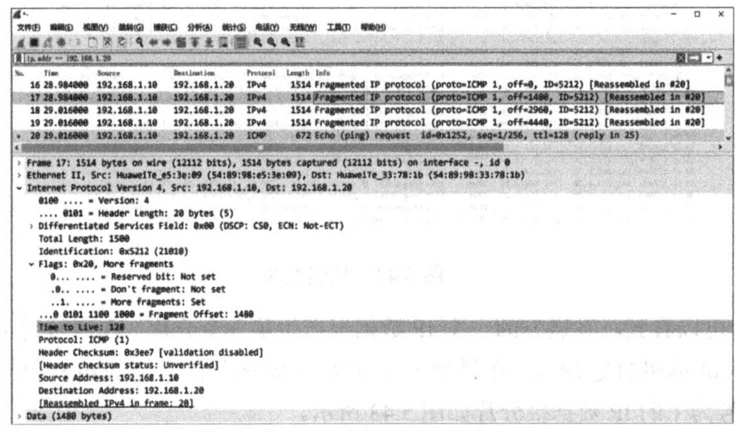

◎ 图 5.44 序号为 2 的 IP 数据报分片

序号为 1 的 IP 数据报分片已经传输了编号为 0 ～ 1479 字节的数据，序号为 2 的 IP 数据报分片中数据的起始编号为 1480，其片偏移为 1480 字节。

部分内容说明如下：

```
Internet Protocol Version 4, Src: 192.168.1.10, Dst: 192.168.1.20
  0100 .... = Version: 4
  .... 0101 = Header Length: 20 bytes (5)
  Differentiated Services Field: 0x00 (DSCP: CS0, ECN: Not-ECT)
  Total Length: 1500
  Identification: 0x5212 (21010)
  Flags: 0x20, More fragments
    0... .... = Reserved bit: Not set
    .0.. .... = Don't fragment: Not set
    ..1. .... = More fragments: Set                  //后面还有分片
  ...0 0101 1100 1000 = Fragment Offset: 1480   //片偏移为 1480 字节
  Time to Live: 128
  Protocol: ICMP (1)
……
```

步骤 6：序号为 3 的 IP 数据报分片如图 5.45 所示。

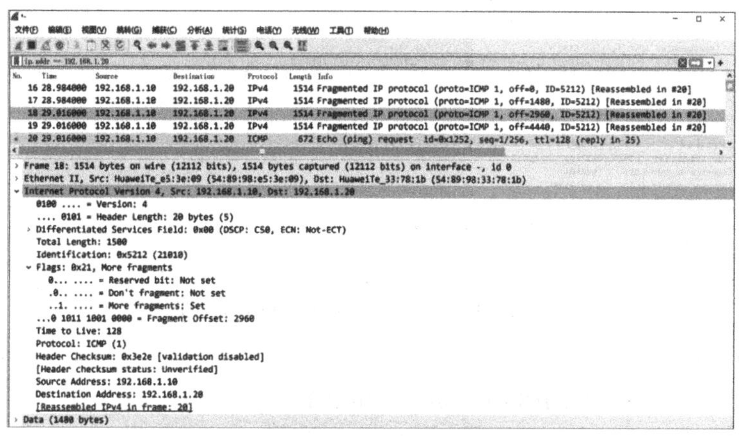

◎ 图 5.45　序号为 3 的 IP 数据报分片

序号为 1 和 2 的两个 IP 数据报分片一共传输了编号为 0 ～ 2959 字节的数据，序号为 3 的 IP 数据报分片中的起始数据编号为 2960，片偏移为 2960 字节。

步骤 7：序号为 4 的 IP 数据报分片如图 5.46 所示。

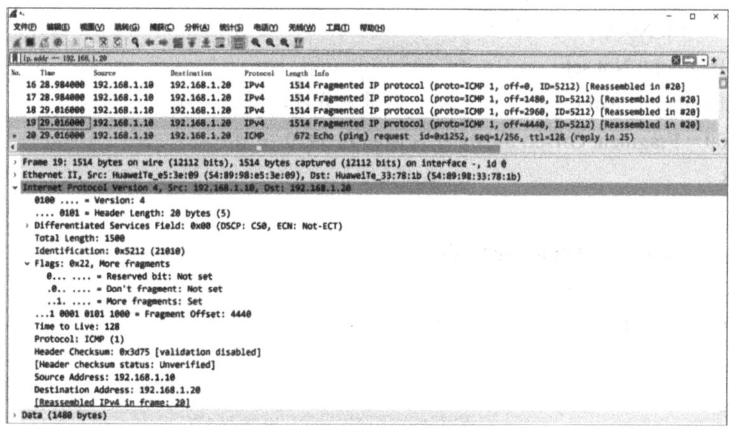

◎ 图 5.46　序号为 4 的 IP 数据报分片

序号为 1、2、3 的 3 个 IP 数据报分片一共传输了编号为 0 ～ 4439 字节的数据，序号为 4 的 IP 数据报分片中的起始数据编号为 4440，片偏移为 4440 字节。

步骤 8：序号为 5 的 IP 数据报分片如图 5.47 所示。

序号为 1 ～ 4 的 4 个 IP 数据报分片一共传输了编号为 0 ～ 5919 字节的数据，序号为 5 的 IP 数据报分片中的起始数据编号为 5920，片偏移为 5920 字节。本分片携带 638 字节的数据。

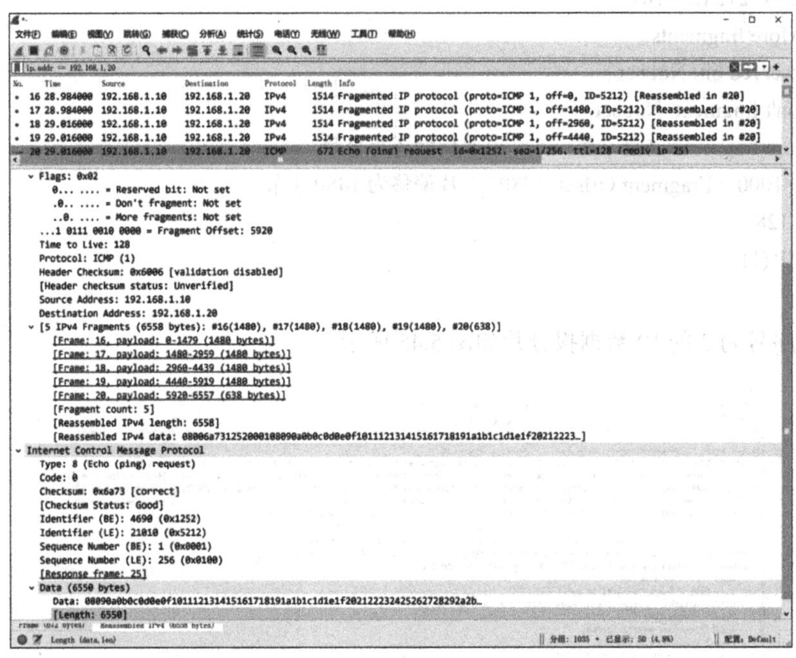

◎ 图 5.47　序号为 5 的 IP 数据报分片

部分内容说明如下：

```
Internet Protocol Version 4, Src: 192.168.1.10, Dst: 192.168.1.20
  0100 .... = Version: 4
  .... 0101 = Header Length: 20 bytes (5)
  Differentiated Services Field: 0x00 (DSCP: CS0, ECN: Not-ECT)
  Total Length: 658
  Identification: 0x5212 (21010)
  Flags: 0x02
    0... .... = Reserved bit: Not set
    .0.. .... = Don't fragment: Not set
    ..0. .... = More fragments: Not set            // 后面没有分片，最后一片
  ...1 0111 0010 0000 = Fragment Offset: 5920    // 片偏移为 5920 字节
  Time to Live: 128
  Protocol: ICMP (1)
  Header Checksum: 0x6006 [validation disabled]
  [Header checksum status: Unverified]
  Source Address: 192.168.1.10
  Destination Address: 192.168.1.20
  //5 个分片的情况
  [5 IPv4 Fragments (6558 bytes): #16(1480), #17(1480), #18(1480), #19(1480), #20(638)]
```

```
    [Frame: 16, payload: 0-1479 (1480 bytes)]
    [Frame: 17, payload: 1480-2959 (1480 bytes)]
    [Frame: 18, payload: 2960-4439 (1480 bytes)]
    [Frame: 19, payload: 4440-5919 (1480 bytes)]
    [Frame: 20, payload: 5920-6557 (638 bytes)]
    [Fragment count: 5]
    [Reassembled IPv4 length: 6558]
    [Reassembled IPv4 data: 08006a731252000108090a0b0c0d0e0f101112131415161718191a1b1c1
d1e1f20212223…]
Internet Control Message Protocol                    // ICMP
    Type: 8 (Echo (ping) request)
    Code: 0
    Checksum: 0x6a73 [correct]
    [Checksum Status: Good]
    Identifier (BE): 4690 (0x1252)
    Identifier (LE): 21010 (0x5212)
    Sequence Number (BE): 1 (0x0001)
    Sequence Number (LE): 256 (0x0100)
    [Response frame: 25]
    Data (6550 bytes)                                // 数据共有 6550 字节
Data: 08090a0b0c0d0e0f101112131415161718191a1b1c1d1e1f202122232425262728292a2b…
[Length: 6550]
```

注：

以上 5 个 IP 数据报分片中的源 IP 地址与目的 IP 地址没有变化，分片情况如表 5.11 所示。

表 5.11　分片情况

IP 数据报分片	总长度（20 字节为首部）/ 字节	原始 IP 标识	MF	片偏移 /×8 字节
原始 IP 数据报	6558+20	21010	0	0
分片 1	1480+20	21010	1	0
分片 2	1480+20	21010	1	185
分片 3	1480+20	21010	1	370
分片 4	1480+20	21010	1	555
分片 5	638+20	21010	0	740

习题

一、选择题

1．网络层依靠什么把数据从源节点转发到目的节点？（　　）

A．IP 路由表　　　　B．ARP 响应

C．名字服务器　　D．网桥

2．IPv4 地址中包含了多少位？（　　）

A．16　　B．32　　C．64　　D．128

3．如果子网掩码是 255.255.0.0，那么下列哪个地址为子网 112.11.0.0 内的广播地址？（　　）

A．112.11.0.0　　B．112.11.255.255　　C．112.255.255.255　　D．112.1.1.1

4．对 IP 数据报分片进行重组通常发生在哪里？（　　）

A．源主机　　B．目的主机

C．IP 数据报经过的路由器　　D．源主机或路由器

5．ARP 实现的功能是（　　）。

A．域名地址到 IP 地址的解析　　B．IP 地址到域名地址的解析

C．IP 地址到物理地址的解析　　D．物理地址到 IP 地址的解析

6～10．ICMP 属于 TCP/IP 网络中的________协议，ICMP 报文封装在________协议数据单元中传送，在网络中起着差错控制和拥塞控制的作用。ICMP 有 13 种报文，常用的 ping 命令使用了________报文，以探测目标主机是否可达。如果在 IP 数据报传送过程中发现 TTL 字段为 0，则路由器发出________报文。如果网络中出现拥塞，则路由器产生一个________报文。

6．A．数据链路层　　B．网络层　　C．传输层　　D．会话层

7．A．IP　　B．TCP　　C．UDP　　D．PPP

8．A．地址掩码请求 / 响应　　B．回送请求应答

C．信息请求 / 响应　　D．时间戳请求 / 响应

9．A．超时　　B．路由重定向　　C．源端抑制　　D．目标不可达

10．A．超时　　B．路由重定向　　C．源端抑制　　D．目标不可达

11．以下哪一项不包含在路由表中？（　　）

A．源地址　　B．下一跳　　C．目的网络　　D．路由度量

12．下面关于 IP 数据报首部中 TTL 字段的说法正确的是（　　）。

A．TTL 定义了源主机可以发送的数据报数量

B．TTL 定义了源主机可以发送数据报的时间间隔

C．IP 数据报每经过一个路由器，其 TTL 值会减 1

D．IP 数据报每经过一个路由器，其 TTL 值会加 1

13．下面哪个程序或命令可以用来探测源节点向目标节点发送的数据报所经过的路径？（　　）

A．route　　B．netstat　　C．tracert　　D．send

二、问答题

1．网络层向上提供的服务有哪几种？试比较其优 / 缺点？

2．网络互连有何实际意义？在进行网络互连时，有哪些共同的问题需要解决？

3．简单说明 IP、ICMP 和 ARP 的作用？

4．IP 地址和 MAC 地址有哪些区别？为什么要使用这两种不同的地址？

5．什么是 MTU？它和 IP 数据报首部中的哪个字段有关系？

6．IP 数据报的最大长度是多少字节？

7．在互联网中，最常见的分组长度大约是多少字节？

8．IP 数据报首部的最大长度是多少字节？典型的 IP 数据报首部是多长？

9．IP 数据报在传输过程中，其首部长度是否会发生变化？

10．主机 A 发送 IP 数据报给主机 B，途中经过了 3 个路由器。试问在 IP 数据报的发送过程中总共使用了几次 ARP？

11．“尽最大努力交付”都有哪些含义？

12．当执行 ping 127.0.0.1 命令时，这个 IP 数据报将发送给谁？

三、实训题

1．利用 ping 命令对使用的局域网进行测试，并给出该局域网 MTU 的估算值。（提示：应答请求与应答 ICMP 报文包含一个 8 字节的头部。）

2．利用 tracert 命令列出从你所在的局域网到 www.edu.cn 所经过的网关地址。

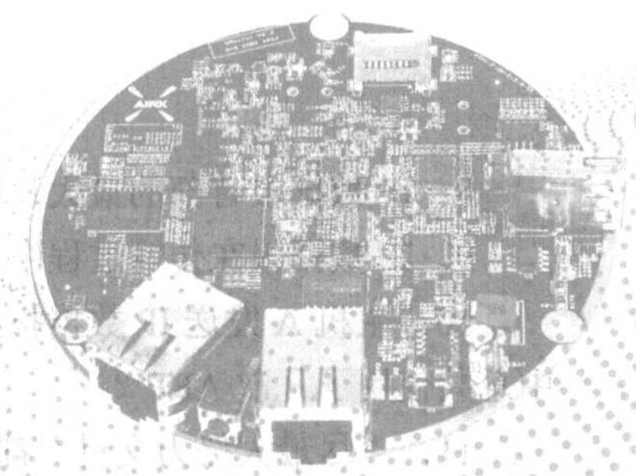

第6章 IP 编址和子网划分

内容巡航

编址是网络层协议的重要功能。要让同一网络或不同网络中的主机之间实现数据通信，必须给它们分配合适的地址。IPv4 和 IPv6 均可为传输数据的数据报提供分层编址功能。

设计、实施和管理有效的 IP 编址规划能确保网络高效率地运行。通过本章的学习，读者应该掌握以下问题。

- 公网地址、私网地址及保留地址的用途是什么？
- 给定网络和子网掩码，如何计算可用主机地址的数量？
- 如何计算特定主机数量所需的子网掩码？
- 可变长子网掩码（VLSM）的优点是什么？
- IPv6 地址如何表示？
- IPv6 地址有哪些类型？
- 企业网络中如何实现 IPv6 地址的分配？

内容探究

6.1 IP 编址

6.1.1 公网地址和私网地址

1. 公网地址

互联网中同时有大量主机需要使用 IP 地址进行通信，要求接入互联网的各个国家的各级 ISP 使用的 IP 地址块不能重叠，这就需要一个组织统一进行 IP 地址的规划和分配。这些统一规划和分配的全球唯一的 IP 地址称为公网地址（Public Address）。

公网地址的分配和管理由 InterNIC（国际互联网络信息中心）负责。各级 ISP 使用的公网地址都需要向 InterNIC 提出申请，由 InterNIC 统一发放，这样就可以确保地址块不冲突。

正是因为 IP 地址是统一规划和分配的，所以我们只要知道 IP 地址，就能很方便地查到该地址是由哪个地方的哪个 ISP 提供的。使用 ping 命令可以解析出网站的 IP 地址，通过百度搜索就可以查询到 IP 地址所属的 ISP 及其所在地。

2. 私网地址

创建 IP 寻址方案的组织也创建了私网地址。这些地址可以被用于私有网络，在互联网上没有这些地址，互联网上的路由器也没有这些私有网络的路由，即在互联网上不能访问私网地址。从这一点来看，使用私网地址的计算机更加安全，也有效地节省了公网地址。

REC1918 留出了 3 类私网地址。

（1）A 类：10.0.0.0/8 或 10.0.0.0 ～ 10.255.255.255，保留了 1 个 A 类网络。

（2）B 类：172.15.0.0/12 或 172.15.0.0 ～ 172.31.255.255，保留了 16 个 B 类网络。

（3）C 类：192.168.0.0/16 或 192.168.0.0 ～ 192.168.255.255，保留了 256 个 C 类网络。

使用私网地址的计算机可以通过网络地址转换（Network Address Translation，NAT）技术访问互联网。这通常是在将内部网络连接到 ISP 网络的路由器上完成的。

目前，家庭路由器可提供同样的功能。例如，大多数家庭路由器是从私有 IPv4 地址 192.168.1.0/24 中将 IPv4 地址分配给其无线或有线主机的。ISP 为连接其网络的家庭路由器接口分配了在互联网上使用的公有 IPv4 地址。

6.1.2　等长子网划分

等长子网划分

在进行任何子网划分之前，都需要了解网络需求并制订计划。

（1）按照主机要求划分子网。在划分子网时，需要考虑每个网络需要的 IP 地址数量和子网数量两个因素。子网数量和 IP 地址数量成反比，借用越多的位来创建子网意味着可用的主机位越少。如果需要更多的主机地址，就需要更多的主机位，那么子网数量就会更少。

最大子网中所需的主机地址数量将决定主机部分必须保留多少位（h）。可用地址的数量是 2^h-2。

（2）按照网络要求划分子网。有时要求有一定数量的子网，但对每个子网中的主机地址数量不太重视。例如，机构选择根据其内部部门设置来分割网络流量，这时就需要为每个部门分配一个子网。

借用位时所创建的子网数量可以使用公式 2^S（S 是借用的位数）来计算，借用越多的位来创建更多子网意味着每个子网的可用主机数量越少。

对 A 类、B 类或 C 类网络进行子网划分的过程并不会改变原地址中网络部分的大小。它会减小地址中主机部分的大小来创建子网部分。图 6.1 所示为对 C 类网络进行子网划分的示意图。

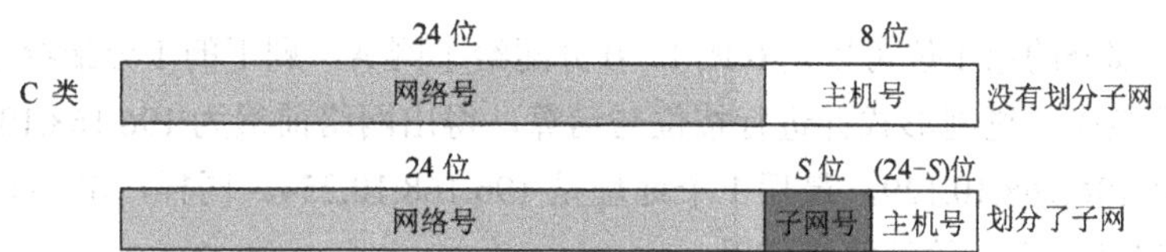

◎　图 6.1　对 C 类网络进行子网划分的示意图

为了创建子网而缩短主机位通常称为借位。在图 6.1 中，被借出的位用于组成地址结构中的子网部分。在本书中，用变量 S 表示子网位数，用 h 表示主机位数。

1. C 类网络等分为 2 个子网

下面以将一个 C 类网络等分为 2 个子网为例来讲解子网划分的过程。

对于一个 C 类地址，其 24 位用于表示网络号，另外 8 位用于表示主机号，可表示 256（2^8）个主机地址，但实际可分配的主机地址为 254 个，如图 6.2 所示。

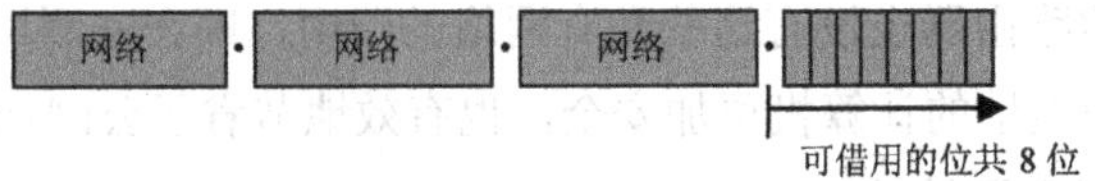

◎ 图 6.2　借用 C 类网络地址空间中的位

某单位有两个部门，每个部门有 100 台计算机，共 200 台计算机，可以给这 200 台计算机分配一个 C 类网络 196.168.10.0/24，子网掩码是 255.255.255.0。为了安全考虑，打算将这两个部门的计算机分为 2 个子网，中间用路由器隔开。计算机的数量没有增加，还是 200 台，因此一个 C 类网络的 IP 地址是足够的。现在将 196.168.10.0/24 这个 C 类网络等分为 2 个子网。

（1）确定主机号。2 个子网的计算机都有 100 台，需要满足 $2^h-2=128-2=126 \geqslant 100$，因此 $h=7$，表示子网中的主机位需要 7 位，即有 $2^7-2=126$ 个 IP 地址可满足给有 100 台计算机的子网分配 IP 地址。

（2）确定子网号位数。$2^S \geqslant 2$，因此 $S=1$，表示子网号 S 为 1 位即可满足划分为 2 个子网的要求，故子网掩码第 4 部分的第 1 位为子网位，网络前缀是 C 类网络的网络前缀（24 位）加上子网位（1 位），即 24+1=25，网络前缀对应的二进制子网掩码为 1，子网掩码转换成十进制形式为 255.255.255.128。

（3）IP 地址第 4 部分的第 1 位为子网位，可以为 0 或 1。0 分配给子网 A，将 IP 地址和子网掩码转换成二进制形式并进行按位与（AND）运算，如图 6.3 所示，得出网络前缀为 196.168.10.0，其可分配的第 1 个地址是 196.168.10.1，最后 1 个地址是 196.168.10.126。IP 地址 192.168.10.0 由于主机号各位全为 0，所以不能分配给计算机使用；IP 地址 192.168.10.127 由于主机号各位全为 1，所以也不能分配给计算机使用。

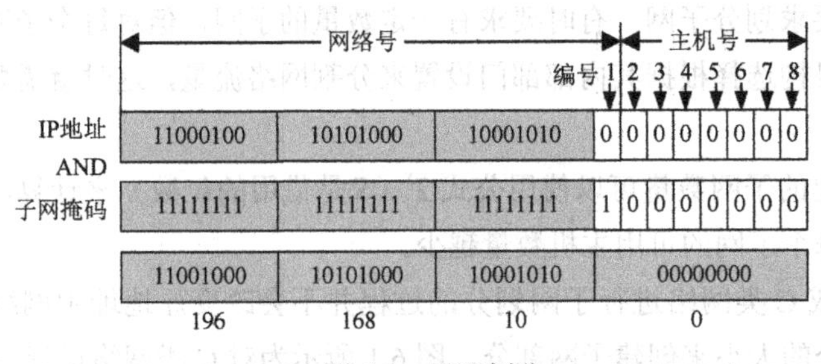

◎ 图 6.3　子网划分

IP 地址第 4 部分的第 1 位可以是 0 或 1，0 分配给子网 A，剩下的 1 分配给子网 B，将 IP 地址和子网掩码转换成二进制形式并进行按位与运算，得出网络前缀为 196.168.10.128，其可分配的第 1 个地址是 196.168.10.129，最后 1 个地址是 196.168.10.254。同样，IP 地址 196.168.10.128 和 196.168.10.255 不能分配给计算机使用。

2. C 类网络等分为 4 个子网

某单位有 4 个部门，每个部门均有 50 台计算机，共 200 台计算机，可以给这 200 台计算机分配一个 C 类网络 196.168.10.0。为了安全考虑，打算将这 4 个部门的计算机分为 4 个子网，中间用路由器隔开。计算机的数量没有增加，还是 200 台，因此一个 C 类网络的 IP 地址是足够的。现在将 196.168.10.0/24 这个 C 类网络等分为 4 个子网。

（1）确定主机号。4 个子网中的计算机都是 50 台，表示 $2^h-2 \geqslant 50$，得 $h=6$，$2^6-2=62$ 可给 50 台计算机分配 IP 地址。

（2）确定子网号位数。$2^S \geqslant 4$，得 $S=2$，表示子网号位数为 2 即可满足划分为 4 个子网的要求。此时，子网掩码第 4 部分的第 1、2 位可以为 00、01、10、11 这 4 种情况，分别分配给 4 个子网，网络前缀为 26 位，子网掩码转换成十进制形式为 255.255.255.192。

（3）得出 IP 地址第 4 部分的第 1、2 位为子网位，可以为 00、01、10、11，分别分配给 A、B、C、D 这 4 个子网。根据上述算法，得出 4 个子网的 IP 地址分配情况，如表 6.1 所示。

表 6.1　4 个子网的 IP 地址分配情况

子网	网络前缀	开始地址	结束地址	广播地址	子网掩码
子网 A	196.168.10.0	196.168.10.1	196.168.10.62	196.168.10.63	255.255.255.192
子网 B	192.168.10.64	196.168.10.65	196.168.10.126	196.168.10.127	
子网 C	192.168.10.128	196.168.10.129	196.168.10.190	196.168.10.191	
子网 D	192.168.10.192	196.168.10.193	196.168.10.254	196.168.10.255	

假定等分为 8 个子网，则子网掩码为 255.255.255.224，每个子网可容纳的主机数量为 $2^5-2=30$。

8 个子网的 IP 地址分配情况如表 6.2 所示。

表 6.2　8 个子网的 IP 地址分配情况

子网	网络前缀	开始地址	结束地址	广播地址	子网掩码
子网 A	196.168.10.0	196.168.10.1	196.168.10.30	196.168.10.31	255.255.255.224
子网 B	192.168.10.32	196.168.10.33	196.168.10.62	196.168.10.63	
子网 C	192.168.10.64	196.168.10.65	196.168.10.94	196.168.10.95	
子网 D	192.168.10.96	196.168.10.97	196.168.10.126	196.168.10.127	
子网 E	196.168.10.128	196.168.10.129	196.168.10.158	196.168.10.159	
子网 F	192.168.10.160	196.168.10.161	196.168.10.190	196.168.10.191	
子网 G	192.168.10.192	196.168.10.193	196.168.10.222	196.168.10.223	
子网 H	192.168.10.224	196.168.10.225	196.168.10.254	196.168.10.255	

表 6.3 列出了对 C 类网络划分子网的情况。

表 6.3　对 C 类网络划分子网的情况

前缀长度	子网掩码	网络地址（n= 网络，h= 主机）	子网数量	主机数量
/25	255.255.255.128	nnnnnnnn.nnnnnnnn.nnnnnnnn.shhhhhhh 11111111.11111111.11111111.10000000	2	126
/26	255.255.255.192	nnnnnnnn.nnnnnnnn.nnnnnnnn.sshhhhhh 11111111.11111111.11111111.11000000	4	62
/27	255.255.255.224	nnnnnnnn.nnnnnnnn.nnnnnnnn.ssshhhhh 11111111.11111111.11111111.11100000	8	30
/28	255.255.255.240	nnnnnnnn.nnnnnnnn.nnnnnnnn.sssshhhh 11111111.11111111.11111111.11110000	16	14

续表

前缀长度	子网掩码	网络地址（n= 网络，h= 主机）	子网数量	主机数量
/29	255.255.255.248	nnnnnnnn.nnnnnnnn.nnnnnnnn.ssssshhh 11111111.11111111.11111111.11111000	32	6
/30	255.255.255.252	nnnnnnnn.nnnnnnnn.nnnnnnnn.sssssshh 11111111.11111111.11111111.111111100	64	2

3. B 类网络的子网划分

前面将 C 类网络等分为 2/4/8 个子网，同样适用于 B 类网络的子网划分。

对于一个 B 类地址，其 16 位用于表示网络号，另外 16 位用于表述主机号，可表示 65536（2^{16}）个主机地址，但实际可分配的主机地址为 65534 个，如图 6.4 所示。

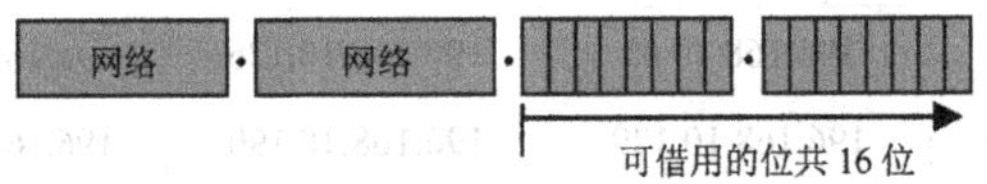

◎ 图 6.4　借用 B 类网络地址空间中的位

例如，将 133.100.0.0/16 等分为 2 个子网。按照前面介绍的内容，将从 B 类网络 133.100.0.0./16 的主机位借 1 位，由此可等分为 2 个子网 A、B。根据前面介绍的内容，IP 地址的第 3 部分的最左边 1 位为子网号，此时，子网掩码由 255.255.0.0 变为 255.255.128.0。根据前面的计算可以得出以下结果。

子网 A：网络前缀为 133.100.0.0，子网掩码为 255.255.128.0，由于主机号不能全是 0，也不能全是 1，因此主机数量为 2^{15}–2，开始地址为 133.100.0.1，结束地址为 133.100.127.254，如图 6.5 所示。

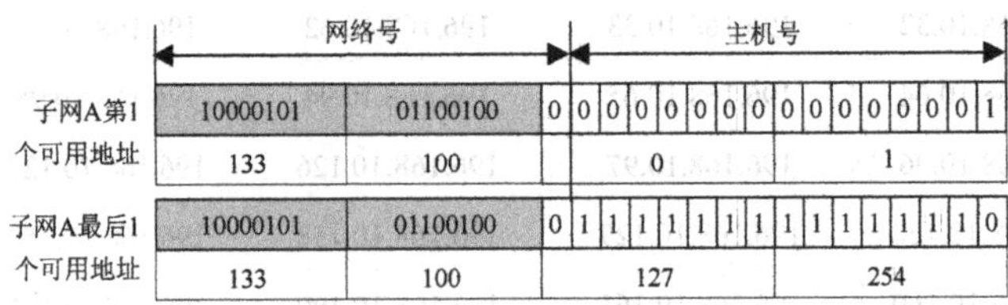

◎ 图 6.5　子网 A 的地址范围

子网 B：网络前缀为 133.100.128.0，子网掩码为 255.255.128.0，由于主机号不能全是 0，也不能全是 1，因此主机数量为 2^{15}–2，开始地址为 133.100.128.1，结束地址为 133.100.255.254，如图 6.6 所示。

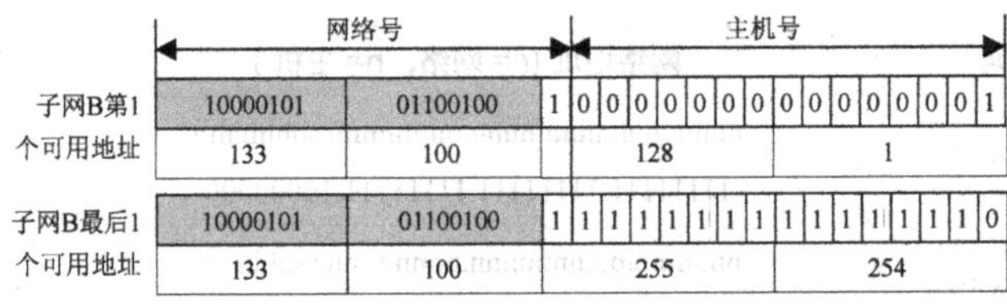

◎ 图 6.6　子网 B 的地址范围

表 6.4 列出了在 B 类网络中通过借用主机位来创建的子网数量及每个子网的主机数量。

表 6.4　在 B 类网络中通过借用主机位来创建的子网数量及每个子网的主机数量

借用的位数（S）	子网数量（2^S）	余下的主机号位数（8–S=h）	每个子网的主机数量（2^h–2）
1	2	15	32766

续表

借用的位数（S）	子网数量（2^S）	余下的主机号位数（$8-S=h$）	每个子网的主机数量（2^h-2）
2	4	14	16382
3	8	13	8190
4	16	12	4094
5	32	11	2046
6	64	10	1022
7	128	9	510
8	256	8	254
9	512	7	126
…	…	…	…

4. A 类网络的子网划分

对于一个 A 类地址，其 8 位用于表示网络号，另外 24 位用于表示主机号，可表示 16777216 个主机地址，但实际可分配的主机地址为 16777214 个，如图 6.7 所示。

◎ 图 6.7 借用 A 类网络地址空间中的位

下面以 A 类私网地址 10.0.0.0/8 为例，将它等分为 4 个子网，从 10.0.0.0 的第 2 部分借 2 位为子网号，这 2 位可以为 00、01、10、11，分别分配给 A、B、C、D 这 4 个子网；子网掩码为 255.192.0.0。

子网 A：网络前缀为 10.0.0.0，子网掩码为 255.192.0.0，由于主机号不能全是 0，也不能全是 1，因此主机数量为 $2^{22}-2$，开始地址为 10.0.0.1，结束地址为 10.63.255.254，如图 6.8 所示。

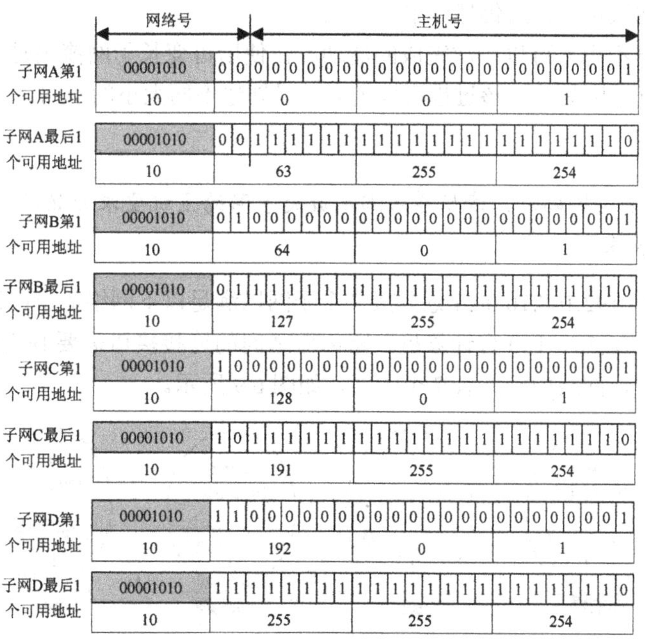

◎ 图 6.8 A 类网络等分的 4 个子网的地址范围

子网 B、C、D 的网络前缀、第 1 个可用地址、最后 1 个可用地址如图 6.8 所示。

也可以选择在 /24 二进制 8 位数边界处划分子网，如表 6.5 所示。此时可以定义 65536 个子网，每个子网能连接 254 台主机。/24 边界在子网划分中使用非常广泛，因为它在这个二进制 8 位数边界处可以容纳足够多的主机，并且子网划分很方便。

表 6.5　对网络 10.0.0.0/24 划分子网

子网地址（可能有 65535 个子网）	主机范围（每个子网可能有 254 台主机）	广播地址
10.0.0.0/24	10.0.0.1 ～ 10.0.0.254	10.0.0.255
10.0.1.0/24	10.0.1.1 ～ 10.0.1.254	10.0.1.255
…	…	…
10.0.255.0/24	10.0.255.1 ～ 10.0.255.254	10.0.255.255
10.1.0.0/24	10.1.0.1 ～ 10.1.0.254	10.1.0.255
…	…	…
10.100.0.0/24	10.100.0.1 ～ 10.100.0.254	10.100.0.255
…	…	…
10.255.255.0/24	10.255.255.1 ～ 10.255.255.254	10.255.255.255

6.1.3　可变长子网划分

前面讲的都是将一个网络等分为多个子网的情况，如果每个子网中计算机的数量不一样，就需要将该网络划分成地址空间不等的子网，这就是可变长子网划分。

可变长子网掩码（Variable Length Subnet Mask，VLSM）使网络空间能够分为大小不等的部分。使用可变长子网掩码，子网掩码将根据特定子网所借用的位数而变化，从而成为可变长子网掩码的“变量”部分。

可变长子网划分与传统子网划分类似，通过借用主机位来创建子网，用于计算每个子网中主机数量和所创建子网数量的公式仍然适用。

此时的子网划分不再是可以一次完成的活动。在使用可变长子网掩码时，首先对网络划分子网，然后对子网进行子网划分。该过程可以重复，以创建不同大小的子网。

注：

当使用可变长子网掩码时，请始终从满足最大子网的主机要求开始进行子网划分，直至满足最小子网的主机要求。

将一个 C 类网络 192.168.10.0/24 划分成 7 个子网以满足以下网络需求：该网络中有 4 台交换机，分别连接 10、30、50、120 台计算机，路由器之间的连接接口需要 IP 地址，这两个 IP 地址也是一个子网。这样，网络中一共有 7 个子网，如图 6.9 所示。

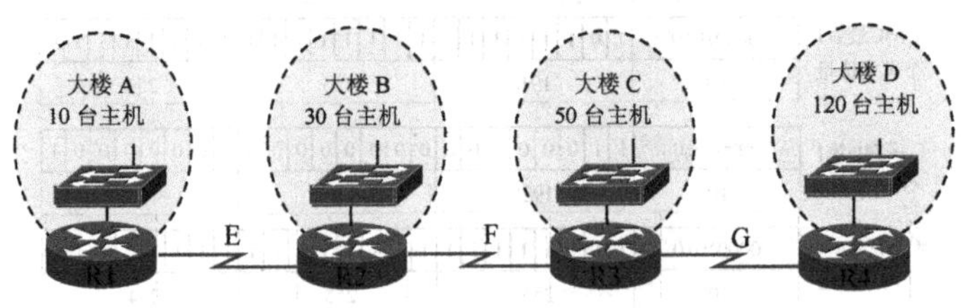

◎ 图 6.9　可变长子网划分

根据可变长子网划分规则，在这 7 个子网中，最大子网中有 120 台计算机，即要求主机数量最少满足 $2^h-2 \geqslant 120$，由此可以得出 h=7，S=1，即只能将 192.168.10.0/24 划分为 2 个子网，将其中任意一个子网分配给子网 D（连接 120 台主机）。

192.168.10.0/24 划分为 2 个子网的情况如表 6.6 所示。

表 6.6　192.168.10.0/24 划分为 2 个子网的情况

	网络地址	第 1 个可用地址	最后 1 个可用地址	子网掩码	网络前缀
子网 1	192.168.10.0	192.168.10.1	192.168.10.127	255.255.255.128	25 位
子网 2	192.168.10.128	192.168.10.129	192.168.10.254	255.255.255.128	25 位

假定首先将表 6.6 中的子网 2 的网络地址 192.168.10.128/25 分配给子网 D，然后在子网 1 的网络地址 192.168.10.0/25（主机号为 7 位）的基础上继续划分，为剩下的 6 个子网分配地址，最大的一个子网中有 50 台计算机，要求主机数量最少满足 $2^h-2 \geqslant 50$，由此可以得出 h=6，则 S=1，即只能将 192.168.10.0/25 划分为 2 个子网，将其中任意一个子网分配给子网 C（连接 50 台主机）。

192.168.10.0/25 划分为两个子网的情况如表 6.7 所示。

表 6.7　192.168.10.0/25 划分为 2 个子网的情况

	网络地址	第 1 个可用地址	最后 1 个可用地址	子网掩码	网络前缀
子网 1.1	192.168.10.0	192.168.10.1	192.168.10.62	255.255.255.192	26 位
子网 1.2	192.168.10.64	192.168.10.65	192.168.10.127	255.255.255.192	26 位

假定首先将表 6.7 中的子网 1.2 的网络地址 192.168.10.64/26 分配给子网 C，然后从子网 1.1 的网络地址 192.168.10.0/26 （主机号为 6 位）中为剩下的 5 个子网分配地址，最大的一个子网中有 25 台计算机，要求主机数量最少满足 $2^h-2 \geqslant 25$，由此可以得出 h=5，则 S=1，即只能将 192.168.10.0/26 划分为 2 个子网，将其中任意一个子网分配给子网 B（连接 25 台主机）。

192.168.10.0/26 划分为 2 个子网的情况如表 6.8 所示。

表 6.8　192.168.10.0/26 划分为 2 个子网的情况

	网络地址	第 1 个可用地址	最后 1 个可用地址	子网掩码	网络前缀
子网 1.1.1	192.168.10.0	192.168.10.1	192.168.10.30	255.255.255.224	27 位
子网 1.1.2	192.168.10.32	192.168.10.33	192.168.10.62	255.255.255.224	27 位

假定首先将表 6.8 中的子网 1.1.2 的网络地址 192.168.10.32/27 分配给子网 B，然后在子网 1.1.1 的网络地址 192.168.10.0/27（主机号为 5 位）中为剩下的 4 个子网分配地址，最大的一个子网中有 14 台计算机，要求主机数量最少满足 $2^h-2 \geqslant 14$，由此可以得出 h=4，则 S=1，即只能将 192.168.10.0/27 划分为 2 个子网，将其中任意一个子网分配给子网 A（连接 14 台主机）。

192.168.10.0/27 划分为 2 个子网的情况如表 6.9 所示。

表 6.9　192.168.10.0/27 划分为 2 个子网的情况

	网络地址	第 1 个可用地址	最后 1 个可用地址	子网掩码	网络前缀
子网 1.1.1.1	192.168.10.0	192.168.10.1	192.168.10.14	255.255.255.240	28 位
子网 1.1.1.2	192.168.10.16	192.168.10.17	192.168.10.30	255.255.255.240	28 位

假定首先将表 6.9 中的子网 1.1.1.2 的网络地址 192.168.10.16/28 分配给子网 A，然后在子网 1.1.1.1 的网络地址 192.168.10.0/28（主机号 4 位）中为剩下的 3 个子网分配地址。剩下的 3 个子

网都是路由器之间的点到点链路，只需 2 个 IP 地址，要求主机数量最少满足 $2^h-2 \geqslant 2$，由此可以得出 h=2，则 S=2，即只能将 192.168.10.0/28 划分为 4 个子网，将其中任意 3 个子网分配给子网 E、F、G（连接两个路由器之间的接口）。

192.168.10.0/28 划分为 4 个子网的情况如表 6.10 所示。

表 6.10　192.168.10.0/28 划分为 4 个子网的情况

	网络地址	第 1 个可用地址	最后 1 个可用地址	子网掩码	网络前缀
子网 1.1.1.1.1	192.168.10.0	192.168.10.1	192.168.10.2	255.255.255.252	30 位
子网 1.1.1.1.2	192.168.10.4	192.168.10.5	192.168.10.6	255.255.255.252	30 位
子网 1.1.1.1.3	192.168.10.8	192.168.10.9	192.168.10.10	255.255.255.252	30 位
子网 1.1.1.1.4	192.168.10.12	192.168.10.13	192.168.10.14	255.255.255.252	30 位

将其中 3 个子网分配给路由器之间的接口使用。

RFC3021 规定，对于点对点链路的两端（特殊网络），可以使用 31 位网络前缀，即使用了 /31 地址块。这种地址块专门在点对点链路的两端使用，主机号（只有 1 位）可以是 0 或 1，即将 192.168.10.0/28 划分为 8 个子网，将其中的前三者给路由器接口使用。192.168.10.0/28 划分为 8 个子网的情况如表 6.11 所示。

表 6.11　192.168.10.0/28 划分为 8 个子网的情况

	网络地址	第 1 个可用地址	最后 1 个可用地址	子网掩码	网络前缀
子网 1.1.1.1.1	192.168.10.0	192.168.10.0	192.168.10.1	255.255.255.254	31
子网 1.1.1.1.2	192.168.10.2	192.168.10.2	192.168.10.3	255.255.255.254	31
子网 1.1.1.1.3	192.168.10.4	192.168.10.4	192.168.10.5	255.255.255.254	31
子网 1.1.1.1.4	192.168.10.6	192.168.10.6	192.168.10.7	255.255.255.254	31
子网 1.1.1.1.5	192.168.10.8	192.168.10.8	192.168.10.9	255.255.255.254	31
子网 1.1.1.1.6	192.168.10.10	192.168.10.10	192.168.10.11	255.255.255.254	31
子网 1.1.1.1.7	192.168.10.12	192.168.10.12	192.168.10.13	255.255.255.254	31
子网 1.1.1.1.8	192.168.10.14	192.168.10.14	192.168.10.15	255.255.255.254	31

注：

当然，在以上每步分配子网时，也可以将子网 1、子网 1.1、子网 1.1.1、子网 1.1.1.1 分别分配给网段 D、C、B、A。

在对 C 类地址进行可变长子网划分时，可以采用子网划分数轴的方式，将 192.168.20.0/ 24 主机号 0 ～ 255 画一条数轴，如图 6.10（a）所示。

128 ～ 255 内可以最多给 126 台主机分配 IP 地址。该子网的地址范围是原来网络的 1/2，子网掩码右移 1 位，十进制形式为 255.255.255.128。该子网的第 1 个可用地址是 192.168.10.129，最后 1 个可用地址是 192.168.10.254。

64 ～ 127 内可以最多给 62 台主机分配 IP 地址。该子网的地址范围是原来网络的 (1/2)×(1/2)，子网掩码右移 2 位，十进制形式为 255.255.255.192。该子网的第 1 个可用地址是 192.168.10.65，最后 1 个可用地址是 192.168.10.126。

32 ～ 63 内可以最多给 30 台主机分配 IP 地址。该子网的地址范围是原来网络的 (1/2)×(1/2)×(1/2)，子网掩码右移 3 位，十进制形式为 255.255.255.224。该子网的第 1 个可用地址

是 192.168.10.33，最后 1 个可用地址是 192.168.10.62。

注：

在 0 ~ 127 内最多给 126 台主机分配 IP 地址。该子网的地址范围是原来网络的 1/2，子网掩码右移 1 位，十进制数是 255.255.255.128。该子网的第 1 个可用地址是 192.168.10.1，最后 1 个可用地址是 192.168.10.126，将该子网分配给网段 D，依次类推，如图 6.10（b）所示。

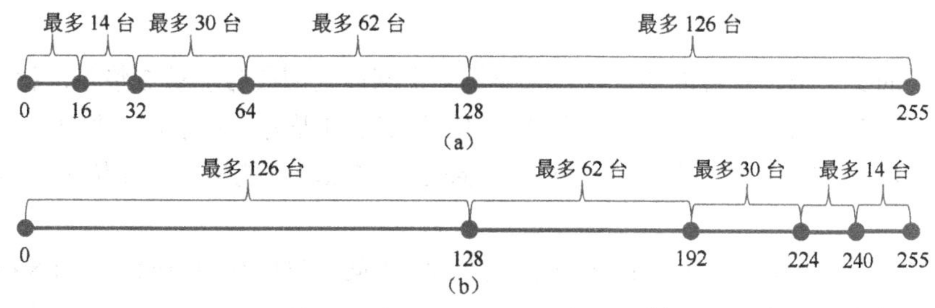

◎ 图 6.10　子网划分数轴

6.1.4　超网

超网

前面讲的子网划分是将一个网络的主机号当作网络号来划分出多个子网，也可以将多个网段合并成一个大的网段，合并后的网段称为“超网”。

超网（Supernetting）也称无类别域间路由选择（CIDR），是一种集合多个同类互联网地址的方法。超网的功能是将多个连续的网络地址聚合起来映射到一个物理网络上。这样，这个物理网络就可以使用这个聚合起来的网络地址的共同地址前缀作为其网络号。

一个有 2000 个节点的物理网络通过路由器 R 连接到互联网，并且被分配了由连续的 8 个 C 类网络构成的地址空间（211.80.192.0/24、211.80.193.0/24、211.80.194.0/24、211.80.195.0/24、211.80.196.0/24、211.80.197.0/24、211.80.198.0/24、211.80.199.0/24）。为了将该网络作为一个统一的网络进行选路，在路由器 R 上可利用超网将这 8 个 C 类网络地址的路由表项聚合成一个表项来进行选路。网络中的各路由器路由表中都只需记录一条网络地址的路由表项，而不需要为其中的每个 C 类网络地址分别记录单独的表项。

采用超网将这 8 个连续的 C 类网络地址聚合成一个网络的具体方法是将这些网络地址的十进制形式转换成二进制形式，取从开头部分开始的一系列相同的位，如图 6.11 所示。

网络1：211.80.192.0/24	1101 0011	0101 0000	1100 0000	0000 0000
网络2：211.80.1930/24	1101 0011	0101 0000	1100 0001	0000 0000
网络3：211.80.194.0/24	1101 0011	0101 0000	1100 0010	0000 0000
网络4：211.80.1950/24	1101 0011	0101 0000	1100 0011	0000 0000
网络5：211.80.196.0/24	1101 0011	0101 0000	1100 0100	0000 0000
网络6：211.80.1970/24	1101 0011	0101 0000	1100 0101	0000 0000
网络7：211.80.198.0/24	1101 0011	0101 0000	1100 0110	0000 0000
网络8：211.80.199.0/24	1101 0011	0101 0000	1100 0111	0000 0000
聚合后的超网地址 211.80.199.0/21	1101 0011	0101 0000	1100 0000	0000 0000

◎ 图 6.11　超网路由聚合

将所有的网络号转换成二进制形式后会发现前21位是相同的，因此聚合后的网络号取前21位，网络号变为211.80.192.0，子网掩码变为255.255.248.0，表示为211.80.192.0/21。此时，主机号用11位来表示。

1. 超网路由聚合的规律

超网路由聚合与子网划分类似，将子网掩码往左移动1位能够合并2^1个连续的网段，移动n位能够合并2^n个连续的网段。但也不是任何2^n个连续的网段都能够向左移动n位合并成1个网段的。

要判断连续的2个网段是否能够合并，只要第1个网段的网段号能被2整除，就能够左移1位子网掩码合并这2个网段；只要第1个网段的网段号能被4整除，就能够左移2位子网掩码合并这4个网段。同理，只要第1个网段的网段号能被2^n整除，就能够左移n位子网掩码合并这2^n个网段。

请思考：6个连续的C类网络构成的地址空间（211.80.192.0/24、211.80.193.0/24、211.80.194.0/24、211.80.195.0/24、211.80.196.0/24、211.80.197.0/24）如何合并成超网呢？

2. 判断一个网段是超网还是子网

左移子网掩码可以合并多个网段，右移子网掩码可以将一个网段划分成多个子网，使IP地址打破了传统的A类、B类、C类的界限。

判断一个网段到底是超网还是子网，就要看该网段是A类网络、B类网络还是C类网络。默认A、B、C这3类网络的子网掩码分别是8、16、24（单位：位）。如果该网段的子网掩码比默认子网掩码长，就是子网；如果该网段的子网掩码比默认子网掩码短，就是超网。

6.2 下一代网际协议 IPv6

IP是互联网的核心协议，现在使用的IP（IPv4）是在20世纪70年代末设计的。互联网经过几十年的快速发展，到2011年，IPv4的地址已经耗尽，ISP已经不能再申请到新的IP地址块了。

IPv6是IPv4的更新版。最初它在IETF的IPng选取过程中胜出时被称为互联网下一代网际协议（IPng）。IPv6是被正式广泛使用的第2版互联网协议。

6.2.1 IPv6 概述

在IPv6的设计过程中，除解决了地址短缺问题外，还考虑了在IPv4中解决不好的其他问题，主要有端到端IP连接、服务质量（QoS）、安全性、多播、移动性、即插即用等。

1. IPv6 的特点

IPv6与IPv4相比，有以下特点。

（1）更大的地址空间。IPv6把IP地址长度从32位增加到128位，即有$2^{128}-1$个地址，使地址空间增大了2^{96}倍，几乎不会被耗尽，可以满足未来网络的任何应用，如物联网。

（2）扩展的地址层次结构。IPv6由于地址空间很大，因此可以划分为更多的层次。

（3）灵活的首部格式。IPv6数据报的首部与IPv4并不兼容。IPv6定义了许多可选的扩展首部，不仅可提供比IPv4更多的功能，还可提高路由器的处理效率。路由器对扩展首部不进行处理（除

逐跳扩展首部外）。

（4）改进的选项。IPv6 允许数据报包含选项控制信息，因而可以包含一些新的选项。但 IPv6 的首部长度是固定的，其选项放在有效载荷中；而 IPv4 所规定的选项是固定不变的，其选项放在首部的可变部分中。

（5）允许协议继续扩充。随着技术的不断发展，新的应用也随之出现，允许协议继续扩充就显得尤为重要，而 IPv4 的功能是固定不变的。

（6）即插即用（自动配置）。IPv6 不需要使用 DHCP。

（7）支持资源的预分配功能。IPv6 支持实时视像等要求保证一定的带宽和时延的应用。

（8）IPv6 首部改为 8 字节对齐，即首部长度必须是 8 字节的整数倍（原来的 IPv4 首部为 4 字节对齐）。

2. IPv6 协议栈

图 6.12 所示为 IPv4 与 IPv6 协议栈的比较。

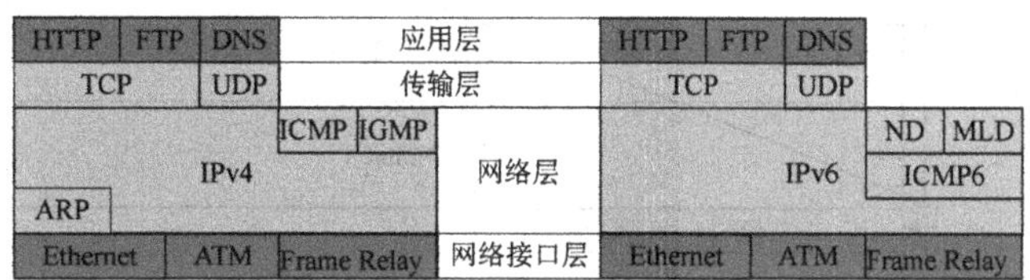

◎ 图 6.12 IPv4 与 IPv6 协议栈的比较

IPv6 网络层的核心协议包括以下 4 种。

（1）IPv6 取代 IPv4，支持 IPv6 的动态路由协议都属于 IPv6，如 RIPng、OSPFv3。

（2）互联网控制消息协议 IPv6 版（ICMPv6）取代 ICMP。它可以报告错误和其他信息以帮助诊断不成功的数据报传输。

（3）邻居发现（Neighbor Discovery，ND）协议取代 ARP。它管理相邻 IPv6 节点间的交互，包括自动配置地址和将下一跃点的 IPv6 地址解析为 MAC 地址。

（4）多播侦听器发现（Multicast Listener Discovery，MLD）协议取代 IGMP。它管理 IPv6 多播组成员身份。

6.2.2 IPv6 数据报格式

IPv6 数据报在基本首部（Base Header）的后面允许有零个或多个扩展首部（Extension Header），再后面是数据。但是，所有的扩展首部都不属于 IPv6 数据报的首部。所有的扩展首部和数据合起来叫作数据报的“有效载荷”或“净负荷”，如图 6.13 所示。

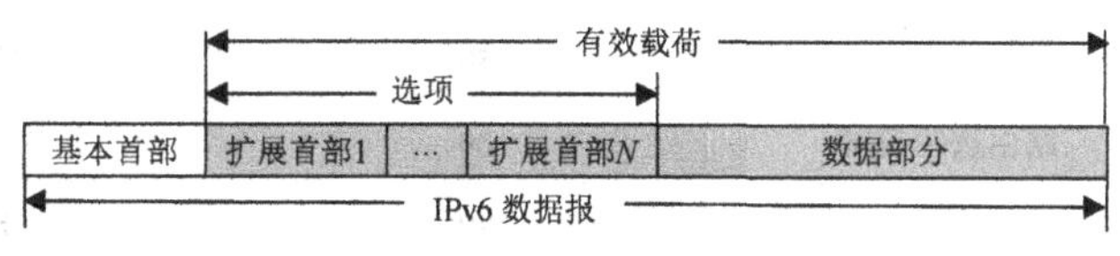

◎ 图 6.13 IPv6 数据报

1. IPv6 数据报的基本首部

IPv6 数据报的基本首部的长度固定为 40B，如图 6.14 所示。

（1）版本（Version）：占 4bit，指 IP 的版本。对于 IPv6，该字段的值为 6。

（2）通信量类（Traffic Class）：占 8bit，作用是区分不同的 IPv6 数据报的类型或优先级，与 IPv4 的区分服务类似。该字段为保留字段。

（3）流标号（Flow Label）：占 20bit。IPv6 的一个新机制是支持资源预分配，并且允许路由器把每个数据报与一个给定的资源分配相联系。IPv6 提出流（Flow）的抽象概念。所谓流，就是指互联网上从特定源点到特定终点（单播或多播）的一系列数据报（如实时音频或视频数据的传输），而在这个流所经过的路径上的路由器都保证指明的服务质量。属于同一个流的数据报都具有同样的流标号，因此，流标号对实时音频或视频数据的传输特别有用。对于传统的应用（如电子邮件、文件传输等）或非实时数据，流标号没有用处，此时把它置为 0 即可。

（4）有效载荷长度（Payload Length）：占 16bit。它指明 IPv6 数据报除基本首部以外的字节数（所有扩展首部都算在有效载荷之内）。这个字段的最大值是 64KB（65535B）。

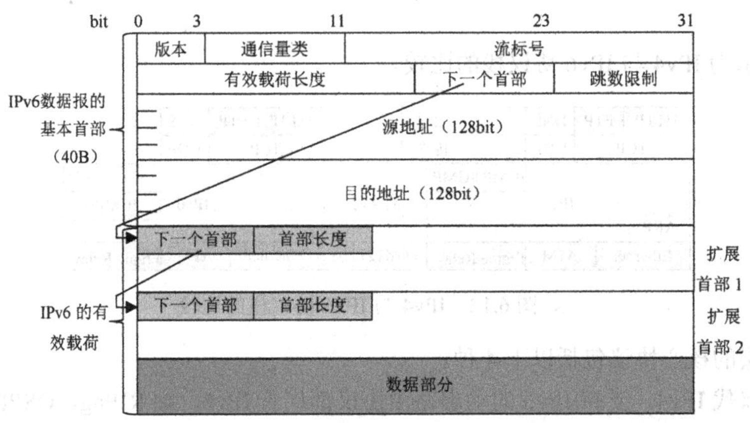

◎ 图 6.14 IPv6 数据报的基本首部和有效载荷

（5）下一个首部（Next Header）：占 8bit。它相当于 IPv4 的协议字段或可选字段。当 IPv6 数据报没有扩展首部时，下一个首部字段的作用与 IPv4 的协议字段一样，它的值指明了基本首部后面的数据应交付给 IP 上面的哪个高层协议（如 6 或 17 分别表示应交付给 TCP/UDP）。当出现扩展首部时，下一个首部字段的值就标识后面第一个扩展首部的类型。表 6.12 列出了常用的下一个首部字段的值及其对应的扩展首部或高层协议类型。

表 6.12 常用的下一个首部字段的值及其对应的扩展首部或高层协议类型

下一个首部字段的值	对应的扩展首部或高层协议类型	下一个首部字段的值	对应的扩展首部或高层协议类型
0	逐跳选项	50	封装安全有效载荷
6	TCP	51	鉴别首部
17	UDP	58	ICMPv6
43	路由选择首部	60	目的站选项首部
44	分片首部	89	OSPFv3

（6）跳数限制（Hop Limit）：占 8bit，用来防止数据报在网络中无限期地存在，其作用与 IPv4 中的 TTL 字段相同。源节点在每个数据报发出时即设定某个跳数限制（最大为 255 跳）。每个路由器在转发数据报时，要先将跳数限制字段中的值减 1。当跳数限制值为 0 时，就要将此数据报丢弃。

（7）源地址（Source Address）：占 128bit，是数据报发送方的 IPv6 地址，必须是单播地址。

（8）目的地址（Destination Address）：占 128bit，是数据报接收方的 IPv6 地址，可以是单播地址或多播地址。

2. IPv6 数据报的扩展首部

IPv6 把原来 IPv4 首部中选项的功能都放在了扩展首部中，并把扩展首部留给路径两端的源点和终点的主机来处理，而数据报途中经过的路由器都不处理这些扩展选项（只有一个首部例外，即逐跳选项扩展首部），这样就大大提高了路由器的处理效率。

当使用多个扩展首部时，应按以下顺序先后出现（高层首部总放在最后面）。

（1）逐跳选项。

（2）路由选择。

（3）分片。

（4）鉴别。

（5）封装安全有效载荷。

（6）目的站选项。

每个扩展首部都由若干字段组成，它们的长度各不相同。但所有扩展首部的第 1 个字段都是 8 位的下一个首部字段。此字段的值指出了在该扩展首部后面的字段是什么（详见表 6.12）。当使用多个扩展首部时，应按以上先后顺序出现。

6.2.3　IPv6 编址方式

IPv6 编址方式

1. IP 地址的表达方式

在 RFC2373 中，IPv6 地址有 3 种表达方式，即首选方式、压缩方式和内嵌 IPv4 地址的 IPv6 地址。

（1）首选方式。

IPv6 地址在表示和书写时，用冒号将 128 位分割成 8 个 16 位的段，每段被转换成一个 4 位十六进制数，并用冒号隔开，这种表示方法叫冒号十六进制记法（Colon Hexadecimal Notation，简写为 Colon hex）。IPv6 地址不区分大小写。下面是一个二进制形式的 128 位 IPv6 地址：

00100000000001010000001100001000000000000000000000000000000000000000000001000000000000000000
00000000000000000000000000000000001000101111111111

将其划分为每 16 位一段的形式：

0010000000000101 0000010000010000 0000000000000000 0000000000000001

0000000000000000 0000000000000000 0000000000000000 0110011111111111

将每段转换为十六进制数，并用冒号隔开：

2005:0610:0000:0001:0000:0000:0000:67ff

也就是说，首选格式表示使用所有 32 个十六进制数书写 IPv6 地址，每 4 个十六进制数为一组，中间用冒号隔开。

（2）压缩方式。

① 忽略前导 0。忽略 16 位部分或十六进制数中的所有前导 0，如 00AB 可表示为 AB，09B0 可表示为 9B0，0D00 可表示为 D00。

此规则仅适用于前导 0，不适用于后缀 0，否则会使地址不明确。

② 忽略全 0 数据段。使用双冒号（::）替换任何一个或多个由全 0 组成的 16 位数据段（十六进制数）组成的连续字符串。

注：

双冒号只能在一个地址中出现一次，可用于压缩一个地址中的前导、末尾或相邻的16位0。例如，2005:0610:0000:0001:0000:0000:0000:67ff 可以表示为 2005:610:0:1::67ff，而不能写成 2005:610::1::67ff。

压缩 IPv6 地址举例如表 6.13 所示。

表 6.13　压缩 IPv6 地址举例

首选方式	忽略前导 0	忽略全 0 数据段
2001:0DB8:0000:1111:0000:0000:0000:0100	2001:DB8:0:1111:0:0:0:100	2001:db8:0:1::100
2001:0db8:0000:a300:abcd:0000:0000:1234	2001:db8:0:a300:abcd:0:0:1234	2001:db8:0:a300:abcd::1234
Dd80:0000:0000:0000:0123:4567:89ab:cdef	Db80:0:0:0:123:4567:89ab:cdef	Db80::123:4567:89ab:cdef
0000:0000:0000:0000:0000:0000:0000:0001	0:0:0:0:0:0:0:1	::1

（3）内嵌 IPv4 地址的 IPv6 地址。

当处理拥有 IPv4 和 IPv6 节点的混合环境时，可以使用 IPv6 地址的另一种形式，即 x:x:x:x:x:x:d.d.d.d，其中，“x”是 IPv6 地址的 96 位高位顺序字节的十六进制数，“d”是 32 位低位顺序字节的十进制数。通常，“映射 IPv4 地址的 IPv6 地址”和“兼容 IPv4 地址的 IPv6 地址”可以采用这种表示法表示。这其实是过渡机制中使用的一种特殊表示方法。

例如，0:0:0:0:0:0:192.167.2.3 或 ::192.167.2.3，0:0:0:0:0:34ff:192.167.2.3 或 ::34ff: 192.167.2.3

2. IP 地址的结构

IPv6 地址的结构为“子网前缀 + 接口 ID”，如图 6.15 所示。

IPv6 地址的子网前缀的长度用斜线记法标识。

（1）子网前缀的长度为 0 ～ 128 位。局域网和大多数其他网络类型的 IPv6 地址的子网前缀的长度为 /64。这意味着子网前缀或网络部分的长度为 64 位，为该地址的接口 ID（主机部分）保留 64 位。

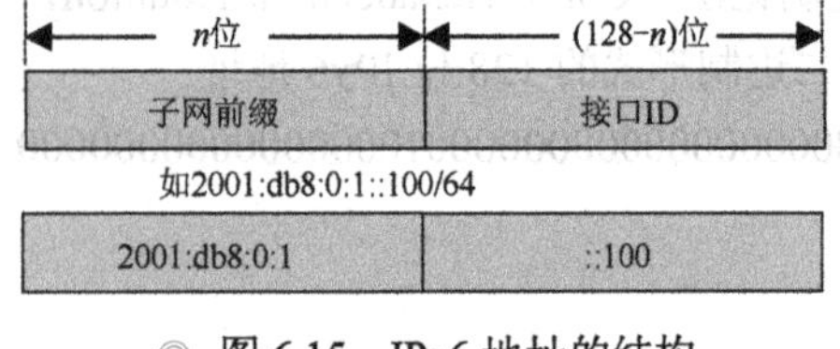

◎ 图 6.15　IPv6 地址的结构

在 IPv6 地址中，子网前缀用于表示 IPv6 地址中有多少位表示子网。

（2）接口 ID 可通过 3 种方法生成：手工配置、系统通过软件自动生成或 IEEE EUI-64 规范自动生成。其中，IEEE EUI-64 规范自动生成最为常用。

6.2.4　IPv6 地址分类

一般来说，一个 IPv6 数据报的目的地址可以是单播地址、多播地址和任播地址 3 种基本类型之一，如图 6.16 所示。

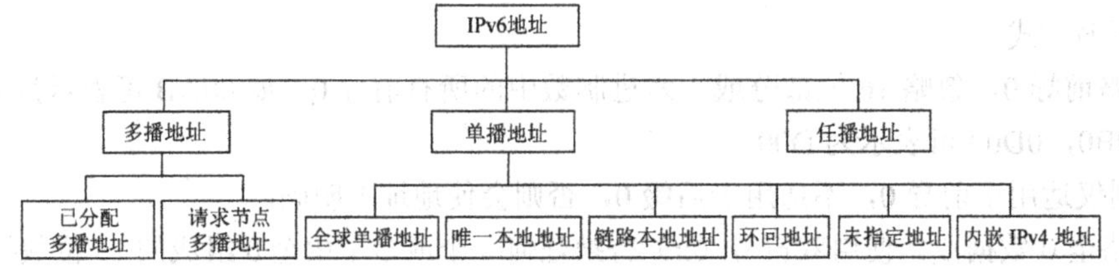

◎ 图 6.16　IPv6 地址分类

1. 单播地址

单播地址用来唯一标识一个接口。单播就是传统的点对点通信，发送到单播地址的数据将被传送给此地址标识的一个接口。

单播地址分为全球单播地址、唯一本地地址、链路本地地址、环回地址、未指定地址和内嵌 IPv4 地址等。IPv6 地址类型是由子网前缀部分来确定的。

（1）全球单播地址。

IPv6 全球单播地址（GUA）具有全局唯一性，可在 IPv6 互联网上路由。这些地址相当于公有 IPv4 地址，也称为可聚合全球单点传送地址。它依靠分层体系使路由表变得容易管理。IPv6 全球单播地址的格式如图 6.17 所示。

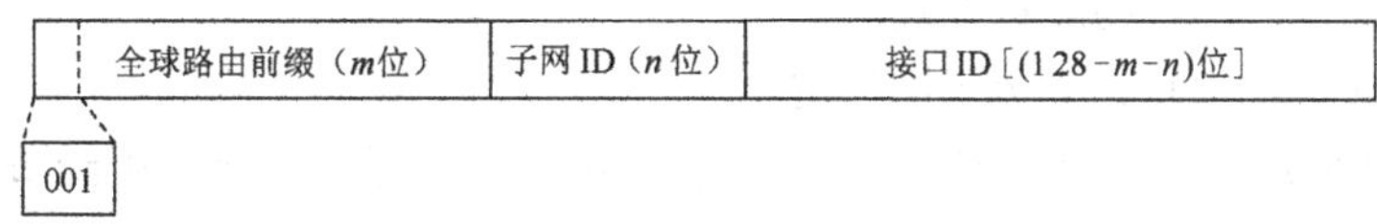

◎ 图 6.17　IPv6 全球单播地址的格式

全球单播地址的结构可分为全球路由前缀、子网 ID 和接口 ID 几部分。

① 全球路由前缀（Global Routing Prefix）：由提供商（Provider）指定给一个组织机构。通常，全球路由前缀至少为 48 位，目前已经分配的全球路由前缀的前 3 位均为 001。

② 子网 ID（Subnet ID）：组织机构可以用子网 ID 来构建本地网络（Site）。子网 ID 通常最多分配到第 64 位。子网 ID 和 IPv4 中的子网号的作用相似。

③ 接口 ID（Interface ID）：用来标识一个设备（Host），类似 IPv4 地址中的主机标识。

全球单播地址可以静态配置也可动态分配。在主机上配置 IPv6 地址与配置 IPv4 地址相似。与使用 IPv4 一样，多数 IPv6 网络的管理员会启用 IPv6 地址的动态分配机制。IPv6 使用两种地址自动配置协议，分别为无状态地址自动配置（SLAAC）协议和 IPv6 动态主机配置协议（DHCPv6）。

（2）链路本地地址。

链路本地地址是 IPv6 中应用范围受限制的地址类型，只能在连接到同一本地链路的节点之间使用。它使用了特定的本地链路前缀 FE80::/10（最高 10 位为 1111 1110 10），同时将接口 ID 添加在后面作为地址的低 64 位。

当一个节点启动 IPv6 协议栈时，节点的每个接口都会自动配置一个链路本地地址（以固定的前缀 +IEEE EUI-64 规范自动生成的接口 ID）。这种机制使得两个连接到同一链路的 IPv6 节点不需要做任何配置就可以通信。因此链路本地地址广泛应用于邻居发现、无状态地址配置等应用。

以链路本地地址为源地址或目的地址的 IPv6 报文不会被路由设备转发到其他链路。链路本地地址的格式如图 6.18 所示。

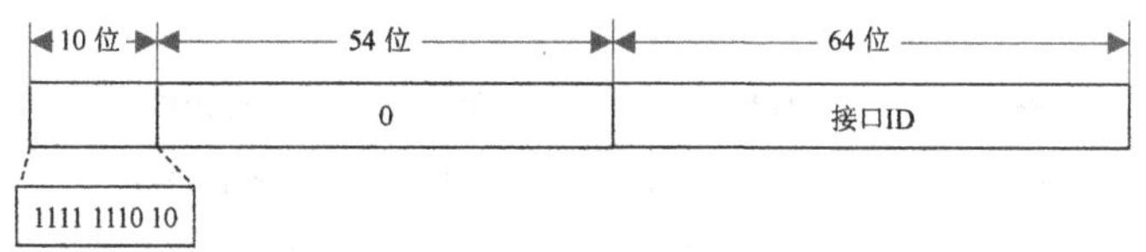

◎ 图 6.18　链路本地地址的格式

（3）唯一本地地址。

唯一本地地址是 IPv6 网络中可以自己随意使用的私网地址，使用特定的前缀来标识。这些地址在全局 IPv6 上不可路由，不应转换为全球单播地址。唯一本地地址可用于从来不需要访问其他网络或具有其他网络访问权的设备。唯一本地地址的格式如图 6.19 所示。

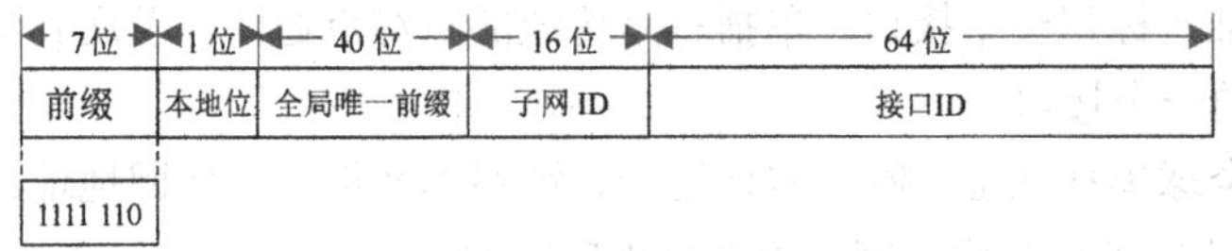

◎ 图 6.19　唯一本地地址的格式

① 前缀（Prefix）：固定为 FD00::/8。

② 本地位：值为 1 代表该地址为在本地网络范围内使用的地址；值为 0 被保留，用于以后扩展。

③ 全局唯一前缀：通过伪随机方式产生。

④ 子网 ID（Subnet ID）：划分子网使用。

IPv6 把实现 IPv6 的主机和路由器均称为节点，并将 IPv6 单播地址分配给节点上面的接口。一个接口只能配置一个本地链路地址，但可以有多个全球单播地址。本地链路地址只需在本地链路上具有唯一性即可，而全球单播地址在全球范围内唯一标识一个节点的接口。

2. 多播地址

多播地址用来标识一组接口（通常这组接口属于不同的节点）。多播是一点对多点的通信，发送到多播地址的数据报将被传送给此地址标识的所有接口。IPv6 没有定义广播地址，可以用所有节点多播地址来实现原来 IPv4 广播地址的功能。

在 IPv4 中，多播地址的高 4 位设为 1110。在 IPv6 网络中，多播地址也由特定的前缀来标识。一个 IPv6 多播地址由前缀、标志（Flag）、范围（Scope）和多播组 ID（Global ID）4 部分组成，如图 6.20 所示。

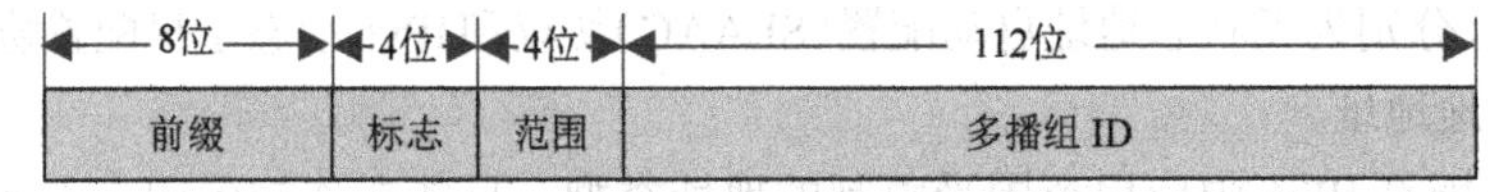

◎ 图 6.20　多播地址的格式

（1）前缀：IPv6 多播地址的前缀是 FF00::/8。

（2）标志：占 4 位，目前只使用了最后一位（前 3 位必须置 0），当该位的值为 0 时，表示当前的多播地址是由 IANA 分配的一个永久分配地址；当该位的值为 1 时，表示当前的多播地址是一个临时多播地址（非永久分配地址）。

（3）范围：占 4 位，用来限制多播数据流在网络中发送的范围。表 6.14 列出了 RFC2373 中定义的范围字段值。

表 6.14　RFC2373 中定义的范围字段值

值	作用域	值	作用域
0001	接口本地范围	0111	聚合点标记
0010	链路本地范围	1000	组织本地范围
0011	基于单播前缀的地址	1110	全球范围
0100	管理本地范围	0000/1111	保留
0101	节点本地范围	0110/1001	未分配

（4）多播组 ID（Group ID）：占 112 位，用于标识多播组。目前，RFC2373 并没有将所有的

112 位都定义成组标识，而是建议仅使用该 112 位的低 32 位作为多播组 ID，将剩余的 80 位都置 0。这样，每个多播组 ID 都映射为一个唯一的以太网组播 MAC 地址。表 6.15 所示为一些预先定义的知名多播地址。

表 6.15　预先定义的知名多播地址

	/8 前缀 FF	标记 0	范围（0～F）	预定义的多播组 ID	压缩形式	描述
接口本地范围	FF	0	1	0:0:0:0:0:1	FF01::1	全部节点的多播地址
	FF	0	1	0:0:0:0:0:2	FF01::2	全部路由器的多播地址
链路本地范围	FF	0	2	0:0:0:0:0:1	FF01::1	全部节点的多播地址
	FF	0	2	0:0:0:0:0:2	FF01::2	全部路由器的多播地址
	FF	0	2	0:0:0:0:0:5	FF01::5	所有 OSPF 路由器的多播地址
	FF	0	2	0:0:0:0:0:6	FF01::6	所有 OSPF 指派路由器
	FF	0	2	0:0:0:0:0:9	FF01::9	RIP 路由器
	FF	0	2	0:0:0:0:0:A	FF01::A	EIGRP 路由器
	FF	0	2	0:0:0:0:1:2	FF01::1:2	全部 DHCP 路由器
站点本地范围	FF	0	5	0:0:0:0:0:2	FF01::2	全部路由器
	FF	0	5	0:0:0:0:1:3	FF01::1:3	全部 DHCP 路由器

3. 任播地址

任播（Anycast）地址是 IPv6 特有的地址类型，用来标识一组网络接口（通常属于不同的节点），也称为任意点传送地址。路由器会将目的地址是任播地址的数据报发送给距离本地路由器最近的一个网络接口。

任播地址设计用来在给多台主机或多个节点提供相同服务时提供冗余功能和负载分担功能。目前，任播地址的使用通过共享单播地址方式来完成。将一个单播地址分配给多个节点或多台主机。这样，在网络中如果存在多条该地址路由，那么当发送方发送以任播地址为目的 IP 的数据报时，发送方无法控制哪台设备能够收到，这取决于整个网络中路由协议计算的结果。这种方式可以适用于一些无状态的应用，如 DNS 等。

IPv6 中没有为任播地址规定单独的地址空间，任播地址与单播地址使用相同的地址空间。目前，IPv6 中的任播地址主要应用于移动 IPv6。

IPv6 任播地址仅可以被分配给路由设备，不能应用于主机。任播地址不能作为 IPv6 数据报的源地址。

子网路由器任播地址由 *n* 位子网前缀标识子网，其余用 0 填充，如图 6.21 所示。

◎ 图 6.21　任播地址的格式

6.2.5　ICMPv6 报文

1. ICMPv6 报文格式

ICMPv6 基于 IPv6，ICMPv6 报文需要 IPv6 协议来传输，ICMPv6 报文封装在 IPv6 中，如

图 6.22 所示。在 IPv6 中，ICMPv6 报文可能开始于零个或多个扩展首部之后，作为 IPv6 数据报的有效载荷进行传输。ICMPv6 的协议类型号（IPv6 数据报的下一个首部字段的值）为 58。此时，ICMPv6 报文格式如图 6.23 所示。

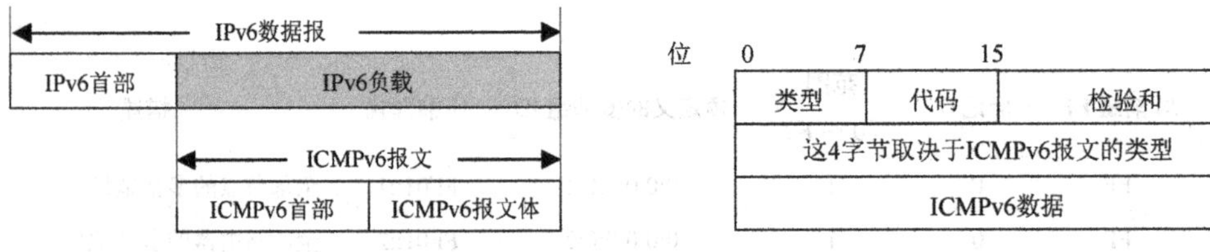

◎ 图 6.22　ICMPv6 报文的封装

◎ 图 6.23　ICMPv6 报文格式

（1）类型（Type）：占 8bit，表示 ICMPv6 报文的类型。其中，0 ～ 127 表示差错报文类型，128 ～ 255 表示消息报文类型。

（2）代码（Code）：占 8bit，为类型字段提供更精确的说明，其含义取决于报文类型。

（3）检验和（Checksum）：占 16bit。

2. ICMPv6 报文类型

表 6.16 列出了常用的 ICMPv6 报文类型。

表 6.16　常用的 ICMPv6 报文类型

ICMPv6 报文	类型	类型含义	代码	代码含义
差错报文	1	目的不可达错误报文（数据报无法被转发到目的节点或上层协议）	0	没有到达目标的路由
			1	与目标的通信被管理策略禁止
			2	未指定
			3	地址不可达
			4	端口不可达
	2	数据报超长报文（报文超过出口链路的 MTU）	0	如果由于出口链路的 MTU 小于 IPv6 数据报的长度而导致数据报无法转发，那么路由器就会发送数据报超长报文
	3	时间超时错误报文	0	在传输中超越了跳数限制
			1	分片重组超时
	4	参数错误报文（IPv6 首部或扩展首部出现错误）	0	遇到错误的首部字段
			1	遇到无法识别的下一个首部类型
			2	遇到无法识别的 IPv6 选项
信息报文	128	回送请求与应答报文		回送（Echo）请求报文
	129			回送（Echo）应答报文
	130	多播听众发现报文		多播听众查询
	131			多播听众报告
	132			多播听众结束
	133	邻居发现报文		路由器请求（Router Solicitation，RS）报文
	134			路由器通告（Router Advertisement，RA）报文
	135			邻居请求（Neighbor Solicitation，NS）报文
	136			邻居通告（Neighbor Advertisement，NA）报文
	137			路由重定向报文

由此可见，在 IPv6 中，ICMPv6 除了提供 ICMPv4 的对应功能，还有其他一些功能，如邻居发现（ND）、地址解析、路由器发现、无状态地址自动配置、多播侦听、重复地址检测、PMTU 发现等。

ND 协议使用的所有报文均封装在 ICMPv6 报文中，一般 ND 被看作第 3 层的协议。在网络层完成地址解析主要带来以下几个好处。

（1）不同的二层媒体可以采用相同的地址解析协议。

（2）可以使用三层的安全机制避免地址解析攻击。

（3）使用组播方式发送请求报文，减小了二层网络的性能压力。

ND 协议使用 ICMPv6 协议实现，Wireshark 软件抓不到 ND 报文，只能抓到 ICMPv6 报文。ND 使用的 ICMPv6 的相关报文如下。

RS 报文：类型字段值为 133。

RA 报文：类型字段值为 134。

NS 报文：类型字段值为 135。

NA 报文：类型字段值为 136。

ND 协议的主要功能如下。

（1）路由发现：发现链路上的路由器，获得路由器通告的信息，使用 RS、RA 报文。

（2）无状态自动配置：通知路由器通告的地址前缀，终端自动生成IPv6地址，使用NS、NA报文。

（3）DAD：获得地址后进行地址重复检测，确保地址不存在冲突，使用 NS、NA 报文。

（4）地址解析：请求目的网络地址对应的数据链路层地址，类似 IPv4 的 ARP，使用 NS、NA 报文。

（5）邻居状态跟踪：通过 NDP 发现链路上的邻居并跟踪邻居状态，使用 NS、NA 报文。

（6）前缀重编址：路由器对所通告的地址前缀进行灵活设置以实现网络重编址。

（7）路由重定向：告知其他设备到达目标网络的更优下一跳。

类型字段将 ICMPv6 消息分为以下两类。

（1）差错消息（类型为 0 ～ 127）：作用是告诉设备其发送的数据报无法被正确传送的原因，如已达到跳数限制（递减到 0）并被路由器丢弃。

（2）通知消息（类型为 128 ～ 255）：作用不是报告差错，而是为各种测试、诊断和支撑功能提供必需的信息。IPv4 和 IPv6 都有的两条常用的通知消息为 ping 命令使用的回显请求消息和回显应答消息。

6.2.6　给计算机配置 IPv6 地址

使用 IPv6 通信的计算机的本地链路可以同时有两个 IPv6 地址，一个是本地链路地址，用于与本网段的计算机通信；另一个是网络管理员规划的地址，即本地唯一或全球唯一的地址，用于跨网段通信。

使用 IPv6 通信的计算机的 IPv6 地址可以手工配置、有状态自动配置和无状态自动配置。

1. IPv6 地址手工配置

IPv6 地址手工配置也称为静态地址。在 Windows 操作系统中，打开“网络和 Internet 设置”对话框（Windows 操作版本不同，操作步骤和打开的对话框略有差异），在“IPv6 地址”文本框中输入地址 2001:1:10，在“子网前缀长度”文本框中输入 64，在“IPv6 网关”文本框中输入网关 2001:1:1。单击“确定”按钮。

在 MS-DOS 命令行提示符下使用 ipconfig/all 命令可以看到 IPv6 的本地链路地址和全球单播地址：

```
C:\Users\Think>ipconfig/all
Windows IP 配置
......
无线局域网适配器 WLAN:
    连接特定的 DNS 后缀 . . . . . . . :
    描述 . . . . . . . . . . . . . . . : Intel(R) Wi-Fi 6 AX201 160MHz
    物理地址 . . . . . . . . . . . . . : 34-2E-B7-AC-30-00
    DHCP 已启用 . . . . . . . . . . . : 是
    自动配置已启用 . . . . . . . . . . : 是
    本地链接 IPv6 地址 . . . . . . . . : fe80::b19:4280:d5c2:5847%5( 首选 )
    IPv4 地址 . . . . . . . . . . . . : 192.168.1.9( 首选 )
    子网掩码 . . . . . . . . . . . . : 255.255.255.0
    获得租约的时间 . . . . . . . . . : 2022 年 11 月 18 日 8:00:10
    租约过期的时间 . . . . . . . . . : 2022 年 11 月 18 日 13:00:09
    默认网关 . . . . . . . . . . . . . : 192.168.1.1
    DHCP 服务器 . . . . . . . . . . . : 192.168.1.1
    DHCPv6 IAID . . . . . . . . . . . : 77343094
    DHCPv6 客户端 DUID . . . . . . . : 00-01-00-01-27-68-A7-8A-54-05-DB-52-39-F0
    DNS 服务器 . . . . . . . . . . . : 192.168.1.1
    TCPIP 上的 NetBIOS . . . . . . . : 已启用
......
```

在 MS-DOS 命令行提示符下 ping 本地链路地址也可以 ping 通：

```
C:\Users\Think>ping fe80::b19:4280:d5c2:5847%5
正在 Ping fe80::b19:4280:d5c2:5847%5 具有 32 字节的数据 :
来自 fe80::b19:4280:d5c2:5847%5 的回复 : 时间 <1ms
来自 fe80::b19:4280:d5c2:5847%5 的回复 : 时间 <1ms
来自 fe80::b19:4280:d5c2:5847%5 的回复 : 时间 <1ms
来自 fe80::b19:4280:d5c2:5847%5 的回复 : 时间 <1ms
fe80::b19:4280:d5c2:5847%5 的 Ping 统计信息 :
    数据包 : 已发送 = 4，已接收 = 4，丢失 = 0 (0% 丢失 ),
往返行程的估计时间 ( 以毫秒为单位 ):
    最短 = 0ms，最长 = 0ms，平均 = 0ms
C:\Users\Think>
```

2. 有状态自动配置

有状态自动配置 DHCP 服务器给计算机分配 IPv6 地址，这种自动获得 IPv6 地址的方式称为有状态自动配置。

3. 无状态自动配置

无状态自动配置是一种自动生成 IPv6 地址的方法，网络中的路由器告诉计算机所在的网络 ID，计算机就会知道 IP 地址的前 64 位（网络前缀），IPv6 地址的后 64 位（主机部分）由计算机 MAC 地址按 IEEE EUI-64 规范自动生成。

IEEE EUI-64 规范是将接口的 MAC 地址转换为 IPv6 接口 ID 的过程，如图 6.24 所示。系统

的 MAC 地址由 48 位组成，以十六进制形式表示。MAC 地址被认为是世界范围内唯一的，接口 ID 利用 MAC 地址的唯一性。主机可以使用 IEEE 的扩展唯一标识符（EUI-64）格式自动配置其接口 ID。将 MAC 地址转换为 IPv6 地址的过程如下。

第 1 步，将 FFFE 插入 MAC 地址的公司标识和扩展标识符之间。

第 2 步，将从高位数第 7 位的 0 改为 1，表示此接口 ID 本地唯一。

例如，华为的一块适配器的 MAC 地址为 30FB-B882-C4D4，转换为 IPv6 为 32FB-B8FF-FE82-C4D4。

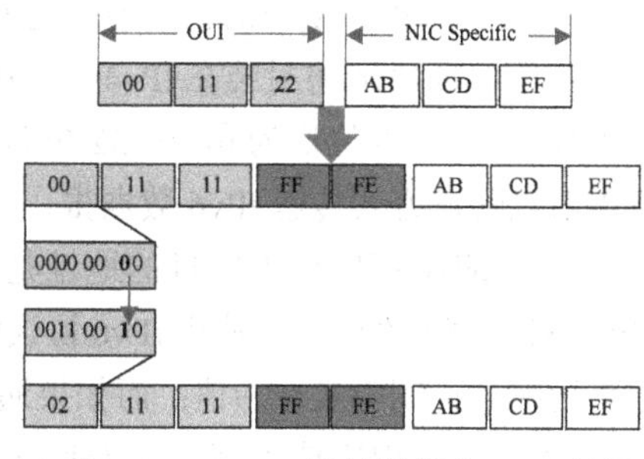

◎ 图 6.24　MAC 地址转换为 IPv6 地址

这种由 MAC 地址产生 IPv6 地址的方法可以减少配置的工作量，尤其在采用无状态自动配置时，只需获取一个 IPv6 子网前缀就可以与接口 ID 形成 IPv6 地址。但是使用这种方式最大的缺点是任何人都可以通过二层 MAC 地址推算出三层 IPv6 地址。

6.2.7　IPv4 和 IPv6 互通

在 IPv6 成为主流协议之前，使用 IPv6 协议栈的网络希望能与当前仍被 IPv4 支撑着的互联网进行正常通信，因此，必须开发出 IPv4/IPv6 互通技术以保证 IPv4 能够平稳过渡到 IPv6。此外，互通技术应该对信息传递做到高速无缝。

目前，解决过渡问题的基本技术有 3 种：双协议栈、隧道技术和 NAT-PT。

1. 双协议栈

双协议栈（Dual Stack）是指在采用该技术的节点上同时运行 IPv4 和 IPv6 两套协议栈。这是使 IPv6 节点保持与纯 IPv4 节点兼容最直接的方式，针对的对象是通信端节点（包括主机、路由器）。这种方式对 IPv4 和 IPv6 提供了完全的兼容，但是对于 IP 地址耗尽问题没有任何帮助。由于需要双路由基础设施，所以这种方式反而提升了网络的复杂度。

由于 IPv6 和 IPv4 是功能相近的网络层协议，两者都基于相同的物理平台，而且加载于其上的传输层协议 TCP 和 UDP 也基本没有区别，因此，支持双协议栈的节点既能与支持 IPv4 的节点通信，又能与支持 IPv6 的节点通信。可以相信，网络中的主要服务商在网络全部升级到 IPv6 之前必将支持双协议栈的运行。IPv4 和 IPv6 双协议栈如图 6.25 所示。

（1）接收数据报。双协议栈节点与其他类型的多协议栈节点的工作方式相同。数据链路层收到数据段，拆开并检查 IP 数据报首部。如果 IPv4/IPv6 首部中的第 1 个字段，即 IP 数据报的版本号是 4，则该数据报就由 IPv4 协议栈来处理；如果版本号是 6，就由 IPv6 协议栈来处理；如果建立了自动隧道机制，则采用相应的技术将数据报重新整合为 IPv6 数据报，由 IPv6 协议栈来处理。

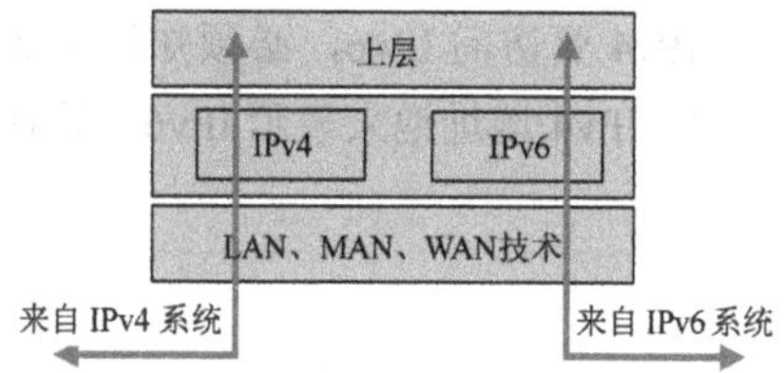

◎ 图 6.25　IPv4 和 IPv6 双协议栈

（2）发送数据报。由于双协议栈主机同时支持 IPv4 和 IPv6 两种协议，所以当其在网络中通信时，需要根据情况确定使用其中一种协议栈，这就需要制定双协议栈的工作方式。在网络通信过程中，目的地址作为路由选择的主要参数，因而根据应用程序所使用的目的地址的协议类型对双协议栈的工作方式做出如下约定。

① 若应用程序使用的目的地址为 IPv4 地址，则使用 IPv4 协议。

② 若目的地址为 IPv6 地址，且为本地在线网络，则使用 IPv6 协议。

③ 若应用程序使用的目的地址为 IPv4 兼容的 IPv6 地址，且不是本地在线网络，则使用 IPv4 协议，此时的 IPv6 将封装在 IPv4 中。IPv4 兼容的 IPv6 地址是 IPv6 协议规范中提供的特殊地址。这类地址的高 96 位均为 0，低 32 位包含 IPv4 地址。IPv4 兼容的 IPv6 地址被节点用于通过 IPv4 路由器以隧道方式传送 IPv6 数据报，这些节点既理解 IPv4 又理解 IPv6。

④ 若应用程序使用的目的地址是非 IPv4 兼容的 IPv6 地址，且不是本地在线网络，则使用 IPv6 协议。类似约定②，使用 IPv6 协议能够保证通信正常进行，而如果是跨越纯 IPv4 网络的通信，则采用隧道机制等实现通信；而如果通过本地网络，则无须隧道机制即可完成通信。

⑤ 若应用程序使用域名作为目标地址，则先从 DNS 得到相应的 IPv4/IPv6 地址，然后根据地址情况进行相应的处理。

2. 隧道技术

隧道技术提供了一种以现有 IPv4 路由体系来传递 IPv6 数据报的方法，它将 IPv6 数据报作为无结构意义的数据封装在 IPv4 数据报中，由 IPv4 网络传输，如此穿越 IPv4 网络进行通信，并且在隧道的两端可以分别对数据报进行封装和解封装。隧道是一个虚拟的点对点的连接。隧道技术在定义上就包括数据封装、传输和解封装在内的全过程。

隧道技术是 IPv6 向 IPv4 过渡的一个重要手段。IPv6 与 IPv4 互通的隧道技术如图 6.26 所示。

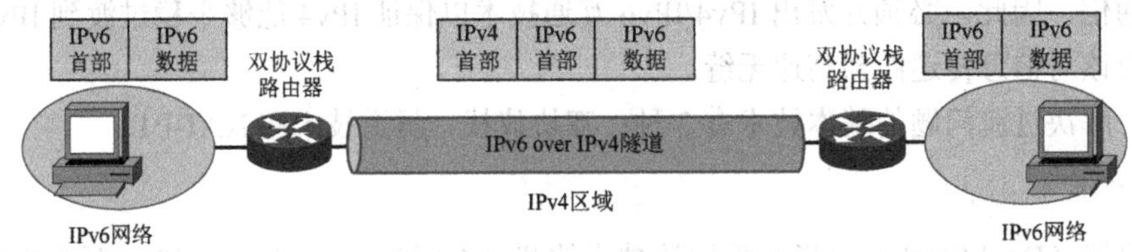

◎ 图 6.26 IPv6 与 IPv4 互通的隧道技术

隧道技术的实现需要一个起点和一个终点，IPv6 over IPv4 隧道起点的 IPv4 地址必须手工配置，而终点有手工配置和自动获取两种方式。根据隧道终点的 IPv4 地址的获取方式不同，可以将 IPv6 over IPv4 隧道分为手动隧道和自动隧道两种。

3. NAT-PT

IPv6 要访问 IPv4，必须知道 IPv4 映射所形成的 IPv6 地址，NAT-PT 规定，使用前缀为 96 位的 IPv6 地址池来表示 IPv4，这样每个 IPv4 就“存在”于 IPv6 中了。

IPv4 要访问 IPv6，必须知道 IPv6 映射所形成的 IPv4 地址，NAT-PT 规定，可以使用任意未占用的 IPv4 地址池来表示 IPv6，这样每个 IPv6 也就“存在”于 IPv4 中了。

学以致用

6.3 技能训练 1：等长子网划分

6.3.1 训练任务

假定某单位分到一个 B 类地址，其网络号为 133.233.0.0。该单位有 6000 台主机，有 20 个二

级单位，每个二级单位有 300 台计算机，请问该单位的子网如何划分？子网掩码是多少？试写出每个二级单位网络号，并算出每个子网可分配的 IP 地址的开始地址和最后 1 个可用地址。

6.3.2 训练目标

通过本技能训练的完成，读者可以掌握以下技能。

（1）等长子网划分如何确定子网位。

（2）等长子网划分如何确定主机位。

（3）等长子网掩码如何确定。

（4）等长子网划分各子网的网络号如何确定。

6.3.3 实施过程

步骤 1：确定子网位。

若该单位有 20 个二级单位，则在 B 类网络中可借用的子网位需要满足 $2^S \geqslant 20$，如果 S=4，则 2^4=16<20，不满足；如果 S=5，则 2^5=32>20，满足，即从 B 类地址的第 3 部分借用 5 位为子网位。此时，子网掩码由 11111111.11111111.0.0 变为 11111111.11111111.11111000.0，转换为十进制形式为 255.255.248.0。

借用 5 位可划分的子网如表 6.17 所示。

表 6.17 借用 5 位可划分的子网

子网位	子网	子网位	子网	子网位	子网
00000	子网 1	01011	子网 12	10110	子网 23
00001	子网 2	01100	子网 13	10111	子网 24
00010	子网 3	01101	子网 14	11000	子网 25
00011	子网 4	01110	子网 15	11001	子网 26
00100	子网 5	01111	子网 16	11010	子网 27
00101	子网 6	10000	子网 17	11011	子网 28
00110	子网 7	10001	子网 18	11100	子网 29
00111	子网 8	10010	子网 19	11101	子网 30
01000	子网 9	10011	子网 20	11110	子网 31
01001	子网 10	10100	子网 21	11111	子网 32
01010	子网 11	10101	子网 22	—	—

从表 6.17 中可以看出，从 B 类地址的第 3 部分借用的 5 位为子网位，可以划分为 32 个子网，可以从前向后选择 20 个作为二级单位的子网。

因此，从主机位借 5 位及 5 位以上可满足为 20 个二级单位分配子网的要求。

步骤 2：确定主机位。

该单位有 6000 台计算机，等分给 20 个二级单位，每个二级单位有 300 台，因此主机位需要满足 $2^h-2 \geqslant 300$，如果 h=8，则 2^h-2=254<300，不满足；如果 h=9，则 2^h-2=510>300，满足可为 300 台计算机分配 IP 地址的要求。

而在第 3 部分已借了 5 位给子网位，因此还剩下 3 位，加上第 4 部分的 8 位，共 11 位，可

分配主机数量为 $2^{11}-2=2048-2=2046$，即可以为 2046 台计算机分配 IP 地址。

步骤 3：确定子网 1 的网络号及可用的 IP 地址。

子网 1 的子网位为 00000，将网络号 133.233.0.0 与子网掩码 255.255.224.0 转换成二进制形式后按位求与，则网络前缀为 133.233.0.0/21；IP 地址 133.233.0.0 由于主机号全为 0，所以不能分配给计算机使用；133.233.7.255 由于主机号全为 1，所以也不能分配给计算机使用。故子网 1 的开始地址为 133.233.0.1，结束地址为 133.233.7.254，如图 6.27 所示。

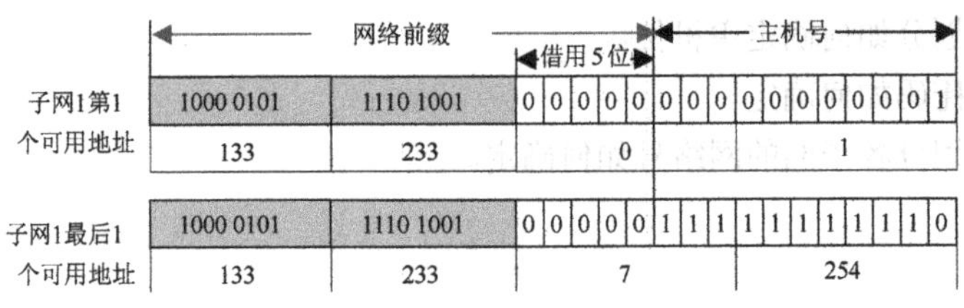

◎ 图 6.27　子网 1 的地址范围

子网 2 的子网位为 00001，将网络号 133.233.1.0 与子网掩码 255.255.224.0 转换成二进制形式后按位求与，则网络前缀为 133.233.1.0；IP 地址 133.233.1.0 由于主机号全为 0，所以不能分配给计算机使用；133.233.15.255 由于主机号全为 1，所以也不能分配给计算机使用。故此子网 2 的开始地址为 133.233.1.1，结束地址为 133.233.15.254，如图 6.28 所示。

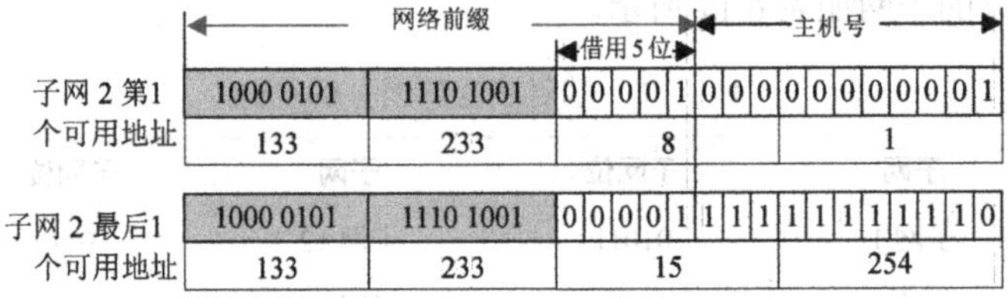

◎ 图 6.28　子网 2 的地址范围

依次类推，计算子网 3～子网 20 的网络前缀、开始地址和结束地址。表 6.18 所示为 20 个子网的网络前缀、开始地址和结束地址。所有子网的子网掩码均为 255.255.224.0。

表 6.18　20 个子网的网络前缀、开始地址和结束地址

子网	B 类地址的第 3 部分	开始地址	结束地址
子网 1	00000 000	133.233.0.0	133.233.7.254
子网 2	00001 000	133.233.8.0	133.233.15.254
子网 3	00010 000	133.233.16.0	133.233.23.254
子网 4	00011 000	133.233.24.0	133.233.31.254
子网 5	00100 000	133.233.32.0	133.233.39.254
子网 6	00101 000	133.233.40.0	133.233.47.254
子网 7	00110 000	133.233.48.0	133.233.55.254
子网 8	00111 000	133.233.56.0	133.233.63.254
子网 9	01000 000	133.233.64.0	133.233.71.254
子网 10	01001 000	133.233.72.0	133.233.79.254
子网 11	01010 000	133.233.80.0	133.233.87.254
子网 12	01011 000	133.233.88.0	133.233.95.254

续表

子网	B 类地址的第 3 部分	开始地址	结束地址
子网 13	01100 000	133.233.96.0	133.233.103.254
子网 14	01101 000	133.233.104.0	133.233.111.254
子网 15	01110 000	133.233.112.0	133.233.119.254
子网 16	01111 000	133.233.120.0	133.233.127.254
子网 17	10000 000	133.233.128.0	133.233.135.254
子网 18	10001 000	133.233.136.0	133.233.143.254
子网 19	10010 000	133.233.144.0	133.233.151.254
子网 20	10011 000	133.233.152.0	133.233.159.254

下面看第 3 部分的 8 位，如图 6.29 所示。当借用 5 位时，可满足分配 20 个子网的要求，每个子网可分配 $2^{11}-2=2046$ 个 IP 地址，这时子网掩码为 255.255.248.0；借用 6 位可划分 64 个子网，每个子网有 10 位主机位，可分配 $2^{10}-2=1022$ 个 IP 地址，这时子网掩码为 255.255.252.0；借用 7 位可划分 128 个子网，每个子网有 9 位主机位，可分配 $2^{9}-2=510$ 个 IP 地址，这时子网掩码为 255.255.254.0。

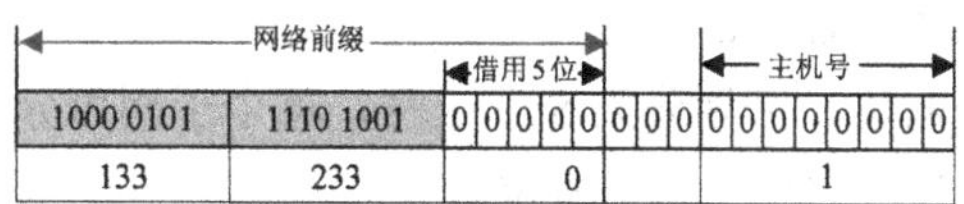

◎ 图 6.29　第 3 部分的 8 位

6.4　技能训练 2：可变长子网划分

6.4.1　训练任务

某公司有 1 个总部和 3 个下属部门。公司分配到的网络前缀是 211.88.55.0/24。公司的网络布局如图 6.30 所示。总部共有 8 个局域网，其中的 LAN1 ～ LAN4 都连接到路由器 R1 上，R1 通过 LAN5 与路由器 R2 相连。R2 与外地的 3 个部门的局域网 LAN6 ～ LAN8 通过广域网相连。每个局域网旁边标明的数字是局域网上的主机数量。试给每个局域网分配一个合适的网络前缀。

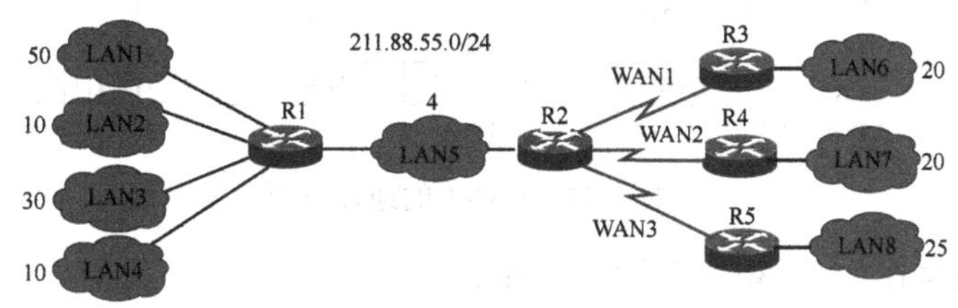

◎ 图 6.30　公司的网络布局

6.4.2　训练目标

通过本技能训练的完成，读者可以掌握以下技能。

（1）可变长子网划分如何确定子网位。

（2）可变长子网划分如何确定主机位。

（3）可变长子网掩码如何确定。

（4）可变长子网划分各子网的网络号如何确定。

6.4.3 实施过程

【复习】

在如图 6.30 所示的网络布局中，有 8 个局域网和 3 个广域网链路，共需要 11 个子网，即 $2^S \geqslant 11$，得只有 $S \geqslant 4$ 才能满足分配 11 个子网的要求，而此时主机位只剩 4 位，每个子网可分配的 IP 地址最多为 14 个，而 LAN1、LAN3、LAN6 ～ LAN8 的主机数量都大于 20，不满足，因此必须采用可变长子网掩码。

根据前面的学习，参看表 6.3 可得以下结果。

从主机位借用 1 位为子网位，可划分为 2 个子网，每个子网可分配的 IP 地址有 1 ～ 126 个，即当主机数量≥ 63 且≤ 126 时，需要 7 位主机位。

从主机位借用 2 位为子网位，可划分为 4 个子网，每个子网可分配的 IP 地址有 1 ～ 62 个，即当主机数量≥ 31 且≤ 62 时，需要 6 位主机位。

从主机位借用 3 位为子网位，可划分为 8 个子网，每个子网可分配的 IP 地址有 1 ～ 30 个，即当主机数量≥ 15 且≤ 30 时，需要 5 位主机位。

从主机位借用 4 位位子网位，可划分为 16 个子网，每个子网可分配的 IP 地址有 1 ～ 14 个，也是当主机数量≥ 6 且≤ 14 时，需要 4 位主机位，依次类推。

为此，要为图 6.30 中的各子网分配 IP 地址，需要从含最多主机的子网开始划分。

步骤 1：确定含最多主机的子网划分。

在图 6.30 中，主机数量在 31 到 62 之间的只有 LAN1，有 50 台主机，由于 2^h−2=62 ≥ 50，所以主机位 h=6。

此时子网位只剩下 2 位，可划分为 2^2=4 个子网。这 4 个子网位分别是 00、01、10、11。可将子网位为 00 的这个子网分配给 LAN1。此时子网掩码为 /26，转换成十进制形式为 255.255.255.196，网络号是 211.88.55.0/26，第一个可用的 IP 地址为 211.88.55.1，最后一个可用的 IP 地址为 211.88.55.62，即可分配 62 个 IP 地址，满足分配给 LAN1 的要求，如图 6.31 所示。

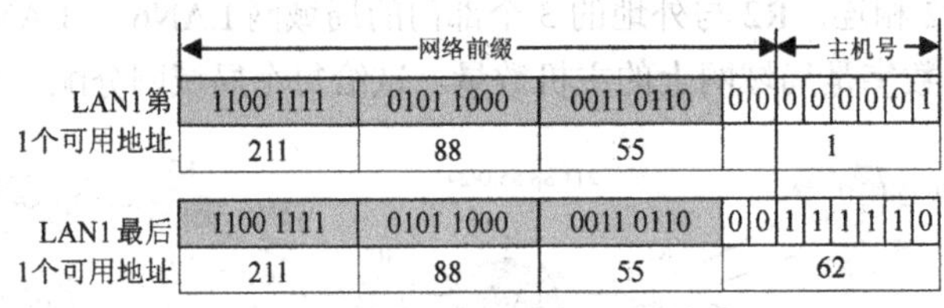

◎ 图 6.31 LAN1 的地址范围

步骤 2：主机数量在 15 到 30 之间的子网划分。

步骤 1 中已占用子网位 00，即网络号为 211.88.55.0/26，IP 地址 211.88.55.1 ～ 211.88.55.62 已分配给 LAN1，其他局域网只能从剩余地址中划分子网。

LAN3、LAN6 ～ LAN8 的主机数量在 15 到 30 之间，主机位 5 位就可以，子网位为 3 位，即可划分的子网为 000、001、010、011、100、101、110、111，LAN1 已占用 000、001，因此只能从后面 6 个当中选 4 个。假设选前面 4 个，即将 010、011、100、101 分别分配给 LAN3、

LAN6 ～ LAN8。此时子网掩码为 /27，转换成十进制形式为 255.255.255.224。

图 6.32 所示为 LAN3 的地址范围，网络号为 211.88.55.64，子网掩码为 255.255.255.224，第 1 个可用的 IP 地址为 211.88.55.65，最后 1 个可用的 IP 地址为 211.88.55.94，即可分配 30 个 IP 地址，可满足分配给 LAN3、LAN6 ～ LAN8 的要求。

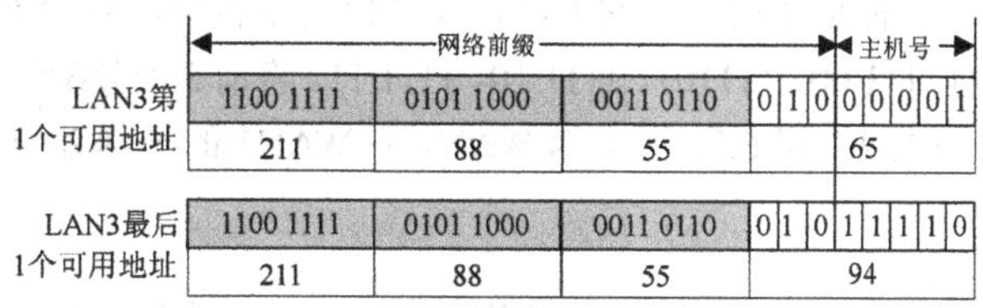

◎ 图 6.32　LAN3 的地址范围

依次类推，计算 LAN6 ～ LAN8 的网络前缀、开始地址和结束地址。表 6.19 所示为 LAN3、LAN6 ～ LAN8 的子网划分，列出了 4 个子网的网络前缀、开始地址和结束地址。所有子网的子网掩码均为 255.255.255.224。

表 6.19　LAN3、LAN6 ～ LAN8 的子网划分

子网	C 类地址的第 4 部分	网络前缀	开始地址	结束地址
LAN3	010 00000	211.88.55.64	211.88.55.65	211.88.55.94
LAN6	011 00000	211.88.55.96	211.88.55.97	211.88.55.126
LAN7	100 00000	211.88.55.128	211.88.55.129	211.88.55.158
LAN8	101 00000	211.88.55.160	211.88.55.161	211.88.55.190

步骤 3：主机数量在 7 到 14 之间的子网划分。

步骤 1、2 中已占用子网位 000、001、010、011、100、101，IP 地址 211.88.55.1 ～ 211.88.55.196 已分配给 LAN1、LAN3、LAN6 ～ LAN8，其他局域网只能从剩余地址中划分子网。

LAN2、LAN4 的主机数量在 7 到 14 之间，主机位 4 位就可以，剩余 4 位为子网位。剩余可分配的子网为 1100、1101、1110、1111，选前面 2 个，即将 1100、1101 分别分配给 LAN2、LAN4。此时，子网掩码为 /28，转换成十进制形式为 255.255.255.240。

图 6.33 所示为 LAN2 的地址范围，网络号为 211.88.55.192，子网掩码为 255.255.255.240，第 1 个可用的 IP 地址为 211.88.55.193，最后 1 个可用的 IP 地址为 211.88.55.206，即可分配 14 个 IP 地址，可满足分配给 LAN2、LAN4 的要求。

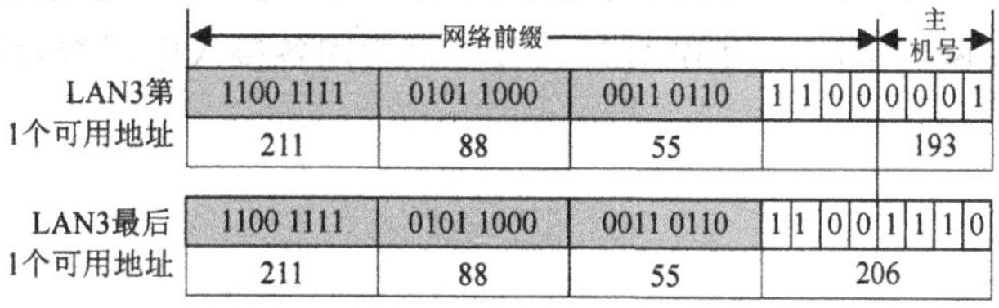

◎ 图 6.33　LAN2 的地址范围

依次类推，LAN4 的网络号为 211.88.55.208，子网掩码为 255.255.255.240，第 1 个可用的 IP 地址为 211.88.55.209，最后 1 个可用的 IP 地址为 211.88.55.222。

步骤 4：给 LAN5 划分子网。

LAN5 有 4 台主机，主机位需要 3 位，剩余 5 位为子网位，第 4 部分前 5 位可用的子网位为 11100、11101、11110、11111。假定选 11100，则网络号为 211.88.55.224，子网掩

码为 255.255.255.248，第 1 个可用的 IP 地址为 211.88.55.225，最后 1 个可用的 IP 地址为 211.88.55.230。

步骤 5：给 WAN1 ～ WAN3 划分子网。

WAN1 ～ WAN3 是指路由器之间连接的接口，只需两个 IP 地址。

可以有两种方法，一种是使用上面的方法，即 2 位为主机位，剩余 6 位为子网位，第 4 部分前 6 位可用的子网位为 1111 00、111101、1111 10、1111 11。将前 3 个分配给 WAN1 ～ WAN3。此时，子网掩码为 255.255.255.152。表 6.20 所示为 WAN1 ～ WAN3 的子网划分。

表 6.20　WAN1 ~ WAN3 的子网划分

子网	C 类地址的第 4 部分	网络前缀	开始地址	结束地址
WAN1	1111 0000	211.88.55.240	211.88.55.241	211.88.55.242
WAN2	1111 0100	211.88.55.244	211.88.55.245	211.88.55.246
WAN3	1111 1000	211.88.55.248	211.88.55.249	211.88.55.250

另一种方法是使用“/31”，即仅用于点对点链路的 31 位网络前缀，子网掩码为 255.255.255.254。第 4 部分前 7 位可用的子网位为 1111 000、1111 001、1111 010、1111 011、1111 100、1111 101、1111 110、1111 111。这里将前 3 个分别分配给 WAN1 ～ WAN3。WAN1 ～ WAN3 使用 /31 的子网划分如表 6.21 所示。

表 6.21　WAN1 ~ WAN3 使用 /31 的子网划分

子网	C 类地址的第 4 部分	网络前缀	开始地址	结束地址
WAN1	1111 0000	211.88.55.240	211.88.55.240	211.88.55.241
WAN2	1111 0010	211.88.55.242	211.88.55.242	211.88.55.243
WAN3	1111 0100	211.88.55.244	211.88.55.244	211.88.55.245

6.5　技能训练 3：路由聚合

6.5.1　训练任务

202.192/15、202.194/15、202.196/15、202.198/15、202.200/15、202.202/15、202.204/14 是中国教育和科研计算机网申请的一块 IP 地址，分配给我国各接入中国教育和科研计算机网的高等大学等使用。

6.5.2　训练目标

通过本技能训练的完成，读者可以掌握以下技能。

（1）路由聚合的方法。

（2）路由聚合的规律。

6.5.3　实施过程

步骤 1：202.192/15、202.194/15、202.196/15、202.198/15、202.200/15、202.202/15、202.204/14

本身就是超网，现将这些地址块包括的地址分别列出来（以 202.204/14 为例）。

202.204/14 表示网络号是 202.204.0.0，子网掩码是 255.252.0.0，分别将其转换成二进制形式，结果如图 6.34 所示。

网络号：202.204.0.0	1100 1100	**1100 1100**	0000 0000	0000 0000
子网掩码：255.252.0.0	1111 1111	**1111 1100**	0000 0000	0000 0000

◎ 图 6.34　202.204/14

在图 6.34 中，202.204.0.0 是 C 类地址，默认子网掩码为 24 位，现在子网掩码为 14 位，假定将子网掩码变为 16 位，则网络号 202.204.0.0 的第 3 部分转换成 8 位二进制数的后两位可以为 00、01、10、11，即图 6.34 演变为图 6.35。

1100 1010	**1100 1100**	0000 0000	0000 0000	202.204.0.0/16
1111 1111	**1111 1111**	0000 0000	0000 0000	
1100 1010	**1100 1101**	0000 0000	0000 0000	202.205.0.0/16
1111 1111	**1111 1111**	0000 0000	0000 0000	
1100 1010	**1100 1110**	0000 0000	0000 0000	202.206.0.0/16
1111 1111	**1111 1111**	0000 0000	0000 0000	
1100 1010	**1100 1111**	0000 0000	0000 0000	202.207.0.0/16
1111 1111	**1111 1111**	0000 0000	0000 0000	

◎ 图 6.35　202.204/14 分解网络前缀 16 位的超网

步骤 2：同样，将 202.192/15、202.194/15、202.196/15、202.198/15、202.200/15、202.202/15 的网络前缀用 /16 来表示，可以表示为 202.192/16、202.193/16、202.194/16、202.195/16、202.196/16、202.197/16、202.198/16、202.199/16、202.200/16、202.201/16、202.202/16、202.203/16。加上 202.204/14 转换后的 202.204/16、202/205/16、202.206/15、202.207/16。正好 16 个网络。

步骤 3：把步骤 2 转换后的十进制形式的网络号转换成二进制形式，结果如图 6.36 所示。

网络号：202.192.0.0/16	1100 1010	1100 0000	0000 0000	0000 0000
网络号：202.193.0.0/16	1100 1010	1100 0001	0000 0000	0000 0000
网络号：202.194.0.0/16	1100 1010	1100 0010	0000 0000	0000 0000
网络号：202.195.0.0/16	1100 1010	1100 0011	0000 0000	0000 0000
网络号：202.196.0.0/16	1100 1010	1100 0100	0000 0000	0000 0000
网络号：202.197.0.0/16	1100 1010	1100 0101	0000 0000	0000 0000
网络号：202.198.0.0/16	1100 1010	1100 0110	0000 0000	0000 0000
网络号：202.199.0.0/16	1100 1010	1100 0111	0000 0000	0000 0000
网络号：202.200.0.0/16	1100 1010	1100 1000	0000 0000	0000 0000
网络号：202.201.0.0/16	1100 1010	1100 1001	0000 0000	0000 0000
网络号：202.202.0.0/16	1100 1010	1100 1010	0000 0000	0000 0000
网络号：202.203.0.0/16	1100 1010	1100 1011	0000 0000	0000 0000
网络号：202.204.0.0/16	1100 1010	1100 1100	0000 0000	0000 0000
网络号：202.205.0.0/16	1100 1010	1100 1101	0000 0000	0000 0000
网络号：202.206.0.0/16	1100 1010	1100 1110	0000 0000	0000 0000
网络号：202.207.0.0/16	1100 1010	1100 1111	0000 0000	0000 0000

◎ 图 6.36　网络合并为超网

由于前 12 位是相同的，所以聚合后的网络号取前 12 位，网络号变为 202.192.0，子网掩码变为 255.240.0.0，表示成一个超网为 202.192/12。

6.6 技能训练 4：给计算机配置 IPv6 地址

6.6.1 训练任务

为了实现本技能训练，在实训室或 eNSP、Cisco Packet Trace 中搭建一台交换机连接两台计算机的网络环境，并在计算中配置 IPv6 地址。交换机在此作为“傻瓜交换机”使用。

6.6.2 训练目标

通过本技能训练的完成，读者可以掌握以下技能。

（1）主机静态配置 IPv6 地址的方法。

（2）Wireshark 软件的使用方法。

（3）分析并了解 ICMPv6 的报文格式。

6.6.3 实施过程

步骤 1：配置计算机的 IPv6 地址，如表 6.22 所示。

表 6.22 IPv6 地址规划表

设备	IPv6 地址	前缀长度 / 位
PC1	2001:1::10	64
PC2	2001:1::20	64

步骤 2：实训环境准备。

（1）在交换机和计算机断电的状态下连接硬件。

（2）给各设备供电。

步骤 3：测试网络的连通性。

使用 ping 命令测试 PC1 与 PC2 之间的连通性：

```
PC>ping 2001:1::20
Ping 2001:1::20: 32 data bytes， Press Ctrl_C to break
From 2001:1::20: bytes=32 seq=1 hop limit=255 time=47 ms
From 2001:1::20: bytes=32 seq=2 hop limit=255 time=31 ms
From 2001:1::20: bytes=32 seq=3 hop limit=255 time=47 ms
From 2001:1::20: bytes=32 seq=4 hop limit=255 time=47 ms
From 2001:1::20: bytes=32 seq=5 hop limit=255 time=47 ms
--- 2001:1::20 ping statistics ---
  5 packet(s) transmitted
  5 packet(s) received
  0.00% packet loss
  round-trip min/avg/max = 31/43/47 ms
PC>
```

步骤 4：在计算机或交换机的接口上启动 Wireshark 软件，结果如图 6.37 所示。

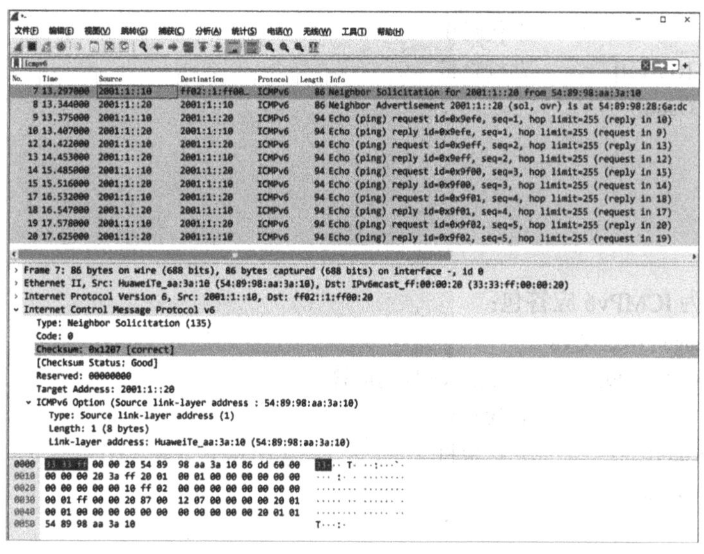

◎ 图 6.37 Wireshark 软件抓包结果

步骤 5：分析 Wireshark 软件抓包结果。

（1）第 7 包为邻居请求包：

```
Internet Control Message Protocol v6
  Type: Neighbor Solicitation (135)                                // 邻居请求，NS
  Code: 0
  Checksum: 0x1207 [correct]
  [Checksum Status: Good]
  Reserved: 00000000
  Target Address: 2001:1::20                                       // 目的 IPv6 地址
  ICMPv6 Option (Source link-layer address : 54:89:98:aa:3a:10)    // ICMPv6 选项
    Type: Source link-layer address (1)
    Length: 1 (8 bytes)
    Link-layer address: HuaweiTe_aa:3a:10 (54:89:98:aa:3a:10)      // 链路地址
```

（2）第 8 包为邻居通告包：

```
Internet Control Message Protocol v6
  Type: Neighbor Advertisement (136)                               // 邻居通告，NA
  Code: 0
  Checksum: 0x5dbf [correct]
  [Checksum Status: Good]
  Flags: 0x60000000，Solicited，Override
  Target Address: 2001:1::20                                       // 目的 IPv6 地址
  ICMPv6 Option (Target link-layer address : 54:89:98:28:6a:dc)
    Type: Target link-layer address (2)
    Length: 1 (8 bytes)
    Link-layer address: HuaweiTe_28:6a:dc (54:89:98:28:6a:dc)
```

（3）第 9 ～ 20 包为 6 组 ICMPv6 请求 / 应答包。其中，第 9 包为 ICMPv6 请求包：

```
Internet Control Message Protocol v6
  Type: Echo (ping) request (128)                                  // ICMPv6 回送请求
```

```
Code: 0                              // 代码 0
Checksum: 0x2ee8 [correct]           // 检验和
[Checksum Status: Good]
Identifier: 0x9efe
Sequence: 1
[Response In: 10]
Data (32 bytes)
```

（4）第 10 包为 ICMPv6 应答包：

```
Internet Control Message Protocol v6
  Type: Echo (ping) reply (129)      // ICMPv6 回送应答
  Code: 0                            // 代码 0
  Checksum: 0x2de8 [correct]         // 检验和
  [Checksum Status: Good]
  Identifier: 0x9efe
  Sequence: 1
  [Response To: 9]
  [Response Time: 32.000 ms]
  Data (32 bytes)
```

（5）IPv6 数据报：

```
Internet Protocol Version 6， Src: 2001:1::20， Dst: 2001:1::10
  0110 .... = Version: 6
  .... 0000 0000 .... .... .... .... .... = Traffic Class: 0x00 (DSCP: CS0， ECN: Not-ECT)
  .... 0000 0000 0000 0000 0000 = Flow Label: 0x00000
  Payload Length: 40                 // 总长度为 40 字节
  Next Header: ICMPv6 (58)           // 下一个首部，58 代表 ICMPv6
  Hop Limit: 255                     // 跳数限制为 255
  Source Address: 2001:1::20
  Destination Address: 2001:1::10
```

习题

一、选择题

1．如果给定的子网掩码是 255.255.255.224，那么主机 192.168.23.122 所在的子网是（　　）。

A．192.168.0.0　　B．192.168.23.32　　C．192.168.0.96　　D．192.168.23.96

2．如果子网掩码是 255.255.0.0，那么下列哪个地址为子网 112.11.0.0 内的广播地址？（　　）

A．112.11.0.0　　B．112.11.255.255　　C．112.255.255.255　　D．112.1.1.1

3．某部门申请到一个 C 类地址，若要将其划分为 8 个子网，则其子网掩码应为（　　）。

A．255.255.255.255　　B．255.255.255.0

C．255.255.255.224　　D．255.255.255.192

4．对于 IP 地址为 140.111.0.0 的 B 类网络，若要将其划分为 9 个子网，而且都要连接上互联

网，则子网掩码为（　　）。

A．255.0.0.0　　B．255.255.0.0　　C．255.255.128.0　　D．255.255.240.0

5．某公司申请到一个 C 类网络，由于有地理位置上的考虑，所以必须将其划分成 5 个子网，此时子网掩码为（　　）。

A．255.255.255.224　　B．255.255.255.192

C．255.255.255.254　　D．255.285.255.240

6．如果一个 C 类网络用掩码 255.255.255.192 划分子网，那么会有几个可用的子网？（　　）

A．2　　B．4　　C．6　　D．8

7．255.255.255.224 可能代表的是（　　）。

A．一个 B 类网络号　　B．一个 C 类网络中的广播

C．一个具有子网的网络掩码　　D．以上都不是

8．IP 地址 10.10.13.15/24 表示该主机所在网络的网络号为（　　）。

A．10.10.13.0　　B．10.10.0.0　　C．10.13.15　　D．10.0.0.0

9．IP 地址 192.168.1.0 代表（　　）。

A．一个 C 类网络号　　B．一个 C 类网络中的广播

C．一个 C 类网络中的主机　　D．以上都不是

10．对地址空间 10.20.30.0/24 进行子网划分时借用了 3 位主机位，并决定将第 2 个子网分配给办公室，请问应该将下面哪 3 个地址分配给办公室的主机？（　　）

A．10.20.30.29/27　　B．10.20.30.31/27

C．10.20.30.32/27　　D．10.20.30.33/27

E．10.20.30.34/27　　F．10.20.30.35/27

11．一位网络管理员给子网 192.168.1.0/25 中的设备分配主机地址，他将部门打印机的地址配置为 192.168.1.131/25，并将默认网关设置为 192.168.1.1/25，但没有人能够使用这台打印机。请问导致这种问题的原因是什么？（　　）

A．默认网关设置不正确　　B．分配给打印机的地址是广播地址

C．分配给打印机的地址属于另一个子网　D．分配给打印机的地址是网络 IP 地址

12．公司新成立了一个部门，这个部门有 511 台主机需要地址。当前公司使用的地址空间为 10.20.0.0/16。为了给这个子网提供地址，同时不浪费地址，网络管理员必须借用多少位？（　　）

A．5　　B．6　　C．7　　D．8

E．9

13．某网络管理员借用 5 位给网络 10.0.0.0/16 划分子网，对于新创建的每个子网，应使用哪个子网掩码？（　　）

A．255.248.0.0　　B．255.255.0.0　　C．255.255.248.0　　D．255.255.255.0

E．255.255.255.248

14．IPv6 中 IP 地址的长度为多少位？（　　）

A．16　　B．32　　C．64　　D．128

15. IPv6 基本首部的长度是固定的，包括多少字节？（　　）

A．20　　B．40　　C．60　　D．80

16. 下列 IPv6 地址中，错误的是（　　）。

A．::FFFF　　B．::1　　C．::1:FFFF　　D．::1::FFFF

17．IPv6 地址是如何表示的？（　　）

A．4 个用句点分隔的字节　　B．连续的 64 个二进制位
C．用冒号分隔的 8 个十六位组　　D．八进制数

18．在下列 IPv6 地址中，IPv6 链路本地地址是（　）。
A．FC80::FFFF　　B．FE80::FFFF　　C．FE88::FFFF　　D．FE80::1234

二、问答题

1．假设一台主机的 IP 地址为 192.168.5.121，而子网掩码为 255.255.255.248，那么该 IP 地址的网络号为多少？

2．某单位为管理方便，拟将网络 195.3.1.0 划分为 5 个子网，每个子网中的计算机数量不超过 15。请规划该子网并写出子网掩码和每个子网的子网号。

3．假定某单位分到一个 B 类地址，其网络号为 133.233.0.0。该单位有 4000 台主机，平均分布在 16 个不同的地点。如果选用的子网掩码为 255.255.255.0，试给每个地点平均分配一个子网号，并算出每个地点主机号的最小值和最大值。

4．有两块 CIDR 地址块 211.128.0.0/11 和 211.130.28.0/22。是否有哪个地址块包含了另一个地址？如果有，请指出，并说明理由。

5．已知地址块中的一个地址是 139.120.85.25/20。试求这个地址块中的最小地址和最大地址。地址掩码是什么？地址块中共有多少个地址？相当于多少个 C 类地址。

6．已知地址块中的一个地址是 191.88.140.202/29。重新计算上题。

7. 某单位分配到一个地址块 135.250.13.64/26。现在需要进一步将其划分为 4 个一样大的子网。试问：

（1）每个子网的网络前缀有多长？

（2）每个子网中有多少个地址？

（3）每个子网的地址块是多少？

（4）每个子网可分配给主机使用的最小地址和最大地址分别是什么？

8．一个自治系统有 5 个局域网，其拓扑图如图 6.38 所示，LAN2 至 LAN5 上的主机数量分别为 91、150、3、15。该自治系统分配到的 IP 地址块为 29.138.118.0/23。试给出每个局域网的地址块（包括前缀）。

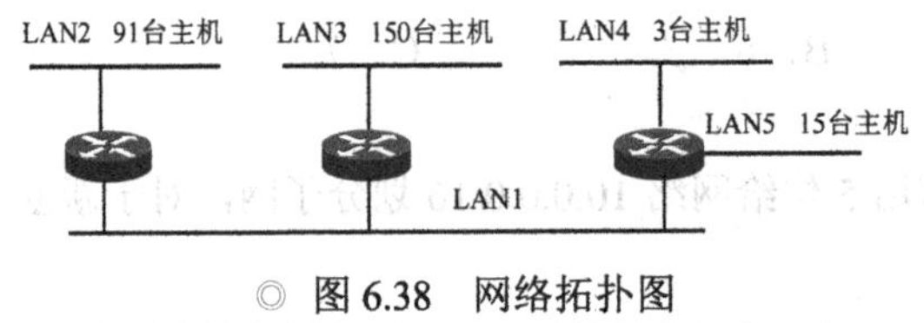

◎ 图 6.38　网络拓扑图

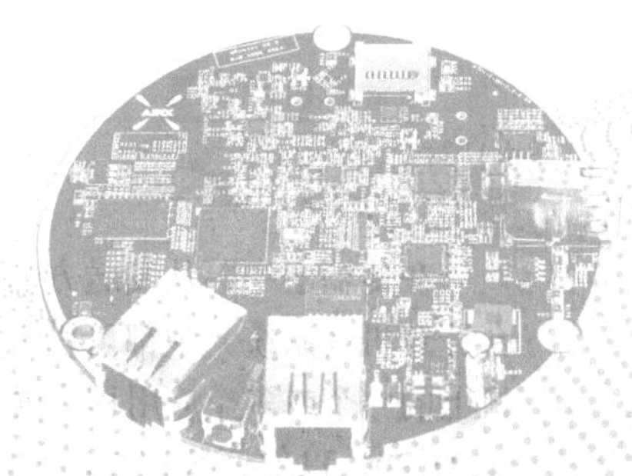

第 7 章

传输层

内容巡航

在 OSI/RM 中，表示层和会话层在实际应用环境中一般都归在应用层中，因此传输层接受网络层的连通性服务，同时为应用层通信提供保障服务。另外，传输层的进程从应用层接收数据，并进行相应处理以便用于网络层编址。在协议栈中，传输层刚好位于网络层之上，网络层为主机之间提供了逻辑通信服务，而传输层则为不同主机上的应用进程之间提供了端到端的逻辑通信服务。

传输层协议只工作在主机系统中。在主机系统中，传输层协议将来自应用层进程的报文发送到网络层，反过来也是一样的，但这些报文在网络层如何移动并不做任何规定。同时，中间路由器既不处理又不识别传输层加在应用层报文上的任何信息。

传输层是整个网络体系结构中的关键层之一。通过本章的学习，希望读者做到以下几点。

- 理解传输层的作用。
- 了解端口和套接字的意义。
- 了解传输层与网络层和应用层的关系。
- 了解无连接的 UDP 的特点。
- 了解面向连接的 TCP 的特点。
- 掌握在不可靠的网络上实现可靠传输的工作原理。
- 掌握 TCP 的滑动窗口、流量控制、拥塞控制和连接管理。

内容探究

7.1 传输层协议

7.1.1 传输层的作用

在 TCP/IP 参考模型中，应用程序将数据传递给应用层，应用层将数据传递给传输层。传输层负责在两个应用程序之间建立临时通信会话，并将数据传递给网络层。网络层提供了主机之间的逻辑通道，即通过寻址的方式把 IP 数据报从一台主机发到另一台主机上。如果一台主机有多个进程在同时使用网络连接，那么数据包到达主机之后，如何区分它属于哪个进程呢？为了区分数据包所属的进程，需要使用传输层。传输层的作用如下。

1. 跟踪会话

在传输层中，从发送方的应用程序到接收方的应用程序之间传输的每个数据集称为会话。每台计算机（系统）中都可以有多个应用程序在网络上通信。每个应用程序都与一台或多台远程主机上的一个或多个应用程序通信。传输层可以通过跟踪这些会话并进行相应的维护定义序列号（通过 TCP），以保证数据按序传输，利用滑动窗口（通过 TCP）来解决流量控制和拥塞控制问题，利用确认机制和超时重传（通过 TCP）方式确保数据能顺利传输给接收方。

2. 数据分片和数据段重组

我们知道，一般的计算机网络对能承载的单个数据包的大小有限制，因此需要靠传输层协议的服务将应用程序数据分为大小适中的数据段，并将各个数据段加上报头进行封装，报头中包含分片相应数据。传输层协议规定了如何使用传输层报头信息来重组要传送到应用层的数据段，待数据段到达接收方后，接收方的传输层会根据各个数据段的报头内容进行数据段的重组，重组成可用于应用层的完整数据。通过数据的分片和重组，传输层实现了支持任意大小的数据都可以传输的功能。

3. 标识应用程序

在进行数据传输时，每台计算机上都会同时运行很多应用程序，为了区分这些应用程序，传输层为每台计算机中所有需要访问的应用程序都分配了一个唯一的端口号，这样就可以确保将数据传送给适当的应用程序。

4. 为端到端连接提供流量控制、差错控制等管理服务

网络内存和带宽是有限的，当传输层发现此类资源过载时，就会利用某些传输层协议要求减小数据流量。流量控制同时可以防止网络丢失分段或分段重组。当然，数据在网络中的分段很可能随时发生错误或丢失。此时，传输层能够通过重传来保证所有数据的正确性和完整性。

7.1.2 进程之间的通信

从通信和信息处理的角度来看，传输层向它上面的应用层提供端到端的通信服务，它属于面向通信部分的最高层，也是用户功能中的最低层。当位于网络边缘部分的两台主机使用网络核心部分的功能进行端到端的通信时，只有主机才使用协议栈中的传输层，而网络核心部分的路由器在转发分组时只用到下 3 层的功能。

假设 LAN1 中的主机 A 和 LAN2 中的主机 B 在广域网（WAN）中通过互联进行通信。下面来看一下传输层在整个传输过程中的作用，如图 7.1 所示。

从网络层来说，通信的两端是两台主机，是在两个通信实体之间建立了逻辑通道。IP 数据报的首部明确地标志了这两台主机的 IP 地址。然而，严格地讲，两台主机进行通信实际上就是两台主机中的应用进程互相通信。因此，主机 A 和主机 B 进行通信就是两台主机中的应用进程互相通信。当主机 A 向主机 B 发送数据时，网络层的 IP 虽然能通过寻址的方式把主机 A 的分组报文送到主机 B，但是这个分组还停留在主机 B 的网络层而没有交付给主机 B 的应用层。从传输层的角度来考虑，通信的真正终端不是主机 A 和主机 B，而是主机 A 和主机 B 中的应用进程。也就是说，端到端的通信实际是应用进程之间的通信。两台进行数据通信的主机经常会有多个应用进程互相通信。因此可以知道，主机 A 的应用进程 AP1 和主机 B 的应用进程 AP3 互相通信，同时，主机 A 的应用进程 AP2 和主机 B 的应用进程 AP4 互相通信。因此，传输层很重要的功能就是复用（MultIPlexing）和分用（DemultIPlexing）。复用和分用在后续会详细讲解。

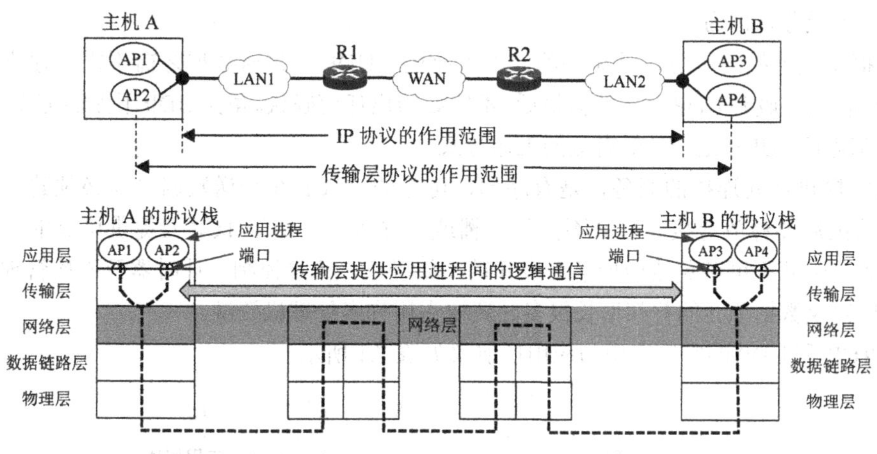

图 7.1 传输层为相互通信的应用进程提供逻辑通信服务

在图 7.1 中，两个传输层之间有一个双向粗箭头，标注“传输层提供应用进程间的逻辑通信”。其中的逻辑通信是从应用层来看的，应用层认为只要把报文交给下面的传输层，传输层就可以把这些报文传送到对方的传输层，好像这种通信就是沿水平方向直接传送数据的。但事实上这两个终端的传输层之间并没有一条水平方向的物理连接，要传送的数据是沿着图 7.1 中的虚线方向经过多个层次传送的。

从这里可以看出，传输层和网络层有很大的区别。

另外，传输层还要对收到的报文进行差错检测；而在网络层，IP 数据报首部中的检验和字段只检验首部是否出现差错而不检验数据部分。

根据应用程序的不同需求，传输层需要有两个不同的传输层协议，即面向连接的 TCP 和无连接的 UDP。这两个协议就是本章要讨论的主要内容。

传输层向高层用户屏蔽了下面网络核心的细节（如网络拓扑、所采用的路由选择协议等），应用进程的感觉是，两个传输实体之间有一条端到端的逻辑通信信道。当传输层采用面向连接的 TCP 时，尽管下面的网络是不可靠的（只提供尽最大努力交付服务），但这条逻辑通信信道相当于一条全双工的可靠信道。而当传输层采用无连接的 UDP 时，这条逻辑通信信道仍然是一条不可靠信道。

7.1.3 传输层的两个主要协议

我们知道，互联网的网络层为主机之间提供的逻辑通信服务是一种尽最大努力交付的数据报服务。也就是说，IP 数据报在传输过程中有可能出错、丢失或失序。对于电子邮件、文件传输、万维网及电子银行等很多应用，数据丢失可能会造成灾难性的后果。因此，传输层需要为这类应用提供可靠数据传输服务。但实时的多媒体应用，如实时音频/视频能够承受一定程度的数据丢失，不会造成致命的损伤。为实现可靠数据传输，传输层协议必须增加很多复杂的机制。

TCP/IP 网络为上层应用提供了 TCP（Transmission Control Protocol，传输控制协议）和 UDP（User Datagram Protocol，用户数据报协议）两个不同的传输层协议，如图 7.2 所示。

应用层	
TCP	UDP
网络层（IP）	
各种网络的接口	

图 7.2　传输层协议

在 OSI/RM 中，两个对等传输实体在通信时传送的数据单位叫作传输协议数据单元（Transport Protocol Data Unit，TPDU）。但在互联网中，即在采用 TCP/IP 的网络中，根据所使用的协议（TCP 或 UDP），通信时传送的数据单元分别称为 TCP 报文段（Segment）或 UDP 用户数据报。

UDP 提供无连接的服务，是无序的、不可靠的。UDP 在传送数据之前不需要建立连接。远程主机的传输层在收到 UDP 用户数据报后，不需要给出任何确认。虽然 UDP 不提供可靠交付服务，但在某些情况下，UDP 是一种最有效的工作方式。

而 TCP 提供面向连接的服务，是有序的、可靠的。TCP 在传送数据之前必须建立连接，且数据传送结束后要释放连接。TCP 不提供广播或多播服务。由于 TCP 要提供可靠的、面向连接的传输服务，因此不可避免地增加了许多开销，如确认、流量控制、计时器及连接管理等。这不仅使传输层协议数据单元的首部增长很多，还要占用许多处理机资源。

使用 TCP 和 UDP 的常用应用与应用层协议如表 7.1 所示。

表 7.1　使用 TCP 和 UDP 的常用应用与应用层协议

传输层协议	应用	应用层协议
TCP	电子邮件	SMTP（简单邮件传送协议）
	远程终端接入	Telnet（远程终端协议）
	万维网	HTTP（超文本传送协议）
	文件传送	FTP（文件传送协议）
UDP	名字转换	DNS（域名系统）
	文件传送	TFTP（简单文件传送协议）
	路由选择协议	RIP（路由信息协议）
	IP 地址配置	DHCP（动态主机配置协议）
	网络管理	SNMP（简单网络管理协议）
	远程文件服务器	NFS（网络文件系统）
	多播	IGMP（互联网组管理协议）
TCP 和 UDP	IP 电话	专用协议
	流式多媒体通信	专用协议

7.1.4　传输层的复用与分用

应用层所有的应用进程都可以通过传输层传送到网络层，这就是复用。也可以这样来理解：在发送方，所有不同的应用进程可以使用同一个传输层协议传送数据（当然，需要加上适当的首部）。传输层从网络层收到发送给各应用进程的数据后，必须分别交付给指定的应用进程，这就是分用，即接收方的传输层在剥去报文的首部后能够把这些数据交付给正确的应用进程。显然，给应用层的每个应用进程赋予一个非常明确的标志是至关重要的。

在采用 TCP/IP 的网络中，利用软件端口来实现复用与分用。端口是应用层和传输层之间的接口。端口（Port）的正式名称为协议端口（Protocol Port），一般简称端口，每个端口用一个称为端口号的正整数来标志。

注：

这种在协议栈间的抽象的协议端口是软件端口，与路由器或交换机上的硬件端口是完全不同的。硬件端口是不同硬件设备进行交互的接口，而软件端口则是应用层的各种协议进程与传输实体进行层间交互的一种地址。

如图 7.3 所示，需要用传输层协议进行通信的应用进程都需要与某个端口关联，端口号标识了应用进程所关联的端口，相当于应用进程的传输层地址。为此，TCP 报文段和 UDP 用户数据报的首部都必须包含两个字段：源端口号和目的端口号。当传输层收到网络层交上来的数据时，要根据其目的端口号来决定应当通过哪个端口将其上交给目的应用进程。

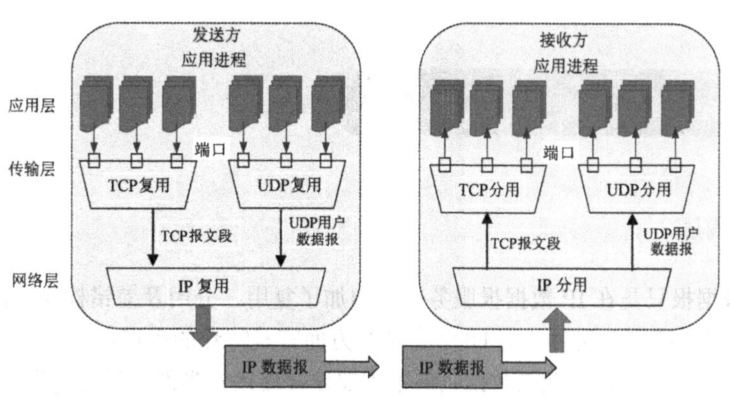

◎ 图 7.3 端口是应用层和传输层之间的接口

端口的具体实现方法取决于计算机的操作系统。应用层的源进程将数据发送给传输层的某个端口，而应用层的目的应用进程从端口接收数据。在 TCP/IP 传输层，定义了一个 16bit 的整数作为端口标识，即可定义 2^{16} 个端口，端口号从 0 到 $2^{16}-1$。由于 TCP/IP 传输层的 TCP 和 UDP 是两个完全独立的软件模块，因此各自的端口号也相互独立，即可各自独立拥有 2^{16} 个端口。

由此可见，两台计算机中的进程要互相通信，不仅要知道对方计算机的 IP 地址（为了找到对方计算机的逻辑地址），还要知道对方的端口号（为了找到对方计算机中运行的应用进程）。互联网上的计算机通信大多采用客户 / 服务器（C/S）方式，应用层中的各种不同的服务器进程不断地侦听它们的端口，以便发现是否有某个客户进程要与它通信。客户在发起通信请求时，必须先知道对方服务器的 IP 地址和端口号，而服务器总是可以从收到的报文中获得客户的 IP 地址和端口号。为此，传输层的端口号可以分为以下两大类。

1. 服务器使用的端口号

服务器使用的端口号分为熟知端口号和登记端口号。

（1）熟知端口号也称为系统端口号、全球通用端口号，数值为 0 ～ 1023。IANA 把这些端口号指派给了 TCP/IP 最重要的一些应用程序，让所有的用户都知道。当一种新的应用程序出现后，IANA 必须为它指派一个熟知端口号，否则互联网上的其他应用进程就无法与它通信。表 7.2 给出了一些常用的熟知端口号。

表 7.2 常用的熟知端口号

传输层协议	TCP	TCP	TCP	UDP	UDP	TCP	UDP	UDP	TCP
应用程序	FTP	Telnet	SMTP	DNS	TFTP	HTTP	SNMP	SNMP（Trap）	HTTPS
熟知端口号	21	23	25	53	69	80	161	162	443

（2）登记端口号，数值为 1024 ～ 49151。对于这类端口号，IANA 不分配也不控制，但可以在 IANA 中按照规定的手续登记，以防止重复使用。

2. 客户使用的端口号

客户使用的端口号的数值为 49152 ～ 65535。由于这类端口号仅在客户进程运行时才动态选择，因此又叫短暂端口号。这类端口号就是临时端口号，留给客户进程临时使用。当服务器进程收到客户进程的报文时，就知道了客户进程所使用的端口号，因而可以把数据发送给客户进程。待通信结束后，使用过的客户端口号就不复存在，这个端口号可以供其他客户进程继续使用。

7.2 UDP

用户数据报协议 UDP

7.2.1 UDP 概述

UDP 用户数据报只是在 IP 数据报服务之上增加了复用、分用及差错检测功能。虽然 UDP 用户数据报只能提供不可靠的交付，但 UDP 在某些方面有其特殊的优点。

（1）UDP 是无连接的，即发送数据之前不需要建立连接（当然，发送数据结束时也没有连接可释放），因此减少了开销和发送数据之前的时延，提高了数据传输的效率。

（2）UDP 使用尽最大努力交付机制，既不保证可靠交付，又不使用流量控制和拥塞控制，因此主机不需要维持具有很多参数的、复杂的连接状态表。

（3） UDP 没有拥塞控制，因此网络出现的拥塞不会使源主机的发送效率降低，这对某些实时应用是很重要的。很多实时应用（如 IP 电话、实时视频会议等）要求源主机以恒定的速率发送数据，并且允许在网络发生拥塞时丢失一些数据，但不允许数据有太大的时延。UDP 正好可以满足这种要求。

（4）UDP 是面向报文的。发送方的 UDP 对应用程序交下来的报文添加首部后就向下交付给网络层。UDP 对应用层交下来的报文既不合并又不拆分，而是保留这些报文的边界。也就是说，应用层交给 UDP 多长的报文，UDP 就原样发送，一次发送一个完整的报文，如图 7.4 所示。接收方的 UDP 对网络层交上来的 UDP 用户数据报，在去除首部后原封不动地交付给上层的应用进程。也就是说，UDP 向上也是一次交付一个完整的报文。因此，应用层必须选择大小合适的报文。若报文太长，则 UDP 把它交给网络层后，网络层在传送时可能要进行分片，这会降低网络层的效率；反之，若报文太短，则 UDP 把它交给网络层后，会使网络层数据报的首部长度相对太长，降低网络层的效率。

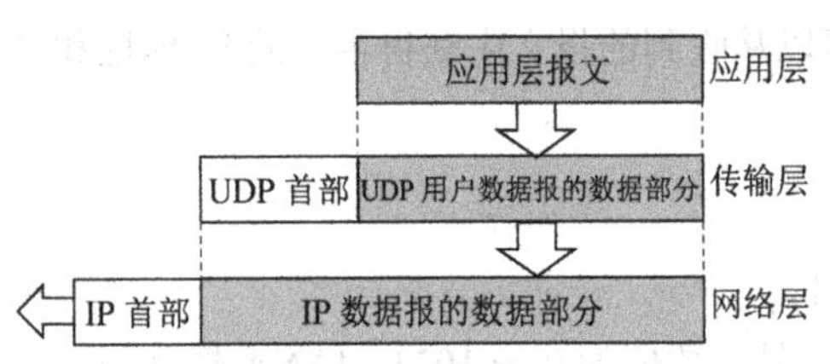

◎ 图 7.4　UDP 数据是应用层报文

（5）UDP 支持一对一、一对多、多对一和多对多的交互通信。UDP 为不同的应用层协议定义了不同的端口号，以此区分不同的应用进程。

（6）UDP 首部开销小。UDP 首部只有 8 字节，比 TCP 的 20 字节的首部要短，由于开销较小，占用的资源也相对更少，因此传输效率更高。

7.2.2 UDP 的首部格式

UDP 用户数据报有两个字段：数据字段和首部字段。UDP 首部字段只有 8 字节，由 4 个字段组成，每个字段都占用 2 字节，如图 7.5 所示。

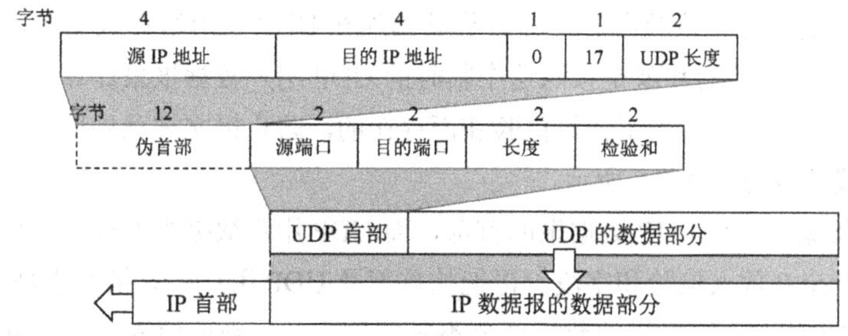

◎ 图 7.5 UDP 用户数据报的首部和伪首部

各字段的含义如下。

（1）源端口即源端口号，在需要对方回信时选用，端口通常是随机的，不需要时可用全 0 表示。

（2）目的端口即目的端口号，在终点交付报文时必须使用，端口是固定的。

（3）长度即 UDP 用户数据报的总长度，包括首部和数据部分，其最小值是 8 字节（首部自身长度固定为 8 字节）。

（4）检验和，用来检测 UDP 用户数据报在传输过程中是否有错误或修改。如果有错误，就直接丢弃数据，检验的范围包括首部和数据部分。

UDP 用户数据报首部中最重要的字段就是源端口和目的端口，它们用来标识 UDP 发送方和接收方。实际上，UDP 通过二元组 (目的 IP 地址 , 目的端口号) 来定位一个接收方应用进程，而用二元组 (源 IP 地址 , 源端口号) 来标识一个发送方应用进程。二元组 (IP 地址 , 端口号) 被称为套接字（Socket）地址。套接字是操作系统提供的一个编程接口，用来代表某个网络通信。应用程序通过套接字调用系统内核中处理网络协议的模块，而这些内核模块会负责具体的网络协议的实施。这样，我们可以让内核来接收网络协议的细节，而我们只需提供所要传输的内容即可，内核会帮我们控制格式，并进一步向底层封装。因此，在实际应用中，我们并不需要知道具体怎么构成一个 UDP 用户数据报，而只需提供相关信息（如 IP 地址、端口号、所要传输的信息），操作系统内核模块会在传输之前根据我们提供的相关信息构成一个合格的 UDP 用户数据报（以及下层的包和帧）。

UDP 的多路分用模型如图 7.6 所示。一个 UDP 端口与一个报文队列（缓存）关联，UDP 根据目的端口号将到达的报文加到对应的队列中。应用进程根据需要从端口对应的队列中读取整个报文。由于 UDP 没有流量控制功能，因此，如果报文到达的速度长期大于应用进程从队列中读取报文的速度，就会导致队列溢出和报文丢失。

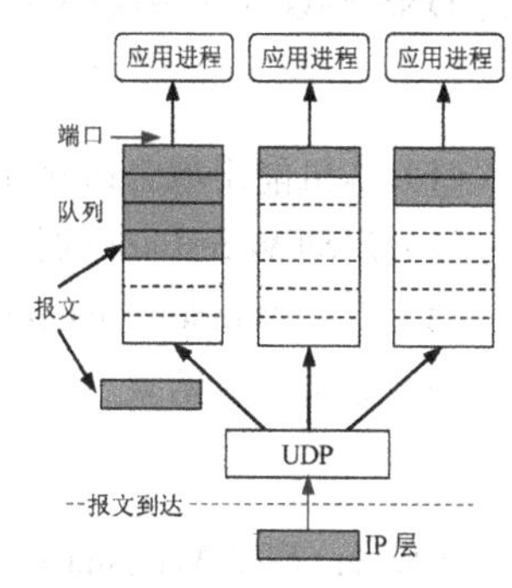

◎ 图 7.6 UDP 的多路分用模型

注：

端口队列中的所有报文的目的地址和目的端口号相同，但源 IP 地址和源端口号并不一定相同，即不同源但具有同一目的地址的报文会定位到同一队列。这一点与后面要讨论的 TCP 不同。

如果接收方 UDP 发现收到的报文中的目的端口不正确，即不存在对应该端口号的应用进程，就丢弃该报文，并由 ICMP 发送端口不可达差错报文给发送方。

UDP 用户数据报首部中检验和的计算方法有些特殊。在计算检验和时，要在 UDP 用户数据报之前增加长度为 12 字节的伪首部。之所以称为伪首部，是因为这种首部并不是 UDP 用户数据报真正的首部，只是在计算检验和时，临时将其添加在UDP用户数据报前面，从而得到一个临时的UDP用户数据报。检验和就是按照这个临时的UDP用户数据报来计算的。伪首部既不向下传送又不向上递交，而仅仅是为了计算检验和而存在的，防止报文被意外地交付给错误的目的地址。伪首部各字段的内容如图7.5所示。

IP数据报的检验和只检验IP数据报的首部，而UDP用户数据报的检验和检验首部和数据部分。发送方首先把全0放入检验和字段，再把伪首部及UDP用户数据报看成是由许多16位的字串接起来的。若UDP用户数据报的数据部分不是偶数字节，则要填入一个全0字节（但此字节不发送）。然后，按二进制反码计算出这些16位字的和。将此和的二进制反码写入检验和字段后发送。接收方把收到的UDP用户数据报连同伪首部（以及可能的填充全0字节）一起按二进制反码求这些16位字的和。当无差错时，其结果应全为1；否则表明有差错，接收方应丢弃这个UDP用户数据报（也可以上交给应用层，附上出现了差错的警告）。这种简单的差错检验方法的检测能力并不强，但处理起来较快。

伪首部的第3个字段为全0；第4个字段是IP首部中的协议字段的值，对于UDP，此协议字段值为17；第5个字段是UDP用户数据报的长度。这样的检验和既检查了UDP用户数据报的源端口号、目的端口号及UDP用户数据报的数据部分，又检查了IP数据报的源IP地址和目的IP地址。

学以致用

7.2.3 技能训练1：使用Wireshark软件分析UDP用户数据报

DNS协议默认是基于UDP的。在访问一个域名的过程中会进行域名解析。域名解析用到的就是DNS协议（应用层协议）。

1. 实验流程

（1）本机能用域名访问互联网。

（2）启动Wireshark软件，抓取本地网卡数据。

（3）启动Windows的cmd窗口，执行ping命令，输入域名www.xpc.edu.cn。

（4）分析抓包结果。

2. 实验实施

步骤1：启动Wireshark软件。

步骤2：在Windows的cmd窗口中执行ping命令，输入域名www.xpc.edu.cn，进行解析。

```
C:\Users\Think>ping www.xpc.edu.cn
正在 Ping www.xpc.edu.cn [10.8.10.4] 具有 32 字节的数据 :
来自 10.8.10.4 的回复 : 字节 =32 时间 =2ms TTL=62
……
C:\Users\Think>
```

ping一个域名，解析成IP地址，这个过程就会调用DNS协议。

步骤3：在“显示过滤器”文本框中输入DNS。图7.7所示为Wireshark软件抓取DNS协议。

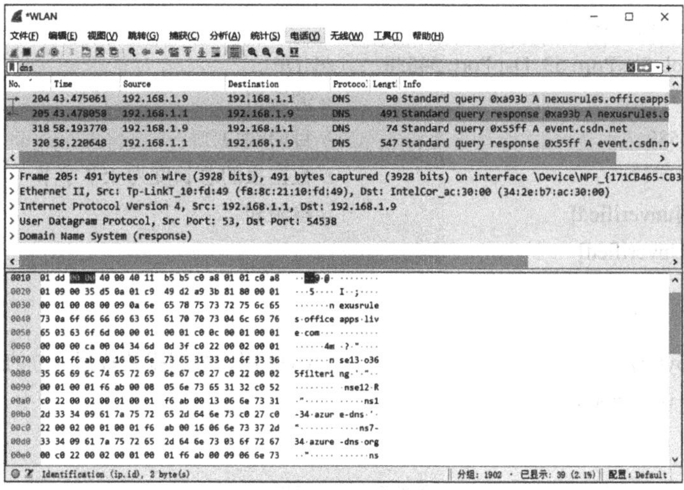

图 7.7 Wireshark 软件抓取 DNS 协议

首先客户主机通过 ping www.xpc.edu.cn 来解析域名，然后网关进行域名解析，应答这个域名对应的 IP 地址是什么。

（1）双击打开第 1 个报文：

```
Internet Protocol Version 4, Src: 192.168.1.9, Dst: 192.168.1.1          // 网络层
......
    Time to Live: 128
    Protocol: UDP (17)                                                  // 传输层协议是 UDP
    Header Checksum: 0x0000 [validation disabled]
    [Header checksum status: Unverified]
    Source Address: 192.168.1.9
    Destination Address: 192.168.1.1
User Datagram Protocol, Src Port: 54538, Dst Port: 53                   //UDP
    Source Port: 54538                  // 源端口是随机的
    Destination Port: 53                // 目的端口，DNS 协议的默认端口是 53
    Length: 56                          // 数据报的总长度为 56 字节
    Checksum: 0x83a4 [unverified]       // 检验和
    [Checksum Status: Unverified]
    [Stream index: 6]
    [Timestamps]
    UDP payload (48 bytes)              // UDP 用户数据报的数据部分的长度为 48 字节
Domain Name System (query)
```

UDP 里面没有序号、确认号和标志位。

（2）双击打开第 2 个报文：

```
Internet Protocol Version 4, Src: 192.168.1.1, Dst: 192.168.1.9
......
    Time to Live: 64
    Protocol: UDP (17)                                                  // 传输层协议是 UDP
    Header Checksum: 0xb5b5 [validation disabled]
    [Header checksum status: Unverified]
    Source Address: 192.168.1.1
```

```
    Destination Address: 192.168.1.9
User Datagram Protocol, Src Port: 53, Dst Port: 54538        //UDP
    Source Port: 53                                          // 源端口
    Destination Port: 54538                                  // 目的端口
    Length: 457                                              // 数据报的总长度为 457 字节
    Checksum: 0x49d2 [unverified]                            // 检验和
    [Checksum Status: Unverified]
    [Stream index: 6]
    [Timestamps]
    UDP payload (449 bytes)                                  // UDP 用户数据报的数据部分的长度为 449 字节
Domain Name System (response)
```

7.3 TCP 概述

传输控制协议 TCP

TCP 比 UDP 实现的功能要多，其在数据传输过程中要解决的问题也比 UDP 多。

7.3.1 TCP 的特点

TCP 是 TCP/IP 体系中非常复杂的一个协议，本书仅介绍 TCP 最主要的特点。

1. TCP 是面向连接的传输层协议

应用进程在使用 TCP 之前，必须先建立 TCP 连接；在传送数据完毕之后，必须释放已经建立的 TCP 连接。这就是说，应用进程之间的通信就好像打电话：通话前要先拨号建立连接，通话结束后要挂机释放连接，如图 7.8 所示。

2. 每条 TCP 连接都只能有两个端点，只能是点对点（一对一）的连接

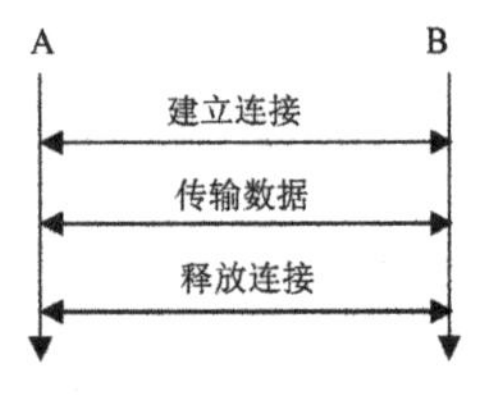

◎ 图 7.8 TCP 数据传输

TCP 连接的端点不是主机，更不是主机的 IP 地址、应用进程，也不是传输层的协议端口。TCP 连接的端点叫作套接字。根据互联网标准，端口号拼接到 IP 地址上即构成套接字，即套接字 Socket=(IP 地址 : 端口号)。TCP 点对点的特点使得每条 TCP 连接为通信两端的两个端点（两个套接字）所确定，即 TCP 连接 ={Socket1,Socket2}={(IP1:port1),(IP2:port2)}。

3. TCP 提供可靠交付服务

通过 TCP 连接传送的数据可以保证无差错、不丢失、不重复，并按序到达。TCP 为不同的应用层协议定义了不同的端口，用于区分不同的应用程序及应用进程。这样，TCP 就可以为同一设备的应用程序提供服务而保证无差错。TCP 可以将数据在发送端进行分片，并在接收端将收到的数据段进行重组。TCP 可以要求接收方在收到数据后向发送方反馈确认信息，如果接收方未在规定的时间内确认数据接收，那么发送方必须将这些数据进行重发，直到接收方确认。因此，TCP 可以确保数据被正确接收，也可以实现按需重发，确保了数据传送的可靠性。TCP 会为发送的所有数据标上相应的序号，待数据都被接收后，接收方可以根据这些序号进行排序，这样就实现了数据的有序传输。TCP 通过滑动窗口机制使发送方可以根据传输线路的实时情况调节发送速率（控制传输速率），这样可以有效避免网络拥塞。

4. TCP 提供全双工通信

TCP 允许通信双方的应用进程在任何时候都能发送数据。TCP 连接的两端都设有发送缓存和接收缓存，用来临时存放双向通信的数据。在发送时，应用程序在把数据传送给 TCP 的缓存后，就可以做自己的事，而 TCP 在合适的时候把数据发送出去；在接收时，TCP 把收到的数据放入缓存中，上层的应用进程会在合适的时候读取缓存中的数据。

5. 面向字节流

TCP 中的“流”（Stream）指的是流入进程或从进程流出的字节序列。“面向字节流”是指虽然应用程序和 TCP 的交互是一次一个数据块（大小不等），但 TCP 把应用程序交下来的数据仅仅看作一连串的无结构的字节流。TCP 并不知道所传送的字节流的含义，也不保证接收方应用程序收到的数据块与发送方应用程序发出的数据块具有对应的大小关系（例如，发送方应用程序交给发送方的 TCP 共 10 个数据块，而接收方的 TCP 可能只用了 4 个数据块就把收到的字节流交给了上层的应用程序）。但接收方应用程序收到的字节流必须与发送方应用程序发出的字节流完全一样。接收方的应用程序必须有能力识别收到的字节流，把它还原成有意义的应用层数据。TCP 面向字节流的概念如图 7.9 所示。

为了突出要点，图 7.9 只画出了一个方向的数据流。但请注意，在实际的网络中，一个 TCP 报文段包含上千个字节是很正常的，而图中的各部分都只画出了几个字节，这仅仅是为了更方便地说明面向字节流的概念。图 7.9 中的 TCP 连接是一条虚连接，而不是一条真正的物理连接。TCP 报文段先要传输到网络层，加上 IP 首部后传输到数据链路层；加上数据链路层的首部和尾部后，离开主机发送到物理链路。

从图 7.9 中可以看出，TCP 和 UDP 在发送报文时所采用的方式完全不同。TCP 对应用进程一次把多长的报文发送到 TCP 的缓存中是不关心的，只根据接收方给出的窗口值和当前网络拥塞的程度来决定一个报文段应包含多少字节（UDP 发送的报文长度是应用进程给出的）。如果应用进程传输到 TCP 缓存中的数据块太长，那么 TCP 就可以把它划分得短一些。如果应用进程一次只发来 1 字节，那么 TCP 也可以等待积累足够多的字节后构成报文段发送出去。

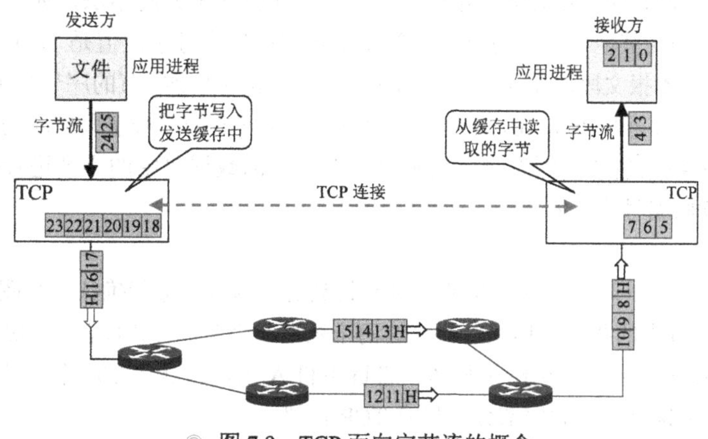

图 7.9　TCP 面向字节流的概念

7.3.2　TCP 报文段首部的格式

TCP 虽然是面向字节流的，但它传输的数据单元是报文段，TCP 通过报文段的交互来建立连接、传输数据、发出确认、进行差错控制 / 流量控制、关闭连接。

一个 TCP 报文段分为首部和数据部分，首部就是 TCP 为了实现端到端的可靠传输所加上的控制信息，TCP 的全部功能都体现在其首部的各字段上。因此，只有弄清楚 TCP 首部各字段的作用，才能掌握 TCP 的工作原理。TCP 报文段首部的前 20 字节是固定的；后面有 4*N* 字节，是根据需要而增加的选项（*N* 是整数），因此，TCP 首部的最小长度是 20 字节。图 7.10 所示为 TCP 报文段首部的格式。

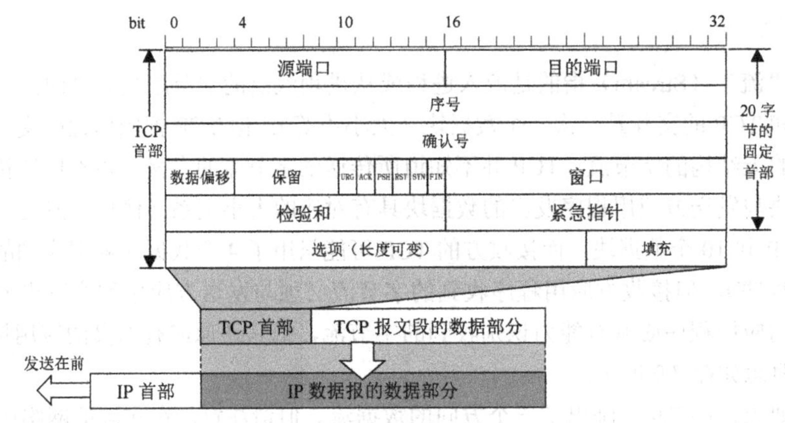

◎ 图 7.10　TCP 报文段首部的格式

TCP 首部固定部分各字段的含义如下。

（1）源端口：占 16bit（2 字节）。TCP 报文段的源端口通常是随机的。

（2）目的端口：占 16bit。TCP 报文段的目的端口是固定的。与 UDP 一样，TCP 使用端口号标识不同的应用层协议。

（3）序号：也称报文段序号，占 32bit。序号范围是 $[0,2^{32}-1]$，共 2^{32} 个序号。当序号增加到 $2^{32}-1$ 后，下一个序号就又回到 0。因为 TCP 是面向字节流的，所以在一个 TCP 连接中传送的字节流（数据段）的每个字节都会按顺序编号。整个要传送的字节流的起始序号必须在连接建立时设置。首部中的序号字段值指的是本报文段所发送的数据的第 1 个字节的序号。下面以主机 A 给主机 B 发送一个文件为例来说明序号和确认号（下面会介绍）的用法，如图 7.11 所示。为了方便说明问题，传输层其他字段没有展现，第 1 个报文段的序号字段值是 1，而携带的数据共有 100 字节。这就表明本报文段的第 1 个字节的序号是 1，最后 1 个字节的序号是 100。显然，下一个报文段的数据字节序号应当从 101 开始，因而下一个报文段的序号字段值应为 101。

主机 B 收到的数据包放到缓存中，根据序号对收到的数据包中的字节进行排序，主机 B 的程序会从缓存中读取编号连续的字节。

（4）确认号：占 32bit，是期望收到对方的下一个 TCP 报文段的第 1 个字节的序号。TCP 提供的是双向通信服务，一端在发送数据的同时对收到的对端数据进行确认。在图 7.11 中，主机 B 收到了主机 A 发送过来的两个数据包，并对这两个数据包字节进行排序，得到连续的前 200 字节数据，主机 B 要发送一个确认包给主机 A，告诉主机 A 应该发送第 201 个字节了，这个确认包的确认号是 201。确认包没有数据部分，只有 TCP 首部。

注：

若确认号是 N，则表明到序号 N-1 为止的所有数据都已被正确接收。

TCP 使用的是累计确认机制，即确认是对所有按序收到的数据的确认。例如，已经收到了 1 ～ 700 号、801 ～ 1000 号和 1201 ～ 1500 号数据，而 701 ～ 800 号和 1001 ～ 1200 号数据还没

有收到，那么这时发送的确认号应为 701。

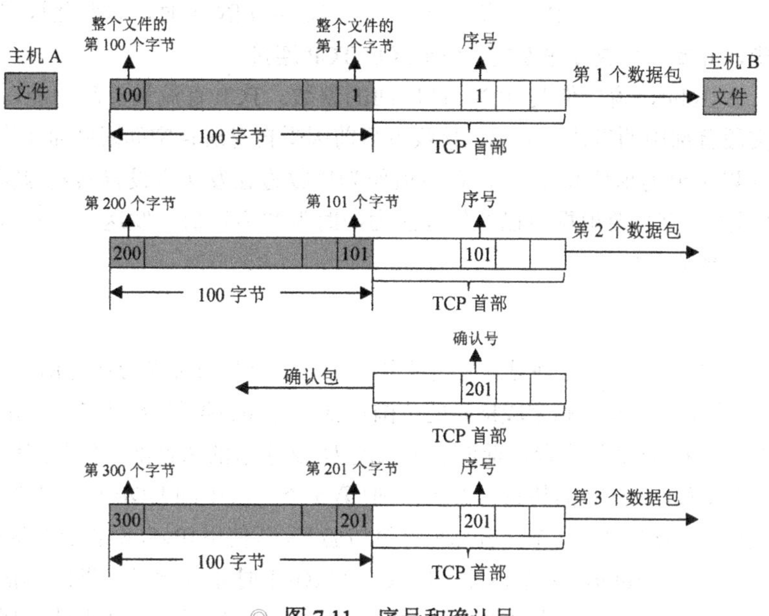

◎ 图 7.11 序号和确认号

由于序号字段占 32bit，因此可对 4GB 的数据进行编号。在一般情况下，可保证当序号被重复使用时，旧序号的数据早已通过网络到达终点了。

（5）数据偏移：占 4bit。它指出 TCP 报文段的数据起始处距离 TCP 报文段的起始处有多远。这个字段实际上指出的是 TCP 报文段的首部长度（包括固定首部和选项字段）。由于首部中的选项字段长度不固定，因此数据偏移字段是必要的。由于数据偏移字段为 4bit，4 位二进制数表示的最大十进制数是 15，因此数据偏移的最大值是 60 字节，这也是 TCP 首部的最大长度，意味着选项字段长度不能超过 40 字节。

（6）保留：占 6bit，为将来的应用而保留，目前应置为 0。

（7）控制位：占 6bit，用来说明本报文段的性质，包含如下 6 个控制位标志。

① URG（紧急），紧急位。当 URG=1 时，表明紧急指针字段有效。当 URG=1 时，发送应用进程就告诉发送方的 TCP 有紧急数据要传输，于是发送方 TCP 就把紧急数据插入本报文段数据的最前面，而在紧急数据后面的数据仍是普通数据。这时要与首部中的紧急指针字段配合使用。

② ACK（确认），确认位。仅当 ACK=1 时确认号字段才有效，表示当前数据段包含确认信息；当 ACK=0 时，确认号字段无效。TCP 规定，在连接建立后，所有传送的报文段都必须把 ACK 置 1。

③ PSH（推送），推送位。当两个应用进程进行交互式通信时，有时一端的应用进程希望键入一个命令后立即能够收到对方的响应。在这种情况下，TCP 就可以使用推送操作，即发送方 TCP 把 PSH 置 1，并立即创建一个报文段发送出去；接收方 TCP 收到 PSH=1 的报文段后尽快地（推送向前）交付给接收方应用进程，而不再等到整个缓冲区都填满后发送数据。虽然应用程序可以选择推送操作，但实际上推送操作很少使用。

④ RST（复位），重置位。当 RST=1 时，表明 TCP 连接中出现了严重差错（如主机崩溃或其他差错），必须释放连接，并重新建立传输连接。RST 置为 1 还用来拒绝一个非法的报文段或拒绝打开一个连接。RST 也可称为重建位。

⑤ SYN（同步），同步位。在建立连接时，SYN 用来同步序号。当 SYN=1 而 ACK=0 时，表明这是一个连接请求报文段，对方若同意建立连接，则应在响应的报文段中使 SYN=1 和

ACK=1。因此，SYN 置为 1 就表示这是一个连接请求报文。

⑥ FIN（终止），终止位。FIN 用来释放一个连接。当 FIN=1 时，表明此报文段的发送方的数据已发送完毕，并要求释放传输连接，请求终止 TCP 连接。

（8）窗口：占 16bit，窗口值是 $[0,2^{16}-1]$ 区间的整数。TCP 有流量控制功能，窗口值用来告诉对方从本报文段首部中的确认号算起，接收方目前因受自身缓存空间限制而允许对方发送的数据量的最大值（以字节为单位）。总之，窗口值作为接收方让发送方设置其发送窗口的依据。使用 TCP 传输数据的计算机会根据自己的接收能力随时调整窗口值，发送方参照这个值及时调整发送窗口，从而实现流量控制。

注：

窗口字段明确指出了现在允许对方发送的数据量。窗口值经常在动态变化。

（9）检验和：占 16bit。检验和字段检验的范围包括首部和数据部分。与 UDP 用户数据报一样，在计算检验和时，要在 TCP 报文段的前面加上长度为 12 字节的伪首部，伪首部格式同 UDP，但第 4 个字段由 17 改为 6（TCP 的协议号是 6），把第 5 个字段中的 UDP 长度改为 TCP 长度。接收方收到此报文段后，仍要加上这个伪首部来计算检验和。若使用 IPv6，则相应的伪首部也要改变。

（10）紧急指针：占 16bit。紧急指针字段仅在 URG=1 时才有意义，指出本报文段中的紧急数据的字节数（紧急数据结束后就是普通数据）。紧急指针指出了紧急数据的末尾在报文段中的位置。当所有紧急数据都处理完时，TCP 就告诉应用程序恢复正常操作。值得注意的是，即使窗口值为 0 也可发送紧急数据。

（11）选项：长度可变，最长可达 40 字节，用于指出数据部分的长度。当没有使用选项字段时，TCP 的首部长度是 20 字节。TCP 最初只规定了一种选项，即最大报文段长度（Maximum Segment Size，MSS）。随着互联网的发展，又陆续增加了几个选项，如窗口扩大选项、时间戳选项、选择确认选项等。随着互联网技术的发展，选项在不断增加。

① MSS。MSS 是每个 TCP 报文段中的数据字段的最大长度。数据字段加上 TCP 首部才是整个 TCP 报文段。因此，MSS 并不是整个 TCP 报文段的最大长度，而是 TCP 报文段长度减 TCP 首部长度。

数据链路层有 MTU 的限制，以太网的 MTU 默认是 1500 字节，要想数据包在传输过程中在数据链路层不分片，MSS 应为 1460 字节，如图 7.12 所示。

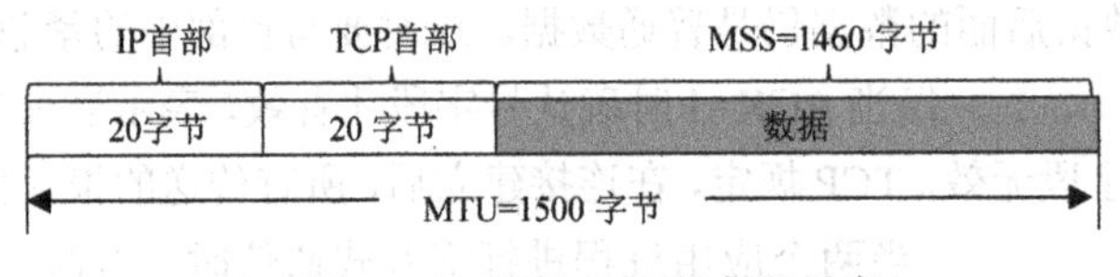

◎ 图 7.12　最大 TCP 报文段长度

我们知道，TCP 报文段的数据部分至少要加上 40 字节的首部（TCP 首部 20 字节和 IP 首部 20 字节），只有这样才能组合成一个 IP 数据报，若选择较小的 MSS，则网络的利用率会降低。因此 MSS 应尽可能设置得大些，只要在网络层传输时不需要分片就行。由于 IP 数据报经历的路径是动态变化的，因此在这条路径上确定不需要分片的 MSS 如果改走另一条路径，就可能需要分片。因此最优的 MSS 是很难确定的。在连接过程中，双方都把自己能够支持的 MSS 写入这一字段，以后就按照这个数值传输数据，两个传送方向可以有不同的 MSS。若主机未填写这一项，则 MSS 的默认值是 536 字节。因此，所有在互联网上的主机都能接受的报文段长度是 536 字节＋20 字节（固定首部长度）=556 字节。

② 窗口扩大选项。窗口扩大选项用于扩大窗口。我们知道，TCP 首部中窗口字段的长度是 16bit，因此，窗口最大值为 64KB。虽然这对于早期的网络是足够用的，但对于包含卫星信道的网络，传播时延和带宽都很大，要获得高吞吐率就需要更大的窗口值。

窗口扩大选项占 3 字节，其中有一个字节表示移位值 *S*。新的窗口值等于 TCP 首部中的窗口位数从 16 增大到 16+*S*，这相当于把窗口值向左移动 *S* 位后获得的实际窗口值。移位值允许使用的最大值是 14，相当于窗口最大值增大到 $2^{(16+14)}-1=2^{30}-1$（单位为 bit）。

窗口扩大选项可以在双方初始建立 TCP 连接时进行协商。如果连接的某一端实现了窗口扩大，那么当它不再需要扩大其窗口时，可发送 *S*=0 选项，使窗口值回到 16bit。

③ 时间戳选项。时间戳选项占 10 字节，其中最主要的字段是时间戳字段（4 字节）和时间戳回送回答字段（4 字节）。时间戳选项有以下两个功能。

a. 用来计算往返时间 RTT。发送方在发送报文段时把当前时钟的时间值放入时间戳字段中，接收方在确认该报文段时把时间戳字段复制到时间戳回送回答字段中。因此，发送方在收到确认报文后可以准确地计算出 RTT。

b. 用于处理 TCP 序号超过 2^{32} 的情况，这又称为防止序号绕回 PAWS。我们知道，TCP 报文段的序号只有 32 位，而每增加 2^{32} 个序号就会重复使用原来用过的序号。当使用高速网络时，在一次 TCP 连接的数据传送中，序号很可能被重复使用。例如，当使用 1.5Mbit/s 的速率发送报文段时，序号重复要 6 小时以上；但若使用 2.5Gbit/s 的速率发送报文段，则不到 14s 数据字节的序号就会重复。为了使接收方能够把新的报文段和迟到很久的报文段区分开，可以在报文段中加上这种时间戳选项。

（12）填充：当整个 TCP 首部长度不是 4 字节的整数倍时，需要加以填充。

访问河北科技工程职业技术大学官网，启动 Wireshark 软件，在“显示过滤器”文本框中输入 http，HTTP 在传输层使用的是 TCP。以下是 Wireshark 软件捕获的数据包，TCP 首部的各个部分如下：

```
Frame 19: 637 bytes on wire (5096 bits), 637 bytes captured (5096 bits) on interface \Device\NPF_{171CB465-CB36-4B75-B15B-5C6796811865}, id 0
// 数据链路层的以太网帧
Ethernet II, Src: IntelCor_ac:30:00 (34:2e:b7:ac:30:00), Dst: Tp-LinkT_10:fd:49 (f8:8c:21:10:fd:49)
Internet Protocol Version 4, Src: 192.168.1.9, Dst: 10.8.10.4                    // 网络层
Transmission Control Protocol, Src Port: 52573, Dst Port: 80, Seq: 1, Ack: 1, Len: 583    // 传输层
  Source Port: 52573                                                              // 源端口号
  Destination Port: 80                                          // 目的端口号，HTTP 端口号是 80
  [Stream index: 4]
  [Conversation completeness: Complete, WITH_DATA (63)]
  [TCP Segment Len: 583]
  Sequence Number: 1    (relative sequence number)                                // 序号
  Sequence Number (raw): 2760042442
  [Next Sequence Number: 584    (relative sequence number)]                       // 下一个序号
  Acknowledgment Number: 1    (relative ack number)                               // 确认号
  Acknowledgment number (raw): 4097490801
  0101 .... = Header Length: 20 bytes (5)                          // 数据偏移，也称头部长度
  Flags: 0x018 (PSH, ACK)
    000. .... .... = Reserved: Not set
    ...0 .... .... = Nonce: Not set
```

```
    .... 0... .... = Congestion Window Reduced (CWR): Not set        // 保留
    .... .0.. .... = ECN-Echo: Not set
    .... ..0. .... = Urgent: Not set                                 //URG
    .... ...1 .... = Acknowledgment: Set                             //ACK
    .... .... 1... = Push: Set                                       //PSH
    .... .... .0.. = Reset: Not set                                  //RST
    .... .... ..0. = Syn: Not set                                    //SYN
    .... .... ...0 = Fin: Not set                                    //FIN
    [TCP Flags: ....AP...]
  Window: 517                                                        // 窗口
  [Calculated window size: 132352]                                   // 实际（真实）的窗口大小为517×256=132352（字节）
  [Window size scaling factor: 256]                                  // 窗口大小比例因子为256
  Checksum: 0xd81e [unverified]                                      // 检验和
  [Checksum Status: Unverified]
  Urgent Pointer: 0                                                  // 紧急指针
  [Timestamps]
    [Time since first frame in this TCP stream: 0.002827000 seconds]
    [Time since previous frame in this TCP stream: 0.000172000 seconds] [SEQ/ACK analysis]
  [SEQ/ACK analysis]
    [iRTT: 0.002655000 seconds]
    [Bytes in flight: 583]
    [Bytes sent since last PSH flag: 583]
TCP payload (583 bytes)
Hypertext Transfer Protocol
```

7.4 TCP 的可靠传输

可靠传输的工作原理

我们知道，TCP 发送的报文段是交给网络层传输的，通过前面的学习，可以知道互联网的网络层提供的服务是不可靠的，即通过 IP 传送的数据可能出现差错、丢失、乱序或重复。这就需要 TCP 在 IP 的不可靠的尽最大努力交付服务的基础上实现一种可靠的数据传输服务，保证数据无差错、无丢失和无重复。3.1.5 节介绍了一些可靠传输机制：差错检测、序号、确认、超时重传、滑动窗口等。由于在互联网环境中，传输层端到端的时延往往是比较大的（相对于分组的发送时延），因此，不能采用在无线局域网中所使用的停止等待协议，而采用传输效率更高的基于流水线方式的滑动窗口协议。

7.4.1 以字节为单位的滑动窗口

为了提高报文段的传输效率，TCP 采用滑动窗口协议。与 3.1.5 节介绍的连续 ARQ 协议不同，TCP 发送窗口大小的单位是字节，而不是分组数。

我们知道，在 TCP 连接上进行的是全双工通信。连接的每一方既是发送方，又是接收方。每一方都有两个窗口：发送窗口和接收窗口。因此 TCP 连接的双方共有 4 个窗口。在进行全双工通信时，这 4 个窗口的大小都在不断地发生变化。为了讲述原理方便，现在假定 A 发送数据，

而 B 接收数据并发送确认。这样就只涉及 2 个窗口（A 的发送窗口和 B 的接收窗口），可使问题的讨论稍简单些。

如图 7.13 所示，假定 A 收到了 B 发来的确认报文段，其中，窗口大小是 20 字节，确认号是 31（表明 B 期望收到的下一个序号是 31，而序号 30 及之前的数据都已经收到了）。A 根据 B 发来的确认报文段中的这两个数据构造出了自己的发送窗口。

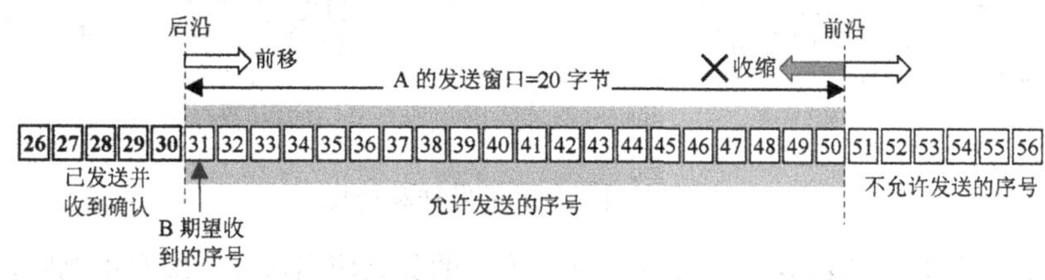

◎ 图 7.13　根据 B 给出的接收窗口值 20，A 构造出自己的发送窗口

下面先讨论发送方 A 的发送窗口。发送窗口表示在没有收到 B 的确认的情况下，A 可以连续把窗口内的数据都发送出去。凡是已经发送过的数据，在未收到对方的确认之前都必须暂时保留，以便在超时重传时使用。

发送窗口里面的序号表示允许发送的序号。显然，窗口越大，发送方就可以在收到对方确认之前连续发送更多的数据，从而获得更高的传输效率。我们已经讲过，接收方会把自己的接收窗口值放在窗口字段中发送给对方。因此，A 的发送窗口值一定不能超过 B 的接收窗口值；以后要讨论发送方的发送窗口的大小要受到网络拥塞程度和接收窗口的制约，目前暂不考虑网络拥塞的影响。

发送窗口后沿的后面部分表示已发送且已收到了确认，这些数据显然不需要再保留了。而发送窗口前沿的前面部分表示不允许发送的序号，因为接收方没有为这部分数据保留临时存放的缓存空间。

发送窗口的位置由窗口前沿和后沿的位置共同确定。发送窗口后沿的变化有两种情况，即不动（没有收到新的确认）和前移（收到了新的确认）。发送窗口的后沿不可能向后移动，因为不能撤销已收到的确认，而后面的被确认的数据已经出缓存被丢掉了。发送窗口的前沿通常是不断地向前移动的，但也有可能不动。前沿不动的情况有两种：一是未收到新的确认，对方通知的窗口大小也不变；二是收到了新的确认，但是对方通知的窗口缩小了，使得发送窗口的前沿正好不动。

发送窗口前沿也可能向后收缩，这发生在对方通知的窗口缩小时。但 TCP 的标准强烈不赞成这样做。因为很可能发送方在收到这个通知以前已经发送了窗口中的许多数据，现在又要缩小窗口而不让发送这些数据，这样会产生一些错误。

注：

TCP 的通信是全双工通信。通信中的每一方都在发送和接收报文段。因此，每一方都有自己的发送窗口和接收窗口，在谈到这些窗口时，一定要弄清楚是哪一方的窗口。

下面讨论前面讲到的窗口和缓存的关系。图 7.14 显示了发送方维持的发送缓存和发送窗口，以及接收方维持的接收缓存和接收窗口。请注意，缓存空间和序号空间都是有限的，并且都是循环使用的。这里为画图方便，把它们画成长条形，同时不考虑循环使用缓存空间和序号空间的问题。

（1）发送缓存用来暂时存放以下数据。

① 发送方应用程序传送给发送方 TCP 准备发送的数据。

② TCP 已发送出去但尚未收到确认信息的数据。

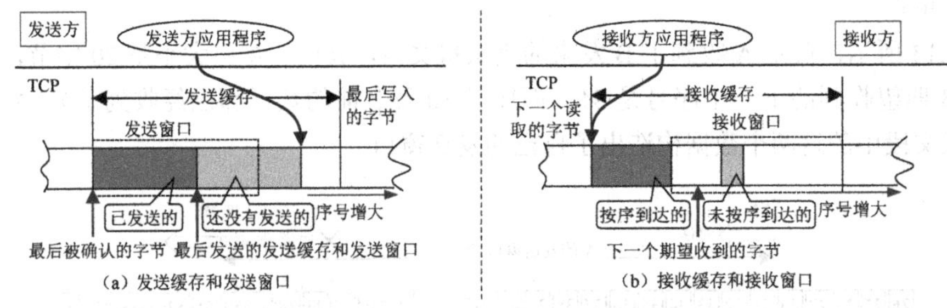

◎ 图 7.14 TCP 的发送和接收

发送窗口通常只是发送缓存的一部分。已被确认的数据应当从发送缓存中删除，因此发送缓存和发送窗口的后沿是重合的。发送方应用程序最后写入发送缓存的字节序号减最后被确认的字节序号就是还保留在发送缓存中的被写入的字节数。如果发送方应用程序传送给 TCP 发送方的速度太快，则可能会最终导致发送缓存被填满，这时发送方应用程序必须等待，直到有数据从发送缓存中删除。

(2) 接收缓存用来暂时存放以下数据。

① 按序到达的但尚未被接收方应用程序读取的数据。

② 未按序到达的还不能被接收方应用程序读取的数据。

收到的分组如果被检测出有差错，则丢弃。如果接收方应用程序来不及读取收到的数据，那么接收缓存最终会被填满，使接收窗口减小为零；反之，如果接收方应用程序能够及时从接收缓存中读取收到的数据，那么接收窗口会增大，但最大不超过接收缓存的大小。

7.4.2 超时重传时间的选择

重传机制是 TCP 中最重要和最复杂的问题之一。TCP 的发送方在规定的时间内没有收到确认就要重传已发送的报文段。但超时重传时间的选择是 TCP 最复杂的问题之一。

由于 TCP 的下层是一个互联网环境，所以 IP 数据报所选择的路由变化很大，网络速度也相差很大，时间会有差异。如果把超时重传时间设置得太短，就会引起很多报文段的不必要的重传，使网络负荷增大；但若把超时重传时间设置得过长，则又使网络的空闲时间增长，降低传输效率。

那么，TCP 的超时计时器的超时重传时间究竟应设置为多大呢？RTT 的测量可以采用以下方法。

1. TCP 时间戳选项

TCP 时间戳（Timestamp）选项可以用来精确地测量 RTT。

RTT= 当前时间 - 数据包中时间戳选项的回显时间。

2. 重传队列中数据包的 TCP 控制块

TCP 发送窗口中保存着已发送而未被确认的数据包，数据包 skb 中的 TCP 控制块包含一个变量 tcp_skb_cb → when，记录了该数据包的第一次发送时间，当收到该数据包的确认后，就可以计算 RTT，RTT= 当前时间 –when。这就意味着发送方收到一个确认就能计算新的 RTT。

Wireshark 软件也能计算 RTT。在“显示过滤器”文本框中输入过滤语句 tcp.analysis.ack_rtt，单击第 16 个包，选择 [SEQ/ACK analysis]，显示第 15 个包的确认，计算出的 RTT 如下：

[SEQ/ACK analysis]

[This is an ACK to the segment in frame: 15]

[The RTT to ACK the segment was: 0.000032000 seconds] // 第 15 个包的确认，计算出的 RTT 为 0.000032000s

[iRTT: 0.015911000 seconds]

针对互联网环境中端到端的时延动态变化的特点，TCP 采用了一种自适应的算法，用来记录一个报文段发出的时间戳，以及收到相应确认应答的时间戳。这两个时间戳之差就是该报文段的 RTT。在互联网中，实际的 RTT 测量值变化非常大，因此需要用多个 RTT 测量值的平均值来估计当前报文段的 RTT。由于越近的测量值越能反映网络当前的情况，所以 TCP 采用指数加权移动平均算法对 RTT 测量值进行加权平均，得出报文段的平均往返时间 RTTs（平滑的往返时间，s 表示 smoothed）。每测量一个信道 RTT 样本，就重新计算一次 RTTs。对于 RTTs 的计算方法，有兴趣的读者可参考其他图书。

显然，超时计时器设置的超时重传时间（RTO）应略大于 RTTs。对于 RTO 的计算方法，有兴趣的读者可参考其他图书。

3. Karn 算法

卡恩（Karn）提出了一种算法：在计算 RTTs 时，只要报文段重传了，就不采用其往返时间样本。这样得出的 RTTs 和 RTO 比较准确。

后来对 Karn 算法进行了修正：报文段每重传一次，就把 RTO 增大一些。具体的计算公式如下：

$$\text{新的 RTO} = \gamma \times \text{旧的 RTO}$$

式中，系数 γ 的典型值是 2。当不再发生报文段的重传时，根据上面给出的公式计算 RTO 的值。实践证明，这种策略较为合理。

7.4.3　选择确认

连续 ARQ 协议和滑动窗口协议都采用累计确认的方式。

TCP 通信时，如果发送序列中间的某个数据包丢失，那么 TCP 会重传最后确认的分组后续的分组，这样，原先已经正确传输的分组也可能被重复发送，降低了 TCP 的性能。为改善这种情况，开发了选择确认（Selective Acknowledgment，SACK）技术，使 TCP 只重新发送丢失的数据包，而不用发送后续所有的分组，并提供相应机制使接收方能告诉发送方哪些数据包丢失，以及哪些数据包已经提前收到等。SACK 是一个 TCP 的选项，用来允许 TCP 单独确认非连续的片段，用于告知发送方真正丢失的数据包，只重传丢失的片段。

当前的计算机通信默认是支持 SACK 的，使用 Wireshark 软件，在“显示过滤器”文本框中输入 tcp.options.sack：

Transmission Control Protocol, Src Port: 52156, Dst Port: 443, Seq: 595, Ack: 2881, Len: 0

Source Port: 52156

Destination Port: 443

[Stream index: 300]

[Conversation completeness: Incomplete, DATA (15)]

[TCP Segment Len: 0]

Sequence Number: 595　(relative sequence number)

Sequence Number (raw): 3387784470

[Next Sequence Number: 595　(relative sequence number)]

Acknowledgment Number: 2881　(relative ack number) // 确认号

```
Acknowledgment number (raw): 1235021230
1000 .... = Header Length: 32 bytes (8)
Flags: 0x010 (ACK)
Window: 517                                  // 窗口
[Calculated window size: 132352]             // 实际（真实）的窗口大小为 517×256=132352（字节）
[Window size scaling factor: 256]            // 窗口大小比例因子为 256
Checksum: 0x5417 [unverified]
[Checksum Status: Unverified]
Urgent Pointer: 0
Options: (12 bytes), No-Operation (NOP), No-Operation (NOP), SACK  //TCP 选项
  TCP Option - No-Operation (NOP)
  TCP Option - No-Operation (NOP)
  TCP Option - SACK 5761-5946
    Kind: SACK (5)                           // 指明是 SACK
    Length: 10                               // SACK 选项的长度
    left edge = 5761 (relative)              // 左边界，已经收到的字节块的起始字节
    right edge = 5946 (relative)             // 右边界，已经收到的字节块的结束字节
    [TCP SACK Count: 1]
[Timestamps]
[SEQ/ACK analysis]
```

根据捕获的数据包，图 7.15 画出了接收方接收窗口的位置和大小（132352 字节），以及接收窗口中已经收到的字节块。接收方收到 SACK 后，就不再发送已经收到的字节块。

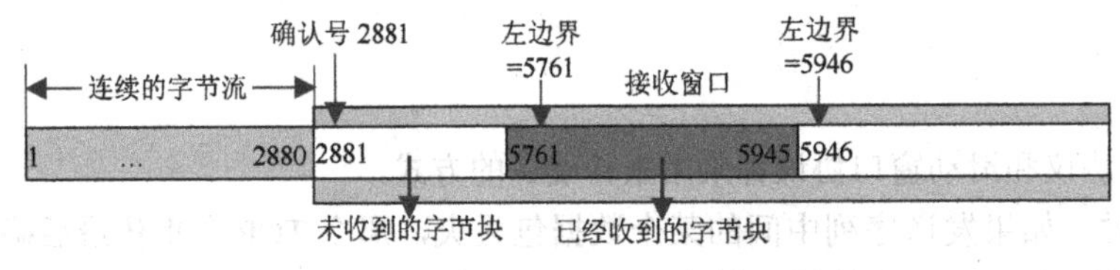

◎ 图 7.15　SACK

由于 TCP 首部选项最长为 40 字节，而指明一个边界需要 4 字节（因为序号有 32 位，所以需要使用 4 字节表示），因此在 TCP 选项中一次最多只能指明 4 个字节块的边界信息，如图 7.16 所示。这是因为 4 个字节块有 8 个边界，1 个边界占用 4 字节，共占用 32 字节。另外，还需要 2 字节：1 字节用来指明是 SACK 选项，1 字节用来指明这个选项占多少字节。如果要报告 5 个字节块的边界信息，那么至少需要 42 个字节，这就超过了选项长度 40 字节的上限。

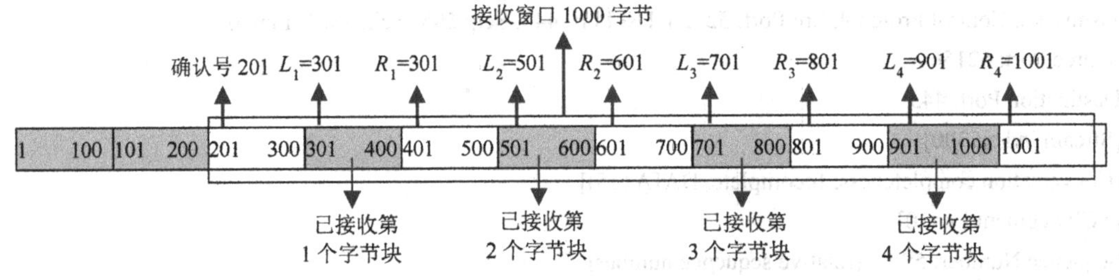

◎ 图 7.16　选择确认最多表示 4 个字节块的边界信息

7.5　TCP 的流量控制

TCP 初始连接一旦建立，两端就能够使用全双工通信交换数据段，并缓存所发送和所接收的报文段。一般来说，我们总希望数据传输得更快一些。但如果发送方把数据发送得过快，那么接收方就可能来不及接收，这就会造成数据的丢失。所谓流量控制（Flow Control），就是指让发送方的发送速率不要太高，要让接收方来得及接收。

TCP 为应用程序提供了流量控制服务，以解决发送方发送数据太快导致接收方来不及接收而使接收缓存溢出的问题。

流量控制的基本方法就是接收方根据自己的接收能力（缓冲区的容量）控制发送方的发送速率。因此，可以说流量控制是一种速度匹配服务，即发送方的发送速率与接收方应用程序的读速率相匹配。利用滑动窗口机制可以很方便地控制发送方的平均发送速率。TCP 采用接收方控制发送方发送窗口大小的方法来实现 TCP 连接上的流量控制。在 TCP 报文段首部的窗口字段中写入的数值就是当前接收方接收窗口的大小，TCP 发送方发送窗口的大小必须小于该值。这种由接收方控制发送方的做法在计算机网络中经常使用。

发送窗口的大小在连接建立时由双方商定，但在通信的过程中，接收方会根据接收缓存中可用缓存的大小随时动态地调整对方的发送窗口大小的上限值（可增大或减小）。为此，TCP 接收方要维持一个接收窗口变量，其值不能大于可用接收缓存的大小。

图 7.17 是在河北科技工程职业技术大学官网内部访问校园网主页，在客户端捕获的数据包，在此可以观察每个数据包的窗口的大小和确认号。

*WLAN

文件(F) 编辑(E) 视图(V) 跳转(G) 捕获(C) 分析(A) 统计(S) 电话(Y) 无线(W) 工具(T) 帮助(H)

ip.addr == 10.8.10.4

No.	Time	Source	Destination	Protocol	Length	Info
294	41.108644	192.168.1.9	10.8.10.4	HTTP	584	GET / HTTP/1.1
295	41.111205	10.8.10.4	192.168.1.9	TCP	54	80 → 51405 [ACK] Seq=1 Ack=531 Win=30336 Len=0
299	41.115596	10.8.10.4	192.168.1.9	TCP	1494	80 → 51405 [ACK] Seq=1 Ack=531 Win=30336 Len=1440 [TCP segment of a reassemble
300	41.116997	10.8.10.4	192.168.1.9	TCP	1494	80 → 51405 [ACK] Seq=1441 Ack=531 Win=30336 Len=1440 [TCP segment of a reassem
301	41.116997	10.8.10.4	192.168.1.9	TCP	1494	80 → 51405 [ACK] Seq=2881 Ack=531 Win=30336 Len=1440 [TCP segment of a reassem
302	41.116997	10.8.10.4	192.168.1.9	TCP	1494	80 → 51405 [ACK] Seq=4321 Ack=531 Win=30336 Len=1440 [TCP segment of a reassem
303	41.117042	192.168.1.9	10.8.10.4	TCP	54	51405 → 80 [ACK] Seq=531 Ack=5761 Win=132352 Len=0
304	41.117933	10.8.10.4	192.168.1.9	TCP	1494	80 → 51405 [ACK] Seq=5761 Ack=531 Win=30336 Len=1440 [TCP segment of a reassem
305	41.117933	10.8.10.4	192.168.1.9	TCP	1494	80 → 51405 [ACK] Seq=7201 Ack=531 Win=30336 Len=1440 [TCP segment of a reassem
306	41.117933	10.8.10.4	192.168.1.9	TCP	1494	80 → 51405 [ACK] Seq=8641 Ack=531 Win=30336 Len=1440 [TCP segment of a reassem
307	41.117933	10.8.10.4	192.168.1.9	TCP	1494	80 → 51405 [ACK] Seq=10081 Ack=531 Win=30336 Len=1440 [TCP segment of a reasse
308	41.117969	192.168.1.9	10.8.10.4	TCP	54	51405 → 80 [ACK] Seq=531 Ack=11521 Win=132352 Len=0
309	41.118854	10.8.10.4	192.168.1.9	TCP	1494	80 → 51405 [ACK] Seq=11521 Ack=531 Win=30336 Len=1440 [TCP segment of a reasse
310	41.118854	10.8.10.4	192.168.1.9	HTTP	738	HTTP/1.1 200 OK (text/html)
311	41.118902	192.168.1.9	10.8.10.4	TCP	54	51405 → 80 [ACK] Seq=531 Ack=13645 Win=132352 Len=0
315	41.126144	192.168.1.9	10.8.10.4	TCP	66	51409 → 80 [SYN] Seq=0 Win=64240 Len=0 MSS=1460 WS=256 SACK_PERM=1

◎ 图 7.17　数据包的窗口的大小和确认号

流量控制的过程如图 7.18 所示（为了讲解方便，假设主机 A 向主机 B 发送数据）。

（1）在连接建立时，主机 B 告诉主机 A “我的接收窗口 rwnd=400 字节”（这里 rwnd 表示 Receiver Windows）。因此，发送方的发送窗口不能超过接收方给出的接收窗口的数值。

注：

TCP 的窗口单位是字节，不是报文段。假设每个报文段长度为 100 字节，分别用编号 1、2、3 表示，将数据报文段序号的初始值设为 1。大写 ACK 表示首部中的确认位，小写 ack 表示确认字段的值。

（2）接收方的主机 B 进行了 3 次流量控制：第 1 次将窗口减小为 rwnd=300 字节，第 2 次将窗口减小为 rwnd=100 字节，第 3 次减至 0，即不允许对方再发送数据了。这种使发送方暂停发送的状态将持续到主机 B 重新发出一个窗口值。

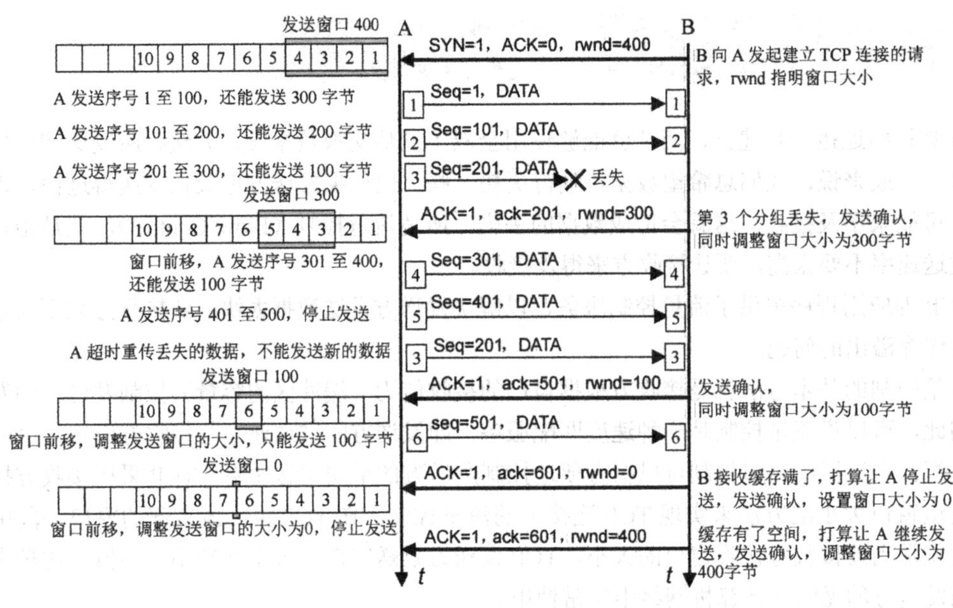

◎ 图 7.18　流量控制的过程

注：

主机 B 向主机 A 发送的 3 个报文段都设置 ACK=1，只有在 ACK=1 时，确认号字段才有意义。

（3）假设主机 B 向主机 A 发送了 0 窗口的报文段后不久，主机 B 的接收缓存又有了存储空间，于是主机 B 向主机 A 发送了 rwnd=400 字节的报文段，然而这个报文段在传送过程中丢失了。这样就会造成主机 A 和主机 B 都在等，为了解决这个问题，TCP 为每个连接设有一个持续计时器。只要 TCP 连接的一方收到对方的 0 窗口通知，就启动持续计时器，如果持续计时器设置的时间到期，就发送一个 0 窗口探测报文段来解决上述问题。

7.6　TCP 的拥塞控制

计算机网络中的链路容量（带宽）、交换节点中的缓存容量及处理器等都是网络资源，在数据传输过程中的某个时间段，如果网络中的某些网络资源的需求超过了现在该资源所能提供的可用的部分，那么网络的性能可能会出现问题，这种现象就是网络拥塞（Congestion）。所谓拥塞控制（Congestion Control），就是指防止过多的数据注入网络，使网络中的路由器或链路不致过载。

7.6.1　引起拥塞的原因

网络拥塞往往是由许多因素引起的。例如，当某个节点缓存的容量太小时，到达该节点的分组因无存储空间缓存而不得不被丢弃；或者缓存空间大而输出链路的容量和处理机处理慢，造成在缓存中排队等待的时间长而出现重传的情况。由此可见，简单地扩大缓存的存储空间同样会造成网络资源的严重浪费，因此解决不了网络拥塞问题。对于由处理机的速率太慢引起的网络拥塞，提高处理机的速率，瓶颈又会转移到其他地方。造成拥塞往往是因为整个系统的各部分不匹配，只有所有的问题都平衡了，拥塞才能解决。

拥塞控制和流量控制密切相关，但也有一些差别。拥塞控制所要做的都有一个前提，就是网

络能够承受现有的网络负荷。拥塞控制是一个全局性的过程，涉及所有的主机、路由器，以及与降低网络传输性能有关的所有因素。而流量控制往往是指点对点通信量的控制，是端到端的问题（接收端控制发送端）。流量控制所要做的就是抑制发送端发送数据的速率，使接收端来得及接收。

可以用一个简单的例子来说明流量控制和拥塞控制的区别。假设某个光纤网络的链路传输速率为 1000Gbit/s。有一台巨型计算机向一台计算机以 1Gbit/s 的速率传输文件。显然，网络本身的带宽是足够大的，因而不存在拥塞问题。但流量控制是必须的，因为巨型计算机必须经常停下来，以便计算机来得及接收。

但如果有另一个网络，其链路传输速率为 1000Mbit/s，而有 1000 台大型计算机连接在这个网络上。假定其中 500 台计算机分别向其余 500 台计算机以 100Mbit/s 的速率发送文件。那么现在的问题已不是接收端的大型计算机是否来得及接收，而是整个网络的输入负荷是否超过网络所能承受的负荷（负载）。

拥塞控制和流量控制之所以会被弄混，是因为某些拥塞控制算法向发送端发送控制报文，并告诉发送端网络出现麻烦，必须降低发送速率。这一点与流量控制很相似。拥塞控制所起的作用如图 7.19 所示。

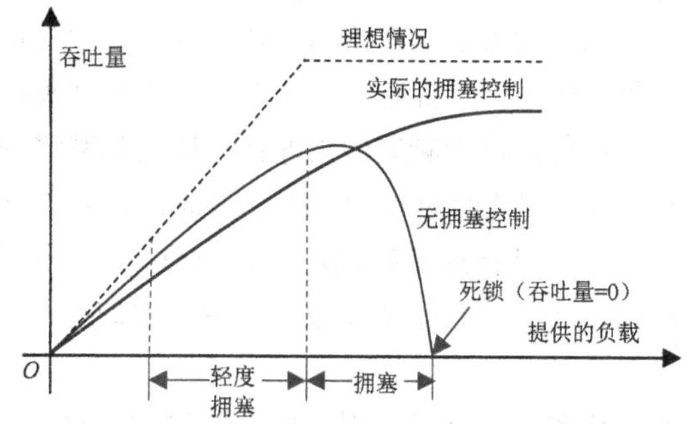

图 7.19　拥塞控制所起的作用

在图 7.19 中，横坐标是提供的负载，代表单位时间内输入网络的分组数目。因此提供的负载又称为输入负载和网络负载；纵坐标是吞吐量，代表单位时间内从网络输出的分组数目。

对于具有理想拥塞控制的网络，在吞吐量饱和之前，网络吞吐量应等于提供的负载，故曲线为 45° 的斜线。但当提供的负载超过某一限度时，由于网络资源受限，吞吐量不再增长而保持为水平线，即吞吐量达到饱和。这意味着提供的负载有一部分损失掉了（如输入网络的某些分组被某个节点丢弃了）。尽管如此，网络的吞吐量仍然维持为其所能达到的最大值。

但是，实际网络拥塞控制情况就很不相同了。从图 7.19 中可以看出，随着提供的负载的增大，网络吞吐量的增长速率逐渐降低。这意味着在网络吞吐量还未达到饱和时，就已经有一部分输入分组被丢弃了。也就是说，当网络吞吐量明显小于理想吞吐量时，网络就会进入轻度拥塞状态。当提供的负载达到某一数值时，网络吞吐量反而随着提供的负载的增大而减小，这时网络就进入拥塞状态。当提供的负载继续增大到某一数值时，网络吞吐量就减小为零，网络已无法工作。这就是所谓的死锁。

从原理上讲，寻找拥塞控制的方案无非就是增加网络的某些可用资源（如业务繁忙时增加一些链路、增大链路带宽，或者使额外的通信量从另外的通路分流），或者减少一些用户对某些资源的需求（如拒绝接受新的建立连接的请求，或者要求用户减小其负载，这属于降低服务质量）。但正如上面所讲的，在采用某种措施时，还必须考虑该措施带来的其他影响。

实践证明，拥塞控制实际是很难设计的，因为它是一个动态的（而不是静态的）问题。当前网络正朝着高速化方向发展，这很容易出现缓存不够大而造成分组丢失的情况。分组丢失是网络发生拥塞的征兆，而不是原因。在许多情况下，甚至正是拥塞控制本身成为引起网络性能恶化甚至发生死锁的原因，这点很重要。

7.6.2 拥塞控制的方法

由于计算机网络是一个很复杂的系统，因此可以从控制理论的角度来看待拥塞控制这个问题。这样，从大的方面看，拥塞控制的方法可以分为开环控制和闭环控制两种。

开环控制：在设计网络时，事先将发生拥塞的因素考虑周到，力求网络在工作时不产生拥塞，一旦整个系统运转起来，就不在中途进行改正了。

闭环控制：基于反馈环路的概念。属于闭环控制的有以下几种措施。

（1）监测网络系统以便检测到拥塞在何时、何处发生。

（2）把拥塞发生的信息传送到可采取行动的地方。

（3）调整网络系统的运行以解决出现的问题。

现在有很多种方法来监测网络的拥塞，主要的一些指标是由于缺少缓存空间而被丢弃的分组的百分数、平均队列的长度、超时重传的分组数、平均分组时延、分组时延的标准差等。上述这些指标的上升标志着拥塞的增长。

一般在监测到发生拥塞时，要将拥塞发生的信息传送到产生分组的源站（一种方法）。当然，通知拥塞发生的分组同样会使网络更加拥塞。

另一种方法是在路由器转发的分组中保留一个比特或字段，用该比特或字段的值表示网络没有拥塞或产生了拥塞。也可以由一些主机或路由器周期性地发出探测分组，询问拥塞是否发生。

此外，过于频繁地采取行动以缓和网络拥塞会使系统产生不稳定的振荡，但过于迟缓地采取行动又不具有任何实用价值。因此，要采取折中的方法，但选择正确的时间常数是很困难的。

为了进行拥塞控制，发送方维持一个叫作“拥塞窗口”（Congestion Window）的状态变量cwnd。拥塞窗口的大小取决于网络的拥塞程度，并且是动态变化的。发送方将自己的发送窗口取为拥塞窗口和接收方接收窗口中较小的一个。这就是说，若对方的接收窗口小于自己的拥塞窗口，则发送窗口不能超过对方的接收窗口（这时发送窗口小于拥塞窗口）。但若对方的接收窗口大于自己的拥塞窗口，则发送窗口不能超过拥塞窗口（这时发送窗口小于对方的接收窗口）。

发送方控制拥塞窗口的原则是只要网络没有出现拥塞，拥塞窗口就可以再增大一些，以便把更多的分组发送出去，这样就可以提高网络的利用率。但只要网络出现拥塞或有可能出现拥塞，就必须把拥塞窗口减小一些，以减少注入网络的分组数目，以便缓解网络出现的拥塞。

那么，发送方如何知道网络发生了拥塞呢？我们知道，当网络发生拥塞时，路由器就要把因来不及处理而排不上队的分组丢弃。因此，只要发送方没有按时收到应当到达的确认报文，就可以猜想在网络某处发生了拥塞。现代通信线路的传输质量一般都很好，因传输差错而丢弃分组的概率是很低的（远低于1%）。

RFC2581定义了进行拥塞控制的4种算法：慢开始（Slow-Start）、拥塞避免（Congestion Avoidance）、快重传（Fast Retransmit）和快恢复（Fast Recovery）。这些在这里不做讨论。

7.7 TCP的连接管理

TCP是面向连接的协议，TCP连接的建立和释放是每次面向连接的通信中必不可少的过程。因此，TCP连接有3个阶段，即建立连接、数据传送和释放连接。建立连接的目的就是为接下来要进行的通信做好充分的准备，其中最重要的就是分配相应的资源。在通信结束之后，显然要释放所占用的资源，即释放连接。

注：

TCP 连接是传输层连接，只存在于通信的两个端系统中，而网络核心路由器完全不知道它的存在。

7.7.1 TCP 连接的建立

在 TCP 连接的建立过程中，要解决以下 3 个问题。

（1）要使每一方都能够确知对方的存在。

（2）要允许双方协商一些参数（如最大窗口值、是否使用窗口扩大选项和时间戳选项及服务质量）。

（3）能够对传输实体资源（如缓存大小、计时器、各状态变量及数据结构等）进行分配和初始化。

TCP 连接的建立要采用客户 / 服务器方式。主动发起连接建立的应用进程叫作客户（Client），而被动等待连接建立的应用进程叫作服务器（Server）。

TCP 建立连接的过程叫作握手，握手需要在客户和服务器之间交换 3 个 TCP 报文段。图 7.20 所示为建立 TCP 连接的过程。

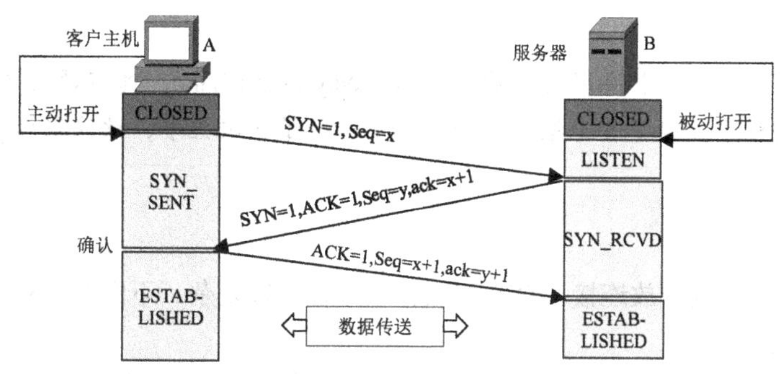

◎ 图 7.20 建立 TCP 连接的过程

假定客户主机 A 运行的是 TCP 客户程序，而服务器 B 运行的是 TCP 服务器程序。最初两端的 TCP 进程都处于 CLOSED（关闭）状态。在图 7.20 中，客户主机 A 主动打开连接，而服务器 B 被动打开连接。

假设服务器 B 先发出一个被动打开命令，准备接受客户进程的连接请求；然后服务器 B 进程就处于 LISTEN（收听）状态，不断监测是否有客户进程要发起连接请求，如果有，就做出响应。假定客户进程运行在客户主机 A 中，它先向其 TCP 发出主动打开（Active Open）命令，表明要向服务器 B 的某个端口建立传输层连接。

（1）客户主机发出连接建立请求报文段。客户主机 A 的应用程序向服务器 B 发送 TCP 连接请求报文。这个报文的 TCP 首部中的 SYN 应置 1，同时选择一个初始序号 Seq=x。发送 TCP 连接请求报文后，客户主机 A 就处于 SYN_SENT（同步已发送）状态，等待服务器确认。

注：

TCP 规定，SYN 报文段（SYN=1 的报文段）不能携带数据，但同样要消耗掉一个序号。这表明下一个报文的第 1 个数据字节的序号是 x+1。

（2）服务器发送确认报文段。服务器 B 收到客户主机 A 发送的 TCP 连接请求报文后，如果同意建立连接，就向客户主机 A 发回一个确认信息，在确认报文的 TCP 首部中，SYN 和 ACK

都置 1，确认号是 ack=x+1，同时为自己选择一个初始序号 Seq=y。此时服务器 B 进入 SYN_RCVD（同步收到）状态。

注：

这个报文段也不能携带数据，但同样要消耗掉一个序号。

（3）客户主机发送确认段。客户主机 A 收到服务器 B 接受连接请求的确认信息后，还要向服务器 B 给出确认，其确认位 ACK 置 1，确认号 ack=y+1，而自己的序号 Seq=x+1。此时，TCP 连接已经建立，客户主机 A 进入 ESTAB LISHED（已连接）状态。

当服务器 B 收到客户主机 A 的确认后，也进入 ESTAB LISHED 状态。

运行客户进程的客户主机 A 的 TCP 通知上层应用进程连接已经建立。以后，当客户主机 A 向服务器 B 发送第 1 个数据报文段时，其序号仍为 x+1，因为前一个确认报文段并不消耗序号（在这个报文中，SYN 是 0 而不是 1）。

当运行服务进程的服务器 B 的 TCP 收到客户主机 A 的确认后，也通知其上层应用进程连接已经建立。至此，建立了一个全双工的连接。

上面给出的连接建立的过程叫作 3 报文握手。

注：

3 报文握手在 RFC793 中使用的名称为 Three Way Handshake，通常译为 3 次握手，其实这是指在 1 次握手过程中交换了 3 个报文，而并不是进行了 3 次握手，故这里译为 3 报文握手。

7.7.2 TCP 连接的释放

TCP 通信结束后需要释放连接。TCP 连接释放过程比较复杂。下面结合双方状态的改变来解释 TCP 连接释放的过程。

数据传输结束后，通信双方都可释放连接。TCP 连接释放也采用客户 / 服务器模式，发出释放请求的是客户主机，接收释放请求的是服务器。但是连接释放阶段要比连接建立阶段复杂一些。这是因为连接建立总是由客户主机发起的，而在连接建立之前，双方的 TCP 进程之间并没有数据在传送。而连接释放阶段则不同，因为这个阶段是在数据传送阶段之后，通信双方都在传送数据。如果一方突然释放连接，而另一方有数据陆续通过网络传送过来，就有可能出现数据丢失的情况。为了妥善地使已经传送出去的数据不致因连接释放而丢失，TCP 采取了改进的 3 报文握手的方法，即需要使用 4 报文挥手。现在客户主机 A 和服务器 B 都处于 ESTAB LISHED 状态，如图 7.21 所示。

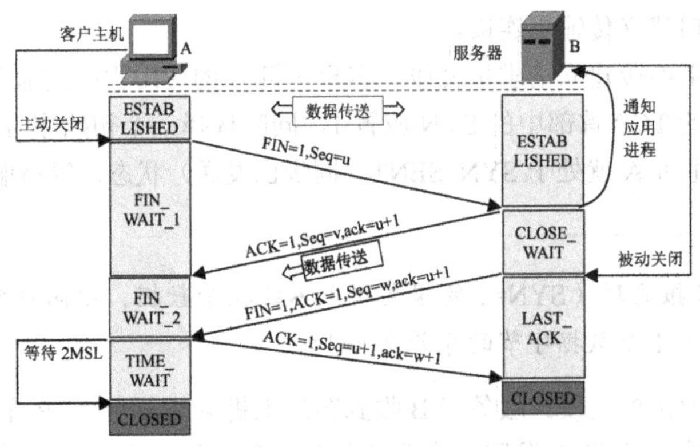

◎ 图 7.21　TCP 连接释放的过程

（1）客户主机发出连接释放报文段。客户主机 A 的应用进程先向其 TCP 发出连接释放报文段，并停止发送数据，主动关闭 TCP 连接。客户主机 A 的 TCP 向服务器 B 发出连接释放报文段，把发往服务器 B 的报文段首部的 FIN 置 1，其序号 Seq=u，等于前面已传送过的数据的最后一个字节的序号加 1。这时客户主机 A 进入 FIN_WAIT_1（终止等待 1）状态，等待服务器 B 的确认。

注：

TCP 规定，FIN 报文段即使不携带数据也消耗一个序号。这是第 1 次挥手。

（2）服务器发送确认报文段。服务器 B 的 TCP 收到释放连接报文段后即发出确认，ACK 置 1，ack=u+1，而这个报文段自己的序号为 v（等于前面已传送过的数据的最后一个字节的序号加 1），服务器 B 进入 CLOSE_WAIT（关闭等待）状态。服务器 B 的 TCP 这时应通知高层应用进程。这样，从客户主机 A 到服务器 B 的连接就释放了，而整个 TCP 连接处于半关闭（Half-Close）状态，相当于客户主机 A 向服务器 B 说“我已经没有数据要发送了”，但服务器 B 还有一些数据要发送给客户主机 A，客户主机 A 仍要接收。也就是说，从服务器 B 到客户主机 A 这个方向的连接并未关闭，这个状态可能会持续一段时间。这是第 2 次挥手。

客户主机 A 收到服务器 B 的确认后，就进入 FIN_WAIT_2（终止等待 2）状态，等待服务器 B 发出的连接释放报文段。

（3）服务器发出连接释放报文段。若服务器 B 没有要向客户主机 A 发送的数据，则其应用进程就通知 TCP 释放连接，服务器 B 发出连接释放报文段（服务器 B 必须使其报文段首部的 FIN 置 1）。现假定 B 的序号为 w（在半关闭状态下，服务器 B 可能又发送了一些数据）。服务器 B 还必须重复上次已发送过的确认号 ack=u+1。这时服务器 B 进入 LAST_ACK（最后确认）状态，等待客户主机 A 的确认。这是第 3 次挥手。

（4）客户主机发送确认报文段。客户主机 A 收到服务器 B 的连接释放报文段后，必须对此发出确认。在确认报文段中将 ACK 置 1，确认号 ack=w+1，而自己的序号是 Seq=u+1。客户主机 A 此时进入 TIME_WAIT（时间等待）状态。但这时 TCP 连接还没有释放，必须经过时间等待计时器（TIME_WAIT timer）设置的时间 2MSL 后，客户主机 A 才进入 CLOSED 状态，才能开始建立下一个连接。这是第 4 次挥手。

注：

时间 MSL 叫作最长报文段寿命，RFC793 建议将其设为 2min。对于现在的网络，MSL=2min 可能太长了，因此 TCP 允许不同的实现可根据具体情况使用更小的 MSL。

上述 TCP 连接释放的过程称为 4 报文挥手。

学以致用

7.7.3 技能训练 2：使用 Wireshark 软件分析 TCP

1. 实验流程

（1）本机能访问 FTP 服务器。

（2）启动 Wireshark 软件，抓取本地网卡数据。

（3）启动 Windows 的文件窗口，登录 FTP 服务器。

（4）分析抓包结果。

2. 实验实施

通过捕获登录 FTP 数据包来观察 TCP 报文、面向连接的工作过程及使用端口。通过 Wireshark 软件抓取登录 FTP 数据包，分析 TCP 连接的建立与释放，查看 3 次握手与 4 次挥手过程。

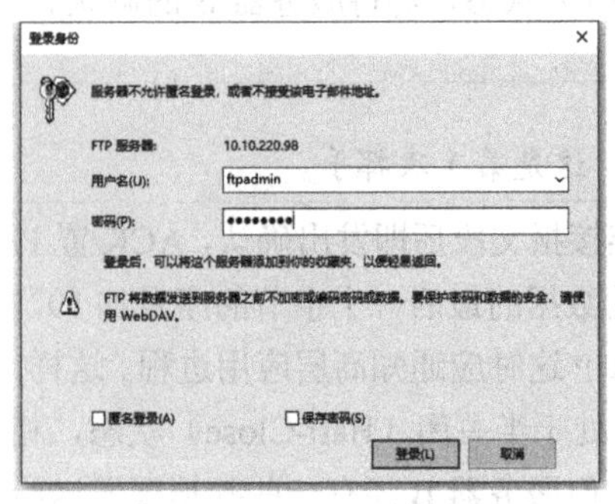

◎ 图 7.22　登录 FTP 服务器

步骤 1：启用 Wireshark 软件，选定需要捕获流量的网卡，开始抓包。

步骤 2：登录已有 FTP 服务器 10.10.220.98，如图 7.22 所示。本实验 FTP 服务器通过 Serv-U 搭建。

步骤 3：停止捕获，查看并分析数据包。实验客户主机的 IP 地址为 10.10.220.218，所使用的端口号为 58607；FTP 服务器的 IP 地址为 10.10.220.98，使用的端口号为 21。

步骤 4：观察 TCP 连接的建立过程。

可以发现，在登录 FTP 服务器的过程中，首先必须通过 3 次握手机制建立一条 TCP 连接，并在服务器与客户主机通信的过程中，客户主机会不时地回复一个确认报文段给服务器，最后还要释放 TCP 连接。

客户主机将连接状态设置为 SYN_SENT（同步已发送），TCP 将窗口大小设置为 65535 字节，并将首部中的选项字段 MSS（最大报文字段）的值设置为 1460 字节。客户主机向服务器发送一个 TCP 同步（SYN）报文段，记录该报文段中的序号字段、确认号字段的值及报文段的长度。

第 1 次握手：双击编号为 687 的数据报，可以看到 TCP 初始连接的 Seq 为 0，Ack 为 0，如图 7.23 所示。

No.	Time	Source	Destination	Protocol	Length	Info
687	34.198912	10.10.220.218	10.10.220.98	TCP	66	58607 → 21 [SYN] Seq=0 Win=65535 Len=0 MSS=1460 WS=256 SACK_PERM=1
688	34.199763	10.10.220.98	10.10.220.218	TCP	66	21 → 58607 [SYN, ACK] Seq=0 Ack=1 Win=65535 Len=0 MSS=1460 WS=256 SACK_PERM=1
689	34.199808	10.10.220.218	10.10.220.98	TCP	54	58607 → 21 [ACK] Seq=1 Ack=1 Win=262144 Len=0
690	34.203590	10.10.220.98	10.10.220.218	FTP	92	Response: 220 Serv-U FTP Server v15.1 ready...
691	34.203629	10.10.220.218	10.10.220.98	TCP	54	58607 → 21 [ACK] Seq=1 Ack=39 Win=261888 Len=0
692	34.203669	10.10.220.218	10.10.220.98	FTP	69	Request: USER ftpadmin
693	34.206737	10.10.220.98	10.10.220.218	FTP	90	Response: 331 User name okay, need password.
694	34.206759	10.10.220.218	10.10.220.98	TCP	54	58607 → 21 [ACK] Seq=16 Ack=75 Win=261888 Len=0
695	34.206788	10.10.220.218	10.10.220.98	FTP	69	Request: PASS ftpadmin
696	34.208660	10.10.220.98	10.10.220.218	FTP	84	Response: 230 User logged in, proceed.
697	34.208684	10.10.220.218	10.10.220.98	TCP	54	58607 → 21 [ACK] Seq=31 Ack=105 Win=261888 Len=0
698	34.208782	10.10.220.218	10.10.220.98	FTP	68	Request: opts utf8 on
699	34.210063	10.10.220.98	10.10.220.218	FTP	83	Response: 200 OPTS UTF8 is set to ON.
700	34.210087	10.10.220.218	10.10.220.98	TCP	54	58607 → 21 [ACK] Seq=45 Ack=134 Win=261888 Len=0

```
> Frame 687: 66 bytes on wire (528 bits), 66 bytes captured (528 bits) on interface \Device\NPF_{16F422F7-E8A7-4860-9FF7-56D3311165EB}, id 0
> Ethernet II, Src: Dell_c0:f9:79 (00:4e:01:c0:f9:79), Dst: Dell_c0:f6:b0 (00:4e:01:c0:f6:b0)
> Internet Protocol Version 4, Src: 10.10.220.218, Dst: 10.10.220.98
v Transmission Control Protocol, Src Port: 58607, Dst Port: 21, Seq: 0, Len: 0
    Source Port: 58607
    Destination Port: 21
    [Stream index: 46]
    [TCP Segment Len: 0]
    Sequence Number: 0    (relative sequence number)
    Sequence Number (raw): 970079564
    [Next Sequence Number: 1    (relative sequence number)]
    Acknowledgment Number: 0
    Acknowledgment number (raw): 0
    1000 .... = Header Length: 32 bytes (8)
  > Flags: 0x002 (SYN)
    Window: 65535
```

◎ 图 7.23　TCP 连接建立之第 1 次握手

第 2 次握手：服务器从端口 58607 处收到客户主机发来的 TCP 同步报文段，取出首部的选项字段 MSS 的值，同意接受客户主机的连接请求，并将其连接状态设置为 SYS_RECEIVED（同步已接收），TCP 将窗口大小设置为 65535 字节，同时将首部中的选项字段 MSS 的值设置为 1460 字节。此时，Seq 为 0，Ack 为 1，如图 7.24 所示。

第 3 次握手：客户主机收到服务器发来的 TCP 同步确认报文段，该报文段中的序号也正是原先期望收到的，连接成功，TCP 将窗口大小重置为 262144 字节。此时，Seq 为 1，Ack 为 1，如图 7.25 所示。至此，TCP 连接正式建立。

```
No.  Time       Source         Destination    Protocol Length Info
687 34.198912  10.10.220.218  10.10.220.98   TCP   66 58607 → 21 [SYN] Seq=0 Win=65535 Len=0 MSS=1460 WS=256 SACK_PERM=1
688 34.199763  10.10.220.98   10.10.220.218  TCP   66 21 → 58607 [SYN, ACK] Seq=0 Ack=1 Win=65535 Len=0 MSS=1460 WS=256 SACK_PERM=1
689 34.199808  10.10.220.218  10.10.220.98   TCP   54 58607 → 21 [ACK] Seq=1 Ack=1 Win=262144 Len=0
690 34.203590  10.10.220.98   10.10.220.218  FTP   92 Response: 220 Serv-U FTP Server v15.1 ready...
691 34.203629  10.10.220.218  10.10.220.98   TCP   54 58607 → 21 [ACK] Seq=1 Ack=39 Win=261888 Len=0
692 34.203669  10.10.220.218  10.10.220.98   FTP   69 Request: USER ftpadmin
693 34.206737  10.10.220.98   10.10.220.218  FTP   90 Response: 331 User name okay, need password.
694 34.206759  10.10.220.218  10.10.220.98   TCP   54 58607 → 21 [ACK] Seq=16 Ack=75 Win=261888 Len=0
695 34.206788  10.10.220.218  10.10.220.98   FTP   69 Request: PASS ftpadmin
696 34.208660  10.10.220.98   10.10.220.218  FTP   84 Response: 230 User logged in, proceed.
697 34.208684  10.10.220.218  10.10.220.98   TCP   54 58607 → 21 [ACK] Seq=31 Ack=105 Win=261888 Len=0
698 34.208782  10.10.220.218  10.10.220.98   FTP   68 Request: opts utf8 on
699 34.210063  10.10.220.98   10.10.220.218  FTP   83 Response: 200 OPTS UTF8 is set to ON.
700 34.210087  10.10.220.218  10.10.220.98   TCP   54 58607 → 21 [ACK] Seq=45 Ack=134 Win=261888 Len=0

> Frame 688: 66 bytes on wire (528 bits), 66 bytes captured (528 bits) on interface \Device\NPF_{16F422F7-E8A7-4860-9FF7-56D3311165EB}, id 0
> Ethernet II, Src: Dell_c0:f6:b0 (00:4e:01:c0:f6:b0), Dst: Dell_c0:f9:79 (00:4e:01:c0:f9:79)
> Internet Protocol Version 4, Src: 10.10.220.98, Dst: 10.10.220.218
v Transmission Control Protocol, Src Port: 21, Dst Port: 58607, Seq: 0, Ack: 1, Len: 0
    Source Port: 21
    Destination Port: 58607
    [Stream index: 46]
    [TCP Segment Len: 0]
    Sequence Number: 0    (relative sequence number)
    Sequence Number (raw): 587114688
    [Next Sequence Number: 1    (relative sequence number)]
    Acknowledgment Number: 1    (relative ack number)
    Acknowledgment number (raw): 970079565
    1000 .... = Header Length: 32 bytes (8)
  > Flags: 0x012 (SYN, ACK)
    Window: 65535
```

◎ 图 7.24　TCP 连接建立之第 2 次握手

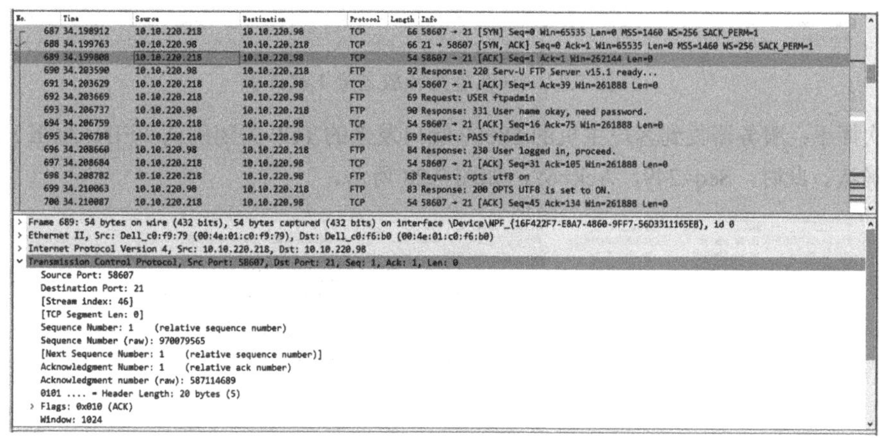

◎ 图 7.25　TCP 连接建立之第 3 次握手

步骤 5：TCP 数据传输。

TCP 连接建立后，可以正式开始传输数据，服务器与客户主机间的所有通信数据都可以捕获，由于 FTP 服务器登录口令在传输层中为明文传输，所以可以查看到用户名和口令，如图 7.26 所示（用户名和口令均为 ftpadmin）。

```
No.  Time       Source         Destination    Protocol Length Info
687 34.198912  10.10.220.218  10.10.220.98   TCP   66 58607 → 21 [SYN] Seq=0 Win=65535 Len=0 MSS=1460 WS=256 SACK_PERM=1
688 34.199763  10.10.220.98   10.10.220.218  TCP   66 21 → 58607 [SYN, ACK] Seq=0 Ack=1 Win=65535 Len=0 MSS=1460 WS=256 SACK_PERM=1
689 34.199808  10.10.220.218  10.10.220.98   TCP   54 58607 → 21 [ACK] Seq=1 Ack=1 Win=262144 Len=0
690 34.203590  10.10.220.98   10.10.220.218  FTP   92 Response: 220 Serv-U FTP Server v15.1 ready...
691 34.203629  10.10.220.218  10.10.220.98   TCP   54 58607 → 21 [ACK] Seq=1 Ack=39 Win=261888 Len=0
692 34.203669  10.10.220.218  10.10.220.98   FTP   69 Request: USER ftpadmin
693 34.206737  10.10.220.98   10.10.220.218  FTP   90 Response: 331 User name okay, need password.
694 34.206759  10.10.220.218  10.10.220.98   TCP   54 58607 → 21 [ACK] Seq=16 Ack=75 Win=261888 Len=0
695 34.206788  10.10.220.218  10.10.220.98   FTP   69 Request: PASS ftpadmin
696 34.208660  10.10.220.98   10.10.220.218  FTP   84 Response: 230 User logged in, proceed.
697 34.208684  10.10.220.218  10.10.220.98   TCP   54 58607 → 21 [ACK] Seq=31 Ack=105 Win=261888 Len=0
698 34.208782  10.10.220.218  10.10.220.98   FTP   68 Request: opts utf8 on
699 34.210063  10.10.220.98   10.10.220.218  FTP   83 Response: 200 OPTS UTF8 is set to ON.
700 34.210087  10.10.220.218  10.10.220.98   TCP   54 58607 → 21 [ACK] Seq=45 Ack=134 Win=261888 Len=0

> Frame 690: 92 bytes on wire (736 bits), 92 bytes captured (736 bits) on interface \Device\NPF_{16F422F7-E8A7-4860-9FF7-56D3311165EB}, id 0
> Ethernet II, Src: Dell_c0:f6:b0 (00:4e:01:c0:f6:b0), Dst: Dell_c0:f9:79 (00:4e:01:c0:f9:79)
> Internet Protocol Version 4, Src: 10.10.220.98, Dst: 10.10.220.218
v Transmission Control Protocol, Src Port: 21, Dst Port: 58607, Seq: 1, Ack: 1, Len: 38
    Source Port: 21
    Destination Port: 58607
    [Stream index: 46]
    [TCP Segment Len: 38]
    Sequence Number: 1    (relative sequence number)
    Sequence Number (raw): 587114689
    [Next Sequence Number: 39    (relative sequence number)]
    Acknowledgment Number: 1    (relative ack number)
    Acknowledgment number (raw): 970079565
    0101 .... = Header Length: 20 bytes (5)
  > Flags: 0x018 (PSH, ACK)
    Window: 513
```

◎ 图 7.26　TCP 数据传输

步骤 6：TCP 连接的释放。

当一条 TCP 连接的双方数据通信完毕后，任何一方都可以发起连接释放请求。

第 1 次挥手：客户主机关闭与服务器之间的 TCP 连接，客户主机向服务器发送一个 TCP 关闭确认（FIN+ACK）报文段，如图 7.27 所示。此时，Seq=67，Ack=249。

```
No.   Time       Source          Destination     Protocol Length Info
  759 34.395591  10.10.220.98    10.10.220.218   TCP      60 20 → 58609 [FIN, ACK] Seq=428 Ack=1 Win=10485760 Len=0
  760 34.395632  10.10.220.218   10.10.220.98    TCP      54 58609 → 20 [ACK] Seq=1 Ack=429 Win=261632 Len=0
  761 34.395658  10.10.220.218   10.10.220.98    TCP      54 58609 → 20 [FIN, ACK] Seq=1 Ack=429 Win=261632 Len=0
  762 34.395937  10.10.220.98    10.10.220.218   FTP      114 Response: 226 Transfer complete. 427 bytes transferred. 0.42 KB/sec.
  763 34.395960  10.10.220.218   10.10.220.98    TCP      54 58608 → 21 [ACK] Seq=109 Ack=412 Win=261632 Len=0
  764 34.396313  10.10.220.98    10.10.220.218   TCP      60 20 → 58609 [ACK] Seq=429 Ack=2 Win=10485760 Len=0
  766 34.473098  10.10.220.218   10.10.220.98    TCP      54 58607 → 21 [FIN, ACK] Seq=67 Ack=249 Win=261888 Len=0
  767 34.474096  10.10.220.98    10.10.220.218   TCP      60 21 → 58607 [ACK] Seq=249 Ack=68 Win=131328 Len=0
  768 34.474751  10.10.220.98    10.10.220.218   TCP      60 21 → 58607 [FIN, ACK] Seq=249 Ack=68 Win=131328 Len=0
  769 34.474793  10.10.220.218   10.10.220.98    TCP      54 58607 → 21 [ACK] Seq=68 Ack=250 Win=261888 Len=0
> Frame 766: 54 bytes on wire (432 bits), 54 bytes captured (432 bits) on interface \Device\NPF_{16F422F7-E8A7-4860-9FF7-56D3311165EB}, id 0
> Ethernet II, Src: Dell_c0:f9:79 (00:4e:01:c0:f9:79), Dst: Dell_c0:f6:b0 (00:4e:01:c0:f6:b0)
> Internet Protocol Version 4, Src: 10.10.220.218, Dst: 10.10.220.98
v Transmission Control Protocol, Src Port: 58607, Dst Port: 21, Seq: 67, Ack: 249, Len: 0
    Source Port: 58607
    Destination Port: 21
    [Stream index: 46]
    [TCP Segment Len: 0]
    Sequence Number: 67    (relative sequence number)
    Sequence Number (raw): 970079631
    [Next Sequence Number: 68    (relative sequence number)]
    Acknowledgment Number: 249    (relative ack number)
    Acknowledgment number (raw): 587114937
    0101 .... = Header Length: 20 bytes (5)
  > Flags: 0x011 (FIN, ACK)
    Window: 1023
```

◎ 图 7.27　TCP 连接释放之第 1 次挥手

第 2 次挥手：服务器收到客户主机的 58607 端口发来的 TCP 关闭确认（FIN+ACK）报文段，对其进行确认。此时，Seq=249，Ack=68，如图 7.28 所示。

```
No.   Time       Source          Destination     Protocol Length Info
  759 34.395591  10.10.220.98    10.10.220.218   TCP      60 20 → 58609 [FIN, ACK] Seq=428 Ack=1 Win=10485760 Len=0
  760 34.395632  10.10.220.218   10.10.220.98    TCP      54 58609 → 20 [ACK] Seq=1 Ack=429 Win=261632 Len=0
  761 34.395658  10.10.220.218   10.10.220.98    TCP      54 58609 → 20 [FIN, ACK] Seq=1 Ack=429 Win=261632 Len=0
  762 34.395937  10.10.220.98    10.10.220.218   FTP      114 Response: 226 Transfer complete. 427 bytes transferred. 0.42 KB/sec.
  763 34.395960  10.10.220.218   10.10.220.98    TCP      54 58608 → 21 [ACK] Seq=109 Ack=412 Win=261632 Len=0
  764 34.396313  10.10.220.98    10.10.220.218   TCP      60 20 → 58609 [ACK] Seq=429 Ack=2 Win=10485760 Len=0
  766 34.473098  10.10.220.218   10.10.220.98    TCP      54 58607 → 21 [FIN, ACK] Seq=67 Ack=249 Win=261888 Len=0
  767 34.474096  10.10.220.98    10.10.220.218   TCP      60 21 → 58607 [ACK] Seq=249 Ack=68 Win=131328 Len=0
  768 34.474751  10.10.220.98    10.10.220.218   TCP      60 21 → 58607 [FIN, ACK] Seq=249 Ack=68 Win=131328 Len=0
  769 34.474793  10.10.220.218   10.10.220.98    TCP      54 58607 → 21 [ACK] Seq=68 Ack=250 Win=261888 Len=0
> Frame 767: 60 bytes on wire (480 bits), 60 bytes captured (480 bits) on interface \Device\NPF_{16F422F7-E8A7-4860-9FF7-56D3311165EB}, id 0
> Ethernet II, Src: Dell_c0:f6:b0 (00:4e:01:c0:f6:b0), Dst: Dell_c0:f9:79 (00:4e:01:c0:f9:79)
> Internet Protocol Version 4, Src: 10.10.220.98, Dst: 10.10.220.218
v Transmission Control Protocol, Src Port: 21, Dst Port: 58607, Seq: 249, Ack: 68, Len: 0
    Source Port: 21
    Destination Port: 58607
    [Stream index: 46]
    [TCP Segment Len: 0]
    Sequence Number: 249    (relative sequence number)
    Sequence Number (raw): 587114937
    [Next Sequence Number: 249    (relative sequence number)]
    Acknowledgment Number: 68    (relative ack number)
    Acknowledgment number (raw): 970079632
    0101 .... = Header Length: 20 bytes (5)
  > Flags: 0x010 (ACK)
    Window: 513
```

◎ 图 7.28　TCP 连接释放之第 2 次挥手

第 3 次挥手：服务器的 21 端口发送给客户主机 TCP 关闭确认（FIN+ACK）报文段，表明此报文为最后一个数据报，如图 7.29 所示。

```
No.   Time       Source          Destination     Protocol Length Info
  759 34.395591  10.10.220.98    10.10.220.218   TCP      60 20 → 58609 [FIN, ACK] Seq=428 Ack=1 Win=10485760 Len=0
  760 34.395632  10.10.220.218   10.10.220.98    TCP      54 58609 → 20 [ACK] Seq=1 Ack=429 Win=261632 Len=0
  761 34.395658  10.10.220.218   10.10.220.98    TCP      54 58609 → 20 [FIN, ACK] Seq=1 Ack=429 Win=261632 Len=0
  762 34.395937  10.10.220.98    10.10.220.218   FTP      114 Response: 226 Transfer complete. 427 bytes transferred. 0.42 KB/sec.
  763 34.395960  10.10.220.218   10.10.220.98    TCP      54 58608 → 21 [ACK] Seq=109 Ack=412 Win=261632 Len=0
  764 34.396313  10.10.220.98    10.10.220.218   TCP      60 20 → 58609 [ACK] Seq=429 Ack=2 Win=10485760 Len=0
  766 34.473098  10.10.220.218   10.10.220.98    TCP      54 58607 → 21 [FIN, ACK] Seq=67 Ack=249 Win=261888 Len=0
  767 34.474096  10.10.220.98    10.10.220.218   TCP      60 21 → 58607 [ACK] Seq=249 Ack=68 Win=131328 Len=0
  768 34.474751  10.10.220.98    10.10.220.218   TCP      60 21 → 58607 [FIN, ACK] Seq=249 Ack=68 Win=131328 Len=0
  769 34.474793  10.10.220.218   10.10.220.98    TCP      54 58607 → 21 [ACK] Seq=68 Ack=250 Win=261888 Len=0
> Frame 768: 60 bytes on wire (480 bits), 60 bytes captured (480 bits) on interface \Device\NPF_{16F422F7-E8A7-4860-9FF7-56D3311165EB}, id 0
> Ethernet II, Src: Dell_c0:f6:b0 (00:4e:01:c0:f6:b0), Dst: Dell_c0:f9:79 (00:4e:01:c0:f9:79)
> Internet Protocol Version 4, Src: 10.10.220.98, Dst: 10.10.220.218
v Transmission Control Protocol, Src Port: 21, Dst Port: 58607, Seq: 249, Ack: 68, Len: 0
    Source Port: 21
    Destination Port: 58607
    [Stream index: 46]
    [TCP Segment Len: 0]
    Sequence Number: 249    (relative sequence number)
    Sequence Number (raw): 587114937
    [Next Sequence Number: 250    (relative sequence number)]
    Acknowledgment Number: 68    (relative ack number)
    Acknowledgment number (raw): 970079632
    0101 .... = Header Length: 20 bytes (5)
  > Flags: 0x011 (FIN, ACK)
    Window: 513
```

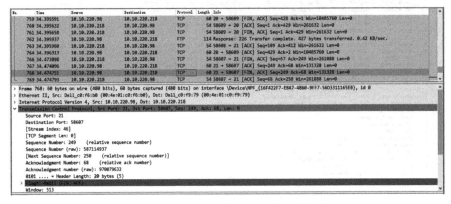

◎ 图 7.29　TCP 连接释放之第 3 次挥手

第 4 次挥手：客户主机向服务器发送一个 TCP 确认（ACK）报文段，如图 7.30 所示。此时，客户主机进入 CLOSED 状态；服务器收到该报文段后，连接正式关闭（释放）。

```
No.  Time       Source          Destination     Protocol Length Info
759 34.395591  10.10.220.98    10.10.220.218   TCP      60 20 → 58609 [FIN, ACK] Seq=428 Ack=1 Win=10485760 Len=0
760 34.395632  10.10.220.218   10.10.220.98    TCP      54 58609 → 20 [ACK] Seq=1 Ack=429 Win=261632 Len=0
761 34.395658  10.10.220.218   10.10.220.98    TCP      54 58609 → 20 [FIN, ACK] Seq=1 Ack=429 Win=261632 Len=0
762 34.395937  10.10.220.98    10.10.220.218   FTP      114 Response: 226 Transfer complete. 427 bytes transferred. 0.42 KB/sec.
763 34.395960  10.10.220.218   10.10.220.98    TCP      54 58608 → 21 [ACK] Seq=109 Ack=412 Win=261632 Len=0
764 34.396313  10.10.220.98    10.10.220.218   TCP      60 20 → 58609 [ACK] Seq=429 Ack=2 Win=10485760 Len=0
766 34.473098  10.10.220.218   10.10.220.98    TCP      54 58607 → 21 [FIN, ACK] Seq=67 Ack=249 Win=261888 Len=0
767 34.474096  10.10.220.98    10.10.220.218   TCP      60 21 → 58607 [ACK] Seq=249 Ack=68 Win=131328 Len=0
768 34.474751  10.10.220.98    10.10.220.218   TCP      60 21 → 58607 [FIN, ACK] Seq=249 Ack=68 Win=131328 Len=0
769 34.474793  10.10.220.218   10.10.220.98    TCP      54 58607 → 21 [ACK] Seq=68 Ack=250 Win=261888 Len=0
> Frame 769: 54 bytes on wire (432 bits), 54 bytes captured (432 bits) on interface \Device\NPF_{16F422F7-E8A7-4860-9FF7-56D3311165E8}, id 0
> Ethernet II, Src: Dell_c0:f9:79 (00:4e:01:c0:f9:79), Dst: Dell_c0:f6:b0 (00:4e:01:c0:f6:b0)
> Internet Protocol Version 4, Src: 10.10.220.218, Dst: 10.10.220.98
v Transmission Control Protocol, Src Port: 58607, Dst Port: 21, Seq: 68, Ack: 250, Len: 0
    Source Port: 58607
    Destination Port: 21
    [Stream index: 46]
    [TCP Segment Len: 0]
    Sequence Number: 68    (relative sequence number)
    Sequence Number (raw): 970079632
    [Next Sequence Number: 68    (relative sequence number)]
    Acknowledgment Number: 250    (relative ack number)
    Acknowledgment number (raw): 587114938
    0101 .... = Header Length: 20 bytes (5)
  > Flags: 0x010 (ACK)
    Window: 1023
```

◎ 图 7.30　TCP 连接释放之第 4 次挥手

步骤 7：TCP 序号和确认号分析。

从图 7.23 ～图 7.30 中可以看出，FTP 服务器登录过程共包含 3 步建立连接、4 步释放连接过程。观察图 7.23 ～图 7.30，分析 TCP 序号和确认号，结果如表 7.3 所示。

表 7.3　TCP 序号和确认号

		SYN	FIN	Ack	Seq	Ack	数据
1	客户主机	1		0	0	0	
2	服务器	1		0	0	1	
3	客户主机			1	1	1	
4	客户主机				1	1	100
5	服务器				1	1	
6	客户主机				1	101	113
7	服务器						
8	客户主机						
9	客户主机	1	1		101	114	
10	服务器			1	114	102	
11	服务器		1	1	114	102	
12	客户主机			1	102	114	

学以致用

7.8　技能训练 3：常用命令

7.8.1　netstat 命令

netstat 命令可以显示当前活动的 TCP 连接、计算机侦听的端口、以太网统计信息、IP 路由表、IPv4 统计信息（对于 IP、ICMP、TCP 和 UDP）、IPv6 统计信息（对于 IPv6、ICMPv6、通过 IPv6 的 TCP 和通过 IPv6 的 UDP）。

1. netstat 命令格式

netstat 命令格式（可输入 netstat/?）如下：

```
C:\Users\sx306>netstat/?
显示协议统计信息和当前 TCP/IP 网络连接。
NETSTAT [-a] [-b] [-e] [-f] [-n] [-o] [-p proto] [-r] [-s] [-t] [-x] [-y] [interval]
主要选项说明如下：
 -a        显示所有连接和侦听端口。
 -e        显示以太网统计信息。此选项可以与 -s 选项结合使用。
 -n        以数字形式显示地址和端口号。
……
 -r        显示路由表。
……
```

2. 常用选项使用

首先在浏览器中访问 www.baidu.com.cn，然后用 ping 命令访问 www.baidu.com.cn：

```
C:\Users\xxx>ping www.baidu.com.cn
正在 Ping www.baidu.com.cn [39.156.66.18] 具有 32 字节的数据 :
来自 39.156.66.18 的回复 : 字节 =32 时间 =18ms TTL=50
……
39.156.66.18 的 Ping 统计信息 :
  数据包 : 已发送 = 4，已接收 = 4，丢失 = 0 (0% 丢失 )，
往返行程的估计时间 ( 以毫秒为单位 ):
  最短 = 17ms，最长 = 18ms，平均 = 17ms
C:\Users\xxx>
```

（1）-a 选项，显示所有连接和侦听端口：

```
C:\Users\xxx>netstat -a
活动连接
  协议  本地地址             外部地址                状态
  协议  本地地址             外部地址                状态
 TCP   0.0.0.0:135           DESKTOP-01BGA3J:0       LISTENING
 TCP   0.0.0.0:445           DESKTOP-01BGA3J:0       LISTENING
……
 TCP   192.168.1.9:139       DESKTOP-01BGA3J:0       LISTENING
 TCP   192.168.1.9:49843     20.197.71.89:https      ESTABLISHED
……
 TCP   192.168.1.9:51352     39.156.165.32:http      TIME_WAIT
 TCP   192.168.1.9:51354     120.233.20.242:36688    TIME_WAIT
 TCP   192.168.1.9:51355     .:http                  TIME_WAIT
 TCP   192.168.1.9:51357     20.49.150.241:https     TIME_WAIT
 TCP   [::]:135              DESKTOP-01BGA3J:0       LISTENING
 TCP   [::]:445              DESKTOP-01BGA3J:0       LISTENING
……
```

```
UDP  0.0.0.0:123                      *:*
UDP  0.0.0.0:3702                     *:*
……
UDP  192.168.1.9:137                  *:*
……
UDP  [::]:123                         *:*
……
UDP  [fe80::80b2:6008:1379:8b40%5]:1900 *:*
UDP  [fe80::80b2:6008:1379:8b40%5]:60985 *:*
```

注：

协议：TCP、UDP。

本地地址：由本地地址和端口号组成。

外部地址：由远程地址和端口号组成。

状态：LISTENING（侦听）、ESTABLISHED（已连接）、TIME_WAIT、FIN_WAIT_1 等。

（2）-n 选项，以数字形式显示地址和端口号：

```
C:\Users\xxx>netstat -n
活动连接
 协议  本地地址              外部地址                状态
 TCP   127.0.0.1:49679       127.0.0.1:49680         ESTABLISHED
 TCP   127.0.0.1:49680       127.0.0.1:49679         ESTABLISHED
 TCP   192.168.1.9:49843     20.197.71.89:443        ESTABLISHED
 TCP   192.168.1.9:49992     221.181.99.18:8080      ESTABLISHED
 TCP   192.168.1.9:50804     23.200.152.10:443       CLOSE_WAIT
 TCP   192.168.1.9:50805     117.18.237.29:80        CLOSE_WAIT
 TCP   192.168.1.9:51283     180.184.71.10:80        ESTABLISHED
 TCP   192.168.1.9:51317     20.198.162.78:443       ESTABLISHED
 TCP   192.168.1.9:51367     111.30.176.72:80        ESTABLISHED
 TCP   192.168.1.9:51409     39.156.165.33:80        TIME_WAIT
 TCP   192.168.1.9:51420     39.145.24.60:80         TIME_WAIT
 TCP   192.168.1.9:51422     120.233.20.242:36688    TIME_WAIT
 TCP   192.168.1.9:51428     192.168.1.104:7680      SYN_SENT
C:\Users\xxx>
```

（3）-r 选项，显示路由表：

```
C:\Users\xxx>netstat -r
===========================================================================
接口列表
17...8c 8c aa 57 8e 75 ......Intel(R) Ethernet Connection (11) I219-LM
12...0c 37 96 0b 4f 99 ......Realtek USB GbE Family Controller
 4...34 2e b7 ac 30 01 ......Microsoft Wi-Fi Direct Virtual Adapter
18...36 2e b7 ac 30 00 ......Microsoft Wi-Fi Direct Virtual Adapter #2
 5...34 2e b7 ac 30 00 ......Intel(R) Wi-Fi 6 AX201 160MHz
10...34 2e b7 ac 30 04 ......Bluetooth Device (Personal Area Network)
 1...........................Software Loopback Interface 1
```

```
===========================================================================
IPv4 路由表
===========================================================================
活动路由：
   网络目标           网络掩码          网关           接口        跃点数
    0.0.0.0            0.0.0.0      192.168.1.1      192.168.1.9      35
   127.0.0.0          255.0.0.0        在链路上        127.0.0.1      331
   127.0.0.1    255.255.255.255        在链路上        127.0.0.1      331
 127.255.255.255  255.255.255.255      在链路上        127.0.0.1      331
   192.168.1.0      255.255.255.0      在链路上      192.168.1.9      291
   192.168.1.9    255.255.255.255      在链路上      192.168.1.9      291
  192.168.1.255   255.255.255.255      在链路上      192.168.1.9      291
   224.0.0.0          240.0.0.0        在链路上        127.0.0.1      331
   224.0.0.0          240.0.0.0        在链路上      192.168.1.9      291
 255.255.255.255  255.255.255.255      在链路上        127.0.0.1      331
 255.255.255.255  255.255.255.255      在链路上      192.168.1.9      291
===========================================================================
永久路由：
  无
IPv6 路由表
===========================================================================
活动路由：
 接口 跃点数 网络目标                        网关
  1    331  ::1/128                          在链路上
  5    291  fe80::/64                        在链路上
  5    291  fe80::80b2:6008:1379:8b40/128    在链路上
  1    331  ff00::/8                         在链路上
  5    291  ff00::/8                         在链路上
===========================================================================
永久路由：
```

7.8.2　nbtstat 命令

nbtstat 命令可以显示基于 TCP/IP 的 NetBIOS (NetBT) 协议统计资料、本地计算机和远程计算机的 NetBIOS 名称表与 NetBIOS 名称缓存。nbtstat 可以刷新 NetBIOS 名称缓存和使用 Windows Internet 名称服务（WINS）注册的名称。

1. nbstat 命令格式

netstat 命令格式（可输入 nbtstat/?）如下：

```
C:\Users\xxx>nbtstat/?
显示协议统计和当前使用 NBI 的 TCP/IP 连接 ( 在 TCP/IP 上的 NetBIOS)。
NBTSTAT [ [-a RemoteName] [-A IP address] [-c] [-n]
        [-r] [-R] [-RR] [-s] [-S] [interval] ]
```

主要选项说明如下：

```
 -a （适配器状态）        列出指定名称的远程机器的名称表
```

-A（适配器状态）　　列出指定 IP 地址的远程机器的名称表。
-c（缓存）　　列出远程 [计算机] 名称及其 IP 地址的 NBT 缓存
-n（名称）　　列出本地 NetBIOS 名称。
……

其中：

RemoteName　　远程主机计算机名。
IP address　　用点分隔的十进制表示的 IP 地址。
interval　　重新显示选定的统计、每次显示之间暂停的间隔秒数。按 Ctrl+C 停止重新显示统计。

2. 常用选项的使用

要显示本地计算机的 NetBIOS 名称表，请键入 nbtstat -n 命令：

```
C:\Users\xxx>nbtstat -n
以太网 2:
节点 IP 地址 : [0.0.0.0] 范围 ID: []
  缓存中没有名称
……
WLAN:
节点 IP 地址 : [192.168.1.9] 范围 ID: []
            NetBIOS 本地名称表
       名称              类型       状态
   ----------------------------------------------------------------
   DESKTOP-01BGA3J<20>   唯一       已注册
   DESKTOP-01BGA3J<00>   唯一       已注册
   WORKGROUP      <00>   组         已注册
本地连接 * 1:
节点 IP 地址 : [0.0.0.0] 范围 ID: []
  缓存中没有名称
```

习题

一、选择题

1. TCP/IP 标准中能表现端到端传输的是哪一层？（　　）

A. 应用层　　B. 传输层　　C. 网际层　　D. 网络接口层

2. 在 TCP/IP 协议族中，UDP 工作在（　　）。

A. 应用层　　B. 传输层　　C. 网际层　　D. 网络接口层

3. 为了保证数据传输的可靠性，TCP 采用了对什么进行确认的机制？（　　）

A. 报文段　　B. 分组　　C. 字节　　D. 比特

4. 滑动窗口的作用是进行（　　）。

A. 流量控制　　B. 拥塞控制　　C. 路由控制　　D. 差错控制

5. 在 TCP 中，发送方的窗口大小取决于（　　）。

A. 仅接收方允许的窗口　　B. 接收方允许的窗口和发送方允许的窗口

C．接收方允许的窗口和拥塞窗口　　D．发送方允许的窗口和拥塞窗口

6．在 3 次握手过程中，第 2 次握手时发送的报文段中的什么标志位被置为 1？（　　）

A．SYN　　B．ACK　　C．ACK 和 RST　　D．SYN 和 ACK

7．关于 TCP 和 UDP，下列哪种说法是错误的？（　　）

A．TCP 和 UDP 的端口号是相互独立的

B．TCP 和 UDP 的端口号是完全相同的，没有本质区别

C．在利用 TCP 发送数据前，需要与对方建立一条 TCP 连接

D．在利用 UDP 发送数据前，不需要与对方建立连接

8．3 次握手方法用于（　　）。

A．传输层连接的建立　　B．数据链路层的流量控制

C．传输层的重复检测　　D．传输层的流量控制

9．传输层可以通过什么标识不同的应用？（　　）

A．物理地址　　B．端口号　　C．IP 地址　　D．逻辑地址

10．UDP 用户数据报首部中不包含（　　）。

A．UDP 源端口号　　B．UDP 目的端口号

C．UDP 检验和　　D．UDP 用户数据报首部长度

11．TCP 是互联网中的<u>（1）</u>协议，使用<u>（2）</u>次握手协议建立连接。当主动方发出 SYN 连接请求后，等待对方回答<u>（3）</u>。这种建立连接的方法可以防止<u>（4）</u>。TCP 使用的流量控制协议是<u>（5）</u>。

（1）A．传输层　　B．网络层　　C. 会话层　　D．应用层

（2）A．1　　B．2　　C．3　　D．4

（3）A．SYN，ACK　　B．FIN，ACK　　C．PSH，ACK　　D．RST，ACK

（4）A．出现半连接　　B．无法连接

C．假冒的连接　　D．产生错误的连接

（5）A．固定大小的滑动窗口协议　　B．可变大小的滑动窗口协议

C．后退 N 帧的 ARQ 协议　　D．选择重发 ARQ 协议

二、问答题

1．传输层在 TCP/IP 协议栈中有何作用？为什么传输层是必不可少的？

2．传输层的通信和网络层的通信有什么区别？

3．TCP/IP 参考模型的传输层有哪两个协议？各自的功能是什么？

4．为什么说 UDP 是面向报文的，而 TCP 是面向字节流的？

5．UDP 和 IP 的不可靠程度是否相同？

6．UDP 用户数据报的最小长度是多少？用最小长度的 UDP 用户数据报构成的最短 IP 数据报的长度是多少？

7．某用户使用 UDP 将数据发送给服务器，数据共 16 字节。

（1）请计算在传输层的传输效率（有用字节与总字节之比）。

（2）请计算在网络层的传输效率（假定 IP 首部无选项）。

（3）请计算在数据链路层的传输效率（假定 IP 首部无选项，在数据链路层使用以太网）。

8．一个 UDP 用户数据报的首部的十六进制形式表示为 08 32 00 45 1A E3 18。试求源端口、

目的端口、数据报的总长度、数据部分长度。这个数据报是从客户主机发给服务器的还是从服务器发送给客户主机的？使用 UDP 的这个服务器程序是什么？

9．某用户有 67000 字节的分组，试说明怎样使用 UDP 用户数据报传送这个分组。

10．端口和套接字有何作用？为什么端口要划分为 3 种？

11．为什么在 TCP 首部中要把 TCP 端口号放入最开始的 4 字节中？

12．为什么在 TCP 首部中有一个首部长度字段？UDP 的首部中为什么没有这个字段？

13．一个 TCP 报文段的数据包最多有多少字节？为什么？如果用户要传送的数据的字段长度超过 TCP 报文段中的序号字段可能编出的最大序号，请问还能否用 TCP 来传送？

14．主机 A 向主机 B 发送 TCP 报文段，首部中的源端口是 X 而目的端口是 Y。当主机 B 向主机 A 发送回信时，其 TCP 报文段的首部中的源端口和目的端口分别是多少？

15．TCP 连接有哪几个过程？

16．TCP 传送数据时是否要规定一个最大重传次数？

17．在 TCP 中，如何实现数据的可靠传输？

18．在 TCP 中，如何实现流量控制和拥塞控制？

19．一个 UDP 用户数据报的数据字段为 8295 字节。在数据链路层要使用以太网来传送。试问应当将该数据报划分为几个 IP 数据报分片？说明每个 IP 数据报分片的数据字段长度和片偏移字段的值。

20．主机 A 向主机 B 发送一个很长的文件，其长度为 L 字节。假定 TCP 使用的 MSS 为 1460 字节。

（1）在 TCP 的序号不重复使用的条件下，L 的最大值是多少？

（2）假定使用上面计算出的文件长度，而传输层、网络层和数据链路层所用的首部开销共 66 字节，链路的数据率为 100Mbit/s，则这个文件所需的最短传输时间是多少？

21．主机 A 向主机 B 连续发送了两个 TCP 报文段，其序号分别是 70 和 100。试问：

（1）第 1 个报文段携带了多少字节的数据？

（2）主机 B 收到第 1 个报文段后发回的确认中的确认号应当是多少？

（3）如果主机 B 收到第 2 个报文段后发回的确认中的确认号是 180，则主机 A 发送的第 2 个报文段中的数据有多少字节？

（4）假设主机 A 发送的第 1 个报文段丢失了，但第 2 个报文段到达了主机 B，主机 B 在第 2 个报文段到达后向主机 A 发送确认，请问这个确认号应为多少？

22．通信信道带宽为 1Gbit/s，端到端传播时延为 10ms，TCP 的发送窗口为 65535 字节。请问可能达到的最大吞吐量是多少？信道的利用率是多少？

23．在 TCP 进行流量控制时，以分组的丢失为产生拥塞的标志。是否存在不是因拥塞而出现分组丢失的情况？若存在，请举例说明。

24．用 TCP 传送 512 字节的数据，设窗口大小为 100 字节，而 TCP 报文段每次也传送 100 字节的数据。设发送方和接收方的起始序号分别为 100 与 200，请画出从连接建立到连接释放的工作示意图。

25．假定用 TCP 在 10Gbit/s 的线路上传送数据，如果 TCP 充分利用线路的带宽，那么多长时间后 TCP 会发生序号绕回？

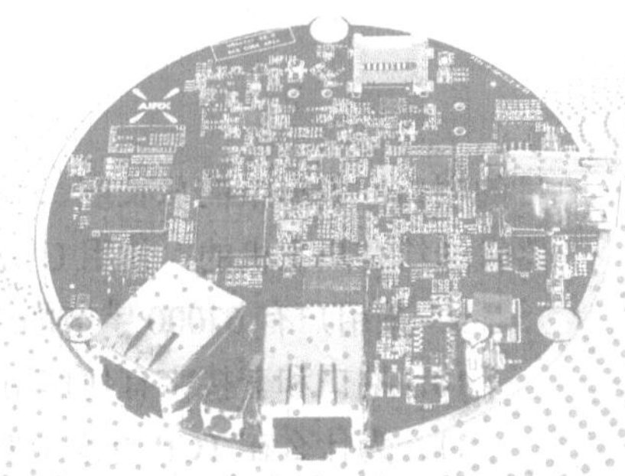

第 8 章

应用层

内容巡航

在第 7 章中，我们已经学习了传输层为应用进程提供端到端的通信服务。在传输层协议之上，还需要有应用层协议（Application Layer Protocol）。每个应用层协议用于解决某一类应用问题，而问题的解决又必须通过位于不同主机中的多个应用进程之间的通信和协同工作来完成。应用进程之间的这种通信必须遵循严格的规则。应用层的具体内容就是精确定义这些通信规则。具体来说，应用层协议应当定义以下规则。

- 应用进程交换的报文类型，如请求报文和应答报文。
- 各种报文类型的语法，如报文中的各个字段及其详细描述。
- 字段的语义，即包含在字段中的信息的含义。
- 进程何时发送报文、如何发送报文，以及对报文进行响应的规则。

内容探究

8.1 应用层概述

8.1.1 网络应用程序体系结构

网络应用之所以能成为计算机网络中发展最快的部分，原因之一就是任何人都可以很方便地开发并运行一个新的网络应用。因为网络应用程序只运行在端系统中，传输层已经为网络应用提供了端到端的进程间的逻辑通信服务，所以网络应用开发者无须考虑各种复杂的网络核心设备（如路由器或数据链路层交换机）。

应用程序体系结构（Application Architecture）由应用程序研发者设计，规定了如何在各种端系统上组织该应用程序。在选择应用程序体系结构时，应用程序研发者很有可能利用现代网络应用程序中所使用的体系结构，主要有以下几种。

1. 客户 / 服务器体系结构

客户 / 服务器（Client/Server，C/S）体系结构包括一个总是运行着的服务器进程和许多有时运行的客户进程。客户进程通过网络向服务器进程请求服务，服务器进程可接受来自多个客户进程的请求，并运行响应以提供服务，而客户进程之间相互不直接通信。客户 / 服务器体系结构的

主要特征有：客户进程是服务请求方，服务器进程是服务提供方；服务器进程总是处于运行状态，并等待客户进程的服务请求；服务器进程具有固定端口号，运行服务器进程的主机具有固定的 IP 地址。

客户 / 服务器体系结构是互联网上传统的最成熟的结构，很多我们熟悉的网络应用采用的都是该体系结构，包括万维网、电子邮件、文件传输等。

注：

这里所说的客户和服务器都是指运行在客户机（客户主机）或服务器上的计算机进程（软件），既不是指计算机使用者（用户或客户），又不是指机器本身。但人们经常把运行客户进程的计算机称为 Client（翻译为客户机或客户计算机），把运行服务器进程的计算机称为 Server（翻译为服务器或服务器计算机）。

2. P2P 体系结构

在一个 P2P 体系结构（P2P Architecture）中，对位于数据中心的专用服务器有最小的（或没有）依赖。相反，应用程序在间断连接的主机对之间直接通信，这些主机对称为对等方。这些对等方并不为服务提供商所有，却为用户控制的桌面机所有，因为这种对等方通信不必通过专门的服务器。该体系结构被称为对等方到对等方的体系结构。

在使用 P2P 应用程序时，网络中运行该应用程序的每台计算机都可以充当在网络中运行该应用程序的其他计算机的客户机或服务器。许多目前流行的、流量密集型应用都是 P2P 体系结构应用，这些应用包括文件共享（如 BitTorrent）、对等方协助下载加速器（如迅雷）、互联网电话和视频会议（如 Skype）。

3. 云计算体系结构

云计算（Cloud Computing）是一种新兴的网络计算模式，改变了传统的计算系统的占有和使用方式。云计算以网络化的方式组织和聚合计算与通信资源，以虚拟化的方式为用户提供可以缩减或扩展规模的计算资源，提升了用户对计算系统的规划、购置、占有和使用的灵活性。用户通过计算机、手机等方式接入数据中心，按自己的需求进行运算。在云计算中，用户所关心的核心问题不再是计算资源本身，而是所能获得的服务，因此，服务问题（服务的提供和使用）是云计算中的核心和关键问题。

云计算是分布式计算（Distributed Computing）、并行计算（Parallel Computing）、效用计算（Utility Computing）、网络存储（Network Storage Technologies）、虚拟化（Virtualization）、负载均衡（Load Balance）、热备份冗余等传统计算机和网络技术发展融合的产物。

在云计算环境下，软件技术、架构将发生显著变化，所开发的软件必须与云相适应，能够与虚拟化为核心的云平台有机结合，适应运算能力、存储能力的动态变化。云计算通过管理、调度与整合分布在网络上的各种资源为大量用户提供服务。通过云计算，用户的应用程序可以在很短的时间内处理 TB 级甚至 PB 级的信息内容，实现与超级计算机同样强大的效能。而用户则按需计量地使用这些服务，从而实现将计算、存储、网络、软件等各种资源作为一种公用设施来提供的目标。

云计算的服务模式仍在不断进化，但业界普遍接受将云计算按照服务的提供方式划分为三大类：SaaS（Software as a Service，软件即服务）、PaaS（Platform as a Service，平台即服务）、IaaS（Infrastructure as a Service，基础架构即服务）。PaaS 基于 IaaS 实现，SaaS 的服务层次又在 PaaS 之上，三者分别用于满足不同的需求。

8.1.2 应用层协议

无论网络应用采用的是客户 / 服务器体系结构还是 P2P 体系结构，客户机和服务器之间都要通过互相通信来完成特定的网络应用任务。

互联网公共领域的标准应用的应用层协议是由 RFC 文档定义的，任何用户都可以使用，如万维网的应用层协议（HTTP）就是由 RFC2616 定义的。如果浏览器开发者遵守 RFC2616 标准，那么所开发出来的浏览器就能够访问任何遵守该标准的万维网服务器，并获取相应的万维网页面。互联网中有很多应用的应用层协议不是公开的，而是专用的，如微信使用的就是专用应用层协议。

请注意，应用层协议与网络应用并不是同一个概念。应用层协议只是网络应用的一部分，如万维网应用是一种基于客户 / 服务器体系结构的网络应用。万维网应用包括万维网浏览器、万维网服务器、万维网文档的格式标准和一个应用层协议。HTTP 定义了在万维网浏览器和万维网服务器之间传送的报文类型、格式和序列等规则。而万维网浏览器如何显示一个万维网页面，以及万维网服务器是用多线程还是多进程来实现的并不是 HTTP 定义的内容。

8.1.3 选择传输层协议

传输层向它上面的应用层提供端到端的通信服务，应用层协议需要利用传输层协议提供的通信服务来完成。互联网的传输层有两个主要协议：TCP 和 UDP。表 7.1 列出了一些流行的互联网所应用的传输层协议。可以看到，电子邮件、远程终端接入、万维网、文件传送采用的是 TCP，而名字转换、路由选择协议等多采用 UDP。

8.2 域名系统

域名系统 DNS

8.2.1 域名系统概述

域名系统（Domain Name System，DNS）是互联网使用的命名系统，用来把便于人们使用的机器名字转换为 IP 地址。DNS 其实就是名字系统，这种系统是用在互联网中的。

当用户与互联网上的某台主机通信时，必须要知道对方的 IP 地址。然而，用户很难记住长达 32 位的二进制形式的主机 IP 地址，即使是点分十进制记法的 IP 地址也并不太容易被记住，更不用说下一代互联网的 128 位二进制形式的 IP 地址了。但在应用层，为了便于用户记忆各种网络应用，更多时候是使用便于用户记忆的主机名字，这时就需要用到 DNS。

当人们在应用软件里面输入一个名字时，计算机用 DNS 解析请求，找到与之对应的 IP 地址。例如，在一台主机上通过 Web 浏览器访问 www.sohu.com（称为主机名），但是最终主机向 IP 地址 61.135.189.164 发送数据包，这个 IP 地址就是 www.sohu.com 的 Web 服务器地址，如图 8.1 所示。

在 ARPANet 时代，整个网络上只有数百台计算机，那时使用一个叫作 hosts 的文件列出所有主机的名字和相应的 IP 地址。只要用户输入一台主机的名字，计算机就可很快地把这台主机的名字转换成机器能够识别的二进制形式的 IP 地址。

从理论上讲，整个互联网可以只使用一个域名服务器，使它装入互联网上所有主机的名字，并回答所有对 IP 地址的查询。然而，这种做法并不可取。因为互联网的规模非常大，这样的域名服务器肯定会因过负荷而无法正常工作，而且一旦域名服务器出现故障，整个互联网就会瘫痪。

因此，互联网采用了层次树状结构的命名方法，并使用分布式的 DNS。

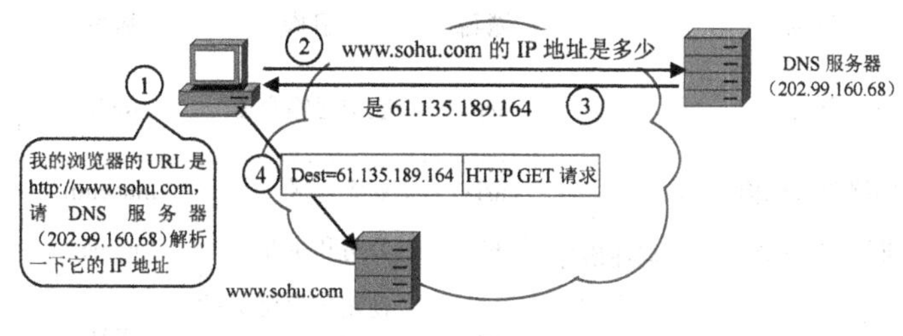

◎ 图 8.1　DNS 解析过程

互联网的 DNS 被设计成一个联机分布式数据库，并采用客户 / 服务器体系结构。DNS 使大多数名字都在本地进行解析，仅少量解析需要在互联网上通信，因此，DNS 的效率很高。由于 DNS 是分布式系统，所以即使单台计算机出现了故障，也不会妨碍整个 DNS 的正常运行。

域名到 IP 地址的解析是由分布在互联网上的许多域名服务器进程共同完成的。域名服务器进程在专设的节点上运行，人们常把运行域名服务器进程的机器称为域名服务器。

8.2.2　互联网的域名结构

前面提到，互联网采用了层次树状结构的命名方法，采用这种命名方法，任何连接在互联网上的主机或路由器都有一个唯一的层次结构的名字，即域名（Domain Name）。这里的“域”（Domain）是名字空间中一个可被管理的划分，域还可以划分为子域，而子域还可以继续划分为子域的子域，这样就形成了顶级域、二级域、三级域等。

从语法上讲，每个域名都是由标号（Label）序列组成的，而各标号之间用点隔开，其格式为：

….三级域名.二级域名.顶级域名

图 8.2 中的域名 www.xpc.edu.cn 就是河北科技工程职业技术学院 Web 的域名。它由 4 个标号组成。其中，标号 cn 是顶级域名，标号 edu 是二级域名，标号 xpc 是三级域名，标号 www 是四级域名。

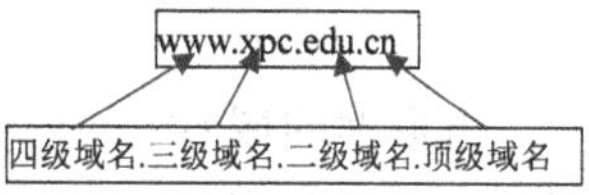

www.xpc.edu.cn

四级域名.三级域名.二级域名.顶级域名

◎ 图 8.2　域名结构

1. 标号命名规定

DNS 规定，域名中的标号都是由英文字母和数字组成的，每个标号不超过 63 个字符（一般为了记忆，不要超过 12 个字符），也不区分大小写。标号中除连字符（-）外，不能使用其他的标点符号。级别最低的域名写在最左边，级别最高的域名写在最右边。由多个标号组成的完整域名总共不超过 255 个字符。

DNS 既不规定一个域名需要包含多少个下级域名，又不规定每级的域名代表什么意思。各级域名由其上一级的域名管理机构管理，而顶级域名则由 ICANN（互联网名称与数字地址分配机构）管理。这样就保证了每个域名在整个互联网范围内都是唯一的，并且也容易设计出一种查找域名的机制。

2. 顶级域名

原来的顶级域名共分为以下三大类。

（1）国家顶级域名：指示国家区域，如 .cn 代表中国，.us 代表美国，.uk 代表英国，等等。有时一个地区也给了其顶级域名，如 .hk 代表中国香港特别行政区，.tw 代表中国台湾省。

（2）通用顶级域名：截至目前，通用顶级域名包括最先确定的 7 个和后面增加的 13 个，如表 8.1 所示。

表 8.1 通用顶级域名

	域名	机构		域名	机构	域名	机构
最先确定的 7 个通用顶级域名	com	公司企业	后面增加的 13 个通用顶级域名	aero	航空运输企业	mobi	移动产品与服务的用户和提供者
	net	网络服务机构		asia	亚太地区	museum	博物馆
	org	非营利性组织		biz	公司和企业	name	个人
	int	国际组织		cat	使用加泰隆人的语言和文化团体	pro	有证书的专业人员
	edu	美国专用的教育机构		coop	合作团体	tel	股份有限公司
	gov	美国的政府机构		info	各种情况	travel	旅游业
	mil	美国的军事部门		jobs	人力资源管理者	—	—

（3）基础结构域名：只有一个，即 arpa，用于反向域名解析，因此又称反向域名。

从 2013 年开始，任何公司、机构都有权向 ICANN 申请新的顶级域名，同时增加了中文顶级域名。

在国家顶级域名下注册的二级域名均由该国家自行确定。例如，顶级域名为 jp 的日本将其教育的二级域名定为 ac，而不用 edu。

3. 中国域名结构

我国把二级域名划分为类别域名和行政区域名两大类。

（1）类别域名：共 7 个，分别是 ac（科研机构）、com（工、商、金融等企业）、edu（教育机构）、gov（政府机构）、mil（国防机构）、net（提供互联网络服务的机构）、org（非营利性组织）。

（2）行政区域名：共 34 个，适用于我国的各省、自治区、直辖市，如 bj（北京市）、hb（河北省）等。

我国的互联网发展现状及各种规定均可在 CNNIC 官网上找到。

4. 互联网的域名空间

互联网的域名空间使用域名树的结构，如图 8.3 所示。它实际上是一棵倒过来的树，最上面是根（没有名字），根下面的一级节点就是顶级域名。顶级域名可往下划分子域，即二级域名。再往下划分就是三级域名、四级域名等。

在图 8.3 中，顶级域名列出了 aero、asia、com、net、org、edu、gov、cn、uk、jp，并列出了在顶级域名 com 和 cn 下注册的单位获得的二级域名，如 ccb（中国建设银行）、huawei（华为技术有限公司）、hb（河北省）、bj（北京市）、edu（中国的教育机构）等，在某个二级域名下注册的单位就可以获得一个三级域名。图 8.3 中给出的在 edu 下的三级域名有 xpc（河北工程职业技术大学）、tsinghua（清华大学）和 pku（北京大学）。一旦某个单位拥有了一个域名，它就可以自己决定是否要进一步划分其下属的子域，并且不必由其上级机构批准。在图 8.3 中，huawei 和 xpc 都分别划分了自己的下一级的域名 www、mail、ftp（分别是三级域名和四级域名）。域名树的叶子就是单台计算机的名字，它不能继续往下划分子域。huawei 和 xpc 都各有一台计算机取名为 www，但它们的域名不一样，huawei 的域名是 www.huawei.com，xpc 的域名是 www.xpc.edu.cn。

互联网的名字空间是按照机构的组织来划分的，与物理网络无关，与 IP 地址中的子网也无关。

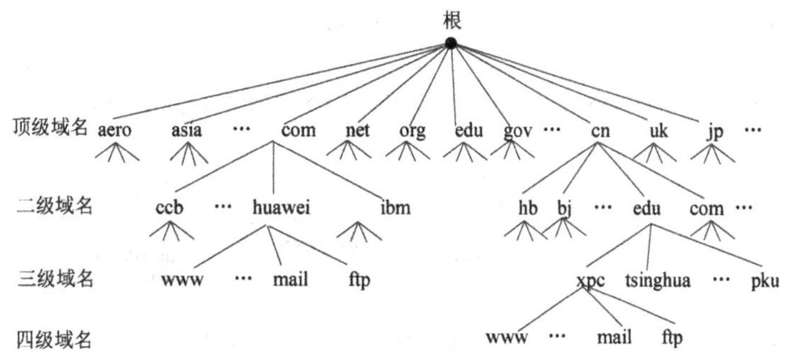

◎ 图 8.3 互联网的域名空间

8.2.3 域名服务器

在图 8.3 中，互联网的 DNS 的具体实现是使用分布在各地的 DNS 服务器。

1. DNS 服务器的管辖范围

为了提高 DNS 的运行效率，就不能为图 8.3 相对应的域名树每级的域名都分配一个对应的 DNS 服务器。DNS 采用划分分区的方法来解决这个问题。

一个 DNS 服务器负责管辖（或有权限）的范围叫作区（Zone）。各单位根据具体情况来划分自己管辖区域的区，但一个区中的所有节点必须是能够连通的。每个区设置相应的权限 DNS 服务器，用来保存该区中所有主机的域名到 IP 地址的映射。总之，DNS 服务器的管辖范围不是以域为单位而是以区为单位的。区是 DNS 服务器实际管辖的范围。区可能等于或小于域，但一定不能大于域。

如图 8.4 所示，假定 a 公司有下属二级部门 g 和 h，部门 g 下面又分 3 个三级部门 x、y 和 z，而二级部门 h 下面只有 1 个三级部门 u。图 8.4（a）表示 a 公司只设一个区 a.com。这时域 a.com 和区 a.com 的区域相同。在图 8.4（b）中，a 公司划分了两个区：a.com 和 h.a.com。这两个区都隶属于域 a.com，都设置了各自相应的权限 DNS 服务器。

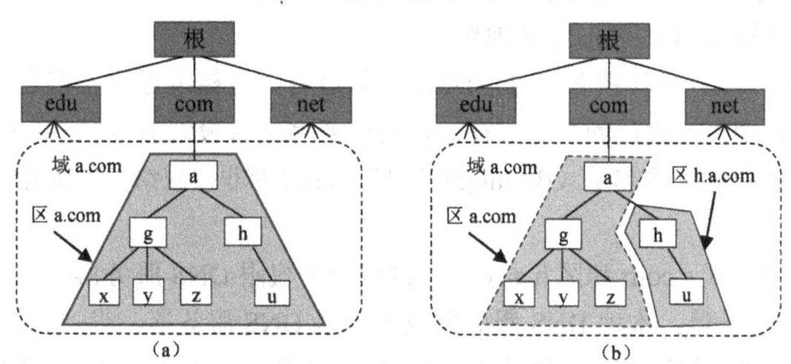

◎ 图 8.4 DNS 服务器管辖区的划分

根据图 8.3，给出 DNS 服务器树状结构图，如图 8.5 所示。这种 DNS 服务器树状结构图可以更精确地反映 DNS 的分布式结构。图 8.5 中的每个 DNS 服务器都能够进行部分域名到 IP 地址的解析。当某个 DNS 服务器不能进行域名到 IP 地址的解析时，它就设法找互联网上的其他 DNS 服务器进行解析。

从图 8.5 中可以看出，互联网上的 DNS 服务器也是按照层次安排的。每个 DNS 服务器都只对域名体系中的一部分进行管辖。

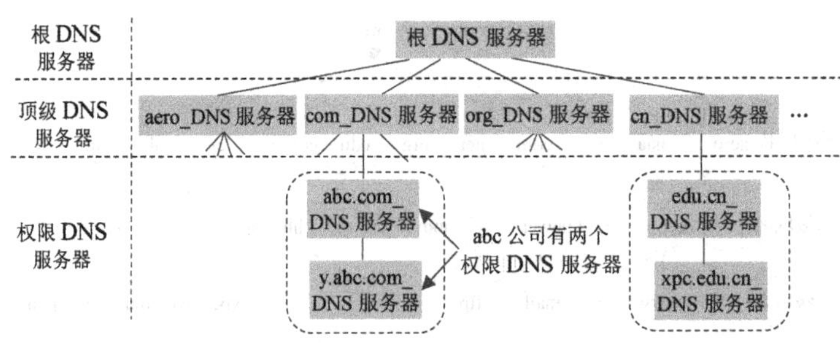

◎ 图 8.5　DNS 服务器树状结构图

2. DNS 服务器的类型

根据 DNS 服务器所起的作用，可以把它划分为以下 4 种类型。

（1）根 DNS 服务器。根 DNS 服务器是最高层次的 DNS 服务器，也是最重要的 DNS 服务器。所有的根 DNS 服务器知道所有的顶级 DNS 服务器的域名和 IP 地址。不管是哪个本地 DNS 服务器，若要对互联网的上任何一个域名进行解析（转换为 IP 地址），则只要自己无法解析，就首先要求助根 DNS 服务器。假定全球所有的根 DNS 服务器都瘫痪了，那么整个互联网中的 DNS 就无法工作了。

截至目前，全世界只有 13 台 IPv4 根 DNS 服务器。其中 1 个为主根服务器，在美国；其余 12 个均为辅根服务器，9 个在美国，2 个在欧洲（位于英国和瑞典），1 个在亚洲（位于日本）。

从 IPv4 发展到 IPv6，我国从无到有，迎头赶上，在 IPv6 体系内，总共有 25 个根 DNS 服务器，3 个主根服务器分别在中国、美国、日本，其中，我国 1 主 3 辅，主根服务器在北京，辅根服务器分别在上海、成都、广州。

（2）顶级 DNS 服务器。顶级 DNS 服务器负责管理在该服务器上注册的所有二级域名。当它收到 DNS 查询请求时，就给出相应的回答（可能是最后的结果，也可能是下一步应当找到的 DNS 服务器的 IP 地址）。

（3）权限 DNS 服务器。实际上，为了更加可靠地工作，一台主机最好有至少 2 个权限 DNS 服务器。许多 DNS 服务器同时充当本地 DNS 服务器和权限 DNS 服务器。权限 DNS 服务器总能够将其管辖的主机名转换为该主机的 IP 地址。

当客户请求 DNS 服务器转换名字时，DNS 服务器首先按标准过程查询它是否被授权管理该名字。若未被授权，则查询自己的高速缓存，查询该名字是否最近被转换过。DNS 服务器向客户报告缓存中有关名字和地址的绑定（Binding）信息，标志为非授权绑定，并给出获得此绑定的服务器的域名。

在图 8.4（b）中，区 a.com 和区 h.a.com 各设有一个权限 DNS 服务器。

（4）本地 DNS 服务器。本地 DNS 服务器也称默认 DNS 服务器，当一台主机发出 DNS 查询报文时，这个报文就首先被送往该主机的本地 DNS 服务器。每个 ISP 或一座大学（或下属院系）都可以拥有一个本地 DNS 服务器。

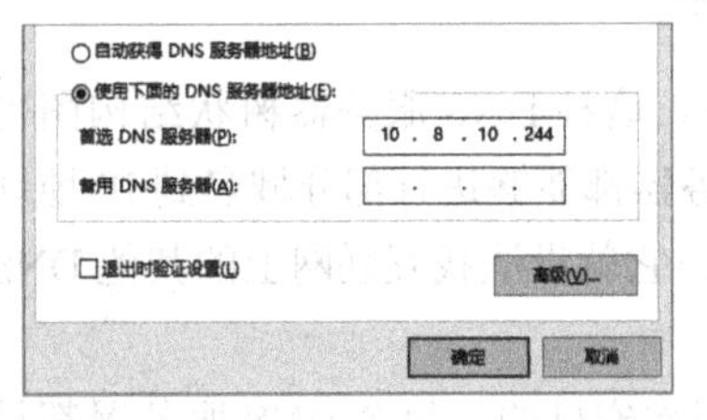

◎ 图 8.6　“Internet 协议版本 4 属性”对话框

当用户计算机使用 Windows 7/8/10/11 操作系统时，操作类似。打开控制面板，选择“网络共享中心”→“以太网”→“以太网状态”→“属性”→“以太网属性”→“Internet 协议版本 4”（TCP/IPv4）→“属性”选项，打开“Internet 协议版本 4 属性”对话框，设置首选 DNS 服务器，即本地 DNS 服务器，如图 8.6 所示。

在图 8.6 中，为了提高 DNS 服务器的可靠性，每台本地主机可设置两个本地 DNS 服务器：一个为首选 DNS 服务器，也称主 DNS 服务器，另一个为备用 DNS 服务器，也称辅助 DNS 服务器。当首选 DNS 服务器出现故障时，备用 DNS 服务器可以保证 DNS 的查询工作不中断。

本地 DNS 服务器距离用户较近，一般不超过几个路由器的距离。当所要查询的主机也属于同一本地 ISP 时，该本地 DNS 服务器立即将所查询的主机名转换为 IP 地址，而不需要再询问其他 DNS 服务器。

8.2.4 域名解析

域名解析

1. 域名解析的过程

当使用浏览器阅读网页时，在地址栏中输入一个网站的域名后，操作系统会呼叫解析程序（Resolver，即客户机负责 DNS 查询的 TCP/IP 软件），开始解析此域名对应的 IP 地址，其运行过程如图 8.7 所示。

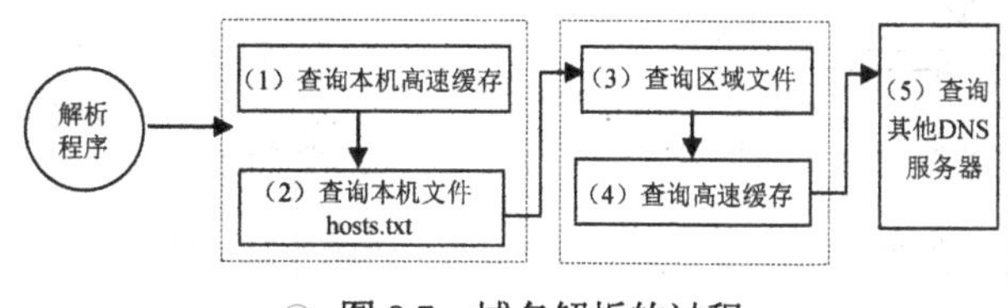

◎ 图 8.7 域名解析的过程

（1）解析程序首先会查询本机的高速缓存记录，如果从高速缓存内即可得知该域名所对应的 IP 地址，就将此 IP 地址传给应用程序。

（2）若在本机高速缓存中找不到答案，则解析程序会查询本机文件 hosts.txt，看是否能找到相对应的数据。

（3）若还是无法找到对应的 IP 地址，则向本机指定的 DNS 服务器请求查询。DNS 服务器在收到请求后，会先查询此域名是否为管辖区域内的域名。当然，还会查询区域文件，看是否有相对应的数据，反之则进行下一步。

（4）如果在区域文件内找不到对应的 IP 地址，则 DNS 服务器会查询本身所存放的高速缓存，看是否能找到相对应的数据。

（5）如果还是无法找到相对应的数据，就需要借助外部的 DNS 服务器，这时就会开始进行 DNS 服务器与 DNS 服务器之间的查询操作。

上述 5 个步骤可分为两种查询模式，即客户机对 DNS 服务器的查询［步骤（3）、（4）］与 DNS 服务器和 DNS 服务器之间的查询［步骤（5）］。

DNS 查询方式有以下 3 种。

（1）递归查询（Recursive Query）。主机向本地 DNS 服务器的查询一般都采用递归查询。如果主机所查询的本地 DNS 服务器不知道被查询域名的 IP 地址，那么本地 DNS 服务器就以 DNS 客户的身份向其他根 DNS 服务器继续发出查询请求报文（替该主机继续查询），而不是让该主机自己进行下一步的查询。因此，递归查询返回的查询结果或者是所要查询的 IP 地址，或者是报错信息（表示无法查询到所需的 IP 地址）。

（2）迭代查询（Iterative Query）。本地 DNS 服务器向根 DNS 服务器的查询通常采用迭代查询。当根 DNS 服务器收到本地 DNS 服务器发出的迭代查询请求报文时，要么给出所要查询的 IP 地址；要么告诉本地 DNS 服务器下一步应当向哪个 DNS 服务器进行查询，让本地 DNS 服务器进行后续的查询（而不是替本地 DNS 服务器进行后续的查询）。根 DNS 服务器通常把自己知道的顶级 DNS 服务器的 IP 地址告诉本地 DNS 服务器，让本地 DNS 服务器向顶级 DNS 服务器查询。顶级 DNS 服务器在收到本地 DNS 服务器的查询请求报文后，要么给出所要查询的 IP 地址，要么告诉本地 DNS 服务器下一步应当向哪个权限 DNS 服务器进行查询，本地 DNS 服务器就这样进行迭代查询，最终即可知道所要解析的域名的 IP 地址，并把这个结果返回发起查询的主机。当然，本地 DNS 服务器也可以采用递归查询，这取决于最初的查询请求报文的设置要求使用哪种查询方式。

图 8.8 说明了迭代查询和递归查询的区别。

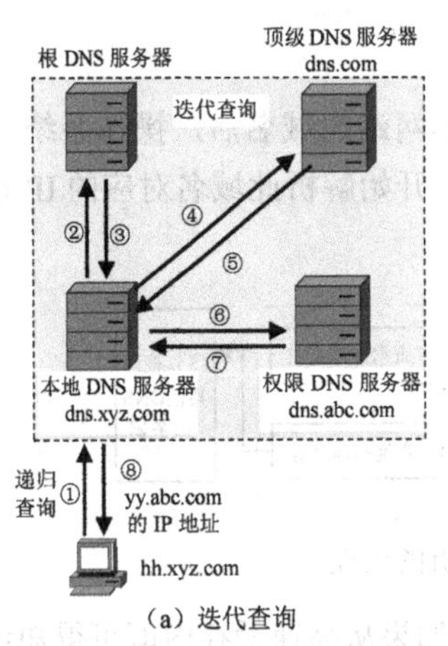

（a）迭代查询

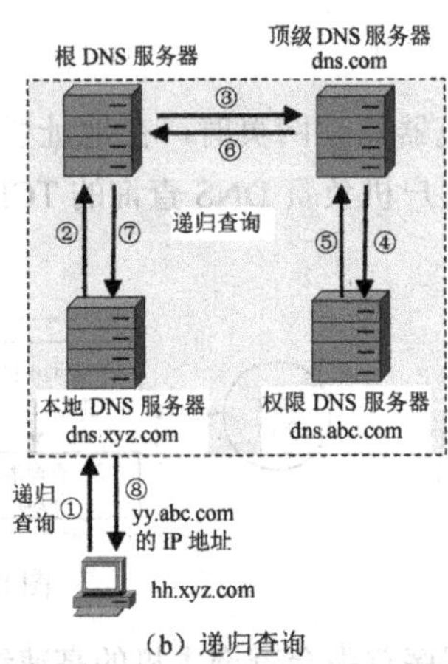

（b）递归查询

◎ 图 8.8 DNS 查询方式

假定域名为 hh.xyz.com 的主机打算发送邮件给主机 yy.abc.com，这时主机 hh.xyz.com 就必须知道 yy.abc.com 的 IP 地址。迭代查询如图 8.8（a）所示，步骤如下。

① 主机 hh.xyz.com 先向其本地 DNS 服务器 dns.xyz.com 进行递归查询。

② 本地 DNS 服务器采用迭代查询。它先向一个根 DNS 服务器进行查询。

③ 根 DNS 服务器告诉本地 DNS 服务器下一次查询的顶级 DNS 服务器 dns.com 的 IP 地址。

④ 本地 DNS 服务器向顶级 DNS 服务器 dns.com 进行查询。

⑤ 顶级 DNS 服务器 dns.com 告诉本地 DNS 服务器下一次应查询的权限 DNS 服务器 dns.abc.com 的 IP 地址。

⑥ 本地 DNS 服务器向权限 DNS 服务器 dns.abc.com 进行查询。

⑦ 权限 DNS 服务器 dns.abc.com 告诉本地 DNS 服务器所查询的主机的 IP 地址。

⑧ 本地 DNS 服务器把查询结果告诉主机 hh.xyz.com。

在这个过程中，一共 8 步，总共要使用 8 个 UDP 用户数据报的报文。本地 DNS 服务器经过 3 次迭代查询后，从权限 DNS 服务器 dns.abc.com 中得到主机 yy.abc.com 的 IP 地址，并最终把结果返回发起查询的主机 hh.xyz.com。

递归查询如图 8.8（b）所示，本地 DNS 服务器只向根 DNS 服务器查询一次，后面的几次查询都是在其他几个 DNS 服务器之间进行的（步骤③到步骤⑥），在步骤⑦中，本地 DNS 服务器从根 DNS 服务器中得到所需的 IP 地址；在步骤⑧中，本地 DNS 服务器把查询结果告诉主机 hh.xyz.com。整个查询也使用了 8 个 UDP 用户数据的报文。

（3）反向查询。反向查询与递归查询和迭代查询两种方式都不同，它让 DNS 客户机利用自己的 IP 地址查询其主机名字。

反向查询是依据 DNS 客户机提供的 IP 地址来查询其主机名字的。由于 DNS 与 IP 地址之间无法建立直接的对应关系，所以必须在 DNS 服务器内创建一个反向查询区域，该区域名称最后部分为 in-addr.arpa。

当创建反向查询区域时，系统会自动为其创建一个反向查询区域文件。

2．动态域名解析服务

动态域名解析服务即可以将固定的互联网域名和动态（非固定）IP 地址实时对应（解析）的服务。这就是说，相对于传统的静态 DNS，它可以将一个固定的域名解析为一个动态的 IP 地址。简单地说，不管用户何时上网、以何种方式上网、得到一个什么样的 IP 地址、IP 地址是否会变化，它都能保证通过一个固定的域名就能访问用户计算机。

动态域名的功能就是实现固定域名到动态 IP 地址之间的解析。用户每次上网得到新的 IP 地址之后，安装在用户计算机里的动态域名软件就会把这个 IP 地址发送给动态域名解析服务器，更新域名解析数据库。当互联网上的其他人要访问这个域名时，动态域名解析服务器会返回正确的 IP 地址。

8.2.5　DNS 报文和资源记录

DNS 分为查询请求和应答两种报文，这两种报文的结构基本相同，均分为 3 部分（有的在不同的情况下可能为空），如图 8.9 所示。

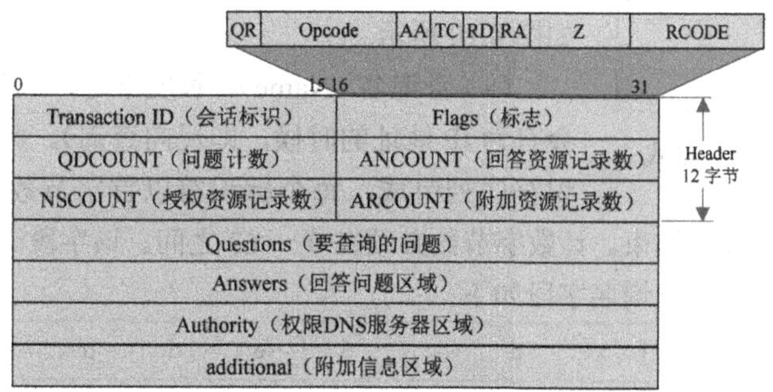

◎ 图 8.9　DNS 报文格式

1．DNS 报文首部

DNS 报文首部即基础结构部分，也称 Header 报文头，是必须有的，占前 12 字节，包含 6 个字段。

（1）会话标识：请求客户机设置的 16bit 标识，服务器给出应答时会带相同的标识字段回来，这样，请求客户机就可以区分不同的请求应答了。

（2）标志：占 16bit，DNS 报文中的标志字段。标志字段中各字段的含义如下。

① QR（1bit）：查询请求 / 应答的标志信息，0 为请求，1 为应答。

② Opcode（4bit）：操作码。其中，0 表示标准查询；1 表示反向查询；2 表示服务器状态查询；3 ～ 15 为保留值，暂时未使用。

③ AA（1bit）：授权应答（Authoritative Answer），在应答报文中有效。其中，1 表示 DNS 服务器是权威服务器，0 表示 DNS 服务器不是权威服务器。

④ TC（1bit）：表示是否被截断（Truncation），其值为 1 时，表示应答已超过 512 字节并已被截断，只返回前 512 字节。

⑤ RD（1bit）：期望递归（Recursion Desired）。这个比特位被请求设置，应答时使用相同的

值返回。如果设置了 RD，就建议 DNS 服务器进行递归解析，递归查询的支持是可选的。

⑥ RA（1bit）：可用递归（Recursion Available）。该字段只出现在应答报文中。其中，1 表示服务器支持递归查询。

⑦ Z（3bit）：保留字段，暂时未使用。在所有的查询请求和应答报文中，它的值必须为 0。

⑧ RCODE（4bit）：返回码，表示应答的差错状态。其中，0 表示没有错误；1 表示报文格式错误（Format Error），服务器不能理解请求的报文；2 表示 DNS 服务器失败（Server Failure）；3 表示名字错误（Name Error）；4 表示查询类型不支持（Not Implemented），即 DNS 服务器不支持查询类型；5 表示拒绝（Refused），一般是服务器由于设置的策略拒绝给出应答，如服务器不希望对某些请求给出应答；6 ～ 15 为保留值，暂时未使用。

（3）问题计数（QDCOUNT）：占 16bit，表示 DNS 报文请求段中的问题记录数。

（4）回答资源记录数（ANCOUNT）：占 16bit，表示 DNS 报文应答段中的应答记录数。

（5）授权资源记录数（NSCOUNT）：占 16bit，表示 DNS 报文授权段中的授权记录数。

（6）附加资源记录数（ARCOUNT）：占 16bit，表示 DNS 报文附加段中的附加记录数。

在查询请求报文中，QDCOUNT 的值不可能为 0；ANCOUNT、NSCOUNT、ARCOUN 的值都为 0，因为在查询请求报文中还没有应答的查询结果信息。这些信息在应答报文中会有相应的值。

2. 问题部分

问题部分用来显示 DNS 查询请求的问题，通常只有一个问题。该部分包含正在进行的查询信息，包含查询名（被查询主机的名字）、查询类型、查询类，如图 8.10 所示。

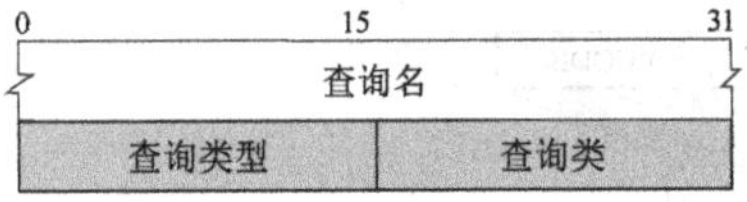

0	15	31
查询名		
查询类型	查询类	

◎ 图 8.10 查询问题部分格式

（1）查询名（Name）：长度不定，一般为要查询的域名（也会有为 IP 地址的时候，即反向查询）。此部分由一个或多个标识符序列组成，每个标识符以首字节数的计数值来说明该标识符的长度，每个名字以 0 结束。计数字节数必须在 0 ～ 63 之间。该字段无须填充字节。例如，查询名为 www.xpc.edu.cn，查询名字段如下：

3	w	w	w	3	x	p	c	3	e	d	u	2	c	n	0

其中，3、3、3、2、0 为计数。

（2）查询类型（Type）：占 2 字节。通常查询类型为 A（由名字获得 IP 地址）或 PTR（获得 IP 地址对应的域名）。查询类型如表 8.2 所示。

表 8.2 查询类型

类型	助记符	说明
1	A	IPv4 地址
2	NS	名字服务器
5	CNAME	规范名称，定义主机的正式名字的别名
6	SOA	开始授权，标记一个区的开始
11	WKS	熟知服务，定义主机提供的网络服务
12	PTR	指针，把 IP 地址转换为域名
13	HINFO	主机信息，给出主机使用的硬件和操作系统的表述
15	MX	邮件交换，把邮件改变路由送到邮件服务器中
28	AAAA	IPv6 地址

续表

类型	助记符	说明
252	AXFR	传送整个区的请求
255	ANY	对所有记录的请求

（3）查询类（Class）：占 2 字节，地址类型，通常为互联网地址，值为 1。

3. 资源记录部分

资源记录部分是指 DNS 报文格式中的最后 3 个字段，包括回答问题区域字段、权威 DNS 服务器区域字段、附加信息区域字段。这 3 个字段均采用与资源记录（Resource Record，RR）相同的格式。资源记录部分的格式如图 8.11 所示。其中各字段的含义如下。

（1）域名（Name）：不定长或 2 字节，DNS 请求的域名。

（2）类型（Type）：2 字节，资源记录的类型，与查询问题部分的类型相同。

（3）类（Class）：2 字节，地址类型，其含义与查询问题部分的类相同。

（4）生存时间（TTL）：4 字节，表示资源记录的生命周期（以 s 为单位），一般用于当地址解析程序取出资源记录后决定保存及使用缓存数据的时间。

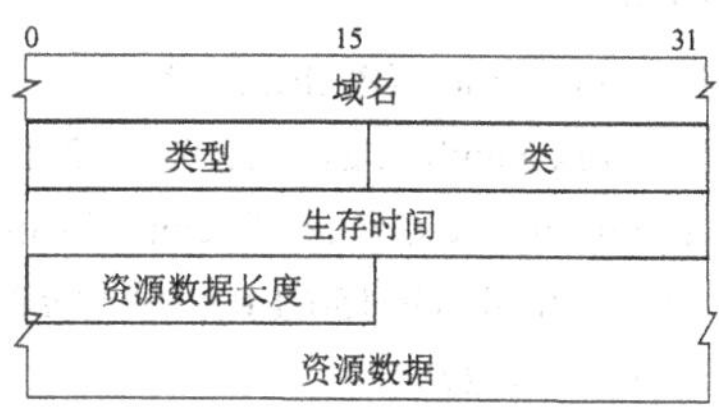

◎ 图 8.11　资源记录部分的格式

（5）资源数据长度（RDLENGTH）：2 字节，表示资源数据的长度（以字节为单位，如果资源数据类型为 A，即 IPv4，则资源数据长度为 4 字节）

（6）资源数据（RDATA）：可变长字段，表示按查询段要求返回的相关资源记录的数据。

资源记录部分只有在 DNS 应答报文中才会出现。

学以致用

8.2.6　技能训练 1：域名查询

1. WHOIS 查询

简单来说，WHOIS 就是一个用来查询域名是否已经被注册，以及注册域名的详细信息的数据库。通过 WHOIS 命令，可以查询域名归属者的联系方式，以及注册和到期时间。

在我国，查询域名可以通过 CNNIC、中国教育和科研计算机网及站长之家等查询域名注册信息。

（1）进入 CNNIC 官网，在“WHOIS 查询”部分的搜索框中输入 baidu.com.cn，单击“搜索”按钮，返回结果如下：

```
baidu.com.cn 的 whois 信息
域名 : baidu.com.cn
ROID: 20021209s10011s00015174-cn
域名状态 : serverDeleteProhibited
域名状态 : serverUpdateProhibited
域名状态 : serverTransferProhibited
注册者 : 北京百度网讯科技有限公司
注册者联系人邮件 : ************@baidu.com
所属注册服务机构 : 商中在线科技股份有限公司
域名服务器 : dns.baidu.com
```

```
域名服务器：baidu.com.cn
注册时间：2000-02-15 00:00:00
到期时间：2028-02-15 00:00:00
DNSSEC: unsigned
```

（2）进入中国教育和科研计算机网，选择“CERNET → NIC 服务→目录服务”→“WHOIS 在线检索服务”选项，输入 xpc.edu.cn 后按 Enter 键，查询信息如下：

```
Whois xpc.edu.cn ?
Xingtai Polytechnic College (DOM)
  No.552 North Gangtie Road
  xingtai, HE 054035
  China
  Domain Name: XPC.EDU.CN
  Network Number: 211.81.192.0 - 211.81.199.255
  Administrative Contact, Technical Contact:
    Chu , Jianli  (JC15-CER)  *****@263.net
    +86-319-227****
  Record last updated on 20180619
  Domain Servers in listed order:
  ns1.service.edu.cn          202.112.5.49        2001:da8:257:1111::8888
  ns2.service.edu.cn          202.112.4.49        2001:da8:257:2222::8888
```

（3）进入站长之家官网，在“站长工具”下拉菜单中选择“WHOIS 信息查询”选项，在之后的搜索框中输入 www.baidu.com.cn，单击“查询”按钮，可以查看域名信息（略）。

2. nslookup 命令

nslookup 命令在 Windows 平台的 DOS 命令提示符下或在 Linux 下都可以运行。这里以 Windows 平台的 DOS 命令提示符下的运行为例进行说明。

nslookup 命令可以用来查看域名对应的 IP 地址，可以指定查询的类型，可以查到 DNS 记录的生存时间，还可以指定使用哪个 DNS 服务器进行解释。

nslookup 命令格式如下：

```
C:\Users\39731>nslookup ?
用法：
nslookup [-opt ...]                    # 使用默认服务器的交互模式
nslookup [-opt ...] - server           # 使用“server”的交互模式
nslookup [-opt ...] host               # 仅查找使用默认服务器的“host”
nslookup [-opt ...] host server        # 仅查找使用“server”的“host”
通常情况下，我们习惯采用非交互式 nslookup 命令，命令的格式如下：
nslookup –qt= 类型 目标域名、IP 地址（默认查询类型是 A 记录）
```

（1）查询 IP 地址（A 记录）：

```
C:\Users\39731>nslookup -qt=a baidu.com.cn
DNS request timed out.
  timeout was 2 seconds.
服务器：UnKnown
Address:  192.168.1.1
非权威应答：
```

```
名称： baidu.com.cn
Addresses: 220.181.38.148
          39.156.69.79
```

也可以直接在 nslookup 后面输入主机 URL，这样不仅可以获取 IPv4 地址，还可以获取 IPv6 地址，以及主机名等信息，此时就可以不用查询 AAAA、CNAME 记录了：

```
C:\Users\39731>nslookup www.sohu.com
DNS request timed out.
   timeout was 2 seconds.
服务器：UnKnown
Address: 192.168.1.1
非权威应答：
名称：  www.sohu.com
Addresses: 2409:8c00:3001::4            //IPv6 地址
          2409:8c00:3001::5            //IPv6 地址
          221.179.177.18               //IPv4 地址
```

（2）查询 DNS 服务器：

```
C:\Users\39731>nslookup -qt=ns sohu.com
DNS request timed out.
   timeout was 2 seconds.
服务器：UnKnown
Address: 192.168.1.1
非权威应答：
sohu.com      nameserver = ns12.sohu.com
sohu.com      nameserver = ns14.sohu.com
sohu.com      nameserver = ns15.sohu.com
sohu.com      nameserver = ns13.sohu.com
sohu.com      nameserver = ns11.sohu.com
sohu.com      nameserver = ns16.sohu.com
```

这里注意输入的是域名，不要带 www，否则就是主机了。可以看到，一共有 6 组 DNS 服务器。一般大型网站都会有多组 DNS 服务器，提供不同地域的域名解析服务。

（3）查询 SOA 授权开始记录：

```
C:\Users\39731>nslookup -qt=soa sohu.com
DNS request timed out.
   timeout was 2 seconds.
服务器：UnKnown
Address: 192.168.1.1
非权威应答：
sohu.com
     primary name server = ns11.sohu.com
     responsible mail addr = dnsadmin.sohu-inc.com
     serial  = 170628002
     refresh = 28800 (8 hours)
     retry   = 7200 (2 hours)
     expire  = 1209600 (14 days)
     default TTL = 60 (1 min)
```

从以上信息中可以看出，SOA 查询信息来自 ns11.sohu.com 主 DNS 服务器，其中 responsible mail addr 用于提供域所有者的邮件地址，并且提供了域名的序列号、更新时间和过期时间；而 default TTL 则表明解析记录在 DNS 服务器中的缓存时间是 1min。

（4）查询邮件服务器记录：

```
C:\Users\39731>nslookup -qt=mx sohu.com
DNS request timed out.
    timeout was 2 seconds.
服务器：UnKnown
Address:  192.168.1.1
非权威应答：
sohu.com        MX preference = 5, mail exchanger = sohumx1.sohu.com
sohu.com        MX preference = 5, mail exchanger = sohumx2.sohu.com
sohu.com        MX preference = 10, mail exchanger = sohumx.h.a.sohu.com
```

MX preference 即 MX 优先级，该数值越小，优先级越高。同一个域名有两条具有不同优先级的 MX 记录，通常用优先级高的主机。

当优先级高的主机不能使用时，优先级低的主机就可以起到临时备份的作用，代收邮件和转发。当优先级高的主机正常工作时，优先级低的主机会尝试把邮件转发给优先级高的邮件服务器。这里，优先级高的邮件服务器是 sohumx1.sohu.com 和 sohumx2.sohu.com。

8.2.7 技能训练 2：使用 Wireshark 软件分析 DNS 报文

1. 实验流程

（1）本机能用域名访问互联网。

（2）启动 Wireshark 软件，抓取本地网卡数据。

（3）启动 Windows 的 cmd 窗口，执行 nslookup 命令，分别输入 www.xpc.edu.cn、www.sohu.com。

（4）分析抓包结果。

2. 实验实施

步骤 1：启动 Wireshark 软件。

步骤 2：分析访问 www.xpc.edu.cn 域名解析。

（1）在 Windows 的 cmd 窗口中执行 nslookup 命令，输入域名 www.xpc.edu.cn，进行解析：

```
C:\Users\xxx>nslookup
默认服务器：ns1.xpc.edu.cn
Address:  10.8.10.244
> www.xpc.edu.cn
服务器：ns1.xpc.edu.cn
Address:  10.8.10.244
非权威应答：
名称：   www.xpc.edu.cn
Address:  10.8.10.4
>
```

显示过滤条件：dns.qry.name==www.xpc.edu.cn。

（2）单击“源地址：本机 IP 地址，目的地址 :DNS 服务器 IP 地址”这一条，即 DNS 查询

请求报文：

```
Frame 43: 74 bytes on wire (592 bits), 74 bytes c 无线 APtured (592 bits) on interface 0
Ethernet II, Src: 00:4e:01:c0:f2:97 (00:4e:01:c0:f2:97), Dst: Tp-LinkT_aa:74:99 (cc:08:fb:aa:74:99)
Internet Protocol Version 4, Src: 192.168.0.105, Dst: 10.8.10.244
User Datagram Protocol, Src Port: 61373, Dst Port: 53
Domain Name System (query)
  Transaction ID: 0x0002
  Flags: 0x0100 Standard query
    0... .... .... .... = Response: Message is a query
    .000 0... .... .... = Opcode: Standard query (0)
    .... ..0. .... .... = Truncated: Message is not truncated
    .... ...1 .... .... = Recursion desired: Do query recursively
    .... .... .0.. .... = Z: reserved (0)
    .... .... ...0 .... = Non-authenticated data: Unacceptable
  Questions: 1
  Answer RRs: 0
  Authority RRs: 0
  Additional RRs: 0
  Queries
    www.xpc.edu.cn: type A, class IN
      Name: www.xpc.edu.cn
      [Name Length: 14]
      [Label Count: 4]
      Type: A (Host Address) (1)
      Class: IN (0x0001)
  [Response In: 44]
TRANSUM RTE Data
```

（3）单击“源地址 :DNS 服务器 IP 地址 , 目的地址 : 本机 IP 地址”这一条，即 DNS 应答报文：

```
Frame 44: 90 bytes on wire (720 bits), 90 bytes captured (720 bits) on interface 0
Ethernet II, Src: Tp-LinkT_aa:74:99 (cc:08:fb:aa:74:99), Dst: 00:4e:01:c0:f2:97 (00:4e:01:c0:f2:97)
Internet Protocol Version 4, Src: 10.8.10.244, Dst: 192.168.0.105
User Datagram Protocol, Src Port: 53, Dst Port: 61373
Domain Name System (response)
  Transaction ID: 0x0002                              # 会话标识，与 DNS 查询一致
  Flags: 0x8100 Standard query response, No error
    1... .... .... .... = Response: Message is a response    #DNS 回答
    .000 0... .... .... = Opcode: Standard query (0)
    .... .0.. .... .... = Authoritative: Server is not an authority for domain
    .... ..0. .... .... = Truncated: Message is not truncated
    .... ...1 .... .... = Recursion desired: Do query recursively
    .... .... 0... .... = Recursion available: Server can't do recursive queries
    .... .... .0.. .... = Z: reserved (0)
    .... .... ..0. .... = Answer authenticated: Answer/authority portion was not authenticated by the server
    .... .... ...0 .... = Non-authenticated data: Unacceptable
    .... .... .... 0000 = Reply code: No error (0)
  Questions: 1                                        # 查询数量为 1
  Answer RRs: 1                                       # 资源记录区域回答数量为 1
```

```
Authority RRs: 0                        # 权威区域回答数量为 0
Additional RRs: 0                       # 附加区域回答数量为 0
Queries          # 查询区域
  www.xpc.edu.cn: type A, class IN
    Name: www.xpc.edu.cn                # 查询的域名
    [Name Length: 14]
    [Label Count: 4]
    Type: A (Host Address) (1)          # 由域名查 IP 地址
    Class: IN (0x0001)                  # 为 internet 数据
Answers
  www.xpc.edu.cn: type A, class IN, addr 10.8.10.4
    Name: www.xpc.edu.cn
    Type: A (Host Address) (1)          # 查询类型 A，由域名查询 IP 地址
    Class: IN (0x0001)                  # 查询类 IN
    Time to live: 3600
    Data length: 4
    Address: 10.8.10.4
[Request In: 43]
[Time: 0.002250000 seconds]             #DNS 记录缓存时间
```

步骤 3：抓取域名 www.sohu.com 被解析的过程。

（1）在 Windows 的 cmd 窗口中执行 nslookup 命令，输入域名 www.sohu.com，进行解析：

```
C:\Users\39731>nslookup www.sohu.com
服务器：UnKnown
Address:  192.168.1.1
非权威应答：
名称：   www.sohu.com
Addresses:  2409:8c00:3001::5
          2409:8c00:3001::4
          221.179.177.18
```

显示过滤条件：dns.qry.name==www.sohu.com。

（2）DNS 查询请求报文如下：

```
Domain Name System (query)
  Transaction ID: 0x0002
  Flags: 0x0100 Standard query
    0... .... .... .... = Response: Message is a query
……
  Questions: 1
  Answer RRs: 0
  Authority RRs: 0
  Additional RRs: 0
  Queries
    www.sohu.com: type A, class IN
  [Response In: 23]
```

（3）DNS 应答报文 1：

```
Domain Name System (response)
```

```
  Transaction ID: 0x0002
  Flags: 0x8180 Standard query response, No error
    1... .... .... .... = Response: Message is a response
......
  Questions: 1
  Answer RRs: 4
  Authority RRs: 0
  Additional RRs: 0
  Queries
    www.sohu.com: type A, class IN   //IPv4 地址
  Answers
    www.sohu.com: type CNAME, class IN, cname www.sohu.com.o.sohu.com
    www.sohu.com.o.sohu.com: type CNAME, class IN, cname gs.a.sohu.com
    gs.a.sohu.com: type CNAME, class IN, cname fyd.a.sohu.com
    fyd.a.sohu.com: type A, class IN, addr 221.179.177.18
  [Request In: 22]
  [Time: 0.003469000 seconds]
```

（4）DNS 应答报文 2：

```
Domain Name System (response)
  Transaction ID: 0x0003
  Flags: 0x8180 Standard query response, No error
    1... .... .... .... = Response: Message is a response
......
  Questions: 1
  Answer RRs: 2
  Authority RRs: 0
  Additional RRs: 0
  Queries
    www.sohu.com: type AAAA, class IN    //IPv6 地址
  Answers
    www.sohu.com: type AAAA, class IN, addr 2409:8c00:3001::5  //IPv6 地址
    www.sohu.com: type AAAA, class IN, addr 2409:8c00:3001::4  //IPv6 地址
  [Request In: 24]
  [Time: 0.002546000 seconds]
```

内容探究

8.3 万维网

万维网

8.3.1 万维网概述

万维网（World Wide Web，WWW）的英文简称为 Web。万维网是指遍布全球并被链接在一

起的信息存储库，是一个大规模的、联机式的信息储藏所，是目前 TCP/IP 互联网上最方便和最受欢迎的信息服务类型，是互联网上发展最快、使用最多的一项服务，目前已经进入广告、新闻、销售、电子商务与信息服务等诸多领域。它的出现是 TCP/IP 互联网发展过程中的一个里程碑。

万维网是一个分布式的超媒体系统，是超文本（Hypertext）系统的扩充。所谓超文本，就是指包含指向其他文档链接的文本（Text）。使用浏览器的用户可以访问服务器提供的各种服务。这些服务器分布在世界各地，称为 Web 站点，即我们现在访问的各企事业单位的门户网站。对用户来说，可完全不必知道 Web 服务器究竟在世界的什么地方。企事业单位的地理位置和 Web 服务器的位置也没有任何关系。万维网用链接的方法能非常方便地由互联网上的一个站点访问另一个站点（也就是所谓的“链接到另一个站点”），从而主动地按需获取丰富的信息。图 8.12 说明了万维网提供分布式服务的特点。

图 8.12 中列出了万维网的 6 个站点，它们可以相隔很远，也可以在一座办公楼内，它们都连接在互联网上。每个万维网站点都存放了许多文档，在这些文档中有一些文字，当把鼠标指针移到这些文字上时，鼠标指针就变成了一只手的形状，这就表明这些文字有一个链接（Link）［这种链接也称为超链接（Hyperlink）]，如果单击这些地方，就可以从这个文档链接到可能相隔很远的另外的万维网站点中的一个文档。此时，在显示器上就能将远方传过来的文档显示出来。例如，站点 A 的某个文档中有两个地方①和②分别链接到万维网站点 C 和站点 F。

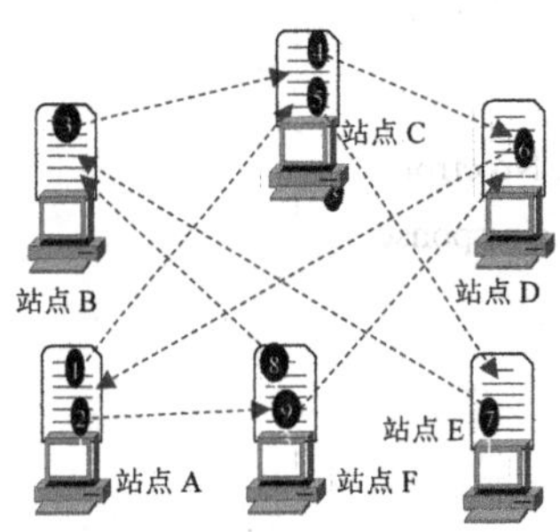

◎ 图 8.12　万维网提供分布式服务

万维网的出现使得互联网从仅由少数计算机专家使用变为普通用户也能使用的信息资源，使得网站数按指数规律增长。

目前流行的浏览器很多，如微软的 Internet Explorer（简称 IE）、谷歌的 Google Chrome、腾讯的 QQ 浏览器等。

万维网把大量信息分布在整个互联网上。每台主机上的文档都独立进行管理。对这些文档的增加、修改、删除或重命名都不需要（实际上也不可能）通知互联网上成千上万的节点。

万维网服务以客户 / 服务器方式工作，前面所说的浏览器（Browser）就是在用户主机上的万维网客户进程。万维网文档所驻留的主机运行服务器进程，因此这台主机也称为万维网服务器。客户进程向服务器进程发出请求，服务器进程向客户进程送回客户所要的万维网文档。在一个客户进程主窗口上显示出的万维网文档称为页面（Page）。为了实现上述功能，万维网必须解决以下几个问题。

（1）怎样标志分布在整个互联网上的万维网文档？

（2）用什么样的协议来实现万维网上的各种链接？

（3）怎样使不同作者创作的不同风格的万维网文档都能在互联网的各种主机上显示出来，同时使用户清楚地知道什么地方存在链接？

（4）怎样使用户能够很方便地找到所需的信息？

为了解决问题（1），万维网使用 URL 来标志万维网上的各种文档，并使每个文档在整个互联网范围内具有唯一的 URL。

为了解决问题（2），就要使万维网客户进程与服务器进程之间的交互遵守严格的协议，这就是 HTTP。HTTP 是一个应用层协议，它使用 TCP 连接进行可靠的传送。

为了解决问题（3），万维网使用 HTML，使得万维网页面的设计者可以很方便地用链接从本页面的某处链接到互联网上的任何一个万维网页面，并且能够在自己的主机显示器上将这些页面显示出来。

为了解决问题（4），万维网的用户使用搜索工具在万维网上方便地查找所需的信息。

8.3.2 URL

1. URL 的格式

URL 是对可以从互联网上得到的资源的位置和访问方法的一种简洁的表示，即我们平时所说的网址。

URL 给资源的位置提供了一种抽象的识别方法，并用这种方法给资源定位。只要能够给资源定位，系统就可以对资源进行各种操作，如存取、更新、替换和查找其属性。

上述所说的资源是指在互联网上可以被访问的任何对象，包括文件目录、文件、文档、图像、声音，以及与互联网相连的任何形式的数据等。

URL 相当于一个文件名在网络范围内的扩展，它标识一个互联网资源，并指定对其进行操作或获取该资源的方法。通用互联网的 URL 方案如图 8.13 所示。

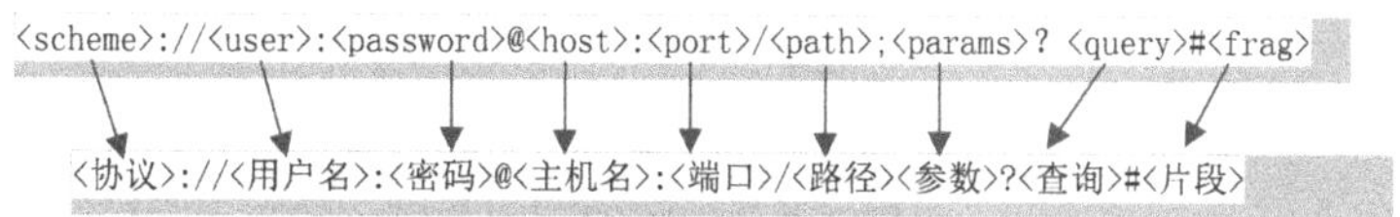

◎ 图 8.13 通用互联网的 URL 方案

几乎没有哪个 URL 包含所有这些组件。大部分 URL 遵循一种标准格式，即 URL 最重要的 4 部分：

< 协议 >://< 主机名 >:< 端口 >/< 路径 >

（1）协议：指明使用何种协议来获取该万维网文档。现在最常用的协议就是 HTTP，其次是 FTP。协议后面的“://”是规定的格式，必须写上。

（2）主机名：万维网文档所存放的主机的域名，通常以 www 开头，但这并不是硬性规定。主机名也可以用点分十进制形式的 IP 地址代替。

（3）端口：主机名后面的“:< 端口 >”就是端口号，但经常被忽略。这个端口号通常用协议的默认端口号，可以省略。

（4）路径：可能是较长的字符串（其中还可包括若干斜线 /），但有时也不需要使用。

在输入 URL 时，资源类型和服务器地址不区分大小写，但目录和文件名可能区分大小写。这是因为大多数服务器安装了 UNIX 操作系统，而 UNIX 的文件系统区分文件名的大小写。

2. 使用 HTTP 的 URL

对万维网的 Web 站点的访问要使用 HTTP。HTTP 的 URL 的一般形式如下：

http://< 主机 >:< 端口 > / < 路径 >

HTTP 的默认端口号是 80，通常可以省略。若继续省略文件的“< 路径 >”项，则 URL 就指到互联网上的某个主页（Home Page）。主页是个很重要的概念，它可以是以下几种情况之一。

（1）一个 Web 服务器的最高级别的页面。

（2）某个组织或部门的一个定制的页面或目录。从这样的页面上可链接到互联网上的与本组织或部门有关的其他站点。

（3）由某人自己设计的描述其本人情况的 Web 页面。

例如，要查询有关河北科技工程职业技术大学的信息，就可先进入该大学的网站主页，其URL 为 http://www.xpc.edu.cn。这里省略了默认的端口号80。从河北科技职业技术大学的主页入手，就可以通过许多不同的链接找到所要查找的各种有关该大学各部门的信息。

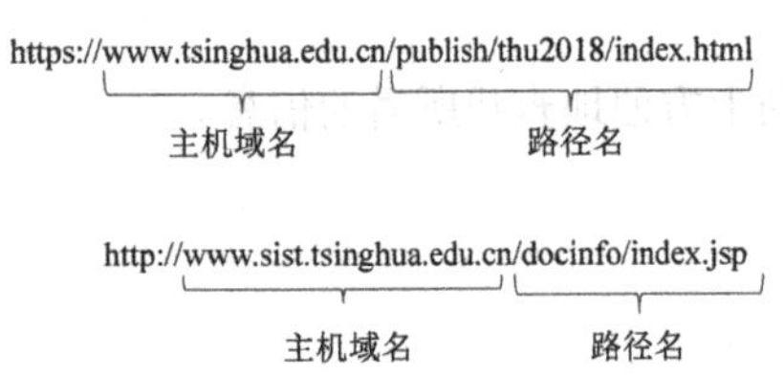

◎ 图 8.14 使用 HTTP 的 URL

更复杂一些的路径是指向层次结构的从属页面。图 8.14 是清华大学的新闻主页和信息科学技术学院页面的 URL。

注：

上面的 URL 中使用了指向文件的路径，而文件名就是最后的 index.html 和 index.jsp。后缀 html 表示这是一个用 HTML 写出的文件，后缀 jsp 表示这是建立在 Servlet 规范之上的动态网页开发技术。

URL 的协议和主机部分不区分大小写，但路径有时要区分大小写。

用户使用 URL 不仅能够访问万维网页面，还能够使用其他的互联网应用程序，如 FTP、Gopher、Telnet、电子邮件、新闻组等。并且，用户在使用这些应用程序时，只使用一个程序，即浏览器。

8.3.3 HTTP

1. HTTP 的操作过程

HTTP 定义了万维网客户进程（浏览器）怎样向 Web 服务器请求万维网文档，以及服务器怎样把文档传送给浏览器。从层次的角度看，HTTP 是面向事务的应用层协议，是万维网上能够可靠地交换文件（包括文本、声音、图像等各种多媒体文件）的重要基础。HTTP 不仅传送完成超文本跳转所必需的信息，还传送任何可从互联网上得到的信息，如文本、超文本、声音和图像等。万维网的大致工作过程如图 8.15 所示。

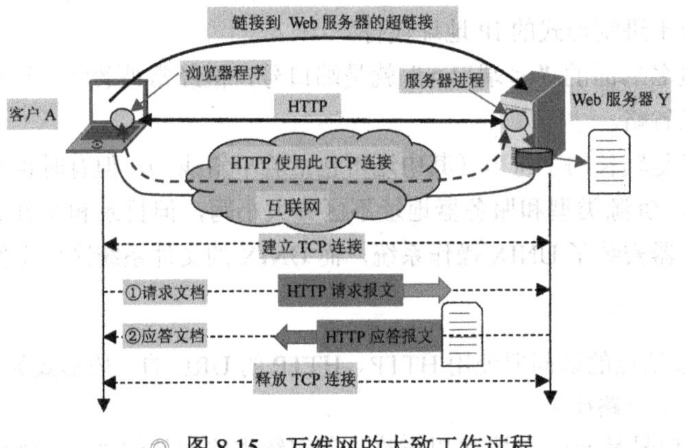

◎ 图 8.15 万维网的大致工作过程

每个 Web 服务器站点都有一个服务器进程，它不间断地侦听 TCP 的 80 端口，以便发现是否有浏览器向它发出连接建立请求。一旦侦听到连接建立请求并建立 TCP 连接后，浏览器就向 Web 服务器发出浏览某个页面的请求，服务器返回所请求的页面作为应答。服务器在完成任务后，TCP 连接就释放了。浏览器和服务器之间的请求与应答的交互必须按照规定的格式并遵循一定的规则。这些格式和规则就是 HTTP。

用户浏览页面的方法有两种：一种是在浏览器的地址栏中键入所要浏览页面的 URL，另一种是在某个页面中单击某个超链接（在超链接的背后隐藏着指向某个页面的 URL）。

假定图 8.15 中的客户 A 在浏览器的地址栏中输入 http://www.xpc.edu.cn，从客户 A 按下 Enter 键到页面渲染的过程中，浏览器与服务器进行了一系列的操作。

（1）浏览器分析指向页面的 URL。

（2）浏览器向 DNS 服务器发出域名解析请求，请求解析 http://www.xpc.edu.cn 的 IP 地址。

（3）DNS 服务器解析出河北科技工程职业技术大学官网主页服务器的 IP 地址为 211.81.192.10。

（4）客户机根据服务器目的 IP 地址（211.81.192.10）和端口号（80）与服务器建立 TCP 连接（TCP 的 3 次握手）。

（5）客户机发送请求命令。客户机浏览器向服务器发送一个 HTTP 请求。

（6）服务器应答。服务器应答 HTTP 请求，客户机浏览器得到 HTML 代码。

（7）客户机浏览器解析 HTML 代码，并请求 HTML 代码中的资源，对页面进行渲染，呈现给客户。

（8）释放 TCP 连接。

HTTP 使用面向连接的 TCP 作为传输层协议，保证数据的可靠传输。HTTP 不必考虑数据在传输过程中被丢弃后又怎样被重传。但是，HTTP 本身是无连接的。也就是说，虽然 HTTP 使用了 TCP 连接，但通信双方在交换 HTTP 报文之前不需要先建立 HTTP 连接。

HTTP 一个是无状态协议。也就是说，HTTP 对事务处理没有记忆能力。同一个客户第二次访问同一个服务器上的页面，服务器的应答与第一次相同。HTTP 服务器不记得谁访问过它，也不记得为该客户服务过多少次。

2. 代理服务器

代理服务器（Proxy Server）又称为万维网高速缓存（Web Cache），是能够代表初始 Web 服务器来满足 HTTP 请求的网络实体。代理服务器把最近的一些请求和应答暂存在本地磁盘中。当新请求到达时，若代理服务器发现这个请求与暂存的请求相同，则返回暂存的请求，而不需要按 URL 的地址再次在互联网上访问该资源。

如图 8.16 所示，代理服务器有时作为服务器（当接受浏览器的 HTTP 请求时），有时作为客户机（当向互联网上的初始服务器发送 HTPP 请求时）。

在互联网上部署代理服务器有两个原因：首先，代理服务器可以大大缩短对客户请求的应答时间，尤其当客户与初始服务器之间的瓶颈带宽远低于客户与代理服务器之间的瓶颈带宽时；其次，Web 缓存器能够大大减小一个机构的接入链路到互联网的通信量。通过使用内容分发网络（CDN），代理服务器正在互联网中发挥越来越重要的作用。CDN 公司在互联网上安装了许多地理上分散的代理服务器，因而使大量流量实现了本地化。

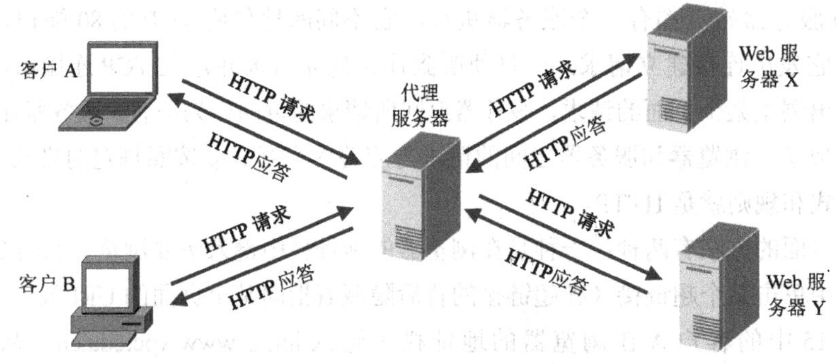

◎ 图 8.16　通过代理服务器请求对象

尽管代理服务器能缩短用户感受到的应答时间，但也引入了一个新的问题，即存放在代理服务器中的对象副本可能是陈旧的。换句话说，保存在代理服务器中的对象自该副本缓存在客户机上以后可能已经被修改了。HTTP 有一种机制，允许代理服务器证实其中的对象是最新的，这种机制就是条件 GET 方法。

代理服务器可在客户机或服务器上工作，也可在中间系统中工作。

3. HTTP 的报文结构

HTTP 有两类报文：请求报文［从客户机向服务器发送请求报文，如图 8.17（a）所示］和应答报文［从服务器到客户机的应答，如图 8.17（b）所示］。

HTTP 请求报文和应答报文都由 3 部分组成，两者的区别主要在于开始行不同。

（1）开始行：用于区分是请求报文还是应答报文。请求报文中的开始行叫作请求行，应答报文中的开始行叫作状态行（Status Line）。开始行的 3 个字段之间都以空格分隔开，最后的 CR 和 LF 分别代表回车与换行。

（2）首部行：用来说明浏览器、Web 服务器或报文主体的一些信息。首部行可以有好几行，但也可以不使用。每个首部行中都有首部字段名和它的值，每行在结束的地方都要有回车和换行。整个首部行结束时，还有一行空行将首部行和后面的实体主体分开。

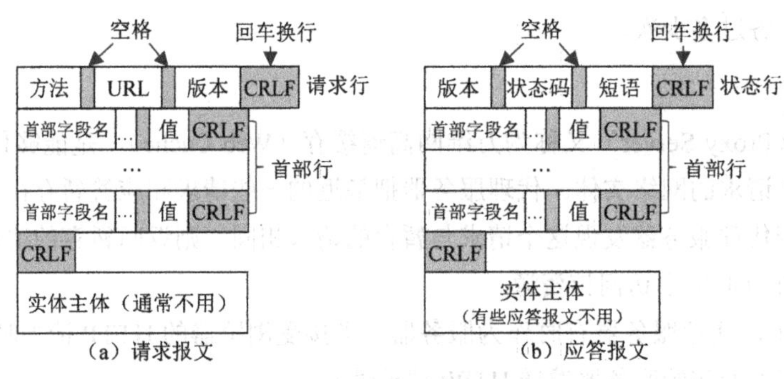

◎ 图 8.17　HTTP 的报文结构

（3）实体主体：在请求报文中一般不使用这个字段，在应答报文中也可能没有这个字段。

HTTP 报文是用普通的 ASCII 码文本书写的。报文有很多行，每行用回车换行符结束。

（1）HTTP 请求报文。

HTTP 请求报文的第 1 行，即请求行有 3 个字段：方法、请求资源的 URL、HTTP 的版本。

方法：对所请求的对象进行的操作。浏览器能够向 Web 服务器发送 8 种方法，这些方法

实际上也是一些命令。GET 和 POST 是最常见的 HTTP 方法，除此以外还有 HEAD、PUT、DELETE、TRACE、CONNECT、OPTION，如表 8.3 所示。

表 8.3　HTTP 请求报文的方法

命令	解释
GET	请求获取 Request-URL 所标识的资源。当在浏览器的地址栏中输入网址访问网页时，浏览器采用 GET 方法向 Web 服务器请求网页
POST	在 Request-URL 所标识的资源后附加新的数据。要求被请求的 Web 服务器接收附加在请求后面的数据，常用于提交表单，如向服务器提交信息、发帖、登录
HEAD	请求获取由 Request-URL 所标识的资源的应答消息报头
PUT	请求 Web 服务器存储一个资源，并用 Request-URL 作为其标识
DELETE	请求 Web 服务器删除 Request-URL 所标识的资源
TRACE	请求 Web 服务器回送收到的请求信息，主要用于测试或诊断
CONNECT	用于代理 Web 服务器
OPTION	请求查询 Web 服务器的性能，或者查询与资源有关的选项和需求

方法名称是区分大小写的。当某个请求所针对的资源不支持对应的请求方法时，Web 服务器应当返回状态码 405（Method Not Allowed）；当 Web 服务器不认识或不支持对应的请求方法时，应当返回状态码 501（Not Implemented）。

（2）HTTP 应答报文。

每个请求报文发出后，都能收到一个应答报文。应答报文的第 1 行是状态行。状态行有 3 个字段：HTTP 的版本、状态码、解释状态码的简单短语。

状态码都是 3 位数字的形式，分为五大类，共 37 种。这五大类的状态码都是以不同的数字开头的。

1xx 表示通知信息，如请求收到了或正在处理。

2xx 表示成功，如接受或知道了。

3xx 表示重定向，如要完成请求还必须采取进一步的行动。

4xx 表示客户的差错，如请求中有错误的语法或不能完成。

5xx 表示服务器的差错，如服务器失效而无法完成请求。

以下 3 种状态行在应答报文中是经常见到的：

HTTP/1.1 202 Accepted { 接受 }
HTTP/1.1 400 Bad Request { 错误的请求 }
Http/1.1 404 Not Found { 找不到 }

可以看到，HTTP 定义了浏览器访问 Web 服务器的步骤、能够向 Web 服务器发送哪些请求（方法）、HTTP 请求报文格式（有哪些字段，以及分别代表什么意思），也定义了 Web 服务器能够向浏览器发送哪些应答（状态码）、HTTP 应答报文格式（有哪些字段，以及分别代表什么意思）。

4. 用户与服务器的交互：Cookie

前面提到，HTTP 是无状态的，HTTP 服务器不记得哪个客户访问过它，也不记得为该客户服务过多少次。在实际应用中，一些 Web 站点却常常希望能够识别客户。网站可以利用 Cookie 跟踪统计客户访问网站的习惯，如什么时间访问、访问哪些页面、在每个页面的停留时间等。利用这些信息，一方面可以为客户提供个性化服务；另一方面，也可以作为了解客户行为的工具，对网站经营策略的改进有一定的参考价值。例如，在某家航空公司站点查阅航班时刻表，该网站可能创建了包含用户旅行计划的 Cookie，在用户下次访问时，网站根据用户的情况对显示的内容进行调整，将用户感兴趣的内容放在前列。

Cookie 最典型的应用是判断用户是否登录网站（用户可以得到提示，是否保留用户信息，以便下次进入此网站时简化登录手续，这也是 Cookie 实现的）。Cookie 生成后，只要在其有效期内，用户在访问同一个 Web 服务器时，浏览器就会检查本地 Cookie 并发送目标 Cookie 给服务器（前提是浏览器设置为启用 Cookie 状态）。Cookie 还有一个重要应用场合，就是“购物车”，用户可能会在一段时间内于同一家网站的不同页面中选择不同的商品，这些信息都会被写入 Cookie，以便在最后付款时提取信息。

Cookie 的使用一直引起很大的争议，有人认为 Cookie 会把计算机病毒带到用户的计算机中，也有人认为 Cookie 可能引起用户隐私的泄露。

为了让用户有拒绝使用 Cookie 的自由，在浏览器中，用户可自行设置接受 Cookie 的条件。用户可根据自己的情况对浏览器进行必要的设置。

5. HTTPS

HTTPS 是一个安全通信通道，它基于 HTTP 开发，用于在客户机和服务器之间交换信息。它使用安全套接字层（SSL）进行信息交换。简单来说，它是 HTTP 的安全版，是使用 TLS/SSL 加密的 HTTP。HTTPS 对数据进行加密，并建立一个信息安全通道，以此来保证传输过程中的数据安全，并对网站服务器进行真实身份认证。

HTTP 采用明文传输信息，存在信息窃听、信息篡改和信息劫持的风险，而 TLS/SSL 具有身份验证、信息加密和完整性校验功能，可以避免此类问题发生。

TLS/SSL 全称为安全传输层协议（Transport Layer Security），是介于 TCP 和 HTTP 之间的一层安全协议，不影响原有的 TCP 和 HTTP，因此使用 HTTPS 基本上不需要对 HTTP 页面进行太多改造。

HTTPS 是加密传输协议，HTTP 是明文传输协议；HTTPS 的标准端口是 443，HTTP 的标准端口是 80；HTTPS 基于传输层，HTTP 基于应用层。

8.3.4 万维网的文档

1. HTML

要使任何一台计算机都能显示出任何一个 Web 服务器上的信息，就必须解决页面制作的标准化问题。HTML 就是一种制作万维网页面的标准语言，它消除了不同计算机之间信息交流的障碍。HTML 并不是应用层协议，它只是 Web 浏览器使用的一种语言。

HTML 是一种规范，一种标准，它通过标记符来标记要显示的网页（页面）中的各部分。网页文件本身是一种文本文件，通过在文本文件中添加标记符，可以告诉浏览器如何显示其中的内容（如文字如何处理、画面如何安排、图片如何显示等）。浏览器按顺序阅读网页文件，根据标记符解释和显示其标记的内容，对书写出错的标记，将不指出其错误，且不停止其解释执行过程，编制者只能通过显示效果来分析出错原因和出错部位。但需要注意的是，对于不同的浏览器，对同一标记符可能会有不完全相同的解释，因而可能会有不同的显示效果。

HTML 从 1993 年发展到今天，经过 1.0、2.0、3.2、4.0、4.01 几个版本，一直到 2014 年 10 月，HTML5 标准规范制定完成，并公开发布。

网页的本质就是 HTML，通过结合使用其他的 Web 技术（如脚本语言、CGI、组件等），可以创造出功能强大的网页。一个网页对应一个 HTML 文件。HTML 文件以 .htm 或 .html 为扩展名。可以使用任何能够生成 TXT 类型源文件的文本编辑来产生 HTML 文件。标准的 HTML 文件都具有一个基本的整体结构，即 HTML 文件的开头和结尾标志与 HTML 的头部和实体两大部分。HTML 有 3 个双标记符用于网页整体结构的确认。

上面介绍的只是万维网文档中最基本的一种，即所谓的静态文档（Static Document）。静态文档的内容是提前编写到文档里的，浏览器每次访问时，里面的内容都不改变。静态文档的最大特点是简单，缺点是不够灵活。当信息变化时，就要由文档的编制者手工对文档进行修改。可见，变化频繁的文档不适合做成静态文档。

2. 动态文档

动态文档（Dynamic Document）是指文档的内容是在浏览器访问 Web 服务器时才由应用程序动态创建的。动态文档和静态文档的差别主要体现在服务器一端，即文档内容的生成方法不同。而从浏览器的角度看，这两种文档并没有区别，它们的内容都遵循 HTML 规定的格式。

要实现动态文档，就必须在静态的基础上对 Web 服务器从以下两方面进行扩充。

（1）服务器应增加一个应用程序，用来处理浏览器发来的数据，并创建动态文档。

（2）服务器应增加一种机制，使 Web 服务器将浏览器发来的数据传送给这个应用程序，Web 服务器能够解释这个应用程序的输出，并向浏览器返回 HTML 文档。

动态文档的实现如图 8.18 所示。

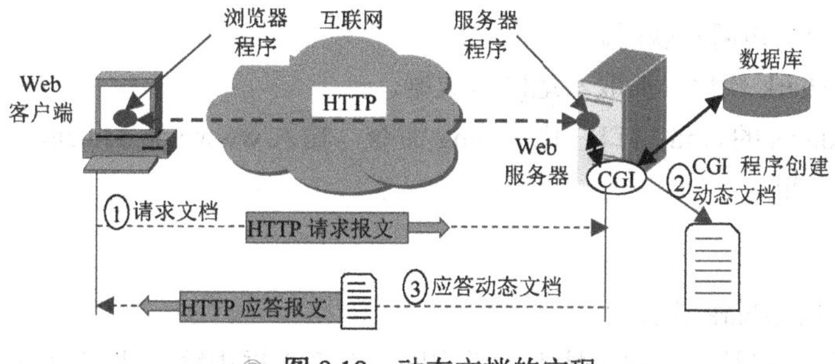

◎ 图 8.18 动态文档的实现

产生动态文档的 Web 服务器相比之前增加了 CGI 机制，该机制的目的是满足上面提出的两个条件。程序员编写脚本等应用程序，服务器通过执行应用程序产生静态 HTML，并返回浏览器。

CGI 程序即 CGI 脚本（Script），这里的“脚本”是指一个程序被另一个程序（解释程序）而不是计算机的处理机来解释或执行。常用的脚本语言（Script Language）有 JavaScript、JSP 等。

3. 活动文档

随着科技和需求的发展，动态文档的缺点表现得越来越明显。首先，动态文档一旦建立，它所包含的信息内容也就固定下来而无法及时刷新显示器；其次，动态文档无法提供动画之类的显示效果。

有两种技术可用于浏览器显示器显示的连续更新。一种技术是服务器推送（Server Push），它将所有的工作都交给服务器。服务器不断地运行与动态文档相关联的应用程序，定期更新信息，并发送更新后的文档。

另一种技术是活动文档（Active Document）。这种技术把创建文档的工作都移到浏览器中进行。每当浏览器请求一个活动文档时，服务器就返回一段活动文档程序副本，使该程序副本在浏览器中运行。此时，活动文档程序可与用户直接交互，并可连续地更新显示器的显示内容。只要用户运行活动文档程序，活动文档的内容就可以连续地改变。活动文档产生的过程如图 8.19 所示。

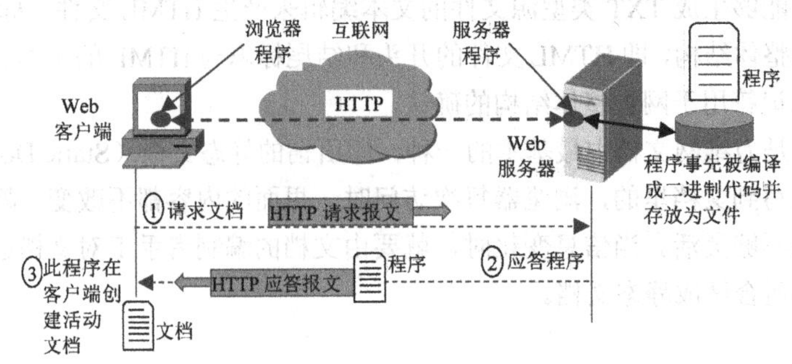

◎ 图 8.19 活动文档产生的过程

Java 语言是一项用于创建和运行活动文档的技术，使用“小应用程序”（Applet）来描述活动文档程序。

学以致用

8.3.5 技能训练 3：使用 Wireshark 软件分析 HTTP 报文

1. 实验流程

（1）本机能用域名访问互联网。

（2）启动 Wireshark 软件，抓取本地网卡数据。

（3）启动 Windows 的 cmd 窗口，执行 ping 命令，输入 www.xpc.edu.cn。

（4）分析抓包结果。

2. 实验实施

步骤 1：启动 Wireshark 软件。

步骤 2：访问河北科技工程职业技术大学官网，在搜索框中输入要搜索的内容，单击“搜索”按钮。

步骤 3：在 Windows 的 cmd 窗口中执行 ping www.xpc.edu.cn 命令。结果如下：

```
C:\Users\39731>ping www.xpc.edu.cn
正在 Ping www.xpc.edu.cn [10.8.10.4] 具有 32 字节的数据：
来自 10.8.10.4 的回复：字节 =32 时间 =2ms TTL=62
….
10.8.10.4 的 Ping 统计信息：
  数据包：已发送 = 4，已接收 = 4，丢失 = 0 (0% 丢失)，
往返行程的估计时间 (以毫秒为单位):
  最短 = 2ms，最长 = 3ms，平均 = 2ms
```

步骤 4：分析抓包结果。

在“显示过滤器”文本框中输入 http and ip.addr == 10.8.10.4，单击“执行”按钮，执行显示过滤器，只显示访问河北科技工程职业技术大学官网的 HTTP 请求和应答的数据包。选中第 481 个数据包，可以看到该数据包中的 HTTP 请求报文，如图 8.20 所示，请求方法是 GET。

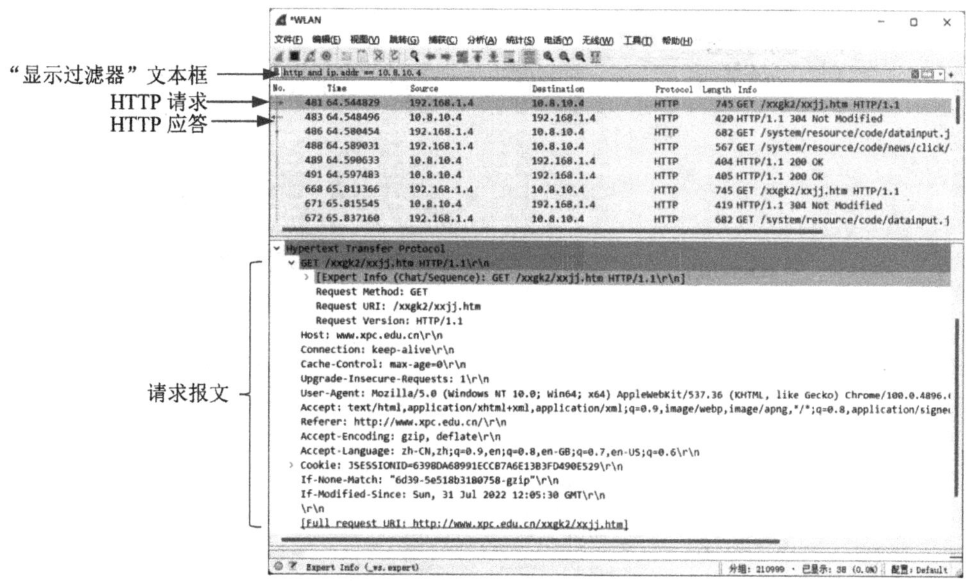

◎ 图 8.20　HTTP 请求报文

第 483 个数据包是 Web 服务器应答的数据包，状态码为 304，代表 Not Modified，表明此次请求为条件请求。

第 489 个数据包是 HTTP 应答报文，状态码为 200，表示成功处理了请求。图 8.21 所示为 HTTP 应答报文。

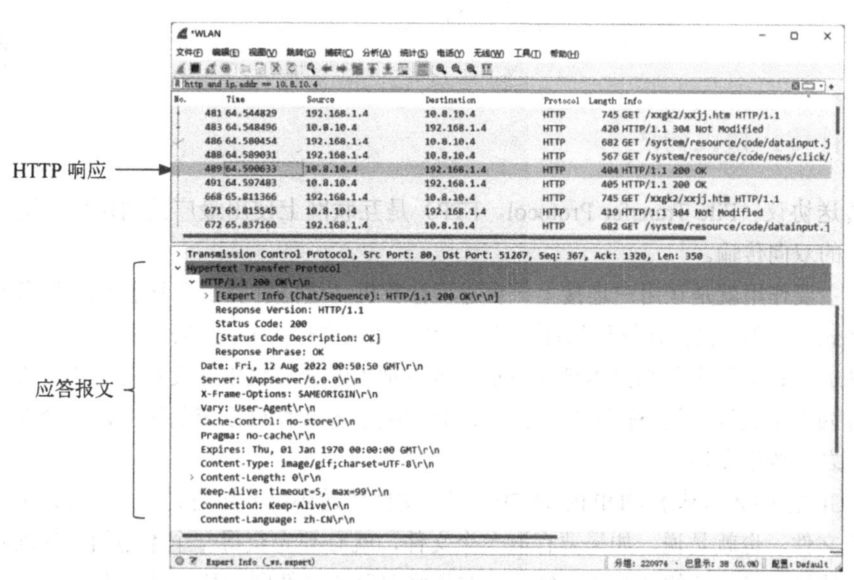

◎ 图 8.21　HTTP 应答报文

HTTP 除了定义客户机使用 GET 方法请求网页，还定义了其他方法，如通过浏览器向 Web 服务器提交内容，又如登录网站、搜索网站需要使用 POST 方法。在“显示过滤器”文本框中输入 http.request.method ==POST，单击“执行”按钮，执行显示过滤器，只显示请求方法为 POST 的报文，如图 8.23 所示。选中第 23 个数据包，可以看到该数据包中的 HTTP 请求报文，请求方法是 POST。客户机使用 POST 方法将内容提交给 Web 服务器。

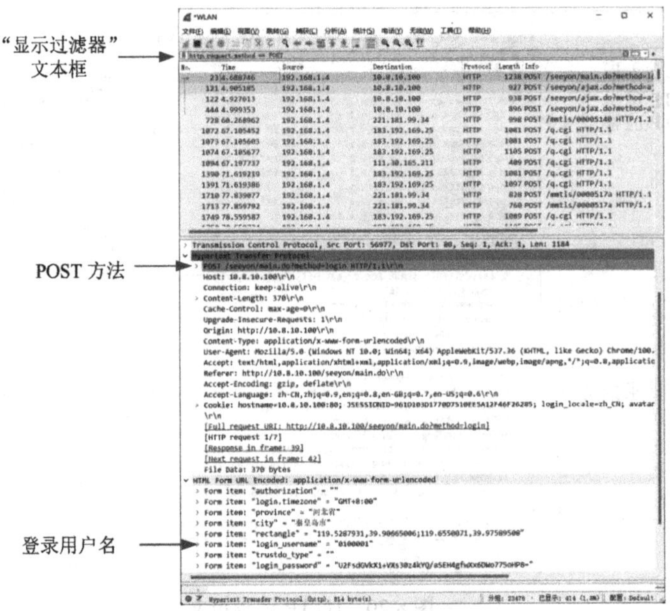

◎ 图 8.22 使用 HTTP 的 POST 方法

内容探究

8.4 文件传送协议

文件传送协议

8.4.1 文件传送协议概述

文件传送协议（File Transfer Protocol，FTP）是互联网上使用最广泛的协议，用于在互联网上控制文件的双向传输。

FTP 的主要作用就是让用户连接上一台远程计算机（这些计算机运行着 FTP 服务进程，并存储着各种格式的文件，包括计算机软件、声音文件、图像文件等），查看远程计算机中有哪些文件，并把文件从远程计算机中复制到本地计算机，或者把本地计算机中的文件传送给远程计算机。其中，前者称为“下载”，后者称为“上传”。FTP 屏蔽了各计算机系统的细节，适合在异构网络的任意计算机之间传送文件。

基于 TCP 的 FTP 和基于 UDP 的 TFTP（简单文件传送协议）都是文件共享协议中的一大类，即复制整个文件。也就是说，如果要存取一个文件，就必须先获得一个本地的文件副本；如果要修改文件，就只能对文件的副本进行修改，并将修改后的文件副本传回源节点。

另外一种文件共享协议是联机访问（On-Line Access），允许多个程序同时对同一个文件进行存取，如网络文件系统（Network File System，NFS）。NFS 最初是在 UNIX 操作环境下实现文件和目录共享的。NFS 可使本地计算机共享远程资源，就像这些资源在本地一样。限于篇幅，本书不介绍 NFS 的详细工作过程，有兴趣的读者可查看相关资料。

FTP 是一个通过互联网传送文件的系统。大多数站点都有匿名 FTP 服务。所谓匿名，就是指这些站点允许一个用户自由地登录并复制下载其中的文件。

8.4.2 FTP 的工作原理

计算机网络的一项最基本的应用就是将文件从一台计算机中复制到另一台可能分布在世界各地的相距很远的计算机。但在计算机之间传送文件可能会碰到以下问题。

（1）传送文件的计算机存储数据的格式不同。

（2）传送文件的目录结构和文件命名的规则不同。

（3）传送文件的计算机操作系统不同，使用的命令也不同。

（4）计算机所在的局域网的访问控制方法不同。

FTP 只提供文件传送的一些基本服务，它使用 TCP 的可靠传输服务。FTP 的主要功能是降低或消除在不同操作系统下处理文件的不兼容性。

FTP 采用客户 / 服务器方式，一个 FTP 服务器进程可以为多个客户进程提供服务。FTP 服务器由两大部分组成：一个主进程，负责接受新的请求；若干从属进程，负责处理单个请求，如图 8.23 所示。

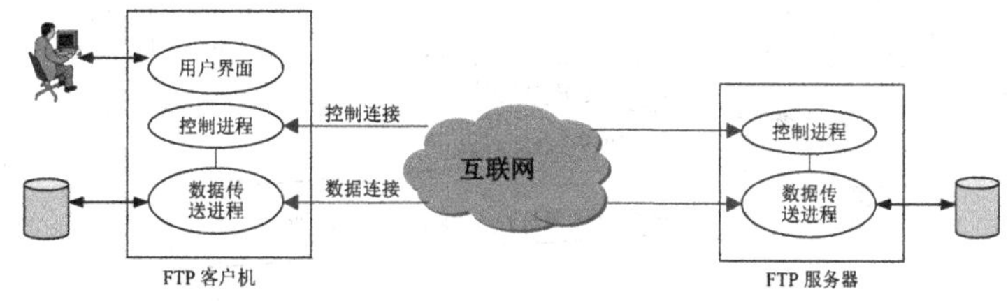

◎ 图 8.23 FTP 的工作过程

主进程的工作步骤如下。

（1）打开熟知端口（端口号为 21），使客户进程能够连接上。

（2）等待客户进程发出连接请求。

（3）启动从属进程，处理客户进程发来的请求。从属进程对客户进程的请求处理完毕后即终止。

（4）回到等待状态，继续接受其他客户进程发来的请求。主进程与从属进程的处理是并发进行的。

在进行文件传送时，FTP 的客户机和服务器之间要建立两个并行的 TCP 连接，一个用来传输 FTP 命令（控制连接），另一个用来传输数据（数据连接）。FTP 控制连接在整个会话期间一直保持打开状态，只用来发送连接或传送请求。FTP 客户机所发出的传送请求通过控制连接发送给服务器的控制进程。服务器的控制进程在收到 FTP 客户机发来的文件传输请求后创建数据传送进程和数据连接，用来连接客户机和服务器的数据传送进程。数据传送进程实际完成文件的传送，因此，FTP 的控制信息是带外传送的。

当客户进程向服务器进程发出建立连接请求时，首先要寻找连接服务器进程的熟知端口 21，同时要告诉服务器进程自己的另一个端口号，用于建立数据连接。接着，服务器进程用自己传送数据的熟知端口 20 与客户进程提供的端口号建立数据连接。由于 FTP 使用了两个不同的端口号，所以数据连接与控制连接不会产生混乱。

在 FTP 服务器上，只要启动了 FTP 服务，就总有一个 FTP 的守护进程在后台运行以随时准备对客户机的请求做出响应。当客户机需要文件传送服务时，FTP 的守护进程将首先设法打开一个与 FTP 服务器之间的控制连接，在连接建立过程中，FTP 服务器会要求客户机提供合法的登录用户名和密码。在许多情况下，使用匿名登录，即采用 anonymous 为用户名，以自己的 E-mail 地址作为密码。一旦该连接被允许建立，就相当于在客户机与 FTP 服务器之间打开了一个命令传

输的通信连接，所有与文件管理有关的命令都将通过该连接发送至 FTP 服务器执行。该连接在 FTP 服务器中使用 TCP 端口号的默认值 21，并且该连接在整个 FTP 会话期间一直存在。每当请求文件传送，即要求从 FTP 服务器复制文件到客户机时，FTP 服务器将形成另一个独立的通信连接，该连接与控制连接使用不同的协议端口号，默认情况下在服务器端使用 20 号端口为 TCP 端口，所有文件都可以以 ASCII 码模式或二进制模式通过该数据通道传送。

FTP 建立传送数据的 TCP 连接模式分为主动模式和被动模式。

1. 主动模式

在主动模式的 FTP 中，首先，FTP 客户机从一个随机的非系统端口（N>1023）连接 FTP 服务器的命令端口（端口 21）；然后，FTP 客户机开始侦听端口 (N+1)，并将 FTP 命令端口 (N+1) 告诉 FTP 服务器"请把数据发送给我的端口 (N+1)"；最后，FTP 服务器将从本地数据端口（端口 20）回连 FTP 客户机的数据端口，即端口 (N+1)，如图 8.24 所示。

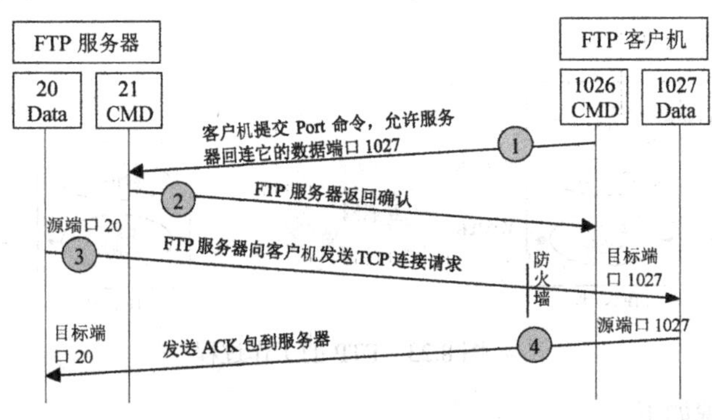

◎ 图 8.24　FTP 的主动模式

（1）FTP 客户机提交 Port 命令并允许 FTP 服务器回连它的数据端口（端口 1027）。

（2）FTP 服务器返回确认。

（3）FTP 服务器向 FTP 客户机发送 TCP 连接请求，目标端口为 1027，源端口为 20，为传送数据发起建立连接的请求。

（4）FTP 客户机发送确认数据报文 ACK 包，目标端口为 20，源端口为 1027，建立起传送数据的连接。

在主动模式下，FTP 服务器防火墙只需打开 TCP 的端口 21 和端口 20，FTP 客户机防火墙要将 TCP 端口号大于 1024 的端口全部打开。

2. 被动模式

为了解决 FTP 服务器主动发起的到 FTP 客户机的连接会被阻止的问题，人们开发了一种不同的 FTP 连接方式，它就是 FTP 的被动模式，缩写为 PASV，如图 8.25 所示。它工作的前提是 FTP 客户机明确告知 FTP 服务器它使用被动模式。在被动模式的 FTP 中，FTP 客户机启动到 FTP 服务器的两个连接（命令连接和数据连接），从而解决了防火墙阻止从 FTP 服务器到 FTP 客户机的传入数据端口连接的问题。

对 FTP 服务器的防火墙来说，需要打开 TCP 的端口 21 和端口号大于 1024 的端口。

（1）FTP 客户机的命令端口与 FTP 服务器的命令端口建立连接，并发送命令 PASV。

（2）FTP 服务器返回命令 Port 2024，告诉 FTP 客户机 FTP 服务器用哪个端口侦听数据连接。

（3）FTP 客户机初始化一个从自己的数据端口到 FTP 服务器指定的数据端口的数据连接。

（4）FTP 服务器给 FTP 客户机的数据端口返回一个 ACK 响应。

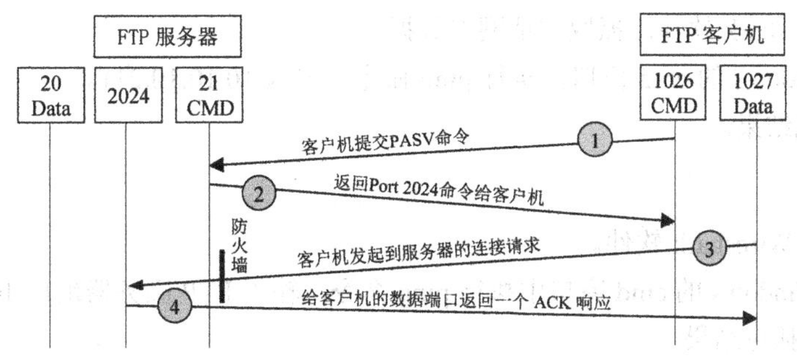

◎ 图 8.25　FTP 的被动模式

8.4.3　简单文件传送协议

简单文件传送协议（Trivial File Transfer Protocol，TFTP）是一个很小且易于实现的文件传送协议。TFTP 也采用客户 / 服务器方式，因此，TFTP 需要有自己的差错纠正措施。TFTP 只支持文件传送而不支持文件交互。TFTP 没有一个庞大的命令集，没有列目录的功能，也不能对用户进行身份认证。

TFTP 使用 UDP 用户数据报，可满足将程序和文件同时向许多客户机下载的需求。同时，TFTP 代码所占的内存较小，可满足没有安装硬盘等存储设备的某些特殊设备使用，在只读存储器上固化了 TFTP、UDP 和 IP，当接通电源后，设备执行只读存储器中的代码，在网络上广播一个 TFTP 请求，网络上的 TFTP 服务器就发送响应，其中包括可执行二进制程序，设备收到此文件后，将其放入内存，开始运行程序。

TFTP 的主要特点如下。

（1）每次传送的数据报文中有 512 字节的数据，但最后一次传送的数据报文可不足 512 字节。

（2）数据报文按序编号，从 1 开始。

（3）支持 ASCII 码或二进制码传送。

（4）可对文件进行读和写操作。

（5）使用很简单的首部。

TFTP 的工作原理与停止等待协议类似，它发送完一个文件块后就等待对方的确认，确认后应指明所确认的文件块编号；发送数据后，如果在规定时间内收不到确认，就要重发 UDP 用户数据报。发送确认的一方如果在规定时间内收不到下一个文件块，那么也要重发确认。

在一开始工作时，TFTP 客户进程发送一个读请求报文或写请求报文给 TFTP 服务器进程，其熟知端口号为 69。TFTP 服务器进程要选择一个新的端口和 TFTP 客户进程进行通信。若文件长度恰好为 512 字节的整数倍，则在文件传送完毕后，还必须发送一个只含首部而无数据的数据报文；若文件长度不是 512 字节的整数倍，则最后传送数据报文中的数据字段一定不足 512 字节，这正好可作为文件结束的标志。

学以致用

8.4.4　技能训练 4：使用 Wireshark 软件分析 FTP 报文

1. 实验流程

（1）本机能用 FTP 服务器（FTP 服务器地址为 10.10.10.211）。

（2）启动 Wireshark 软件，抓取本地网卡数据。

（3）启动 Windows 的 cmd 窗口，执行 ping 命令，输入 10.10.10.211。

（4）分析抓包结果。

2. 实验实施

步骤 1：启动 Wireshark 软件。

步骤 2：在 Windows 的 cmd 窗口中执行 ping 命令，输入 FTP 服务器地址 10.10.10.211。

步骤 3：分析抓包结果。

（1）显示过滤条件：ftp 表示捕获的都是 FTP 报文，如图 8.26 所示。

```
*WLAN
文件(F) 编辑(E) 视图(V) 跳转(G) 捕获(C) 分析(A) 统计(S) 电话(Y) 无线(W) 工具(T) 帮助(H)
ftp
No.  Time      Source        Destination   Protocol Length Info
14 7.044439  10.10.10.211  192.168.1.4   FTP   92 Response: 220 Serv-U FTP Server v15.1 ready...
16 7.044540  192.168.1.4   10.10.10.211  FTP   70 Request: USER anonymous
17 7.049091  10.10.10.211  192.168.1.4   FTP  124 Response: 331 User name okay, please send comp
19 7.049171  192.168.1.4   10.10.10.211  FTP   68 Request: PASS IEUser@
20 7.053611  10.10.10.211  192.168.1.4   FTP   84 Response: 230 User logged in, proceed.
22 7.053756  192.168.1.4   10.10.10.211  FTP   68 Request: opts utf8 on
23 7.055739  10.10.10.211  192.168.1.4   FTP   84 Response: 502 Command not implemented.
25 7.055856  192.168.1.4   10.10.10.211  FTP   59 Request: PWD
26 7.058928  10.10.10.211  192.168.1.4   FTP   85 Response: 257 "/" is current directory.
28 7.059096  192.168.1.4   10.10.10.211  FTP   70 Request: CWD /●●●●●●●/
> Frame 14: 92 bytes on wire (736 bits), 92 bytes captured (736 bits) on interface \Device\NPF_{A69782F6-CE67-4989-B8FA-7E34C50B8A6E},
> Ethernet II, Src: Tp-LinkT_24:dc:5a (f8:8c:21:24:dc:5a), Dst: IntelCor_07:91:7b (80:32:53:07:91:7b)
> Internet Protocol Version 4, Src: 10.10.10.211, Dst: 192.168.1.4
> Transmission Control Protocol, Src Port: 21, Dst Port: 51175, Seq: 1, Ack: 1, Len: 38
v File Transfer Protocol (FTP)
  v 220 Serv-U FTP Server v15.1 ready...\r\n
      Response code: Service ready for new user (220)
      Response arg: Serv-U FTP Server v15.1 ready...
  [Current working directory: ]
```

◎ 图 8.26 FTP 报文

（2）单击第 14 个报文，表示 FTP 被访问（220 代表 FTP 服务就绪）。

（3）单击第 16 个报文，表示用户登录的用户名和密码，使用匿名登录，如图 8.27 所示。

（4）上传文件。从 FTP 客户机中复制一个文件，进入 FTP 服务器的某一存储文件的文件夹，粘贴复制的文件，弹出“FTP 文件夹错误”提示框，如图 8.28 所示，表示匿名登录没有上传文件到 FTP 服务器的权限。

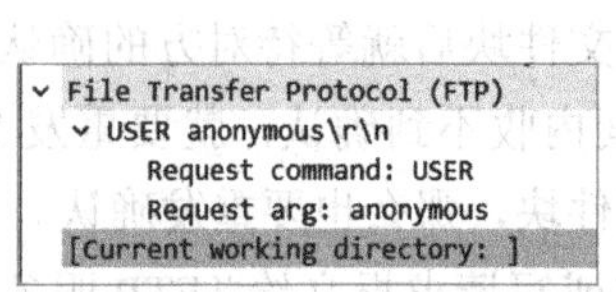

◎ 图 8.27 FTP 匿名登录

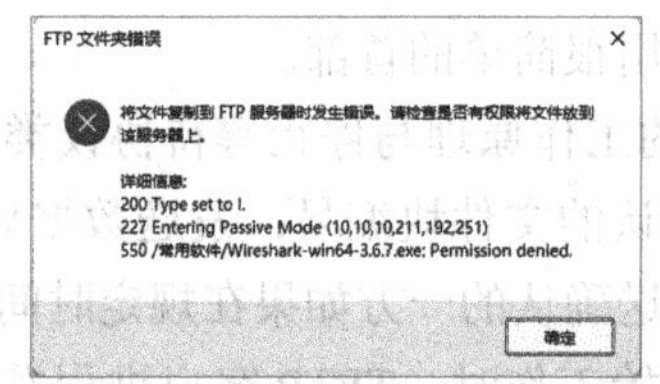

◎ 图 8.28 “FTP 文件夹错误”提示框

（5）查看 FTP 报文。图 8.29 表示“删除”文件，图 8.30 表示“删除”文件被拒绝（550 表示文件不可用）。

```
v File Transfer Protocol (FTP)
  v DELE Wireshark-win64-3.6.7.exe\r\n
      Request command: DELE
      Request arg: Wireshark-win64-3.6.7.exe
  [Current working directory: /●●●●●●●/]
```

◎ 图 8.29 “删除”文件

```
v File Transfer Protocol (FTP)
  v 550 /●●●●●●●/Wireshark-win64-3.6.7.exe: Permission denied.\r\n
      Response code: Requested action not taken: File unavailable (550)
      Response arg: /●●●●●●●/Wireshark-win64-3.6.7.exe: Permission denied.
  [Current working directory: /●●●●●●●/]
```

◎ 图 8.30 “删除”文件被拒绝

（6）单击鼠标右键，在弹出的快捷菜单中选择“登录”选项，弹出“登录身份”对话框，在“用户名”文本框中输入在 FTP 服务器中创建的用户名，在“密码”文本框中输入密码，密码以密文方式显示，单击“登录”按钮，即可登录 FTP 服务器。

（7）查看 FTP 报文。图 8.31 表示输入用户名 FTP 报文，图 8.32 表示输入密码 FTP 报文。在图 8.32 中，密码以明文的方式显示出来。

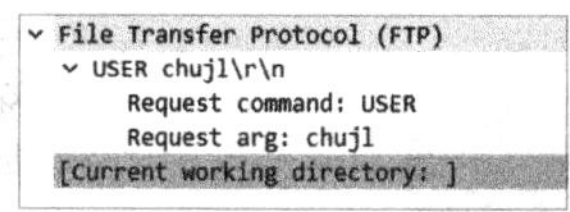

◎ 图 8.31　输入用户名 FTP 报文

```
v File Transfer Protocol (FTP)
  v PASS Abc123456\r\n
      Request command: PASS
      Request arg: Abc123456
  [Current working directory: ]
```

◎ 图 8.32　输入密码 FTP 报文

（8）进入 FTP 被动模式，如图 8.33 所示（227 表示进入被动模式）。

（9）创建文件夹“常用软件”。在“常用软件”文件夹中上传 FTP 客户机中的文件。图 8.34 表示上传文件，图 8.35 表示开始传输文件（150 表示打开连接）。

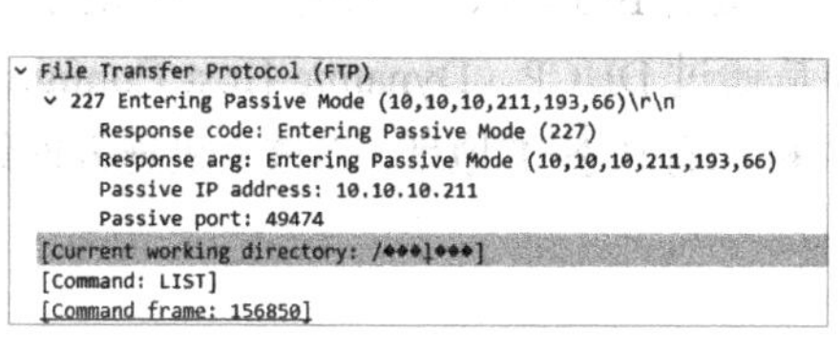

◎ 图 8.33　FTP 被动模式

```
v File Transfer Protocol (FTP)
  v STOR Wireshark-win64-3.6.7.exe\r\n
      Request command: STOR
      Request arg: Wireshark-win64-3.6.7.exe
  [Current working directory: /◆◆◆◆◆◆◆/]
  [Command response frames: 54071]
  [Command response bytes: 77259496]
  [Command response first frame: 157257]
  [Command response last frame: 239593]
  [Response duration: 3899ms]
  [Response bitrate: 158521Kbps]
  [Setup frame: 157248]
```

◎ 图 8.34　上传文件

```
v File Transfer Protocol (FTP)
  v 150 Opening BINARY mode data connection for Wireshark-win64-3.6.7.exe.\r\n
      Response code: File status okay; about to open data connection (150)
      Response arg: Opening BINARY mode data connection for Wireshark-win64-3.6.7.exe.
  [Current working directory: /◆◆◆◆◆◆◆/]
```

◎ 图 8.35　开始传输文件

（10）图 8.36 表示文件上传完毕（226 表示结束数据连接）。

```
v File Transfer Protocol (FTP)
  v 226 Transfer complete. 77,256,616 bytes transferred. 12,639.62 KB/sec.\r\n
      Response code: Closing data connection (226)
      Response arg: Transfer complete. 77,256,616 bytes transferred. 12,639.62 KB/sec.
  [Current working directory: /◆◆◆◆◆◆◆/]
```

◎ 图 8.36　文件上传完毕

（11）右击其中一个 FTP 数据包，在弹出的快捷菜单中选择“追踪流”→“TCP 流”选项，弹出如图 8.37 所示的窗口，将 FTP 客户机访问 FTP 服务器的交互过程中产生的数据整理到一起，可以看到 FTP 中的方法：STORE 方法（见图 8.34）用于上传文件，DELE 方法（见图 8.29）用于删除文件。

◎ 图 8.37　FTP 客户机访问 FTP 服务器的交互过程

内容探究

8.5 动态主机配置协议

动态主机配置协议

当一台主机需要接入使用 TCP/IP 的网络时，主机的每个以太网网络适配器都拥有一个唯一的硬件地址，这时必须为每个适配器配置与该网络内相对应且唯一的 IP 地址及子网掩码、默认网关和首选 DNS 服务器（本地 DNS 服务器）地址。只有这样，主机才能连接到这个网络，并与网络中的其他主机通信。

主机 IP 地址有两种配置方法，一种是手工添加该主机的 IP 地址、子网掩码、默认网关和首选 DNS 服务器，即该主机拥有静态 IP 地址；另一种是通过 DHCP（Dynamic Host Configuration Protocol，动态主机配置协议）服务器自动分配，即该主机拥有动态 IP 地址，当该主机连入网络时，DHCP 服务器为该主机自动分配 IP 地址。

8.5.1 DHCP 的概念

DHCP 是一个简化主机 IP 地址分配管理的 TCP/IP 标准协议。它提供了一种机制，称为即插即用连网（Plug-and-Play Networking）。这种机制允许一台计算机加入新的网络和获取 IP 地址而不用手工参与。

DHCP 使用客户 / 服务器方式（模式）。

DHCP 向互联网主机提供配置参数。DHCP 由两部分组成：用于将特定主机的配置参数从 DHCP 服务器传送到主机的协议和将网络地址分配给主机的机制。

DHCP 建立在客户 / 服务器模型上，在该模型中，指定的 DHCP 服务器为主机分配网络地址并将配置参数传送给动态配置的主机。该模型中的“服务器”是指通过 DHCP 提供初始化参数的主机，“客户”是指从 DHCP 服务器请求初始化参数的主机。

8.5.2 DHCP 分配 IP 地址的机制

DHCP 有 3 种分配 IP 地址的机制。

（1）自动分配（Automatic Allocation）：DHCP 服务器为 DHCP 客户机指定一个永久性的 IP 地址，一旦 DHCP 客户机第一次成功从 DHCP 服务器处租用到 IP 地址后，就可以永久使用该地址。

（2）动态分配（Dynamic Allocation）：DHCP 服务器为 DHCP 客户机指定一个具有时间限制的 IP 地址，当时间到期或 DHCP 客户机明确表示放弃该地址时，该地址可以被其他 DHCP 客户机使用。

（3）手工分配（Manual Allocation）：DHCP 客户机的 IP 地址是由网络管理员指定的，DHCP 服务器只是将指定的 IP 地址告诉 DHCP 客户机。

动态分配是 3 种机制中唯一允许自动重用被分配地址的 DHCP 客户机不再需要的地址的机制。因此，动态分配对于将地址分配给仅暂时连接到网络的 DHCP 客户机或对于在不需要永久 IP 地址的 DHCP 客户机组之间共享有限的 IP 地址池特别有用。动态分配也可以是将 IP 地址分配给永久连接到 IP 地址足够稀少的网络的新 DHCP 客户机的好选择，当旧 DHCP 客户机退役时，回收它们非常重要。

8.5.3　DHCP 分配 IP 地址的过程

DHCP 在提供服务时，DHCP 客户机是以 UDP 68 号端口进行数据传输的，而 DHCP 服务器是以 UDP 67 号端口进行数据传输的。DHCP 服务不仅体现在为 DHCP 客户机提供 IP 地址自动分配的过程中，还体现在后面的 IP 地址租约更新和释放的过程中。

1. DHCP 的租约过程

如图 8.38 所示，在整个 DHCP 服务器为 DHCP 客户机初次提供 IP 地址自动分配的过程中，一共经过了以下 4 个阶段。

（1）发现阶段：DHCP 客户机获取网络中 DHCP 服务器信息的阶段。

DHCP 工作过程的第 1 步是 DHCP 发现（DHCP Discover），即需要 IP 地址的主机（DHCP 客户机）在启动时就向网络中广播发送 DHCP Discover 请求报文，发现 DHCP 服务器，请求 IP 地址租约，该过程也称为 IP 发现。以下几种情况需要进行 DHCP 发现。

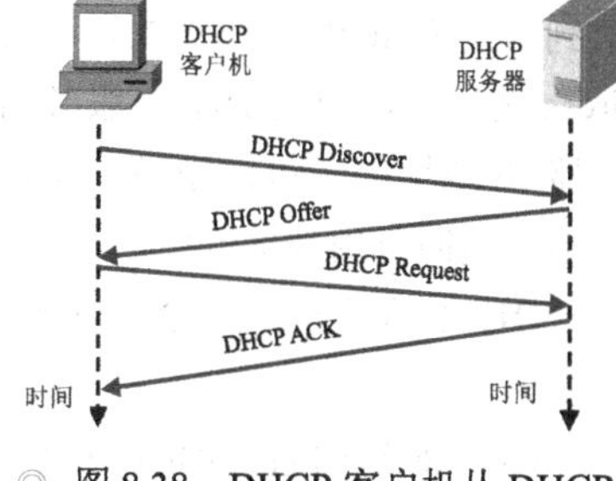

◎ 图 8.38　DHCP 客户机从 DHCP 服务器处获取 IP 地址

- 当客户机第 1 次以 DHCP 客户机方式使用 TCP/IP 协议栈，即第 1 次向 DHCP 服务器请求 TCP/IP 配置时。
- 客户机从使用固定 IP 地址转向使用 DHCP 动态分配 IP 地址时。
- 当本地网络参数可能发生变化时，DHCP 客户机应使用 DHCP 重新获取或验证其 IP 地址和网络参数。例如，在系统启动时或与本地网络断开连接后，因为此时本地网络配置可能在 DHCP 客户机或用户不知情的情况下发生变化。
- 当该 DHCP 客户机所租用的 IP 地址已被 DHCP 服务器收回，并已提供给其他 DHCP 客户机使用时。

在 DHCP 客户机配置了 DHCP 客户机程序并启动后，它以广播方式发送 DHCP Discover 报文，寻找网络中的 DHCP 服务器。因为 DHCP 客户机不知道 DHCP 服务器的 IP 地址，所以它使用 0.0.0.0 作为源地址，使用 UDP 68 号端口作为源端口，使用 255.255.255.255 作为目标地址，使用 UDP 67 号端口作为目的端口来广播请求 IP 地址信息。广播信息中包括了 DHCP 客户机的 MAC 地址和计算机名，以便使 DHCP 服务器能确定是哪个 DHCP 客户机发送的请求。

当第 1 个 DHCP Discover 报文发送出去后，DHCP 客户机将等待 1 秒。在此期间，如果没有 DHCP 服务器做出响应，那么 DHCP 客户机将分别在第 9 秒、第 13 秒和第 16 秒重复发送一次 DHCP Discover 报文。如果还没有得到 DHCP 服务器的应答，那么 DHCP 客户机将每隔 5 分钟广播一次 DHCP Discover 报文，直到得到一个应答。当网络中没有可用的 DHCP 服务器时，基于 TCP/IP 协议栈的通信将无法实现。这时，DHCP 客户机如果是 Windows 2000 客户，就自动选取一个自认为没有被使用的 IP 地址（该 IP 地址可从 169.255.x.y 地址段中选取）。尽管此时 DHCP 客户机已分配有一个静态 IP 地址，但还没有重新启动计算机，故 DHCP 客户机还要每隔 5 分钟发送一次 DHCP Discover 报文，如果这时有 DHCP 服务器做出响应，那么 DHCP 客户机将从 DHCP 服务器获得 IP 地址及其配置，并以 DHCP 方式工作。

（2）提供阶段：DHCP 服务器向 DHCP 客户机提供预分配 IP 地址的阶段。

网络中的所有 DHCP 服务器在收到客户机的 DHCP Discover 报文后，都会首先根据自己的可用地址池中 IP 地址分配的优先次序选出一个 IP 地址，然后与其他参数一起通过传输层的 UDP 67

号端口，在 DHCP Offer 报文中以广播方式发送给客户机（目的端口是 DHCP 客户机的 UDP 68 号端口）。DHCP 客户机通过封装在帧中的目的 MAC 地址来确定是否接收该帧。但这样一来，理论上 DHCP 客户机可能会收到多个 DHCP Offer 报文（当网络中存在多个 DHCP 服务器时），但 DHCP 客户机只接收第 1 个到来的 DHCP Offer 报文。

DHCP Offer 报文经过 IP 封装的源 IP 地址是 DHCP 服务器自己的 IP 地址，目的 IP 地址仍是 255.255.255.255 广播地址，使用的协议仍为 UDP。

（3）选择阶段：DHCP 客户机选择 IP 地址的阶段。

如果有多个 DHCP 服务器向该 DHCP 客户机发来 DHCP Offer 报文，那么客户机只接收第一个到来的 DHCP Offer 报文，并以广播方式发送 DHCP Request 报文。在该报文的 Requested Address 选项中，包含 DHCP 服务器在 DHCP Offer 报文中预分配的 IP 地址，以及对应的 DHCP 服务器 IP 地址等。这样相当于同时告诉其他 DHCP 服务器，它们可以释放已提供的地址，并将这些地址返回可用地址池中。

DHCP 客户机通过 DHCP Request 报文确认选择第 1 个 DHCP 服务器为它提供 IP 地址自动分配服务。

（4）确认阶段：DHCP 服务器确认分配给 DHCP 客户机 IP 地址的阶段。

假设 DHCP Request 报文发送不成功，如 DHCP 客户机试图租约先前的 IP 地址，但该 IP 地址不再可用；或者由于 DHCP 客户机移到其他子网而使该 IP 地址无效时，DHCP 服务器将广播否定确认消息 DHCP NAK。当 DHCP 客户机收到 DHCP Request 报文发送不成功的确认时，它将再一次开始 DHCP 的租约过程。

注：

超级作用域（Superscope）是由多个作用域组合而成的，可以用来支持多网段的网络环境，所谓多网段，就是指一个网络内有多个逻辑 IP 网络。如果一个网络内的计算机数量较多，以至于一个网络号（Network ID）所提供的 IP 地址不够，那么此时可以直接提供多个网络号给这个网络，让不同的计算机可以有不同的网络号，即实际上这些计算机还在同一个网段内，但是逻辑上它们分别隶属于不同的网络，因为它们可以分别拥有不同的网络号，这就是多网段。

2. 重新登录

如果 DHCP 客户机记住并希望重用先前分配的网络地址，那么此时的过程如下。

（1）DHCP 客户机每次重新登录网络时，不需要再发送 DHCP Discover 报文，而直接发送包含前一次所分配的 IP 地址的 DHCP Request 报文。

（2）了解 DHCP 客户机配置参数的 DHCP 服务器用 DHCP ACK 消息响应 DHCP 客户机。DHCP 服务器不应检查 DHCP 客户机的网络地址是否已在使用中。此时，DHCP 客户机可能会响应 ICMP 回显请求消息。如果 DHCP 客户机的请求无效（如 DHCP 客户机已移动到新的子网中），那么 DHCP 服务器应使用 DHCP NAK 消息响应 DHCP 客户机。如果不能保证 DHCP 服务器的信息是准确的，那么 DHCP 服务器不应响应。

DHCP 客户机接收具有配置参数的 DHCP ACK 消息，对参数进行最终检查，并记录 DHCP ACK 消息中指定的租约的持续时间。

如果 DHCP 客户机检测到 DHCP ACK 消息中的 IP 地址已在使用中，那么 DHCP 客户机必须向 DHCP 服务器发送 DHCP Decline 消息，并通过请求新的网络地址来重新启动配置过程。

如果 DHCP 客户机收到 DHCP NAK 消息，则无法重用其记住的网络地址。此时，它必须通过重新启动配置过程来请求新地址。

如果 DHCP 客户机既没有收到 DHCP ACK 消息，又没有收到 DHCP NAK 消息，那么 DHCP 客户机将超时并重新传输 DHCP Request 报文。DHCP 客户机应该选择重新传输 DHCP Request 报文足够的时间，以提供足够的概率来联系 DHCP 服务器，而不会导致 DHCP 客户机（与该 DHCP 客户机的用户）在放弃之前等待太长时间。如果 DHCP 客户机在采用重传算法之后既没有收到 DHCP ACK 消息，又没有收到 DHCP NAK 消息，那么 DHCP 客户机可以选择在剩余的未到期租约中使用先前分配的网络地址和配置参数。

3. 更新租约

当DHCP客户机租到一个IP地址后，该IP地址不可能长期被它占用，会有一个使用期，即租期。

当租约到期后，DHCP 服务器会收回该 IP 地址。如果 DHCP 客户机还想继续使用该 IP 地址，就需要申请延长租约时间。在 DHCP 客户机的租约时间达到 1/2 时，DHCP 客户机会向为它分配 IP 地址的 DHCP 服务器发送 DHCP Request 单播报文，以进行 IP 地址租约的更新。如果 DHCP 服务器判断 DHCP 客户机可以继续使用这个 IP 地址，就回复 DHCP ACK 报文，通知 DHCP 客户机更新租约成功；如果此 IP 地址不能再分配给该 DHCP 客户机，就回复 DHCP NAK 报文，通知 DHCP 客户机更新租约失败。

如果 DHCP 客户机在租约时间达到 1/2 时更新租约失败，那么 DHCP 客户机会在租约时间达到 7/8 时再次广播发送 DHCP Request 报文进行租约的更新。此时，DHCP 服务器的处理流程同首次分配 IP 地址的流程。

8.5.4 DHCP 中继代理

如果 DHCP 客户机与 DHCP 服务器在同一个物理网段，则 DHCP 客户机可以正确地获得动态分配的 IP 地址；如果两者不在同一个物理网段，则由于 DHCP 消息是由广播为主的，不能穿越网段，所以需要 DHCP Relay Agent（中继代理）。用 DHCP Relay Agent 可以去掉在每个物理网段都要有 DHCP 服务器的条件，它可以传递消息到不在同一个物理网段的 DHCP 服务器，也可以将 DHCP 服务器的消息传回不在同一个物理网段的 DHCP 客户机。

（1）当 DHCP 客户机启动并进行 DHCP 初始化时，DHCP Relay Agent 会在本地网络广播配置请求报文。

（2）如果本地网络存在 DHCP 服务器，则可以直接进行 DHCP 配置，不需要 DHCP Relay Agent。

（3）如果本地网络没有 DHCP 服务器，则与本地网络相连的具有 DHCP Relay Agent 功能的网络设备收到该广播报文后，将进行适当的处理并转发给指定的其他网络的 DHCP 服务器。

（4）DHCP 服务器根据 DHCP 客户机提供的信息进行相应的配置，并通过 DHCP Relay Agent 将配置信息发送给 DHCP 客户机，完成对 DHCP 客户机的动态配置。

学以致用

8.5.5 技能训练 5：使用 Wireshark 软件分析 DHCP 报文

1. 实验流程

（1）启动 Wireshark 软件，抓取本地网卡数据。

（2）启动 Windows 的 cmd 窗口，执行 ipconfig/release 和 ipconfig/renew 命令。

（3）分析抓包结果。

2. 实验实施

步骤 1：启动 Wireshark 软件。

步骤 2：将当前计算机 IP 地址的获取方式设置为自动获取。

在 Windows 的 cmd 窗口中执行 ipconfig/release 命令，释放 IP 地址；执行 ipconfig/renew 命令，重新获取 IP 地址。

步骤 3：分析抓包结果。

（1）停止抓包，使用 bootp 过滤报文。DHCP 获取 IP 地址的过程如图 8.39 所示。

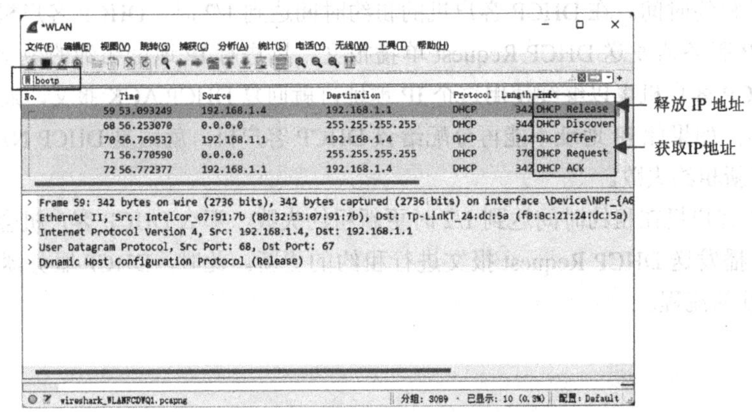

◎ 图 8.39　DHCP 获取 IP 地址的过程

可以看到，图 8.39 中有 5 个报文，其中，DHCP Release 报文为计算机释放 IP 地址时发出的 DHCP 报文：

```
Frame 59: 342 bytes on wire (2736 bits), 342 bytes captured (2736 bits) on interface \Device\NPF_{A69782F6-CE67-49B9-B8FA-7E34C50B8A6E}, id 0
Ethernet II, Src: IntelCor_07:91:7b (80:32:53:07:91:7b), Dst: Tp-LinkT_24:dc:5a (f8:8c:21:24:dc:5a)
Internet Protocol Version 4, Src: 192.168.1.4, Dst: 192.168.1.1
User Datagram Protocol, Src Port: 68, Dst Port: 67          // 端口
Dynamic Host Configuration Protocol (Release)
   Message type: Boot Request (1)                           //DHCP 客户机发出报文
   Hardware type: Ethernet (0x01)
   Hardware address length: 6
   Hops: 0
   Transaction ID: 0x3719e3d5                               //DHCP 客户机随机发出的 Transaction ID
   Seconds elapsed: 0
   Bootp flags: 0x0000 (Unicast)                            // 单播
     0... .... .... .... = Broadcast flag: Unicast
     .000 0000 0000 0000 = Reserved flags: 0x0000
   Client IP address: 192.168.1.4                           //DHCP 客户机当前的 IP 地址
   Your (client) IP address: 0.0.0.0
   Next server IP address: 0.0.0.0
   Relay agent IP address: 0.0.0.0
   Client MAC address: IntelCor_07:91:7b (80:32:53:07:91:7b)      //DHCP 客户机当前的 MAC 地址
```

Client hardware address padding: 00000000000000000000

Server host name not given

Boot file name not given

Magic cookie: DHCP

Option: (53) DHCP Message Type (Release)

Option: (54) DHCP Server Identifier (192.168.1.1)

Option: (61) Client identifier

Option: (255) End

Padding: 0000000000000000000000000000000000000000000000000000000000000000000…

（2）发现阶段。在获取 IP 地址时，计算机会发出 DHCP Discover 广播报文，由于当前计算机没有 IP 地址，故源地址为 0.0.0.0：

Frame 68: 344 bytes on wire (2752 bits), 344 bytes captured (2752 bits) on interface \Device\NPF_{A69782F6-CE67-49B9-B8FA-7E34C50B8A6E}, id 0

Ethernet II, Src: IntelCor_07:91:7b (80:32:53:07:91:7b), Dst: Broadcast (ff:ff:ff:ff:ff:ff)

Internet Protocol Version 4, Src: 0.0.0.0, Dst: 255.255.255.255

User Datagram Protocol, Src Port: 68, Dst Port: 67 // 端口

Dynamic Host Configuration Protocol (Discover)

Message type: Boot Request (1) //DHCP 客户机发出报文

Hardware type: Ethernet (0x01)

Hardware address length: 6

Hops: 0

Transaction ID: 0x99501166 //DHCP 客户机随机发出一个 Transaction ID，如果之后 DHCP 客户机收到的 DHCP Offer 报文中的 Transaction ID 与最近发出的 DHCP Discover 报文中的 Transaction ID 不同，那么 DHCP 客户机会丢弃收到的 DHCP Offer 报文

Seconds elapsed: 0

Bootp flags: 0x0000 (Unicast)

0... .... = Broadcast flag: Unicast

.000 0000 0000 0000 = Reserved flags: 0x0000

Client IP address: 0.0.0.0

Your (client) IP address: 0.0.0.0

Next server IP address: 0.0.0.0

Relay agent IP address: 0.0.0.0

Client MAC address: IntelCor_07:91:7b (80:32:53:07:91:7b) //DHCP 客户机的 MAC 地址

Client hardware address padding: 00000000000000000000

Server host name not given

Boot file name not given

Magic cookie: DHCP

Option: (53) DHCP Message Type (Discover)

Option: (61) Client identifier

Option: (50) Requested IP Address (192.168.1.4)

Option: (12) Host Name

Option: (60) Vendor class identifier

Option: (55) Parameter Request List

Option: (255) End

（3）DHCP Offer：

```
User Datagram Protocol, Src Port: 67, Dst Port: 68          //DHCP 服务器端口 67，DHCP 客户机端口 68
Dynamic Host Configuration Protocol (Offer)
  Message type: Boot Reply (2)                              //DHCP 服务器发出报文
  Hardware type: Ethernet (0x01)
  Hardware address length: 6
  Hops: 0
  Transaction ID: 0x99501166
  Seconds elapsed: 0
  Bootp flags: 0x0000 (Unicast)
    0... .... .... .... = Broadcast flag: Unicast
    .000 0000 0000 0000 = Reserved flags: 0x0000
  Client IP address: 0.0.0.0
  Your (client) IP address: 192.168.1.4                     // 下发 IP 地址
  Next server IP address: 0.0.0.0
  Relay agent IP address: 0.0.0.0
  Client MAC address: IntelCor_07:91:7b (80:32:53:07:91:7b)
  Client hardware address padding: 00000000000000000000
  Server host name not given
  Boot file name not given
  Magic cookie: DHCP
  Option: (53) DHCP Message Type (Offer)                    //DHCP 报文：Message Type 类型，Offer(2)
    Length: 1
    DHCP: Offer (2)
  Option: (54) DHCP Server Identifier (192.168.1.1)
  Option: (51) IP Address Lease Time                        //IP 地址租期
    Length: 4
    IP Address Lease Time: (7200s) 2 hours
  Option: (1) Subnet Mask (255.255.255.0)
  Option: (3) Router
  Option: (6) Domain Name Server
  Option: (255) End
  Padding: 000000000000000000000000000000000000000000000000000
```

（4）DHCP Request 报文：

```
User Datagram Protocol, Src Port: 68, Dst Port: 67
Dynamic Host Configuration Protocol (Request)
  Message type: Boot Request (1)
  Hardware type: Ethernet (0x01)
  Hardware address length: 6
  Hops: 0
  Transaction ID: 0x99501166
  Seconds elapsed: 0
  Bootp flags: 0x0000 (Unicast)
  Client IP address: 0.0.0.0
  Your (client) IP address: 0.0.0.0
```

```
  Next server IP address: 0.0.0.0
  Relay agent IP address: 0.0.0.0
  Client MAC address: IntelCor_07:91:7b (80:32:53:07:91:7b)
  Client hardware address padding: 00000000000000000000
  Server host name not given
  Boot file name not given
  Magic cookie: DHCP
  Option: (53) DHCP Message Type (Request)//DHCP 报文：Message Type 类型，Request(3)
    Length: 1
    DHCP: Request (3)
  Option: (61) Client identifier
  Option: (50) Requested IP Address (192.168.1.4)
    Length: 4
    Requested IP Address: 192.168.1.4
  Option: (54) DHCP Server Identifier (192.168.1.1)
  Option: (12) Host Name
  Option: (81) Client Fully Qualified Domain Name
  Option: (60) Vendor class identifier
  Option: (55) Parameter Request List
  Option: (255) End
```

（5）DHCP ACK 报文：

```
Dynamic Host Configuration Protocol (ACK)
  Message type: Boot Reply (2)                 //DHCP 服务器发出报文
  Hardware type: Ethernet (0x01)
  Hardware address length: 6
  Hops: 0
  Transaction ID: 0x99501166
  Seconds elapsed: 0
  Bootp flags: 0x0000 (Unicast)
  Client IP address: 0.0.0.0
  Your (client) IP address: 192.168.1.4
  Next server IP address: 0.0.0.0
  Relay agent IP address: 0.0.0.0
  Client MAC address: IntelCor_07:91:7b (80:32:53:07:91:7b)
  Client hardware address padding: 00000000000000000000
  Server host name not given
  Boot file name not given
  Magic cookie: DHCP
  Option: (53) DHCP Message Type (ACK)      //DHCP 报文：Message Type 类型，ACK(5)
    Length: 1
    DHCP: ACK (5)
  Option: (54) DHCP Server Identifier (192.168.1.1)
    Length: 4
    DHCP Server Identifier: 192.168.1.1
  Option: (51) IP Address Lease Time           //IP 地址租期
```

        Length: 4
        IP Address Lease Time: (7200s) 2 hours
    Option: (1) Subnet Mask (255.255.255.0)
        Length: 4
        Subnet Mask: 255.255.255.0
    Option: (3) Router
        Length: 4
        Router: 192.168.1.1
    Option: (6) Domain Name Server
        Length: 4
        Domain Name Server: 192.168.1.1
    Option: (255) End
        Option End: 255
    Padding: 000000000000000000000000000000000000000000000000000

（6）Transaction ID 保持不变，如图 8.40 所示。

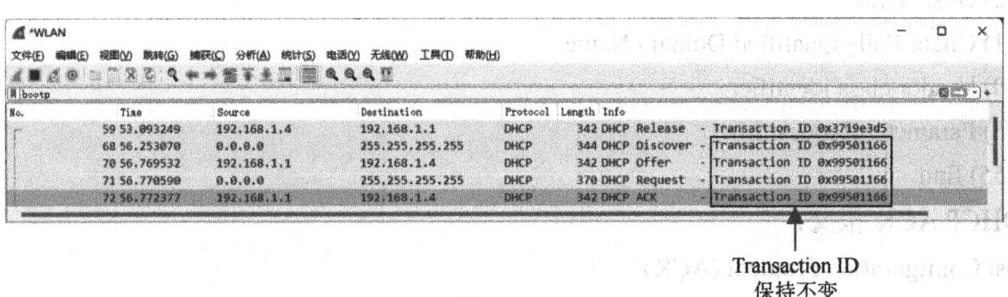

◎ 图 8.40　Transaction ID 保持不变

内容探究

8.6　电子邮件

电子邮件（E-mail）是互联网上最受欢迎且最广泛的应用之一。电子邮件将邮件发送到收件人使用的邮件服务器中，并放在收件人邮箱（Mail Box）中，收件人可随时到自己使用的邮件服务器中进行读取。电子邮件有时也称为“电子信箱”。

电子邮件服务是一种通过计算机网络与其他用户进行联系的快速、简便、高效、廉价的现代化通信手段。电子邮件之所以受到广大用户的喜爱，是因为与传统通信方式相比，其具有成本低、速度快、安全与可靠性高、可达范围广、内容表达形式多样等优点。

8.6.1　电子邮件系统

电子邮件系统

1. 电子邮件系统的构成

一个电子邮件系统有 3 个主要组成构件：用户代理、邮件服务器、邮件传送协议（如 SMTP）和邮件读取协议（如 POP3）。图 8.41 说明了电子邮件系统的构成，图中仅仅画出了两个邮件服务器。

用户代理（User Agent，UA）就是用户与电子邮件系统的接口，在大多数情况下，它就是运行在用户计算机中的一个程序。因此用户代理又称为电子邮件客户机软件。用户代理向用户提供一个很好的接口（目前主要是窗口界面）来发送和接收邮件。现在可供我们选择的用户代理有很多种，如 Outlook Express、Foxmail 等都是很受欢迎的电子邮件用户代理。

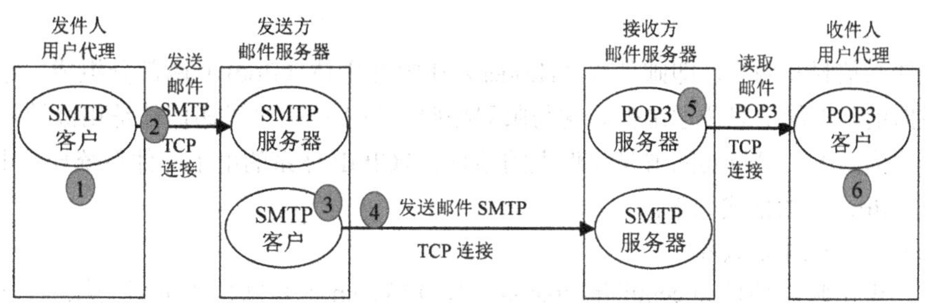

◎ 图 8.41　电子邮件系统的构件

用户代理至少应当具有撰写、显示、处理、通信 4 项功能。

互联网上有许多邮件服务器可供用户选用（目前有收费的和免费的）。邮件服务器 24 小时不间断地工作，并且具有很大容量的邮件信箱。邮件服务器的功能是发送和接收邮件，同时要向发件人报告邮件传送的结果（已交付、被拒绝、丢失等）。邮件服务器按照客户 / 服务器方式工作。邮件服务器需要使用两种不同的协议：一种协议用于用户代理向邮件服务器发送邮件或在邮件服务器之间发送邮件，如 SMTP；另一种协议用于用户代理从邮件服务器中读取邮件，如邮局协议 POP3。

这里应当注意的是，邮件服务器必须能够同时充当 SMTP 客户和 SMTP 服务器。例如，当邮件服务器 A 向邮件服务器 B 发送邮件时，A 就是 SMTP 客户，而 B 就是 SMTP 服务器。反之，当 B 向 A 发送邮件时，B 就是 SMTP 客户，而 A 就是 SMTP 服务器。

2. 电子邮件的工作过程

图 8.41 给出了计算机之间发送和接收电子邮件的几个重要步骤。请注意，SMTP 和 POP3（或 IMAP）都是使用 TCP 连接来传送邮件的，使用 TCP 的目的是可靠地传送邮件。

① 发件人调用计算机中的用户代理撰写和编辑要发送的邮件。

② 发件人单击显示器上的“发送邮件”按钮，把发送邮件的工作全都交给用户代理来完成。用户代理把邮件用 SMTP 发给发送方邮件服务器，用户代理充当 SMTP 客户，而发送方邮件服务器充当 SMTP 服务器。用户代理所进行的这些工作用户是看不到的。有的用户代理可以让用户在显示器上看见邮件发送的进度。

③ SMTP 服务器收到用户代理发来的邮件后，就把邮件临时存放在邮件缓存队列中，等待发送给收件人邮件服务器（等待时间的长短取决于邮件服务器的处理能力和队列中待发送的邮件的数量。但这种等待时间一般都远远长于分组在路由器中等待转发的排队时间）。

④ 发件人邮件服务器的 SMTP 客户与收件人邮件服务器的 SMTP 服务器建立 TCP 连接，把邮件缓存队列中的邮件依次发送出去。请注意，邮件不会在互联网的某个中间邮件服务器落地。如果 SMTP 客户还有一些邮件要发送给同一个邮件服务器，那么可以在原来已建立的 TCP 连接上重复发送。如果 SMTP 客户无法与 SMTP 服务器建立 TCP 连接（如收件人邮件服务器过载或出现故障），那么要发送的邮件就会继续保存在发件人邮件服务器中，并在稍后一段时间进行新的尝试。如果 SMTP 客户超过了规定的时间还不能把邮件发送出去，那么发件人邮件服务器就把这种情况通知给发件人用户代理。

⑤ 运行在收件人邮件服务器中的 SMTP 服务器进程收到邮件后，把邮件放入收件人邮箱中，

等待收件人读取。

⑥ 收件人在打算收信时，就运行计算机中的用户代理，使用 POP3（或 IMAP）读取发送给自己的邮件。请注意，在图 8.41 中，POP3 服务器和 POP3 客户之间的箭头表示的是邮件传送的方向，但它们之间的通信是由 POP3 客户发起的。

3. 电子邮件的地址

电子邮件由信封和内容，即邮件头（Header）和邮件主体（Body）两部分组成。电子邮件的传输程序根据信封上的信息传送邮件。这与邮局按照信封上的信息投递信件是相似的。

在邮件的信封上，最重要的就是收件人的地址。TCP/IP 体系的电子邮件系统规定电子邮件地址（E-mail Address）的格式如下：

用户名 @ 邮件服务器的域名

例如，在电子邮件地址 xpcchujl@126.com 中，126.com 就是邮件服务器的域名，而 xpcchujl 就是在这个邮件服务器中收件人的用户名，即收件人邮箱，是收件人为自己定义的字符串标识符，但这个用户名在邮件服务器中必须是唯一的（用户在定义自己的用户名时，邮件服务器要负责检查该用户名在本服务器中的唯一性）。这样就保证了每个电子邮件地址在世界范围内都是唯一的。这对保证电子邮件能够在整个互联网范围内准确交付是十分重要的。用户名一般采用容易记忆的字符串。

8.6.2 邮件传送协议

1. SMTP

SMTP 规定了在两个相互通信的 SMTP 进程之间应如何交换信息。由于 SMTP 使用客户 / 服务器方式，因此负责发送邮件的 SMTP 进程就是 SMTP 客户，而负责接收邮件的 SMTP 进程就是 SMTP 服务器。至于邮件内部的格式、邮件如何存储，以及邮件系统应以多快的速度发送邮件，SMTP 未做出规定。

2. 邮件读取协议

现在常用的邮件读取协议有两个，即 POP3 和网际报文存取协议（Internet Message Access Protocol，IMAP）。

（1）POP 是一个非常简单但功能有限的邮件读取协议。POP 最初公布于 1984 年，经过几次更新，现在使用的是 1996 年的版本 POP3，它已成为互联网的正式标准。大多数 ISP 都支持 POP。POP3 可简称为 POP。

POP 也使用客户 / 服务器方式。接收邮件的用户计算机中的用户代理必须运行 POP 客户进程，而在收件人所连接的 ISP 的邮件服务器中则运行 POP 服务器进程。当然，这个 ISP 的邮件服务器还必须运行 SMTP 服务器进程，以便接收发件人邮件服务器的 SMTP 客户进程发来的邮件。POP 服务器只有在用户输入鉴别信息（用户名和口令）后才允许对邮件进行读取。

（2）IMAP 也使用客户 / 服务器方式，现在较新的版本是 IMAP4[RFC3501]，它目前还只是互联网的建议标准。

在使用 IMAP 时，在用户计算机上运行 IMAP 客户进程，与收件人邮件服务器上的 IMAP 服务器进程建立 TCP 连接。用户在自己的计算机上就可以操作邮件服务器的邮箱，就像在本地操作一样，因此 IMAP 是一个联机协议。当用户计算机上的 IMAP 客户进程打开 IMAP 服务器的邮箱时，就可看到邮件的首部。只有在用户需要打开某个邮件时，该邮件才传到用户的计算机上。

用户可以根据需要为自己的邮箱创建便于分类管理的层次式的邮箱文件夹，而且可以将存放的邮件从某个文件夹中移动到另一个文件夹中，用户也可按某种条件对邮件进行查找。在用户未发出删除邮件的命令之前，IMAP 服务器邮箱中的邮件一直保存着。

IMAP 最大的好处就是用户可以在不同的地方使用不同的计算机（如使用办公室的计算机或家中的计算机，或者在外地使用笔记本电脑）随时上网阅读和处理自己的邮件。IMAP 还允许收件人只读取邮件中的某一部分。例如，用户收到了一个带有视像附件（此文件可能很大）的邮件，而用户使用的是无线上网，信道的传输速率很低，为了节省时间，可以先下载邮件的正文部分，待以后有时间再读取或下载这个很大的附件。

3. 多用途互联网邮件扩展协议

SMTP 只限于传送 7 位 ASCII 码，不能传送可执行文件或其他二进制文件。这显然不能满足传送多媒体邮件（如带有图片、音频或视频数据的邮件）的需要。许多其他文字（如中文、俄文等）也无法用 SMTP 传送。

为解决 SMTP 传送非 ASCII 码文本的问题，人们提出了多用途互联网邮件扩展（Multipurpose Internet Mail Extensions，MIME）协议。实际上，MIME 协议不仅用于 SMTP，还用于后来的同样面向 ASCII 码的 HTTP。MIME 协议并没有改动或取代 SMTP，它只是一个辅助协议。MIME 协议在发件人处将非 ASCII 码数据转换成 7 位 ASCII 码数据，并交给 SMTP 传送，在收件人处把收到的数据转换成原来的非 ASCII 码数据。

8.6.3 基于万维网的电子邮件

在图 8.41 中，用户要使用电子邮件，必须在自己使用的计算机中安装用户代理软件 UA，如果要在他人的计算机上使用自己的电子邮件，则必须先安装用户代理软件，使用非常不方便。

随着动态网页技术的发展和应用，越来越多的公司和大学提供了基于万维网的电子邮件，如网易（126 或 163）、新浪、腾讯、搜狐等互联网公司都提供了万维网邮件服务。不管我们在什么地方，只要能够上网，通过浏览器登录邮件服务器万维网主页就可以撰写和收发邮件。

采用这种方式的好处就是不管我们在什么地方，不用安装专门的客户机软件，用普通的万维网浏览器访问邮件服务器的万维网网站就可以非常方便地收发电子邮件，浏览器本身可以向用户提供非常友好的电子邮件界面，使用户在浏览器上就能够很方便地撰写和收发电子邮件。因此这种方式收发邮件采用的是 HTTP，而不是前面提到的 SMTP 和 POP3（发件人和收件人使用同一个邮件服务器时）。但当发件人和收件人使用不同的邮件服务器时，情况就变了，服务器和服务器之间仍然采用 SMTP 传送。

8.7 远程终端协议

8.7.1 远程登录

远程登录（Telnet）是一个简单的远程终端协议（RFC854）。用户使用 Telnet 就可在其所在计算机上通过 TCP 连接注册（登录）到远程的另一台主机上（使用主机名或 IP 地址），从而使用远程主机系统。Telnet 能将用户的键盘输入传给远程主机，同时能将远程主机的输出通过 TCP 连接返回到用户显示器上，用户感觉键盘和显示器是直接连接在远程主机上的，这种服务是透明的。因此，Telnet 又称为终端仿真协议。

Telnet 采用客户 / 服务器工作模式，在本地系统运行 Telnet 客户进程，而在远程主机上则运行 Telnet 服务进程。Telnet 服务器与 Telnet 客户机之间需要建立 TCP 连接，Telnet 服务器的默认端口号为 23。与 FTP 的情况相似，Telnet 服务器中的主进程等待新的请求，并产生从属进程来处理每个连接。

Telnet 为了适应许多计算机和操作系统的差异，通过网络虚拟终端（Network Virtual Terminal，NVT）定义数据和命令通过互联网。客户软件把用户的按键行为和命令转换成 NVT 格式，并送交服务器。服务器软件把收到的数据和命令从 NVT 格式转换成远程系统所需的格式。在向用户返回数据时，服务器把远程系统的格式转换为 NVT 格式，本地客户将其从 NVT 格式转换到本地系统所需的格式。

Telnet 的选项协商（Option Negotiation）使 Telnet 客户机和 Telnet 服务器可商定使用更多终端功能，协商的双方是平等的。

8.7.2 STelnet

在 Telnet 中缺少安全的认证，其传输过程采用 TCP 进行明文传输，存在较大的安全隐患。而且，单纯提供 Telnet 服务易产生主机 IP 地址欺骗、路由欺骗等恶意攻击。

STelnet 是 Secure Telnet 的简称。它是在一个传统不安全的网络环境下，服务器通过对用户端的认证及双向的数据加密为网络中的访问提供安全的 Telnet 服务。

SSH 协议是一个网络安全协议，其通过对网络数据的加密能够在一个不安全的网络环境中提供安全的远程登录和其他安全网络服务。SSH 是基于 TCP 端口号 22 来传输数据的，支持 Password 认证。具体的过程是：用户端向服务器发出 Password 认证请求，将用户名和密码加密后发送给服务器；而服务器将该信息解密后可以得到用户名和密码的明文形式，并与设备上保存的用户名和密码进行比较，返回认证成功或认证失败的消息。SSH 的特性是可以提供安全的信息保障和强大的认证功能，以确保路由器不受像 IP 地址欺诈、明文密码截取等攻击。SSH 数据加密传输可以替代 Telnet。

SFTP 是 SSH File Transfer Protocol 的简称，在一个传统的不安全的网络环境下，服务器通过对用户端的认证及双向的数据加密为网络文件传输提供安全的服务。

（1）可以使用 Telnet 远程连接各设备，对这些网络设备进行集中管理和维护。

（2）Telnet 用户可以像通过 Console 口本地登录一样对设备进行操作。远端 Telnet 服务器和终端之间无须直连，只需保证两者之间可以互相通信即可。

习题

一、选择题

1．TCP/IP 的应用层相当于 OSI/RM 的哪 3 层？（　　）

A．应用层、会话层和传输层　　B．应用层、表示层和会话层

C. 应用层、传输层和网络层　　D. 应用层、网络层和数据链路层

2. 将域名地址转换为 IP 地址的协议是（　　）。

A. DNS　　B. ARP　　C. RARP　　D. ICMP

3. 为了实现域名解析，客户机（　　）。

A. 必须知道根 DNS 服务器的 IP 地址

B. 必须知道本地 DNS 服务器的 IP 地址

C. 必须知道根 DNS 服务器的 IP 地址

D. 只需知道互联网上任意一个 DNS 服务器的 IP 地址即可

4. 通过运行什么命令可以设置在操作系统启动时自动运行 DHCP 服务？（　　）

A. ipconfig　　B. touch　　C. chkconfig　　D. reboot

5. 浏览器与 Web 服务器之间使用的协议是（　　）。

A. DNS　　B. SNMP　　C. HTTP　　D. SMTP

6. 在 Web 站点组成中，下列哪项不是必需的识别数据？（　　）

A. 端口编号　　B. IP 地址　　C. 主目录　　D. 主机标题名称

7. HTTP 用来（　　）。

A. 将互联网名称转换成 IP 地址　　B. 提供远程访问服务器和网络设备

C. 传送组成 Web 网页的文件　　D. 传送邮件消息和附件

8. DHCP 客户机请求 IP 地址租用时首先发送的信息是（　　）。

A. DHCP Discover　　B. DHCP Offer

C. DHCP Request　　D. DHCP Positive

9. 当电子邮件用户代理向邮件服务器发送邮件时，使用的协议是（　　）；当用户想从邮件服务器中读取邮件时，可以使用的协议是（　　）。

A. PPP　　B. POP3　　C. P2Peye.com　　D. SMTP

10. POP 使用的端口是（　　）。

A. TCP/UDP 端口 53　　B. TCP 端口 80

C. TCP 端口 25　　D. UDP 端口 110

11. 如果没有特殊声明，那么匿名 FTP 服务登录账号为（　　）。

A. User　　B. anonymous

C. guest　　D. 用户自己的电子邮件地址

12. 通过什么服务器可以实现服务器与客户机之间的快速文件传输？（　　）

A. WWW　　B. DHCP　　C. FTP　　D. Web

13. GET 是（　　）。

A. 客户机的数据请求

B. 服务器的响应

C. 上传资源或连接 Web 服务器的协议

D. 以可以被截取并阅读的明文方式向服务器传送信息的协议

二、名词解释

1. WWW。

2. URL。

3. HTTP。
4. HTTPS。
5. HTML。
6. CGI。
7. 超文本。
8. 超链接。

三、问答题

1. 列出 3 ～ 5 种常用的采用客户 / 服务器体系结构的应用程序。
2. 列出 3 ～ 5 种常用的采用 P2P 体系结构的应用程序。
3. 云计算的服务模式按提供方式划分为哪 3 类？
4. 互联网的域名结构是怎样的？
5. 域名系统的主要功能是什么？
6. 域名系统中的本地 DNS 服务器、根 DNS 服务器、顶级 DNS 服务器和权限 DNS 服务器有何区别？
7. 分析 DNS 服务器域名解析原理，以及反向查询的原理。
8. 在 DNS 事件日志中能找到什么信息？
9. DNS 服务器中的高速缓存的作用是什么？
10. 设想有一天整个互联网的 DNS 都瘫痪了（这种情况一般不会出现），试问还有可能给别人发送电子邮件吗？
11. 假设美国的根 DNS 服务器出现了问题，会对中国的互联网有何影响？
12. 什么是 WHOIS 数据库？
13. 什么是 URL ？说明 http://www.xpc.edu.cn/xxgk/lsyg.htm 中各部分的含义。
14. TFTP 和 FTP 的主要区别是什么？各用在什么场合？
15. Telnet 的主要特点是什么？什么叫作虚拟终端？
16. 电子邮件系统最主要的组成构件包含哪些？
17. 一个电子邮件地址为 xpc123@126.com，说明各部分的含义。

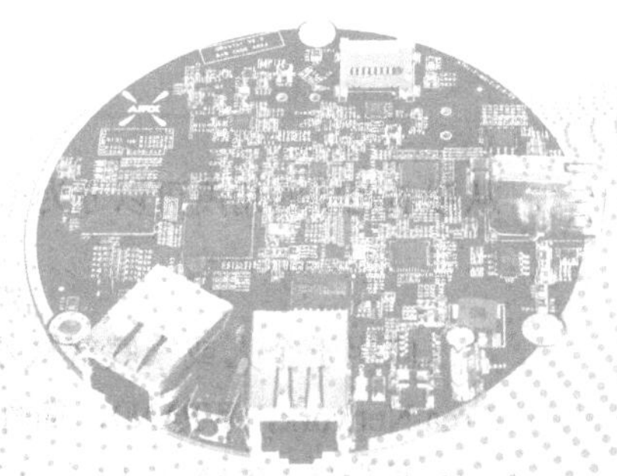

第9章

无线网络和移动网络

内容巡航

现在社会的活动越来越依赖计算机及计算机网络，随着各种移动设备，如笔记本电脑、掌上电脑（Personal Digital Assistant，PDA）、平板电脑和Wi-Fi手机等技术的日益成熟及普及，人们希望在移动中能够保持计算机网络的连通性，但不希望受线缆的限制，能自由地变换这些设备的位置，在这种要求的推动下，产生了无线网络。

无线网络技术给人们的生活带来的影响是无可争议的，无线网络发展到今天，把网络拓展到生活的每个角落。越来越多的人开始使用无线技术，享受无线新生活。

为了满足用户提出的需求，需要了解以下知识。

- 了解常用的无线网络概念。
- 熟悉无线网络搭建的环境。
- 了解无线局域网的设备，如无线网卡、无线AP等，并能正确安装与配置。
- 掌握无线局域网的结构。

内容探究

9.1 无线网络基础知识

9.1.1 无线网络的基本概念

无线网络（Wireless Network）是采用无线通信技术实现的网络。无线网络既包括允许用户建立远距离无线连接的全球语音和数据网络，又包括对近距离无线连接进行优化的红外线技术及射频技术。无线网络与有线网络的用途类似，二者最大的差别在于传输媒体不同，利用无线电技术取代网线，可以与有线网络互为备份。相对于有线网络，无线网络的灵活性更高、可扩展性更强。

9.1.2 无线网络的分类

无线网络技术可基于频率、频宽、覆盖范围、应用类型等要素进行分类。无线网络从应用的角度可以分为无线传感器网络（Wireless Sensor Network，WSN）、无线Mesh网络（也称为多跳网络，Multihop Network）、可穿戴式无线网络和无线体域网络（Wireless Body Area Network，WBAN）等，从覆盖范围的角度可以分为无线个域网、无线局域网、无线城域网、无线广域网等。

1. 无线个域网

应用于个人或家庭等较小应用范围内的无线网络称为无线个人区域网络（Wireless Personal Area Network，WPAN），简称无线个域网。

通常将 WPAN 按传输速率分为低速、高速和超高速 3 类。低速 WPAN 主要为近距离网络互联而设计，采用 IEEE 802.15.4 标准，工作频率为 2.4GHz，传输速率为 0.25Mbit/s，传输距离为 10m，广泛应用于工业检测、办公和家庭自动化及农作物检测等；高速 WPAN 适合大量多媒体文件、短时的视频和音频流的传输，能实现各种电子设备间的多媒体通信，工作频率为 2.4GHz，传输速率为 55Mbit/s，传输距离为 10m；超高速 WPAN 的目标包括支持 IP 语音、高清电视、家庭影院、数字成像和位置感知等信息的高速传输，工作频率为 3.1 ～ 10.6GHz，传输速率为 110/200/480（Mbit/s），传输距离为 10m/4m/4m 以下。

支持无线个域网的技术包括蓝牙、ZigBee、超频波段（UWB）、IrDA、HomeRF 等，其中，蓝牙、ZigBee 在无线个域网中使用得最广泛。

（1）蓝牙。蓝牙是一种支持设备短距离通信（一般在 10m 内）的无线电技术，能在包括移动电话、PDA、无线耳机、笔记本电脑、相关外设等众多设备之间进行无线信息交换（使用 2.4 ～ 2.485GHz 的 ISM 波段和 UHF 无线电波）。

蓝牙产品包含一块小小的蓝牙模块，以及支持连接的蓝牙无线电和软件。当两个蓝牙设备想要相互交流时，它们需要进行配对。蓝牙设备之间的通信在短程的临时网络（称为微微网，指设备使用蓝牙技术连接而成的网络）中进行。

目前最常见的是蓝牙 BR/EDR（基本速率 / 增强数据传输速率）和低功耗蓝牙（Bluetooth Low Energy）技术。蓝牙 BR/EDR 主要应用于蓝牙 2.0/2.1 版，一般用于扬声器和耳机等产品；而低功耗蓝牙技术主要应用于蓝牙 4.0/4.1/4.2 版，主要用于市面上的最新产品中，如手环、智能家居设备、汽车电子、医疗设备、Beacon 感应器（通过蓝牙技术发送数据的小型发射器）等。蓝牙 5.0 相比于蓝牙 4.2，能够带来两倍的数据传输速率，可以播发 255 字节的数据包，而不再是 31 字节，对室内外的定位也做了加强，即能够把多得多的信息传递到其他兼容的设备上，不需要建立实际连接。

（2）ZigBee。ZigBee 也称紫蜂，是基于蜜蜂相互间联系的方式而研发的一项应用于互联网通信的网络技术，是一种低速短距离传输的无线网上协议，底层是采用 IEEE 802.15.4 标准的媒体访问层与物理层，主要特色有低速、低耗电、低成本、支持大量网上节点、支持多种网上拓扑、低复杂度、快速、可靠、安全。它是一种介于无线标记技术和蓝牙之间的技术提案。

ZigBee 无线通信技术还可应用于小范围的基于无线通信的控制及自动化等领域，可省去计算机设备、一系列数字设备相互间的有线电缆，更能够实现多种不同数字设备间的无线组网，使它们实现相互通信，或者接入互联网。

ZigBee 设备有两种不同的地址：16 位短地址和 64 位 IEEE 地址。其中，64 位 IEEE 地址是全球唯一的地址，在设备的整个生命周期内都保持不变，它由国际 IEEE 组织分配，在芯片出厂时已经写入芯片中，并且不能修改。而 16 位短地址是在设备加入一个 ZigBee 网络时分配的，它只在这个网络中唯一，用于网络内数据收发时的地址识别。

2. 无线局域网

2.3 节介绍过无线局域网，无线局域网（Wireless Local Area Network，WLAN）是以无线信道作为传输媒体的计算机局域网。无线局域网的标准是 IEEE 802.11 系列，使用 IEEE 802.11 系

列协议的局域网又称为 Wi-Fi。IEEE 802.11 系列标准包括 IEEE 802.11b、IEEE 802.11a、IEEE 802.11g、IEEE 802.11n（Wi-Fi 4）、IEEE 802.11ac（Wi-Fi 5）、IEEE 802.11ax（Wi-Fi 6）等，详见 9.2.2 节。

3. 无线城域网

无线城域网是覆盖主要城市区域的多个场所之间的无线网络，用户通过城市公共网络或专用网络建立无线网络连接，满足日益增长的宽带无线接入的市场需求，用于解决“最后一千米”接入问题，代替电缆（Cable）、数字用户线（xDSL）、光纤等。以 IEEE 802.16 标准为基础的无线城域网技术的覆盖范围达几十千米，传输速率高，并提供灵活、经济、高效的组网方式。目前使用的主要无线城域网技术包括多路多点分布服务（MMDS）和本地多点分布服务（LMDS）。

4. 无线广域网

无线广域网（Wireless Wide Area Network，WWAN）是能够覆盖很大面积范围的无线网络，能提供更大范围的无线接入。典型的 WWAN 的例子如 GSM 移动通信、卫星通信、3G/4G/5G 等系统。

（1）卫星通信。卫星通信简单地说就是地球上（包括地面和低层大气）的无线电通信站间利用卫星作为中继而进行的通信。卫星通信系统由卫星和地球站两部分组成。卫星通信的特点是：通信范围大；只要在卫星发射的电波所覆盖的范围内，任意两点之间都可进行通信；不易受陆地灾害的影响（可靠性高）；只要设置地球站电路即可开通（开通电路迅速）；可同时在多处接收，能经济地实现广播、多址通信（多址特点）；电路设置非常灵活，可随时分散过于集中的话务量；同一信道可用于不同方向或不同区间（多址联接）。

北斗卫星导航系统是我国自主创新研发的全球卫星导航服务系统，是继美国的 GPS、俄罗斯的 GLONASS 之后的又一套成熟且被世界认可的卫星导航系统。2020 年 7 月 31 日，习近平在人民大会堂庄严宣布北斗三号全球卫星导航系统正式开通，这标志着北斗（卫星导航）系统进入全球服务新时代。该系统开通以来，运行稳定，持续为全球用户提供优质服务。

（2）4G 即第四代移动通信技术，4G 技术包括 TD-LTE 和 FDD-LTE 两种制式。4G 集 3G 与 WLAN 于一体，能够快速传输数据、音频、视频和图像等。2013 年 12 月 4 日，中华人民共和国工业和信息化部向中国移动、中国电信、中国联通正式发放了第四代移动通信业务牌照（4G 牌照）。

（3）5G 即第五代移动通信技术，是最新一代蜂窝移动通信技术，也是 4G（LTE-A、Wi-Max）、3G（UMTS、LTE）和 2G（GSM）系统的延伸。5G 网络是数字蜂窝网络，在这种网络中，供应商覆盖的服务区域被划分为许多被称为蜂窝的小地理区域，表示声音和图像的模拟信号在手机中被数字化，由模数转换器转换并作为比特流传输。蜂窝中的所有 5G 无线设备通过无线电波与蜂窝中的本地天线阵和低功率自动收发器（发射机和接收机）进行通信。

5G 网络数据传输速率远远高于以前的蜂窝网络，最高可达 10Gbit/s，是先前的 4G LTE 蜂窝网络数据传输速率的 100 倍。5G 网络的时延小于 1ms，而 4G 网络的时延为 30 ～ 70ms。2019 年 10 月 31 日，三大运营商公布 5G 商用套餐，并于 11 月 1 日正式上线 5G 商用套餐。

前面介绍了各种无线网络，可以看出，这些网络各有优缺点，也都有各自最适宜的使用环境。图 9.1 给出了这些无线网络的覆盖范围和能够提供的数据传输速率。

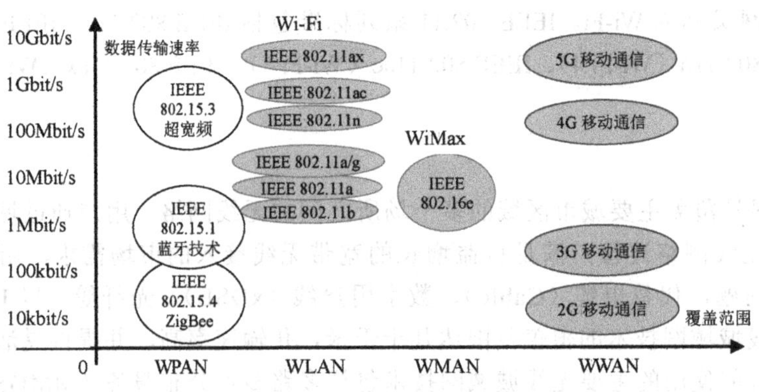

◎ 图 9.1　几种无线网络的比较

9.2 无线局域网

无线局域网

9.2.1 无线局域网的概念

无线局域网是目前常见的无线网络之一，其原理、结构、应用与传统的有线计算机网络较为接近。它以无线信道如无线电波、激光和红外线等，作为传输媒体，无须布线，而且可以随需要移动或变化。

9.2.2 IEEE 802.11 协议标准

1990 年，IEEE 802.11 工作组成立；1993 年形成基础协议；1999 年，IEEE 批准并公布了第 1 个正式标准。此后，IEEE 802.11 协议标准一直在不断地发展和更新之中。

1. IEEE 802.11 系列标准

IEEE 802.11 是现今无线局域网通用的标准，在十几年的发展过程中，形成了多个子协议标准，常见的子协议标准包括 IEEE 802.11b、IEEE 802.11a、IEEE 802.11g、IEEE 802.11n、IEEE 802.11ac、IEEE 802.11ax 等。IEEE 802.11 协议标准的兼容性、频带和最大理论数据传输速率等如表 9.1 所示。

表 9.1　IEEE 802.11 协议标准

	IEEE 802.11b	IEEE 802.11a	IEEE 802.11g	IEEE 802.11n	IEEE 802.11ac	IEEE 802.11ax
发布时间	1999 年	1999 年	2003 年	2009 年	2013 年	2019 年
无线协议	—	—	—	Wi-Fi 4	Wi-Fi 5	Wi-Fi 6
兼容性	—	—	兼容 IEEE 802.11b	兼容 IEEE 802.11b/a/g	兼容 IEEE 802.11a/n	兼容 IEEE 802.11b/a/g/n/ac
频带 /GHz	2.4	5	2.4	2.4 或 5	5	2.4 或 5
信道带宽 /MHz	20	20	20	20，40	20，40，60，80，160，80+80	20，40，60，80，80+80，160

续表

	IEEE 802.11b	IEEE 802.11a	IEEE 802.11g	IEEE 802.11n	IEEE 802.11ac	IEEE 802.11ax
空间流的数量	1	1	1	1～4	1～8	1～8
多用户技术	不可用	不可用	不可用	不可用	MU-MIMO：仅下行链路，最多 4 个用户	MU-MIMO：下行链路和上行链路，最多 8 个用户
最大理论数据传输速率 / Mbit/s	11	54	54	150（40MHz 1SS） 600（40MHz 4SS）	433（80MHz 1SS） 6.93 ×103 (160MHz 8 SS)	600 Mbit/s（80MHz 1SS） 9.61×103（160MHz 8 SS）

注：2018 年，Wi-Fi 联盟在 IEEE 推出 IEEE 802.11ax 时使用了新的命名规则，将其命名为 Wi-Fi 6。IEEE 802.11n 和 IEEE 802.11ac 作为前两代标准，分别被称为 Wi-Fi 4 和 Wi-Fi 5。

2. IEEE 802.11 的物理层

IEEE 802.11 的物理层和数据链路层如图 9.2 所示。物理层由物理汇聚子层和物理介质相关子层构成。物理汇聚子层主要进行载波侦听和对不同物理层形成不同格式的分组，物理介质相关子层识别介质（媒体）传输信号使用的调制与编码技术，物理层管理为不同的物理层选择信道。

逻辑链路控制（LLC）子层		站点管理层（Station Management）
介质访问控制（MAC）子层	介质访问控制层管理（MAC Management）	
物理汇聚（PLCP）子层	物理层管理（PHY Management）	
物理介质相关（PLCP）子层		

◎ 图 9.2　IEEE 802.11 的物理层和数据链路层

（1）IEEE 802.11 物理层的关键技术。IEEE 802.11 物理层的关键技术主要涉及传输介质、频率选择和调制。早期使用的传输技术有跳频扩频（FHSS）技术、直接序列扩频（DSSS）技术和红外传输技术；新一代的 IEEE 802.11 无线局域网采用正交频分复用（OFDM）技术和多输入多输出（MIMO）技术。

（2）动态速率切换。在无线局域网的实际部署过程中，可以使用不同的技术达到更高的数据传输速率。但是，一旦无线终端远离无线 AP，无线终端获得的数据传输速率就很低。现在的无线终端都能够支持一种被称为动态速率切换（DRS）的功能，支持多个客户端以多种传输速率运行，如图 9.3 所示。在 IEEE 802.11b 网络中，无线终端距离无线 AP 越近，信号越强，传输速率越高；距离越远，信号变弱，传输速率降低。这种动态速率切换无须断开连接。动态速率切换过程同样适用于 IEEE 802.11a/g/n/ac/ax。

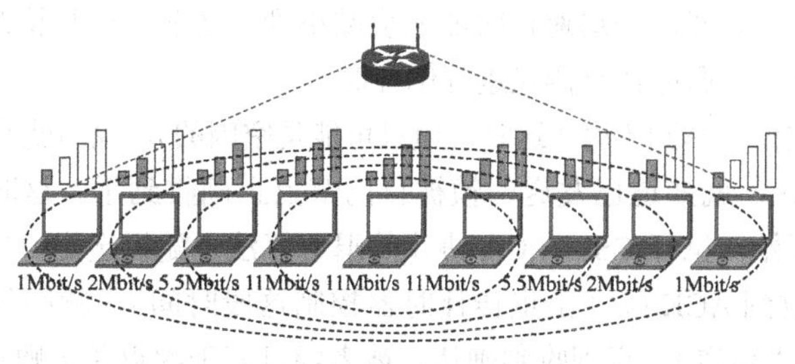

◎ 图 9.3　动态速率切换示意图

3. IEEE 802.11 的数据链路层

IEEE 802.11 的数据链路层分为 LLC 子层和 MAC 子层，使用与 IEEE 802.2 完全相同的 LLC 子层和 48 位 MAC 地址，这使得无线和有线之间的桥接非常方便。

（1）MAC 子层的主要功能。

IEEE 802.11 标准设计了独特的 MAC 子层，如图 9.4 所示。它通过协调功能来确定在基本服务集 BSS 中的移动站在什么时间能发送数据或接收数据。IEEE 802.11 的 MAC 子层在物理层的上面。MAC 子层的功能是通过 MAC 帧交换协议来保障无线介质上的可靠数据传输，通过两种访问控制机制来实现公平访问共享介质：分布协调功能（DCF），在每个节点上使用 CSMA 机制的分布式算法，让每个无线终端通过争用信道来获取发送权，向上提供争用服务；点协调功能（PCF），使用集中控制的接入算法，用类似探询的方法把发送权轮流交给各个无线终端，从而避免了碰撞的产生。

（2）IEEE 802.11 MAC 接入协议。

IEEE 802.11 的 MAC 协议与 IEEE 802.3 相似，考虑到无线局域网中无线电波的传输距离受限，不是所有的节点都能侦听到信号，且无线网卡工作在半双工模式下，一旦发生碰撞，重新发送数据会减小吞吐量。因此，IEEE 802.11 对 CSMA/CD 进行了一些修改，采用 CSMA/CA 来避免碰撞的发生，CA 表示 Collision Avoidance，是碰撞避免的意思；或者说，协议的设计是要尽量降低碰撞发生的概率。CSMA/CA 的工作机制如图 9.5 所示。

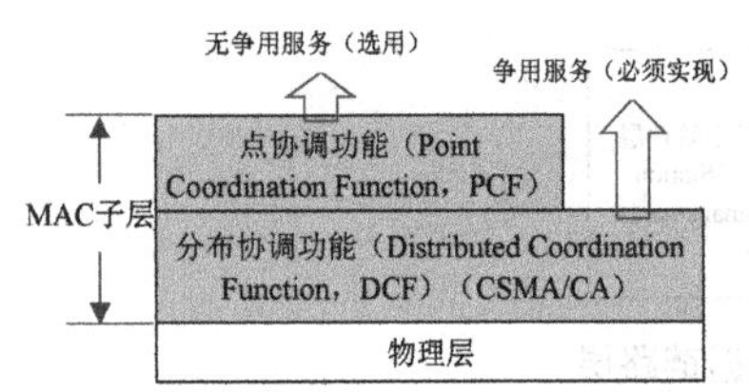

◎ 图 9.4　IEEE 802.11 的 MAC 子层

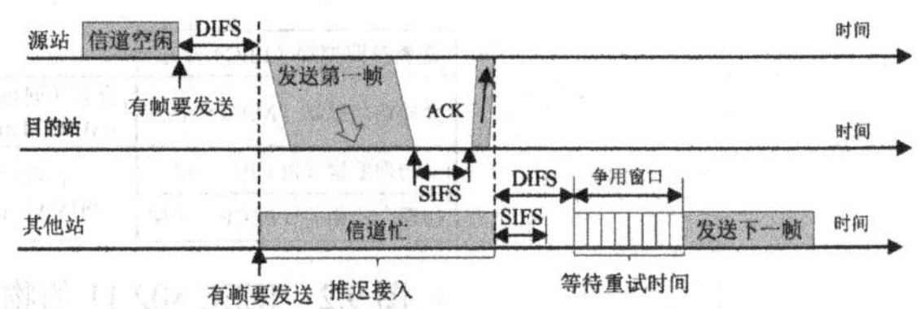

◎ 图 9.5　CSMA/CA 的工作机制

在图 9.5 中，SIFS 即短帧间间隔，时间长度为 28μs。SIFS 是最短的帧间间隔，用来分隔属于一次对话的各帧。在这段时间内，一个站应当能够从发送方式切换到接收方式。使用 SIFS 的帧类型有 CTS 帧、ACK 帧、由过长的 MAC 帧分片后的数据帧，以及所有回答 AP 探询的帧和在 PCF 方式中 AP 发送的任何帧。DIFS 即分布协调功能帧间间隔，它比 SIFS 要长得多，长度为 128μs。在 DCF 方式中，DIFS 用来发送数据帧和管理帧。CSMA/CA 的工作原理如下。

① 若源站最初有帧要发送（不是发送不成功而进行重传），且检测到信道空闲，则在等待 DIFS 时间后，就发送整个帧。在等待 DIFS 的时间内，如果其他节点有高优先级的帧要发送，就要让高优先级的帧先发送。

② 当检测到信道忙时，源站就要等检测到信道空闲并经过 DIFS 时间后执行 CSMA/CA 协议的退避算法，启动退避计时器，在退避计时器的值减小到零之前，一旦检测到信道忙，就冻结退避计时器；一旦信道空闲，退避计时器就进行倒计时。

③ 当退避计时器的值减小到零时（这时信道只可能是空闲的），源站就发送整个帧并等待确认。

④ 源站若收到确认，就知道已发送的帧被目的节点正确收到了。这时如果要发送第二帧，就要从上面的步骤②开始，执行 CSMA/CA 协议的退避算法，随机选定一段退避时间。若源节点在规定的时间内没有收到 ACK 帧（由重传计时器控制这段时间），就必须重传此帧（再次使用 CSMA/CA 协议争用接入信道），直到收到确认，或者经过若干次重传失败后放弃发送。

注：

只有当一个节点要发送第一个数据帧时检测到信道是空闲的，才能不使用退避算法，否则都要使用退避算法。使用退避算法有 3 种情况：在发送第一帧之前检测到信道处于忙态；每次的重传；每次成功发送后要发送下一帧。

（3）IEEE 802.11 标准的帧结构。

无线局域网由无线终端（STA）、无线 AP 等组成。IEEE 802.11 的 MAC 子层负责客户端与 AP 之间的通信，包括扫描、认证、接入、加密、漫游等。针对帧的不同功能，可将 IEEE 802.11 中的 MAC 帧细分为以下 3 类。

- 控制帧：用于争用期间的握手通信和正向确认、结束非争用期等。
- 管理帧：主要用于无线终端与无线 AP 之间的协商、关系的控制，如关联、认证、同步等。
- 数据帧：用于在争用期和非争用期传输数据。

IEEE 802.11 数据帧格式由 MAC 帧头、帧体和检验和 3 部分组成，如图 9.6 所示。

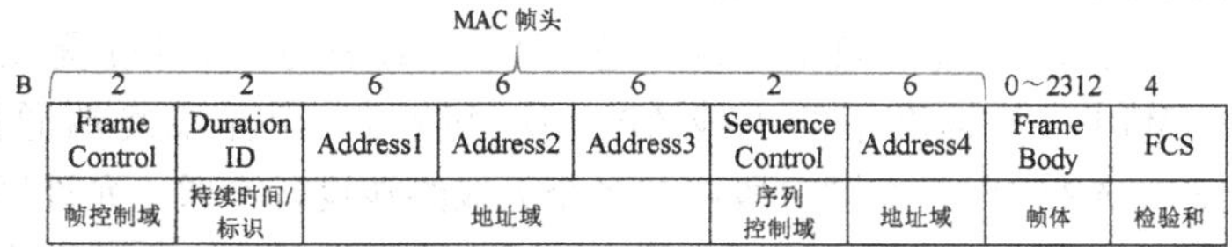

◎ 图 9.6　IEEE 802.11 数据帧格式

① Frame Control（帧控制域）：帧控制报文的结构如图 9.6 所示。

② Duration ID（持续时间 / 标识）：表明该帧和其确认帧将会占用信道多长时间，用于网络分配矢量计算。

③ 地址域：一个 IEEE 802.11 帧最多可以包含 4 个地址，帧类型不同，这些地址也有所差异，基本上，Address1 代表预定接收方的 MAC 地址，Address2 代表发送本帧的发送方的 MAC 地址，Address3 代表接收方取出的过滤地址，Address4 用于自组网络。

④ Sequence Control（序列控制域）：用来过滤重复帧，即用来重组帧片段及丢弃重复帧。

⑤ 帧体：又称数据位，负责在无线终端间传输上层数据，最多可以传输 2296 字节的数据。

⑥ 检验和：计算范围涵盖了 MAC 帧头中的所有位及帧体。如果检验和有误，则将其丢弃，且不进行应答。

（4）MAC 子层中的无线连接。

在无线网络中，当站点接入网络时，MAC 子层负责客户端与无线 AP 之间的通信，主要功能包括扫描、认证、接入、加密、漫游和同步。无线终端通过主动 / 被动扫描方式接入，只有在通过认证和关联两个过程后才能与无线 AP 建立连接，如图 9.7 所示。

无线连接就是无线终端与无线 AP 的无线握手过程，包括如下几个阶段。

① 无线终端通过广播 Beacon（无线信标）帧在网络中寻找无线 AP。

② 当网络中的无线 AP 收到无线终端发出的广播 Beacon 帧之后，无线 AP 也发送 Beacon 帧，用来回应无线终端。

③ 当无线终端收到无线 AP 的回应之后，无线终端向目标无线 AP 发起 Request Beacon 帧。

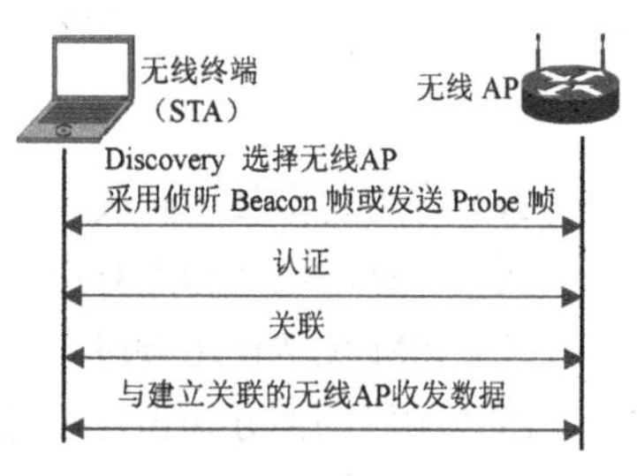

◎ 图 9.7　建立无线连接的过程

④ 无线 AP 响应无线终端发出的请求，如果符合无线终端连接的条件，就给予应答，即向无线 AP 发出应答帧，否则将不予理睬。

4. IEEE 802.11 优化技术

（1）物理层优化。同时支持 2.4GHz 和 5GHz 频段的路由器称为双频路由器；同时支持 IEEE 802.11b、IEEE 802.11a 两种模式的路由器称为双模路由器，同时支持 IEEE 802.11b/a/g 三种模式的路由器称为三模路由器。

（2）MIMO。MIMO 的应用始于 IEEE 802.11n。MIMO 天线技术在链路的发送端和接收端都采用多副天线，搭建多条通道，并行传递多条空间流，从而可以在不增加信道带宽的情况下成倍地提高通信系统的容量和频谱利用率。MIMO 可以在无线 AP 和无线终端之间同时建立多条独立的空间数据流，同时传输数据，2×2 MIMO 就是两条空间数据流，4×4 MIMO 就是 4 条空间数据流。

（3）MU-MIMO（Multi-User Multiple-Input Multiple-Output，多用户多输入多输出）技术。如果没有 MU-MIMO，那么在同一时间，无线 AP 只能与一个无线终端通信，而 MU-MIMO 则可以让不同的空间数据流与不同的无线终端通信，如果路由器支持 4×4 MIMO、无线终端支持 2×2 MIMO，则路由器可以同时与两个 2×2 无线终端进行通信，或者与 4 个 1×1 无线终端同时通信。

IEEE 802.11ac（Wi-Fi 5）标准下的无线 AP 一次只能与一个无线终端通信。Wi-Fi 6 下的 MU-MIMO 技术让无线 AP 实现了在同时段内与多个无线终端设备沟通，允许同一时间多个设备共享信道，一起上网，从而改善了网络资源利用率、减少了网络拥堵，让网络性能大幅提升。

（4）SU-MIMO（Single-User Multiple-InputMultiple-Output，单用户多输入多输出）技术：可以通过多链路同时传输的方式提升无线路由器与客户端设备之间的网络通信速率，但在同一时间和同一个频段内，无线路由器只能与一个无线终端设备通信。

9.2.3 无线电频谱与 AP 天线

1. 无线电频谱的划分

图 9.8 列出了常用的无线电频段。

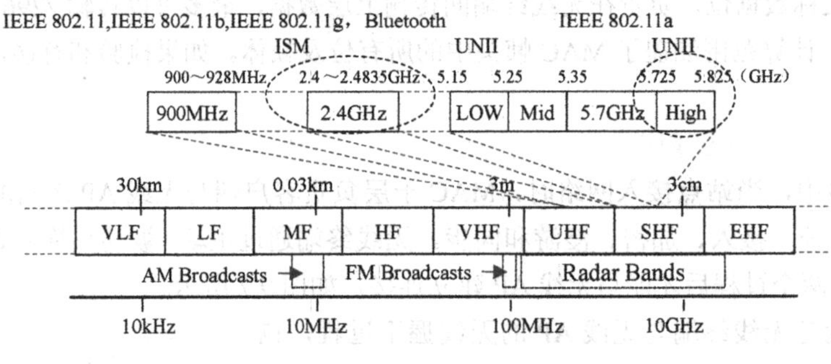

◎ 图 9.8 常用的无线电频段

（1）许可付费使用频段。

例如，移动电话和点对点的固定无线通信通过竞标的方式获得频段使用许可证。

（2）ISM 免费使用频段。

ISM 频段的部分知识可参考 2.3 节。

如图 9.9 所示，IEEE 802.11b/g 在 2.4GHz 频段上划分了 14 个信道（我国使用该频段的信道数量为 13），每个信道的频宽为 22MHz。两个相邻信道中心频率的间隔是 5MHz（信道 13 和信

道 14 除外）。信道 1 的中心频率是 2.412GHz，信道 2 中心频率是 2.417GHz，依次类推至中心频率为 2.477GHz 的信道 13。信道 14 是特别针对日本定义的，其中心频率为 2.484GHz，与信道 13 的中心频率间隔 12MHz。

从图 9.9 中可以看到，信道 1 在频谱上与信道 2、3、4、5 都有交叠，这就意味着，如果某处有两个无线设备在同时工作，且两个信道分别是 1 ～ 5 中的任意两个，那么这两个无线设备发出的信号会互相干扰。为了最大限度地利用频谱资源，在 2.4GHz 频段可以包含 3 个互不重叠的信道组和 2 个补盲信道组，即信道理论上是不互相干扰的。这几个信道组分别是信道组 1：1、6、11；信道组 2：2、7、12；信道组 3：3、8、13；补盲信道组 1：1、4、9；补盲信道组 2：2、5、10。

只要合理规划信道，就能提供无线的全覆盖，确保多个无线 AP 共存于同一区域。典型的全覆盖规划网络如图 9.10 所示。

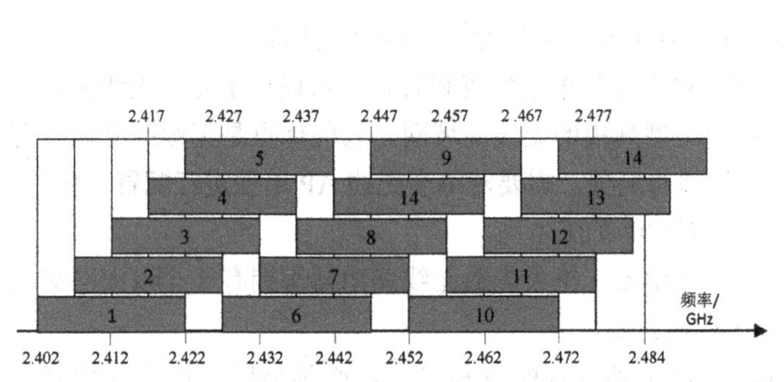

◎ 图 9.9 IEEE 802.11b/g 工作频率与信道的划分

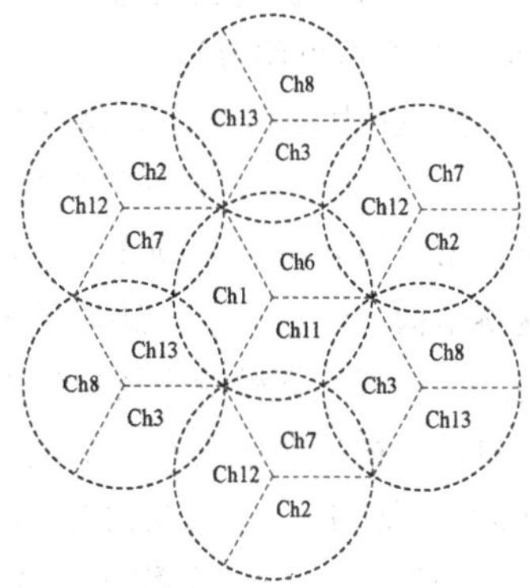

◎ 图 9.10 典型的全覆盖规划网络

（3）无线频段 -UNII 免费频段许可。

UNII 分配在 5.15 ～ 5.825GHz 频段，我国使用 5.725 ～ 5.825GHz 频段（也称 5.8GHz 频段），可用带宽为 100MHz，在此频率范围内又划分出 5 个信道，每个信道带宽为 20MHz，如图 9.11 所示。这 5 个信道编号分别是 149（5.745）、153（5.765）、157（5.785）、161（5.805）和 165（5.825），这 5 个信道是相互不重叠的。

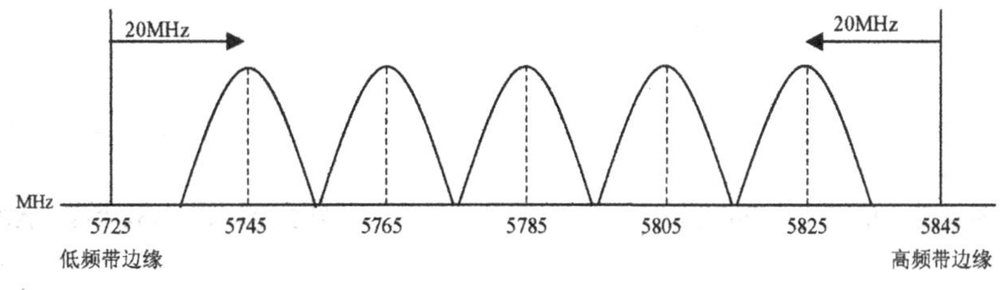

◎ 图 9.11 5.8GHz 频段的各信道频率

2. 无线信号的强度

强度就是射频的强弱。在无线局域网中，无线信号的强度使用的单位是 dBm，而不是 dB。dB 是输出和输入功率的比例值，而 dBm 是一个绝对值。

dBm 是一个表示功率绝对值的单位，它的计算公式为 10lg(功率值 /1mW)。例如，如果收到的功率为 1mW，那么按照 dBm 单位折算后的值应该为 10lg(1mW/1mW)=0dBm。当然，在实际传输过程中，接收方是很难达到 1mW 的接收功率的。因为还有接收端的天线增益，所以即使接收功率是 0.00001mW（-50dB），射频的接收端也能很好地进行码元解码。

9.2.4 常见的无线网络设备

无线局域网可独立存在，也可与有线局域网共同存在并进行互联。无线局域网由无线站、无线网卡、无线路由器、分布式系统、无线 AP、无线接入控制器及天线等组成。

1. 无线终端和无线网卡

无线终端是配置支持 IEEE 802.11 协议的无线网卡的终端。无线网卡能收发无线信号，作为工作站的接口实现与无线网络的连接，其作用相当于有线网络中的以太网卡。

2. 无线 AP

无线 AP 也称无线网桥、无线接入点，是无线局域网的重要组成部分，其工作机制类似有线网络中的集线器。无线终端可以通过无线 AP 进行终端之间的数据传输，也可以通过无线 AP 的 WAN 口与有线网络互通。

无线 AP 从功能上可分为“胖”AP（Fat AP）和“瘦”AP（Fit AP）两种。

（1）“胖”AP：拥有独立的操作系统，可以进行单独配置和管理，可以自主完成无线接入、安全加密、设备配置等操作，适用于构建中小型规模的无线局域网。它的优点是无须改变现有有线网络结构，配置简单；缺点是无法统一管理与配置，需要对每个无线 AP 单独进行配置，费时、费力，当部署大规模的无线局域网时，其部署和维护成本高。

目前，被广泛使用和熟知的产品是无线路由器。绝大多数无线路由器都拥有 4 个以太网交换口（RJ-45 接口），如图 9.12 所示的华三无线路由器。

（2）“瘦”AP：又称轻型无线 AP，无法单独进行配置和管理，必须借助无线接入控制器进行统一的配置和管理。采用无线接入控制器 +“瘦”AP 的架构可以将密集型的无线网络和安全处理功能从无线 AP 转移到无线接入控制器中统一实现，无线 AP 只作为无线数据的收发设备，大大简化了无线 AP 的管理和配置功能，甚至可以做到“零”配置。图 9.13 所示为一款 TP-Link“瘦”AP。

◎ 图 9.12　华三无线路由器

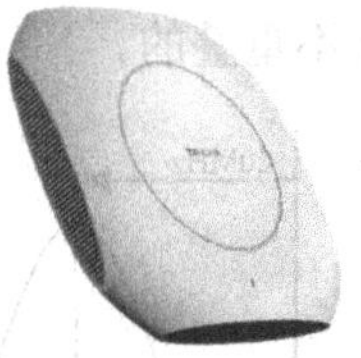

◎ 图 9.13　TP-Link“瘦”AP

3. 无线接入控制器

无线接入控制器是一种网络设备，用来集中化控制无线 AP，是一个无线网络的核心，负责管理无线网络中的所有无线 AP。对无线 AP 的管理包括下发配置、修改相关配置参数、射频智能管理、接入安全控制等。图 9.14 所示为一款华为无线接入控制器。从外形上看，无线接入控制器类似交换机，具有与交换机功能一样的接口。

◎ 图 9.14　华为无线接入控制器

9.2.5 无线局域网组网结构

IEEE 802.11 无线局域网包含自组网络模式和基础结构网络模式两种拓扑结构。

1. 自组网络（Ad-Hoc）模式

自组网络一般是由几个无线终端组成的暂时性网络，一般用来实现临时性的通信，特点是组网方便快捷，成本较低。例如，几台笔记本电脑就可以组建这种类型的无线网络。在这种网络中，所有无线终端的地位是平等的，无须任何中央控制节点的参与，如图 9.15 所示。

自组网络中的每个成员的无线网卡信号覆盖的范围形成一个区域，称为独立基本服务集（Independent Basic Service Set，IBSS）。每个 IBSS 也需要制定一个唯一的标识符，称为服务集标识符（Service Set Identifier，SSID）。SSID 是配置在无线网络设备中的一种无线标识，它只允许具有相同 SSID 的无线终端设备之间进行通信，如图 9.15 所示。因此，SSID 的泄露与否也是保证无线网络接入设备安全的一种重要标志。

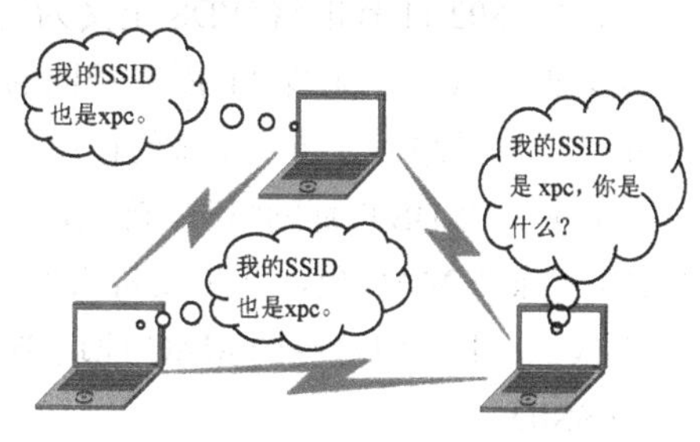

◎ 图 9.15　自组网络

SSID 用以区分不同的无线网络工作组，任何无线接入控制器或其他无线网络设备要想与某一特定的无线网络组进行连接，就必须使用与该无线网络组相同的 SSID。如果设备不提供这个 SSID，那么它将无法加入该无线网络组。

2. 基础结构网络模式

基础结构（Infrastucture）网络的拓扑可以用来组建永久性的网络，需要中央控制节点——无线 AP 的参与。无线 AP 提供接入服务，所有无线终端都连接到无线 AP 上，无线终端访问外部及无线终端相互之间访问的数据均需要无线 AP 负责转发，如图 9.16 所示。

在基础结构网络模式下，无线 AP 占有很重要的地位。在无线 AP 信号范围内形成一个无线局域网络，称为基本服务集（Basic Service Set，BSS）。每个 BSS 都会指定一个共同的唯一标识符，称为基本服务集标识符（Basic SSID，BSSID），任何要加入这个 BSS 的设备，都需要设置相同的 BSSID。没有设定指定 BSSID 的设备即使距离很近也不能够通信。多个无线 AP 可以通过被称为分布式系统的有线网络连接在一起，形成一个扩展的 IEEE 802.11 网络，称为扩展服务集（Extended Service Set，ESS）。

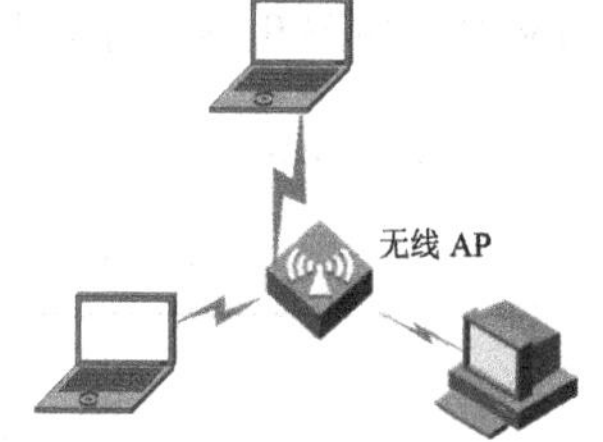

◎ 图 9.16　基础结构网络

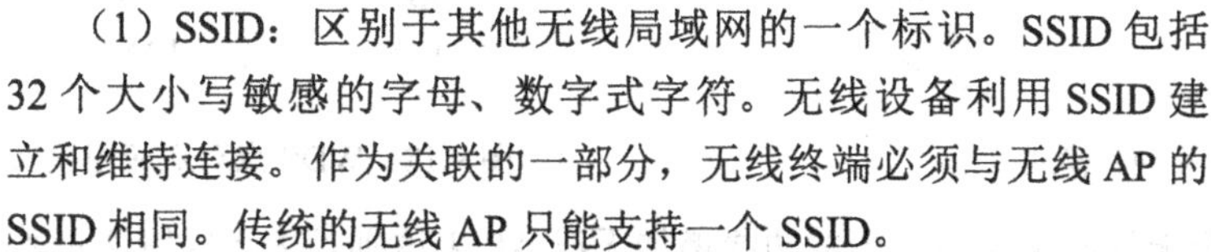

（1）SSID：区别于其他无线局域网的一个标识。SSID 包括 32 个大小写敏感的字母、数字式字符。无线设备利用 SSID 建立和维持连接。作为关联的一部分，无线终端必须与无线 AP 的 SSID 相同。传统的无线 AP 只能支持一个 SSID。

（2）BSSID：无线 AP 的 MAC 地址，也是无线终端识别无线 AP 的标志之一。现在，无线 AP 可以支持多 SSID 和多 BSSID，在逻辑上把一个 AP 分成多个虚拟的 AP，但它们都工作在同一个硬件平台上。

（3）ESSID：SSID 的一种扩展形式，被特定地用于 ESS，同一个 ESS 内的所有无线终端和无线 AP 都必须配置相同的 ESSID 才能接入无线网络。

基础结构网络模式是一种整合有线与无线局域网架构的应用模式。在这种模式下，无线网卡与无线 AP 进行无线连接，并通过无线 AP 与有线网络建立连接。

3. 无线分布式系统

无线分布式系统（Wireless Distribution System，WDS）是指利用多个无线网络相互连接的方式构成一个整体的无线网络。简单地说，WDS 就是指利用两个（或以上）无线 AP 通过相互连接的方式将无线信号向更深远的范围延伸。

WDS 把有线网络的信息通过无线网络传送到另一个无线网络中，或者另外一个有线网络。WDS 最少要有两个具有相同功能的无线 AP，而最多数量则要视厂商设计的架构来决定，以实现一对多的无线网络桥接功能。

IEEE 802.11 标准将 WDS 定义为用于连接无线 AP 的基础设施。要建立分布式无线局域网，需要为两个或多个无线 AP 配置相同的 SSID。具有相同 SSID 的无线 AP 在二层广播域中组成一个单一逻辑网络。分布式系统的作用就是把它们连接起来，使它们能够进行无线通信。

在使用 WDS 规划网络时，首先，所有无线 AP 必须是同品牌、同型号的才能很好地工作；其次，WDS 工作在 MAC 层，两个设备必须互相配置对方的 MAC 地址；最后，WDS 可以被连接在多个无线 AP 上，但对等的 MAC 地址必须配置正确，并且对等的两个无线 AP 必须配置相同的信道和 SSID。

支持 WDS 技术的无线 AP 还可以工作在混合的无线局域网工作模式下，既可以支持点对点、点对多点、中继应用模式下的无线 AP，又可以工作在两种工作模式状态下，即中继桥接模式 +AP 模式。

（1）多 AP 模式：也称为多蜂窝结构，各个蜂窝之间建议有 10% ～ 15% 的重叠范围，便于无线工作站的漫游，如图 9.17 所示。AP 的信道数不能配置成相同的，否则相互之间会形成干扰，最佳信道数的差值为 5。

漫游时必须进行不同 AP 之间的切换。切换可以通过交换机以集中的方式控制，也可以通过检测移动站点的信号强度来控制（非集中控制模式）。

（2）WDS 点对点应用模式：用于连接两个不同的局域网，桥接两端的 AP 只与另一端的 AP 沟通，不接受其他无线网络设备的连接。该应用模式利用一对无线网桥连接两个有线或无线局域网网段，如图 9.18 所示，使用放大器和定向天线可以将覆盖距离增大到 50km。

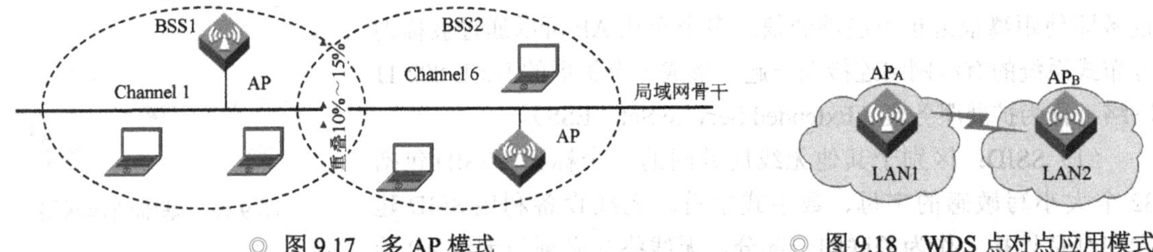

◎ 图 9.17　多 AP 模式　　◎ 图 9.18　WDS 点对点应用模式

（3）中继模式：通过在一个无线网络覆盖范围的边缘增加无线 AP 来达到扩大无线网络覆盖范围的目的。中继模式的 AP 除了接收其他 AP 的信号，还会接受其他无线网络设备的连接。在有线不能到达的环境，可以采用多蜂窝无线中继结构，但这种结构要求蜂窝之间要有 50% 的信号重叠，同时客户端的使用效率会下降 50%，如图 9.19 所示。

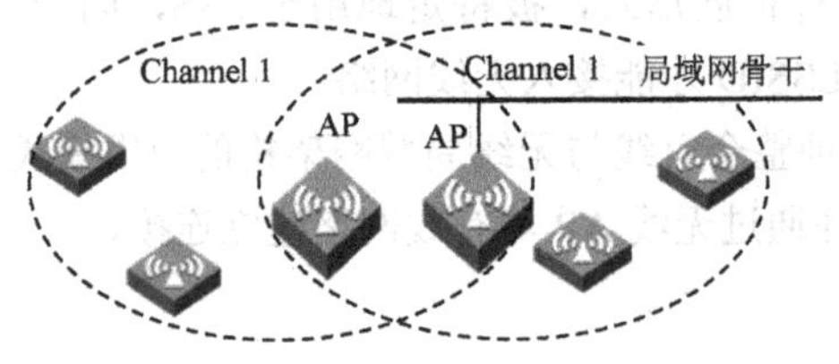

◎ 图 9.19　WDS 无线中继应用

9.2.6　两种不同的无线上网方式

根据第 46 次《中国互联网络发展状况统计报告》，截至 2020 年 6 月，我国网民规模达 9.40 亿，手机网民规模达 9.32 亿，网民使用手机上网的比例达 99.2%，使用计算机、笔记本电脑、电视、平板电脑上网的比例分别是 37.3%、31.8%、28.6% 和 27.5%。其中通过无线网络接入互联网的类型有两类：Wi-Fi 和蜂窝移动网络。

Wi-Fi 接入就是无线终端，如笔记本电脑、平板电脑、电视、手机等通过某个无线路由器的 Wi-Fi 接入互联网。当然，手机用户还可以通过附近的蜂窝移动网络的基站接入互联网，这时收费是按照用户所消耗的数据流量来计算的。但手机也通过无线路由器的 Wi-Fi 接入互联网，这时手机不经过 4G/5G 蜂窝移动网络的基站，因此也不会产生任何 4G/5G 流量。

学以致用

9.3　技能训练：构建基础结构无线局域网

9.3.1　训练任务

开会时，经常有人带笔记本电脑，为了给开会人员提供上网服务，这时就建议架设无线路由器，同时与单位内部局域网互联。通过该技能训练的完成，读者可以掌握以下技能。

（1）学会对无线 AP 各项参数的设置方法，构建以无线 AP 为中心的无线局域网。

（2）学会无线网络客户端的设置方法。

9.3.2　设备清单

（1）TP-Link 无线 AP，型号为 AC1900 的双频无线路由器 TL-WDR7661 千兆版。

（2）桌面计算机和笔记本电脑（3 台）。

9.3.3　网络拓扑

为了完成本技能训练的任务，搭建如图 9.20 所示的网络拓扑结构。

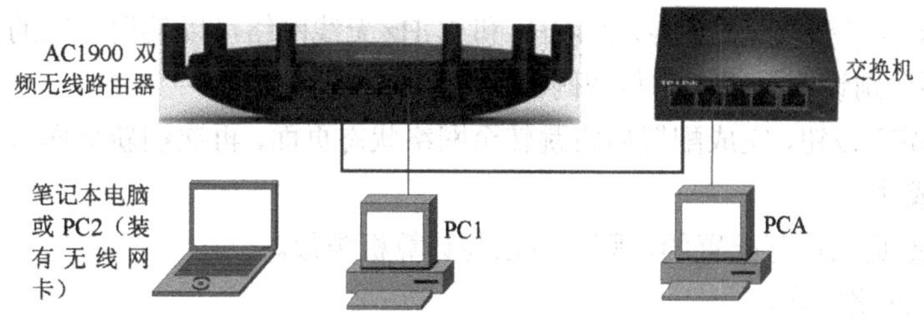

◎ 图 9.20　无线 AP 连接有线和无线混合结构

交换机与无线路由器的 WAN 口相连，PC1 连接无线路由器 LAN1、LAN2、LAN3 任意一个接口，PCA 连接交换机的其他接口。笔记本电脑或装有无线网卡的计算机（PC2）通过无线连接无线路由器。无线路由器的 WAN 口可以连接光纤宽带、小区宽带或单位局域网。

9.3.4 实施过程

步骤 1：硬件连接。

按照图 9.20 连接，给无线路由器供电。

步骤 2：配置 PC1 的本地连接。

因为无线接入设备 AP 的默认管理地址为 192.168.1.1，所以 PC1 的本地连接的 TCP/IP 设置应保证为同一网段，将 IP 地址设置为 192.168.1.10，将子网掩码设置为 255.255.255.0。

注：

无线路由器的默认管理地址、管理员及密码在路由器底部的标签上，但目前无线路由器的底部标签上都标注路由器默认登录界面：tplogin.cn。这时设置 PC1 的本地连接 IP 地址为自动获取 IP 地址。

步骤 3：快速配置无线路由器，搭建基础结构无线网络。

在第 1 次登录路由器或复位（Reset）后登录路由器时，界面将自动显示设置向导界面，根据设置向导可实现上网。

（1）在 PC1 中打开 Web 浏览器，在 URL 地址栏中输入 http://tplogin.cn，进入路由器的登录界面。

（2）弹出“创建管理员密码”窗口，在“设置密码”文本框中填入要设置的管理员密码（6～32 个字符），在“确认密码”文本框中再次输入密码，单击“确定”按钮。

（3）根据自动检测结果或手动选择上网方式，填写网络运营商提供的参数。

- 宽带拨号上网：ADSL 虚拟拨号方式，网络运营商会提供上网账户和密码，填好后单击“下一步”按钮。
- 固定 IP 地址：网络运营商（包括单位局域网，网络中心提供）会提供 IP 地址参数（包括 IP 地址、子网掩码、网关、首选 DNS 服务器、备用 DNS 服务器），输入后，单击“下一步”按钮。在这里配置 IP 地址为 192.168.10.10、子网掩码为 255.255.255.0、网关为 192.168.10.1。
- 自动获取 IP 地址：可以自动从网络运营商处获取 IP 地址，单击“下一步”按钮，进行无线参数的设置。

（4）设置无线名称与密码并单击“确定”按钮，完成设置。

- 打开“Wi-Fi 多频合一”功能，2.4GHz 和 5GHz 无线网络会使用相同的无线名称与密码。在终端连接 Wi-Fi 时，无线路由器会根据网络情况自动为终端选择最优上网频段。这里将无线名称设为 xpc1，密码为 Asdfghjkl。
- 关闭“Wi-Fi 多频合一”功能，2.4GHz 和 5GHz 无线网络可以使用不同的无线名称与密码，这时必须分别设置无线名称与密码。

（5）单击“确定”按钮，完成配置后将跳转至网络状态页面，再次刷新页面可以查看网络状态，确认设置是否已成功。

通过手机 Web 页面进行配置的步骤和方法与计算机类似。

步骤 4：查看网络状态。

查看无线网络状态包括查看或修改各无线网络的名称和密码。网络连接状态：可查看各网络的连接状态，在拓扑图中可检查网络连接状态。当网络异常时，可根据页面提示进行排错。

步骤 5：管理无线网络。

这里只介绍常用的几种无线网络的管理方法。

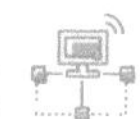

（1）设置无线网络。选择“路由设置”→“无线设置”选项，打开无线网络设置页面，包括开启 / 关闭“多频合一”功能，在“高级”标签下可以设置无线信道、无线模式等高级功能。

（2）设置访客网络。选择“应用管理”→“已安装应用”→“访客网络”选项，打开访客网络设置页面，设置无线名称与密码等参数。

（3）控制无线设备接入。选择“应用管理”→“已安装应用”→“无线设备接入控制”选项，打开无线设备接入控制设置页面。在这里可以创建一个允许接入设备列表，只允许列表内的无线设备连接到自己的网络。在接入控制功能处选择“开启”选项，并单击“选择设备添加”按钮，也可以单击“输入 MAC 地址添加”按钮。

（4）为上网设备设置固定 IP 地址。单击“应用管理”按钮，进入已安装应用页面，单击“IP 与 MAC 绑定”按钮，并单击需要绑定的主机后面的“+”图标。

步骤 6：管理路由器。

（1）设置设备管理路由器的权限。可以限定管理员的身份，设置指定设备凭管理员密码进入管理页面的权限。

选择“应用管理”→“已安装应用”→“管理员身份限定”选项，可以限定管理员的身份。

（2）修改路由器 LAN 口 IP 地址。路由器默认自动获取 LAN 口 IP 地址，自动检测 LAN-WAN 冲突，即当路由器的 WAN 口获取的 IP 地址与 LAN 口 IP 地址在同一网段时，路由器 LAN 口 IP 地址会自动变更到其他网段。例如，路由器 LAN 口默认的 IP 地址为 192.168.1.1，若 WAN 口获取的 IP 地址为 192.168.1.X，则 LAN 口 IP 地址会自动变为 192.168.0.1。另外，还可手动设置：选择“路由设置”→“LAN 口设置”选项，在“LAN 口 IP 设置”下选择“手动”选项；设置路由器的 IP 地址；子网掩码可保持默认设置。

（3）修改 DHCP 服务器设置。DHCP 服务器能够自动给局域网中的设备分配 IP 地址。若需要修改 DHCP 服务器设置，则选择“路由设置”→“DHCP 服务器”选项，可以设置 DHCP 地址池。

步骤 7：设定 PCA 的 IP 地址。

设定 PCA 的 IP 地址为 192.168.10.10、子网掩码为 255.255.255.0、默认网关为 192.168.11.1。

步骤 8：配置 PC2 连入无线路由器。

在可用的无线网络中选择“xpc1”，输入密码，PC2 即可连接无线路由器。进入 MS-DOS 环境，执行 ipconfig 命令，查看计算机的 IP 地址。

步骤 9：项目测试，即测试 PC1、PC2 和 PCA 之间的连通性。

习题

一、填空题

1．在无线局域网中，______是最早发布的基本标准，_____和____标准的传输速率都达到了 54Mbit/s，_____和_____标准的传输速率达到了上百兆比特每秒甚至更高，_____和_____标准工作在免费频段上。

2．在无线网络中，除无线局域网外，还有___、____、_____和___等几种无线网络技术。

3．在我国，如果要布置无线局域网的蜂窝式网络，IEEE 802.11g 的 2.4GHz 频段中可布置

____个不重叠信道。

4．IEEE 802.11 网络按照模式分为_____和_____。

5．在自组网络中，每个成员的无线网卡信号覆盖的范围形成一个区域，称为___。每个 IBSS 也需要制定一个唯一的标识符，称为_____ 。

6．对于基础结构网络，在一个无线 AP 信号范围内形成的无线局域网称为______。每个 BSS 会指定一个共同的唯一标识符，称为_____。几个无线 AP 可以通过被称为____的有线网络连接在一起，形成一个可扩展的 IEEE 802.11 网络，称为_______。

7．无线局域网所使用的 CSMA/CA 协议的全称是_______。

二、选择题

1．无线局域网工作的协议标准是（　　）。

A．IEEE 802.3　　B．IEEE 802.11　　C．IEEE 802.4　　D．IEEE 802.5

2．无线基础组网模式包括（　　）。

A．自组网络模式　　B．基础结构网络模式

C．无线漫游　　D．any IP

3．以下哪个是无线网络工作的频段？（　　）

A．2.0GHz　　B．2.4GHz　　C．2.5GHz　　D．5.0GHz

4．一个无线 AP 及其关联的无线客户端称为一个（　　）。

A．IBSS　　B．BSS　　C．ESS　　D．CSS

5．一个 BSS 中可以有多少个无线 AP？（　　）

A．0　　B．1　　C．2　　B．任意多个

6．在设计自组网络模式的小型局域网时，应选用的无线设备是（　　）。

A．无线网卡　　B．无线天线　　C．无线网桥　　B．无线路由器

7．无线局域网中使用的 SSID 是（　　）。

A．无线局域网的设备名称　　B．无线局域网的标识符号

C．无线局域网的入网密码　　D．无线局域网的加密符号

8．在下面的信道组合中，3 个非重叠信道的组合是（　　）。

A．1、6、10　　B．2、7、12

C．3、4、5　　B．4、6、8

9．当同一区域使用多个无线 AP 时，通常使用的信道是（　　）。

A．1、2、3　　B．1、6、11

C．1、5、10　　B．以上都不是

10．两个无线网桥建立桥接，必须相同的是（　　）。

A．SSID、信道　　B．信道

C．SSID、MAC 地址　　B．设备序列号、MAC 地址

三、问答题

1．无线局域网的物理层有几个标准？

2．常用的无线局域网设备有哪些？它们各自的功能是什么？

3．无线局域网的网络结构有哪几种？

4．SSID 与 BSSID 有什么区别？

5．说说在无线局域网和有线局域网连接中，无线 AP 和交换机的连接方式，以及它们的功能。

6．简述 CSMA/CA 的工作过程，并比较其与 CSMA/CD 的异同点。

四、实训题

1．现有 3 台笔记本电脑或装有无线网卡的计算机之间需要传输资料，但此时这 3 台计算机不能使用有线网络及连接到无线路由器。构建点对点结构的无线网络，让笔记本电脑或计算机之间可以直接通信，而无须接入无线 AP，组建自组网络模式的无线网络，从而快速地传输资料。

2．某会议室有两个 ISP 分别设置了无线 AP1 和无线 AP2，并且都使用 IEEE 802.11ac 协议。两个 ISP 都分别有自己的 IP 地址块。如何设置会议室内的无线网络以让不同的用户使用呢？

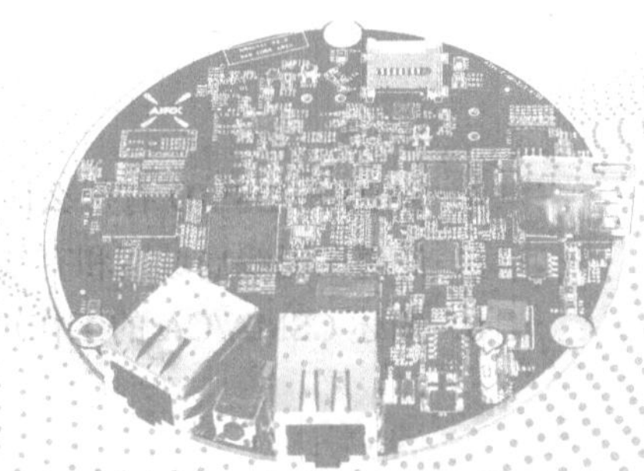

第10章

网络安全

内容巡航

随着互联网的高速发展，网络安全问题日益成为国际社会的焦点问题。当前网络安全不仅涉及信息战，还涉及舆论、公共关系、技术，更涉及公共安全。习近平在中央网络安全和信息化领导小组第一次会议上指出："没有网络安全就没有国家安全，没有信息化就没有现代化。"

本章详细讲解网络安全相关技术，主要包括网络安全概述、网络攻击与防御、密码与安全协议应用、防火墙技术与应用、入侵检测技术与应用。

通过本章的学习，读者应该掌握以下知识。

- 网络安全的定义、特征。
- 网络攻击与防御方法。
- 密码与安全协议应用。
- 防火墙技术与应用。
- 入侵检测技术与应用。
- 互联网信息收集方法。
- 内网漏洞扫描方法。

内容探究

10.1 网络安全概述

10.1.1 网络安全的定义

中国的网民数量和网络规模世界第一，维护好中国网络安全不但是自身需要，而且对于维护全球网络安全甚至世界和平都具有重大意义。中国致力于维护国家网络空间主权、安全、发展利益，推动互联网造福人类，推动网络空间和平利用和共同治理。

2017年6月，国务院颁布《中华人民共和国网络安全法》。它是我国第一部全面规范网络空间安全管理方面问题的基础性法律，规定了国家建设网络与信息安全保障体系，并加强网络管理，防范、制止和依法惩治网络攻击、网络入侵、网络窃密、散布违法有害信息等网络违法犯罪行为，维护国家网络空间主权、安全和发展利益，第一次明确了"网络空间主权"这一概念。

2020 年 6 月 1 日，由国家互联网信息办公室、中华人民共和国国家发展和改革委员会、中华人民共和国工业和信息化部、中华人民共和国公安部等 12 个部门联合发布了《网络安全审查办法》，从 6 月 1 日起正式实施。

广义上讲，网络安全（Cyber Security）是一门涉及计算机科学、网络技术、通信技术、密码技术、信息安全技术、应用数学、数论、信息论等多种学科的综合性学科。

在网络安全行业中，计算机网络安全是指网络系统的硬件系统、软件系统及其中的数据受到保护，不因偶然的或恶意的原因而遭受到破坏、更改、泄露，系统连续、可靠、正常地运行，网络服务不中断。网络安全既指计算机网络安全，又指计算机通信网络安全。网络安全主要包括物理安全、软件安全、信息安全和运行安全等内容。

10.1.2　网络安全的特征

在美国的国家信息基础设施(NII)的文献中，明确给出了网络安全的5个属性: 保密性、完整性、可用性、可控性和不可抵赖性。这 5 个属性适用于国家信息基础设施的教育、娱乐、医疗、运输、国家安全、电力供给及通信等领域。在设计网络系统时，应该努力达到网络安全目标。

（1）保密性：网络中的信息不被非授权实体（包括用户和进程等）获取与使用。

（2）完整性：数据未经授权不能被改变，即信息在存储或传输过程中保持不被修改、不被破坏和不丢失的特性。

（3）可用性: 保证信息在需要时能为授权者所用，防止由于主/客观因素造成的系统拒绝服务。例如，网络环境下的拒绝服务、破坏网络和有关系统的正常运行等都属于对可用性的攻击。

（4）可控性：人们对信息的传播路径、范围及其内容所具有的控制能力，即不允许不良内容通过公共网络进行传输，使信息在合法用户的有效掌控之中。

（5）不可抵赖性：也称不可否认性，就是指信息的发送方不能否认发送过信息，信息的接收方不能否认接收过信息。数据签名技术是保证不可否认性的重要手段之一。

10.2　数据密码技术

10.2.1　数据加密模型

数据加密的基本过程就是对原来为明文的文件或数据按某种算法进行处理，使其成为不可读的一段代码，通常称为密文，使其只能在输入相应的密钥之后才能显示出本来的内容，通过这样的转换途径达到保护数据不被人非法窃取、阅读的目的。该过程的逆过程为解密，即将该编码信息转化为原来数据的过程。一般的数据加密模型如图 10.1 所示。用户 A 向用户 B 发送明文 X，但通过加密算法 E 运算后，就得出密文 Y。

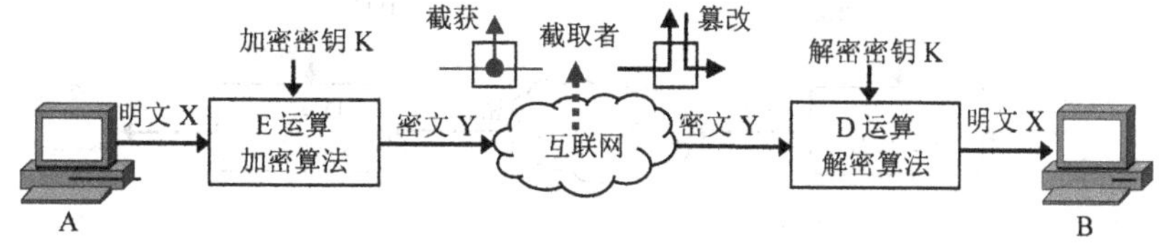

◎　图 10.1　一般的数据加密模型

加密密钥 K 和解密密钥 K 是一串秘密的字符串（比特串）。密文 $Y=E_K(X)$，即表示明文通过加密算法成为密文的一般表示方法。

在密文的传送过程中可能出现密文的截取者（或攻击者、入侵者）。$D_K(Y)=D_K(E_K(X))=X$，即表示接收端利用解密算法 D 运算和解密密钥 K 解出明文 X。解密算法是加密算法的逆运算。

10.2.2 两种密码体制

1. 对称密钥密码体制

对称密钥密码体制是指加密密钥和解密密钥相同的密码体制。如图 10.1 所示，通信双方使用的就是对称密钥密码体制。

现代密码算法不再依赖算法保密，而把算法和密钥分开，其中，算法可以公开，而密钥是保密的，密码系统的安全性在于保持密钥的保密性。如果加密密钥和解密密钥相同，则可以从其中一个推出另一个，一般称其为对称密钥或单钥密码体制。对称密码技术的加密速度快，使用的加密算法简单，安全强度高，但是密钥的完全保密较难实现；此外，大型系统中密钥的管理难度也较大。

对称密码系统的安全性依赖以下两个因素：第一，加密算法必须是足够强的，仅仅基于密文本身解密信息在实践中是不可能的；第二，加密算法的安全性依赖密钥的保密性，而不是算法的秘密性。对称密码系统可以以硬件或软件的形式实现，其算法实现速度很快，并得到了广泛应用。

对称加密算法是应用较早的加密算法，技术成熟。在对称加密算法中，使用的密钥只有一个，发送方和接收方都使用这个密钥对数据进行加密或解密，这就要求接收方事先必须知道加密密钥。

对称加密算法按照是否把明文分割成块之后进行处理来分类，分为块加密和流加密。块加密对明文按大小分块，对每块分别进行加密；流加密不对明文分块，对每位进行加密。

常用的对称加密算法有 DES（数据加密标准）、AES（高级加密标准）和三重 DES 等。

2. 非对称密钥密码体制

非对称密钥密码体制的产生主要有两方面的原因：一是由于对称密钥密码体制的密钥分配问题，二是由于对数字签名的需求。非对称密钥密码体制的加密密钥和解密密钥不相同，或者从其中一个难以推出另一个。非对称密钥密码体制也称公钥密码体制。

非对称加密算法的特点就是加密密钥和解密密钥不同，密钥分为公钥和私钥，用私钥加密的明文只能用公钥解密，用公钥加密的明文只能用私钥解密。

（1）非对称密钥密码体制的通信模型。

非对称密钥密码体制的通信模型如图 10.2 所示。加密密钥 PK（Public Key，公钥）是向公众公开的，而加密密钥 SK（Secret Key，私钥）则是需要保密的；加密算法 E 和解密算法 D 都是公开的。

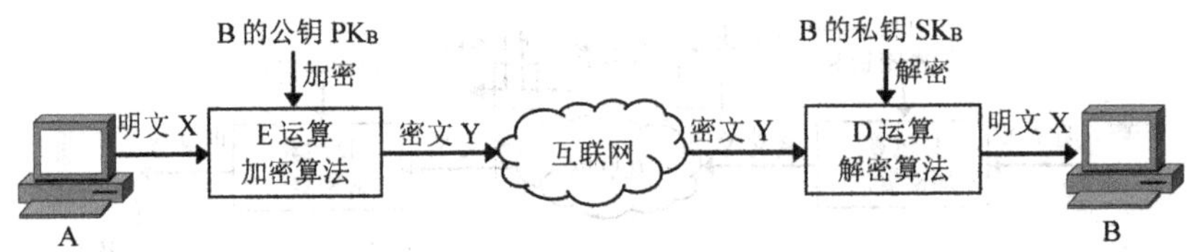

◎ 图 10.2 非对称密钥密码体制的通信模型

非对称加密算法的加密和解密过程的主要特点如下。

① 密钥对产生器产生接收方 B 的一对密钥：加密密钥 PK_B 和解密密钥 SK_B。发送方 A 所用的加密密钥 PK_B 就是接收方 B 的公钥，它向公众公开；而接收方 B 所用的解密密钥 SK_B 就是接收方 B 的私钥，对其他人保密。

② A 用 B 的公钥 PK_B 通过 E 运算对明文 X 加密后得到密文 Y，发送给 B。B 用解密密钥 SK_B 对密文进行解密，即可恢复出明文 X。

B 用自己的私钥 SK_B 通过 D 运算进行解密，恢复出明文。

③ 根据已知的 PK_B 不可能推导出 SK_B，是“计算上不可能”的。

④ 虽然加密密钥可用来加密，但不能用来解密。

⑤ 加密和解密的运算可对调，但通常都是先加密再解密。

非对称密钥密码体制大大简化了复杂的密钥分配管理问题，但非对称加密算法要比对称加密算法慢得多（约相差 1000 倍）。因此，在实际通信中，非对称密钥密码体制主要用于认证（如数字签名、身份识别等）和密钥管理等，而消息加密则仍利用对称密钥密码体制。

（2）非对称加密算法。

非对称加密算法是建立在数学函数基础上的。最常用的公钥算法如下。

① RSA 算法。非对称密钥密码体制的杰出代表是 1978 年正式发表的 RSA 体制，它是一种基于数论中的大素数分解问题的体制，是目前应用最广泛的公钥算法。RSA 既能用于加密（密钥交换），又能用于数字签名，特别适用于通过互联网传送的数据。其他的公钥和私钥是一对大素数（100 到 200 位十进制数或更大）的函数。从一个公钥和密文恢复出明文的难度等价于分解两个大素数之积（这是公认的数学难题）。

② DSA。DSA（Digital Signature Algorithm，数字签名算法） 由美国国家安全局发明，已经由美国国家标准与技术研究院（NIST）收录到联邦信息处理标准（FIPS）之中，作为数字签名的标准。DSA 的安全性源自计算离散算法的困难。这种算法仅用于数字签名运算（不适用于数据加密）。Microsoft CSP 支持 DSA。

③ Diffie-Hellman 算法：仅用于密钥交换。Diffie-Hellman 算法是第一种被发明的公钥算法，以其发明者 Whitfield Diffie 和 Martin Hellman 的名字命名。Diffie-Hellman 算法的安全性源自在一个有限字段中计算离散算法的困难。Microsoft Base DSS 3 和 Diffie-Hellman CSP 都支持 Diffie-Hellman 算法。

10.2.3 密钥分配

由于密码算法是公开的，网络的安全性就完全基于密钥的安全防护。因此密钥管理就显得尤为重要。密钥管理包括密钥的产生、分配、注入、验证和使用。这里只讨论密钥分配。

密钥分配（或称密钥分发）是密钥管理中最大的问题。密钥必须通过最安全的通路进行分配。密钥分配有网外分配方式和网内分配方式两种。网外分配方式是指派可靠的信使携带密钥分配给互相通信的各用户。但随着用户的增加和密钥的频繁更换，信使派发的方式已不再适用，这时就需要采用网内分配方式，也称密钥自动分配。

1. 对称密钥的分配

如果有 n 个用户相互之间进行保密通信，若每对用户使用不同的对称密钥，则密钥总数将达到 $n(n-1)/2$；当 n 值较大时，$n(n-1)/2$ 的值会很大，需要的密钥数量就非常多。那么，同时共享的密钥如何在网络上安全地传送呢？目前常用的密钥分配方式是设立密钥分配中心（Key

Distribution Center，KDC）。KDC 是人们都信任的机构，其任务就是给需要进行秘密通信的用户临时分配一个会话密钥（仅使用一次）。

目前最出名的密钥分配协议是 Kerberos V5。Kerberos 作为鉴别协议，已经变得很普及，现已成为互联网建议标准。Kerberos 使用比 DES 更加安全的高级加密标准 AES 进行加密。

2. 公钥的分配

在公钥密码体制中，如果每个用户都具有其他用户的公钥，就可实现安全通信。但不能随意公布用户的公钥，因为无法防止假冒和欺骗。使用者也无法确定公钥的真正拥有者。这时需要有一个值得信赖的机构——认证中心（Certification Authority，CA）来将公钥与其对应的实体（人或机器）进行绑定（Binding）。CA 一般由政府出资建立。每个实体都有 CA 发来的证书（Certificate），里面有公钥及其拥有者的标识信息。此证书被 CA 进行了数字签名，是不可伪造的，可以信任。证书是一种身份证明，用于解决信任问题。

任何用户都可在自己信任的 CA 处获取个人证书，当要验证来自不信任 CA 签发的证书时，需要到该 CA 的上一级 CA 处进行验证，如果该 CA 的上一级也不可信任，则需要更上一级的 CA，一直追溯到可信任的 CA。

为了使 CA 证书具有统一的格式，ITU-T 制定了 X.509 协议标准，用来描述证书的结构。IETF 接受了 X.509（仅做了少量改动），并在 RFC5280 中给出了互联网 X.509 公钥基础结构（Public Key Infrastructure，PKI）。在 IE 浏览器中，选择“工具 Internet 选项内容证书”选项就可以查看有关证书颁发机构的信息。用户可以从证书颁发机构处获得自己的安全证书。

10.2.4 数字签名

数字签名（又称公钥数字签名）是只有信息的发送方才能产生的别人无法伪造的一段数字串，这段数字串也是对信息的发送方发送信息真实性的一个有效证明。数字签名必须保证能够实现以下 3 点功能。

（1）接收方能够核实发送方对报文的签名。也就是说，接收方能够确信该报文的确是发送方发送的，其他人无法伪造对报文的签名，这叫作报文鉴别。

（2）接收方确信收到的数据与发送方发送的完全一样而没有被篡改过，这叫作报文的完整性。

（3）发送方事后不能抵赖对报文的签名，这叫作不可否认性。

数字签名多采用公钥加密算法，比采用对称加密算法更容易实现。一套数字签名通常定义两种互补的运算，一种用于签名，另一种用于验证。数字签名是非对称密钥加密技术与数字摘要技术的应用。

10.2.5 鉴别

在网络应用中，鉴别（Authentication）是网络安全中一个很重要的问题。鉴别与加密不同，鉴别是要验证通信的对方的确是自己想要通信的对象，而不是其他的冒充者，并且所传送的报文是完整的，没有被他人篡改过。

鉴别可分为两种：一种是报文鉴别，即鉴别所收到的报文的确是报文的发送方发送的，而不是其他人伪造或篡改的，包含端点鉴别和报文完整性鉴别；另一种是实体鉴别，即仅仅鉴别发送报文的实体。实体可以是一个人，也可以是一个进程（客户或服务器），即端点鉴别。

1. 报文鉴别

（1）密码散列函数。

数字签名是一种防止源点或终点抵赖的鉴别技术。也就是说，使用数字签名就能够实现对报文的鉴别。然而，当报文较长时，进行数字签名会给计算机增加非常大的负担，需要花费较多的时间来进行运算，因此需要找出一种相对简单的方法对报文进行鉴别，这时就使用密码散列函数（Cryptographic Hash Function）。

前面多次使用的检验和（Checksum）就是散列函数的一种应用，用于发现数据在传输过程中的比特差错。密码学中使用的散列函数就是密码散列函数，其主要作用是要找到两个不同的报文，它们具有同样的密码散列函数输出，在计算上是不逆的。也就是说，密码散列函数实际上是一种单向函数（One-Way Function）。但在 2004 年，我国学者王小云发表了论文，推翻了密码散列函数是不可逆的结论，采用的方法只需 15min 就能完成。

目前，最实用的密码散列算法是 MD5 和 SHA-1。

① MD5。MD（Message Digest，消息摘要）5 算法是一种被广泛使用的密码散列函数，输入长度小于 2^{64}bit 的消息，输出一个 128bit（16 字节）的散列值 （Hash Value），输入信息以 512bit 的分组为单位处理。

② SHA-1。SHA（Security Hash Algorithm）是由美国的 NIST 和 NSA 设计的一种标准的散列算法。SHA 用于数字签名的标准算法 DSS 中，也是安全性很高的一种散列算法。该算法的输入消息长度小于 2^{64}bit，最终输出的结果值的长度为 160bit（比 MD5 的 128bit 多了 25%），对穷举攻击更具有抵抗性。但它也被王小云的研究团队攻破。虽然 SHA-1 仍在使用，但很快就会被 SHA-2 和 SHA-3 代替。

（2）报文鉴别码。

MD5 报文鉴别可以防止篡改，但不能防止伪造，不能实现报文鉴别，攻击者可以伪造报文和散列值，导致接收方接收伪造报文。为了防止上述情况的发生，对散列值进行私钥加密，攻击者没有对应的私钥，因此无法伪造出对应加密的散列值，接收方使用公钥解密，肯定无法与伪造的报文相对应，这就实现了身份鉴别。

对散列值进行加密后的密文称为报文鉴别码（Message Authentication Code）。

2. 实体鉴别

报文鉴别对每个收到的报文都要鉴别其发送方，而实体鉴别是在系统接入的全部持续时间内，对与自己通信的对方实体只需验证一次。

（1）使用对称密钥加密。实体鉴别基于共享的对称密钥，发送方使用密钥将报文加密并发送给接收方；接收方收到密文后，使用相同的密钥解密，鉴别发送方的身份。发送方和接收方持有相同的密钥；攻击者截获密文后，直接将密文转发给接收方，此时接收方就会将攻击者当作发送方。这种攻击称为重放攻击（Replay Attack）。

（2）使用公钥加密。为了对付重放攻击，可以使用不重数（Nonce）。不重数就是一个不重复使用的随机数，即一次一数；接收方针对每个不重数只使用一次，这样重放攻击发送的报文就变成了无效报文。

当发送方向接收方发送数据时，携带一个不重数 X；当接收方向发送方回送数据时，将不重数 Y 发送给发送方；发送方收到上述数据后使用接收方的公钥将密文不重数解码，发现是 X，验证了该数据是由接收方发送的；发送方将不重数 Y 使用发送方私钥进行加密，跟随数据一起发送给接收方。

10.3 网络安全威胁技术

网络安全威胁技术即网络攻击技术，网络攻击按照攻击流程可以分为3个阶段。第1阶段是攻击前的准备阶段。在这个阶段，攻击者通过各种手段收集目标计算机的信息，主要利用的是扫描技术。第2阶段是具体的网络攻击阶段。在这个阶段，攻击者采用网络嗅探、网络协议欺骗、诱骗式攻击、漏洞攻击、拒绝服务攻击、Web脚本攻击等手段，期望能够得到目标计算机的控制权并获取有价值的数据和信息。第3阶段是成功入侵后的控制阶段。在这个阶段，攻击者往往通过植入木马等远程控制软件实现对目标计算机的控制和信息获取。

10.3.1 扫描技术

网络扫描是攻击者在实施网络攻击之前必须要进行的信息收集步骤。通过网络扫描，可以获取攻击目标的IP地址、端口、操作系统版本、存在的漏洞等攻击必需信息。具体的扫描技术包括互联网信息的收集、IP地址扫描、网络端口扫描、漏洞扫描、弱口令扫描、综合漏洞扫描等。

1. 互联网信息的收集

攻击者为了全面了解目标计算机的信息，要事先通过多种手段收集其外围信息，以便为实施具体攻击找入手点。目标计算机的信息收集方式包括通过WHOIS查询域名注册的相关信息、在InterNIC上查询域名注册信息、通过百度/谷歌等浏览器收集更多的外围信息。

2. IP地址扫描

IP地址扫描主要发生在网络攻击的开始阶段，用于获取目标计算机及其外围网络使用的IP网段，以及对应网段中处于开机状态的计算机。常用于IP地址扫描的方法包括：通过操作系统提供的一些简单命令进行扫描，如ping、tracert等；通过功能较强的自动化扫描工具进行扫描，如Nmap、SuperScan等。

3. 网络端口扫描

一个开放的网络端口就是一个与计算机进行通信的虚拟信道，攻击者通过对网络端口的扫描可以得到目标计算机开放的网络服务程序，从而为后续的攻击确定好攻击的网络端口。网络端口扫描软件是攻击者常用的工具，目前常用的扫描工具有很多种，如Nmap、SuperScan、NetCat、X-Port、PortScanner、NetScan Tools、WinScan等。其中，Nmap是一款专门用于网络端口扫描的知名开源软件，针对网络端口扫描提供了丰富的功能。

4. 漏洞扫描

获取了目标计算机的IP地址、网络端口等信息后，攻击者下一步要扫描目标计算机和目标网络中存在的安全漏洞，以便利用漏洞入侵，获得对目标计算机的控制权。漏洞扫描工具包括网络漏洞扫描工具和主机漏洞扫描工具。

（1）网络漏洞扫描工具主要通过网络进行扫描，针对网络设备的漏洞，以及对外提供网络服务的主机网络服务程序的漏洞进行检测。常用的网络漏洞扫描工具包括Nessus、X-Scan、SSS、绿盟极光漏洞扫描器等。

（2）主机漏洞扫描工具主要针对本机上安装的操作系统和应用软件系统的漏洞进行扫描，而不对网络进行扫描。主机漏洞扫描工具通过漏洞特征匹配技术和补丁安装信息的检测来进行操作

系统与应用软件系统的漏洞检测。常用的主机漏洞扫描工具包括 Nessus、360 安全卫士等。

5. 弱口令扫描

对弱口令等登录信息的扫描主要包括基于字典攻击的扫描技术和基于穷举攻击的扫描技术。

（1）基于字典攻击的扫描技术需要事先构造常用口令的字典文件（用事先收集的常用口令作为口令文件）。扫描时，这个字典文件中收集的每条口令都会尝试匹配目标计算机系统的登录口令，如果两个口令正好匹配，则口令被破解。

（2）基于穷举攻击的扫描技术利用穷举的方法构造探测用的口令字典，原理是把字母与数字进行组合，穷举出所有可能出现的组合，使用组合好的口令进行口令扫描。

6. 综合漏洞扫描

为了全面探测远端目标计算机存在的安全漏洞，以便充分利用更多的入侵手段，攻击者往往利用综合漏洞扫描工具对目标计算机进行全面的扫描和探测，以期检测出尽可能多的漏洞，并利用漏洞实施入侵，最终获得对目标计算机的控制权。综合漏洞扫描工具集成了 IP 地址扫描、网络端口扫描、网络漏洞扫描等多种扫描功能。目前常用的综合漏洞扫描工具非常多，常用的有 Nessus、Nmap 等。

10.3.2 网络嗅探

攻击者能够通过网络嗅探工具获得目标计算机网络传输的数据报，通过对数据报按照协议进行还原和分析来获得目标计算机传输的大量信息。因此，网络嗅探技术是一种威胁性极大的非主动类信息获取攻击技术。

对目标计算机的网络进行嗅探可以通过 Sniffer 类的工具，即网络嗅探器来完成。利用这种工具，可以监视网络的状态、数据流动情况及网络上传输的信息。为了捕获网络接口收到的所有数据帧，网络嗅探工具会将网络接口设置为“混杂”（Promis-Cuous）模式。

网络嗅探工具分为软件和硬件两种。网络嗅探软件包括 Wireshark、Sniffer Pro、OmniPeek、NetXray 等，硬件设备的网络嗅探器往往是专用的网络协议分析设备。

10.3.3 网络协议欺骗

1. IP 地址欺骗

IP 地址欺骗是指攻击者假冒第三方的 IP 地址给目标主机（计算机）发送包含伪造 IP 地址的数据报。因为 IP 缺乏对发送方的认证手段，因此攻击者可以轻易构造虚假的 IP 地址实施网络欺骗行为，但这种攻击相对来说造成的影响不大（仅仅是源主机收不到数据报）。

2. ARP 欺骗

ARP 欺骗的原理就是恶意主机伪装并发送欺骗性的 ARP 数据报，致使其他主机收到欺骗性的 ARP 数据报后更新其 ARP 缓存表，从而建立错误的 IP 地址和 MAC 地址的对应关系表。ARP 欺骗可以分为中间人欺骗和伪造成网关的欺骗两种。

（1）中间人欺骗：主要在局域网环境内实施，局域网内的某一主机 C 伪造网内另一台主机 A 的 IP 地址或（和）MAC 地址与局域网内的主机 B 通信，但 A 和 B 认为是它们两者在通信；或者伪造 IP 地址和一个不存在的 MAC 地址，这样会瘫痪和中断局域网内的网络通信。

（2）伪造成网关的欺骗：主要针对局域网内部主机与外网通信的情况。局域网内部中了 ARP 病毒的主机向局域网内部的其他主机发送欺骗性的 ARP 包，声称网关的 MAC 地址改为自己的 MAC 地址了，这时就会造成局域网内外的主机通信中断。

3. TCP 欺骗

在传输层实施通信欺骗的技术包括 TCP 欺骗和 UDP 欺骗。这两种欺骗技术都是将外部计算机伪装成合法计算机来实现的，目的还是把自己构筑成一个中间层来破坏正常链路上的正常数据流，或者在两台计算机通信的链路上插入数据。

TCP 基于 3 次握手的面向连接的传输协议，采用基于序列号和确认重传机制来确保传输的可靠性。

TCP 欺骗攻击包括非盲攻击和盲攻击两种主要的欺骗手段。非盲攻击是指攻击者和目标主机在同一网络内，可以通过网络嗅探工具来获取目标主机的数据包，从而预测出 TCP 初始序列号。盲攻击发生在攻击者与目标主机不在同一网络内的情况。因为两者不在同一网络内，所以攻击者无法使用网络嗅探工具来捕获 TCP 数据包，因此无法获取目标主机的初始序列号，从而只能预测或探测目标主机的初始序列号。

4. DNS 欺骗

DNS 欺骗是网络攻击者冒充 DNS 服务器的一种欺骗手段。它将查询的 IP 地址设为网络攻击者的 IP 地址，用户上网时直接跳转到网络攻击者的 IP 地址。

10.3.4 诱骗式攻击

1. 网站挂马

网站挂马是指攻击者通过入侵或其他方式控制了网站的权限，在网站的 Web 页面中插入网马，用户在访问被挂马的网站时，也会访问攻击者构造的网马，网马在被用户浏览器访问时就会利用浏览器或相关插件的漏洞下载并执行恶意软件。网站挂马的主要技术手段有框架挂马、JS（JavaScript）脚本挂马、body 挂马和伪装欺骗挂马等。

2. 诱骗下载

诱骗下载是指攻击者将木马病毒与图片、Flash 动画、文本文件、应用软件等多种格式的文件进行捆绑，将捆绑后的文件配以迷惑性或欺骗性的文件名在网络中散播以诱使用户点击下载。诱骗下载主要通过对多媒体类文件、网络游戏软件和插件（外挂）、热门应用软件、电子书、P2P 种子文件等的下载来实施。

3. 钓鱼网站

钓鱼网站是一种被攻击者实施网络欺诈的伪造网站。为了窃取用户的信息，攻击者会构建一个伪造网站以仿冒真实的网站。伪造网站与真实网站的域名相似，其页面也几乎与真实网站一模一样，因此这些伪造网站被称为钓鱼网站。在钓鱼网站中使用户登录，以此来欺骗用户的银行卡或信用卡账号、密码等私人资料。

4. 社会工程学

诱骗式攻击从本质上来说是对社会工程学的实际应用。社会工程学是针对受害者的好奇心、贪婪、心理弱点、本能反应等特点而采取欺骗、陷阱、伤害等危害手段取得利益回报的学问。

在实施社会工程学之前，需要做大量的准备工作以加深受害者的信任，并诱使其逐步深入社会工程学的陷阱。社会工程学的特点决定了它会对信息安全领域产生严重威胁。由于计算机安全防护技术不断提升，从技术层面上进行攻击的难度越来越大。因此，新一代的病毒利用了人的心理弱点，增加了更多的欺骗因素来达到植入病毒的目的。

10.3.5 软件漏洞攻击利用技术

软件漏洞是指计算机系统中的软件在具体的实现、运行、机制、策略上存在的缺陷或弱点。软件漏洞按照软件类别的不同，可以分为操作系统服务程序漏洞、文件处理软件漏洞、浏览器软件漏洞和其他软件漏洞。

针对操作系统平台下多种软件漏洞的攻击利用技术可以分为以下两大类。

1. 直接网络攻击

直接网络攻击是指攻击者直接通过网络对目标系统发起主动攻击。针对对外提供开放网络服务的操作系统服务程序漏洞，可通过直接网络攻击方式发起攻击。

Metasploit 是一款知名的软件漏洞网络攻击框架性工具，它提供了开源的软件框架，允许开发者以插件的形式提交攻击的脚本。

2. 诱骗式网络攻击

对于没有开放网络端口、不提供对外服务的文件处理软件漏洞、浏览器软件漏洞和其他软件漏洞，攻击者无法直接通过网络发起攻击，只能采用诱骗的方法诱使用户执行漏洞利用代码。

（1）基于网站的诱骗式间接网络攻击。对于浏览器软件漏洞和其他需要处理网页代码的软件漏洞，只有在处理网页中嵌入的漏洞利用代码时才能实现漏洞的触发和利用，如 IE 浏览器漏洞、Active X 空间漏洞和 Windows 函数 GDI 漏洞等。

（2）网络传播本地诱骗点击攻击。对于文件处理软件漏洞、操作系统服务程序中内核模块的漏洞及其他软件漏洞中的本地执行漏洞，需要在本地执行漏洞利用程序，只有这样才能实现漏洞的触发，如微软内核漏洞、Word/Excel 漏洞、微软媒体播放器软件漏洞等。

10.3.6 拒绝服务攻击

1. 拒绝服务攻击的概念

拒绝服务（Denial of Service，DoS）攻击是指攻击者向互联网上的某服务器不停地发送大量分组，使该服务器无法提供正常服务，甚至完全瘫痪。拒绝服务攻击的攻击对象是目标主机，攻击的目的是使目标主机的网络带宽和资源耗尽，从而使其无法提供正常的对外服务。

2. 分布式拒绝服务攻击

若从互联网的成百上千个网站中集中攻击一个网站，则称为分布式拒绝服务（Distributed Denial of Service，DDoS）攻击。有时也把这种攻击称为网络带宽攻击或连通性攻击。

DDoS 攻击由攻击者、主控端、代理端（也称为“肉鸡”）3 部分组成。攻击者是整个 DDoS 攻击的发起者，它在攻击之前已经取得了对多台主控端主机的控制权，每台主控端主机又分别控制着大量代理端主机。主控端主机和代理端主机上都安装了攻击者的远程控制程序，主控端主机可以接收攻击者发来的控制命令，操作代理端主机完成对目标主机的攻击。整个 DDoS 攻击包含的各类计算机组成的网络称为僵尸网络，因为主控端主机和代理端主机就像僵尸一样被攻击者控制着向目标主机发起攻击，自己却浑然不觉。

10.3.7 Web脚本攻击

Web站点成为几乎所有企事业单位对外的宣传窗口，而攻击者对Web站点的攻击也愈演愈烈。Web应用的常用安全风险包括注入攻击、跨站脚本攻击、错误的认证和会话管理、不安全的直接对象引用、跨站点伪造请求、不安全的配置管理、失败的URL访问限制、未验证的网址重定向和传递、不安全的加密存储和传输层保护。

1. 注入攻击

注入漏洞是Web服务器中广泛存在的漏洞类型，利用注入漏洞发起的攻击称为注入攻击。它是Web安全领域最常见、威胁最大的攻击。注入攻击包括SQL注入、代码注入、LDAP注入、XPath注入等。

2. 跨站脚本攻击

跨站脚本（Cross Site Scripting，XSS，为了与层叠样式表CSS区分）攻击是一种客户端脚本攻击方式，它利用网站程序对Web页面中输入的数据过滤不严或未进行过滤的漏洞。攻击者向Web页面插入恶意脚本代码，当用户浏览此页面时，该用户的浏览器会自动加载并执行页面中插入的恶意脚本代码，从而达到在用户浏览器中显示攻击者的恶意脚本，控制用户浏览器或窃取用户资料的目的。

3. 跨站点伪造请求

跨站点伪造请求（CSRF）攻击属于伪造客户端请求的攻击方法。CSRF攻击让用户访问攻击者伪造的网页，执行网页中的恶意脚本，伪造用户的请求，对用户有登录权限的网站空间实施攻击。

10.3.8 远程控制

对目标主机进行远程控制主要利用木马来实现。此外，对于Web服务器，还可以通过Webshell进行远程控制。

1. 木马

与病毒不同，木马本身一般没有病毒的感染功能。木马的主要功能是实现远程控制，它也因此而具有较好的隐藏功能，以期望不被用户发现和检测到。木马程序为了实现其特殊功能，一般具有伪装性、隐藏性、窃密性、破坏性等特点。

木马为了防止被杀毒软件查杀，被计算机用户发觉，往往采用一些隐藏技术在系统中隐身，常用的隐藏技术包括以下几种。

（1）线程插入。线程插入技术就是把木马程序插入一个其他应用程序的地址空间中，这个进程对系统来说是一个正常的程序，这样就不会有木马进程的存在，相当于隐藏了木马进程。

（2）DLL动态劫持。DLL动态劫持就是让程序加载非系统目录下的DLL文件。Windows系统有一个特性就是强制操作系统中的应用程序首先从自己所在的目录中加载模块，因此，应用程序在加载模块时会首先搜索自己目录下的“dll”文件，如果攻击者构造一个与原“dll”文件重名的“dll”文件并覆盖回去，就有机会让应用程序加载这个“dll”文件，往往攻击者会在这个“dll”文件中加入远程控制功能，并使用有高级别权限的应用程序来加载这个“dll”文件，利用这个新的“dll”文件实现远程控制。

（3）Rootkit 技术。Rootkit 技术是一种内核隐藏技术，可以使恶意程序逃避系统标准管理程序的检测。现在主流的 Rootkit 技术是通过内核态来实现的，如直接内核对象操作技术（DKOM），它通过动态修改系统中的内核数据结构来逃避安全软件的检测，由于这些数据结构可以随着系统的运行而不断变化，所以难以被检测到，因此这种方式往往可以逃避大多数安全软件的检测，但是由于它通过内核态来实现，所以这种木马的兼容性较差。

2. Webshell

Webshell 可以理解为一种用 Web 脚本写的木马后门，用于远程控制网站服务器。Webshell 以 ASP、PHP、ASPX、JSP 等网页文件的形式存在，攻击者首先利用 Web 网站的漏洞将这些网页文件非法上传到网站服务器的 Web 目录中，然后通过浏览器访问这些网页文件，利用网页文件的命令行执行环境获得一定的对网站服务器进行远程操作的权限，达到控制网站服务器的目的。

10.4 网络安全防护技术

10.4.1 防火墙

1. 防火墙的分类

防火墙（Firewall）是指设置在可信任与不可信任网络之间的由软件和硬件组成的系统，它根据系统管理员设置的访问控制规则对数据流进行过滤。它在内网与外网之间构建一道保护屏障，防止非法用户访问内网或向外网传递内部信息，同时阻止恶意攻击内网的行为。

根据防火墙的组成形式不同，可以将其分为软件防火墙和硬件防火墙。软件防火墙像其他软件产品一样，必须先在计算机上安装并做好配置才可以使用。硬件防火墙根据硬件平台的不同又可分 X86 架构、ASIC 架构、NP 架构和 MIPS 架构。

2. 防火墙的功能

防火墙的主要功能是策略（Policy）和机制（Mechanism）的集合，它通过对流经数据流的报头标识进行识别来允许合法数据流对特定资源的授权访问，从而防止那些无权访问资源的用户的恶意访问或偶然访问。防火墙的功能主要体现在以下几方面。

（1）在内外网之间进行数据过滤。管理员通过配置防火墙的访问控制（ACL）规则来过滤内外网之间交换的数据报，只有符合安全规则的数据报才能穿过防火墙，从而保障内网网络环境的安全。

（2）对网络传输和访问的数据进行记录与审计。这些网络传输和访问的数据记录保存在日志中，以供日后进行分析审计。

（3）防范内外网之间的异常网络攻击。

（4）通过配置网络地址转换（Network Address Translation，NAT）来缓解地址空间短缺的境况。

（5）支持具有互联网服务特性的企业内部网络技术体系 VPN（Virtual Private Network，虚拟专用网）。

3. 下一代防火墙

Gartner（高德纳）咨询公司最早在 2009 年给下一代防火墙（Next Generation Firewall，

NGFW）下了定义：下一代防火墙除需要拥有传统防火墙的所有功能外，包含包过滤、网络地址转换、状态检测、VPN 等功能，还应该集成入侵防御系统，支持应用识别、控制与可视化功能。下一代防火墙与传统防火墙基于端口和 IP 进行应用识别不同，它会根据深度包检测引擎识别到的流量在应用层执行访问控制策略，流量控制不再单纯地阻止或允许特定应用，而可用来管理宽带或优先排序应用层流量。深度流量检测让管理员可针对单个应用组件执行细粒度策略。

10.4.2 入侵检测系统和入侵防御系统

1. 入侵检测系统

入侵检测系统（Intrusion Detection System，IDS）是一种对网络传输进行即时监视，在发现可疑传输时发出警报或采取主动反应措施的网络安全设备。

IDS 依照一定的安全策略对网络、系统的运行状况进行监视，尽可能发现各种攻击企图、攻击行为或攻击结果，以保证网络系统资源的机密性、完整性和可用性。与防火墙不同的是，IDS 是旁路侦听设备，没有也不需要跨接在任何链路上，无须网络流量流经它便可以工作。因此，对 IDS 的部署的唯一要求就是它应当挂接在所有所关注流量都必须流经的链路上。

IDS 在交换式网络中的位置一般选择为尽可能靠近攻击源、尽可能靠近受保护资源。这些位置通常在服务器区域的交换机上、互联网接入路由器之后的第一台交换机上、重点保护网段的局域网交换机上。

2. 入侵防御系统

入侵防御系统（Intrusion Prevention System，IPS）可以深度感知并检测流经数据转发路径上的数据流量，对恶意报文进行丢弃以阻断攻击，对滥用报文进行限流以保护网络带宽资源。

部署在数据转发路径上的 IPS 可以根据预先设定的安全策略对流经的每个报文进行深度检测（协议分析跟踪、特征匹配、流量统计分析、事件关联分析等），一旦发现隐藏于其中的网络攻击，就可以根据该攻击的威胁级别立即采取抵御措施，这些措施包括（按照处理力度进行分类）向管理中心告警、丢弃该报文、切断此次应用会话、切断此次 TCP 连接。

在办公网中，至少需要在以下区域部署 IPS：办公网与外部网络的连接部位（入口 / 出口）、重要服务器集群前端、办公网内部接入层。至于其他区域，可以根据实际情况与重要程度酌情部署 IPS。

10.5 互联网使用的安全协议

伴随着互联网的发展与普及，TCP/IP 协议族成为目前使用最广泛的网络互联协议，也是互联网唯一支持的协议。TCP/IP 的 IPv4 版本提供的一些常用服务使用的协议，如 FTP、HTTP 在安全方面都存在一定的缺陷。IP 网络传输的信息可能被偷看，也可能被篡改，对于收到的信息，无法验证其是否真的来自可信的发送方，也无法限制非法或未授权用户入侵自己的主机等。这就要求在 TCP/IP 各层对应的安全协议通过密码技术实现信息传输的不可否认性、抗重播性、数据完整性等。

为了弥补 TCP/IP 的安全缺陷，人们制定了各种安全措施，有的在应用层实施，有的在传输层实施，如 TLS、SSH、SSL 等，在网络层针对 IP 包利用网络层安全协议提供数据保密性、数据

完整性、数据源认证等安全服务，相对于 IPv4，IPv6 在安全性方面要好很多。

10.5.1　网络层安全协议

网络层安全协议（Internet Protocol Security，IPSec）是由 IETF 提供的用于保障互联网安全通信的一系列规范，为私有信息通过公用网提供安全保障。IPSec 定义了在网络层使用的安全服务，其功能包括数据加密、对网络单元的访问控制、数据源地址验证、数据完整性检查和放置重放攻击。

IPSec 是一组开放协议的总称，其中最主要的两个协议是鉴别首部（Authentication Header，AH）协议和封装安全有效载荷（Encapsulating Security Payload，ESP）协议。AH 协议提供源点鉴别和数据完整性服务，但不能保密。而 ESP 协议提供源点鉴别、数据完整性和保密服务。IPSec 支持 IPv4 和 IPv6，但在 IPv6 中，AH 协议和 ESP 协议都是扩展首部的一部分。

AH 协议的功能都已包含在 ESP 协议中，因此，使用 ESP 协议就可以不使用 AH 协议。但 AH 协议早已在一些商品中使用，因此 AH 协议还不能被废弃。下面只讨论 ESP 协议。

使用 IPsec 的 IP 数据报被称为 IPSec 数据报，它可以在两主机间、两路由器间，或者主机和路由器之间发送。在发送 IPSec 数据报之前，在源实体和目的实体之间必须创建一条网络逻辑连接，即安全关联（Security Association，SA）。

ESP 协议为基于 IPSec 的数据通信提供了安全加密、身份认证和数据完整性鉴别这 3 种安全保护机制。ESP 协议可以对网络层及其上层应用协议进行封装，并进行加密或认证处理，从而实现对数据的机密性和完整性的保护。ESP 协议可以单独使用，也可以和 AH 协议一起使用。根据 ESP 协议封装的内容不同，可将 ESP 协议分为传输模式和隧道模式。

1. 传输模式

在传输模式下，ESP 协议对要传输的 IP 数据报中的 IP 有效数据载荷（IP 数据报中的上层传输协议报头和应用数据部分，而不包括 IP 报头）进行加密和认证。ESP 报头插在 IP 报头和 IP 有效数据载荷之间。ESP 认证报尾提供了对 ESP 报头、IP 有效数据载荷和 ESP 报尾的完整性检验。在实际应用中，传输模式用于端到端（计算机到计算机）的网络连接，其具体封装格式如图 10.3 所示。

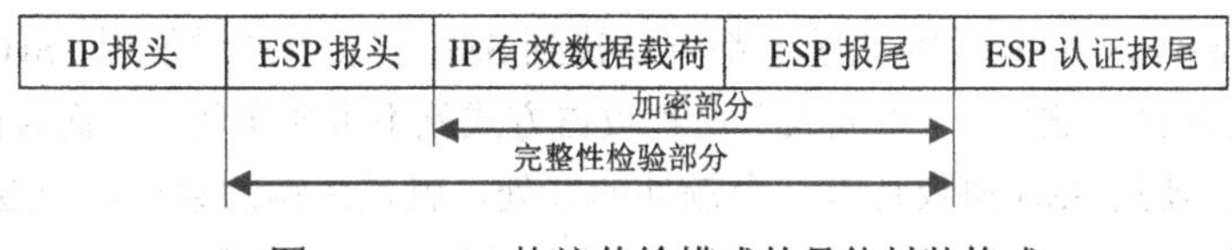

◎ 图 10.3　ESP 协议传输模式的具体封装格式

2. 隧道模式

隧道模式用于网关设备到网关设备的网络连接。网关设备后面是局域网中的计算机，采用明文数据传输方式，网关设备之间的数据传输受 ESP 协议隧道模式的保护。与传输模式不同的是，隧道模式下的 ESP 协议首先对要传输的整个 IP 数据报进行加密，包含原有的 IP 报头，然后在原有 IP 数据报外面附加上一个新的 IP 报头。在这个新的 IP 报头中，源 IP 地址为本地网关设备的 IP 地址，目标 IP 地址为远端 VPN 网关设备的 IP 地址。VPN 网关设备之间通过其自身的 IP 地址实现网络寻址和路由，从而隐藏原 IP 数据报中的 IP 地址信息。ESP 协议隧道模式的具体封装格式如图 10.4 所示。

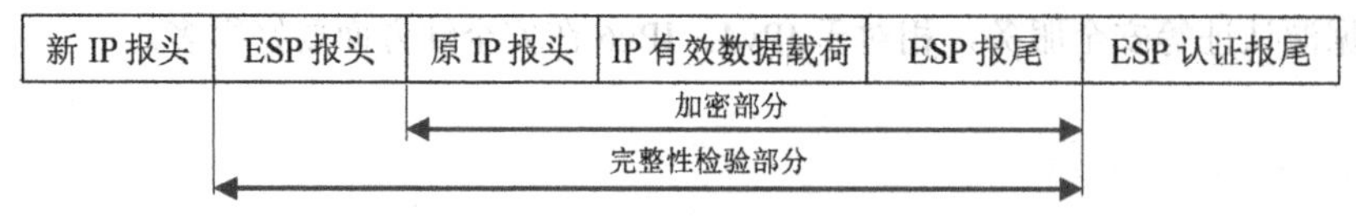

◎ 图10.4 ESP协议隧道模式的具体封装格式

ESP协议采用的主要加密标准是DES和3DES。由于ESP协议对数据进行加密，因此它比AH协议需要更多的处理时间，导致性能下降。

10.5.2 传输层安全协议

传输层安全协议的目的是保护传输层的安全，并在传输层上提供实现保密、认证和完整性的方法。尽管IPSec可以提供端到端的网络安全传输能力，但它无法满足处于同一端系统中不同用户之间的安全需求，因此需要在传输层和更高层提供网络安全传输服务。为满足高层协议的安全需求，在传输层开发出了一系列的安全协议，如SSH、SSL/TSL等。

1. SSH协议

SSH（Secure Shell，安全外壳）协议是一种在不安全网络上用于安全远程登录和其他安全网络服务的协议。它提供了对安全远程登录、安全文件传输与安全TCP/IP和X-Windows系统通信量进行转发的支持。它可以自动加密、认证并压缩所传输的数据。SSH协议由以下3个主要组件组成。

（1）传输层协议：提供服务器认证、保密性和完整性功能，并具有完美的转发保密性。有时，它还可能提供压缩功能。

（2）用户认证协议：负责从服务器对客户机进行身份认证。

（3）连接协议：对加密通道进行多路复用，组成几个逻辑通道。

SSH是一种安全的应用层传输协议。它提供了强健的加密、主机认证和完整性保护。SSH协议中的认证是基于主机的，这种协议不执行用户认证，可以在SSH协议的上层为用户认证设计一种高级协议。

这种协议被设计得简单而灵活，以允许参数协商并最小化来回传输的次数。密钥交互方法、公钥算法、对称加密算法、消息认证算法及哈希算法等都需要协商。

在UNIX、Windows和macOS系统上都可以找到SSH实现。通过使用SSH协议，可以对所有传输的数据进行加密。这样，“中间人”这种攻击方式就不可能实现了，而且能够防止DNS欺骗和IP地址欺骗。使用SSH协议还有一个额外的好处，就是传输的数据是经过压缩的，因此可以加快传输的速度。SSH还有很多功能，它既可以代替Telnet，又可以为FTP、PoP甚至PPP提供一个安全的“通道”。

2. SSL/TLS协议

TLS（Transport Layer Security，传输层安全性）协议及其前身SSL（Secure Sockets Layer，安全套接层）是一种安全协议，目的是为互联网通信提供安全及数据完整性保障。网景（Netscape）公司在1994年推出首版网页浏览器，推出HTTPS，以SSL协议进行加密，这是SSL协议的起源。IETF将SSL标准化，1999年公布第一版TLS标准文件，随后又公布RFC5246（2008年8月）与RFC6176（2011年3月）。在浏览器、邮箱、即时通信、VoIP、网络传真等应用程序中广泛支持这个协议，目前它已成为互联网上保密通信的工业标准。

现在很多浏览器都使用了SSL协议和TLS协议。如图10.5所示，打开“Internet属性”对话

框，单击“高级”选项卡，可以勾选“使用 SSL 3.0”“使用 TLS 1.0”等复选框。

TLS 协议应用最多的就是 HTTP，但不局限于 HTTP。当应用层协议使用 TLS 协议实现安全传输时，就会使用另一个端口，同时给出一个新的名字，即在原协议名字后面添加 S，S 代表 Security。

HTTP 使用 TLS 协议，协议名称就变为 HTTPS，端口由 80 变为 443。

IMAP 使用 TLS 协议，协议名称就变为 IMAPS，端口由 143 变为 993。

POP3 使用 TLS 协议，协议名称就变为 POP3S，端口由 110 变为 995。

SMTP 使用 TLS 协议，协议名称就变为 SMTPS，端口由 25 变为 465。

SSL 协议提供的安全服务如下。

（1）认证用户和服务器，确保数据发送到正确的客户机和服务器。

（2）加密数据以防止数据中途被窃取。

（3）维护数据的完整性，确保数据在传输过程中不被改变。

SSL 协议的主要目的是在两个通信应用程序之间提供私密性和可靠性服务。这个过程通过握手协议（协商用于客户机和服务器之间会话的加密参数）、记录协议（用于交换应用层数据）、警告协议（用于指示在什么时候发生了错误或两主机之间的会话在什么时候终止）3 个元素来完成。

在 Windows 操作系统安装完毕后，微软就已经将互联网上那些知名的证书颁发机构添加到计算机和用户的受信任的根证书颁发机构之列了，相当于有了这些根证书颁发机构的公钥。在图 10.5 中，单击“内容”选项卡中的“证书”按钮，在出现的对话框中单击“受信任的根证书颁发机构 ”选项卡，可以看到受信任的互联网上知名的证书颁发机构，如图 10.6 所示。

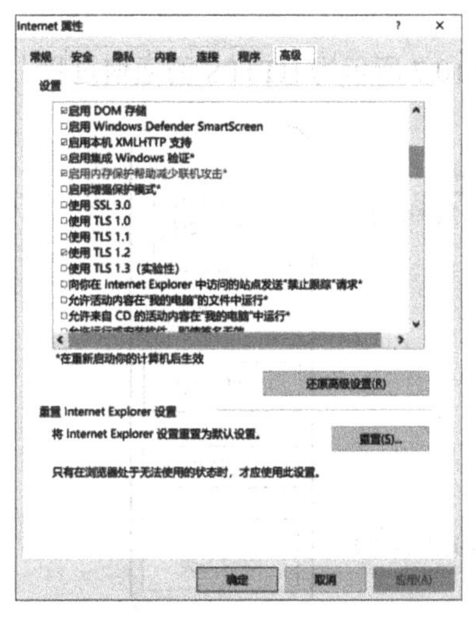

◎ 图 10.5 浏览器支持 SSL/TLS

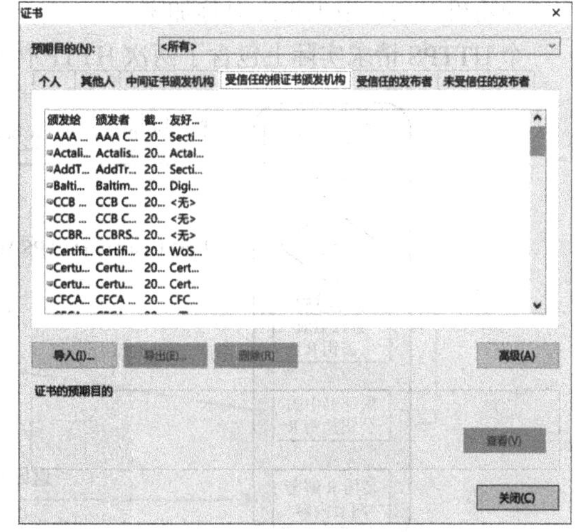

◎ 图 10.6 受信任的根证书颁发机构

3. SOCKs 协议

套接字安全性（Socket Security，SOCKs）协议是一种基于传输层的网络代理协议。它用于在 TCP 和 UDP 领域为客户 / 服务器应用程序提供一个框架，以方便而安全地使用网络防火墙服务。

SOCKs 版本 4 为基于 TCP 的客户 / 服务器应用程序（包括 Telnet、FTP，以及流行的信息发现协议，如 HTTP、WAIS 和 Gopher）提供了不安全的防火墙服务。SOCKs 版本 5 在 RFC1928 中进行了定义，扩展了 SOCKs 版本。

10.5.3 应用层安全协议

应用层安全协议提供远程访问和资源共享服务，包括FTP服务、SMTP服务和HTTP服务等，很多其他应用程序驻留并运行在此层，并且依赖底层的功能。该层是最难保护的一层。应用层的安全协议包括Kerberos、SSH、HTTPS、S/MIME和SET。

1. HTTPS

HTTPS（Hypertext Transfer Protocol Secure，超文本传输安全协议）是一种通过计算机网络进行安全通信的传输协议。在HTTPS数据传输的过程中，需要用SSL/TLS协议对数据进行加密和解密，需要用HTTP对加密后的数据进行传输。由此可以看出，HTTPS是由HTTP和SSL/TLS协议合作完成的。使用HTTPS的主要目的是提供对网站服务器的身份认证功能，同时保护交换数据的隐私性与完整性。

SSL/TLS协议是HTTPS安全性的核心模块。SSL/TLS协议是建立在TCP之上的，因而也是应用层级别的协议。它包括TLS Record Protocol和TLS Handshaking Protocols两个模块，后者负责握手过程中的身份认证，前者保证数据在传输过程中的完整性和隐私性。

HTTPS为了兼顾安全与效率，同时进行了对称加密和非对称加密。数据是被对称加密传输的，对称加密过程需要客户端的一个密钥，为了确保能把该密钥安全地传输到服务器，采用非对称加密算法对该密钥进行加密传输。总体来说，HTTPS对数据进行对称加密，对称加密所要使用的密钥通过非对称加密传输。

HTTPS在传输过程中会涉及3个密钥：服务器的公钥和私钥，用来进行非对称加密；客户端生成的随机密钥，用来进行对称加密。

一个HTTPS请求实际上包含了两次HTTP传输。图10.7所示为HTTPS的通信过程。

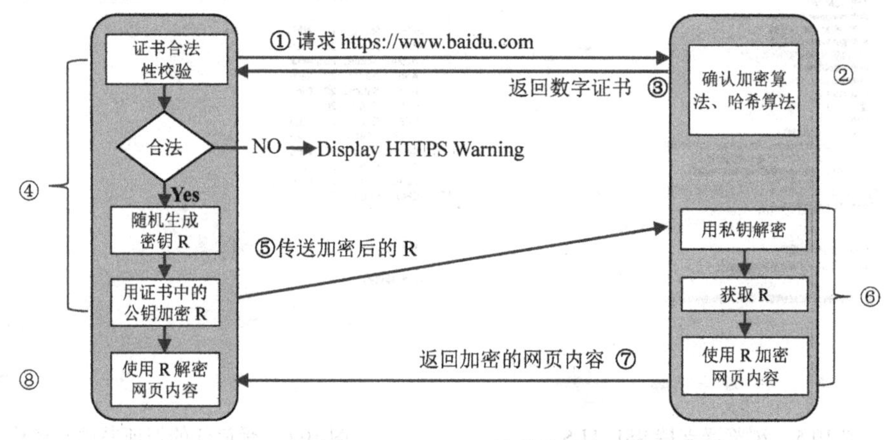

◎ 图10.7 HTTPS的通信过程

① 客户端的浏览器向服务器发起https://www.baidu.com请求，连接到服务器的443端口，请求携带了浏览器支持的加密算法和哈希算法。

② 服务器收到请求，选择浏览器支持的加密算法和哈希算法。

③ 服务器将数字证书返回给浏览器。这里的数字证书可以是向某个可靠机构申请的，也可以是自制的。

④ 浏览器进入数字证书认证环节，这一部分是由浏览器内置的TLS协议完成的。

⑤ 浏览器将加密后的R传送给服务器。

前 5 步其实就是 HTTPS 的握手过程，这个过程主要用于认证服务端证书（内置的公钥）的合法性。因为非对称加密算法的计算量较大，所以整个通信过程只会用到一次非对称加密算法（主要用来保护传输客户端生成的用于对称加密的随机数私钥）。

⑥ 服务器用自己的私钥解密得到 R，服务器以 R 为密钥使用对称加密算法加密网页内容。

⑦ 服务器将加密后的网页内容返回给浏览器。

⑧ 浏览器以 R 为密钥使用之前约定好的解密算法获取网页内容。

后 3 步的加密和解密过程都是通过一开始约定好的对称加密算法进行的。

2. S/MIME 协议

S/MIME（Security/Multipurpose Internet Mail Extensions，安全多用途互联网邮件扩展）协议是 RSA 数据安全公司开发的软件。S/MIME 提供的安全服务有报文完整性验证、数字签名和数据加密。S/MIME 可以添加在邮件系统的用户代理中，用于提供安全的电子邮件传输服务；也可以将其加入其他的传输机制中，以传送任何 MIME 报文，甚至可以将其加入自动传输报文代理中，在互联网上安全地传送由软件生成的 FAX 报文。

3. 邮件加密软件

PGP（Pretty Good Privacy）是一个基于 RSA 公钥加密体系的邮件加密软件。用户可以用它防止非授权者的拦截并阅读，还可以加上自己的数字签名而使收件人确认该邮件是发件人发来的，与授权者进行安全加密的通信，而事先并不需要安全保密通道来传递密钥。PGP 也可以用来加密文件，因此 PGP 成为流行的公钥加密软件包。

PGP 采用了严格的密钥管理办法，是一种 RSA 和传统加密的杂合算法（由散列、数据压缩、公钥加密、对称加密算法组合而成），用于数字签名的邮件文摘算法、加密前压缩等方法。每个公钥均绑定唯一的用户名或邮箱号。PGP 用一个 128 位的二进制数作为文件邮摘，发件人用自己的私钥加密上述 128 位特征值并附在邮件后，并用收件人的公钥加密整个邮件。收件人收到该邮件后，用自己的私钥解密公钥，得到原文和签名，并用自己的 PGP 计算该邮件的 128 位特征值，与用对方的公钥解密后的签名相比较，若一致，则说明该邮件是发件人发送的，安全性得到了满足。

4. 安全的电子交易

安全的电子交易（Secure Electronic Transaction，SET）协议是用于电子商务的行业规范，是一种基于信用卡的电子付款系统规范，目的是保证网络交易的安全。SET 协议主要使用电子认证技术作为保密电子安全交易的基础，其认证过程使用 RSA 和 DES 算法。SET 协议提供以下 3 种服务。

- 在交易涉及的双方之间提供安全信道。
- 使用数字证书实现安全的电子交易。
- 保证信息的机密性。

在 SET 过程中，要对商家、客户、支付网关等交易各方进行身份认证，因此其过程相对复杂。

（1）客户在网上商店看中商品后，首先与商家进行磋商，然后发出请求购买信息。

（2）商家要求客户用电子钱包付款。

（3）电子钱包提示客户输入口令后与商家交换握手信息，确认商家和客户两端均合法。

（4）客户的电子钱包形成一个包含订购信息与支付指令的报文发送给商家。

（5）商家将含有客户支付指令的信息发送给支付网关。

（6）支付网关在确认客户信用卡信息后向商家发送一个授权响应报文。

（7）商家向客户的电子钱包发送一个确认信息。

（8）支付网关将款项从客户账号转到商家账号，商家向客户送货，交易结束。

从上面的交易流程可以看出，SET 过程十分复杂，在完成一次 SET 的过程中，需要验证电子证书 9 次，验证数字签名 6 次，传递证书 7 次，进行 5 次签名与 4 次对称加密和非对称加密。通常完成一次 SET 需要 1.5 ～ 2min 甚至更长的时间。

10.6　技能训练：通过 Windows Defender 防火墙实现网络安全

10.6.1　训练目标

Windows Defender 防火墙提供基于主机的双向流量筛选，可阻止进出本地设备的未经授权的流量。通过本技能训练的练习，读者可以掌握以下技能。

（1）Windows 防火墙的设置规则。

（2）端口和网络安全的关系。

（3）服务和端口的关系。

10.6.2　实施过程

步骤 1：打开 Windows Defender 防火墙并保留默认设置。

若要打开 Windows Defender 防火墙，请转到“开始”菜单，选择“运行”选项，键入 WF.msc，单击“确定”按钮；或者在控制面板中单击“Windows Defender 防火墙”按钮。在首次打开 Windows Defender 防火墙时，会看到适用于本地计算机的默认设置，如图 10.8 所示。

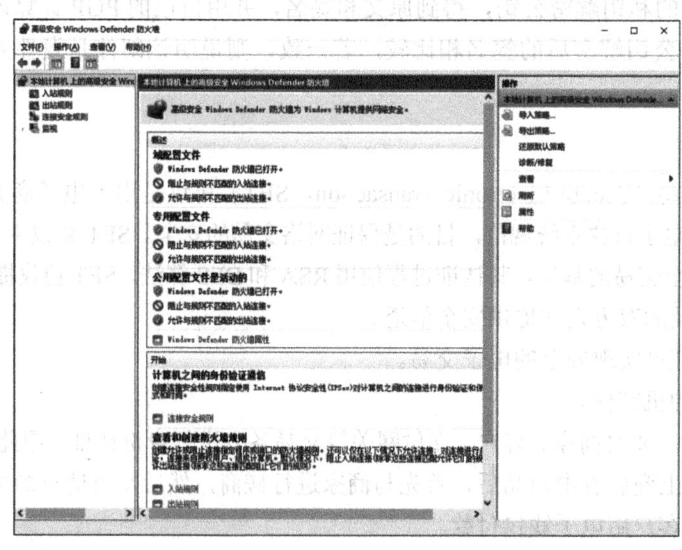

◎ 图 10.8　Windows Defender 防火墙

“概述”面板显示设备可连接的每种类型的网络的安全设置。

（1）域配置文件：用于存在针对 Active Directory 域控制器的账户身份验证系统的网络。

（2）专用配置文件：专门且最好在专用网络中使用，如家庭网络。

（3）公共配置文件：设计时考虑了公共网络（如 Wi-Fi 热点、咖啡店、机场、酒店或商店）的安全性。

右击“操作”面板中的“属性”选项即可查看每个配置文件的详细设置，如图 10.9 所示。

此处显示的是 Windows Defender 防火墙典型部署的建议值。

单击与网络位置类型相对应的选项卡。

（1）将防火墙状态更改为“启用（推荐）”。

（2）将入站连接更改为“阻止（默认值）”。

（3）将出站连接更改为“允许（默认值）”。

尽可能不更改 Windows Defender 防火墙的默认设置。这些设置旨在大多数网络情景下确保用户能够安全地使用设备。默认设置中有一个关键示例是入站连接的默认阻止行为。

步骤 2：设置入站规则。

使用规则自定义这些配置文件（有时称为筛选器），以便它们可以使用用户应用或其他类型的软件。例如，管理员或用户可以选择添加规则以容纳程序、打开端口或协议，或者允许预定义类型的流量。

可通过右击“入站规则”选项，在弹出的快捷菜单中选择“新建规则”选项来打开“新建入站规则向导 ”对话框，如图 10.10 所示。

在许多情况下，需要允许特定类型的入站流量，只有这样，应用程序才能在网络中正常运行。在允许此类入站例外时，管理员应记住以下规则优先级行为。

（1）显式定义的允许规则将优先于默认阻止设置。

（2）显式阻止规则将优先于任何冲突的允许规则。

（3）更具体的规则将优先于不太具体的规则，有（2）中提及的显式阻止规则时除外。例如，如果规则（1）的参数包含 IP 地址范围，而规则（2）的参数包含一个主机 IP 地址，则规则（2）的优先级更高。

由于存在规则（1）和（2），因此在设计一组策略时，请务必确保不存在可能无意重叠的其他显式阻止规则，从而阻止希望允许的流量。

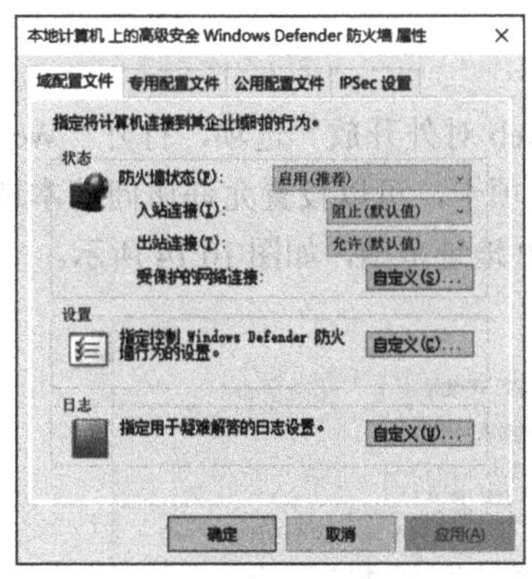

◎ 图 10.9 配置文件的详细设置

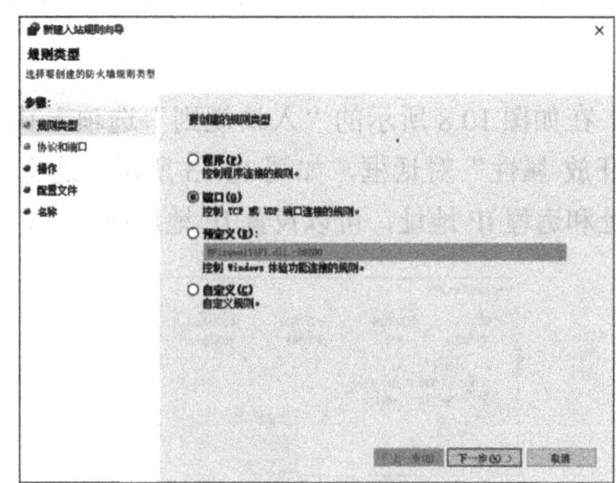

◎ 图 10.10 “新建入站规则向导”对话框

创建入站规则的一般安全做法是尽可能地做到具体。 但是，当必须制定使用端口或 IP 地址的新规则时，请考虑使用连续的范围或子网，而不使用单个地址或端口（条件允许时）。

1. 设置固定端口开启以供对外开放

（1）在图 10.10 中，包含规则类型，选择“端口”单选按钮，并单击“下一步”按钮，打开新建入站规则向导－协议和端口页面，在“此规则应用于TCP还是UDP？”选区下选中“TCP”单选按钮，在“此规则应用于所有本地端口还是特定的本地端口？”选区下的“特定本地端口”文本框中填入“80,443”，如图10.11所示。

（2）单击“下一步”按钮，打开新建入站规则向导－操作页面，选中“允许连接”单选按钮，如图10.12所示。

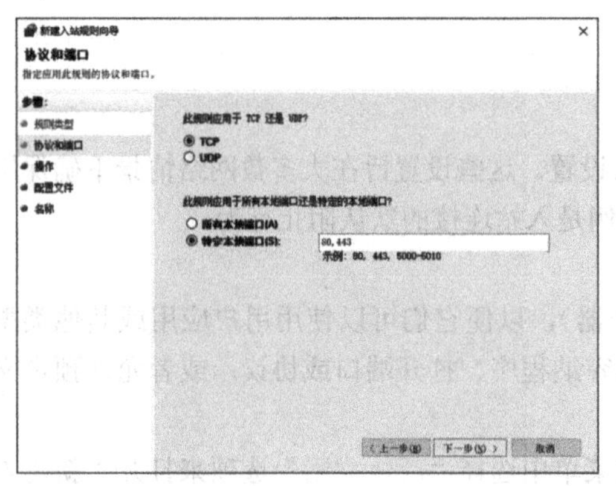

◎ 图10.11　默认入站/出站设置

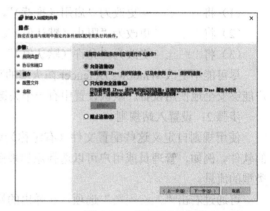

◎ 图10.12　规则创建向导

（3）单击“下一步”按钮，打开新建入站规则向导－配置文件页面，全部选中。单击“下一步”按钮，打开新建入站规则向导－名称页面，在“名称”文本框中输入“Web对外开放”字样，单击“完成”按钮，完成设置。

2. 设置本机所有端口开启以供对外开放

在图10.10中，选中“端口”单选按钮；单击“下一步”按钮，进入新建入站规则向导－协议和端口页面，选中“TCP”和“所有本地端口”两个单选按钮；单击“下一步”按钮，进入新建入站规则向导－规则页面，选中“允许连接”单选按钮；单击“下一步”按钮，进入新建入站规则向导－配置文件页面，全部选中；单击“下一步”按钮，在“名称”文本框中输入“本机所有端口开放”字样，单击“完成”按钮，完成设置。

3. 设置外部固定IP或网段可以访问开放出的端口，开启以供对外开放访问

在如图10.8所示的“入站规则”选项下找到并右击“Web对外开放”选项，打开“Web对外开放 属性”对话框，如图10.13所示。选择“作用域”选项卡，可以设置允许访问的本地IP地址和远程IP地址，可以设置IP地址或子网，也可以设定IP地址范围，如图10.14所示。

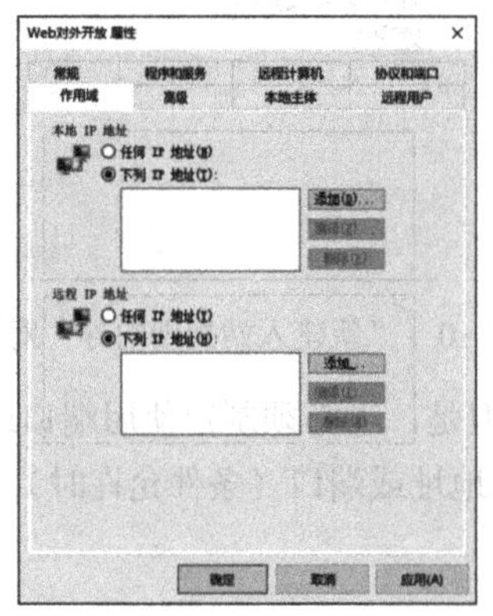

◎ 图10.13　“Web对外开放 属性”对话框

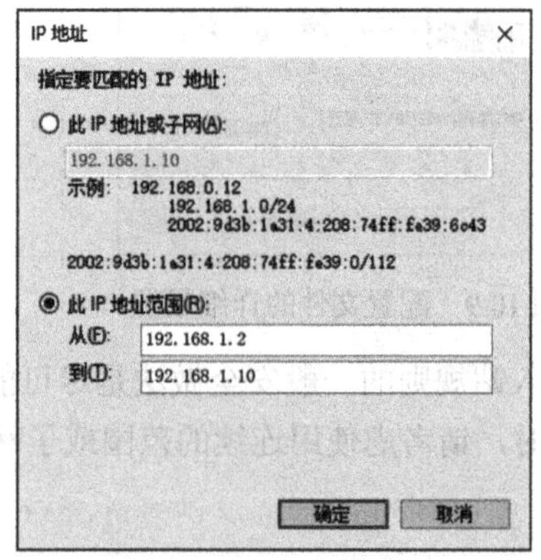

◎ 图10.14　IP地址设置

4. 远程桌面连接，新增入站规则

采用 Windows Defender 防火墙的默认设置后，远程不能登录。远程登录使用 TCP 连接，端口号是 3389。

可以新建远程桌面入站规则或修改原远程登录入站规则。

步骤 1：原入站规则“远程桌面－用户模式”（TCP-in）是预定义的规则，其某些属性无法更改，如默认端口号 3389，但可以在注册表中进行修改。

步骤 2：修改注册表。打开注册表，需要修改以下两个地方。

（1）Windows 10。

选择“开始”→“运行”选项，输入 regedit，打开注册表，进入相应的路径进行修改。

打开 [HKEY_LOCAL_MACHINE\SYSTEM\CurrentControlSet\Control\Terminal Server\Wds\rdpwd\Tds\tcp]（注册表中的信息打开路径），修改 PortNamber，修改成所希望的端口即可，如 9090（默认值是 3389）。

打开 [HKEY_LOCAL_MACHINE\SYSTEM\CurrentControlSet\Control\Tenninal Server\WinStations\RDP-Tcp]，将 PortNumber 的值（默认是 3389）修改成 9090。

（2）修改防火墙设置。

打开 [HKEY_LOCAL_MACHINE\SYSTEM\CurrentControlSet\Services\SharedAccess\Defaults\FirewallPolicy\FirewallRules]，将 RemoteDesktop-UserMode-In-TCP 和 Remote Desktop-User-Mode-In-TCP_1 的值中包含 3389 的数据改成 9090。

打开 [HKEY_LOCAL_MACHINE\SYSTEM\CurrentControlSet\services\SharedAccess\Parameters\FirewallPolicy\FirewallRules]，将 RemoteDesktop-UserMode-In-TCP 和 RemoteDesktop-UserMode-In-TCP_1 的值中包含 3389 的数据改成 9090。

步骤 3：可以新建一个 TCP 类型的入站规则，端口号为更改后的端口号，如 9090。

步骤 4：计算机在局域网内远程连接设备，只需在 IP 地址后加上端口号即可使用新的端口远程连接刚才设置的计算机。

习题

一、选择题

1．信息不被泄露给非授权用户、实体或过程，信息只被授权用户使用指的是（　　）。

A．可靠性　　B．可用性　　C．保密性　　D．完整性

2．攻击者在入侵前对目标网络进行某种操作，目的是挖掘出目标网络中被网络管理员忽略的缺陷，这种操作是（　　）。

A．漏洞利用　　B．信息收集　　C．漏洞攻击　　D．黑盒测试

3．标识网络中的唯一进程的是（　　）。

A．IP+ 端口号　　B．端口号　　C．IP　　D．主机名字

4．可以从目标系统中找到容易攻击的漏洞，利用该漏洞获取权限，从而实现对目标系统的控制的是（　　）。

A．信息收集　　B．漏洞利用　　C．嗅探欺骗　　D．漏洞扫描

5．采用非对称加密技术的算法是（　　）。

A．DES　　B．RSA　　C．IDEA　　D．AES

6．什么是目前网络安全建设的基础与核心，是电子商务、政务系统安全实施的基本保障？（　　）

A．对称加密技术　　B．数字签名技术
C．PKI 技术　　D．非对称加密技术

7．下面关于防火墙的说法正确的是（　　）。

A．防火墙一般由软件及支持该软件运行的硬件系统构成
B．防火墙只能防止未经授权的信息发送到内网
C．防火墙能准确地检测出攻击来自哪一台计算机
D．防火墙的主要支撑技术是加密技术

8．以下对防火墙的描述正确的是（　　）。

A．完全阻隔了网络　　B．能在物理层隔绝网络
C．仅允许合法的通信　　D．无法阻隔攻击者的侵入

9．当保护组织的信息系统时，在网络防火墙被破坏以后，通常下一道防线是（　　）。

A．个人防火墙　　B．防病毒软件
C．入侵检测系统　　D．虚拟局域网设置

10．在入侵检测技术中，信息分析有模式匹配、统计分析和完整性分析 3 种手段，其中用于事后分析的是（　　）。

A．信息收集　　B．统计分析　　C．模式匹配　　D．完整性分析

二、问答题

1．常见的网络攻击技术主要包括哪几种？主要的防御技术包括哪些？

2．网络计算机采取哪些措施将大大降低安全风险？

3．名词解释：密码算法、明文、密文、加密、解密、密钥。

4．在 DES 算法中，如何生成密钥？它依据的数据原理是什么？

5．简述 IPSec 的基本工作原理。

7．简述防火墙的基本功能。

8．入侵检测系统的主要功能有哪些？

参考文献

[1] 谢希仁．计算机网络 [M]．8 版．北京：电子工业出版社，2021．

[2] 褚建立，邵慧莹，刘霞，等．计算机网络技术实用教程 [M]．3 版．北京：清华大学出版社，2022．

[3] 谢钧，谢希仁．计算机网络教程 [M]．6 版．北京：人民邮电出版社，2021．

[4] 韩立刚，韩利辉，王艳华，等．深入浅出计算机网络 [M]．北京：人民邮电出版社，2021．

[5] 徐红，曲文尧．计算机网络技术基础 [M]．2 版．北京：高等教育出版社，2018．

[6] 华为技术有限公司．网络系统建设与运维（中级）[M]．北京：人民邮电出版社，2020．

[7] 新华三大学．路由交换技术详解与实践 [M]．4 卷．北京：清华大学出版社，2018．

[8] 李畅，吴洪贵，裴勇．计算机网络技术实用教程 [M]．4 版．北京：高等教育出版社，2017．

[9] 唐继勇，童均，任月辉．无线网络组建项目教程 [M]．2 版．北京：中国水利水电出版社，2014．